高等院校光电类专业系列规划教材

光电检测技术及系统（第2版）

刘华锋　主编

ZHEJIANG UNIVERSITY PRESS
浙江大学出版社

图书在版编目(CIP)数据

光电检测技术及系统 / 刘华锋主编. —2 版. —杭州：浙江大学出版社，2020.5
ISBN 978-7-308-18005-4

Ⅰ.①光… Ⅱ.①刘… Ⅲ.①光电检测 Ⅳ.①TP274

中国版本图书馆 CIP 数据核字(2018)第 030941 号

光电检测技术及系统(第 2 版)
刘华锋　主编

责任编辑　陈静毅(chenjingyi66@zju.edu.cn)
责任校对　沈巧华　丁佳雯
封面设计　续设计
出版发行　浙江大学出版社
(杭州市天目山路 148 号　邮政编码 310007)
(网址：http://www.zjupress.com)
排　　版　浙江时代出版服务有限公司
印　　刷　嘉兴华源印刷厂
开　　本　787mm×1092mm　1/16
印　　张　23
字　　数　574 千
版 印 次　2020 年 5 月第 2 版　2020 年 5 月第 1 次印刷
书　　号　ISBN 978-7-308-18005-4
定　　价　46.00 元

高等院校光电类专业系列规划教材编委会

科学与工程专业教学指导分委员会副主任委员，中国光学学会光学教育专业委员会副主任委员

白廷柱　北京理工大学光电学院光电信息科学与工程专业责任教授，中国光学学会光学教育专业委员会常务委员，中国兵工学会夜视技术专业委员会委员，《红外技术》编委

刘卫国　西安工业大学教授，党委书记，教育部薄膜与光学制造技术重点实验室主任

刘向东　浙江大学教授，教育部高等学校光电信息科学与工程专业教学指导分委员会秘书长，中国光学学会光学教育专业委员会主任委员，浙江省光学学会理事长，浙江大学光电科学与工程学院院长

杨坤涛　华中科技大学教授，教育部高等学校原电子信息与电气学科教学指导委员会委员

何平安　武汉大学教授，武汉大学电子信息学院光电信息工程系主任

陈延如　南京理工大学电子工程与光电技术学院教授、博士生导师

陈家璧　上海理工大学教授，国际光学工程学会会员，中国光学学会第七届理事会理事

曹益平　四川大学二级教授，教育部高等学校光电信息科学与工程专业教学指导分委员会委员，四川省光学重点实验室主任，四川大学光电专业实验室主任

谢发利　教授级高级工程师，福建福晶科技股份有限公司副董事长

蔡怀宇　天津大学教授，教育部高等学校光电信息科学与工程专业教学指导分委员会副主任委员，中国光学学会光学教育专业委员会副主任委员，教育部工程教育认证专家，天津市教学名师

谭峭峰　清华大学精密仪器系长聘副教授，中国光学学会光学教育专业委员会常务委员

序

现代社会科技、经济进步的重要推动力之一是信息科学与技术学科的发展。光学工程学科依托光与电磁波基本的理论和光电技术，面向信息科学的基本问题与工程应用，是信息科学与技术的一个重要分支学科。自 1952 年浙江大学建立国内高校第一个光学仪器专业以来，我国光学工程学科的本科人才培养已经历了半个多世纪的发展，本科专业体系逐渐完善。为顺应光学工程学科和光电信息产业的不断发展，国内许多高校设立了光学工程相关本科专业，并在教育部教学指导委员会的关注和指导下，专业人才培养质量稳步提高。

但是目前在本科专业建设方面，还存在专业特色不突出、学生光学工程技能培养欠缺、优秀教材系列化程度不足等问题。为此，浙江大学光电科学与工程学院和浙江大学出版社发起并联合多所高校、企业编著了一套"高等院校光电类专业系列规划教材"。该系列教材既包括了光学工程教育体系的主要内容，又整合了光电技术领域的专业技能，突出实践环节，充分展现了光学工程学科的数理特征、行业特征以及国内外光学工程研究与产业发展的最新成果和动态，增强了学科发展与社会需求的协同性。

"高等院校光电类专业系列规划教材"不仅得到了教育部高等院校光电信息科学与工程专业教学指导分委员会、中国光学学会、浙江大学、长春理工大学、西安工业大学等机构或单位的大力支持，由专业知名学者、优秀工程技术专家共同编著，并由教指委专家审定，还吸取了多届校友和在校学生的宝贵意见和建议。该系列教材是结合国际教学前沿、国内精品教学成果、企业实践应用的高水平教材，不仅有助于系统学习与掌握光学工程学科的理论知识，也与时俱进地顺应了光电信息产业对光学工程学科的人才培养要求，必将对培养适应产业技术进步的高素质人才起到积极的推动作用，为我国高校光学工程教育的发展和学科建设注入新的活力。

中国工程院院士 

前　　言

20世纪初，黑体辐射与光电效应理论的确立拉开了光电检测技术迅速发展的序幕。随着真空技术与半导体技术的不断进步，光电检测技术已经在生物学、医学、农业、航天、数字通信、国土安全、军事等领域得到广泛应用。具有代表性的例子不胜枚举，例如：随着微光像增强技术和弱光成像器件（如光电倍增管）的发展，光子计数成像技术已经广泛应用并日趋成熟；在对等离子体物理、光化学、原子物理、核聚变物理等领域的皮秒或飞秒级超快过程现象检测中，条纹相机扮演着极其重要的角色；电荷耦合器件及其应用技术的研究取得了惊人的进展，特别是在工业和民生领域的发展更为迅速。

本书注重从工程技术应用光电器件的角度出发，理论上力求清楚易懂，全面系统地介绍了光电检测技术的基本概念、各种光电器件的工作原理及典型应用、设计光电检测系统的理论与方法。书中以大量光电检测系统的实例渗透于各章节，每章配有典型习题，以便于读者学习和巩固所学知识。本书既可作为高等院校的信息工程、光电子科学与技术、测控技术与仪器、机械电子工程、生物医学工程等专业的本科生教材，也可作为相关专业的科研人员和工程技术人员的参考用书。

全书共分为12章。第1章为绪论；第2章介绍光电检测基础知识；第3～6章分别讲述常用光辐射源、内光电效应探测器、外光电效应探测器、红外热探测器的工作原理、特性、参数及其典型应用；第7章介绍光电信号的调制与扫描；第8章介绍光电检测电路与信号处理；第9章和第10章分别详细论述光电直接检测技术与系统、光外差检测技术与系统的原理、参数与应用；第11章是图像检测技术与系统；第12章是光谱检测技术与系统。

本书由浙江大学光电科学与工程学院刘华锋教授担任主编。第1章的部分内容由日本滨松光子学株式会社杨桓博士编写；第4章和第5章的部分内容由北京滨松光子技术股份有限公司李妙堂先生和席与霖先生编写；第6章和第9章由浙江大学光电科学与工程学院项震副教授编写；第10章和第11章由浙江大学光电科学与工程学院汪凯巍副教授编写；第3章和第12章由浙江大学光电科学与工程学院匡翠方副教授编写；刘华锋教授编写了第1章、第2章、第4章、第5章、第7章和第8章的部分内容，并对全书进行统编。

由于水平与精力有限，本书作者虽竭力认真编写，但书中难免有错误和不足之处，望读者批评指正！

刘华锋

2020年2月

目　录

第 1 章　绪　论 …… 1
1.1　光的应用 …… 1
1.2　光电检测系统概述 …… 2
1.3　光电检测方法的选择 …… 4

第 2 章　光电检测基础知识 …… 7
2.1　辐射度学与光度学的基础知识 …… 7
2.1.1　辐射度学基本物理量 …… 7
2.1.2　光度学基本物理量 …… 10
2.2　黑体辐射理论 …… 13
2.2.1　基尔霍夫定律 …… 13
2.2.2　黑体辐射的热动力学特性 …… 13
2.3　半导体基础知识 …… 15
2.3.1　基本概念 …… 15
2.3.2　半导体对光的吸收 …… 16
2.3.3　半导体的吸收光谱 …… 17
2.3.4　半导体的电导率 …… 20
2.3.5　载流子的扩散与漂移 …… 21
2.4　光电探测器的原理及特性 …… 21
2.4.1　光电效应 …… 21
2.4.2　光电探测器的种类 …… 29
2.4.3　光电探测器的性能参数 …… 30
2.4.4　光电探测器的噪声 …… 35

第 3 章　常用光辐射源 …… 40
3.1　光源的特性参数 …… 41
3.2　热光源 …… 42
3.3　气体放电光源 …… 43
3.4　激光器 …… 47
3.5　LED 光源 …… 52

第 4 章 内光电效应探测器 …… 57
4.1 光敏电阻 …… 58
4.1.1 光电导效应的增益、弛豫与光敏电阻的结构 …… 58
4.1.2 典型光敏电阻 …… 62
4.1.3 光敏电阻的基本特性 …… 63
4.1.4 光敏电阻的偏置电路 …… 67
4.1.5 光敏电阻的应用 …… 69
4.2 光伏探测器 …… 70
4.2.1 光伏探测器的等效电路 …… 70
4.2.2 光电池 …… 73
4.2.3 光电二极管 …… 77
4.2.4 雪崩光电二极管 …… 80
4.2.5 光电三极管 …… 83
4.2.6 位置探测探测器 …… 85
4.2.7 半导体色敏器件 …… 88
4.2.8 光伏探测器的偏置与输出电路 …… 90

第 5 章 外光电效应探测器 …… 96
5.1 光电管 …… 98
5.2 光电倍增管(PMT) …… 98
5.2.1 PMT 的基本结构与工作原理 …… 98
5.2.2 微通道板 PMT …… 103
5.2.3 位置探测型 PMT …… 104
5.2.4 PMT 性能参数与特性 …… 105
5.2.5 PMT 供电电路设计 …… 114
5.2.6 光电倍增管的输出电路 …… 119
5.3 光电倍增管的应用 …… 121
5.3.1 光子计数器 …… 121
5.3.2 射线的探测:在医学成像中的应用 …… 127

第 6 章 红外热探测器 …… 131
6.1 红外热探测器的基本原理 …… 132
6.1.1 热探测器的温升模型 …… 132
6.1.2 热探测器的最小可探测功率 …… 134
6.2 热电阻 …… 135
6.3 热电偶 …… 138
6.3.1 工作原理 …… 138
6.3.2 热电偶冷端温度误差及其补偿 …… 139

6.3.3　热电偶的特性 …… 141
6.3.4　热电偶的应用 …… 143
6.4　热释电探测器 …… 143
6.3.1　热释电效应 …… 143
6.3.2　热释电材料的特性参数 …… 144
6.3.3　热释电探测器的工作原理 …… 145
6.3.4　热释电器件的性能 …… 147
6.3.5　常见热释电探测器的种类 …… 149
6.3.6　热释电探测器的结构 …… 150

第 7 章　光电信号的调制与扫描 …… 153
7.1　光电信号调制原理 …… 154
7.1.1　光电信号调制基本概念 …… 154
7.1.2　光电信号调制的分类 …… 155
7.2　直接调制 …… 156
7.3　强度调制 …… 159
7.3.1　旋转光闸 …… 160
7.3.2　光控调制器 …… 161
7.3.3　光束方向调制 …… 169
7.3.4　强度调制光电检测系统设计 …… 170
7.4　相位调制 …… 171
7.4.1　电光相位调制 …… 171
7.4.2　典型光学干涉仪 …… 172
7.5　偏振调制 …… 175
7.5.1　磁光体调制器 …… 175
7.5.2　磁光波导调制器 …… 176
7.6　波长调制 …… 176
7.6.1　光学多普勒频移 …… 176
7.6.2　激光感生荧光测温 …… 177
7.7　衍射型光电检测系统 …… 178
7.7.1　衍射型光电检测系统原理及特点 …… 178
7.7.2　典型衍射测量方法 …… 180
7.7.3　测量分辨率、测量精度与测量范围 …… 184
7.8　光束扫描技术 …… 185
7.8.1　机械扫描 …… 185
7.8.2　电光扫描 …… 186
7.8.3　声光扫描 …… 188

第 8 章 光电检测电路与信号处理 …… 192
8.1 光电检测电路的设计要求 …… 192
8.2 光电检测电路的动态计算 …… 192
8.2.1 光电输入电路的动态计算 …… 193
8.2.2 光电检测电路的频率特性 …… 195
8.3 光电检测电路的噪声抑制 …… 200
8.3.1 放大器的噪声 …… 200
8.3.2 低噪声前置放大器的设计 …… 203
8.3.3 光电检测电路的噪声估算 …… 205
8.4 微弱光信号的检测与处理 …… 206
8.4.1 相关检测 …… 207
8.4.2 锁定放大器 …… 209
8.4.3 取样积分器 …… 210

第 9 章 光电直接检测技术与系统 …… 214
9.1 光电直接检测系统的基本工作原理 …… 214
9.2 光电直接检测系统的特性参数 …… 215
9.2.1 直接检测系统的灵敏度 …… 215
9.2.2 直接检测系统的视场角 …… 218
9.2.3 直接检测系统的通频带宽度 …… 226
9.3 直接检测系统的距离方程 …… 227
9.3.1 被动检测系统的距离方程 …… 228
9.3.2 主动检测系统的距离方程 …… 229
9.4 常用的直接检测方法 …… 230
9.4.1 直接作用法 …… 230
9.4.2 差动作用法 …… 231
9.4.3 补偿测量法 …… 232
9.4.4 脉冲测量法 …… 233
9.5 典型光电直接检测系统 …… 235
9.5.1 补偿式轴径检测系统 …… 235
9.5.2 采用比较法检测透明薄膜厚度的装置 …… 235
9.5.3 照度计 …… 236
9.5.4 亮度计 …… 237
9.5.5 莫尔条纹测长系统 …… 239
9.5.6 相位法和时间法测距 …… 244
9.5.7 光学目标定位 …… 246

第 10 章　光外差检测技术与系统 …… 252
10.1　光外差检测原理 …… 252
10.1.1　光外差检测的基本物理过程 …… 252
10.1.2　零差检测 …… 254
10.2　光外差检测特性 …… 254
10.2.1　多参数信息获取能力 …… 254
10.2.2　微弱信号检测能力 …… 254
10.2.3　滤波性能和信噪比 …… 255
10.2.4　最小可检测功率 …… 255
10.2.5　影响光外差检测灵敏度的因素 …… 257
10.3　光外差检测使用的光源 …… 259
10.3.1　基于塞曼效应的氦氖激光器 …… 259
10.3.2　双纵模氦氖激光器 …… 259
10.3.3　声光调制器频移 …… 259
10.3.4　光学机械频移 …… 260
10.4　典型光外差检测系统 …… 260
10.4.1　单频光外差干涉测长系统 …… 260
10.4.2　双频光外差干涉测长系统 …… 263
10.4.3　双频光外差干涉测角系统 …… 264
10.4.4　光波面外差系统 …… 265
10.4.5　光纤陀螺测角系统 …… 268
10.4.6　多普勒测速系统 …… 270
10.4.7　相干光通信 …… 271
10.4.8　全息外差系统 …… 272

第 11 章　图像检测技术与系统 …… 285
11.1　CCD 与 CMOS 的基本原理 …… 285
11.1.1　CCD 的基本原理 …… 286
11.1.2　CCD 的特性 …… 292
11.1.3　CMOS 图像传感器的基本原理 …… 298
11.1.4　CMOS 图像传感器与 CCD 图像传感器的比较 …… 301
11.2　ICCD/EMCCD/sCMOS …… 303
11.2.1　ICCD …… 304
11.2.2　EMCCD …… 305
11.2.3　sCMOS …… 307
11.3　自扫描光电二级管阵列 …… 307
11.3.1　电荷存贮工作原理 …… 308
11.3.2　SSPD 线阵列 …… 310

11.3.3 SSPD面阵 …… 312
11.3.4 SSPD的主要特性参数 …… 313
11.3.5 SSPD器件的信号读出放大器 …… 315
11.4 变像管和像增强器 …… 316
11.4.1 像管结构和工作原理 …… 317
11.4.2 像管的主要特性参量 …… 318
11.4.3 常用变像管 …… 320
11.4.4 常用像增强器 …… 321
11.5 图像传感器的典型应用 …… 323
11.5.1 测量小孔或细丝直径 …… 323
11.5.2 线阵CCD的一维尺寸测量 …… 325
11.5.3 高精度二维位置测量系统 …… 327
11.5.4 文字和图像识别 …… 328
11.5.5 平板位置的检测 …… 329

第12章 光谱检测技术与系统 …… 331
12.1 基于色散分光的光谱检测技术 …… 332
12.1.1 色散分光光谱技术原理 …… 332
12.1.2 色散分光光谱技术应用 …… 335
12.2 基于相干检测的光谱检测技术(傅里叶光谱技术) …… 341
12.2.1 傅里叶光谱技术原理 …… 341
12.2.2 傅里叶光谱技术应用 …… 343
12.3 激光拉曼光谱检测技术 …… 346
12.3.1 激光拉曼光谱 …… 346
12.3.2 几种激光拉曼光谱技术 …… 347

参考文献 …… 351

第1章

绪 论

光电检测系统是指对待测光学物理量或由待测非光学物理量转换成的光学物理量，通过光电变换和电路处理的方法进行检测的系统。光电检测是检测技术的一个重要分支，是关于信息产生与获取，并对之进行处理（变换）、传输、控制和识别的多学科交叉的现代科学与工程技术。典型的光电检测系统通常由光学系统、光电转换单元及电子处理线路构成，而光电探测器是实现光电转换的关键元件，是把光信号（红外、可见及紫外等光辐射）转变成电信号的器件。

1.1 光的应用

理解种类繁多的光电检测方法的前提是对光信号本身有正确的认识。光是人们熟悉又陌生的物质，光同时具有波动性和粒子性，即波粒二象性。就光的波动性而言，有两种基本理论：①光的电磁理论，即将光视为电磁波，可用麦克斯韦方程组（Maxwell's equations）对光的各种现象进行描述；②用傅里叶分析（频谱分析）的观点来看待光传播的各种现象。除了波动性，光本身还具备粒子性，这种粒子又称为光量子或光子。20 世纪初，普朗克（M. Planck）提出能量子假设，给出黑体辐射公式；随后爱因斯坦（A. Einstein）提出光量子理论，解释了光电效应。这两个革命性事件为光电检测技术的发展奠定了基石。从广义上来讲，光指的是光辐射，按波长可分为 X 射线、紫外辐射、可见光和红外辐射等。而从狭义上来讲，人们所说的"光"指的就是可见光，即能对人眼产生目视刺激而形成"光亮"感的电磁辐射。光电探测器的光谱响应范围远远超出人眼的视觉范围，一般能响应从 X 射线到红外辐射甚至远红外辐射、毫米波的范围。特种材料的热电器件具有超过厘米波的光谱响应范围，即人们可以借助各种光电敏感器件对整个光辐射波谱范围内的光信息进行光电变换。

光技术在能源、材料、信息及通信、医疗等方面发挥着重要作用，如图 1-1 所示。在光能利用方面，以太阳能发电和激光加工为代表的光能技术日益成熟，逐渐实用化。此外，超高速光电子计算机、平面图像并行处理的超高速信息处理器、超大容量存储器等新设备相继问世。在医疗方面，X 射线计算机断层扫描术（computed tomography，CT）和正电子发射断层显像技术发挥着无可替代的作用。值得一提的是，通过同步加速器的同步辐射（synchrotron radiation，SR）所产生的高亮度 X 射线，可以进行微量元素分析和蛋白质结构分析，还可以对各种材料进行特性测量。另外，利用 SR 光焦点深及精度高的特点，SR 光的应用技术正在不断地被推广到微机械加工等精加工领域。

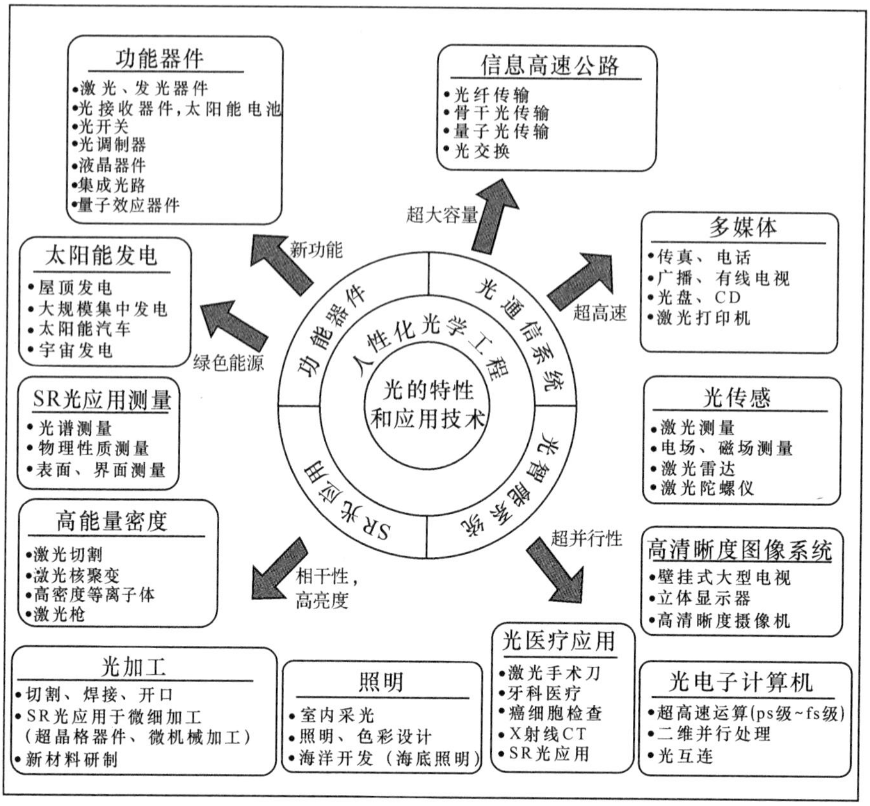

图 1-1 根据光的特性所进行的应用分类

1.2 光电检测系统概述

测量是人类认识客观事物本质的基本手段,能使人类对事物获得定量的概念和发现事物的规律性。人类的活动都离不开测量,没有测量也就没有科学。科学上很多新的发明和理论都构建在实验及测试的基础上。

一些物理变化过程、化学变化过程和生物变化过程持续的时间非常短,大约只有几皮秒(ps,10^{-12} s)或几飞秒(fs,10^{-15} s),准确测量这些超快过程的时间行为,对推动物理学和化学的发展、了解生命过程等方面具有重要意义。现在,皮秒和飞秒脉冲激光技术与条纹相机技术为科学家提供了开展实验的重要工具,使其可以研究超快速变化过程的各个细节,并且弄清了许多科学问题,比如化学反应中的光解离、光合作用功能体中的超快光物理过程及其物理机制等。

1923 年,俄罗斯细胞生物学家古维奇(A. G. Gurwitsch)做了一个著名的实验,他将正在进行有丝分裂的洋葱放入一个可透过紫外线的玻璃管中,外面再套上一个中部有孔的金属管,同时将另一个外套玻璃管的、处于休眠期的洋葱垂直放置在那个孔的一侧,但彼此不接触;几小时后,处于休眠期的洋葱也开始进行有丝分裂,并且由于根尖细胞在不断分裂时产生的某种作用,使得它在小孔相应位置形成一个外突体。当在它们之间放上一块不透紫外线的玻璃重新做实验时,发现处于休眠期的洋葱没有出现外突体这个现象。这表明进行有丝分裂的洋葱通过某种信号向处于休眠期的洋葱传递了信息，刺激那个处于休眠期的洋葱细胞进行有丝分裂。古维奇提出一种假说：分裂的细胞能够发出一种射线，当它照射到其他细胞上时，可以刺激受照细胞进行有丝分裂。当时受到光电探测技术的限制还不能对这种射线的强度和波长范围进行测定，只知道用一块不透紫外线的玻璃可以挡住这种光辐射，从而确定它是一种波长短于350nm的紫外光。到了20世纪50年代初，意大利科学家科里(L. Colli)等利用装有光电倍增管的仪器才首次证明了这是生物的超微弱发光现象。生物体的超微弱发光强度极其微弱，仅为$1\sim10^4$个光子/($s\cdot cm^2$)，相当于强度为10^{-6}lx数量级，单个细胞的超微弱发光强度更低，所以对其探测需要使用探测灵敏度很高的探测器。现在使用较多的超微弱发光图像探测系统是以微通道板像增强器为核心的成像系统，它可以提供被测样品的二维光强分布信息。

为了检查、监视和控制某个实验或生产过程或运动对象，使它们处于最佳工作状态，就必须掌握描述它们特性的各种参数，这就首先要测量这些参数的大小、方向、变化速度等。以电车上面的接触电线状态检测为例说明，由于和电车上的导电弓摩擦，接触电线也不断磨损，过去是出动几千人，架着梯子用测微计手工测量，现在的做法是将析像管装载在电车上面，这样就能在开车过程中自动测量接触电线的状态了。

测量红外图像时，可以使用一种带PbS的光电导视像管。光电导PbS的阻抗比较低，配合阻抗高的PbO来保持积蓄效果。由于光电导效应，光照到的地方阻抗就会降低，因此光的图像就会形成电子的图像，再通过电子束进行扫描就可以得到该图像信号。一般用的电视摄像管只对可见光有灵敏度，而PbS对于红外线敏感。这种带PbS的光电导视像管可以对烧水泥的炉子内部的温度分布进行监测；也可以在历史文物发现中发挥作用，比如一座古庙的墙壁，用可见光照射什么也看不到，但是用红外线照射就可以发现墙壁的油烟、灰尘，以及下面的一幅画像。如果将PbO光电面配上氙(Xenon)窗，就可以直接探测X射线。使用铍(Beryllium)窗的管子对软X射线也有灵敏度，可以观测像老鼠大小的动物的结构。

光电检测系统是在人类探索和研究光电效应的进程中产生和发展起来的。人类从1873年最早发现光电导现象到1929年制造出第一个实用的光接收器件，共用了56年时间。把光能或光波(可见光或不可见光)的各种参数变化转换为电量(电阻、电流和电压等)变化的器件叫光电探测器或光探测器，如光电倍增管等。随着现代材料科学和半导体技术的迅速发展，各种各样的光电探测器正朝着功能化、集成化和智能化的方向发展，为光电检测技术的发展奠定了基础。光电检测系统就是利用光电探测器把目标携载的光信息转变成电信号，同时在光学系统和电子线路或计算机中进行信号处理，使光波携带的信息转换成可以理解的信号，从而实现目标参数的测量、显示和记录。光电检测技术就是研究与此过程有关的被测信号的采集、调制、解调、变换、传输、处理的理论和技术，以及研究检测仪器和检测系统及其设计的基本原理和技术。

光源(或辐射源)产生的光和辐射的参数(如辐射能流的横截面积、光谱成分及光强度、光波的频率和相位等)受被测对象控制，光和辐射参量(包括辐射源自身的)变化由光电器件接收后转变成电参数变化来进行测量。光源可采用白炽灯、气体放电灯、激光、发光二极管及其他能发射可见光谱、紫外光谱、红外光谱的器件，此外还可采用X射线及同位素放射源。有时被测对象本身就是辐射源，例如需要测温的发热体。光辐射源的相关知识将在第

3 章中介绍。用于检测系统的光电器件有光电二极管、光电三极管、光敏电阻、摄像管等。检测系统中选用何种器件，是由光电器件的性能、光源特性及仪器的运用环境和条件等决定的，具体情况将在第 4 章、第 5 章、第 6 章、第 11 章中讲述。

在光电信息检测系统中，信息的变换以光为媒介，光子是信息的载体。被测信息与光的光子数、光的波长和相位、光的速度等参数联系在一起，所以光电检测的精确度高、灵敏度高，可以检测变化速度极快的现象。例如，以光的波长为基准的激光干涉比长仪，其分辨率为波长的 1/8，采用细分后甚至更小；采用光子计数技术，可以测量到单个光子（约为 10^{-16} W 的光功率）；采用条纹相机，可以测量到飞秒数量级的光学事件。

由于光子的速度比电子的速度快得多，光的频率比无线电的频率高得多，为提高传输速度和载波密度，由电子发展到光子是必然趋势。把光子作为信息载体，是一个划时代的变化，光纤通信代替电缆和微波通信，使信息的传输发生了本质性的变化，使信息传输的容量、速度、质量都得到了提高。利用光信息远距离传输的特点，可以实现光电遥测遥控，例如激光测距、光电制导和光电跟踪等。

光电检测通常是无接触测量，在检测过程中没有力和力矩作用于被测物，因此即使被测物有较大的冲击作用，对检测仪表也无损害。光电检测中通常无机械运动部分，故测量装置具有寿命长、反应速度快、工作可靠、对被测物无形状和大小要求等优点。随着科学技术、工农业生产水平飞速向前发展，人们对检测技术的要求越来越高。先进的检测仪器应能在不破坏被测物工作状态的过程中进行自动化检测，光电检测技术在这方面有其独特的优点。例如在工业生产中，先进的光电检测装置能在零件的加工过程中进行在线测量，或在产品的传输过程中完成检测和发出信号，这可大大节省检测时间，提高生产效率。

1.3 光电检测方法的选择

面对一个检测任务，首先碰到的问题是如何合理、可靠地选择一种好的检测方法。合理选择光电检测方法的原则包括以下五点：①测定对象；②测定范围；③灵敏度或精度；④经济方面的考虑；⑤检测环境。

测定对象是指被测的类型，例如测量的是长度还是角度，是测量速度还是位移，是测量温度还是温度的变化。针对不同的测定对象，人们有完全不同的检测方法。同一测量类型有不同测量范围时，也有不同的检测方法可供选择。在光电检测系统中，需要根据不同的测量对象，借助几何光学、物理光学的方法对信号进行变换，包括将一种光信号变换成为另一种光信号，将非光信号变换为光信号，或将连续光信号变换为脉冲光信号等。这种变换的目的往往在于：①将待测信息加载到光载波上进而形成光电信号；②改善系统的时间或空间分辨率或动态品质，提高传输效率和检测精度；③改善系统的检测信噪比，提高工作可靠性。利用几何变换的光电检测方法是将光学现象看作直线光束传输的结果。在几何光学意义上，利用光束的直线性、遮光、反射、折射、成像等进行的光电检测，主要包括光开关、光电编码、准直定向、瞄准测长、成像检查等。由测定对象和测定范围来选择的检测方法如表 1-1 所示。这些方法是在物理光学意义上，利用光的衍射、干涉、光谱、能量、波长、频率等光学变换的现象和参量进行的光电检测。

表 1-1 由测定对象和测定范围来选择的检测方法

测定对象	测定范围		
	10mm 以下	10～500mm	500mm 以上
长度或位置	扫描显微镜，光学投影仪，全息与散斑干涉法	干涉仪，测长机，莫尔条纹，光扫描	激光测距，红外测距，双频干涉仪
角度	1°	10°以下	360°
	自准直法，衍射计量	干涉计量，工具显微镜，多面体法	光学转台(分度头)，光学经纬仪，光学编码器，莫尔条纹
表面形状及三维	微米(μm)级	毫米(mm)级	分米(dm)级以上
	数字干涉法，全息法	莫尔技术，光扫描	激光扫描，电荷耦合器件(charge coupled device，CCD)成像技术
应变及位移	光衍射法，干涉法	全息法，散斑法，分布式光纤法，拓扑法	CCD 成像技术，图像处理法
速度，加强度，振动	近距	中距	远距
	光纤技术，零差及外差干涉法	光散斑法	激光多普勒技术
压力，温度，流场等	光纤技术，光传感器，全息法	红外技术，实时全息	红外技术，图像处理法

选择检测方法的另一个主要原则是测量灵敏度和要求的精度。图 1-2 是主要物理光学检测方法在尺寸上能够达到的分辨率。选择检测方法的最后依据是经济性和环境条件。表 1-2 列出了主要基于物理变换的检测方法的相对经济性和对环境的要求。由于检测方法还受具体方案设计的影响，表 1-2 仅仅反映相对的比值。

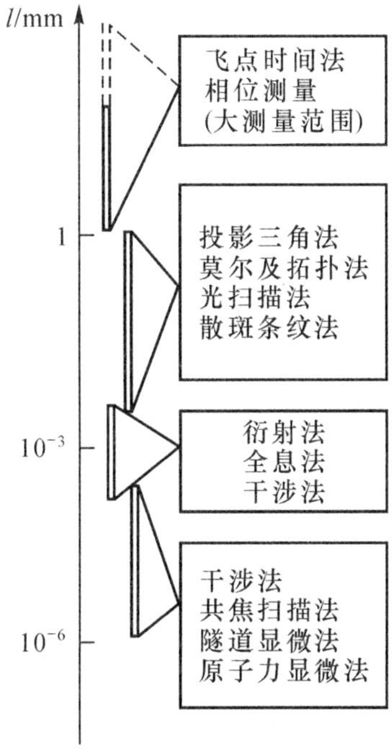

图 1-2 检测方法的尺寸分辨率

表 1-2　检测方法的相对经济性和对环境的要求

经济性好,环境要求低	经济性中等,环境要求一般	经济性偏高,有环境要求
衍射法	莫尔及拓扑法	全息计量
扫描计量	图像计测法	光谱计量
散斑计量	共路干涉计量	纳米计量
光纤计量		

本书将对光电直接检测系统、光外差检测系统的设计与分析方法进行详细论述,而对于干涉法、衍射法、CCD 成像技术、多普勒技术、光谱技术则分散在各章分别进行阐述。

习　题

1.1　列举一种光电检测系统,给出其原理图,并描述它的测量对象,尽可能给出所使用的光源和探测器。

1.2　列举你所知道的汽车中使用的光电探测器。

1.3　发生衍射的条件是什么? 发生干涉的条件是什么?

1.4　简述惠更斯-菲涅耳原理,并给出这个原理成立的条件。

第2章

光电检测基础知识

本章重点介绍光电检测技术与系统的基础知识，首先简单介绍光辐射信号的基本度量参数，随后讨论物体热辐射的基本定律，讲述与光电检测相关的半导体基础知识、光电效应，最后给出衡量光电探测器的基本特性参数。

2.1 辐射度学与光度学的基础知识

2.1.1 辐射度学基本物理量

引入辐射度学(radiometry)，是为了对光辐射场和通过光学系统的能量流进行定量描述。在辐射度单位体系中，辐射通量或者辐射能是基本量，是只与辐射客体有关的量。辐射通量的基本单位是瓦特(W)，辐射能的基本单位是焦耳(J)。辐射度学适用于整个电磁波段。光度单位体系是一套反映视觉亮暗的光辐射计量单位，被选作基本量的不是光通量而是发光强度，其基本单位是坎德拉(cd)。光度学适用于波长为0.38～0.78μm的电磁辐射——可见光波段，它使用的参量称为光度学量，以人的视觉习惯为基础建立。辐射度学量是用能量单位描述光辐射能的客观物理量。光度学量描述光辐射能为人眼接受所引起的视觉刺激的强度，是生理量。以上两类单位体系中的参量在物理概念上是不同的，但所用的符号一一对应。

这里必须指出，传统的辐射度学理论能否成立是基于几个假设：首先，辐射能是不相干的，因而不必考虑干涉效应；其次，辐射度学的概念建立在几何光学的基础上；最后，光场的能量流在透明介质(非吸收介质)时，遵守能量守恒定律。

光辐射伴随着辐射能的转移。辐射度量就是用来描述非相干的辐射场的能量强弱或描述与这一能量特征有关的其他物理量的强弱。通常以表2-1中所列出的一些基本参量来描述辐射源的辐射特性，下面将对各参量进行简要的说明。

(1)辐射能

辐射场含有的总能量(电场能量和磁场能量的总和)或者说以辐射形式发射、传播到接收器的总能量称为辐(射)能(radiant energy)，用符号 Q_e 表示，其计量单位为焦耳(J)。

(2)辐射能密度

单位体积内的辐射能称为辐射能密度。它表征辐射能量的空间特性，其定义式为

$$\omega_e = \frac{dQ_e}{dV} \tag{2.1}$$

其中，dQ_e 为体元 dV 的辐射场的辐射能。辐射能密度的单位是焦耳/米^3（J/m^3）。

表 2-1　辐射度量与单位

量的名称	符号	定义或定义式	单位	单位符号
辐射能	Q_e	基本量	焦耳	J
辐射能密度	ω_e	dQ_e/dV	焦耳/米^3	J/m^3
辐射通量	Φ_e	dQ_e/dt	瓦	W
辐射强度	I_e	$d\Phi_e/d\Omega$	瓦/球面度	W/sr
辐射出射度	M_e	$d\Phi_e/dA$	瓦/米^2	W/m^2
辐照度	E_e	$d\Phi_e/dA$	瓦/米^2	W/m^2
辐射亮度	L_e	$dI_e/(dA\cos\theta)$	瓦/(米^2·球面度)	$W/(m^2 \cdot sr)$

(3)辐射通量

辐射通量(radiant flux)又称辐射功率(radiant power)，是指在单位时间内，以辐射形式发射、传播或接收的辐射能，即辐射能的时间变化率，用公式表达为

$$\Phi_e = dQ_e/dt \tag{2.2}$$

其中，t 为辐射时间。辐射通量的单位为瓦（$1W=1J/s$）。

(4)辐射强度

从一个点光源发出的，在单位时间内、单位立体角所辐射出的能量称为辐射强度(radiant intensity)，其表达式为

$$I_e = d\Phi_e/d\Omega \tag{2.3}$$

其中，$d\Phi_e$ 为辐射源在 $d\Omega$ 立体角(solid angle)所辐射出来的辐射通量。辐射强度的单位是瓦/球面度(W/sr)。

立体角描述的是站在某一点的观察者测量到的物体大小的尺度。以观测点为球心，构造一个单位球面，任意物体投影到该单位球面上的投影面积，即为该物体相对于该观测点的立体角。因此，这和“平面角是单位圆上一段弧长”类似。

【例 2-1】 如果置于各向同性均匀介质的点辐射源辐射强度为 I_e，试计算其在整个空间所有方向上发射的辐射通量。如果是各向异性的点辐射源呢？

解　根据辐射强度定义，在所有方向上辐射强度都相同的点辐射源在有限立体角 Ω 内发射的辐射通量为 $\Phi_e = I_e\Omega$。由此，在空间所有方向上发射的辐射通量为 $\Phi_e = 4\pi I_e$。

对于各向异性点辐射源 $I_e = I_e(\varphi,\theta)$，$\varphi$ 与 θ 的定义如图 2-1 所示。这样，点辐射源在整个空间发射的辐射通量为

$$\Phi_e = \int I_e(\varphi,\theta)d\Omega = \int_0^{2\pi}\int_0^{\pi} I_e(\varphi,\theta)\sin\theta d\varphi d\theta$$

应该指出，辐射强度的定义对于任何辐射源都适用，但实际上对于点辐射源较有用。在定义中，点辐射源是指尺寸很小甚至为一点的辐射源。实际中，真正的点辐射源不可能存在。通常是将辐射源的最大线尺寸与它到观测者（探测器）之间的距离相比，其值很小时，即称该辐射源为点辐射源；否则称为面辐射源。

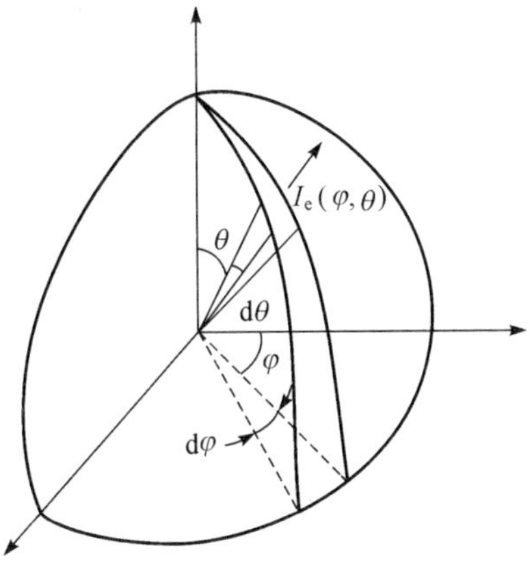

图 2-1　φ 与 θ 的定义

(5)辐射出射度

辐射体在单位面积内所辐射的通量或功率称为辐射出射度(radiant exitance)或辐射发射度,计量单位是瓦/米²(W/m²),其表达式为

$$M_e = d\Phi_e / dA \tag{2.4}$$

其中,$d\Phi_e$ 为辐射源在各方向上(通常为半空间立体角 2π)所发出的总的辐射通量。引入辐射出射度概念,是为了描述面辐射源表面上各微面源所发出的辐射通量差异。

(6)辐照度

将照射到物体表面某一点处面元的辐射通量 $d\Phi_e$ 除以该面元的面积 dA 得到的值称为辐照度(irradiance),即

$$E_e = d\Phi_e / dA \tag{2.5}$$

辐照度的单位为瓦/米²(W/m²)。

请注意,辐射出射度与辐照度的表达式和单位完全相同,其区别在于辐射出射度描述的是面辐射源向外发射的辐射特性,而后者描述的是辐射接收面所接收的辐射特性。

(7)辐射亮度

辐射亮度(radiance)是单位投影面积、单位立体角上的辐射通量,即在与辐射表面 dA 的法线成 θ 角的方向上,辐射亮度等于该方向上的辐射强度 dI_e 与辐射表面在该方向垂直表面上的投影面积之比,其表达式为

$$L_e = \frac{dI_e}{dA\cos\theta} \tag{2.6}$$

其中,dA 为光源的表面元;θ 为光源表面的法线与给定方向的夹角(见图 2-2)。辐射亮度的单位为瓦/(米² · 球面度)[W/(m² · sr)]。通常 L_e 的数值与辐射源的性质有关,并随给定方向而变。若 L_e 不随方向而变,则 I_e 正比于 $\cos\theta$,即

$$I_e = I_0 \cos\theta \tag{2.7}$$

其中,I_0 是面元 dA 沿其法线方向的辐射强度。满足式(2.7)的特殊光源称为余弦辐射体,也称均匀漫反射体或朗伯体。

【例 2-2】　黑体是一个理想的余弦辐射体,而一般光源的亮度与方向有关。粗糙表面的辐射体或反射体及太阳等是近似余弦辐射体。证明余弦辐射体的辐射出射度 M 与辐射

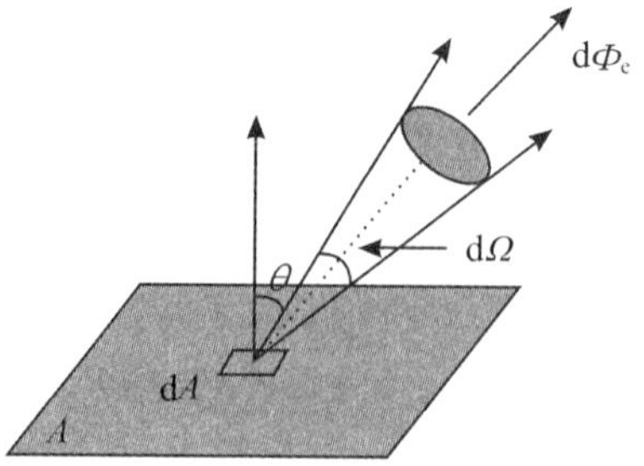

图 2-2　辐射亮度

亮度 L 满足 $M=\pi L$。

解　余弦辐射体表面某面元 $\mathrm{d}A$ 处向半球面空间发射的通量为

$$\mathrm{d}\Phi = \iint L\cos\theta \mathrm{d}A\, \mathrm{d}\Omega$$

其中，$\mathrm{d}\Omega=\sin\theta\mathrm{d}\theta\mathrm{d}\varphi$。对上式在半球面空间内积分，得

$$\mathrm{d}\Phi = L\mathrm{d}A\int_{\varphi=0}^{2\pi}\mathrm{d}\varphi\int_{\theta=0}^{\pi/2}\sin\theta\cos\theta\mathrm{d}\theta = \pi L\mathrm{d}A$$

由上式得到余弦辐射体的 M 与 L 关系为

$$L=M/\pi$$

(8)光谱辐射分布

实际上，任何辐射源发射的辐射能或辐射通量均有一定的光谱分布特性，即在不同的波长上基本辐射量的值是不同的。前面介绍的几个基本辐射量都有相应的光谱辐射量。光谱辐射量又称为辐射量的光谱密度，是辐射量随波长的变化率。

定义 $\Phi_e(\lambda)$ 为辐射场在波长 λ 处的单位波长间隔内的辐射通量，其计量单位为瓦/微米(W/μm)或瓦/纳米(W/nm)，由此可以得到所有波长的总辐射通量为

$$\Phi_e = \int_0^{\infty}\Phi_e(\lambda)\mathrm{d}\lambda \tag{2.8}$$

其他的辐射参数，如辐射出射度、辐射强度、辐射亮度等，可以类似地定义光谱辐射量，即

$$X_e(\lambda)=\frac{\mathrm{d}X_e}{\mathrm{d}\lambda} \tag{2.9}$$

其中，通用符号 $X_e(\lambda)$ 是波长的函数，代表辐射场在波长 λ 处的单位波长间隔内的光谱辐射量，如光谱辐射出射度 $M_e(\lambda)$、光谱辐射强度 $I_e(\lambda)$、光谱辐射亮度 $L_e(\lambda)$ 等。由式(2.9)可推导出类似式(2.8)的全波段辐射量的具体形式。由于辐射能的量子性，以上各物理量也可用每秒发射(或接收)的光子数来代替，因此引出光子辐射量。比如光子辐射出射度表示在单位时间内，从辐射源单位表面上向半球空间发射的光子数，在此对于光子辐射量的定义不一一列出了。

2.1.2　光度学基本物理量

人的视觉神经系统对各种不同波长的光的感光灵敏度是不一样的，对绿光最灵敏，对红光、蓝光灵敏度要低得多。此外，由于受视觉生理和心理作用影响，不同的人对各种波长

的光的感光灵敏度也有差别。国际照明委员会(CIE)根据对许多人的观察结果,用平均值的方法确定了人眼对各种波长光的平均相对灵敏度,称为"标准光度观察者"的光谱光视效率(luminous efficiency)或视见函数,如图 2-3 所示。

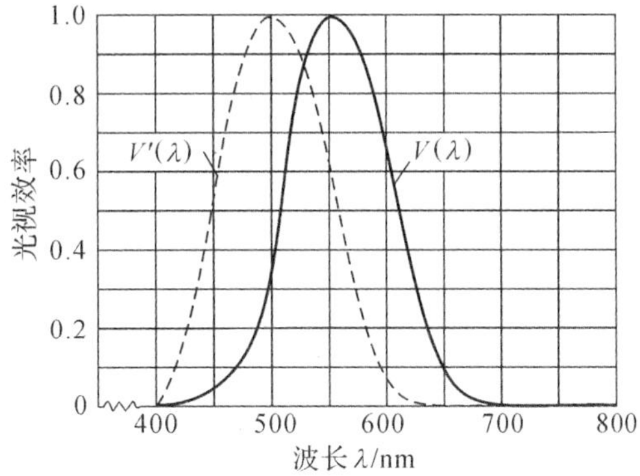

图 2-3　明视觉与暗视觉的光谱光视效率曲线

曲线 $V(\lambda)$是亮适应条件下观察到的明视觉的不同波长下的灵敏度曲线,而曲线 $V'(\lambda)$则是完全暗适应条件下观察到的暗视觉的灵敏度曲线。这可以理解为白天和夜间人眼的光谱光视效率是不同的。$V(\lambda)$的峰值在 555nm 处,$V'(\lambda)$的峰值在 507nm 处。

光度量是人眼对相应辐射度量的视觉强度值。由于人眼的视觉细胞对不同频率的辐射有不同响应,故用辐射度单位描述的光辐射不能正确反映人的亮暗感觉,因此引入光度单位体系,它是反映视觉亮暗特性的光辐射计量单位。

光度量可以用与辐射度量 $Q_e, \Phi_e, M_e, I_e, L_e, E_e$ 对应的 $Q_v, \Phi_v, M_v, I_v, L_v, E_v$ 来表示。表 2-2 列出了基本光度学的量的名称、符号、定义或定义式、单位和单位符号。下面将对这些参量作简要的说明。

表 2-2　与辐射度量对应的光度学的量、定义、单位和符号

量的名称	符号	定义或定义式	单位	单位符号
光量	Q_v	$Q_v = \int \Phi_v \mathrm{d}t$	流明·秒	lm·s
光通量	Φ_v	$\Phi_v = \int I_v \mathrm{d}\Omega$	流明	lm
光出射度	M_v	$M_v = \mathrm{d}\Phi_v/\mathrm{d}A$	流明/米^2	lm/m^2
发光强度	I_v	基本量	坎德拉(流明/球面度)	cd
(光)亮度	L_v	$L_v = \mathrm{d}I_v/(\mathrm{d}A\cos\theta)$	坎德拉/米^2	cd/m^2
(光)照度	E_v	$E_v = \mathrm{d}\Phi_v/\mathrm{d}A$	勒克斯(流明/米^2)	lx

(1) 光量

光量(luminous energy)有时也称为光能,是人眼可见的那部分辐射能,是光通量在可见光范围内对时间的积分,即

$$Q_v = \int \Phi_v \mathrm{d}t \tag{2.10}$$

光量的单位为流明·秒(lm·s)。

(2)光通量

类似辐射通量,光通量是单位时间内发射(传输或接收)的光能,即光通量是光能的时

间分辨率。下面推导光通量与辐射通量之间的关系。由于光度量是人眼对相应辐射度量所受到的视觉刺激值，而评定此刺激值的基础是光谱光视效率 $V(\lambda)$，即人眼对不同波长的光能量产生感觉的效率。光谱辐射通量为 $\Phi_e(\lambda)$ 的可见光辐射所产生的视觉刺激值，即光通量为

$$\Phi_v(\lambda)=K(\lambda)\Phi_e(\lambda)=K_m V(\lambda)\Phi_e(\lambda) \tag{2.11}$$

其中，$K(\lambda)$ 为辐射度量与光度量之间的比例系数，称之为光视效能(luminous efficacy)。等号左边的 Φ_v 是光通量，其单位是流明(lm)；等号右边的 $\Phi_e(\lambda)$ 是辐射通量，单位是瓦(W)。因而，$K(\lambda)$ 的单位为流明/瓦，从而使两边的单位一致。$K(\lambda)$ 峰值记为 K_m，对于明视觉 $K_m=683\text{lm/W}$。它表明在波长 555nm 处，即人眼光谱光视效率最大[$V(\lambda)=1$]处，光辐射产生光感觉的效能为：1W 的辐射通量产生的光通量为 683lm；换句话说，此时 1lm 相当于 1/683W。

由式(2.11)可以得到总光通量与辐射通量之间的关系为

$$\Phi_v = K_m\int_{380}^{780}\Phi_e(\lambda)V(\lambda)\mathrm{d}\lambda \tag{2.12}$$

注意：式(2.12)是针对明视觉情况的。针对暗视觉情况，可得到 $K'(\lambda)=K_m{}'V'(\lambda)$，由此可以推导相应的关系表达式。其他光度量与其对应的辐射度量之间也有类似的关系。

(3)光出射度

光源表面给定点处单位面积向半球面空间内发出的光通量称为光源在该方向上的(光)出射度(luminous exitance)，计量单位为流明/米^2(lm/m^2)，其表达式为

$$M_v=\mathrm{d}\Phi_v/\mathrm{d}A \tag{2.13}$$

其中，$\mathrm{d}\Phi_v$ 为给定点处的面元 $\mathrm{d}A$ 发出的光通量。

(4)发光强度

光源在给定方向上单位立体角内所发出的光通量称为光源在该方向上的发光强度(luminous intensity)，用公式表达为

$$I_v=\frac{\mathrm{d}\Phi_v}{\mathrm{d}\Omega} \tag{2.14}$$

其中，$\mathrm{d}\Phi_v$ 为光源在给定方向上的立体角元 $\mathrm{d}\Omega$ 内发出的光通量。

发光强度的单位为坎德拉(candela，记作 cd)。坎德拉是国际单位制中 7 个基本单位之一，其定义为：一光源在给定方向上的发光强度，该光源发出频率为 540×10^{12} Hz 的单色辐射，且在此方向上的辐射强度为$\frac{1}{683}$W/sr。

(5)(光)亮度

光源表面一点处的面元 $\mathrm{d}A$ 在给定方向上的发光强度 $\mathrm{d}I_v$ 与该面元在垂直于给定方向的平面上的正投影面积之比称为光源在该方向上的(光)亮度(luminance)，用公式表达为

$$L_v=\frac{\mathrm{d}I_v}{\mathrm{d}A\times\cos\theta} \tag{2.15}$$

其中，θ 为给定方向与面元法线间的夹角。亮度的法定计量单位为坎德拉/米^2(cd/m^2)。

(6)(光)照度

被照明物体给定点处单位面积上的入射光通量称为该点的(光)照度(illuminance)，即

$$E_v=\mathrm{d}\Phi_v/\mathrm{d}A \tag{2.16}$$

其中，$d\Phi_v$ 为给定点处的面元 dA 上的光通量。照度的法定计量单位为勒克斯(lx)。

必须注意，不要把照度跟亮度的概念混淆起来，它们是两个完全不同的物理量。照度表征受照面的明暗程度，照度与光源至被照面的距离的平方成反比。而亮度表征任何形式的光源或被照射物体表面是面光源时的发光特性。如果光源与观察者眼睛之间没有光吸收现象存在，那么亮度值与两者间距离无关。最后指出，也有类似光谱辐射度量的光谱光度量。

2.2 黑体辐射理论

我们能够感觉到或者看到热物体发出的辐射。实际上任何 0K 以上温度的物体都会发射各种波长的电磁波，这种由于物体中的分子、原子受到热激发而发射电磁波的现象称为热辐射。物体当温度低时发射红外光，当温度升高到 500℃时开始发射一部分暗红色光，当温度升高到 1500℃时开始发射白光。最为常见的热辐射源为钨灯和太阳。

热辐射发射的是连续光谱，且辐射是温度的函数，它是辐射源与周围物体之间热量传递的一种方式。研究热辐射的重要性在于：其一，光电检测系统中使用的很多光源实际上是热辐射源；其二，很多探测器系统的噪声来自热效应，因此热辐射理论是理解热噪声机制的基础。为了研究热辐射规律，物理学家们定义了一种理想物体——黑体(blackbody)，以此作为热辐射研究的标准物体。有关黑体辐射的理论在物理教科书中有详尽描述，这里只给出简单扼要的介绍。

2.2.1 基尔霍夫定律

首先来看任意物体的热辐射场特性。假设不同温度的物体放置在一个与外界隔离的封闭容器内，物体之间只能通过辐射相互交换能量，实验证明，经过一段时间后，容器内的物体以及容器都会达到同一温度即建立起热平衡，此时各物体之间在单位时间内发射的辐射必然等于吸收的辐射。这个结果说明任一物体在相同温度下吸收某一波长范围热辐射的本领越强，则它发射同一波长范围的热辐射能力也越强。或者说良好的发射体必然是良好的吸收体，反之亦然。

基尔霍夫将这个关系用定律的形式表达为：在给定温度的热平衡条件下，任何物体的辐射发射本领与吸收本领的比值与物体的性质无关，只是波长及温度的普适函数，且等于该温度下黑体对同一波长的单色辐射出射度。

2.2.2 黑体辐射的热动力学特性

物体在某个频率范围内发射电磁波的能力越大，则它吸收该频率范围内电磁波的能力也越大。如果一个物体在任何温度下都能将照射于其上的任何波长的辐射能全部吸收，并且不会有任何的反射与透射，则该物体称为绝对黑体，简称黑体。通过实验测定，人们总结出黑体辐射定律来描述黑体的辐射特性。黑体辐射定律包括普朗克辐射定律、斯特藩-玻尔兹曼定律和维恩位移定律。

普朗克于 1900 年建立了黑体辐射定律的公式。在推导过程中，普朗克考虑将电磁场的能量按照物质中带电振子的不同振动模式分布。得到普朗克公式的前提假设是这些振子的能量只能取某些基本能量单位的整数倍，这些基本能量单位只与电磁波的频率 ν 有关，并且和频率 ν 成正比，即 $E=h\nu$（h 为普朗克常数）。这即是普朗克的能量量子化假说，这一假说比爱因斯坦为解释光电效应而提出的光子概念至少早五年提出。普朗克没能为这一量子化假设给出更多的物理解释，他只是相信这是一种数学上的推导手段。从能量量子化假说出发，可以推导出黑体表面向半球空间发射波长为 λ 的光谱，其光谱辐射出射度 $M_{e,s,\lambda}$ 是黑体温度 T 和波长 λ 的函数，即

$$M_{e,s,\lambda}=\frac{2\pi c^2 h}{\lambda^5\left[e^{hc/(\lambda kT)}-1\right]} \tag{2.17}$$

其中，下角标 s 表示黑体；h 为普朗克常数；k 为玻尔兹曼常数；c 为光速。这就是普朗克辐射定律（Planck radiation law）。

图 2-4 是按照式（2.17）得到的不同温度条件下黑体的单色辐射出射度（辐射亮度）的波长分布。可见随着温度的升高，曲线下的面积（即黑体的总辐射出射度）迅速增加，单色辐射出射度的峰值波长逐渐减小，向短波方向移动；对应任一温度，单色辐射出射度随波长的变化连续变化，且只有一个峰值，对应不同温度的曲线不相交。因而温度能唯一确定单色辐射出射度的光谱分布和总辐射出射度。它们之间的数值关系将在下面简述。将式（2.17）对波长 λ 求积分，得到黑体发射的总辐射出射度为

$$M_{e,s}=\int_0^{\infty} M_{e,s,\lambda}\mathrm{d}\lambda \tag{2.18}$$

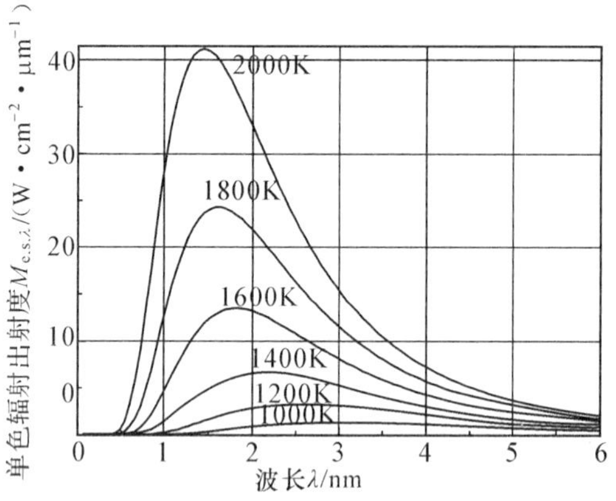

图 2-4 黑体的单色辐射出射度的波长分布

实验发现，$M_{e,s}$ 与绝对温度 T 的四次方成正比，即

$$M_{e,s}=k_{SB}T^4 \tag{2.19}$$

其中，k_{SB} 是斯特藩-玻尔兹曼常数，$k_{SB}=5.67\times10^{-8}\ \mathrm{W\cdot m^{-2}\cdot K^{-4}}$。由于该定律首先由斯特藩（J. Stefan）和玻尔兹曼（L. Boltzmann）分别独立提出，故式（2.19）称为黑体辐射的斯忒藩-玻尔兹曼定律（Stefan-Boltzmann law）。

【例 2-3】 设太阳和地球均可以看作绝对黑体，地球吸收太阳的辐射能并以热辐射形式释放出能量，从而达到热平衡。已知太阳对地球的视角约为 0.01rad，试估算太阳表面温度。

解 设日、地半径分别为 r_1 和 r_2，温度分别为 T_1 和 T_2，日地距离为 d。

由斯特藩-玻尔兹曼定律，太阳和地球每秒辐射的总能量分别为 $E_1=4\pi r_1^2 k_{SB} T_1^4$，$E_2=4\pi r_2^2 k_{SB} T_2^4$。由几何关系知，地球每秒钟从太阳所吸收的辐射能量为

$$\Phi=E_1 \cdot \frac{\pi r_2^2}{4\pi d^2}$$

热平衡时，应有 $\Phi=E_2$，由此得到

$$T_1=T_2\sqrt{\frac{2d}{r_1}}$$

由题意 $(2r_1)/d=0.01$，即 $d=200r_1$，代入上式得

$$T_1=20T_2$$

近似取地表温度 $T_2=300\text{K}$，则得太阳表面温度 $T_1\approx 6000\text{K}$。

黑体辐射研究的另一个主要目标是预测辐射场的光谱分布。为了求出不同温度的黑体的光谱辐射度的峰值波长，可以将式(2.17)对波长 λ 求微分后令其等于 0，结果为

$$\lambda_m T\approx 2898(\mu\text{m}\cdot\text{K}) \tag{2.20}$$

该定律首先由维恩(W. Wien)根据经典的热力学理论导出。这就是维恩位移定律(Wien's displacement law)，它说明 λ_m 与绝对温度 T 的乘积为与 T 无关的常数，即维恩位移定律说明了一个物体越热，其辐射谱的峰值波长越短。

【例 2-4】 当标准钨丝灯为黑体时，试计算它的峰值辐射波长、峰值光谱辐射出射度和它的总辐射出射度。

解　标准钨丝灯的温度 $T_w=2856\text{K}$，因此它的峰值辐射波长为

$$\lambda_m=2898/T=2898/2856=1.015(\mu\text{m})$$

将维恩位移定律代入普朗克公式，得到峰值光谱辐射出射度为

$$M_{e,s,\lambda}=1.309T^5\times10^{-15}=1.309\times2856^5\times10^{-15}=248.7(\text{W}\cdot\text{cm}^{-2}\cdot\mu\text{m}^{-1})$$

总辐射出射度为

$$M_{e,s}=k_{SB}T^4=5.67\times10^{-8}\times2856^4=3.77\times10^6(\text{W/m}^2)$$

2.3　半导体基础知识

2.3.1　基本概念

物质的导电性能决定于原子结构。导体一般为低价元素，其最外层电子极易挣脱原子核的束缚成为自由电子。高价元素(如惰性气体)或高分子物质(如橡胶)的最外层电子受原子核束缚力强，很难成为自由电子，所以导电性差，被称为绝缘体。常用的半导体材料硅(Si)和锗(Ge)均为四价元素，其导电性介于导体与绝缘体之间。

图 2-5 中，与最外层电子(价电子)能级相对应的能带称为价带 E_v(valence band)，价带以上能量最低的能带称为导带 E_c(conduction band)，禁带 E_f(forbidden band)位于导带底与价带顶之间。导体、半导体和绝缘体之间最重要的差别是导带与价带之间的禁带宽度 E_g。

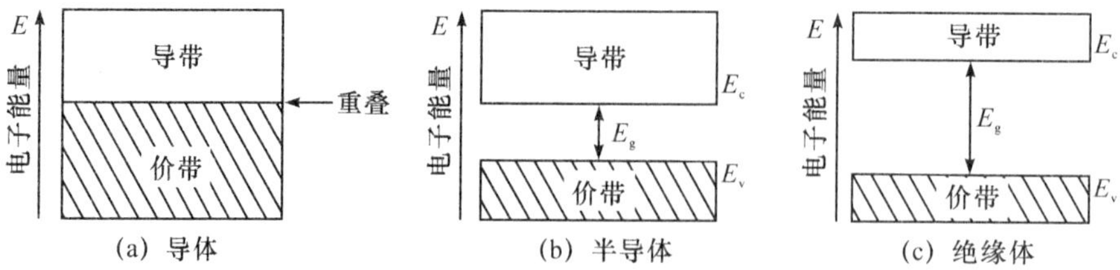

图 2-5 三种材料的能级

纯净的具有晶体结构的半导体称为本征半导体。在纯净的硅晶体掺入五价元素(如磷),使之取代晶格中硅原子的位置,就形成了 N 型半导体。在 N 型半导体中,自由电子的浓度大于空穴的浓度,故称自由电子为多数载流子,空穴为少数载流子,前者简称为多子,后者简称为少子。由于杂质原子可以提供电子,故称之为施主原子,或施主(donor)。由于施主原子的存在,它会产生附加的束缚电子的能量状态,这种能量状态称为施主能级,用 E_d 表示,它位于禁带之中导带底的附近,如图 2-6(a)所示。N 型半导体主要靠自由电子导电,掺入的杂质越多,多子(自由电子)的浓度就越高,导电性能也就越强。

在纯净的硅晶体中掺入三价元素(如硼),使之取代晶格中硅原子的位置,就形成了 P 型半导体。由于杂质原子的最外层有 3 个价电子,所以当它们与周围的硅原子形成共价键时,就产生了一个空穴,当硅原子的外层电子填补空位时,其共价键中也产生了一个空穴。因而 P 型半导体中,空穴为多子,自由电子为少子,主要靠空穴导电。因杂质原子中的空穴吸收电子,故称之为受主原子,或受主(acceptor)。由于受主原子的存在,也会产生附加的受主获取电子的能量状态,这种能量状态用 E_a 表示,称之为受主能级,如图 2-6(b)所示,它位于禁带之中价带顶附近。

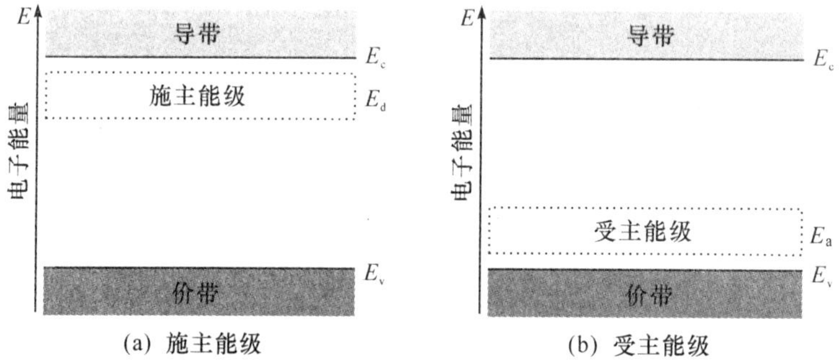

图 2-6 施主能级和受主能级

半导体在热激发下会产生自由电子和空穴对。在一定的温度下,热激发所产生的自由电子和空穴对,与复合的自由电子和空穴对的数目相等,达到动态平衡。当温度升高时热运动加剧,挣脱共价键束缚的自由电子增多,空穴也随之增多,即载流子的浓度升高;反之,若温度降低,则载流子的浓度降低。半导体材料性能对温度的这种敏感性,既可以用来制作光敏和热敏器件,又是半导体器件温度稳定性差的原因。

2.3.2 半导体对光的吸收

当光辐射入射到半导体材料上时,一部分被表面反射,剩余的被半导体吸收或透过半导体。入射光辐射的波长和强度不同、半导体的种类不同,光和半导体的相互作用也不同。

半导体材料吸收光子能量转换成为电能是内光电效应探测器件的工作基础。半导体对光的吸收过程通常用折射率、消光系数和吸收系数来表征。这些参数和半导体电学常数之间的关系可通过麦克斯韦方程组导出。

当角频率为 ω 和辐射通量为 Φ_0 的光垂直地照射到半导体表面上的时候，设距离表面 x 处的辐射通量为 $\Phi(x)$，则辐射通量的变化量 $\mathrm{d}\Phi(x)$ 与该点的辐射通量 $\Phi(x)$ 成正比，即

$$\mathrm{d}\Phi(x) = -\alpha\Phi(x)\mathrm{d}x \tag{2.21}$$

其中，α 称为吸收系数(absorption coefficient)，单位是 cm^{-1}。利用初始条件 $x=0$ 处的辐射通量 $\Phi(0)=\Phi_0$，解微分方程(2.21)，可以得到

$$\Phi(x) = \Phi_0 \mathrm{e}^{-\alpha x} \tag{2.22}$$

现考虑沿 x 方向传播的平面电磁波，则其电矢量可以用公式表示为

$$E(x) = E_0 \exp\left[\mathrm{j}\omega\left(t - \frac{x}{v}\right)\right] \tag{2.23}$$

其中，E_0 为振幅；ω 为角频率；t 为时间；v 为平面波沿 x 方向传播的速度。光在半导体中的速度比在真空中的速度小，如果设半导体的折射率为 $\bar{n}$，则根据 $v=c/\bar{n}$(c 为真空中的光速)，式(2.23)可以变换为

$$E(x) = E_0 \exp\left(\mathrm{j}\omega t - \mathrm{j}\,\frac{\bar{n}\omega}{c}x\right) \tag{2.24}$$

显然，半导体材料的电导率不为零，$\bar{n}$ 为复数，设 $\bar{n}=n-\mathrm{j}K$，代入式(2.24)，得到

$$E(x) = E_0 \exp\left(-\frac{\omega K x}{c}\right)\exp\left[\mathrm{j}\omega\left(t - \frac{n}{c}x\right)\right] \tag{2.25}$$

根据辐射通量 $\Phi(x)$ 与 $|E(x)|^2$ 成正比的关系，可以得出

$$\Phi(x) = \Phi_0 \exp\left(-\frac{2\omega K}{c}x\right) \tag{2.26}$$

对比式(2.22)与式(2.26)，得吸收系数为

$$\alpha = \frac{2\omega K}{c} = \frac{4\pi K}{\lambda} \tag{2.27}$$

其中，λ 为光的波长；K 为消光系数。复数折射率 $\bar{n}$ 的实数部分就是普通折射率，而虚数部分 K 则决定光的衰减，与吸收系数直接有关。光波在半导体中传播时，波的振幅随着透入的深度而减小，即存在光的吸收。这是由于波在传播过程中在半导体内激起传导电流，光波的部分能量转换为电流的焦耳热。

2.3.3　半导体的吸收光谱

光吸收跃迁效应是半导体中的一个基本物理现象。半导体中的光吸收主要包括本征吸收、激子吸收、晶格振动吸收、杂质吸收及自由载流子吸收。价带中的电子在光激发下跃迁到导带，这种由于电子在价带和导带的跃迁所形成的吸收过程称为本征吸收。这一现象是本征半导体光电探测器的基本工作原理。本征吸收只决定于半导体本身的性质，与它所含杂质和缺陷无关。

实验证明，波长比本征吸收长波限长的光波在半导体中往往也能被吸收。对于掺杂的非本征半导体，在光照下，如果光子能量等于或者大于杂质能级，会引起电子从杂质能级跃

迁到导带；同样，空穴亦可以吸收光子而跃迁到价带（或者说电子离开价带填补了束缚在杂质能级上的空穴），这种光吸收称为杂质吸收。利用这种性质可以制备非本征光电导光电探测器，然而为了使得电子在初始状态下布居在杂质能级上，杂质吸收跃迁一般需要在温度很低的条件下进行，导致光电探测器的实际应用很不方便，但是杂质吸收跃迁可以用来研究半导体光电探测器材料的杂质行为。除了本征吸收和杂质吸收跃迁以外，在半导体中还会发生自由载流子吸收和声子吸收跃迁，如图 2-7 所示，这就是通常观测到的半导体的吸收光谱。这些光吸收现象可以用来研究半导体光电探测器材料的物理性质和参数。如果读者对这些内容有兴趣，可以参考半导体物理学。

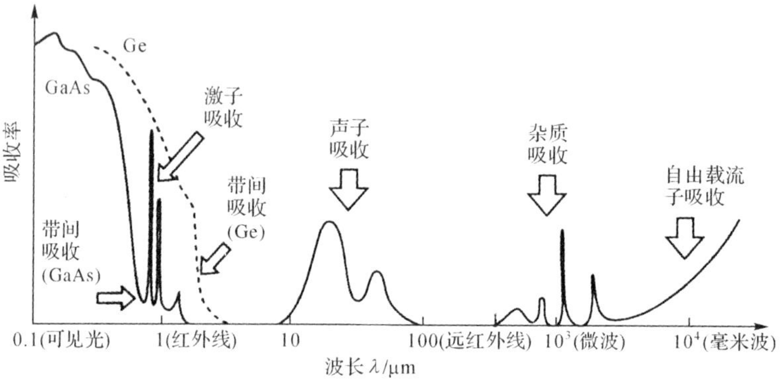

图 2-7 半导体的吸收光谱

从上面的分析可知，要发生本征吸收，需要入射的光子能量大于或等于禁带宽度 E_g，即

$$h\nu \geqslant E_g \tag{2.28}$$

因此，本征半导体材料的截止波长为

$$\lambda_g = \frac{hc}{E_g} \tag{2.29}$$

亦即只有波长小于 λ_g 的入射辐射才能产生本征吸收。如果禁带宽度的单位为 eV，截止波长的单位为 μm，式(2.29) 可以表示为

$$\lambda_g = \frac{1.24}{E_g}\mu\text{m} \tag{2.30}$$

同样，我们可以分析出杂质半导体的截止波长。

对于 N 型半导体，定义杂质电离能 $\Delta E_a = E_c - E_d$；对于 P 型半导体，定义杂质电离能 $\Delta E_a = E_a - E_v$。要发生杂质吸收，需入射辐射光子能量大于或等于杂质电离能，因此有

N 型半导体的光吸收截止波长为

$$\lambda_g = \frac{hc}{\Delta E_d} = \frac{1.24}{\Delta E_d}\mu\text{m}$$

P 型半导体的光吸收截止波长为

$$\lambda_g = \frac{hc}{\Delta E_a} = \frac{1.24}{\Delta E_a}\mu\text{m}$$

入射光子的能量小于禁带宽度 E_g（或杂质电离能）则不是被吸收，而是直接透射过半导体材料。硅或锗并非是唯一可用于光电探测器的半导体材料。表 2-3 给出了几种半导体材

料的禁带宽度和对应的截止波长(有时也称之为长波限)。

表 2-3　几种半导体材料的禁带宽度和对应的截止波长

材料	E_g/eV	λ_g/μm
C	5.5	0.23
Si	1.1	1.11
Ge	0.66	1.88
PbS	0.41	3.02
PbTe	0.32	3.88
GaP	2.24	0.55

入射光要被探测到,需要光子能量比 E_g 大(或波长 $\lambda < \lambda_g$)。硅对于波长大于 1.1μm 的光信号几乎是透明的。锗对于接近 1.9μm 的光信号仍有响应,而且探测的截止波长下限接近 0.6μm。而表 2-3 中 GaP 的响应与明视觉时候的人眼响应匹配,在光度量测量中,使用这样的材料制成的探测器,与硅探测器相比可避免使用 $V(\lambda)$ 修正片。

对于杂质半导体,杂质的电离能 ΔE_d、ΔE_a 一般比禁带宽度 E_g 小很多,杂质吸收的截止波长远大于本征吸收的截止波长。例如,Ge:Li(锗掺锂),$\Delta E_d = 0.0095\text{eV}$,$\lambda_g = 133\mu\text{m}$;Si:As(硅掺砷),$\Delta E_a = 0.0537\text{eV}$,$\lambda_g = 23\mu\text{m}$。

下面利用光吸收定律进一步讨论有关半导体材料制作的光电探测器的量子效率问题。量子效率描述了光电探测器将输入的辐射通量转换为电流的能力。光子必须被吸收才能被检测到,因此,在距入射面 l 处的剩余的辐射通量为

$$\Phi = \Phi_0 e^{-\alpha(\lambda) l} \tag{2.31}$$

首先定义在探测器内被吸收的部分与入射的辐射通量的比值 η_{ab},即

$$\eta_{ab} = \frac{\Phi_0 - \Phi_0 e^{-\alpha(\lambda) d_1}}{\Phi_0} = 1 - e^{-\alpha(\lambda) d_1} \tag{2.32}$$

其中,d_1 是探测器的吸收深度。量子效率为探测器吸收的辐射通量与入射辐射通量的比值。入射光进入探测器前,因表面反射而损失一部分,因此量子效率低于 η_{ab}。通过菲涅尔(Fresnel)反射定律,我们可以计算出反射导致的能量损失。对于最为简单的情况,入射光信号从空气或真空垂直入射到折射率为 n 的半导体材料上时,由菲涅尔公式得到

$$S = \left(\frac{n-1}{n+1}\right)^2 \tag{2.33}$$

其中 S 为反射率。由此量子效率为

$$\eta = (1 - S)\eta_{ab} \tag{2.34}$$

可见,量子效率有两部分:$(1-S)$ 是进入探测器的辐射通量,说明入射到探测器的外表面的光子穿透材料而未被反射出表面的比例;而 η_{ab} 则表征探测器吸收的辐射通量。对于硅和锗探测器,反射率可能高达30%以上,通常在表面采用镀上增透膜的方法以降低反射率。由式(2.34)可见,提高量子效率,需要降低光反射率 S,增大吸收系数,且吸收层厚度要足够长以充分吸收辐射。材料的吸收系数是波长的函数,因此一个探测器的量子效率不是恒

定的，而是随着波长变化。

2.3.4 半导体的电导率

实验发现，在电场强度不大的情况下，半导体中的载流子在电场的作用下的运动遵守欧姆定律。但是，半导体中存在两种载流子，即带正电的空穴和带负电的电子，而且载流子浓度又随着温度和掺杂的不同而不同，所以它的导电机制比导体复杂。

下面从载流子运动的微观角度考虑导电现象。在如图 2-8 所示的半导体上，沿 x 方向施加电场 E_x，设载流子的质量为 m，电荷量为 q(对于空穴，$q>0$；对于电子，$q<0$)，平均速度为 v_x，载流子的运动方程为

$$m\frac{\mathrm{d}v_x}{\mathrm{d}t}+\frac{m}{\tau}v_x=qE_x \tag{2.35}$$

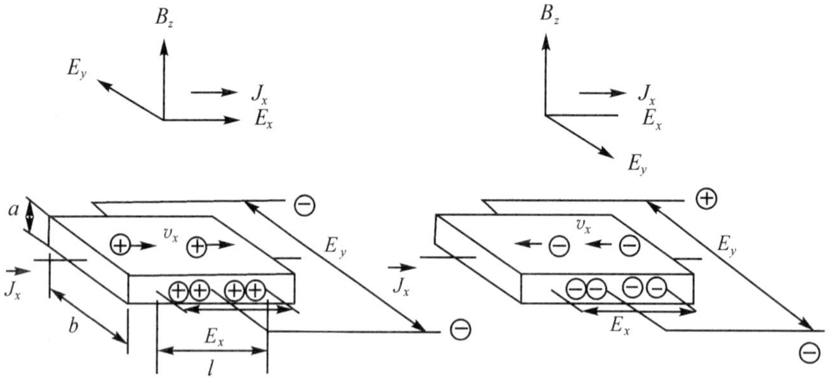

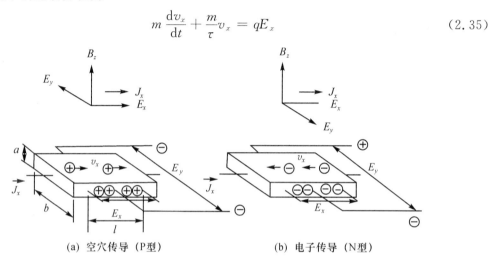

(a) 空穴传导 (P型)　(b) 电子传导 (N型)

图 2-8　电导率的计算推导图

载流子在半导体中运动时，会不断地与热振动的晶格原子或电离的杂质离子发生作用，或者说碰撞，用波的概念，就是说电子波在半导体中传播时遭到了散射。所以，载流子在运动中，由于受到晶格热振动或电离杂质以及其他因素的影响，不断地遭到散射。其连续两次散射间的平均时间称为平均自由时间 τ。

在稳定情况下(v_x 一定，即电流一定时)，$\mathrm{d}v_x/\mathrm{d}t=0$，由式(2.35)得出

$$v_x=\frac{q\tau}{m}E_x \tag{2.36}$$

此外，若设载流子浓度为 n_B，则 x 方向的电流密度 J_x(单位时间内流过单位面积的电荷量)为

$$J_x=n_\mathrm{B}qv_x \tag{2.37}$$

代入式(2.36)，得到 $J_x=\dfrac{n_\mathrm{B}q^2\tau}{m}E_x$。

式(2.37)实际上是欧姆定律，它把电流密度和该处的电导率 σ(电阻率的倒数)及电场强度直接联系起来，可得到

$$\sigma=\frac{J_x}{E_x}=\frac{n_\mathrm{B}q^2\tau}{m} \tag{2.38}$$

通常利用单位电场中载流子的平均速度来表示载流子的运动快慢，称之为迁移率 μ。由

式(2.36)得出

$$\mu = \frac{v_x}{E_x} = \frac{q\tau}{m} \tag{2.39}$$

利用式(2.39),结合式(2.38)得出

$$\sigma = n_B q\mu \tag{2.40}$$

可见,电导率与载流子的电荷量、浓度及迁移率成正比。在杂质半导体中,通常从室温到低温的范围内,电子或空穴相对于另一方的少数载流子数目都很大,因此式(2.40)成立。若把电子及空穴的浓度、迁移率分别设为 n_e、n_p、μ_n、μ_p,那么从室温到低温范围,式(2.40)改为

$$\sigma = n_e q\mu_n \text{(N 型半导体)}$$

$$\sigma = n_p q\mu_p \text{(P 型半导体)}$$

随着温度升高,半导体的载流子分布进入本征温度范围。一旦价带的电子被激发到导带,价带便产生空穴,这同样有助于电流的形成。这时电导率可以表示为

$$\sigma = n_e q\mu_n + n_p q\mu_p \tag{2.41}$$

它表示半导体材料的电导率与载流子浓度和迁移率间的关系。

2.3.5 载流子的扩散与漂移

载流子在半导体中的移动形成电流。使半导体中的载流子移动有两种方法:一种是众所周知的对载流子施加电场;稍难理解的是另一种方法,处于两个位置的载流子的密度差使载流子从密度高处向密度低处运动。我们身边就有很多这样的例子,例如,滴进水中的墨水会渗透开去,是因为墨汁的粒子会从密度高处向低处自然移动。我们常称此为扩散。与之类似,在半导体中的载流子也会发生这种现象。因电场使载流子移动称为漂移,由于密度差导致的载流子移动称为扩散,这些电流分别称为漂移电流和扩散电流。

当材料的局部位置(比如材料表面)受到光照时,材料吸收光子产生载流子,在这局部位置的载流子浓度就比平均浓度要高。这时载流子将从浓度高的地点向浓度低的地点移动,即扩散。由于扩散作用,流过单位面积的电流称为扩散电流密度,它正比于光生载流子的浓度梯度。

上述半导体知识对理解光电探测器的工作原理是十分必要的。

2.4 光电探测器的原理及特性

2.4.1 光电效应

当光作用到物质表面时,与光电材料中的电子相互作用,改变了电子的能量状态,从而引起各种电学参量变化,这种现象统称为光电效应(photoelectric effect)。根据所产生光电现象不同,光电效应可以分为两类:在光线作用下能使电子从物体表面逸出的为外光电效应或者光电发射;受到光照射的物质内部电子能量状态发生变化,光子激发产生的载流子仍保留在材料内部,不存在表面发射电子的现象为内光电效应。能引起物体电导率改变的

称为光电导效应；而能够产生一定方向电动势的称为阻挡层光电效应或者光伏效应。无论是光电导效应还是光伏效应都统称为内光电效应。真空光电管、充气光电管、光电倍增管和很多特殊器件都是基于外光电效应的器件，这种在光线作用下产生光电发射的物体表面通常称为光（电）阴极；而半导体光电二极管、光电池、光敏电阻等都是基于内光电效应的器件。

1. 外光电效应

外光电效应是指物质在光辐射作用下，产生光电发射的现象。半导体中的电子不能存在于禁带区域，导带与真空能级之间形成电子亲和势（E_A）。当光子入射到光阴极面上时，处于价带中的电子吸收光子能量而被激励，向表面扩散，扩散到表面的电子，越过真空位垒成为光电子发射到真空，完成由光子转变为电子的光电发射。

光电发射（外光电效应）遵守斯托夫定律和爱因斯坦定律，外光电效应激发出的光电子的利用历史和二次电子倍增系统开发紧密相关。

（1）斯托夫定律

当入射辐射的光谱成分不变时，饱和光电流 I_p 与入射的辐射通量 Φ_0 成正比，即

$$I_p = S\Phi_0 \tag{2.42}$$

其中，S 为表征物质的光电发射灵敏度。灵敏度概念在后面会详细论述。

（2）爱因斯坦定律

光电发射的第二定律为爱因斯坦所发现，故称爱因斯坦定律。它阐明了发射光电子的最大动能与入射光频率 ν（或波长 λ）和光电发射材料逸出功（W）之间的关系，发射光电子最大动能与光的强度无关，随入射光频率的提高而线性增加，即

$$\frac{1}{2}m_e v_{max}^2 = h\nu - W \tag{2.43}$$

其中，m_e 为光电子的质量；v_{max} 为出射光电子的最大速度；h 为普朗克常数。

金属中虽有大量的自由电子，但在通常条件下并不能从金属表面挣脱出来。这是因为在常温下虽然有部分自由电子克服了原子核的库仑引力而能逸出金属表面，但是逸出表面的电子对金属的感应作用使金属中电荷重新分布，在表面上出现与电子等量的正电荷。逸出电子受到这种正电荷的作用，动能减小，以致不能远离金属，只能出现在靠近金属表面的地方。金属表面形成的偶电层使表面电位突变，阻碍电子向外逸出。所以电子欲逸出金属表面必须克服两部分功，即克服原子核的静电引力和偶电层的势垒作用所做的功。电子所需做的这种功，称为逸出功或功函数 W。

金属光电发射过程可以归纳为以下三个步骤：

（1）金属吸收光子后体内的电子被激发到高能态；

（2）被激发电子向表面运动，在运动过程中因碰撞而损失部分能量；

（3）克服表面势垒逸出金属表面。

电子逸出表面必须获得的最小能量，即为逸出功 W，用公式表达为

$$W = E_0 - E_f \tag{2.44}$$

其中，E_0 表示体外自由电子的最小能量，即真空中一个静止电子的能量；E_f 表示费米能级。绝对零度时金属中自由电子能带中的平均键能与费米能级的关系如图 2-9 所示。

半导体材料表面功函数也是体外最低自由能和费米能级之差。不同类型半导体材料的费米能级位置不同:本征半导体的费米能级在禁带中央;N 型半导体的费米能级在导带底附近;P 型半导体的费米能级位于价带顶。

对于半导体,光电发射的逸出功和热电子发射的逸出功是不同的。如图 2-10 所示,本征半导体热电子发射的逸出功为

$$W_{热}=E_0-E_f=\frac{1}{2}E_g+E_A \tag{2.45}$$

其中,E_g 是半导体禁带宽度(因费米能级在禁带中央);$E_A=E_0-E_c$,E_c 为导带底的能量,E_A 称电子亲和势。而光电子发射逸出功为

$$W_{光}=E_g+E_A \tag{2.46}$$

所以用费米能级来表示光电子发射是不够确切的。在一般情况下,能够有效吸收光子的电子大多处在价带顶附近,所以半导体材料光电发射的能量阈值为 $E_{th}=E_g+E_A$。

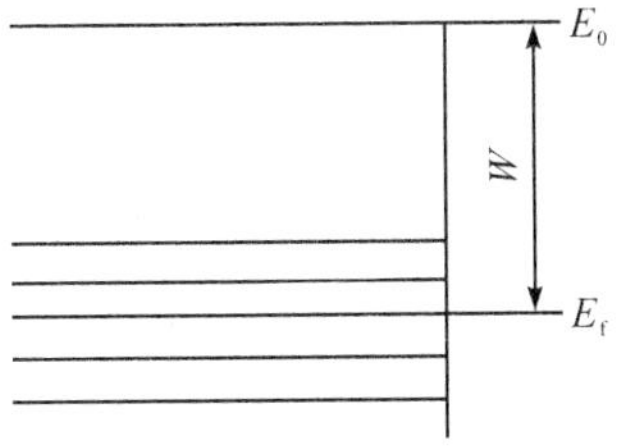

图 2-9　金属能带

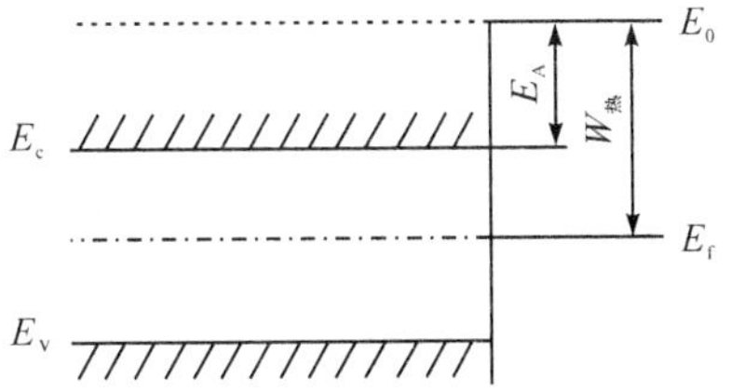

图 2-10　半导体能带

半导体受光照后能量的转换公式为

$$h\nu=\frac{1}{2}mv_0^2+E_{th}=\frac{1}{2}mv_0^2+E_g+E_A \tag{2.47}$$

如果 $E_g\leqslant h\nu\leqslant E_g+E_A$,则说明电子吸收光子能量后只能克服禁带能量跃入导带,而没有足够能量克服电子亲和势逸入真空。

由式(2.46)和式(2.47)可知,光子的最小能量必须大于光电发射阈值或功函数,否则电子就不会逸出物质表面。这个最小能量对应的波长称为截止波长(或称长波限)。截止波长的计算公式为

$$h\nu=\frac{hc}{\lambda}\geqslant E_{th}\text{或}\frac{hc}{\lambda}\geqslant W$$

$$\lambda_{max}=\frac{hc}{E_{th}}\text{或 }\lambda_{max}=\frac{hc}{W} \tag{2.48}$$

其中,$h=4.13\times10^{15}$ eV · s,是普朗克常数;$c=3\times10^{14}$ μm/s,是光速。把 h、c 值代入式(2.48)得

$$\lambda_{max}=\frac{1.24}{E_{th}}\text{或 }\lambda_{max}=\frac{1.24}{W}(\mu m) \tag{2.49}$$

由以上分析可知,如果设法减小电子亲和势甚至降到负值,那么光电发射的截止波长就得到了延长,材料的量子效率也大为提高。获得负亲和势材料的原理是设法使材料表面出现能带弯曲。对于负电子亲和势材料,其截止波长的计算公式为

$$\lambda_g\leqslant\frac{hc}{E_g}=\frac{1.24}{E_g}(\mu m) \tag{2.50}$$

(3)二次电子发射的基本原理

当足够能量的电子轰击固体表面时,就有一定数量的电子从固体表面发射出来。如图 2-11 所示,我们称入射的电子为一次电子,发射的电子为二次电子。二次电子发射系数定义为发射的二次电子数 N_s 和入射的一次电子数 N_e 之比,即

$$\delta=\frac{N_s}{N_e} \tag{2.51}$$

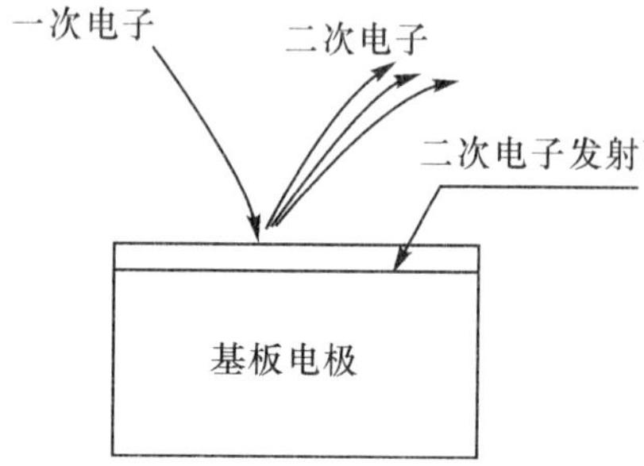

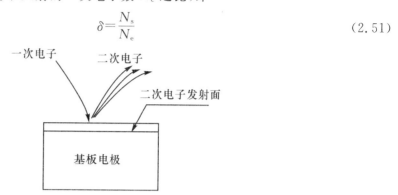

图 2-11 倍增极的二次电子发射模型

二次电子发射过程可以分为三个阶段:①入射电子与发射体中的电子相互作用,一部分电子被激发到较高能级;②一部分受激电子向发射体-真空界面运动;③到达表面的电子中,能量大于表面势垒的那些电子发射到真空中。从这三个阶段中,我们可以看出二次电子发射特性与一次电子能量有关(一般认为是函数关系)。当一次电子能量较低时,受激电子产生在发射体表面附近,这时,逸出概率很高,但受激的电子数不多,所以 δ 较小。一次电子能量增加时,受激电子数目很快增加,虽然逸出概率有些降低,但总效果是 δ 增加。当一次电子能量相当大时,受激电子产生在发射体深处,这时逸出概率很低,尽管受激电子数目较多,总的效果还是 δ 较小。再进一步增加电子能量,δ 逐渐减小。因此,通常的二次电子发射体的二次电子发射曲线存在一个峰值。当一次电子能量为某一最佳值时,二次电子发射系数 δ 最大,如图 2-12 所示。

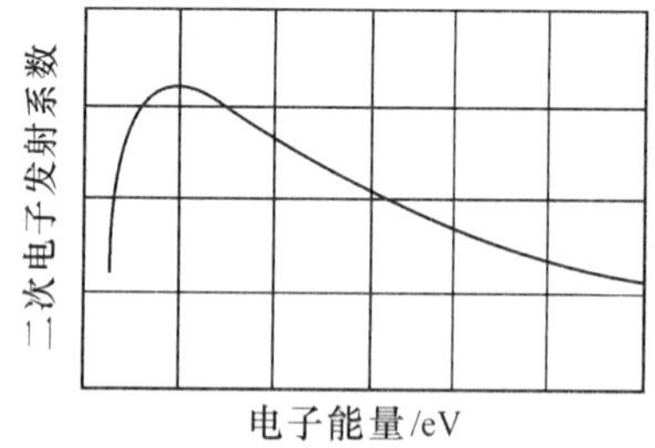

图2-12 二次电子发射系数一般形式

在二次电子发射体中,当一次电子能量较大时,受激电子产生在一个相当大的深度范围内。由于不同电子逸出前能量损失情况不相同,因此,二次电子的初始动能相当分散。图 2-13 表示正电子亲和势材料发射的二次电子能量分布的典型情况。曲线的右边峰反映的并非真正的二次电子,而是反射的一次电子,其能量几乎等于入射的一次电子的能量。

2. 半导体的光伏效应

光伏效应是一种内光电效应,当光子激发时能产生光生电动势。这种效应是基于两种材料相接触形成内建势垒,光子激发的光生载流子被内建电场移向势垒两边,从而形成光

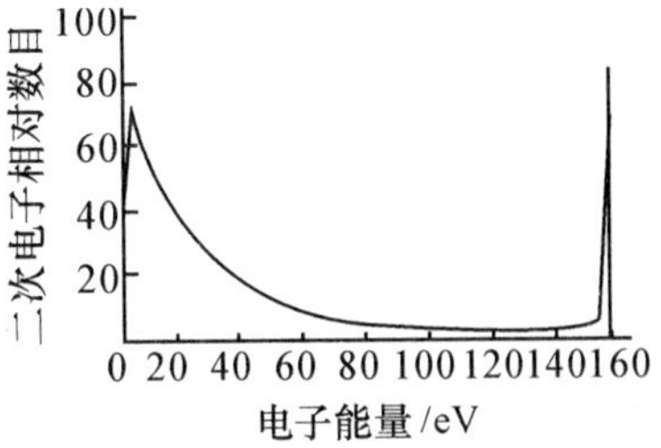

图 2-13　二次电子能量分布

生电动势。因所用材料不同，有半导体 PN 结势垒、金属与半导体接触肖特基势垒、异质结势垒等多种结构。下面主要讨论 PN 结光伏效应的原理。

(1)热平衡状态下的 PN 结

采用不同的掺杂工艺，通过扩散作用，将 P 型半导体与 N 型半导体制作在同一块半导体(通常是硅或锗)基片上，在它们的交界面形成的空间电荷区称为 PN 结。

在热平衡条件下，PN 结中净电流为零。如果有外加电压时结内平衡被破坏，则流过 PN 结的电流方程为

$$I_d = I_s[e^{qU_b/(kT)} - 1] \tag{2.52}$$

式(2.52)给出了 PN 结电流与 PN 结电压的关系。其中，U_b 是偏置电压；k 是玻尔兹曼常数；T 是热力学温度；I_s 为反向饱和电流；q 为电子电荷量。由式(2.52)可知，若 $U_b=0$，则 $I_d=0$，即平衡状态；若$U_b>0$，即在 P 区加上正电压(正向偏置)，这时流过的电流称为正向电流，方向从 P 区经过 PN 结指向 N 区；若 $U_b<0$，即在 P 区加上负电压(反向偏置)，由于式(2.52)中指数关系项变得非常小，所以 I_d 几乎与 $-I_s$ 相等，即从 N 区到 P 区只流过幅度微小的电流 I_s。

(2) PN 结的电容效应

PN 结具有电容效应，根据产生原因不同分为势垒电容和扩散电容。

① 势垒电容

当 PN 结外加的反向偏压变化时，空间电荷区的宽度将随之变化，即耗尽层的电荷量随外加电压而增大或减小，这种现象与电容器的充放电过程相同，如图 2-14(a) 所示。耗尽层宽窄变化所等效的电容称为势垒电容 C_b。势垒电容具有非线性，与结面积、耗尽层宽度、半导体的介电常数及外加电压有关。势垒电容与外加电压的关系如图 2-14(b) 所示。

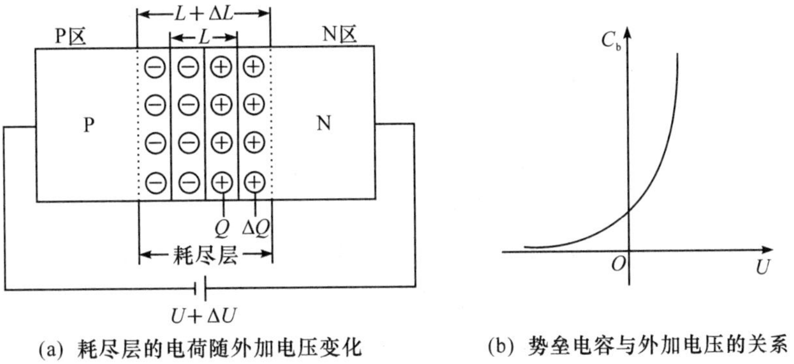

图 2-14　PN 结的势垒电容

② 扩散电容

PN结处于平衡状态时的少子常称为平衡少子。PN结处于正向偏置时，从P区扩散到N区的空穴和从N区扩散到P区的自由电子均称为非平衡少子。当外加正向电压一定时，靠近耗尽层交界面的地方非平衡少子的浓度高，而远离交界面的地方浓度低，且浓度自高到低逐渐衰减，直到零，形成一定的浓度梯度（即浓度差），从而形成扩散电流。当外加正向电压增大时，非平衡少子的浓度增大且浓度梯度也增大，从外部看正向电流（即扩散电流）增大。当外加正向电压减小时与上述变化相反。

如图2-15所示的三条曲线表示的是在不同正向电压下P区少子浓度的分布情况。各曲线与 $n_p = n_{p0}$ 所对应的水平线之间的面积代表了非平衡少子在扩散区域的数目。当外加电压增大时，曲线由Ⅰ变为Ⅱ，非平衡少子数目增多；当外加电压减小时，曲线由Ⅰ变为Ⅲ，非平衡少子数目减小。扩散区内，电荷的积累和释放过程与电容器充放电过程相同，这种电容效应称为扩散电容 C_d。和 C_b 一样，C_d 也具有非线性，它与流过PN结的电流 i、温度电压当量 U_T 以及非平衡少子的寿命 τ 有关。i 越大，τ 越大，U_T 越小，C_d 就越大。

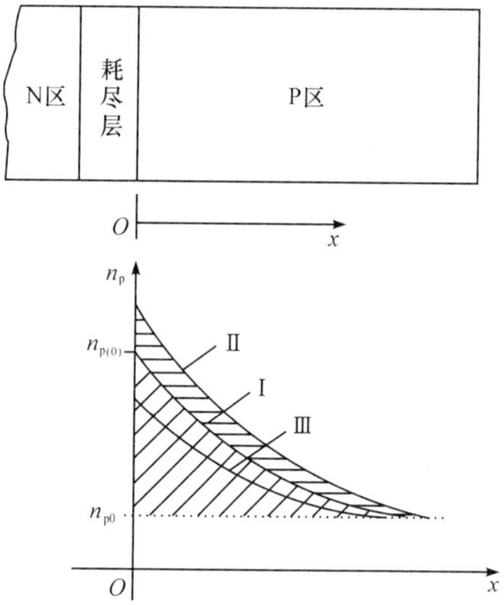

图2-15 在不同正向电压下P区少子浓度的分布情况

由此可见，PN结的结电容 C_j 是 C_b 与 C_d 之和，即

$$C_j = C_b + C_d \tag{2.53}$$

由于 C_b 与 C_d 一般都很小（结面积小的为1pF左右，结面积大的为几十至几百皮法），对于电容信号呈现出很大的容抗，其作用可忽略不计，但信号频率较高时必须考虑结电容。

(3)PN结的光伏效应

PN结的P区表面受光照射时，如果入射光子的能量大于或等于半导体材料的禁带宽度（带隙），则在P区内将激发出电子-空穴对。由于P区的多数载流子是空穴，在热平衡时浓度较大，因此光生空穴对P区的空穴浓度影响很小。而光生电子对P区的电子浓度影响很大，从P区表面到P区内部形成电子浓度梯度，引起电子从表面向内部扩散。到达PN结区的电子立即被内建电场扫向N区。为了使在P区产生的电子能全部被扫进N区，P区的厚度应小于电子扩散长度。入射的光子也可以到达N区内，在那里也会激发出电子-

空穴对，其中的空穴由于扩散及内建电场的作用进入 P 区。所以入射光辐射所产生的电子-空穴对被内建电场(不加外电场)分离开来，空穴顺着电场运动，进入 P 区，电子逆电场运动，流入 N 区，最后在结区两边产生一个与内建电场方向相反的光生电动势，这就是 PN 结的光伏效应。

如果工作在零偏置的开路状态，PN 结型光电器件产生光伏效应，这种工作原理称光伏工作模式。如果工作在反偏置状态，当无光照时，结电阻很大，电流很小；当有光照时，结电阻变小，电流变大，而且流过它的光电流随照度的变化而变化。这种工作状态称为光电导工作模式。

(4)光照下 PN 结的电流方程

当光伏探测器受光照时，如图 2-16 所示，外电路接上负载电阻 R_L，此时在 PN 结内出现两种方向相反的电流：一种是光激发产生的电子-空穴对在内建电场作用下形成的光电流 I_d；另一种是光电流 I_p 流过负载电阻 R_L 产生电压降，相当于在 PN 结施加正向偏置，从而产生正向电流 I_d。总电流是两者之差。这样流过负载 R_L 的总电流为

$$I_L = I_p - I_s\left[e^{qU_b/(kT)} - 1\right] \tag{2.54}$$

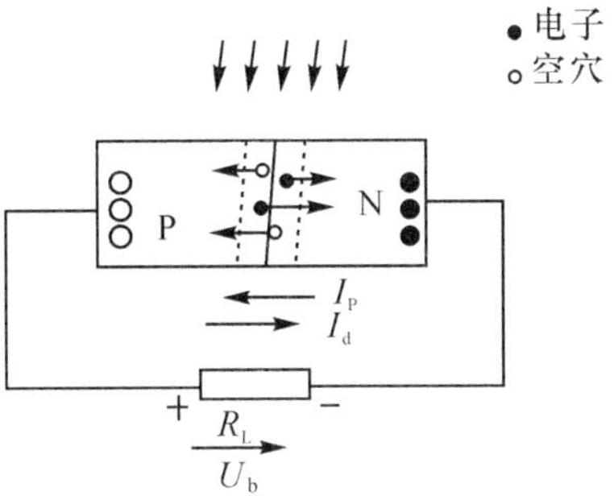

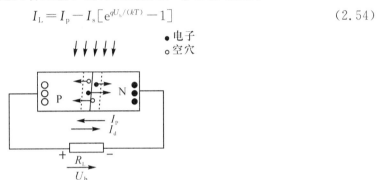

图 2-16　光照 PN 结工作原理

光电流 I_p 的方向是从 N 端经过 PN 结指向 P 端，显然光电流的大小与光照有关。下面分析两种情况，其中一种是当负载电阻断开时(即负载电阻 $R_L \to \infty$)，光伏探测器的输出电压为开路电压 U_{oc}，用公式表达为

$$U_{oc} = \frac{kT}{q}\ln\left(1 + \frac{I_p}{I_s}\right) \tag{2.55}$$

在一般情况下，光电流要远远大于 I_s，这样在一定温度下，开路电压与光电流的对数成正比。另一种情况是，若 PN 结短路(即负载电阻 $R_L = 0$)，光生电压接近零，短路电流 I_{sc} 为

$$I_{sc} = I_p = \frac{q\eta}{h\nu}\Phi \tag{2.56}$$

其中，η 为量子效率；Φ 为辐射到器件的辐射通量。式(2.56)表明 PN 结光电器件的短路电流与辐射通量或照度成正比。U_{oc} 和 I_{sc} 是光伏探测器的两个重要参量。

3. 半导体的光电导效应

半导体材料受光照射时，吸收光能量而形成非平衡载流子，从而导致材料电导率变化，这种现象称为光电导效应。利用这种效应做成的光电探测器称为光电导探测器，亦叫光敏电阻。由于半导体材料结构不同，光电导探测器可分成单晶和多晶两种类型。单晶光电导探测器又因吸收结构不同而分为本征型和非本征型(杂质)光电导探测器。

(1)本征型光电导探测器

在光电导材料两端涂上电极,并加以电压,如图 2-17 所示。设材料的长、宽和高分别为 l,w 和 d。在无光照时,常温下材料具有一定的热激发载流子浓度,从上面讨论可知其暗电导率为

$$\sigma_0 = q(n_{e0}\mu_n + n_{p0}\mu_p)$$

其中,q 为电子电荷量;n_{e0},n_{p0},μ_n,μ_p 分别为材料热平衡电子浓度、空穴浓度、电子迁移率和空穴迁移率。由此可知暗电阻 $R_0 = \frac{1}{\sigma_0}\frac{l}{A}$其中 A 是半导体材料的横截面积,由此可知暗电导为 $g_0 = \sigma_0 A/l$。

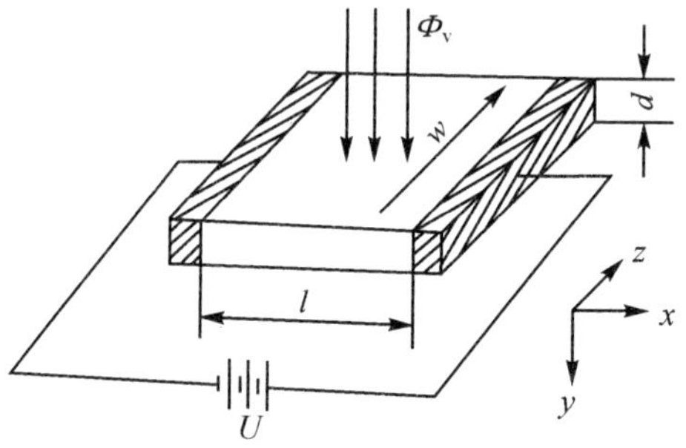

图 2-17 光电导原理

若照射光电导探测器的光子能量 $h\nu > E_g$,产生的光生载流子浓度分别为 Δn_e(电子)和 Δn_p(空穴),则材料的电导率为

$$\sigma = q[(n_{e0} + \Delta n_e)\mu_n + (n_{p0} + \Delta n_p)\mu_p] \tag{2.57}$$

也就说 Δn_e 和 Δn_p 使半导体的电导率有一增量,用公式表达为

$$\Delta\sigma = \sigma - \sigma_0 = q(\Delta n_e \mu_n + \Delta n_p \mu_p) \tag{2.58}$$

显然,Δn_e 和 Δn_p 使半导体的电导有一增量 $\Delta g = \Delta\sigma A/l$。通常我们称 Δg 为半导体的光电导。由式(2.58)可知,导带中的光生电子和价带中的光生空穴对光电导都有贡献,所以光电导效应是非平衡多数载流子过程。

(2)非本征型光电导探测器

非本征型光电导探测器的工作原理与本征型光电导探测器的类似,只是非本征(杂质)激发的光电导探测器光生载流子浓度 $\Delta n_e \neq \Delta n_p$,在 N 型中,$\Delta n_e \gg \Delta n_p$,在 P 型中,$\Delta n_p \gg \Delta n_e$,因此它们的光电导率分别为

$$\Delta\sigma_N = q(\Delta n_e \mu_n) \quad \text{N 型}$$

$$\Delta\sigma_P = q(\Delta n_p \mu_p) \quad \text{P 型}$$

由此,非本征光电导为

$$\Delta g_n = \Delta\sigma_n A/l \quad \text{N 型}$$

$$\Delta g_p = \Delta\sigma_p A/l \quad \text{P 型}$$

请注意,光伏效应与光电导效应相反,是一种少数载流子过程。少数载流子的寿命通常短于多数载流子寿命,当少数载流子复合掉时,光生电压就消失了。因此,基于光伏效应的光伏探测器比用同样材料制成的光电导探测器响应更快。

2.4.2　光电探测器的种类

目前应用范围较广的光电探测器的种类如表 2-4 所示。

表 2-4　光电探测器的种类

效应			相应的探测器
光子效应	外光电效应	光阴极发射光电子	真空光电管 充气光电管
		光电子倍增	光电倍增管 像增强管
	内光电效应	光电导(本征和非本征)	光敏电阻
		光生伏特	光电池 光电二极管 PIN 光电二极管 雪崩光电二极管 光电三极管 位置灵敏探测器
光热效应		测辐射热计 负电阻温度系数 正电阻温度系数	半导体测辐射热计 金属测辐射热计
		超导	超导远红外探测器
		温差电	热电偶 热电堆
		热释电	热释电探测器

光子效应是指单个光子的性质对产生的光电子起直接作用的一类光电效应，如前面所述的外光电效应、光伏效应和光电导效应。探测器吸收光子后，直接引起分子或原子的内部电子状态的改变，因此该类探测器能够对光波频率表现出选择性，并且直接与电子作用使得其响应速度较快。

1887 年，德国的赫兹(H. Hertz)在做电磁波实验时，发现光照射到金属表面会引起电子发射。在光电效应中，要释放光电子显然需要有足够的能量。根据经典电磁波理论，光是电磁波，电磁波的能量大小取决于振幅，而与频率无关。实验表明，存在一个截止频率，当入射光频率低于截止频率时，无论多强的光都无法激发电子；除此之外，激发产生的光电子速度与光强大小无关。1905 年，爱因斯坦把普朗克的量子化概念进一步推广，把射向金属表面的光视为光子流，成功解释了光电效应。1909 年，里克特迈耶(F. Richtmeyer)发现，封入真空中的 Na 光电阴极所发出的电子总数与照射的光子数成正比，奠定了光电管的基础。接着出现了各种光子探测器，具有代表性的除了发展较早、技术上也较成熟、响应波长从紫外到近红外的光电倍增管以外，硅和锗材料制作的光电二极管以及铅锡、Ⅲ～Ⅴ族化合物、锗掺杂等光辐射探测器，目前均已达到相当成熟的阶段。三元合金光电探测器是 20 世纪 60 年代出现的光子探测器，其中碲镉汞(HgCdTe)探测器正向小于 8μm、大于 14μm 的波长发展，特别是室温工作的

1～3μm和 3～5μm 波段的光辐射探测器已达到相当高的水平。

20 世纪 80 年代中期，出现了利用掺杂的 GaAs/AlGaAs 材料、基于导带跃迁的新型光电探测器——量子阱探测器。这种器件由于在军事和民用中的重要性，发展非常迅速。随着激光与红外技术的发展，在许多情况下单个光电探测器已不能满足探测系统的需要，从而推动了阵列(线阵和面阵)光辐射探测器的发展。光子探测器的另一个发展方向是集成化，即把光电探测器、场效应管(field-effect transistor，FET)等元件置于同一基片上。这可大大缩小体积，改善性能，降低成本，提高稳定性并便于装配到系统中去。

基于光热效应原理的探测器吸收光辐射能量后，并不直接引起内部电子状态的改变，而是把光能转变为晶格的热运动，引起探测元件的温度上升，从而使得其电学或者物理性质发生变化。因此，光热效应的光电信号大小取决于入射辐射功率而与入射辐射的光谱成分无关，即对光辐射的响应无波长选择性。温度升高是热积累的作用，其响应速度比较慢，而且容易受到环境温度变化的影响。值得注意的是，热释电探测器的发展使得热探测器这个领域大为改观，其具有较高的响应速度，工作时不需要冷却也不需要偏压电源，可以在室温下工作也可在高温下工作，结构简单，使用方便，在近紫外到远红外波段有几乎均匀的光谱响应，在较宽的频率和温度范围内均有较高的探测效率。

2.4.3 光电探测器的性能参数

1. 性能参数概述

与其他器件一样，光电探测器有一套根据实际需要而制定的评价体系，能够科学地反映各种光电探测器的共同因素。依据这套体系，人们可以评价探测器性能的优劣，根据测量目标比较各种探测器之间的差异，从而合理选择和正确地使用光电探测器。描述光电探测器的性能参数主要有以下 6 种：

(1)响应度(responsivity)。响应度为输入单位光功率信号时探测器所产生的输出，有时又称为响应率或灵敏度(包括单色灵敏度和积分灵敏度)。此外，探测器的频率响应特性也是非常重要的参数之一。

(2)可探测性(detectability)。可探测性表征的是探测器从噪声中挖掘有用信息的本领。描述这个参数的量包括噪声等效功率、探测率、暗电流等。

(3)光谱响应(spectral response)。光谱响应是表征光电探测器的响应度或探测率随波长而变化的性能参数。光热探测器(thermal detectors)为无选择性探测器，其响应度不随波长变化；光子探测器(photon detectors)为选择性探测器，仅对一定的波长范围内的辐射有信号输出。而我们把能够探测到的波长范围称为光谱带宽(spectral bandwidth)。

(4)线性度(linearity)。线性度是指探测器的输出光电流或电压与输入光的辐射通量成比例的程度。一般探测器线性的下限往往由暗电流和噪声等因素决定，而上限通常由饱和效应或过载决定，在这一范围内，若探测器的响应度是常数，则这一范围成为线性区。

实际上，光电探测器的线性范围的大小与工作状态有很大关系。如偏置电压、光信号调制频率、信号输出电路等，可能某一种探测器的光电流信号用于运算放大器作电流电压转换输出，在很大范围内是线性的，而若将该运算放大器换为小电阻输出，则线性范围可能就很小。因此要获得宽的线性范围，必须使探测器在最佳工作状态。在光电检测技术中，线性度是一个十分重要的参数。

(5)动态范围(dynamic range)。在信号系统理论中,动态范围被定义为最大不失真电压与噪声电压之差,我们将其引入光电探测器中,指的是不失真地探测到光信号的变化范围。

(6)量子效率(quantum efficiency)。如果说响应度(灵敏度)是从宏观角度描述光电探测器的光电、光谱以及频率特性,则量子效率 $\eta(\lambda)$ 是对同一个问题的微观描述。量子效率表示某一特定波长下单位时间内产生的平均光电子数(或电子-空穴数)与入射光子数之比,是衡量探测器物理性质的一个重要参数。量子效率与入射光子能量(即入射光波长)有关,对于内光电效应还与材料内电子的扩散长度有关;对于外光电效应还与光电材料的表面逸出功有关。

单位波长辐射通量为 $\Phi_{e,\lambda}$,光能量基本单位 $E=h\nu=hc/\lambda$,则 $d\lambda$ 内的辐射通量为 $\Phi_{e,\lambda}d\lambda$,假设量子流速率 N 为每秒入射的光量子数,则在此窄带内有

$$N=\frac{\Phi_{e,\lambda}d\lambda}{h\nu}=\frac{\lambda\Phi_{e,\lambda}d\lambda}{hc} \tag{2.59}$$

由线性区内光电流与光功率呈线性关系可得,每秒产生的光电子数为

$$\frac{I_s}{q}=\frac{S\Phi_{e,\lambda}d\lambda}{q} \tag{2.60}$$

其中,I_s 为信号电流;q 为电子电荷量。因此量子效率 $\eta(\lambda)$ 为

$$\eta(\lambda)=\frac{I_s/q}{N}=\frac{Shc}{q\lambda} \tag{2.61}$$

由式(2.61)可见,量子效率正比于灵敏度而反比于波长。理想光电探测器应有 $\eta(\lambda)=1$,实际光电探测器一般有 $\eta(\lambda)<1$。显然,光电探测器的量子效率越高越好。

2. 有关响应方面的性能参数

(1)响应度(或称响应率)。它是光电探测器光电转换特性的量度。光电流 I(或光电压 U)和入射光功率 P 之间的关系 $I=f(p)$ 称为探测器的光电特性。灵敏度 S 定义为这个曲线的斜率,即

$$S_i=\frac{dI}{dP}=\frac{I}{P} \tag{2.62}$$

$$S_u=\frac{dU}{dP}=\frac{U}{P} \tag{2.63}$$

S_i 和 S_u 分别称为电流和电压响应度。I 和 U 为电流、电压的有效值。光功率 P 是指分布在某一光谱范围内的平均光功率。如果使用波长为 λ 的单色辐射源,则称为单色响应度(单色灵敏率),并用 S_λ 表示。

(2)单色灵敏度。探测器在波长为 λ 的单色光照射下,输出的电压 $U_s(\lambda)$ 或电流 $I_s(\lambda)$ 与入射的单色辐射通量 $\Phi_e(\lambda)$ 之比称为单色灵敏度,即

$$S_u(\lambda)=\frac{U_s(\lambda)}{\Phi_e(\lambda)}\text{或 }S_i(\lambda)=\frac{I_s(\lambda)}{\Phi_e(\lambda)} \tag{2.64}$$

$S_u(\lambda)$ 或 $S_i(\lambda)$ 随波长 λ 的变化关系称为探测器的光谱响应函数。

(3)积分灵敏度。积分灵敏度是指探测器对于连续辐射通量的反应灵敏度。辐射光源一般包含各种波长的光,即

$$\Phi_e=\int_0^\infty\Phi_e(\lambda)d\lambda \tag{2.65}$$

对于选择性探测器来说，输出的光电流是由不同波长的光辐射引起的，所以输出光电流为

$$I_s = \int_{\lambda_0}^{\lambda_e} I_s(\lambda)\mathrm{d}\lambda = \int_{\lambda_0}^{\lambda_e} S_\lambda \Phi_e(\lambda)\mathrm{d}\lambda \tag{2.66}$$

光电探测器输出的电流或电压与入射总光通量之比即为积分响应度，用公式表达为

$$S = \frac{\int_{\lambda_0}^{\lambda_e} S_\lambda \Phi_e(\lambda)\mathrm{d}\lambda}{\int_0^{\infty} \Phi_e(\lambda)\mathrm{d}\lambda} \tag{2.67}$$

其中，λ_e、λ_0 为光电探测器能探测到的波长上、下限。由于不同辐射源或不同色温的同一辐射源发出的光通量不同，因此提供数据时应标明辐射源及色温。

(4)响应时间。当照射探测器的辐射通量突然从零增加到某值时，即出现阶跃光输入，一般探测器的瞬间输出信号不能完全跟随输入的变化。同样，在光照停止时也是这样。这是由于探测器惰性而出现上升沿和下降沿，通常用探测器输出上升到稳定值或下降到照射前的值所需的时间，即响应时间 τ 来衡量探测器的惰性。

当阶跃光输入时，光信号在上升沿的输出电流为

$$I_s(t) = I_0(1 - \mathrm{e}^{-t/\tau_1}) \tag{2.68}$$

一般定义 $I_s(t)$ 上升到稳态值 I_0 的 0.63 倍的时间为探测器的上升响应时间，即 $\tau_{上} = \tau_1$。在下降沿，探测器的输出电流为

$$I_s(t) = I_0 \mathrm{e}^{-t/\tau_2} \tag{2.69}$$

同样定义 $I_s(t)$ 下降到稳态值 I_0 的 0.37 倍的时间为探测器的下降响应时间，即 $\tau_{下} = \tau_2$，一般光电器件 $\tau_1 = \tau_2$。

频率响应是探测器的另一重要参数，表征了探测器对于快速调制光辐射的反应能力。频率响应可以通过计算不同频率下的输出电压(均方根值)与输入光功率(均方根值)的比值获得。

【例 2-5】 图 2-18 描述的是斩光器系统，即风扇式轮叶，在一定转速下，将连续光调制(斩断)成一定频率的周期性脉冲光，试分析用于此系统的探测器件应满足的频率响应。

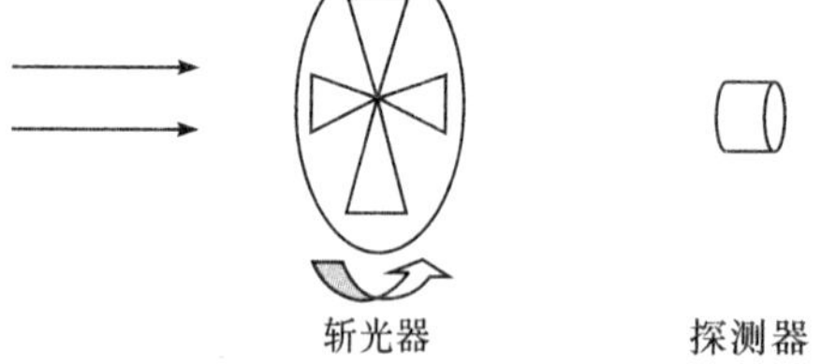

图 2-18 机械斩光器光电检测系统

解 对于此系统，入射到探测器上的光辐射功率，可以用数学上的 δ 函数表示，即

$$P_{in} = P_0 \delta(t)$$

对于探测器输出的电压观测，总要通过电阻和电容进行。例如，直接用示波器观测探测器产生的电压

$$u(t) = \begin{cases} 0, & t < 0 \\ u_0 \mathrm{e}^{-t/\tau}, & t \geqslant 0 \end{cases}$$

其中 $\tau = RC$ 为时间常数，R 为观测的负载电阻，C 为包括探测器的电容的总电容。

由于 δ 函数频谱是常数，它包含所有频率信息，而且均匀分布，因此探测器的频率响应由 $u(t)$ 的频谱决定。对 $u(t)$ 进行傅里叶变换，可得

$$U(f) = \int_{-\infty}^{\infty} u(t)\mathrm{e}^{-\mathrm{j}2\pi ft}\,\mathrm{d}t = \frac{u_0\tau}{1+\mathrm{j}2\pi f\tau}$$

$U(f)$ 的虚部表示的是相移，为了讨论方便，我们忽略相位信息，只关注频率相关的幅值

$$|U(f)| = \sqrt{U(f)\times U^*(f)} = \frac{u_0}{\sqrt{1+(2\pi f\tau)^2}}$$

这里 $U^*(f)$ 是共轭函数。由此可得光电探测器响应度与频度之间的关系，满足关系式

$$S(f) = \frac{S_0}{\sqrt{1+(2\pi f\tau)^2}}$$

其中，S_0 为频率 $f=0$ 时的响应度。一般规定 $S(f)/S_0 = 1/\sqrt{2} = 0.707$ 时的频率 f_g 称为探测器的截止频率，即

$$f_g = \frac{1}{2\pi\tau}$$

当 $f < f_g$ 时，认为光电流能线性再现光功率 P 的变化。

这个例子说明了当用一定振幅的正弦调制光照射探测器时，若调制频率较低，则响应度与调制频率无关；若调制频率较高，响应度将随频率升高而降低；在很多情况下可以利用截止频率或响应时间来描述频率响应特性。更为重要的是，要掌握这个例子的分析手段，从而为选择相应的探测器件服务。

【例 2-6】 光电二极管的响应度为 0.85A/W，饱和输入光功率为 1.5mW，当输入光功率为 1mW 和 2mW 时光电流分别为多少？

解　当输入光功率为 1mW 时，由 $I=SP$，可以得到

$$I = 0.85\times 1 = 0.85(\text{mA})$$

当输入光功率为 2mW 时，光电二极管已经不在线性区工作，公式 $I=SP$ 不再适用。

这个例子告诉我们，在选择光电探测器的时候，除了考虑光电器件的光谱范围、时间响应特性外，光电探测器的线性特性也是需要考虑的一个重要方面。

3. 有关噪声方面的参数

光电探测器的输出信号为真实信号与伪信号的混杂结果，当输入光功率很低时，探测器输出的只是些杂乱无章的变化信号，因此就无法肯定是否有辐射入射在探测器上。这并不是探测器性能不好引起的，而是源于它内部所固有的噪声。由于其随机分布的特点，对这些随时间而起伏的电压(流)按时间取平均值，平均值等于零。但这些值的均方根不等于零，这个均方根电压(流)称为探测器的噪声电压(流)。

根据产生噪声的机制的不同，噪声分为好多种。由信号之外的杂散光引起的输出电流或电压的起伏所带来的噪声称为背景噪声；在较低的工作频率工作的光电探测器会存在闪烁噪声；由于入射光子的粒子性所带来的噪声称为量子噪声；由于导电材料内部自由电子的不规则热运动所产生的噪声称为热噪声；由于光生载流子产生和复合的随机性所带来的噪声称为产生-复合噪声；以及 PN 结型探测器中的散粒噪声和 APD 光电探测器中存在的

雪崩噪声等。对于噪声的性质我们将在后面详细讲述。这些噪声的存在降低了光电探测器的灵敏度，增加了实验的复杂度，实验中可以用一些参数来表征噪声所带来的影响。

(1)信噪比(SNR)。这是判定噪声大小通常使用的参数。它用负载电阻 R_L 上产生的信号功率与噪声功率之比来表示，即

$$\mathrm{SNR}=\frac{P_s}{P_n}=\frac{I_s^2R_L}{I_n^2R_L}=\frac{I_s^2}{I_n^2} \tag{2.70}$$

若用分贝(dB)表示，则为

$$(\mathrm{SNR})_{\mathrm{dB}}=10\lg\frac{I_s^2}{I_n^2}=20\lg\frac{I_s}{I_n} \tag{2.71}$$

利用 SNR 评价两种光电探测器性能时，必须在信号辐射功率相同的情况下比较才有意义。单个光电探测器，其 SNR 的大小与入射信号辐射功率及接收面积有关。如果入射信号功率比较大，接收面积也比较大的话，SNR 的表现值就比较大，但此种光电探测器的性能却不一定就好。因此仅用 SNR 参数来评价光电探测器的优劣有一定的局限性。

(2)等效噪声输入(ENI)。等效噪声输入定义为光电探测器件在特定带宽(1Hz)内输出的均方根信号电流恰好等于均方根噪声电流时的输入。在计算等效噪声输入时，其他参数(如频率温度等)应加以规定。这个参数可以用来确定光电探测器件的探测极限(以输入功率或通量表示)，当小于等效噪声输入的光入射时，信号电流会淹没于噪声电流之中，此时便无法区分两者。

(3)噪声等效功率(NEP)。根据定义，光电探测器输出的信号电压均方根值等于光电探测器本身的噪声电压均方根时，入射到探测器上的信号光功率均方根值就称为噪声等效功率。它与噪声带宽有关，通常归一化到单位带宽，它的单位是 $\mathrm{W/Hz^{1/2}}$。从另一个角度理解 NEP：NEP 为当信号功率与噪声功率之比为 1 时，入射到探测器上的辐射通量(单位为 W)。实际上，当信噪比为 1 时，信号是很难直接测量的。因此，一般在较高的信号电压上进行测量，然后用线性外推来计算 NEP，即

$$\mathrm{NEP}=\frac{I_v A_d}{\overline{U_s}/\overline{U_n}}=\frac{\overline{P}}{\overline{U_s}/\overline{U_n}} \tag{2.72}$$

其中，I_v 为入射到光电探测器上的光强；A_d 为探测器的光敏面积；$\overline{P}$ 是入射到探测器上的信号功率均方根值；$\overline{U_s}$ 为探测器输出的信号电压均方根值；$\overline{U_n}$ 为探测器的噪声电压均方根值。ENI 在单位为 W 时等效于 NEP。一般一个性能良好的探测器件的 NEP 约为 10^{-11} W。通过 NEP 定义可以发现，NEP 越小，均方根噪声电流越小，从而表明器件的性能越好。

在实际应用中，可以通过改进探测器的设计来减小 NEP 值。由于噪声频谱很宽，为了减小噪声的影响，可以将探测器后面的放大器做成窄带放大器，并将其中心频率选为调制频率。这样产生的信号不会受影响却可以去除一部分噪声，从而减小了 NEP 值，在这种情况下可以对 NEP 重新定义，即

$$\mathrm{NEP}=\frac{\overline{P}/(\Delta f)^{1/2}}{\overline{U_s}/\overline{U_n}} \tag{2.73}$$

其中，Δf 为电子路带宽。

由此可知，不同的测量条件可使 NEP 值完全不同，因此给出的 NEP 值必须指明测量条件，如入射辐射的光谱分布、斩波频率和测量带宽。如 NEP(500K，800Hz，1Hz)说明测

量条件为黑体 500K、斩波频率 800Hz、测量带宽 1Hz。应当指出，NEP 值还与许多因素有关，例如，NEP 与光电探测器的工作温度有关，在不同的温度下，NEP 值也不同。NEP 值还与探测器的光敏面积、所加偏压(或偏流)有关。所有这些测量条件也应说明，但不写在 NEP 后面的括号中。

(4)探测率 D 与比探测率 D^*。NEP 愈小，光电探测器的性能就愈好。这与我们的习惯(愈大愈好)不一致；另外，只用 NEP 无法比较两个不同来源的光电探测器的优劣。为此，引入两个新的性能参数——探测率 D 和比探测率 D^*。探测率 D 又称探测度，定义为噪声等效功率的倒数，即

$$D=\frac{1}{\mathrm{NEP}}=\frac{\overline{U_s}/\overline{U_n}}{\overline{P}} \tag{2.74}$$

从其定义来看，D 愈大，光电探测器的性能就愈好。探测率 D 所提供的信息与 NEP 一样，也是一项特征参数。不过它描述了光电探测器在其噪声电压之上能够产生一个可观测的电信号的本领，即光电探测器能响应的入射光功率越小，则表明其探测率越高。但是仅根据探测率 D 还不能比较不同光电探测器的优劣，这是因为对于两只由相同材料制成的光电探测器，尽管内部结构完全相同，但光敏面积 A_d 不同，测量带宽不同，则 D 值也不相同。为了能方便地对不同规格的光电探测器进行比较，需要把探测率 D 标准化(归一化)到测量带宽为 1Hz、光电探测器光敏面积为 $1\mathrm{cm}^2$。这样就能方便地比较不同测量带宽、对不同光敏面积的光电探测器测量得到的探测率，这个归一化的探测率称之为比探测率，这里用 D^* 表示。

实验测量和理论分析表明，对于许多类型的光电探测器来说，其噪声电压$\overline{U_n}$与光电探测器光敏面积 A_d 的平方根成正比(即$\overline{U_n}/\sqrt{A_d}=$常数)，与测量带宽 Δf 的平方根成正比(即$\overline{U_n}/\sqrt{\Delta f}=$常数)。因此将$\overline{U_n}$除以 $\sqrt{A_d\Delta f}$，则 D 就与 A_d 和 Δf 无关了。这一过程即完成了探测率 D 的归一化。根据定义，D^* 的表达式为

$$D^*=\frac{\sqrt{A_d\Delta f}}{\mathrm{NEP}}=\frac{\overline{U_s}/\overline{U_n}}{\overline{P}}\sqrt{A_d\Delta f} \tag{2.75}$$

可以证明，D^* 与响应度 S 满足

$$D^*=S\,\frac{(A_d\Delta f)^{1/2}}{\overline{U_n}} \tag{2.76}$$

【例 2-7】 当测量带宽为 1Hz 时，面积为 $0.4\mathrm{cm}^2$ 的某探测器的噪声等效功率为 $3\times10^{-9}\mathrm{W}\cdot\mathrm{Hz}^{-1/2}$，请问该探测器的比探测率 D^* 是多少？

解　根据式(2.76)，得

$D^*=(0.4)^{1/2}/(3\times10^{-9})=0.632\times0.333\times10^9=2.11\times10^8(\mathrm{cm}\cdot\mathrm{Hz}^{1/2}\cdot\mathrm{W}^{-1})$

(5)暗电流。暗电流指光电探测器在反向偏压情况下，没有输入信号和背景辐射时所产生的反向直流电流。

2.4.4　光电探测器的噪声

信号在传输和处理过程中总会受到一些无用信号的干扰，光电探测器也不例外，在它的输出端总存在一些毫无规律、事先无法预知的电压(电流)起伏。这种无规则起伏在统计

学中称为随机性，是微观世界服从统计规律的反映。

光电探测器输出的噪声电压随时间无规则起伏，如果我们选取噪声电压的平方，然后求这些平方值的时间的平均值，再开方，就得到有效均方根噪声$\overline{U_n}$，即

$$\overline{U_n} = \overline{[U_n^2(t)]^{1/2}} \tag{2.77}$$

我们看到，虽然噪声电压的起伏是无法预知的，但其均方根电压却具有确定值，这就是噪声电压(噪声电流也一样)服从统计规律的反映。

如果在光电探测器存在两个或两个以上的噪声源(它们是统计独立的)，那么总噪声等于分立噪声源的平均之和的开方，即

$$\overline{U_n^2} = \overline{U_{n1}^2} + \overline{U_{n2}^2} + \cdots, \overline{U_n} = \sqrt{\overline{U_n^2}} = \sqrt{\overline{U_{n1}^2} + \overline{U_{n2}^2} + \cdots} \tag{2.78}$$

$$\overline{I_n^2} = \overline{I_{n1}^2} + \overline{I_{n2}^2} + \cdots, \overline{I_n} = \sqrt{\overline{I_n^2}} = \sqrt{\overline{I_{n1}^2} + \overline{I_{n2}^2} + \cdots} \tag{2.79}$$

显然，探测器噪声的存在就使得探测器对光信号的探测本领受到限制，所以估计探测器的噪声大小就显得很重要了。

下面分别讨论光电探测器在实际应用中经常遇到的五类噪声。

1. 约翰孙噪声

约翰孙噪声(Johnson noise)是由导体中电荷载流子的无规则热运动引起的，所以有时也称为热噪声。光电探测器本质上可用一个电流源来表示，由于电路材料本身的特性，探测器本身可以等效为一个电阻R，由电路原理可知，电阻中自由电子的热运动会在电阻器两端产生随机起伏的电压，从而对真实信号造成一定的干扰作用，这种随机起伏的电压就称为热噪声。所有光电探测器都存在热噪声。可以证明，电阻为R的热噪声功率谱$g(f)$为

$$g(f) = 2kT/R \tag{2.80}$$

有效噪声的均方根电压和均方根电流分别为

$$\overline{U_n} = \sqrt{4kTR\Delta f} \tag{2.81}$$

$$\overline{I_n} = \sqrt{4kT\Delta f/R} \tag{2.82}$$

其中，k为玻尔兹曼常数；T为绝对温度；Δf为带宽。从以上分析可以得到两个结论：其一，热噪声功率与频率无关，它在所有频率上都有均匀的谱密度，因此热噪声是白噪声；其二，在低温环境下工作的光电探测器其热噪声将大大减小，特别是一些用来响应远红外波段的光电探测器，为了降低热噪声，往往把探测器进行深度制冷，放置于液氦(4K)、液氖(38K)或液氮(77K)的条件下工作。

2. 散粒噪声

散粒噪声(shot noise)是肖特基(W. Schottky)于1918年研究此类噪声时，用子弹射入靶子时所产生的噪声命名的。因此，它又称为散弹噪声或颗粒噪声。

光电探测过程本质上是一个光电子计数的随机过程，光电探测器的输出是这一随机过程的统计平均结果。散粒噪声的随机起伏单元是电子电荷量q。可以证明，散粒噪声功率谱为

$$g(f) = q\bar{I}G^2 \tag{2.83}$$

其中，$\bar{I}$为流过探测器的平均电流，G为探测器内增益，$G=1$或$G>1$(光电导、光电倍增、雪

崩)。于是,散粒噪声的有效均方根电流和有效均方根电压分别为

$$\overline{I_n} = \sqrt{2q\bar{I}\Delta f G^2} \tag{2.84}$$

$$\overline{U_n} = \overline{I_n} R = \sqrt{2q\bar{I}\Delta f R^2 G^2} \tag{2.85}$$

3. 1/f 噪声(电流噪声)

根据噪声的功率谱与频率的关系,常见的噪声有两种典型的情况:一种是白噪声;另一种是功率谱与 1/f 成正比的噪声,称为 1/f 噪声。白噪声和 1/f 噪声如图 2-19 所示。

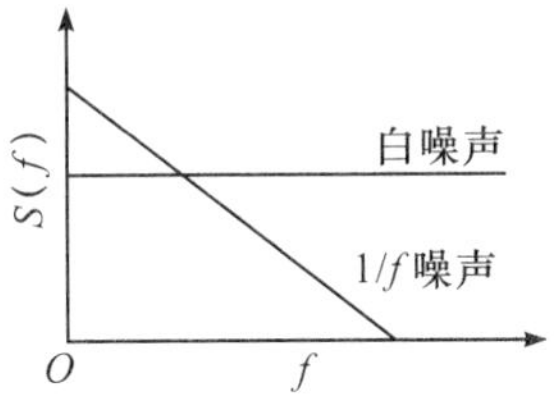

图 2-19　白噪声和 1/f 噪声

1/f 噪声通常又称为电流噪声或低频噪声。这种噪声的特点是噪声功率谱与频率成反比。实验发现,探测器表面的工艺状态(缺陷或不均匀)对此噪声的影响很大,所以有时也称为表面噪声或过剩噪声。1/f 噪声的经验规律为

$$\overline{I_n} = \sqrt{a\bar{I}\Delta f / f} \tag{2.86}$$

其中,a 为与探测器有关的比例系数;$\bar{I}$ 为流过探测器的平均电流。

1/f 噪声主要表现在 1kHz 以下的低频区,工作频率大于 1kHz 后,与其他噪声相比这种噪声可忽略不计。在实际使用中采用较高的调制频率可避免或大大减小电流噪声的影响。

4. 产生-复合噪声

在半导体样品中,在一定温度下,或者在一定光照下,载流子不断地产生和复合。在平衡状态时,载流子产生和复合的平均数是一定的,但其瞬间载流子的产生数和复合数是有起伏的,于是载流子浓度的起伏引起样品的电导率起伏。在外加电压下,电导率的起伏使输出电流中带有产生-复合噪声。产生-复合噪声的电流均方根为

$$\overline{I_n} = \sqrt{\frac{4\,\bar{I}^2 \tau \Delta f}{N_0[1 + (2\pi f \tau)^2]}} \tag{2.87}$$

其中,$\bar{I}$ 为平均电流;N_0 为总的自由载流子数;τ 为载流子寿命;f 为测量噪声的频率。在以后介绍光电器件时,式(2.88)可进一步简化。

5. 温度噪声

在热探测器中,不是由于辐射信号的变化,而是由于器件本身吸收和传导等的热交换引起的温度起伏称为温度噪声。温度起伏的均方根为

$$\overline{t_n} = \sqrt{\frac{4kT^2 \Delta f}{G_h[1 + (2\pi f \tau_T)^2]}} \tag{2.88}$$

其中,G_h 为器件的热导;$\tau_T = C_h / G_h$ 是器件的热时间常数,C_h 是器件的热容;T 是周围温度(K)。热导和热容的概念在第 6 章有详细讲解。

在低频时，$(2\pi f\tau_T)^2 \ll 1$，式(2.89)可简化为

$$\overline{t_n} = \sqrt{\frac{4kT^2\Delta f}{G_h}} \tag{2.89}$$

低频时，温度噪声也具有白噪声的性质。

在实际的光辐射探测器中，由于光电转换机理的不同，上述各种噪声的作用大小亦各不相同。每一种探测器所含的噪声种类及大小详见后面各章介绍。若综合上述各种噪声源，其功率谱分布可用图2-20表示。由图2-20可见：当频率很低时，$1/f$噪声起主导作用；当频率达到中间频率范围时，产生-复合噪声比较显著；当频率较高时，只有白噪声占主导地位，其他噪声影响很小了。

上述噪声表达式中的Δf是等效噪声带宽，简称为噪声带宽。若光电系统中的放大器或网络的功率谱增益为$G(f)$，功率增益的最大值为G_m（见图2-21），则噪声带宽为

$$\Delta f = \frac{1}{G_m}\int_0^{\infty} G(f)\mathrm{d}f \tag{2.90}$$

从而可求得通频带内的噪声。

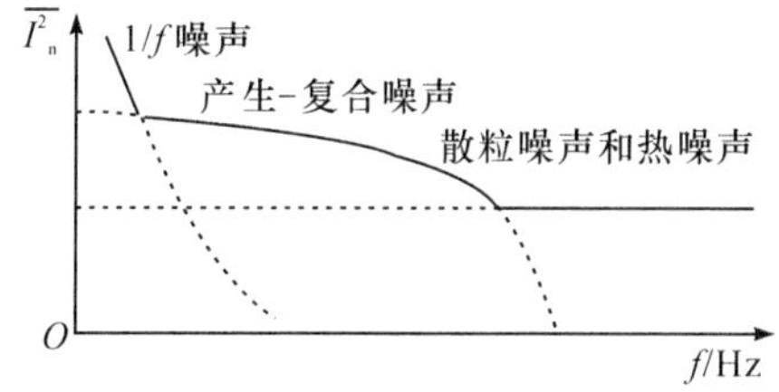

图2-20 光电探测器噪声功率谱综合示意图

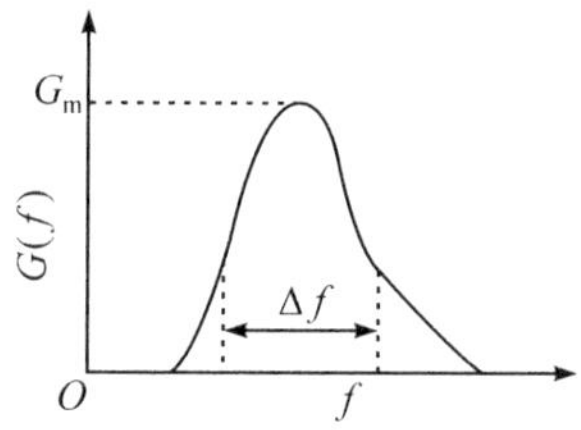

图2-21 等效噪声带宽

习 题

2.1 从普朗克公式出发推导维恩位移定律。实际上维恩位移定律也可以由经典热力学理论导出，请试着推导，并讨论维恩常数的确定方法。

2.2 辐射度量与光度量的根本区别是什么？

2.3 假设将人体作为黑体，正常人体体温为36.5℃。计算：

(1)正常人体所发出的辐射出射度；

(2)正常人体的峰值辐射波长及峰值光谱辐射出射度；

(3)人体发烧到38℃时的峰值辐射波长及峰值光谱辐射出射度。

2.4 在卫星上测得大气层外太阳光谱的最高峰值在0.465μm处，若把太阳作为黑体，试计算太阳表面的温度及其峰值光谱辐射出射度。

2.5 一束波长为0.5145μm、输出功率为3W的氩离子激光器均匀地投射到0.2cm^2的白色屏幕上。请问屏幕上的光照度为多少？若屏幕的反射系数为0.8，则其光出射度为多少？屏幕每分钟接收多少个光子？

2.6 光学斩光器有很多应用，其中之一就是测量光速，请调研利用斩光器测量光速的原理，并讨论光速测量的方法。

2.7　试以光电导探测器为例，说明为什么光子探测器的工作波长越长，工作温度就越低。

2.8　要降低光电器件的散粒噪声应采取什么措施？

2.9　噪声等效功率(NEP)的定义中含有带宽概念，什么是带宽？请举例说明。

2.10　解释半导体的费米能级、结电容、耗尽层宽度概念，并讨论结电容、耗尽层宽度与外加电压之间的关系。

2.11　已知本征硅材料的禁带宽度 $E_g=1.2\text{eV}$，求该半导体材料的本征吸收截止波长。

2.12　已知光生伏特器件的光电流分别为 $50\mu\text{A}$ 与 $300\mu\text{A}$，暗电流为 $1\mu\text{A}$，试计算它们的开路电压。

第3章

常用光辐射源

光辐射由光源产生，人类制造和利用光源的历史，几乎与人类本身的历史一样漫长。为了满足生产和社会发展需要，人类不断改进光源技术，力求得到更理想的光源。1847 年，爱迪生(T. A. Edison)诞生于美国俄亥俄州的米兰小镇。1878 年爱迪生开始研制电灯。因为任何物体都有热辐射现象，温度越高，热辐射强度越大。物体在温度低的时候辐射出红外线；当温度达到 500℃时产生暗红色的可见光；1500℃时发出白炽光，利用电流加热灯丝到这个温度发出的电光源便称为白炽灯。爱迪生认为这种白炽灯省电，成本也低，只要解决了灯丝寿命问题，它的发展前景是非常光明的。于是他和助手们决定首先解决灯泡里面的真空度和灯丝的问题，制造灯丝的材料要耗电少、发光强度大、价格便宜且耐热。他们先后采用炭条、钌丝、白金丝、石墨、亚麻和各种金属等 1600 多种材料做的灯丝进行实验，但一直未能得到满意的结果。正在大家都一筹莫展的时候，爱迪生突然想到了棉线，他将棉线放到坩埚里炭化，然后把炭化的棉线装入灯泡，并把灯泡里的空气尽量抽干净，达到较好的真空度，避免空气中的氧气把棉炭丝烧断。1879 年 10 月 21 日傍晚，爱迪生和助手们小心地将棉炭丝装进了灯泡。一个德国籍的玻璃专家按照爱迪生的吩咐，将灯泡里的空气抽到只剩下一个大气压的百万分之一，然后给玻璃泡封上口。爱迪生接通电流，他们日夜盼望的情景终于出现在眼前：灯泡发出了金色的亮光。这只灯泡连续点亮了 45 小时以后，灯丝才被烧断而熄灭。这是人类第一盏有广泛实用价值的电灯。之后，爱迪生还一直致力于白炽灯的改进。为了提高灯泡的质量、延长灯泡的寿命，爱迪生想尽一切办法寻找合适的灯丝材料。后来采用钨丝做灯丝后，灯泡的寿命大大延长，甚至已超过 1 万小时。

随着科学技术的进步，这类电光源不断发展、不断出现新品种。人类在 1931 年发明了低压钠灯，在 1936 年发明了荧光灯和高压汞灯，在 1959 年发明了卤钨灯，在 1964 年发明了金属卤化物灯等。光源尽管种类繁多，但亮度和相干性等方面与人类的要求还有一定距离，研究新型光源一直是人类的追求。

光源在光电检测系统中的作用

任何光电检测系统都离不开一定形式的光源。在系统设计和应用过程中，是否正确合理地选择光源或辐射源，是检测成败的关键之一。比如利用光学干涉进行的各种检测中，测量的精度可以达到波长的 1/100，但是实际上能够达到的精度是低于这个数值的，主要原因是实际使用的光源其相干性比较差。按照传统的技术观念，要想大幅提高光源的亮度几乎是不可能的。按照拉格朗日定理，利用任何一种成像的光学系统，在光源及光学系统周围具有相同折射率介质的情况下，都不可能获得大于光源亮度的亮度。光源亮度的限制因此也就决定了探测的限度。

3.1 光源的特性参数

在具体的光电检测系统中，人们应按实际工作的要求选择光源。目前已经研发出各种不同光学性质和结构特点的光源，它们具有各种各样的特性参数。为了能选择最合适的光源，人们必须充分了解光源的这些特性参数，下面介绍这些参数对光电检测系统的影响。

1. 光谱特性

光源的光谱特性是指光源在正常发光时，所发出的光中各个波段的能量分布关系。除去那些规定光源或辐射源特性的系统外，光电检测系统的重要要求之一，就是光源的光谱特性必须满足检测系统的需要。按照检测任务的不同，要求的光谱范围也不同，如可见光区、紫外光区或红外光区等。有时要求连续的光谱，有时要求几个特定的光谱段。系统对光谱范围的要求都应在选择光源时给予满足。

为增大光电检测系统的信号强度和信噪比，这里引入光源和光电探测器之间光谱匹配系数的概念，以此描述两光谱特性的重合程度或一致性。光谱匹配系数 α 定义为

$$\alpha = \frac{A_1}{A_2} = \int_0^{\infty} S_\lambda W_\lambda \mathrm{d}\lambda \Big/ \int_0^{\infty} W_\lambda \mathrm{d}\lambda \tag{3.1}$$

其中，W_λ 为波长为 λ 时光源辐射通量的相对值；S_λ 为波长为 λ 时光电探测器灵敏度的相对值。A_1，A_2 的物理意义如图 3-1 所示，它们分别代表 $S_\lambda W_\lambda$ 和 W_λ 两曲线与横轴所围成的面积。由此可见，匹配系数 α 是光源与探测器配合工作时产生的光电信号与光源总通量的比值。实际选择时，应兼顾两者的特性，使匹配系数尽量大些。

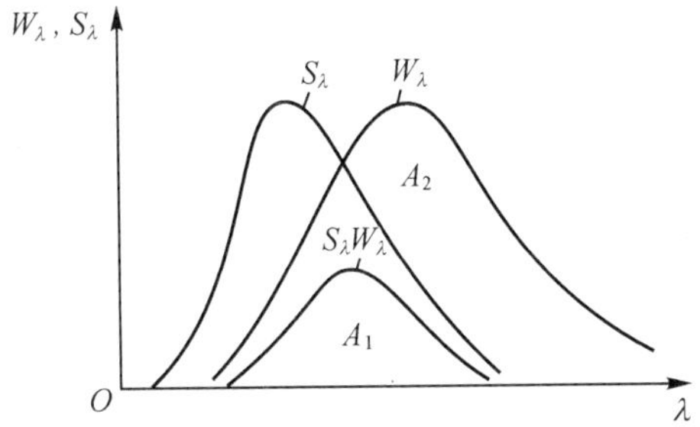

图 3-1　光谱匹配关系

2. 光源的辐射通量

光源的辐射通量是描述光源辐射强度的物理量。为确保光学测量系统的正常工作，通常对采用的光源的辐射通量有一定的要求。光源的辐射通量过低，系统获得信号过小，以致无法正常检测；光源的辐射通量过高，又会导致系统工作的非线性，有时可能损坏系统、待测物或光电探测器等。因此在设计时，必须对探测器能够获得的最大、最小辐射通量进行正确的评估，并按估计值来选择光源。

3. 光源的稳定性

不同光电检测系统对光源的稳定性具有不同的要求，通常依据不同的检测量来确定。例如，脉冲量的检测参数包括脉冲数、脉冲频率、脉冲持续时间等，这时对光源的稳定性要求可以稍低一些，只要确保不因光源波动而产生伪脉冲和漏脉冲即可。对调制光相位的检

测，稳定性要求与上述要求相类似。又如辐射量中强度、亮度、照度或通量等的检测系统，对光源的稳定性就有较严格的要求。即使这样，按实际需要也有所不同，其关键是满足使用中的精度要求。同时也应考虑光源的造价，过分的要求会使设备昂贵。

稳定光源发光的方法很多：对于一般要求，可采用稳压电源供电；当要求较高时，可采用稳流电源供电，所用光源应预先进行老化处理；当有更高要求时，可对发出的光进行采样，然后反馈控制光源的输出。计量用标准光源通常采用高精度控制的稳流源供电。

4. 其他参数

用于光学测量系统中的光源除有上述基本要求外，还有一些具体要求。如使用激光波长作为测量基准时，主要要求激光器具有高的波长稳定性和复现性。

3.2 热光源

利用物体升温产生光辐射的原理制成的光源称为热光源，在照明工程、光电检测系统中，这类光源有着广泛的应用。常用的热光源主要是黑体源和以炽热钨发光为基础的各种白炽灯。

热光源发光或辐射的材料或是黑体，或是灰体，因此它们的发光特性，如出射度、亮度、辐射通量的光谱分布等，都可以利用普朗克公式进行精确估算。也就是说，可以精确掌握和控制它们发光或辐射的性质。这是热光源的第一个优点。

热光源的第二个优点是，它们发出的通量构成连续的光谱，且光谱范围很宽，因此使用的适应性很强。但是它们在通常温度或炽热温度下，发光光谱主要在红外区域中，少量在可见光区域中。只有在温度很高时，它们才会发出少量的紫外线辐射，从这一特点来说，又限制了这类光源的使用范围。

热光源的另一个优点是，这类光源大多属于电热型，通过控制输入电量，可以按照需要在一定范围内改变它们的发光特性。同时采用适当的稳压或稳流供电，可使这类光源的光输出获得很高的稳定度。这在检测中是很重要的。

1. 黑体

黑体主要用作光度或辐射度测量中的标准光源或标准辐射源，完成计量工作中的光度或辐射度标准的传递。

2. 白炽灯

白炽灯在照明及检测技术中仍是应用最广的光源，种类繁多，这里仅进行综合介绍。

(1)对灯丝材料的要求

通常希望白炽灯有较多的可见光辐射，因此要求灯丝的工作温度很高。对所用炽热灯丝材料应有以下要求：

① 熔点高，使之可适用于较高的工作温度，从而使光源的发光光谱向短波方向移动；

② 蒸发率小，在高温炽热条件下蒸发率越小越好，可以提高白炽灯的使用寿命；

③ 对可见光的辐射效率高，从而产生较多的可见光辐射；

④ 其他要求，如加工性能、机械性能等。

按照上述要求，目前白炽灯几乎仍全部采用钨丝作为灯丝。

(2)白炽灯的种类

白炽灯主要有真空型白炽灯、充气型白炽灯和卤钨型白炽灯三类。目前使用最多的白炽灯是真空型白炽灯。泡壳内的真空条件是为了保护钨丝，使其不被氧化。一般情况下，当灯源电压增加时，其电流、功率、光通量和发光效率等都相应增加，但其寿命也随之迅速下降。所以真空型白炽灯的功率不能太大，其灯丝温度通常为 2400～2600K。

为提高白炽灯的发光效率和功率，而又不使灯丝损坏过快，早期采用了充气型的白炽灯。泡壳内充有氩气、氮气或氩气和氮气的混合气体。这些气体的作用是：灯丝在高温下蒸发的钨原子与气体分子发生频繁的碰撞，从而将其中部分反射回灯丝表面。在与真空型灯泡同样的寿命条件下，可将灯丝的温度提高到 2600～3000K。这就提高了发光效率和灯泡的功率。

为了进一步提高白炽灯的性能，人们研制了新型的卤钨灯，其主要原理是卤钨循环。高温下从灯丝蒸发出来的钨在温度较低的泡壳附近与卤素反应，生成具有挥发性的卤钨化合物。当卤钨化合物到达温度较高的泡壳处将挥发，于是它们又向回扩散到温度很高的炽热灯丝附近，在这里又分解为卤素和钨；释放出来的钨沉积到灯丝上，卤素则又扩散到温度较低的泡壳附近，再与蒸发出来的钨化合，这一过程称为卤钨循环，或卤钨再生循环。这样可以大大提高灯丝的工作温度，可达 3000K 以上，从而提高灯泡的发光效率。这类灯泡的另一个优点是在点燃过程中泡壳不会因钨的蒸发而变黑，但由于卤元素的存在对某些光谱区有些吸收。充入泡壳中的卤元素为碘或溴，可分别制成碘钨灯和溴钨灯。

3. 其他

随着光电检测技术工作向红外波段的扩展，各种系统、材料和元件的红外特性研究和检测都成为十分重要的课题，能斯特灯和硅碳棒都是常用的红外辐射灯。同时火焰也是一种热光源，但由于火焰分层不稳定，通常不用作检测光源。

3.3 气体放电光源

利用置于气体中的两个电极间的放电发光就构成了气体放电光源，这类光源又可分为开放式气体放电光源和气体放电灯(封闭式电弧放电光源)两种，开放式气体放电光源在稳定性、辐射通量、光谱特性方面有更高的可控性。

1. 开放式气体放电光源

这类光源是将两电极直接置于大气中，通过极间放电而发光，所以称为开放式气体放电光源。

(1)直流电弧

它采用碳或金属作为工作电极，在外加直流电源供电下工作。点燃时需先将两电极短暂接触，然后松开而电极随之起弧。电弧的炽热阴极发出电子，电子在两电极间的电场作用下加速，再碰撞其他气体原子和分子，使它们电离，从而形成电弧等离子体，由于其温度甚高而发出光辐射。

(2)高压电容火花

利用高压在两电极间产生火花放电的原理如图 3-2 所示。在低压交流供电电路中接入 0.5kW～1kW 功率的变压器 T,将电压升高到1×10^4～1.2×10^4 V,在变压器的次级电路中接入与火花隙 F 并联的电容 C,其值为 0.001μF～0.01μF。有时还串入电感 L,其值为 0.01mH～1mH,或利用导线本身的自感。

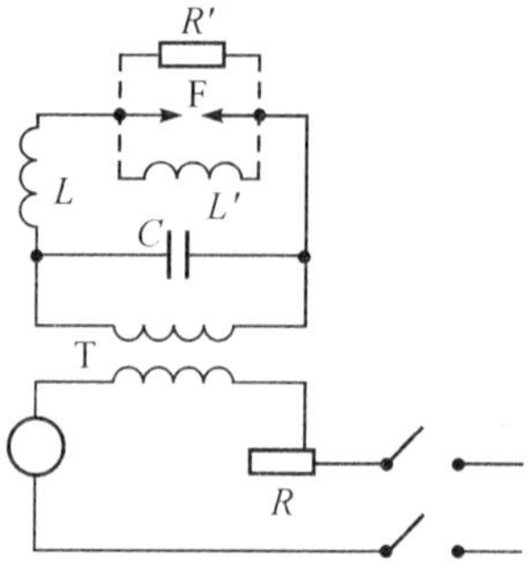

图 3-2 高压电容火花

当极间电压升到某临界值时,F 处产生击穿,电流在极间产生火花使电容放电。由于电感的作用使电容器反复充电和放电形成振荡的形式,两电极间相互反复放电产生往返的火花。高压电容火花的工作比直流电弧要稳定得多。为进一步提高稳定性,可在火花隙间并联电阻R'和电感L'。火花光谱为线状谱,主要是由激发离子引起的,所以其辐射虽有电极元素的发光,但主要是大气元素的发光。该光源可用于研究吸收或发射光谱的分光光度计中。

(3)高压交流电弧

高压交流电弧电路原理如图 3-3 所示。当次级回路电压升到 2kV～3kV,串联电阻为 2kΩ～3kΩ 时,在两电极间将产生交流电弧。实际电路要复杂得多。这种电弧的好处在于,只要适当选择电路中的参数很容易使其发光,或以弧线光谱为主,或以火花线光谱为主。

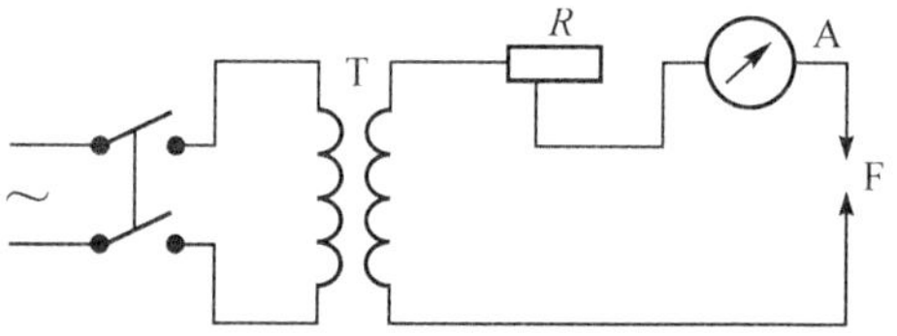

图 3-3 高压交流电弧电路原理

2. 气体放电灯

气体放电灯是将电极间的放电过程密封在泡壳中进行的,所以又称为封闭式电弧放电光源。气体放电灯的主要特点是辐射稳定,功率大,且发光效率高,因此在照明、光度和光谱学中都起着很重要的作用。

(1)几种较特殊的气体放电灯

下面介绍几种较特殊的气体放电灯。

①脉冲灯

这种灯的特点是在极短的时间内发出很强的光辐射,其工作原理如图 3-4 所示。

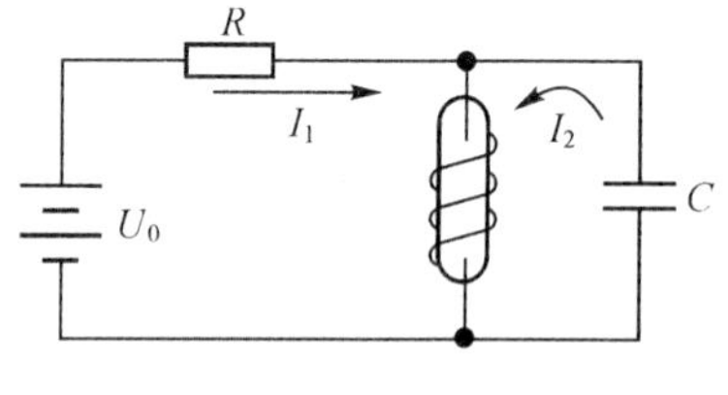

图 3-4 脉冲灯工作原理

直流电源电压 U_0 经充电电阻 R,使储能电容 C 充电到工作电压 U_c。U_c 一般低于脉冲灯的自击穿电压 U_s,而高于灯的着火电压 U_z。脉冲灯的灯管外绕有触发丝。工作时在触发丝上施加高的脉冲电压,使灯管内产生电火花线,火花线大大减小了灯的内阻,使灯“着火”,使电容 C 中储存的大量能量可在极短的时间内通过脉冲灯,产生强烈的闪光。除激光器外,脉冲灯是最亮的光源。

这种灯由于亮度高,所以广泛用作摄影光源、激光器的光泵和印刷制版的光源等。例如照相用的万次闪光灯就是一种脉冲氙灯,它的色温与日光接近,适于用作彩色摄影的光源。在固体激光装置中,常把脉冲氙灯用作泵浦光源。这时的氙灯有直管形和螺旋形两种,发光时能量可达几千焦耳,而闪光的时间只有几毫秒,可见有很大的瞬时功率。

②原子光谱灯

原子光谱灯又称空心阴极灯，其结构如图 3-5 所示。阳极和圆筒形空心阴极封在玻壳内，玻壳上部有一石英玻璃窗。工作时窗口投射出放电辉光，其中主要是阴极金属的原子光谱。空心阴极放电的电流密度可比正常辉光高出 100 倍以上，电流虽大但温度不高，因此发光的谱线不仅强度大，而且波长宽度小。例如，金属钙的原子光谱波长为422.7nm时，光谱带宽为 33nm 左右，同时它输出的光稳定。原子光谱灯可制成单元素型或多元素型，加之填充不同的气体，所以这种灯的品种很多。

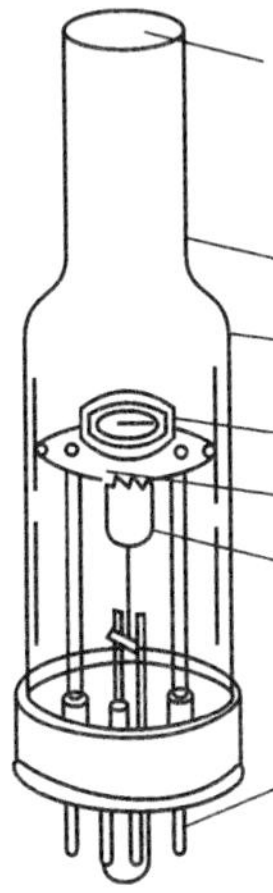

图 3-5　原子光谱灯结构

原子光谱灯的主要作用是引出标准谱线光束，确定标准谱线的分光位置，以及确定吸收光谱中的特征波长等。它主要用于元素，特别是微量元素光谱分析的装置中。

③汞灯

常见的气体放电灯还有汞灯。汞灯分为低压汞灯、高压汞灯和超高压汞灯三类。低压汞灯点燃时，汞蒸气压小于 1 个大气压，辐射 253.7nm 的紫外线。高压汞灯点燃时，汞蒸气压有 2～5 个大气压，高压汞灯的发光效率约为 64lm/W，其中可见光成分较多。超高压汞灯点燃时，汞蒸气压大于 10 个大气压，辐射较强的长波紫外线和可见光。

(2)气体放电光源的特点

气体放电光源具有如下共同的特点：

①发光效率高。比同瓦数的白炽灯发光效率高 2～10 倍，因此具有节能的特点。

②结构紧凑。由于不靠灯丝本身发光，故电极可以做得牢固、紧凑、耐振、抗冲击。

③寿命长。一般比白炽灯寿命长 2～10 倍。

④光色适应性强。气体放电光源的光谱波长可在很大范围内变化。

由于以上特点，气体放电灯具有很强的竞争力，因而发展很快，并在光电测量和照明工程中得到广泛应用。表 3-1 列出了常用气体放电灯的种类、性能及其主要应用领域。

表 3-1　常用气体放电灯的种类、性能及其主要应用领域

种类			性能	主要应用领域
汞灯	低压汞灯	冷阴极辉光放电灯 热阴极弧光放电灯	辐射 253.7nm 的紫外线	杀菌、荧光分析 光谱仪波长基准
		荧光灯	253.7nm 激光荧光粉发光	室内照明
	高压汞灯	外线高压汞灯	主要辐射波长为 365.0nm 的近紫外线	保健理疗、塑料和橡胶试验、荧光分析、紫外探伤
		仪器高压汞灯		光刻机、光学仪器
		普通高压汞灯	辐射 404.7nm、435.8nm、546.1nm、577.0nm 等光谱	大面积照明
		荧光高压汞灯	汞的可见光谱，365.0nm 激光的荧光辐射	厂矿照明
	超高压汞灯		紫外可见辐射丰富，亮度高	荧光分析、光刻、光学仪器
钠灯	低压钠灯		辐射 589.0nm 和 589.6nm 黄色谱线	偏振仪、旋光仪、波长基准
	高压钠灯		发光效率高达 90～100lm/W，寿命长，光色金白	大面积照明
金属卤化物灯	镝灯		发光效率高达 70lm/W	电影、电视摄影、照明制版、投影仪、植物温室照明
	铊铟灯		发蓝绿色光，发光效率高	灯光诱鱼、水下照明
	碘化铊灯		发绿色光，发光效率高	水下照明、飞机着陆信号灯
氙灯	长弧氙灯		紫外可见连续光谱，光色接近日光	大面积照明、材料老化试验
	短弧氙灯		高亮度点光源，光色接近日光	电影放映、光学仪器、摄影制版
	脉冲氙灯		连续光谱，脉冲闪光 0.2～1ms	激光器光泵、测速、照相、光信号
空心阴极灯			辐射阴极金属合金的原子光谱线	原子吸收分光光度计
氘灯			辐射 190～400nm 连续紫外光谱	紫外分光光度计
氢灯			辐射 434.1nm、486.1nm 和 656.3nm 谱线	干涉仪、分光计、偏振仪
氦灯			辐射 587.6nm 和 706.5nm 谱线	
真空紫外灯			HeⅠ和 HeⅡ谱线 58.4nm、30.4nm	单能光子源、真空紫外波长基准
无极放电灯			汞气体发光，荧光，无电极，寿命长	长寿命特殊照明、印刷制版

(3)气体放电灯的一些缺陷

气体放电灯具有冷态阻抗大，启动后阻抗又急剧变小的特点，其特性类似于电弧特性。因此，这类灯在启动时要设法产生一个脉冲高电压或采用启动电极，使气体游离导电。由于启动后内阻太小，又不得不采用限流措施，即用所谓的镇流器来限制电流，这就使得灯具的接线较白炽灯麻烦得多。气体放电灯由于其非线性内阻特性，在交流电路中，在限流电感和分布电容的作用下，灯具两端会出现高频振荡现象，严重干扰通信设备和其他电子设备的正常工作。由于采用电感限流，功率因数较低，谐波含量高，对电网易造成污染。另外，在电源过零点时，灯不发光，成为每秒100次闪动的光源，这对视力是极其有害的。值得注意的是，在工厂车间，如果使用气体放电灯，当机器转速达到某一特定值(光源闪烁频率的整数倍)时，在视觉上机器就和没有转动一样，这种错觉对于安全生产来说是一种隐患。

由于气体放电灯的上述缺点，有必要对其进行改进。现在已有用灯丝代替镇流器的自镇流汞灯，但对电能的利用效率较低。自镇流汞灯基于其灯丝的热惯性，也部分补偿了灯丝的抖动光，但未彻底改变气体放电灯的性质。

3.4 激光器

激光器作为一种新型光源，与普通光源有显著的差别。它利用受激发射的原理和激光腔的滤波效应，使所发光束具有一系列新的特点。①极小的光束发散角，即所谓的方向性好或准直性好，其发散角可小到约0.1mrad。②激光的单色性好，或者说相干性好。普通的灯光或太阳光都是非相干光，就是曾作为长度标准的氪86的谱线6057的相干长度也只有几十厘米。而氦氖激光器发出的谱线6328，其相干长度可以达到十米甚至数百米。③激光的输出功率虽然有限度，但光束细，所以功率密度高，一般的激光亮度远比太阳表面的亮度大。激光光源的这些特点，使它的出现成为光学中划时代的标志。激光作为光源已应用于许多科技及生产领域中。激光光源的应用促进了技术的新发展，其成为十分重要的光源。

要产生激光必须满足两个重要条件。第一，要在非热平衡系统中找到跃迁能级，寿命较长的上能级粒子数要大于下能级粒子数。也就是要找到实现能级粒子数反转的工作物质。第二，要建立一个谐振腔。当某一频率信号(外来或腔内自发的)在腔内谐振，即在工作物质中多次往返时，其有足够的机会去感应处于粒子数反转状态下的工作物质，从而产生激光。被感应的辐射继续去感应其他粒子，造成连锁反应，雪崩似的获得放大，从而产生强烈的激光。目前常用的激光器主要有气体激光器、固体激光器、可调谐染料激光器和半导体激光器等。下面分别进行介绍。

1. 气体激光器

气体激光器采用的工作物质为气体，目前可采用的物质最多，激励方式多样，发射的波长也最多。

氦氖激光器中充有压强为132Pa的氦气和压强为13.21Pa的氖气，激光管用硬质玻璃或石英玻璃制成，管子的极间施加几千伏的电压，使气体放电。在适当的放电条件下，氦氖气体成为激活介质。如果在管子的轴线上安装高反射比的反射镜作为谐振腔，则可获得激光输出。主要输出波长有0.632μm、1.15μm和339μm，而以0.632μm的性能最好。氦氖激光器的频率稳定度可达10^{-6}数量级，采用稳频措施后，稳定度可达10^{-12}数量级。它主要应用于精密计量、全息术、准直测量、印刷和显示等技术中。图3-6为三种不同腔式结构的氦氖激光器。外腔式谐振腔的反射镜便于调节和更换。两反射镜可同时使用平面镜、凹面镜或一平面镜一凹面镜。

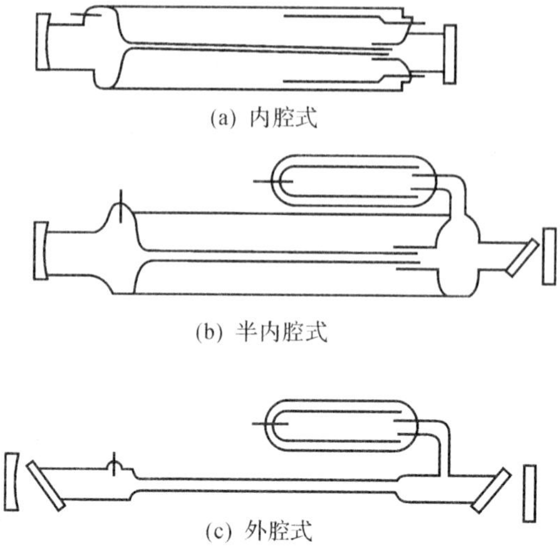

(a) 内腔式

(b) 半内腔式

(c) 外腔式

图 3-6　氦氖激光器

氦氖激光器的单色性好，相干长度可达十米甚至数百米。氦氖激光器的特性参数如表 3-2 所示。

表 3-2　氦氖激光器的特性参数

结构	长度/mm	功率/mW	功率稳定度/%	发散角/mrad	横模	寿命/h	光束直径/mm
内腔式	185	0.5	<±10	1.5	TEM_{00}	2000	1
	210	1	<±10	1.5		3000	1
	250	1.5	<±5	1.5		5000	1
	330	3	<±10	1.5		5000	1.5
	480	4	<±10	1.5		5000	1.5
半内腔式	150	0.5	<±1	1.5	TEM_{00}	5000	0.7
	200	0.2	<±1	2		4000	0.7
	260	1.5	<±1	1.5		5000	1
外腔式	400	8	<±2.5	1	TEM_{00}	5000	0.7
	700	14	<±2.5	0.9		5000	0.9
	1000	25	<±2.5	0.7		5000	1.1
	1500	40	<±5	0.7		5000	1.6
	2000	60					3

氩离子激光器是用氩气作为工作物质，工作在大电流的电弧光放电或脉冲放电的条件下。输出波长有多个，其中功率主要集中在 0.5145μm 和 0.4880μm 两条谱线上。表 3-3 为国内生产的几种氩离子激光器的特性参数。

表 3-3 氩离子激光器的特性参数

激光器长度/mm	输出功率/W	光束发散角/mrad	光管外径单位/mm	冷却方式
750	0.3	1.5	100	水冷
1050	0.8	1.5	100	
1250	2	1	100	
1450	4	1	100	

CO_2 激光器中除充入 CO_2 外，还充入氦和氮，以提高激光器的输出功率，其输出谱线波长分布为 9～11μm，通常调整在 10.6μm。这种激光器的运转效率高，连续功率可达 10^4W 以上，脉冲能量可从毫焦到千焦数量级，小型 CO_2 激光器可用于测距，大功率 CO_2 激光器可用于工业加工和热处理等。国内生产的 CO_2 激光器的特性参数如表 3-4 所示。

表 3-4 CO_2 激光器的特性参数

激光器长度/mm	输出功率/W	工作电流/mA	输出波长/μm	横模	冷却方式
150	2	9	10.6	低次模	水冷
250	5	10			
500	15	18			
800	35	22			
1000	50	26			
1200	60	30			
1600	80	32			

其他气体激光器还有氮分子激光器、准分子激光器等，在化学、医学、荧光激励等方面都有广泛的应用。

2. 固体激光器

目前可供使用的固体激光器材料很多，同种晶体因掺杂不同也能构成不同特性的激光器材料。下面介绍几种常见的固体激光器。

红宝石激光器的工作物质是红宝石棒。在激光器的设想提出不久，红宝石就首先被用来制成了世界上第一台激光器。激光用红宝石晶体的基质是 Al_2O_3，晶体内掺有约 0.05%（重量比）的 Cr_2O_3。Cr^{3+} 密度约为 1.58×10^{19} g/cm^3。Cr^{3+} 在晶体中取代 Al^{3+} 位置而均匀分布在其中，光学上属于负单轴晶体。在 Xe(氙)灯照射下，红宝石晶体中原来处于基态 E_1 的粒子，吸收了 Xe 灯发射的光子而被激发到 E_3 能级。粒子在 E_3 能级的平均寿命很短（约 10^{-9}s）。大部分粒子通过无辐射跃迁到达激光上能级 E_2。粒子在 E_2 能级的寿命很长，可达 3×10^{-3}s。所以在 E_2 能级上积累起大量粒子，形成 E_2 和 E_3 之间的粒子数反转。

红宝石激光器的原理如图 3-7 所示。脉冲氙灯为螺旋形管，包围着红宝石作为光泵。红宝石磨成直径为 8mm、长度约为 80mm 的圆棒，将两端面抛光，形成一对平行度误差在 1′ 以内的平行平面镜，一端镀全反射膜，另一端镀透射比为 10% 的反射膜，激光由该端面输出。两端面间构成的谐振腔也就是长间距的 F-P 标准具，间距满足干涉加强原理。

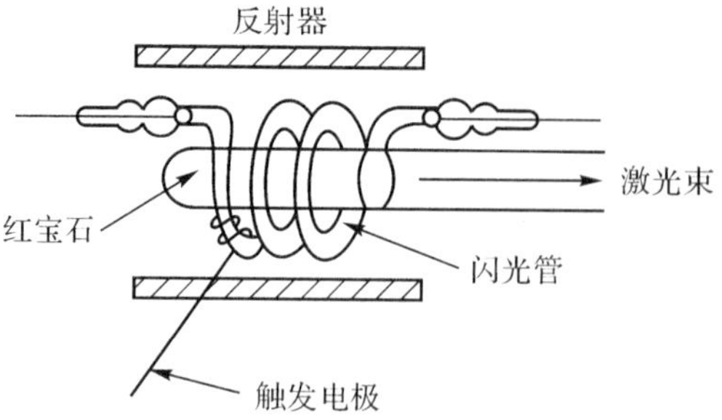

图 3-7 红宝石激光器的原理

光在两端面间多次反射，使轴向光束有更多的机会感应处于粒子数反转的激发态粒子，不断增加激光束的强度，同时使谱线带宽变窄。红宝石激光器输出激光的波长为 694.3nm，脉冲宽度在 1ms 内，能量约为焦耳数量级。

玻璃激光器常用钕玻璃作为工作物质，它在闪光氙灯的照射下，在 1.06μm 波长附近发射出很强的激光。钕玻璃的光学均匀性好，易做成较大尺寸的工作物质，可做成大功率或大能量的固体激光器。目前利用掺铒(Er)玻璃制作的激光器，可产生对人眼安全的 1.54μm波长的激光。中小型固体激光器的典型结构如图 3-8 所示。

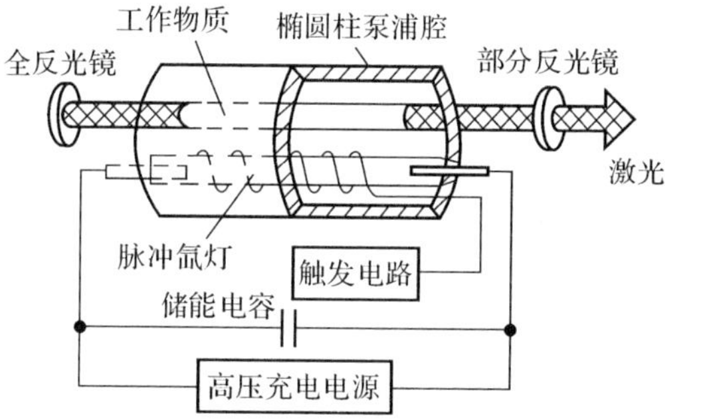

图 3-8 中小型固体激光器的典型结构

YAG 激光器是以钇铝石榴石为基质的激光器。随着掺杂的不同，可发出不同波长的激光。最常用的是掺钕(Nd)YAG，它可以在脉冲或连续泵浦条件下产生激光，波长约为 1.064μm。其他工作物质还有：①掺钕：铒 YAG，发出 1.06μm 和 2.9μm 双波长的激光；②掺铒 YAG，发出 1.7μm 波长的激光；③掺钬(Ho)YAG，发出 2.1μm 波长的激光；④掺铬(Cr)：铱(Ir)：钬 YAG，发出 2μm 波长的激光；⑤掺铬：铥(Tm)：铒 YAG，发出 2.69μm 波长的激光。

3. 可调谐染料激光器

这种激光器是液体激光器的一种。其工作物质可分为两类：一类是有机染料溶液；另一类是含有稀土金属粒子的无机化合物溶液。液体激光器多用光泵激励，有时也用另一个激光器作为激励源。

罗丹明 6G 就是一种有机染料，它在氙灯闪光或其他激光激发下可发出激光。由于液体中的能带宽，其发出的激光有的宽达 100nm。采用如图 3-9 所示的可调谐染料激光器时，激光宽度可见到 1nm 左右；若再加一个标准具，则宽度可达 10^{-2}nm 以下。图 3-9 中的反射镜与衍射光栅构成光腔，通过对光栅的调整又可对不同波长进行调谐，于是在所用材料能产生激光波长的范围内，输出所需波长的激光。更换其他染料，可获得其他波长范围的激光。表 3-5 给出了主要染料的激光波长范围。

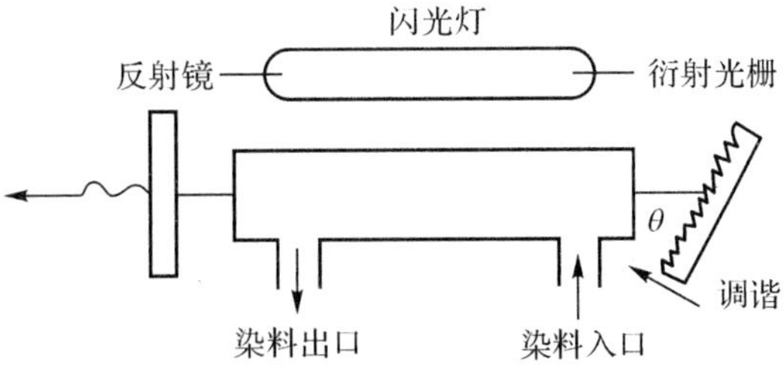

图 3-9　可调谐染料激光器

表 3-5　主要染料的激光波长范围

染料	溶剂	可调范围/μm
Calcein 蓝	乙醇	0.449～0.490
二苯基苯并呋喃	乙醇	0.484～0.518
荧光素	碱性水溶液	0.527～0.570
罗丹明 6G	乙醇、水	0.560～0.650
罗丹明 B	乙醇、水	0.590～0.700
甲酚紫	乙醇	0.630～0.690

目前可以从 0.32～1μm 中获得所需要的任何波长的激光。由于燃料液体可通过流动散热，它们的转换效率高达 25%，这些都是液体激光器的优点。

4. 半导体激光器

半导体激光器是实用中最重要的一类激光器。相对于其他种类的激光器，半导体激光器具有突出的优点，它体积小、寿命长、转换效率高，而且其制造工艺与半导体电子器件和集成电路的生产工艺兼容，便于与其他器件实现单片光子集成。半导体激光器还可以用频率高达吉赫兹的电流进行直接调制而获得高速调制的激光输出。由于这些优点，半导体激光器在光学测量、激光通信、光储存、光陀螺、激光打印、激光测距以及激光雷达等方面获得了广泛应用。

半导体激光器按结构可分为法布里-珀罗(F-P)激光器、分布反馈式(DFB)激光器、分布布拉格反射式(DBR)激光器、量子阱(QW)激光器和垂直腔面发射激光器(VCSEL)；按波导机制可分为增益导引激光器和折射率导引激光器；按性能参数可分为低阈值激光器、高特征温度激光器、超高速激光器、动态单模激光器和大功率激光器等；按波长可分为可见光激光器、短波长激光器、长波长激光器和超长波长激光器(包括中、远红外波段)。在诸多分类法中，最基本的是按照结构分类。

本节介绍了四种不同类型的激光器，实用激光器的类型很多，不可能一一介绍，表 3-6 列出了激光器的主要类型，以供参考。

表 3-6　激光器的主要类型

大类	小类	具体例子
气体激光器	中性原子激光器 离子激光器 分子激光器	氦氖激光器 氩离子激光器、氪离子激光器 二氧化碳激光器、氰化氢激光器
固体激光器	晶体激光器 非晶体激光器	红宝石激光器、钇铝石榴石激光器 钕玻璃激光器
液体激光器	无机液体激光器 有机液体激光器	二氯氧化硒激光器 染料激光器、螯合物激光器
半导体激光器	PN 结激光器 电子束激励激光器 光激励半导体激光器	GaAs,CaSb 激光器 GdS,ZnS 激光器 GaAs,PbTe 激光器

激光器除作为检测光源外，还具有广泛的应用，其主要用途如下：

(1)激光作为热源。激光光束细小，且具有巨大的功率，如用透镜聚焦，可将能量集中到微小的面积上，产生巨大的热量。激光可应用于打细小的孔、切割等工作；在医疗上作为手术刀；在军事用于制作大功率激光武器等。

(2)激光测距。激光作为测距光源，由于方向性好、功率大，可测很远的距离，且精度很高。

(3)激光通信。激光不仅方向性强，而且可采用不可见光，因此通信保密性强，此外还具备容量大的优点。

(4)受控核聚变中的应用。将激光射到氘和氚混合体中，激光所带给它们的巨大能量，产生高压和高温，促使两种原子核聚合为氦和中子，并同时释放出巨大辐射能量。由于激光能量可控制，所以该过程称为受控核聚变。

3.5　LED 光源

1. 基本原理

发光二极管(light emitting diode，LED)本质上是一个由带隙半导体(如 GaAs)制作的 PN 结二极管，二极管内电子-空穴对的复合产生辐射光子。因此，发射光子能量近似等于禁带宽度，即 $h\nu \approx E_g$。图 3-10(a)是一种未偏置 PN^+ 结器件的能带图，其中 N^+ 区的掺杂浓度高于 P 区。图 3-10(a)中 P 区和 N^+ 区的费米能级 E_{Fp} 和 E_{Fn} 相等，这是未加偏置电压时的热平衡条件。PN^+ 结器件的耗尽层主要延伸到 P 型半导体中。N^+ 区的 E_c 能级与 P 区的 E_c 能级存在势垒 eU'，即有 $\Delta E_c = eU'$，其中 U' 表示内建电压。N^+ 区中高浓度的导带(自由)电子激励电子从 N^+ 区向 P 区扩散。然而，电子势垒 eU' 阻止了电子的净扩散。

当施加正向偏置电压 U_b 时，由于耗尽层是器件内电阻最大位置，电压几乎全部作用于该区域。所以，内建电压由 U' 降到 $U' - U_b$ 了，这样 N^+ 区内的电子可以扩散到(或者注入) P 区中，如图 3-10(b)所示。由 P 区向 N^+ 区扩散的空穴浓度远小于由 N^+ 区向 P 区扩散的

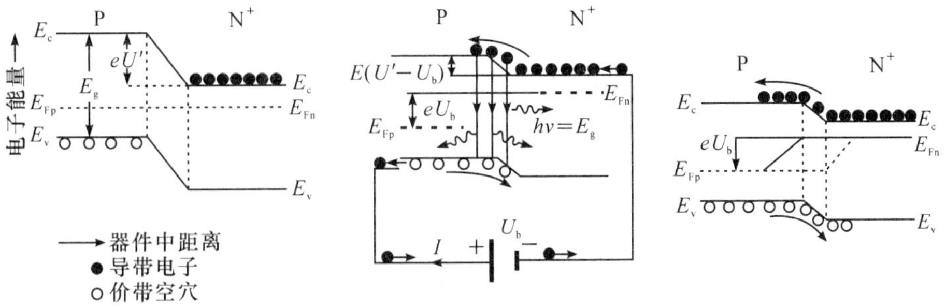

(a) 未偏置时PN^+结(N^+结掺杂浓度高)的能带图。内建电压U'抑制电子从N^+区扩散向P区

(b) 偏置电压U_b降低了内建电压U'，因此允许电子扩散到（注入）P区中。接触点及P区电子扩散区域的电子－空穴对复合导致光子自发辐射

(c) 正向偏置的PN^+结中，空穴和电子的准费米能级E_{Fp}和E_{Fn}

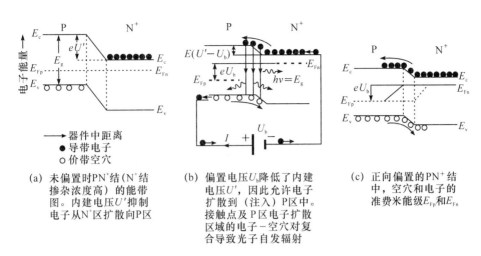

图 3-10　不同偏置时 PN^+ 结的能带图

电子浓度。耗尽层及中性 P 区中注入电子的复合过程发射出自发辐射光子。复合过程主要发生在耗尽层,并延伸到 P 区电子扩散长度 l_e 形成的体积内(由于电子易于移动并有较大的扩散系数,因此 GaAs 材料 LED 中电子注入远大于空穴注入)。复合区域通常称为有源区(active region)。这种少数载流子引起电子-空穴对复合,并辐射光波的现象叫作注入式电致发光(injection electroluminescence)。由于电子与空穴自然复合过程中的统计性质,因此辐射光子向任意方向发射,这种随机辐射叫作自发辐射(spontaneous radiation)。LED 的结构设计必须满足,发射光子能够从器件中逸出,而不被半导体材料吸收,这要求 P 区足够狭窄。

图 3-10(b)中,在正向偏置条件下,由于每个电子做的功等于 ΔE_F 或者 $E_{Fn}-E_{Fp}$,E_{Fp}和 E_{Fn}的间隔为 eU_b。注意到 E_{Fn}和 E_{Fp}延伸到耗尽层中,因此图 3-10(c)中标出了两个费米能级。N^+ 区、耗尽层和 P 区中的电子浓度都可用 E_{Fn}表示。E_{Fn}称为电子的准费米能级(quasi-Fermi level for electrons)。同样,把 E_{Fp} 称为空穴的准费米能级(quasi-Fermi level for holes)。在耗尽层,E_{Fp}和 E_{Fn}在同一空间内相互分离,这意味着注入了少数载流子,且 PN 结达到非平衡状态。图 3-10(c)表示偏置 PN^+ 结中 E_{Fp}和 E_{Fn}的变化情况。变化的 E_{Fp}和 E_{Fn}导致器件的 $p(x)$和 $n(x)$匹配如图 3-11(PN^+ 结)所示曲线。可以由能带图中的 E_{Fp}和 E_{Fn}得到载流子浓度分布图。注意到,P 区的 E_{Fn}向下滑动,远离 E_c 能级,这表示,由于注入电子与多数载流子(空穴)复合,中性 P 区的电子浓度下降。经过一定距离后,E_{Fn}到达 E_{Fp},该距离约等于注入电子的扩散长度。同理可分析注入 N 区的空穴。E_{Fp}倾斜并在倾斜一定距离后与 E_{Fn}合并,该距离约等于注入空穴的扩散长度(小于电子扩散长度)。

很明显,LED 发射光子包括电子与空穴的直接复合过程。也就是说,导带底部的电子辐射跃迁到价带的顶端,如图 3-12(a)所示,价带顶端为空的能量状态(空穴)。因此,有人可能认为在 LED 中应该避免使用间接带隙半导体。但是,这不完全正确,因为间接带隙半导体中可以引入杂质,通过杂质可以实现辐射跃迁。一种好的间接带隙材料是掺杂 N 的 GaP,即 GaP:N 材料,该材料可用于制作廉价的绿光 LED,应用于电子指示和显示。GaP 是一种间接带隙半导体材料,且 E_g 等于 2.26eV(对应于 550nm 绿光)。当掺杂 N 原子时,

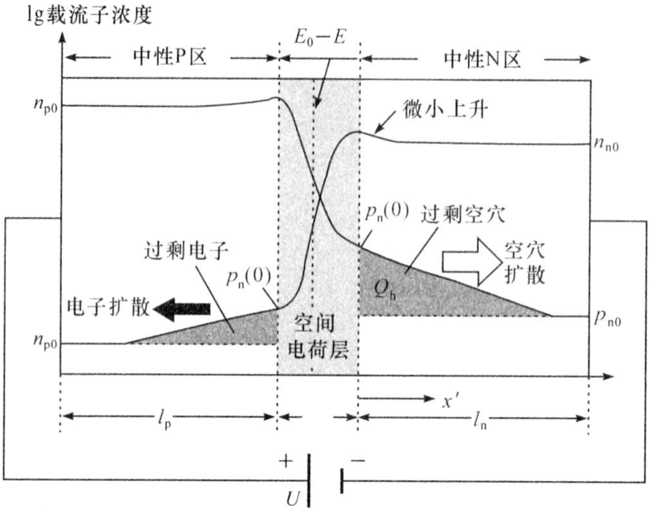

图 3-11 正向偏置下器件两端的载流子浓度分布

N 代替 P 的位置，所以 N 原子称为等电子掺杂剂（isoelectronic dopant）。然而，掺杂剂 N 生成的复合中心能级为 E_r，如图 3-12(b)所示，该能级低于导带 0.1～0.2eV。导带底部的电子很容易降到 E_r 能级，此时光子发射，电子的动量由 k_{CB} 变为 k_{VB}。E_r 能级的电子降到价带的顶部，辐射光子 $h\nu=E_r-E_v$，$h\nu$ 略小于 E_g，所以 GaP 吸收光子的可能性比较小，特别是当只有结点（复合）区域内掺杂了 N 原子时。

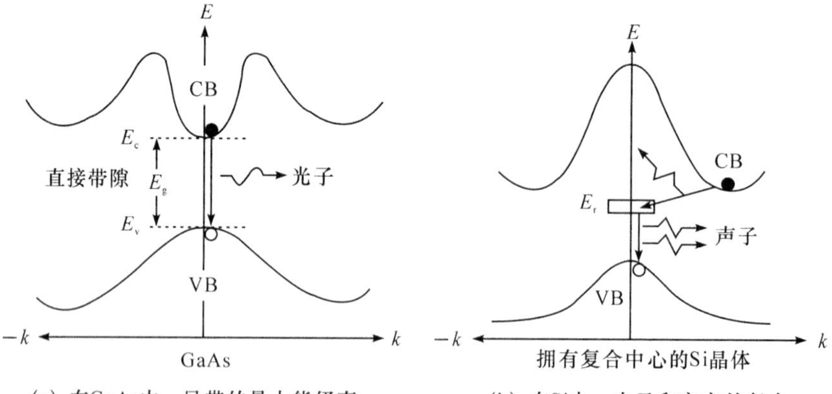

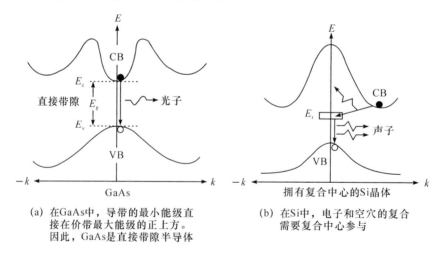

(a) 在GaAs中，导带的最小能级直接在价带最大能级的正上方。因此，GaAs是直接带隙半导体

(b) 在Si中，电子和空穴的复合需要复合中心参与

图 3-12 GaAs 材料和金刚石结构的 Si 晶体的 E-k 能级图

2. LED 的基本特性

LED 的 I-U 特性曲线取决于器件的结构，包含 LED 使用的半导体材料的特性。如图 3-13(a)所示，直流电流随着电压的增加而迅速增大。其 I-U 特性曲线不总是像一个简单的正向偏置 PN 结常表现出的那样精确地按指数增长。大多数现代 LED 都是异质结器件，拥有多层不同掺杂的半导体。在一个狭窄的电压范围内电流急剧增加，如图 3-13(a)所示，可以认为 LED 有一个明显的导通或者开启电压（turn-on or cut-in voltage），外加电压超过该值后，电流随电压增加而急剧上升。大多数 LED 生产商把 LED 完全工作的正向电压

(forward voltage)记作 U_F。例如，一种红光 AlGaInP 材料 LED 在电流 $I=20\text{mA}$(额定电流大小的 40%)时的正向电压为 $U_F=2.0\text{V}$。U_F 的大小取决于半导体材料及器件的结构。总的趋势是 U_F 随波长下降而增大，也就是说，随着光子能量或者有源层禁带宽度 E_g 的增大而上升。然而，器件的结构也十分重要，不同结构可能会导致与上述观察结果相偏离。相比于 AlGaInP 异质结 LED，多量子阱 InGaN 材料 LED 的 U_F 较大，如图 3-13(a)所示，这两种绿光 LED 中多量子阱 LED 器件两侧的电压比较大。事实上，InGaN 材料绿光到紫外范围内 LED 的 U_F 值几乎相同。

一般 LED 的输出辐射功率(P_o)随电流变化的特性曲线如图 3-13(b)所示，图中为双对数坐标，列举出了三种 LED。为了对比，图中列举出了各个器件 P_o 与电流 I 的理想线性关系。总的来说，在大电流条件下，P_o 与电流 I 的关系曲线会向下偏离 P_o 与电流 I 的理想线性关系曲线。情况最糟糕的是 InGaN 材料多量子阱 LED，曲线与理想的线性关系几乎从一开始就存在显著的偏差，即 P_o 不是随着电流增大而线性增大，且 P_o 的增大有一定的下垂趋势。这种向下偏离的变化表示 InGaN 材料多量子阱器件的量子效率下降，这也是现在研究的一个专题。标准 AlGaInP 材料和 AlGaAs 材料异质结 LED 的 P_o-I 曲线由原来的线性关系发生偏移主要发生在电流较强时，因此这两种 LED 的 P_o-I 曲线在相当大的电流范围内保持线性关系。虽然数字通信中 P_o-I 曲线的非线性影响不大，但在模拟调制中这种非线性使得信号失真，特别是在大信号条件下。

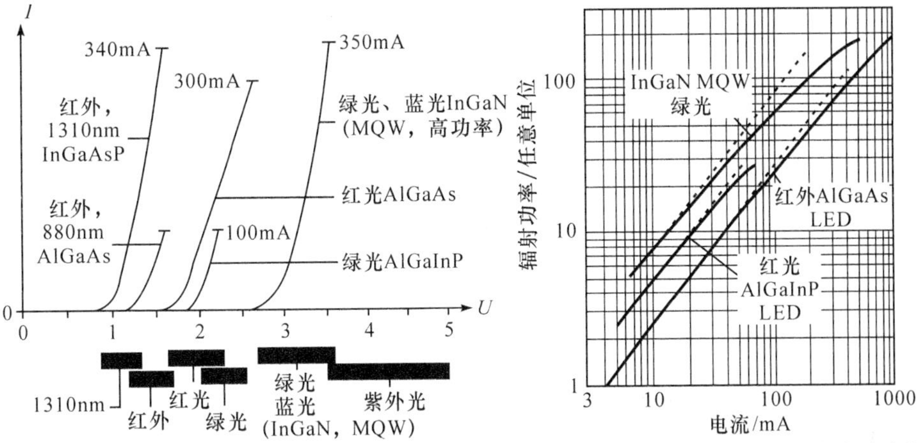

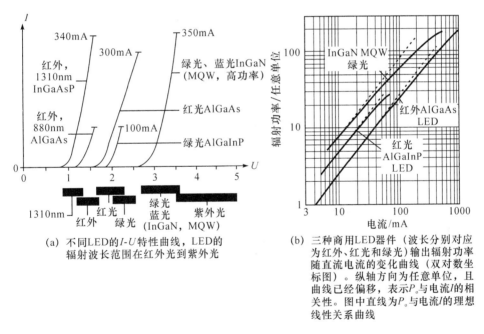

(a) 不同LED的I-U特性曲线，LED的辐射波长范围在红外光到紫外光

(b) 三种商用LED器件（波长分别对应为红外、红光和绿光）输出辐射功率随直流电流的变化曲线（双对数坐标图）。纵轴方向为任意单位，且曲线已经偏移，表示P_o与电流I的相关性。图中直线为P_o与电流I的理想线性关系曲线

图 3-13　LED 的基本特性

目前使用的发光二极管大多用Ⅲ～Ⅴ族半导体材料制成的，如砷化镓、磷化镓和磷砷化镓等。用这些材料制成发光二极管的特性参数如表 3-7 所示。

表 3-7 各种材料制成的发光二极管的特性参数

材料	禁带宽度/eV	峰值波长/μm	颜色	外部效率/%
GaP(Zn,N_2)	2.24	0.565	绿	0.1
GaP(Zn,O_2)	2.24	0.700	红	1.0
GaP	2.24	0.585	黄	—
$GaAs_{1-x}P_x$	1.84～1.94	0.62～0.68	红	0.3
GaN	3.5	0.44	蓝	0.01～0.1
$Ga_{1-x}Al_xAs$	1.80～1.92	0.64～0.70	红	0.4
GaAs	—	0.94	红外	—

在表 3-7 中，对于化合物 $GaAs_{1-x}P_x$，V 族元素 As 和 P 随机取代原来的 GaAs 晶体结构 As 原子的位置。当 $x < 0.45$ 时，合金 $GaAs_{1-x}P_x$ 是一种直接带隙半导体材料，因此其电子-空穴对的复合过程是直接且高效的。辐射光子波长范围在 630nm($y=0.45$，$GaAs_{0.55}P_{0.45}$，红光)和 870nm($y=0$，GaAs)之间。当 $x > 0.45$ 时，$GaAs_{1-x}P_x$ 合金(包括 GaP)是间接带隙半导体材料。电子-空穴对复合过程发生在复合中心处，且光子辐射过程中有晶格振荡。掺 N 间接带隙合金广泛应用于廉价的绿光、黄光和橙光 LED 中。对于化合物 $Ga_{1-x}Al_xAs$，当 $x < 0.43$时，它是直接带隙半导体材料。当该化合物组成成分变化时，禁带宽度发生变化，辐射光波波长范围为 640～870nm，即从深红色光波到红外光波。

习 题

3.1 用作白炽灯灯丝的材料有哪些方面的要求？

3.2 论述发光二极管的发光工作原理并绘出示意图。衡量 LED 的发光效率有哪些参数？

3.3 制作白光 LED 的方法有哪些？

3.4 激光谱线加宽分为均匀加宽和非均匀加宽，简述这两种加宽的产生机理、谱线的基本线型。

3.5 说出三种气体激光器的名称，并指出每一种激光器发出典型光的波长和颜色。

第4章

内光电效应探测器

人们在自然界中就可以观察到非接触式测距和定位应用。一个众所周知的例子就是蝙蝠可以在完全黑暗的环境中导航，确定位置和方向。它们使用回波定位和回声测距，从反射回来的信号中提取出障碍物的方位和距离信息。受此启发，科学家开始研究如何将这种技术应用于人类，比如将定位系统应用在机器上或服务于盲人。有商业公司研发出一种很有创意的产品——激光辅助盲人手杖[见图 4-1(a)]。手杖中带有光源和探测器。激光辅助盲人手杖方便携带，可以帮助有视觉障碍和失明的人。

单靠移动手杖，没有办法发现盲人头部或上半身的前方的障碍物。而手杖上面的激光二极管可以发射发散的激光光束，如果盲人头部或上半身的前方有障碍物，光束就会反射回来，手杖上的探测器探测到这些背反光，传感器模块就会震动，告知盲人前方有障碍物。就像上面提到的自然界中蝙蝠的例子，该往哪个方向行走就可以确定了。

该技术还应用到了汽车工业领域，使驾驶更加方便、安全。据统计，仅 2005 年一年，在欧洲就有 4 万多人死于车祸。为了提高驾驶安全性，辅助驾驶系统中增加了许多功能，如车距提醒[见图 4-1(b)]、车道协助和紧急制动等，在距离其他车辆太近的时候，就会启动紧急制动。这些功能可以告知司机实时的周边环境、提前预警、协助停车，大大提高了驾驶的安全性。

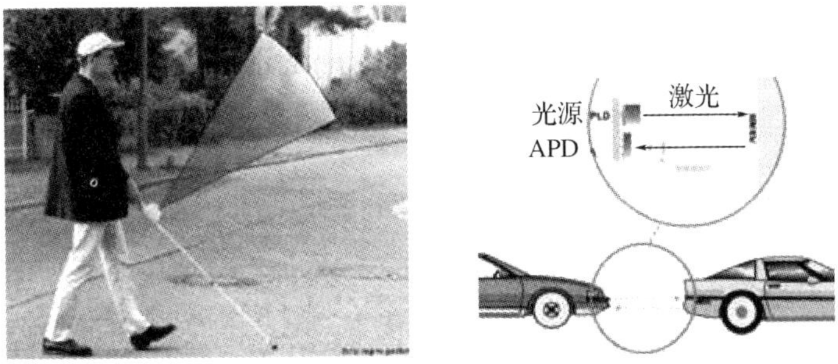

(a) 激光辅助盲人手杖　　(b) 汽车车距提醒系统

图 4-1　非接触式测距和定位应用

长达几千米的非接触式测距通过一个小型、便携设备或集成了测距仪的观察镜或双筒望远镜即可实现。这种系统已经在生活中获得了具体应用，如高尔夫球手使用这些系统来提高标准杆数，猎人也可以用该系统更好地瞄准目标。测距仪内部的半导体激光器功率非常低，属于人眼安全的 1 级激光，因此使用者不用担心眼睛会受到伤害。

为了探测半导体激光器发射的短脉冲激光，激光测距仪中通常采用 Si-PIN 光电二极管或雪崩光电二极管(APD)作为探测器，其响应范围覆盖 400～1100nm，最大响应波长约为 900nm。使用寿命并不是这些元件主要应该考虑的因素，如果使用得当，APD 几乎不会老化。可见光电效应探测器已经进入大众消费应用领域。

光电导效应器件和光伏效应器件都属于内光电效应探测器，但两者的导电机理不一样。本章重点讲述光敏电阻、光伏探测器、光电二极管、光电三极管、PSD 的原理及特性，同时也将涉及盖革模式的 APD。盖革模式的 APD 阵列在微弱光探测中发挥着越来越重要的作用，也是近几年最为引人关注的光伏探测器之一。

4.1 光敏电阻

4.1.1 光电导的增益、弛豫与光敏电阻的结构

1. 光电导的增益

利用光电导效应原理工作的探测器被称为光电导探测器。光电导效应是半导体材料的一种体效应，不需要形成 PN 结，故又常被称为无结光电探测器。这种器体在光照下会改变自身的电阻率，光照越强，器体自身的电阻越小，因此又被称为光敏电阻。

光敏电阻的工作原理、电路符号和实物如图 4-2 所示。

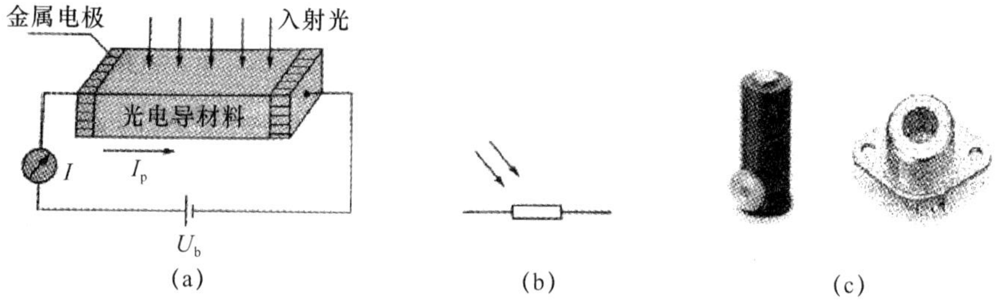

图 4-2 光敏电阻的工作原理、电路符号和实物

电极两端加上偏置电压，同时要求入射的光子能量大于光电导材料的禁带宽度。如果已知偏置电压 U_b，测量得到电流 I，根据欧姆定律可知光电导材料的电阻 $R_d=\frac{U_b}{I}$。根据定义，电导率 σ 与电阻的关系为

$$R_d=\frac{l}{\sigma w d} \tag{4.1}$$

其中，l、w、d 分别是探测器的长度、宽度和深度。值得注意的是，除了能量 $E \geqslant E_g$ 的入射光辐射可以激发光电导材料，产生自由载流子，热激发也可产生载流子。所以，电导率 σ 由两部分组成，即

$$\sigma=\sigma_{th}+\sigma_{ph} \tag{4.2}$$

假设探测器工作在足够低的温度中，足以忽略 σ_{th}。第 2 章中我们已经推导了光电导材料的电导率可以写成电子和空穴贡献的两部分之和的形式，即

$$\sigma=\sigma_n+\sigma_p \tag{4.3}$$

通常 σ_n 比 σ_p 大得多，特别是对于 N 型和本征半导体材料而言，更是如此。这是由于电子的

迁移率比空穴要大很多。

从式(2.41)可知，迁移率对电导率起决定作用。迁移率正比于晶体中碰撞的平均自由时间。而平均自由时间则取决于各种散射机制，其中最重要的两个机制为晶格散射和杂质散射。晶格散射归因于晶格原子的热振动。显然晶格振动随温度增加而增加，晶格散射自然变得显著，迁移率也因此随着温度的增加而减小。同样杂质散射也会使电子或空穴的迁移率降低。

根据式(2.42)，有

$$\sigma_{ph}=q(n_e\mu_n+n_p\mu_p) \tag{4.4}$$

这里 n_e、n_p 是光电导载流子浓度。对于本征半导体，我们假设 $n_e=n_p$，每秒钟有 φ 个光子到达探测器表面，其中的 η 部分将产生载流子(即 η 为量子效率)，则动态平衡时的载流子数目为 $\varphi\eta\tau$，其中 τ 为载流子复合前的平均寿命。

于是，可以得到单位体积的载流子数目，即

$$n_e=n_p=\frac{\varphi\eta\tau}{wdl} \tag{4.5}$$

与式(4.4)联立得到

$$R_{ph}=\frac{l^2}{q\varphi\eta\tau(\mu_n+\mu_p)} \tag{4.6}$$

下标“ph”强调的是我们只对由于光电导效应作用而产生的电阻值感兴趣。

下面来推导光电导探测器的灵敏度 S_g。从光子的能量方程出发，可知入射到探测器的辐射功率为

$$P_{ph}=\varphi h\nu=\frac{\varphi hc}{\lambda} \tag{4.7}$$

下面定义一个新的参数——光电导增益为

$$G=\frac{\tau(\mu_n+\mu_p)E_e}{l} \tag{4.8}$$

这里 E_e 为电场强度，于是得到

$$S_g=\frac{I_{ph}}{P_{ph}}=\frac{U_b}{R_{ph}P_{ph}}=\frac{\eta\lambda qG}{hc} \tag{4.9}$$

注意：我们还用到了电场强度的定义

$$E_e=\frac{U_b}{l} \tag{4.10}$$

则探测器产生的光电流是

$$I_{ph}=\varphi q\eta G \tag{4.11}$$

例如：厚度为 1mm，偏置电压为 0.5V 的 PbS 光电导探测器的光电导增益 $G=(2\times10^{-5}\,\mathrm{s})\times(5.75\times10^2\,\mathrm{cm^2\cdot V^{-1}\cdot s^{-1}})\times(0.5\,\mathrm{V}/0.01\,\mathrm{cm^2})=0.58$。

定义 τ_t 为电极间的渡越时间，有

$$\tau_t=\frac{l}{v} \tag{4.12}$$

注意到迁移率的定义，我们有 $\tau_t=l/(\mu E_e)$，光电导增益 G 可用公式表示为

$$G=\frac{\tau}{\tau_t} \tag{4.13}$$

也就是光电导增益为载流子的寿命 τ 与电极间渡越时间 τ_t 的比值。从式(4.13)可知，光电导的非平衡载流子寿命 τ 越长，迁移率越大，光电增益就越高。而且光电导的增益与电极间 l 的平方成反比，这对光电导器体(光敏电阻)的电极设计有很大的参考意义。

2. 光电导的弛豫

光电导是非平衡载流子效应，因此有一定的弛豫现象：光照射到样品后，光电导逐渐增加，最后达到定态；光照停止，光电导在一段时间内逐渐消失。这种弛豫现象表现了光电导对光强变化反应的快慢。显然，光电导上升或下降的时间就是弛豫时间，或称为响应时间(惰性)。弛豫时间长，表示光电导反应慢，称为惯性大；弛豫时间短，即光电导反应快，称为惯性小。从实际应用讲，光电导的弛豫决定了在迅速变化的光强下，一个光电器件能否有效工作的问题。例如，对周期变化的光强，光电器件的弛豫时间如果比周期长得多，那么就不能反映光强的变化。从光电导的机构来看，弛豫现象表现为在光强变化时，光生载流子的积累和消失的过程。因此，要讨论弛豫现象，必须研究光生载流子的产生与复合。

在分析定态光电导和光强之间的关系时，尽管实际情况比较复杂，但通常讨论下面两种典型情况：直线性光电导，即光电导与光强呈线性关系，如 Si、Ge、PbO 等材料至少在弱光下都具有这种性质；抛物线性光电导，指的是光电导与入射光强的平方根成正比。有不少光电导体在弱光下属于直线性光电导，但在强光下则为抛物线性光电导。上述两种典型情况的 Δn (或 Δp)与光强 I_v 的关系可表示为

$$\Delta n=\alpha I_v^{\gamma} \tag{4.14}$$

其中，γ 称为光电转换因子。通常，此因子本身就与光强有关，因此一般指在某一光强范围内的 γ 值。直线性光电导材料的 $\gamma=1$，而抛物线性光电导材料的 $\gamma=1/2$。

在定态的情况下，如果光生载流子有确定的复合概率或寿命 τ，这时，对直线性光电导，可得

$$\Delta n/\tau=I_n\alpha\beta \tag{4.15}$$

其中，I_n 是以光子计算的入射光的光强；α 为光电导体对光的吸收系数。由此可知，光生载流子的密度与光强成正比，电导率的增量与光强也成正比。对抛物线性光电导，我们必须假设复合率与光生载流子密度的平方成正比，即

$$\text{复合率}=b(\Delta n)^2 \tag{4.16}$$

其中，b 为比例系数，这时的定态条件为

$$b(\Delta n)^2=I_n\alpha\beta \tag{4.17}$$

此时可见，光生载流子密度 Δn 以及电导率的增量均与光强的平方根成比例。

在直线性光电导中，恒定光照下决定光电导上升规律的微分方程为

$$\frac{\mathrm{d}(\Delta n)}{\mathrm{d}t}=I_n\alpha\beta-\frac{\Delta n}{\tau} \tag{4.18}$$

式(4.18)的初始条件 $t=0$ 时，$\Delta n=0$，则方程的解为

$$\Delta n=I_n\alpha\beta\tau(1-\mathrm{e}^{-t/\tau}) \tag{4.19}$$

取消光照后，决定光电导下降的微分方程为

$$\frac{\mathrm{d}(\Delta n)}{\mathrm{d}t}=-\frac{\Delta n}{\tau} \tag{4.20}$$

设光照停止时($t=0$)，Δn 具有式(4.15)所示的定态值 $\Delta n=I_{\mathrm{n}}\alpha\beta\tau$，则式(4.20)的解为

$$\Delta n=I_{\mathrm{n}}\alpha\beta\tau\mathrm{e}^{-t/\tau} \tag{4.21}$$

所以直线性光电导的上升和下降曲线如图 4-3 所示。

从上面的分析可看到，在直线性光电导的弛豫中，光电流都按指数规律上升和下降。在$t=\tau$时，光电流上升到饱和值的$(1-1/\mathrm{e})$，或下降到饱和值的 $1/\mathrm{e}$，上升和下降曲线是对称的。往往定义 $t=\tau$ 为光电流的弛豫时间。

在抛物线性光电导中，决定光电导上升的微分方程为

$$\frac{\mathrm{d}(\Delta n)}{\mathrm{d}t}=I_{\mathrm{n}}\alpha\beta-b(\Delta n)^2 \tag{4.22}$$

利用初始条件 $t=0$ 时，$\Delta n=0$，可得式(4.22)的解为

$$\Delta n=\left(\frac{I_{\mathrm{n}}\alpha\beta}{b}\right)^{1/2}\tanh\left[(I_{\mathrm{n}}\alpha\beta b)^{1/2}t\right] \tag{4.23}$$

光照取消后，决定光电导下降的微分方程为

$$\frac{\mathrm{d}(\Delta n)}{\mathrm{d}t}=-b(\Delta n)^2 \tag{4.24}$$

利用初始条件 $t=0$ 时，$\Delta n=(I_{\mathrm{n}}\alpha\beta/b)^{1/2}$，从式(4.24)可得解为

$$\Delta n=\frac{1}{\left(\frac{b}{I_{\mathrm{n}}\alpha\beta}\right)^{1/2}+bt}=\left(\frac{I_{\mathrm{n}}\alpha\beta}{b}\right)^{1/2}\left[\frac{1}{1+(I_{\mathrm{n}}\alpha\beta b)^{1/2}t}\right] \tag{4.25}$$

式(4.24)和式(4.25)表示的抛物线性光电导的上升和下降曲线如图 4-4 所示。此下降曲线是以横轴为渐近线的一条曲线，因此称这样的下降规律为双曲线性衰减。

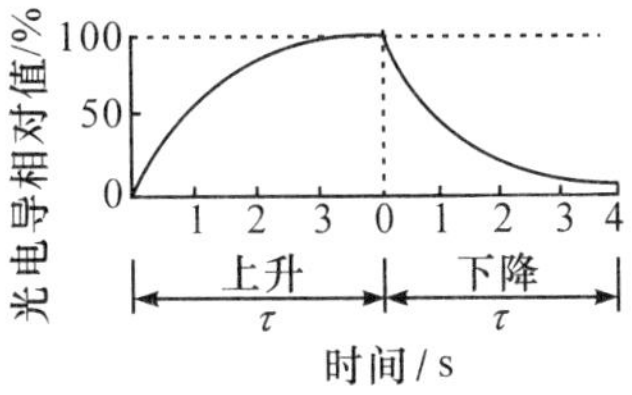

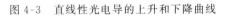

图 4-3　直线性光电导的上升和下降曲线

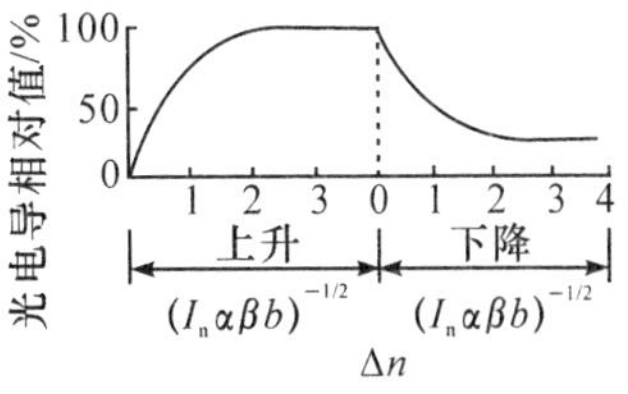

图 4-4　抛物线性光电导的上升和下降曲线

在非线性光电导情况下，光电导的弛豫现象比较复杂。它取决于复杂的复合机构，而且上升和下降曲线都不对称，我们可以用$\left(\frac{1}{I_{\mathrm{n}}\alpha\beta b}\right)^{1/2}$来表示弛豫时间。光照开始后，经过这段时间，光电导增加到定态值的 $\tanh l=0.76$。而光照停止后，光电导在这段时间内减少到定态值的 1/2。显然，抛物线性光电导的弛豫时间与光强有关。光强愈高，弛豫时间愈短。

在上述直线性与抛物线性光电导中，光生载流子的定态值都可表示为产生率与弛豫时间的乘积。因此，惯性愈小(弛豫时间越短)，则定态灵敏度愈低；定态灵敏度愈高，则弛豫时间愈长。这一关系在光敏电阻中得到了证实。在实际应用中，既要求光敏电阻的灵敏度愈高愈好，又要求弛豫时间愈短愈好。显然这两者有一定的矛盾。因此，只能根据实际需要，折中地选取。

3. 光敏电阻的基本结构

根据光敏电阻的设计原则，可以设计出如图 4-5 所示的光敏电阻基本结构。图 4-5(a)为梳形结构，它的两个梳形电极之间为光敏电阻材料，由于两个梳形电极靠得很近，电极间距很小，光敏电阻增益高。图 4-5(b)为蛇形结构，光电导材料制成蛇形，光电导材料的两侧为金属导电材料，并在其上设置电极。显然，这种光敏电阻的电极间距（为蛇形光电导材料的宽度）也很小，这样可以提高光敏电阻的光电导增益。

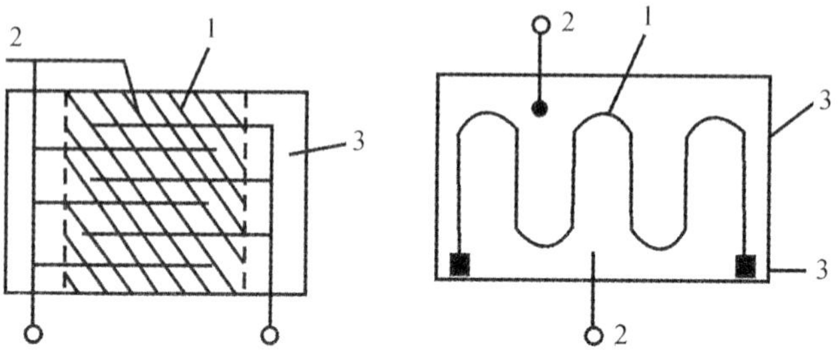

(a) 梳形结构 (b) 蛇形结构

1—光电导材料；2—电极；3—基层。

图 4-5 光敏电阻基本结构

光敏电阻与其他半导体光电器件相比有以下特点：①光谱响应范围相当宽，根据光电导材料的不同，灵敏域除了包含可见光波段外，有的灵敏域可达红外区域或远红外区域；②工作电流大，可达数毫安；③所测的光电强度范围宽，既可测弱光，也可测强光；④灵敏度高，合理选择器件材料、设计结构尺寸和外加偏压，可以使光电导器件的光电增益大于 1；⑤无选择性，使用方便。

光敏电阻的不足之处是，在强光照射下光电线性度较差，光电弛豫过程比较长，频率特性较差。因此，其应用领域受到一定的限制。

根据光敏电阻的特点和分类，它主要用于照相机、光度计、光电自动控制、辐射测量、能量辐射、物体搜索和跟踪、红外成像和红外通信等技术方面。

4.1.2 典型光敏电阻

通常属于本征型的有硫化镉(CdS)、锑化铟(InSb)、硫化铅(PbS)、碲镉汞($Hg_{1-x}Cd_xTe$)光敏电阻等；属于杂质型的有锗掺汞(Ge:Hg)、锗掺铜(Ge:Cu)、锗掺锌(Ge:Zn)、硅掺砷(Si:As)光敏电阻等。下面主要介绍的光电导器件——光敏电阻有 PbS/PbSe、CdS、InSb 和 MCT(HgCdTe)。

1. PbS/PbSe

PbS/PbSe 光电导器件通常应用到红外波段。在一定的波长范围内与其他光电导器件相比，探测效率高。在室温条件下，PbS 的光谱响应范围为 1.0～3.5μm，而 PbSe 的光谱响应范围为 1.5～5.2μm。PbS 在辐射温度计和火焰监测器，PbSe 在分析设备、辐射温度计和精密光度学中都得到了广泛应用。

2. CdS

CdS 的光谱特性最接近人眼的视觉函数 $V(\lambda)$，它在可见光谱范围内的灵敏度最高，因此广泛地应用于灯光的自动控制、照相机的自动测光等。CdS 光敏电阻通常采用蒸发、烧结的工艺方法制备，一般在 CdS 中掺入少量杂质铜(Cu)和氯(Cl)，使它既具有本征半导体器件的响应特性，又具有杂质半导体的响应特性，可使 CdS 光敏电阻的光谱响应向红外光谱段延长，峰值波长也相应延长。通常 CdS 光敏电阻的峰值波长在 0.52μm。

3. InSb

InSb 光敏电阻是电子冷却型红外线的探测元件，是 3～5μm 光谱范围内的主要探测器件之一，在室温下的截止波长可达 7.5μm，峰值波长在 6μm 附近，峰值比探测率 D^* 约为 $1\times10^{11}\,\mathrm{cm\cdot Hz\cdot W^{-1}}$。当温度降低到 77K(液氧的)，其截止波长由 7.5μm 缩短到 5.5μm，峰值波长也将移至 5μm，恰为大气的窗口范围，峰值比探测率 D^* 升至 $2\times10^{11}\,\mathrm{cm\cdot Hz\cdot W^{-1}}$。

4. MCT(HgCdTe)

MCT(HgCdTe)由 HgTe 和 CdTe 两种材料晶体混合而成。根据不同的 Hg 和 Cd 的组成比，可以得到不同的带隙能量 E_g，因而可以制造出不同波长响应范围的 MCT ($Hg_{1-x}Cd_xTe$)的红外线探测器件，其光谱响应变化范围为 1～30μm。光电导器件是目前所有红外探测器性能最优良、最有前途的探测器件，尤其对于 4.8μm 大气窗口波段辐射的探测更为重要。

4.1.3　光敏电阻的基本特性

1. 光电特性

光敏电阻在黑暗条件下，由于热激发产生的载流子使它具有一定的电导，该电导称为暗电导，其倒数为暗电阻。一般情况下，暗电导都很小。当有光照的时候，光敏电阻的电导将变大，这时电导称为光电导。

光敏电阻的光电流与入射的辐射通量(或辐射照度)之间的关系称为光电特性，用公式表达为

$$I_{ph}=S_gU_b^{\alpha}\Phi^{\gamma} \tag{4.26}$$

或

$$I_{ph}=S_gU_b^{\alpha}E^{\gamma} \tag{4.27}$$

其中，S_g 为光电导灵敏度；U_b 为光敏电阻两端电压；Φ 为入射的辐射通量；E 为入射的辐射照度；γ 为照度指数，一般 $\gamma=0.5\sim1$，它与材料和入射光强弱有关。在弱光照射时($E=10^{-1}\sim10^{3}\,\mathrm{lx}$)，$\gamma=1$，称为线性光电导；在强光照射时，$\gamma=0.5$，则为非线性光电导。$a$ 为电压指数，它与器件两端所加电压有关，在工作电压(几伏到几十伏)范围内约为 1。当 $\alpha=1$，$\gamma=1$时，式(4.26)可改写为

$$I_{ph}=S_gU_b\Phi=G_pU_b \tag{4.28}$$

其中，$G_p=S_g\Phi$，称为光电导，单位为西门子。按灵敏度(响应量与输入量之比)定义有 $S_g=G_p/\Phi$ 或 $S_g=G_p/E$(Φ 为辐射通量，E 为照度)。

PbS 的光输出与辐射通量的关系曲线如图 4-6 所示，CdS 光敏电阻的光照特性如图 4-7 所示。

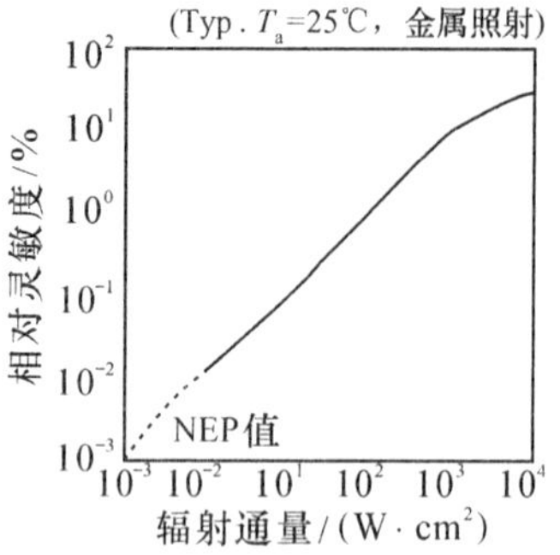

图 4-6 PbS 的光输出与辐射通量的关系曲线

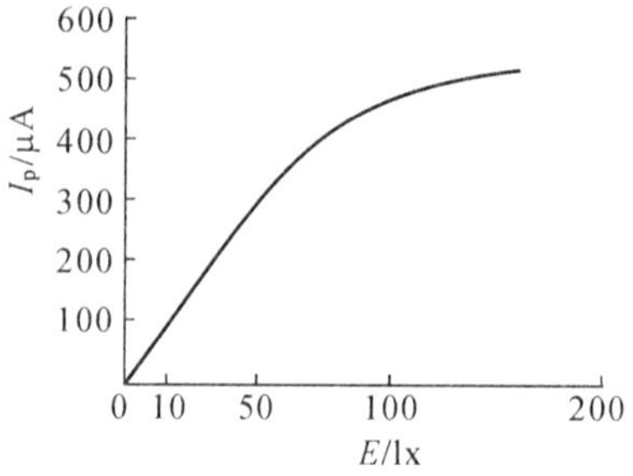

图 4-7 CdS 光敏电阻的光照特性

在实际使用中，光敏电阻的光电特性往往用光敏电阻的电阻与照度的关系来表示。由图 4-8 可看出，在照度很低时，随照度的增加，阻值迅速降低；当照度增加至一定程度后，阻值变化变缓，然后逐渐趋向饱和。但是在对数坐标中，光敏电阻的阻值在某段照度 E 范围内的光电特性表现为线性。这说明在式(4.26)中的 γ 值保持不变。因此，在对数坐标中 γ 是斜率。很显然，光敏电阻的 γ 值反映了在照度范围变化不大或照度绝对值较大，甚至光敏电阻接近饱和情况下的阻值与照度的关系。因此，定义光敏电阻的 γ 值时必须说明其照度的范围，否则 γ 值没有任何意义。

从不同照度的电阻阻值中推导出

$$\gamma = (\lg R_1 - \lg R_2)/(\lg E_2 - \lg E_1) \tag{4.29}$$

其中，R_1 和 R_2 分别是两个照度 E_1 和 E_2 的电阻值。

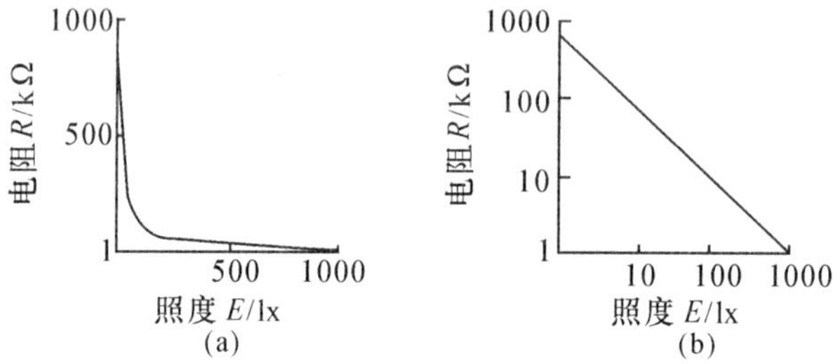

图 4-8 光敏电阻的光电特性曲线

2. 伏安特性

在一定的光照条件下，光敏电阻的光电流与所加电压的关系称为伏安特性。如图 4-9 所示，因光敏电阻是电阻，符合欧姆定律，故曲线是直线。图 4-9 中的虚线是额定功率线，使用时，不应使电阻功耗超过额定值。设计负载电阻时，不应使负载线与额定功率线相交。

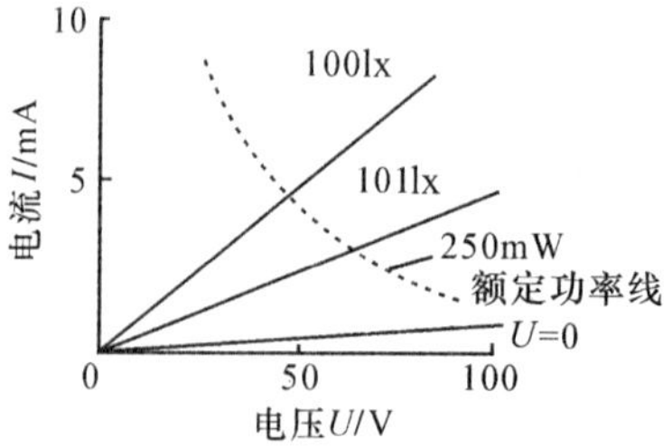

图 4-9 典型 CdS 光敏电阻伏安特性曲线

3. 时间响应和频率特性

在忽略外电路时间常数的影响时，光敏电阻的响应时间等于光生载流子的平均寿命。大多数常用的光敏电阻，其响应时间都比较长。例如，CdS 光敏电阻的响应时间为几十毫秒到几秒；CdSe 光敏电阻的响应时间为几毫秒到几十毫秒；PbS 光敏电阻的响应时间为几百微秒。因此，它们基本上不适合快脉冲光信号的检测。图 4-10 给出了几种光敏电阻的频率特性曲线，图 4-11 给出了 PbS 光敏电阻的频率特性曲线。可见，光敏电阻的频率特性差，即使 PbS 光敏电阻的频率特性好些，但是，它的频率特性也不超过 10^4 Hz，而且与温度有关，随着温度降低，频率特性变差。所以光敏电阻不适合接收高频光信号。

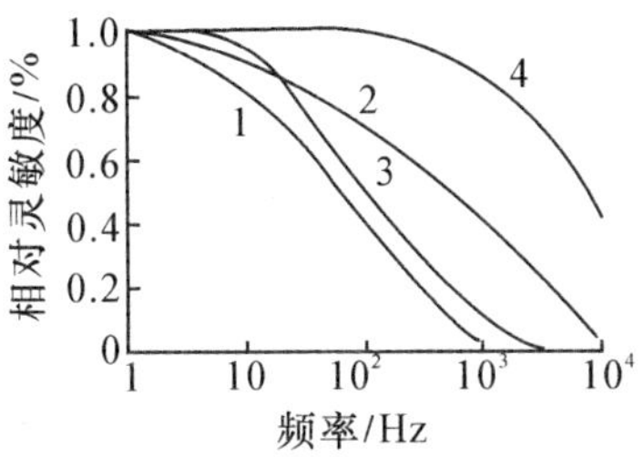

1—Se；2—CdS；3—硫化铊；4—PdS。

图 4-10　几种光敏电阻的频率特性曲线

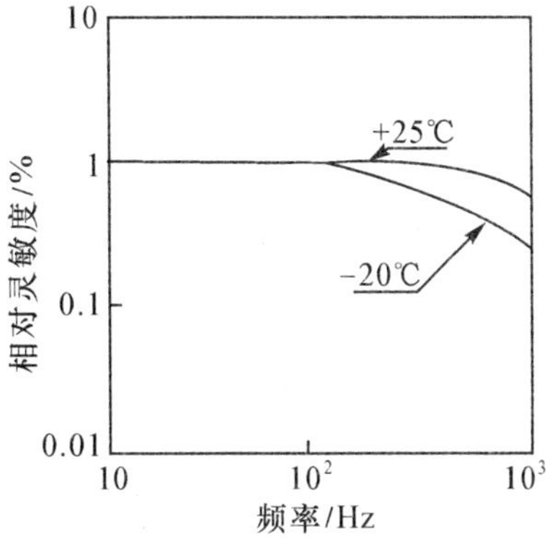

图 4-11　PbS 光敏电阻的频率特性曲线

4. 光谱响应

光敏电阻具有选择性光电效应，对于不同波长有不同的灵敏度。它可以用相对灵敏度或峰值比探测率 D^* 与波长的关系曲线表示，如图 4-12～图 4-14 所示。光敏电阻的光谱响应主要与光敏材料禁带宽度、杂质电离能、材料掺杂比以及掺杂浓度等因素有关。本征半导体光敏电阻的截止波长要短于杂质型半导体光敏电阻的截止波长。典型探测器材料在室温条件下的截止波长为：Si(λ_g＝1. 1μm)；Ge(λ_g＝1. 8μm)；PbS(λ_g＝3. 3μm)；PbSe(λ_g＝4. 5μm)。

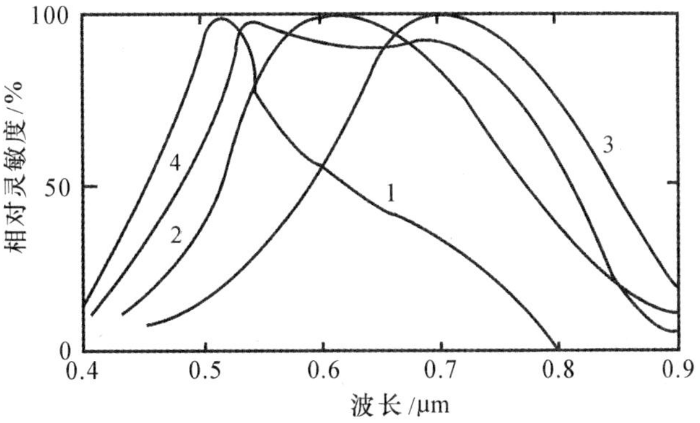

1—CdS 单晶；2—CdS 多晶；3—CdSe 多晶；4—CdS、CdSe 混合多晶。

图 4-12　可见光区域的几种光敏电阻的光谱特性曲线

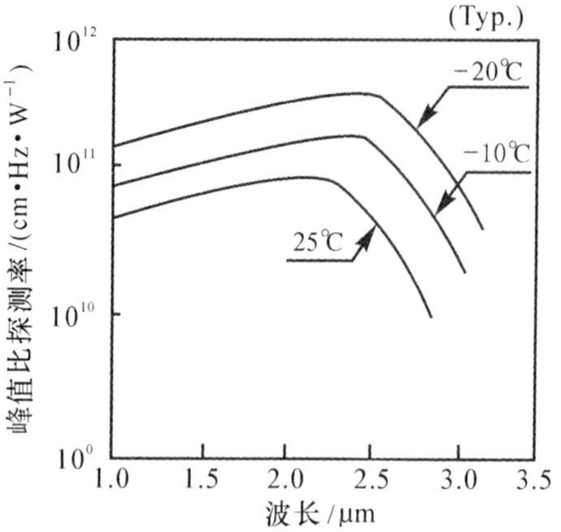

图 4-13 PbS 光敏电阻光谱特性曲线

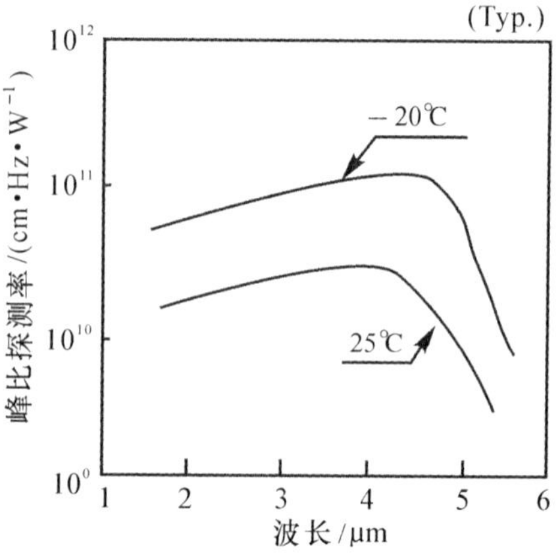

图 4-14 PbSe 光敏电阻光谱特性曲线

5. 温度特性

光敏电阻对温度比较敏感。温度的变化会引起灵敏度、暗阻抗、上升时间的变化，如图 4-15 和图 4-16 所示。温度不同也会影响禁带宽度，随之影响其截止波长。比如：在 17K 时，Si 和 Ge 的截止波长也比室温时短 5%～10%，而 PbS 和 PbSe 的截止波长会增长；在 77K 时，PbS 和 PbSe 的截止波长会延至 4μm 和 7μm 附近。

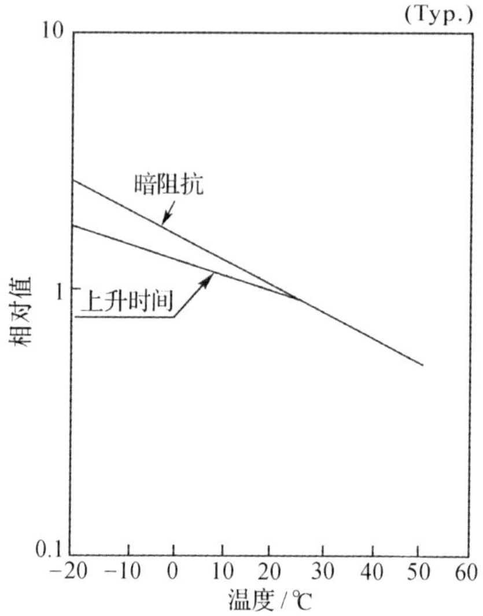

图4-15 PbSe 暗阻抗、上升时间与温度关系曲线

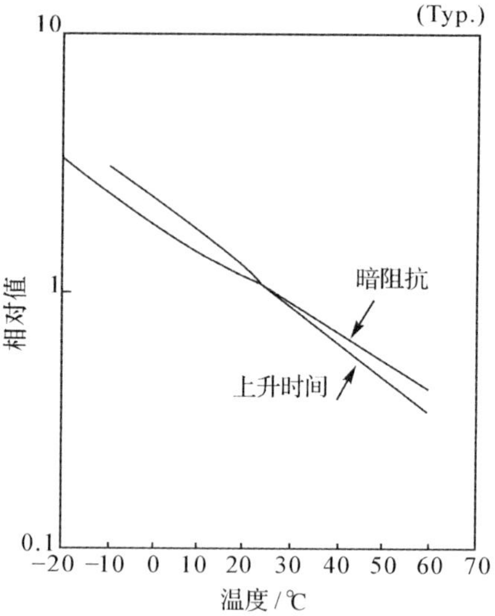

图 4-16 PbS 暗阻抗、上升时间与温度关系曲线

6. 噪声特性

光敏电阻合成噪声频谱如图 4-17 所示，在频率 f 低于 100Hz 时以 $1/f$ 噪声为主，频率在 100Hz 和接近 1000Hz 之间以产生-复合噪声为主，频率在 1000Hz 以上以热噪声为主。

在红外探测中，为了减小噪声，一般采用光调制技术且将调制频率取得高一些，一般在 800～1000Hz 时可以消除 $1/f$ 噪声和产生-复合噪声。还可采用制冷装置降低器件的温度，这不仅减小热噪声，而且可降低产生-复合噪声，提高了 D^*。此外，还得设计合理的偏置电路，选择最佳偏置电流，使探测器运用在最佳状态。

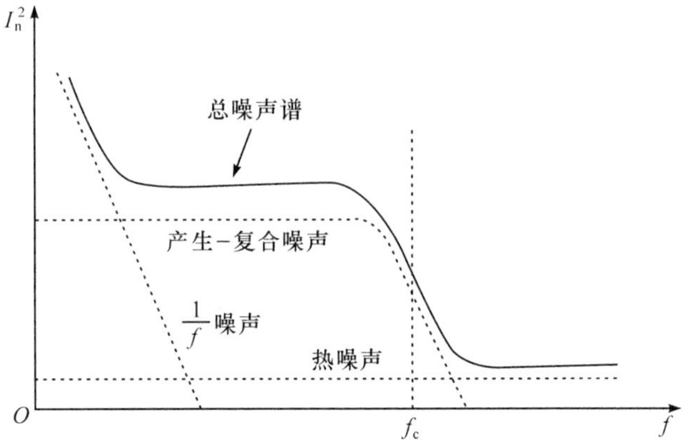

图 4-17　光敏电阻合成噪声频谱

4.1.4　光敏电阻的偏置电路

1. 基本偏置电路

光敏电阻基本偏置电路如图 4-18 所示，其中 R_p 为光敏电阻，R_L 为负载电阻，U_b 为偏置电压。为了使光敏电阻能正常工作，必须正确合理地选择 U_b 和 R_L。选择 U_b 和 R_L 的原则是保证光敏电阻在允许的功率下工作，不会因为过热而烧坏光敏电阻，即要求光敏电阻的实际功率应满足

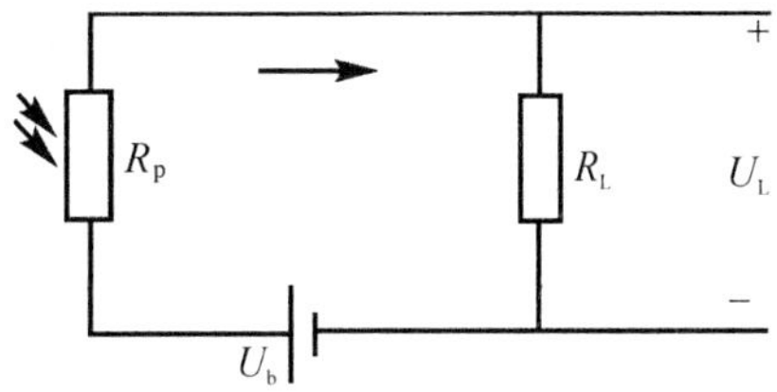

图 4-18　光敏电阻基本偏置电路

$$P=UI\leqslant P_{max} \tag{4.30}$$

由偏置电路可得出

$$U=U_b-IR_L \tag{4.31}$$

式(4.30)和式(4.31)联立方程，求解得

$$I=\frac{U_b\pm\sqrt{U_b^2-4P_{max}R_L}}{2R_L} \tag{4.32}$$

即负载线与 P_{max} 曲线的交点对应的 I 值。要使负载线与 P_{max} 曲线不相交，即使光敏电阻工作在 P_{max} 曲线的左下部分，则有

$$U_b^2-4P_{max}R_L\leqslant 0 \tag{4.33}$$

则

$$R_L\geqslant\frac{U_b^2}{4P_{max}} \tag{4.34}$$

其中，P_{max} 为光敏电阻的极限功率，可由产品手册中查出。

因此，当 R_L 确定后，根据式(4.33)的限定，适当选择较大的 U_b 值，以增大光敏电阻的输出信号电压；或者当光敏电阻与检查电路共用一个电源 U_b，即当 U_b 确定后，也可按照式(4.33)限定，选择适当的 R_L 值，以免光敏电阻的实际功耗超过 P_{max}。

有时为了使光敏电阻有较大的输出电流，R_L 的值往往取得很小，即 $R_L\approx 0$。此时可得确定电源电压的公式为

$$U_b \leqslant \sqrt{P_{max} R_{pmin}} \tag{4.35}$$

其中，R_{pmin} 为辐射通量（辐射照度）最大时的光敏电阻值。

2. 恒流偏置电路

按照基本偏置电路，可以得出回路电流 I 及负载上的电压 U_L，即

$$I = \frac{U_b}{R_L + R_p} \tag{4.36}$$

$$U_L = \frac{R_L}{R_L + R_p} U_b \tag{4.37}$$

若负载电阻 R_L 比光敏电阻 R_p 大得多，即 $R_L \gg R_p$ 时，回路电流由式(4.36)变成

$$I = \frac{U_b}{R_L} \tag{4.38}$$

这表明负载电流与光敏电阻无关，近似一个常数，这种偏置电路称为恒流偏置电路。

当负载电阻很大时，可以实现恒流偏置。但是由于 R_L 很大，光敏电阻正常工作的偏置电压需要很高（高达 100V 以上），这给使用带来不便。为了降低电源电压，通常采用晶体管作为恒流元件。图 4-19 给出了实际常采用的晶体管恒流偏置电路。由于滤波电容 C 和稳压管 D_2 的作用，晶体管基极被稳压，基极电流 I_b 和集电极电流 I_c 恒定，光敏电阻实现了恒流偏置。

3. 恒压偏置电路

在基本偏置电路中，若负载电阻 R_L 比光敏电阻 R_p 小得多，即 $R_p \gg R_L$ 时，由式(4.37)可知，R_L 两端电压 $U_L \approx 0$，因此光敏电阻上的电压 U 近似等于 U_b，这种光敏电阻上的电压保持不变的偏置称为恒压偏置。图 4-20 给出了晶体管恒压偏置电路。在该电路中，晶体管基极被稳压，忽略 U_{be} 的影响，光敏电阻 R_p 近似被恒压偏置。这种恒压偏置电路的输出信号与光敏电阻无关，仅决定于电导的相对变化。这样当检测电路在更换光敏电阻时，对电路原来的初始状态影响不大（即不再需要重新调整电路的初始状态），这是该偏置电路的优点。

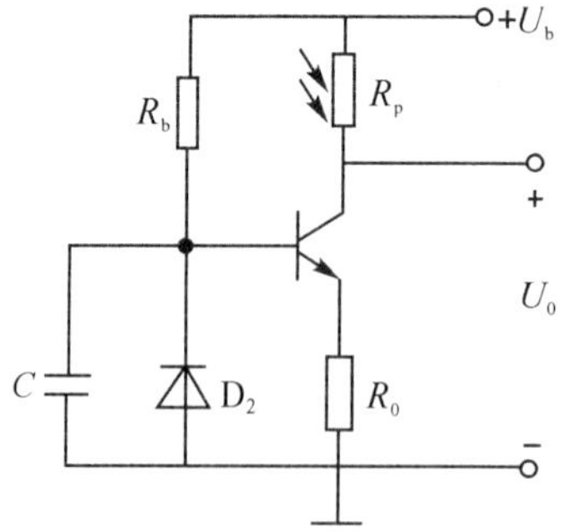

图 4-19 晶体管恒流偏置电路

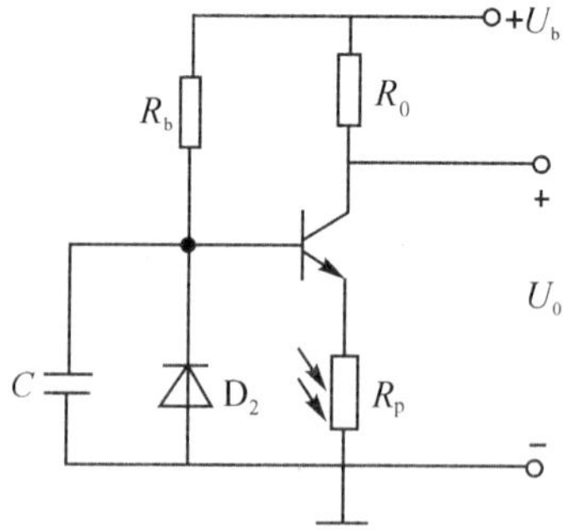

图 4-20 晶体管恒压偏置电路

4. 恒功率偏置电路

在基本偏置电路中，若负载电阻 R_L 与光敏电阻值 R_p 相等，则光敏电阻消耗的功率为

$$P = I^2 R_p = \left(\frac{U_b}{R_L + R_p}\right)^2 R_p = \frac{U_b^2}{4R_L} \tag{4.39}$$

其中，P 为恒定值，故称为恒功率偏置电路。这种电路的特点是负载可获得最大的功率输出。

4.1.5　光敏电阻的应用

1. 照相机电子快门控制电路

如图 4-21 所示，照相机电子快门控制电路采用与人眼视觉函数相接近的 CdS 光敏电阻。曝光电路是由 *RC* 充电电路、时间检测电路及驱动电路组成。图 4-21 中 S 为快门按钮，M 为快门电磁铁，R_{W1} 和 R_{W2} 分别调节快门速度可变电位器和高照度时调节快门速度的可调电位器。

当电子快门工作时，其曝光时间由 *RC* 充电电路的时间常数决定，且与光敏电阻 CdS 的阻值 R_d 有关，而 R_d 又与景物光强有关，这样在不同景物光强情况下，通过 CdS 光敏电阻控制快门打开速度达到控制曝光时间的目的。

2. 照明灯自动控制电路

照明灯自动控制电路如图 4-22 所示，采用 CdS 光敏电阻作为光的传感器件。当自然光较暗时，CdS 光敏电阻的阻值很大，继电器 K 绕组电流变得很小，继电器不能工作，继电器常闭点闭合，使照明灯点亮；当自然光增强到一定亮度（照度），光敏电阻的阻值减小到一定值时，就有一定的电流流过继电器，使继电器工作，常闭点断开，灯熄灭。

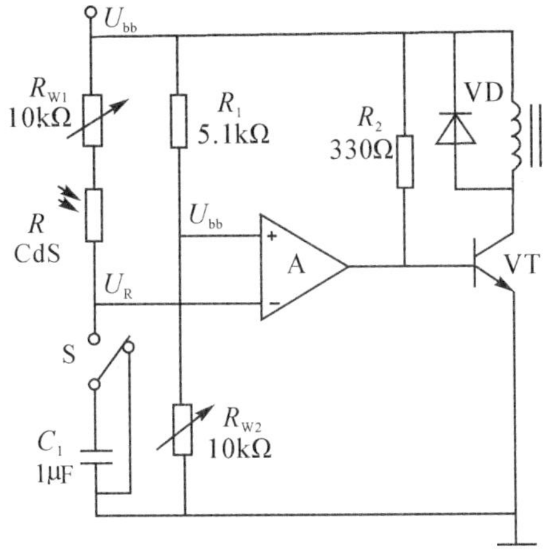

图 4-21　照相机电子快门控制电路

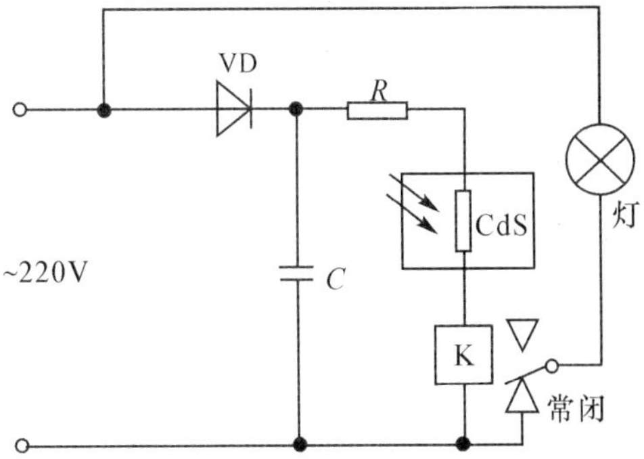

图 4-22　照明灯自动控制电路

虽然这种电路采用光敏电阻，利用光线变化，控制灯的开与关，是非常简单易行的方法，但存在不少缺点，需要进一步改进，增加另外一些功能，如增加声控功能。

3. 火焰探测报警器电路

采用 PbS 光敏电阻为探测元件的火焰探测报警器电路如图 4-23 所示。PbS 光敏电阻暗电阻为 1MΩ，亮电阻的阻值为 0.2MΩ（在辐射照度 1mW/cm^2 下测试的），其峰值波长为 2.2μm，恰为火焰的峰值辐射光谱。

由 VT_1 及电阻 R_1、R_2 和稳压管 U_{DW} 构成对光敏电阻 R_3 的恒压偏置电路。恒压偏置电路具有更换光敏电阻方便的特点，只要保证光导灵敏度 S_g 不变，输出电路的电压就不会因更换光敏电阻的阻值而改变，从而使前置放大器输出信号稳定。当被测物体的温度高于燃点或被点燃而发生火灾时，物体将发出波长接近于 2.2μm 的辐射（或跳变的火焰信号），该辐射光被 PbS 光敏电阻 R_3 接收，使前置放大器的输出跟随火焰跳变的信号，并经电容

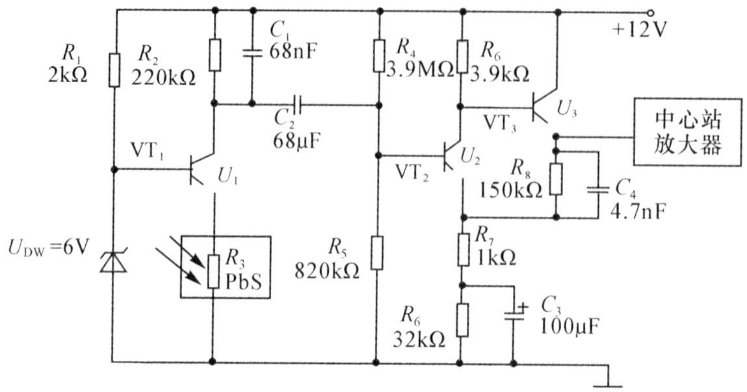

图 4-23 火焰探测报警器电路

C_2 耦合，发送给由 VT_2、VT_3 组成的高输入阻抗放大器放大。火焰跳变的信号被放大后发送给中心站放大器，并由中心站发出火灾警报信号或执行灭火动作。

4.2 光伏探测器

利用光伏效应制作的光电器件称为光伏探测器，简称 PV 探测器(photovoltaic detector)。光伏效应与光电导效应同属于内光电效应，然而，两者的导电机理却大相径庭。光伏效应是少数载流子导电的光电效应，而光电导效应是多数载流子导电的光电效应。这就使得光伏探测器在许多性能上与光敏电阻迥然不同。其中，光伏探测器的暗电流小、噪声低、响应速度快与受温度的影响小等特点，令光敏电阻相形见绌；而光敏电阻对微弱光信号的探测能力强，光谱响应范围宽，又是光伏探测器不可企及的。这类光伏探测器种类很多，但它们原理相同，在性质上也有很多相似的地方。本节主要介绍光伏探测器的等效电路、光电池、光电二极管、雪崩光电二极管、光电三极管、位置灵敏探测器、半导体色敏器件、光伏探测器的偏置与输出电路。

4.2.1 光伏探测器的等效电路

光伏探测器的物理原理已经在第 2 章给出。在电路设计中，往往需要等效电路来协助求解工程问题，图 4-24 给出了 PN 结在光伏工作模式下的等效电流源模型。

图 4-24 中，I_p 为光电流；I_d 为流过 P-N 结的正向电流；C_j 为结电容；R_s 表示串联电阻(series resistance)；R_{sh} 为 PN 结的结电阻(junction resistance)，又称漏电阻或动态电阻，它比负载电阻大得多，故经过其的电流很小(往往可以忽略不计)。这样流过负载 R_L 的总电流为

$$I_L = I_p - I_d \tag{4.40}$$

这里

$$I_d = I_s \cdot \left[e^{qU_d/(kT)} - 1\right] \tag{4.41}$$

其中，I_s 为反向饱和电流。我们希望这个电流的数值相比我们感兴趣的光电流，越小越好。即使对于同样的入射辐射通量，I_p 的取值可能也会显著不同，这取决于光伏探测器的偏置，而具体的偏置形式将会于第 4.2.8 小节讲述。

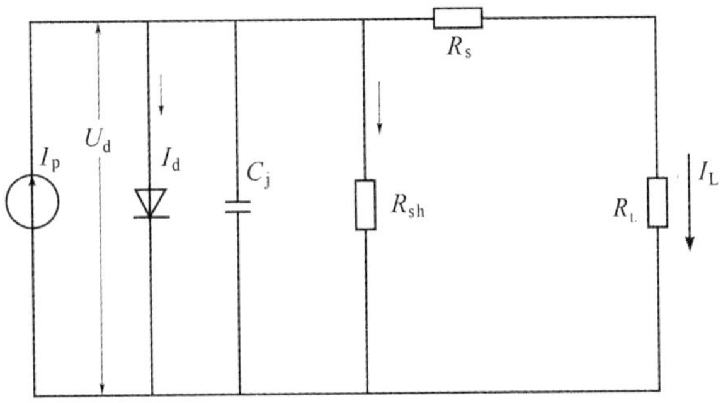

图 4-24　PN 结在光伏工作模式下的等效电流源模型

第 2 章中我们已经分析了两种情况：一种是当负载电阻 R_L 断开（$I_p=0$）时，P 端对 N 端的电压称为开路电压，用 U_{oc}表示，由式(4.40)得

$$U_{oc}=\frac{kT}{q}\ln(1+\frac{I_p}{I_s}) \tag{4.42}$$

在一般情况下，$I_{ph}\gg I_s$，所以

$$U_{oc}\approx\frac{kT}{q}\ln(\frac{I_p}{I_s})\approx\frac{kT}{q}\ln(\frac{S_E\cdot E}{I_s}) \tag{4.43}$$

其中，U_{oc}表示在一定温度下，开路电压与光电流的对数成正比，也可以说与照度或光通量的对数成正比。

另一种情况是当负载电阻短路（即 $R_L=0$）时，光生电压接近于零，流过器件的电流叫短路电流，用 I_{sc}表示，其方向从 PN 结内部看是从 N 区指向 P 区，这时光生截流子不再积累于 PN 结两侧，所以 PN 结又恢复到平衡状态，费米能级拉平而势垒高度恢复到无光照时的水平，短路电流

$$I_{sc}=I_p=S_E\cdot E \tag{4.44}$$

这时 PN 结光电器件的短路光电流 I_{sc}与辐射通量成正比，从而得到最大线性区，这在线性测量中被广泛应用。

如果给 PN 结加上一个反向偏置电压 U_b，外加电压所建的电场方向与 PN 结内建电场方向相同，PN 结的势垒高度由 qU_d 增加到 $q(U_d+U_b)$，使光照产生的电子-空穴对在强电场作用下更容易产生漂移运动，提高了器件的频率特性。

根据以上分析，按式(4.40)可画出 PN 结光电器件在不同照度下的伏安特性曲线，如图 4-25所示。无光照时，其伏安特性曲线与一般二极管的伏安特性曲线相同，受光照后，光生电子-空穴对在电场作用下形成大于 I_L的光电流，并且方向与 I_L相同，因此曲线将沿电流轴向下平移，平移的幅度与光照度的变化成正比，即 $I_p=S_EE$，当 PN 结上加有反向偏压时，暗电流随反向偏压的增大有所增大，最后等于反向饱和电流 I_0，而光电流 I_p 几乎与反向偏压的高低无关。

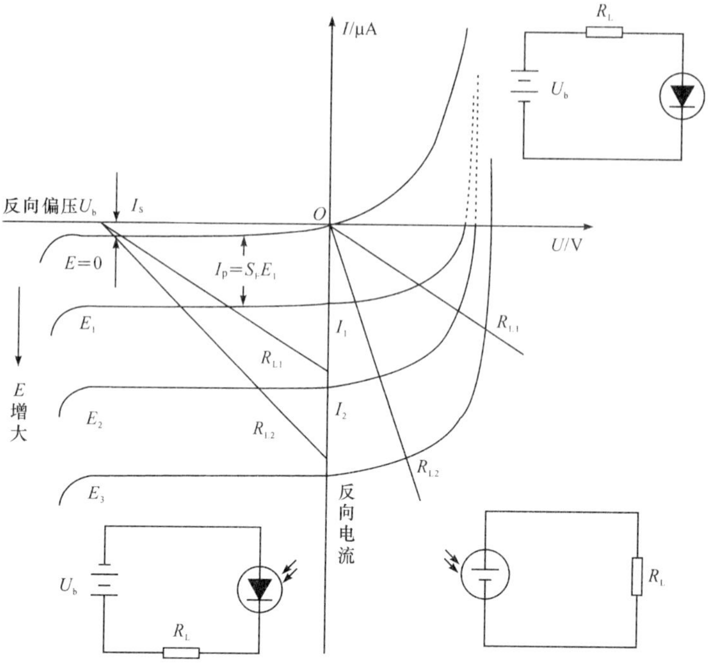

图 4-25 PN 结光电器件在不同照度下的伏安特性曲线

下面对光伏探测器的结电容、漏电阻(leakage resistance)及串联电阻进行讨论。

1. 结电容

很明显，在 PN 结的耗尽层或空间电荷层上，两极分离，类似于一个平行板电容，如图 4-26(a)所示。同样可以知道，施加在 PN 结上的电压改变了 SCL(空间电荷层)的宽度 w，并且 w 随着反向偏压的升高而增大。若 A 表示 PN 结的横截面面积，则耗尽层的 N 区的存储电荷量为 $+Q=qN_d w_n A$，P 区的存储电荷量为 $-Q=-qN_a w_p A$。不同于平行板电容，电荷 Q 的大小与通过器件的电压 U 不呈线性关系。这里 N_a 和 N_d 分别为 P 型半导体和 N 型半导体的掺杂浓度。

这里有必要定义一个参量，叫作增量电容，是 PN 结外加电压的增量引起的耗尽层内存储电荷的增量变化。当 PN 结的外加电压 U 增加 $\mathrm{d}U$ 而变为 $U+\mathrm{d}U$ 时，w 发生变化，相应结果为耗尽层的电荷变为 $Q+\mathrm{d}Q$，则耗尽层电容 C_{dep} 定义为

$$C_{dep}=\left|\frac{\mathrm{d}Q}{\mathrm{d}U}\right|\text{(耗尽层电容)} \tag{4.45}$$

若外加电压为 U，则耗尽层 w 上的电压为 U_0-U，U_0 为接触电势差，所以耗尽层宽度为

$$w=\left[\frac{2\varepsilon(N_a+N_d)(U_0-U)}{eN_aN_d}\right]^{1/2} \tag{4.46}$$

耗尽层任意一端的电荷量 $|Q|=eN_d w_n A=eN_a w_p A$，且有 $w=w_n+w_p$。因此，用 Q 表示 w 并代入式(4.46)，然后微分，可以得到 $\mathrm{d}Q/\mathrm{d}U$，则耗尽层电容为

$$C_{dep}=\frac{\varepsilon A}{w}=\frac{A}{(U_0-U)^{1/2}}\left[\frac{e\varepsilon(N_aN_d)}{2(N_a+N_d)}\right]^{1/2} \tag{4.47}$$

必须注意到，C_{dep} 的表达式类似于平行板电容，即为 $\varepsilon A/w$，但是 w 随电压的变化方程如式(4.46)所示。由式(4.47)可知，当施加反向偏压 $U=-U_r$ 时，电容 C_{dep} 随 U_r 的增大而减

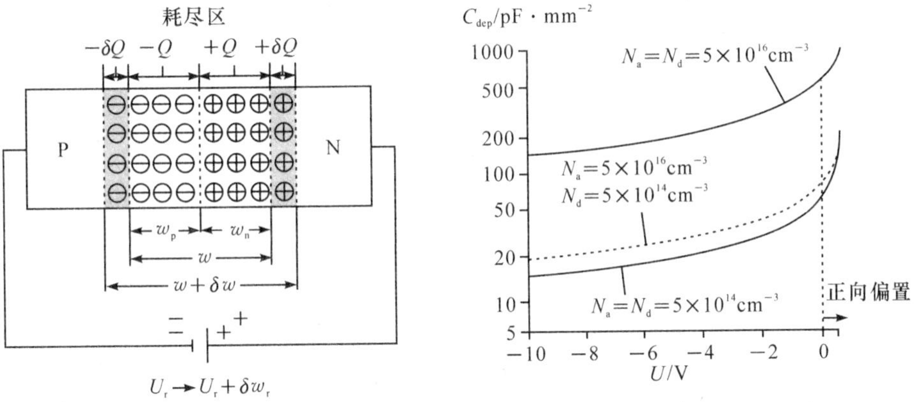

(a) 耗尽区w_n上存在正电荷(+Q)，w_p上有负电荷(−Q)，并且两极分离，类似于一个电容器。在反向偏压U_r作用下，N区电荷为+Q，当反向偏压增加δU时，电荷Q相应增加δQ

(b) 三种不同掺杂浓度下，C_{dep}随PN结的外加电压的变化关系（注意到图中纵坐标该度已取对数）

图 4-26　光伏探测器的结电容工作原理

小，变化关系满足函数 $C_{dep}\propto 1/U_r^{1/2}$。这是因为，施加反向偏压后，宽度 w 增大，$+Q$ 与 $-Q$ 间的距离增大。不同 N_a 和 N_d 材料对应的 C_{dep} 值随电压的变化关系如图 4-26(b)所示，C_{dep} 一般为 $10 \sim 10^3$ pF · mm^{-2}。

2. 漏电阻

光伏探测器通常可视为高内阻恒流源电路，结电阻 R_{sh} 的数值很大。结电阻(漏电阻)的数值与 PN 结的封装技术和光敏面积紧密相关。在室温时，光敏面积为 1mm^2 的高质量硅光电二极管(如 UDT 公司的 PIN040)的漏电阻典型值为 1GΩ。值得注意的是，漏电阻的数值会随着光敏面积的增加而下降。有些制造商在产品参数中不直接给出漏电阻数值，而是给出漏电流数据。这个漏电流就是额定电压下流过结电阻的电流，由此可以看出，R_{sh} 可能对探测信噪比产生深远影响。

3. 串联电阻

串联电阻是接触电阻和耗尽体材料电阻之和。光电二极管中接触电阻小于 10Ω，但耗尽体材料电阻大小取决于光敏面积大小、材料的厚度、电阻率等因素。注意，串联与负载电阻组合的时间常数为 $\tau=RC$，其中 $R=R_s+R_L$，R_L 为外接负载电阻。因此，在大多数情况下可忽略 R_s，但在高频和脉冲工作状态时对其需要引起足够重视。

4.2.2　光电池

光电池是一种不需外加偏置电压就能将光能直接转变为电能的 PN 结光电器件。光电池可分两大类：太阳能光电池和测量光辐射的光电池。前者主要用作电源，对它的要求是光电转换效率高；后者主要用作光电探测器件，对它的要求是光电特性的线性好。

1. 光电池基本结构和工作原理

光电池的基本结构是 PN 结，可以使用硅、硒、硫化镉、砷化镓和无定型材料等制作光电池。氧化亚铜是最早使用的光电池材料。光电池结构、电极结构和符号如图4-27所示。

光电池中最典型的是同质结构的硅光电池。它应用广泛，具有高效率、宽光谱、高稳定性和耐高能辐射等一系列优点。硅光电池因衬底材料导电类型不同而分成 2CR 系列和 2DR 系列两种。2CR 系列光电池是以 N 型硅为衬底，P 型硅为受光面的光电池。受光面上的电极称为前极或上极，为了减少遮光，一般都在受光面上涂有 SiO_2、MgF_2、Si_3N_4、SiO_2-MgF_2 等材料的防反射膜，同时其也可以起到防潮、防腐蚀的保护作用。为了便于透光和减小串联电阻，一般硅光电池的输出电极多做成如图 4-27 所示的形式。

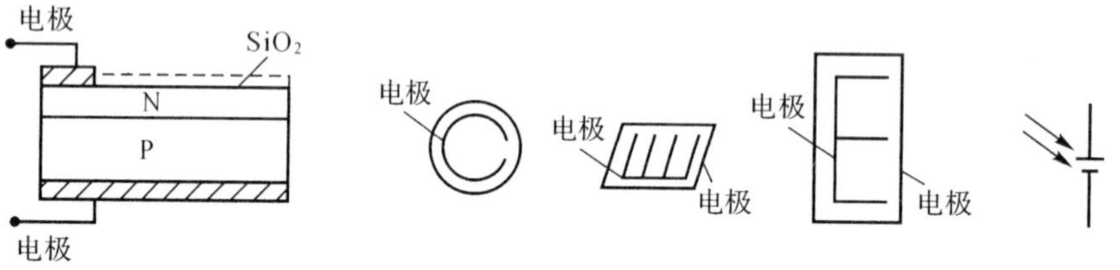

(a) 结构　　(b) 电极结构　　(c) 符号

图 4-27　光电池结构、电极结构和符号

光电池在光照射下能够产生光生电动势，光电流在结内部的流动方向从 N 端指向 P 端，在结外部从 P 端流出，经过外电路，流入 N 端。其工作原理如图 4-28(a)所示，等效电路如图 4-28(b)所示。在 PN 结上产生的偏置电压为

$$U_b = I_L R_L \tag{4.48}$$

其中，I_L 为光电池的输出电流，它的方程为

$$I_L = I_p - I_d = I_p - I_s(e^{qU/(kT)} - 1) = I_p - I_s[e^{qI_LR_L/(kT)} - 1] \tag{4.49}$$

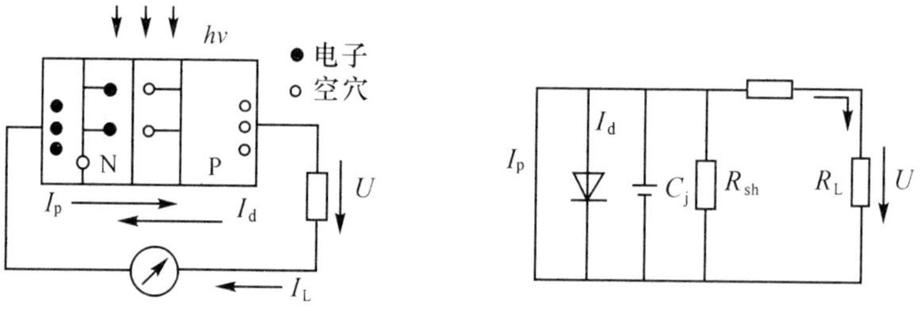

(a) 硅光电池工作原理　　(b) 硅光电池等效电路

图 4-28　光电池工作原理和等效电路

这里，I_p 为与入射光相关的光电流，I_d 为结电流，I_s 为饱和电流，q、k、T 等参数前面已经有所交代。等效电路中，C_j 为结电容，R_L 为负载电阻，R_{sh} 为结电阻，R_s 为串联电阻。

2. 光电池特性

(1)光电特性

由式(4.49)可得，当开路时，即 $I_L = 0$，$R_L = \infty$，光电池的开路电压 U_{oc} 为

$$U_{oc} = \frac{kT}{q}\ln\left(1 + \frac{I_p}{I_s}\right) \tag{4.50}$$

当 $I_p \gg I_s$ 时，$U_{oc} \approx (kT/q)\ln(I_p/I_s)$。

当短路时，即 $R_L = 0$，光电池的短路电流 $I_{sc} = I_p = SE$。这里 S 为光电池光电灵敏度，E 为照度。

可见光电池的短路电流与入射光照度成正比，开路电压与光照度的对数成正比。光电

池的开路电压和短路电流与入射光照度、受光面积的关系曲线如图 4-29 和图 4-30 所示。

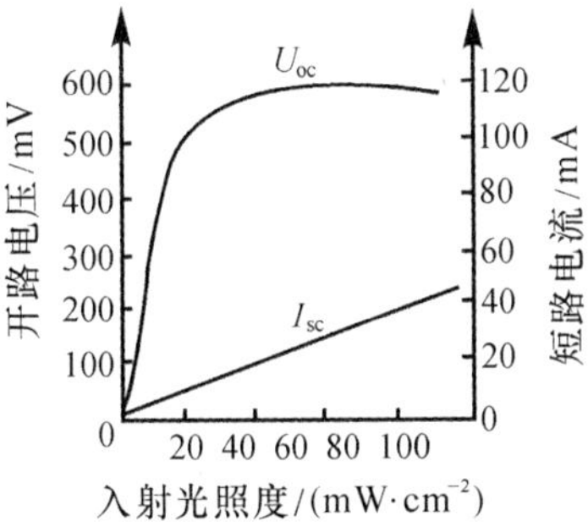

图 4-29　光电池的开路电压和短路电流与入射光照度的关系曲线

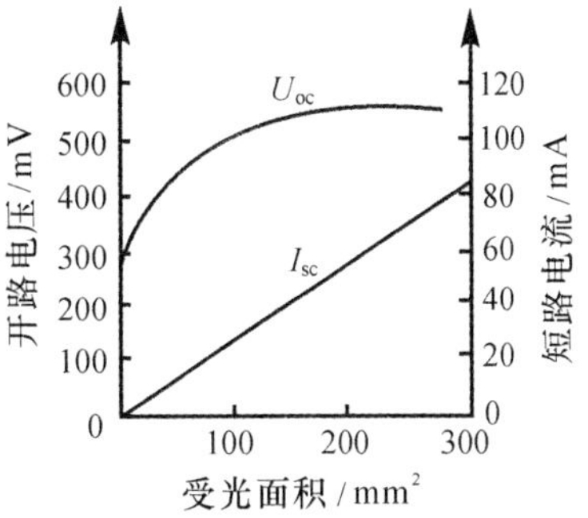

图 4-30　光电池的开路电压和短路电流与受光面积的关系曲线

光电池在不同负载电阻下的光电特性如图 4-31 所示，光电流在弱光照射下与光照度呈线性关系。在光照增加到一定程度后，输出电流达到饱和，输出电流出现饱和的光照度与负载电阻有关，当负载电阻大时，容易出现饱和，当负载电阻小时，能够在较宽的范围内保持线性关系，如图 4-31 所示。因此，如要获得大的光电线性范围，负载电阻不宜取得过大。

(2)伏安特性

光电池是工作在第四象限的器件。若光电池工作在反偏状态，则伏安特性延伸到第三象限。图 4-32 给出了硅光电池的伏安特性曲线。硅光电池的伏安特性曲线由两部分构成：在反偏工作状态下，光电流与偏压、负载电阻几乎无关；在无偏工作状态下，光电流随着负载电阻变化很大。由图 4-32 可知，在一定光照下，伏安特性曲线在电流轴上的截距为短路电流，在电压轴上的截距即为开路电压。

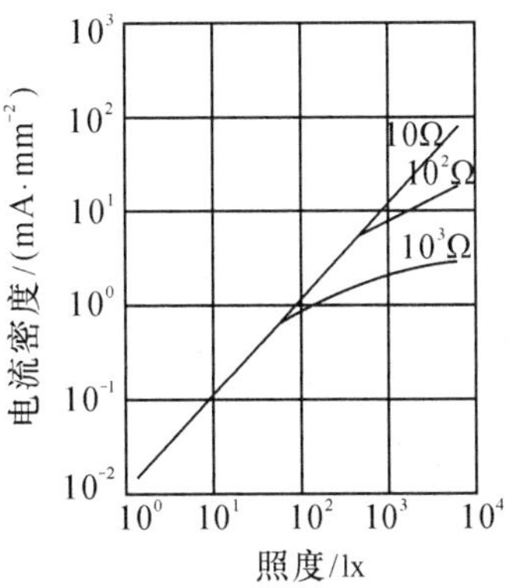

图 4-31　在不同负载电阻下的输出电流与光照的关系曲线

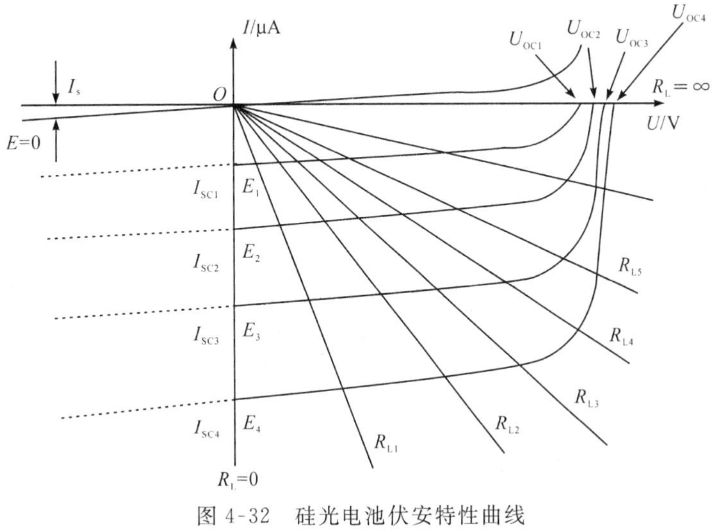

图 4-32　硅光电池伏安特性曲线

当电路短路时，光电池的输出功率 $P_L=I_LU_L=0$；当电路开路时，输出功率亦为零。R_L 在 0 到无穷大变化时，输出功率大于零。很显然，存在最大输出功率。从伏安特性曲线出发，可计算其输出功率的大小。如图 4-33 所示，R_L 负载就是斜率为 $\tan\theta=I_L/U_L=I/R_L$ 的过原点直线，该直线与伏安特性曲线交于 P 点，P 点在 I 轴和 U 轴投影为输出电流 I_L 和输出电压 U_L，输出功率 $P_L=I_LU_L$，在数值上等于边长分别为 OI_L 和 OU_L 的矩形面积。过开

路电压 U_{oc} 和短路电流 I_{sc} 作特性曲线的切线，其交点 Q 与原点 O 的连线为最佳负载线，此直线与特性曲线的交点 P_M 为最大输出功率，此时流过负载 R_L 上的电流为 I_M，R_M 上的压降为 U_M。光电池输出电压、输出电流和输出功率随负载电阻变化的关系曲线如图 4-34 所示。

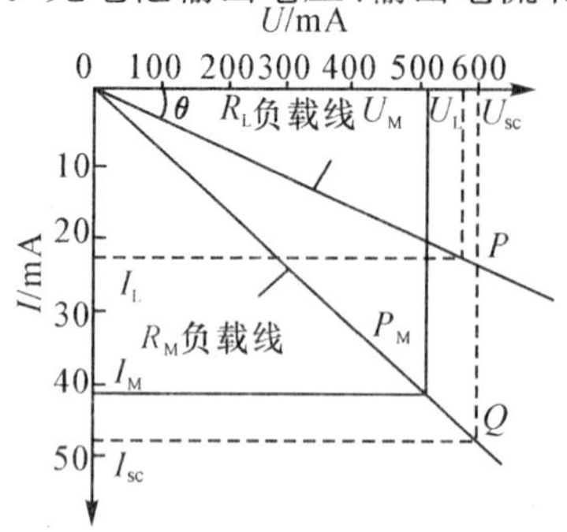

图 4-33　电路短路/开路时硅光电池的伏安特性

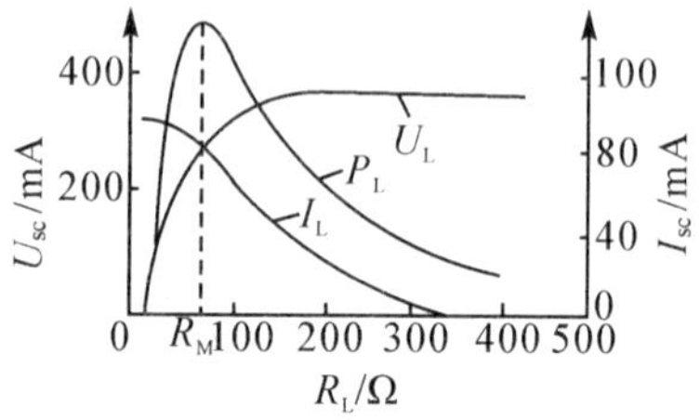

图 4-34　光电池输出电压、输出电流和输出功率随负载电阻变化的关系曲线

(3)频率特性

对于结型光电器件，由于载流子在 PN 结区内的扩散、漂移，产生与复合都要有一定的时间，所以当光照迅速变化时，光电流就滞后于光照的变化。图 4-35 给出了硅光电池的频率特性。由图 4-35 可见，当负载大时，频率特性变差，减小负载可以减小时间常数，提高频率响应。但是负载电阻的减小会使输出电压降低，实际使用视具体要求而定。

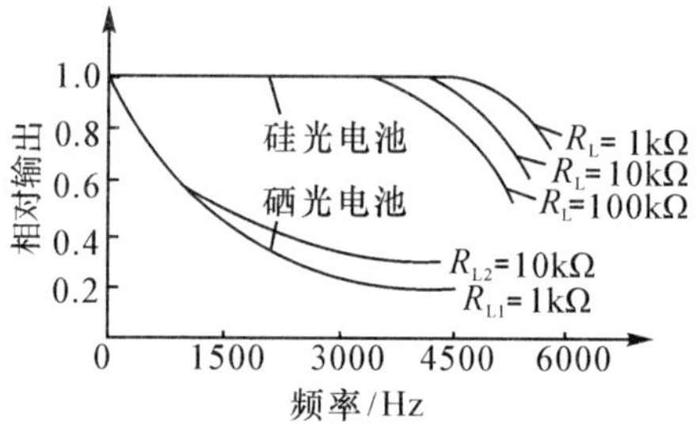

图 4-35　硅光电池的频率特性

总的来说，光电池的光敏面一般较大，使其极间电容(C_j)较大，在给定负载 R_L 时，电路的时间常数($R_L C_j$)较大，频率响应降低。

(4)光谱特性

无论是内光电效应还是外光电效应，对光都表现出选择性，其光谱响应都存在短波阈、峰值波长和长波阈(红限波长)。光电池的光谱特性(短路电流与入射光波长的关系)与材料、生长工艺有关，图 4-36 给出了几种常见硅光电池的光谱响应曲线。普通 2CR 型硅光电池光谱响应范围为 0.4～1.1μm，峰值波长为 0.8～0.9μm。

(5)温度特性

光电池的参数与温度有关，其参数值随环境温度改变而变化。图 4-37 给出了短路电流和开路电压与温度的关系曲线。由图 4-37 可以看出，开路电压 U_{oc} 具有负温度系数，即随着温度升高 U 反而减小，温度系数为 2～3mV/℃；短路电流 I_{sc} 具有正温度系数，即随着温度升高而增大，但温度系数较小，一般为 10^{-5}～10^{-3}mA/°C数量级。

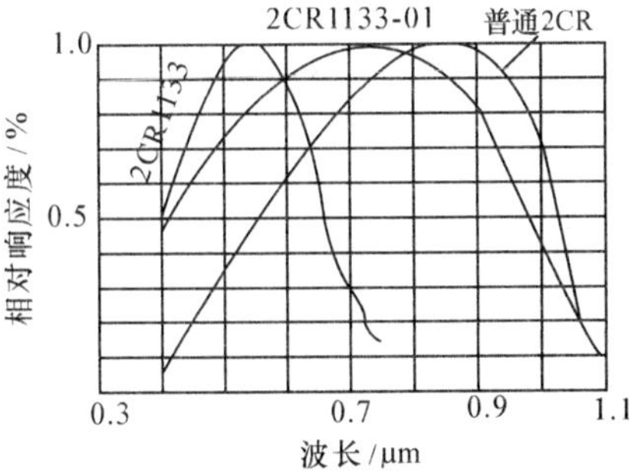

图 4-36　常见硅光电池的光谱响应曲线

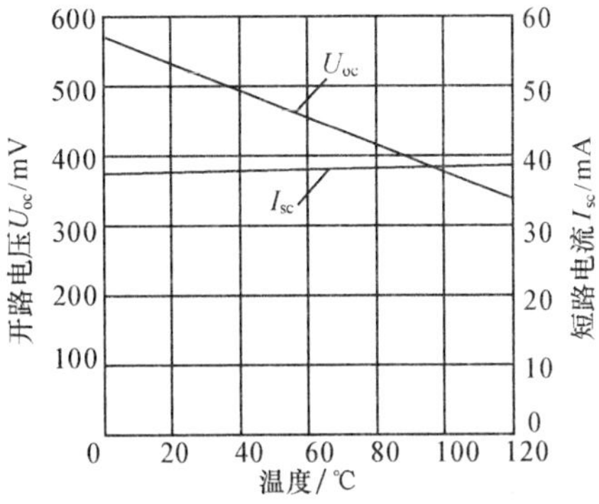

图 4-37　光电池的温度特性

因此，光电池作为探测器件时，测量仪器应该考虑到参数受温度的影响，适当采取温度补偿措施，以保证测量数据的精度。

4.2.3　光电二极管

硅光电二极管是最简单、最有代表性的光生伏特器件。其他光生伏特器件是在它的基础上为提高某方面的特性而发展起来的。

1. 硅光电二极管的基本结构与工作原理

硅光电二极管的剖面结构如图 4-38 所示。结合处中性区域称为耗尽层(又称阻挡层)，在入射光的照射下，当光子能量大于带隙能量时，价带中的电子受到激励向导带运动，原来的价电子就留下空穴。这样在 P 区、N 区及耗尽层就产生电子-空穴对。在电场作用下耗尽层的电子向 N 区、空穴向 P 区加速运动，使得 P 区带正电，N 区带负电，各自向对方的电极方向运动(漂移)，这样就产生了电流。

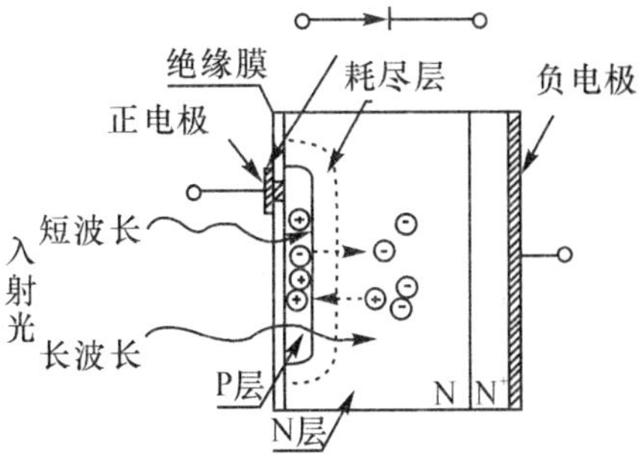

图 4-38　硅光电二极管的结构

2. 光电二极管的基本特性

(1)光电特性(光电灵敏度)

光电二极管的光电特性是指光电二极管外加反向偏压工作时的光电流与光照度之间的关系，如图4-39和图 4-40 所示。

光电二极管的光电特性较好，但光电流较小(一般为微安数量级)，灵敏度较低。硅光电二极管的电流灵敏度多在 0.4～0.5μA/μW 数量级。但也必须指出，电流灵敏度与入射光辐射波长 λ 的关系也是很复杂的，所以确定光电二极管电流灵敏度时，通常将其峰值波长的电流灵敏度作为光电二极管的电流灵敏度。

(2)伏安特性

光电二极管在大多数场合都是加反向偏压工作的。如果加正向偏压，它就与普通二极管一样，只具有单向导电性，而表现不出它的光电效应。反向偏置可以减少载流子的渡越时间和极间电容(结电容)，有利于提高器件的响应灵敏度和响应速度。但反向偏压不能太高，以免引起雪崩击穿。光电二极管在无光照时的暗电流就是二极管的反向饱和电流 I_0；

光照下的光电流 I_p 和 I_0 同方向。

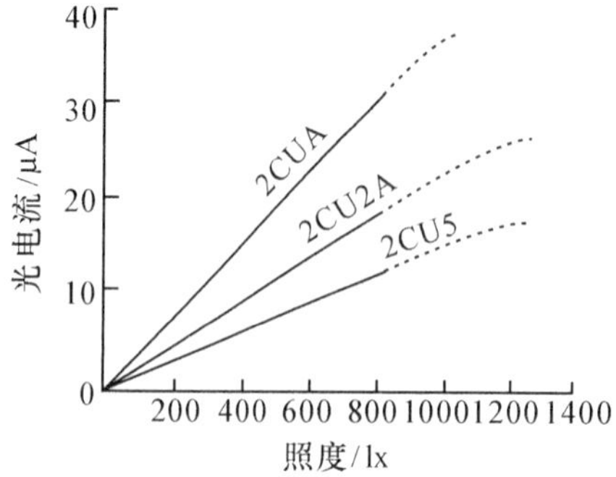

图 4-39 硅光电二极管光电特性曲线

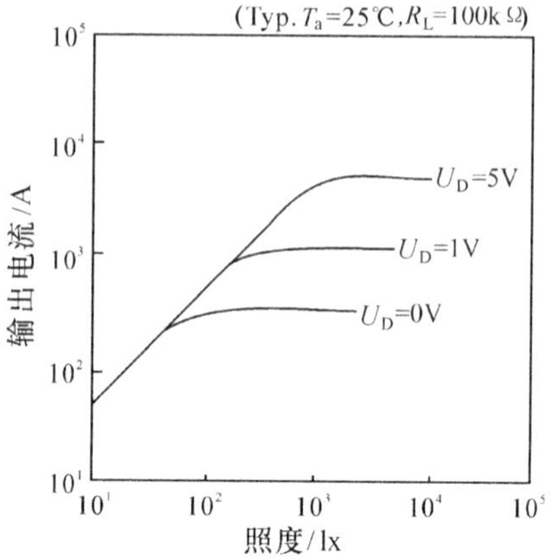

图 4-40 *S*1223 硅光电二极管光电特性曲线

图 4-41(a)曲线是以横坐标的正方向代表负电压,这样处理对于以后的电路设计很方便。另外,因为开路电压 U_{oc} 一般都比外加反向偏压小很多,两者比较可忽略不计,所以真正实用的伏安特性曲线为图 4-35(b)的形式,其中 E 为光照度。

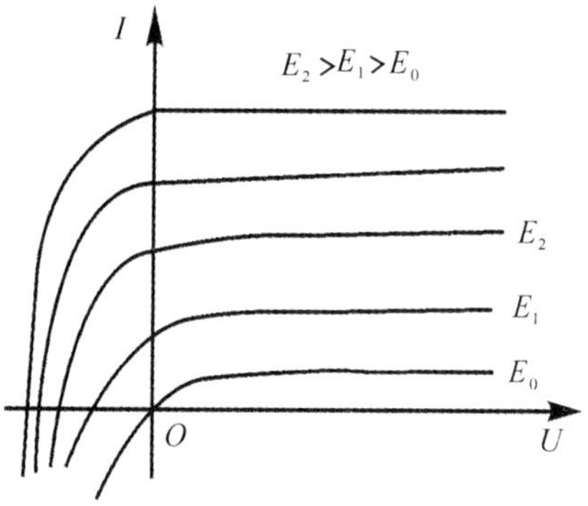

(a) 光电二极管的伏安特性曲线

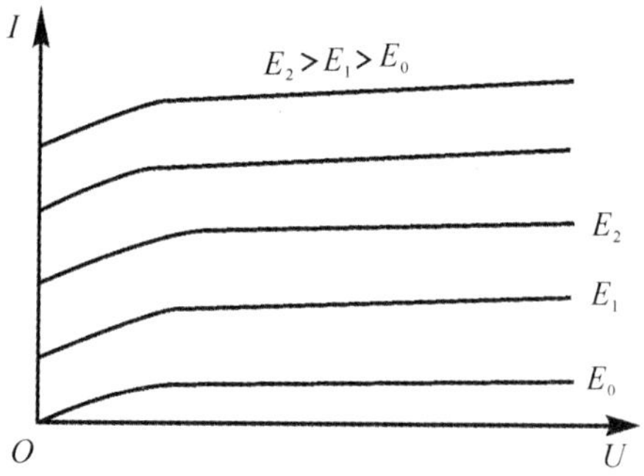

(b) 光电二极管的实用伏安特性曲线

图 4-41 光电二极管的伏安特性曲线

由图 4-41 可见,在低反向偏压下光电流随反向偏压的变化较为明显,因为反向偏压增加使耗尽层变宽,结电场增强,从而提高了结区光生载流子的收集效率。当进一步增加反向偏压时,光生载流子的收集接近极限,光电流趋于饱和。这时光电流仅决定入射光的功率,而几乎与反向偏压无关。

(3)暗电流

光电二极管在无光照射时的暗电流就是二极管的反向饱和光电流 I_0(有光照射时的光电流 I_p 和 I_0 同方向)。它对温度有很强的依赖性,对温度变化非常敏感。图 4-42 给出了典型光电二极管的暗电流与温度的关系曲线,可以看出在恒定光辐射时(直流应用)必须考虑温度的影响。

(4)光谱响应

光电二极管由于采用材料不同其光谱响应曲线不同,如图 4-43 所示。入射光窗不同,透过率不同,光谱灵敏度特性也不同。通常不用硼硅玻璃或环氧树脂做光窗,因它能吸收波长大约 300nm 以下的短波,用它做光窗材料,短波的灵敏度几乎为零。

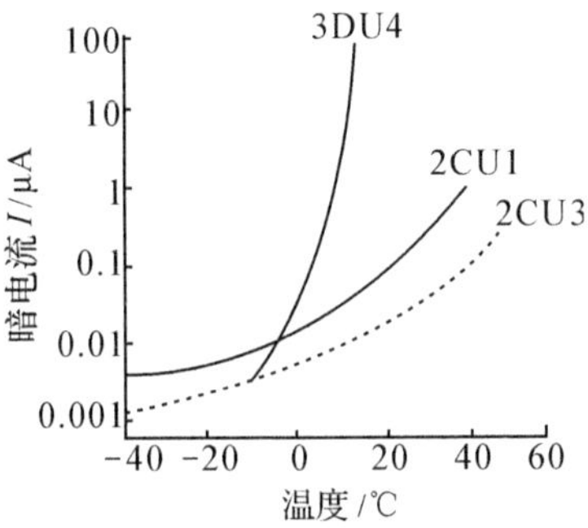

图 4-42　暗电流与温度的关系曲线

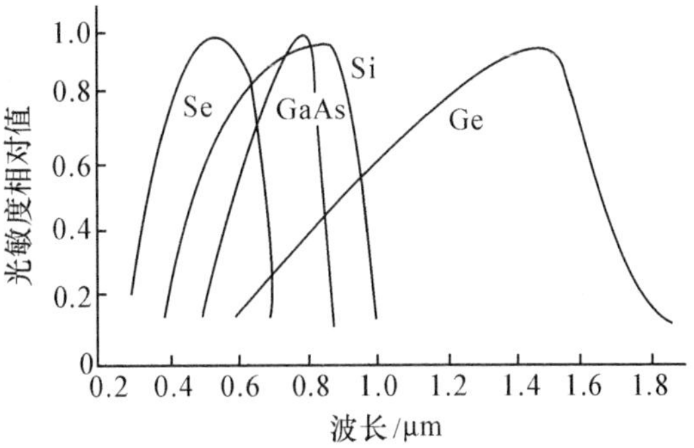

图 4-43　不同半导体材料的光谱响应曲线

如果在 300nm 以下的短波波长范围内使用的话，可用石英做窗材料。如果只在可见光范围内进行测光使用时，用透过可见光的视觉函数 $V(\lambda)$ 校正过的滤光片作为光窗即可。另外由于采用工艺不同，就是同材料也有不同的光谱灵敏度，例如紫外增强型(UV-enhanced)的 S1377-668Q；紫外增强、压制红外灵敏的 S1266-188Q。图 4-43 给出了不同半导体材料的光谱响应曲线。

(5)时间特性(频率响应)

光电二极管的时间特性通常用上升时间或截止频率来表示。它主要决定于以下因素：

①电容 C_t 和负载电阻 R_L 的时间常数 τ_1

$$\tau_1 = 2.2 \times C_t \times R_L \tag{4.51}$$

其中，C_t 是封装电容和光电二极管结电容 C_j 之和。C_j 通常与受光面积成正比，与耗尽层宽度成反比。可见，要得到高速的光伏探测器必须减小结面积，并尽可能增加耗尽层宽度。如果用平板电容器来类比，则单位面积的结电容为

$$C_j = \frac{\varepsilon}{W} = \left[\frac{e\varepsilon N_a N_d}{2(N_a + N_d)(U_0 - U)}\right]^{1/2} \tag{4.52}$$

其中，ε 为材料的介电系数；N_a 和 N_d 分别为 P 型半导体和 N 型半导体掺杂浓度；U_0 为接触电势差。可见，提高反向偏压 U，可以减小结电容，从而得到快速响应的光电二极管，但耗尽层也不能太宽，否则光生载流子在其中的漂移时间太长，对高频响应不利。

②PN 结区外生成的载流子的扩散时间 τ_2

在 PN 结区外产生的光生载流子需要扩散到 PN 结区内才能产生电流。对于 PN 结光电二极管，入射辐射在 PN 结势垒区外激发的光生载流子必须扩散到势垒区内才能被内建电场作用，并分别被拉向 P 区与 N 区。载流子的扩散运动往往很慢，因此，扩散时间 τ_2 很长，约 100ns，它是限制 PN 结光电二极管时间特性的主要因素。扩展 PN 结区是提高光电二极管时间特性的重要措施。

3. PIN 光电二极管

PIN 光电二极管是一种快速响应的光电二极管，其结构在外形上与 PN 结光电二极管没有多大区别，只是在 P 型半导体和 N 型半导体之间加了一层很厚的本征半导体 I 层，如图 4-44 所示。I 层相对于 P 区和 N 区而言是高阻区，PN 结的内建电场集中在 I 层，形成高电场区，从而使 PN 结之间的距离拉大，结电容变小，在反向偏压作用下，耗尽层扩展到整个半导体。由于 I 层的存在，击穿电压不再受基体材料的限制，低电阻率的基体材料可取得

高的反向击穿电压，这使得 PIN 管可使用高反向偏压。由于 I 层的存在，而 P 区又非常薄，入射光子只能在 I 层内被吸收，产生电子-空穴对，在强电场的作用下快速移动，所以载流子的渡越时间非常短。

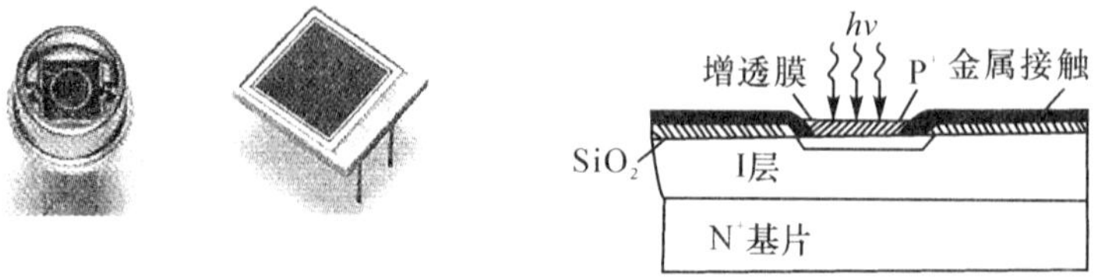

(a) 实物　　(b) 结构

图 4-44　PIN 光电二极管

与一般光电二极管相比，它具有三大特点：①响应时间短，带宽可达 10GHz；②光谱响应向长波方向移动，其峰值波长可到 1.04～1.06μm；③输出线性范围宽，因为 I 层较厚，可承受较高的反向偏压。但也存在不足之处，就是 I 层较厚，电阻大，输出电流较小，一般都在零点几微安(μA)或数微安。

4.2.4　雪崩光电二极管

雪崩光电二极管(APD)实际上是内藏“放大器”的光电二极管。PIN 光电二极管虽然提高了 PN 结光电二极管的响应速度(时间性能)，但未能提高器件的光电灵敏度。为了提高光电二极管的灵敏度，人们利用雪崩效应的原理设计了雪崩光电二极管。它是利用 PN 结在高反向偏压下产生雪崩效应来工作的一种光伏器件。它具有高灵敏度，响应速度快，带宽可达 100GHz 的特点。它的信噪比远高于 PIN 光电二极管，因此广泛应用于弱光信号探测、光纤通信、激光测距、闪烁探测器等领域。

1. APD 工作原理

APD 利用光生载流子在强电场内的定向运动产生雪崩效应，以获得光电流的增益。其工作过程是光生载流子在强电场作用下进行高速定向运动，具有很高动能的光子、电子或空穴与晶格原子碰撞使晶格原子电离产生二次电子-空穴对；二次电子-空穴对在电场的作用下获得足够的动能，又使晶格原子电离产生新的电子-空穴对，这个过程像雪崩一样继续下去。这样电离产生的载流子数远大于光激发产生的光生载流子数，这时雪崩光电二极管的输出电流迅速增加。雪崩光电二极管实物与工作原理如图 4-45 所示。

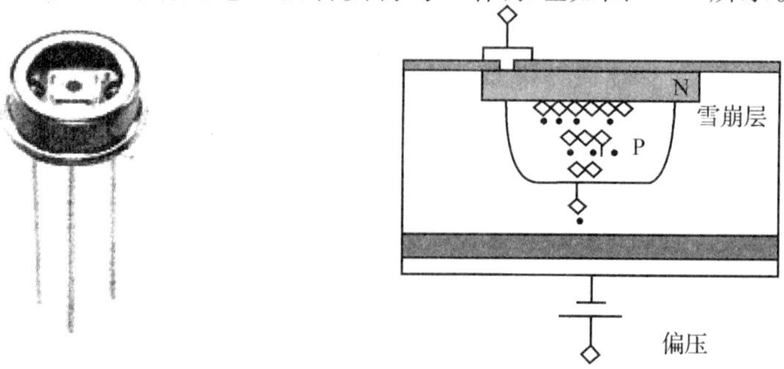

(a)　　(b)

图 4-45　雪崩光电二极管实物与工作原理

2. APD 基本结构

图 4-46 给出了三种类型雪崩光电二极管的结构。图 4-46(a)是在 P 型硅基片上扩散杂质浓度的 N^+ 层,制成的 P 型 N 结构;图 4-46(b)是在 N 型硅基片上扩散杂质浓度的 P^+ 层,制成的 N 型 P 结构;无论 P 型 N 结构还是 N 型 P 结构,都必须在基片上蒸涂金属铂,形成硅化铂(10nm)保护环。图 4-46(c)为 PIN 雪崩光电二极管。由于 PIN 雪崩光电二极管在较高的反向偏压作用下,其耗尽层会扩展到整个 PN 结结区,形成自身保护(具有很强抗击穿功能),因此 PIN 雪崩光电二极管不必设置保护环。目前用得最多的雪崩光电二极管基本上都是 PIN 雪崩光电二极管。

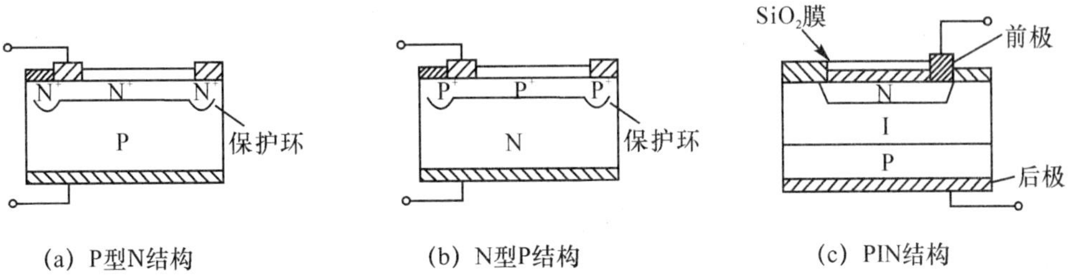

图 4-46　雪崩光电二极管结构

3. APD 性能参数

(1)增益(放大倍数)

雪崩光电二极管的增益定义为有光照时的光电流 I_M 与无倍增时的光电流 I_p之比,即

$$M=\frac{I_M}{I_p} \tag{4.53}$$

实验表明雪崩光电二极管增益 M 与 PN 结的反向偏压、材料及结构有关,也可以用公式近似表示为

$$M=\frac{1}{1-\left(\frac{U}{U_{BR}}\right)^n} \tag{4.54}$$

其中,U_{BR} 为击穿电压;U 为管子外加反向偏压;n 是与材料、掺杂和器件结构有关的常数,根据实验数据,硅材料的 $n=1.5\sim4$,锗材料的 $n=2.5\sim8$。由式(4.54)可见,当 $U\to U_{BR}$ 时,$M\to\infty$,PN 结将发生击穿。

(2)噪声特性

雪崩效应是大量载流子电离过程的累加,本身就是一个随机过程,因此雪崩光电二极管的噪声应该包括散粒噪声、由雪崩过程中引入的附加噪声和负载电阻 R_L 的热噪声(通常 APD 的发射噪声比 PIN 光电二极管的发射噪声大),即

$$i_n^2=2qIM^{\bar{k}}\Delta f+\frac{4kT\Delta f}{R_L}=2q(I_d+I_p)M^{\bar{k}}\Delta f+\frac{4kT\Delta f}{R_L} \tag{4.55}$$

其中,第一项为散粒噪声和雪崩过程中的附加噪声对总噪声的贡献;I_d 为暗电流;$\bar{k}$为与器件材料有关的系数,对于硅材料,$\bar{k}$为 2.3～2.5,对于锗材料,$\bar{k}$为 3。

因此,雪崩光电二极管的输出信噪比为

$$\mathrm{SNR}=\frac{I_p^2M^2}{2q(I_d+I_p)M^2\Delta f+\frac{4kT\Delta f}{R_L}} \tag{4.56}$$

式(4.56)表明,输出信噪比与雪崩增益密切相关。随着反向偏压的增加,M 增大,信号功率增加,散粒噪声也增加,但热噪声不变,总的信噪比增加。当反向偏压进一步增加后,散粒噪声增加很多,而信号功率的增加减缓,总的信噪比就会下降,因此存在一个最佳信噪比条件下的 M 值。显然,最佳雪崩增益 M 与热噪声水平相关,因此,在确定 M 时要考虑负载电阻和放大器输入端等效电阻产生的热噪声,M 通常由实验确定。

4. APD 工作模式

改变雪崩光电二极管的不同偏置电压共有三种工作模式:光电二极管模式、雪崩模式和盖革模式,如图 4-47 所示。

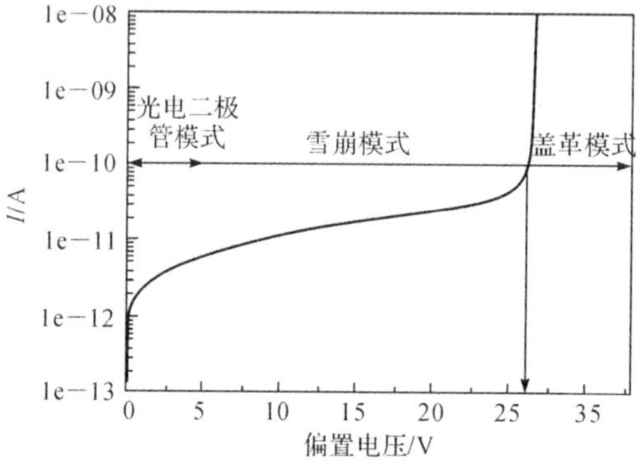

图 4-47 雪崩光电二极管的工作模式

(1)光电二极管模式

当雪崩光电二极管外加反向偏压为 1～5V 时,由于反向偏压较小,本征层未耗尽,不会发生碰撞电离,雪崩光电二极管工作于光电二极管模式。在该模式下,输出电流在皮安数量级,所以只能用来探测光照较强的信号。因为光电二极管模式器件无增益,需要接入外部放大器对探测器输出信号放大到可以测量的等级。

(2)雪崩模式

提高雪崩光电二极管的反向偏压且低于击穿电压时,雪崩光电二极管将处于雪崩模式。由于通过雪崩光电二极管的电压在耗尽层形成较高的电场,载流子在通过耗尽层时被加速提高了其动能,从而产生碰撞电离效应。雪崩模式下的增益一般为 10～200。同时,在雪崩模式下的偏置电压与输出电流具有较好的线性关系,适合于对灵敏度要求较高且需要快速响应时间的应用领域。

(3)盖革模式

当施加给雪崩光电二极管的反向偏置电压接近击穿电压时,器件的增益快速增加。一旦器件的偏置电压高于击穿电压,电场接近临界击穿电场,进入耗尽层的一个载流子具有充足的能量产生自恃雪崩电流。雪崩电流的幅度仅与器件相连的任意外电阻有关,此时,雪崩光电二极管工作于盖革模式。

5. APD 阵列简介

近年来,以盖革模式浅结工艺为基础的雪崩光电二极管技术已经比较成熟。盖革模式浅结 APD 不仅具有优良的特性,它的制造工艺还与标准的互补金属氧化物半导体(complementary metal oxide semiconductor,CMOS)工艺兼容。因此,器件可以制成单片阵列,同时与读取电路完全集成,制成雪崩光电二极管阵列(avalanche photodiode arrays)。

在阵列中 APD 完成一次有效探测后，读出电路迅速将 APD 的信号读出，并将该信号进行预处理。最后，信号处理电路将对探测器信号进行图像处理并对多维信息进行融合，形成目标的二维强度矩阵和产生三维图像。APD 阵列的像素布局与阵列的设计如图 4-48 所示。APD 阵列由一系列像素组成，每个像素包括盖革模式 APD、抑制电路、计算器和读出器。

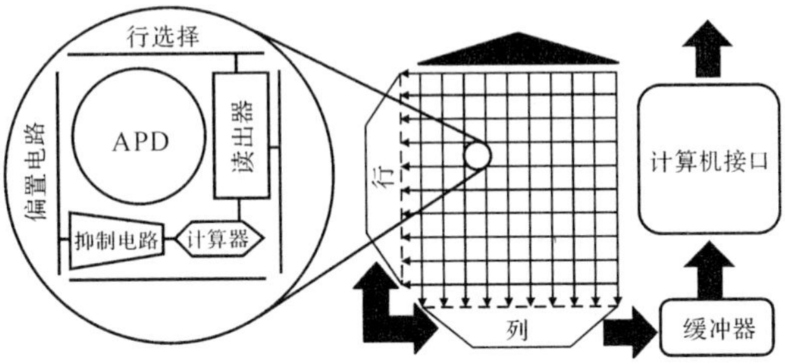

图 4-48　APD 阵列的像素布局与阵列的设计

4.2.5　光电三极管

1. 结构与工作原理

光电三极管与普通半导体三极管类似，有两种基本结构，即 NPN 和 PNP 结构。图 4-49(a)、(b)、(c)分别为 NPN 光电三极管的结构、电路符号和工作原理。其外壳留有光窗，可让光入射，引出线有 e、c 两极和 e、c、b 三极两种，后者的基极可以开路。若使用基极，光电三极管可同时加上光信号和电信号，进行双重控制，也可用来补偿温度变化，减小暗电流。

光电三极管工作时各电极所加电压与普通晶体管相同，即集电极反偏置，发射极正偏置。光电三极管的工作原理分为两个过程：一是光电转换；二是光电流放大。光电转换与一般光电二极管相同，在集-基 PN 结区内进行。光激发产生的电子-空穴对在反向偏置的 PN 结内建电场的作用下，电子流向集电极区被集电极收集，而空穴则流向基电极区与正向偏置的发射极发射的电子流复合，形成基极电流 I_b，基极电流被集电结放大 β 倍，这与一般的半导体三极管的放大原理相同。不同的是一般三极管是由基极向发射极注入空穴载流子，控制发射极的扩散电流，而光电三极管是注入发射结的光电流控制的。

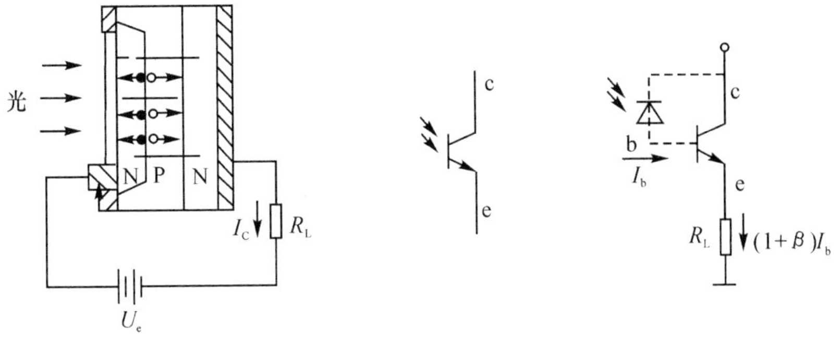

(a) 结构　　(b) 电路符号　　(c) 工作原理

图 4-49　NPN 光电三极管的结构、电路符号和工作原理

2. 光电三极管特性

(1)光电特性

光电三极管的光电特性是指在正常偏压下的集电极的电流与入射光照度之间的关系，如图 4-50 所示，呈现出非线性。这是由于光电三极管中的晶体管的电流放大倍数 β 不是常数，β 随着光电流的增大而增大。由于光电三极管有电流放大作用，它的灵敏度比光电二极管高，输出电流也比光电二极管大，多为毫安(mA)级。

(2)伏安特性

光电三极管与一般光电二极管不同，光电三极管必须在有偏压，且光电三极管的发射结处于正向偏置，而集电结处于反向偏压的情况下才能工作。也就是说，在零偏压时，光电二极管仍然有电流输出，而光电三极管没有电流输出。这是因为光电三极管基极-集电结上虽然也能产生光伏效应，但因集电极无偏置电压，没有电流放大作用，光电三极管无法工作，没有电流输出。伏安特性曲线如图 4-51 所示。入射到光电三极管的照度不同，其伏安特性曲线稍有不同。当工作电压较低时，输出的光电流为非线性，光电三极管的 β 与工作电压亦有关，为了得到较好的线性关系，要求工作电压尽可能高些。但随着电压升高，输出电流均逐渐达到饱和。而且观察图 4-50 亦可看出，在一定偏压下，光电三极管的伏安特性曲线在低照度时较均匀，在高照度时曲线越来越密。虽然光电二极管也有此类现象，但光电三极管严重得多。

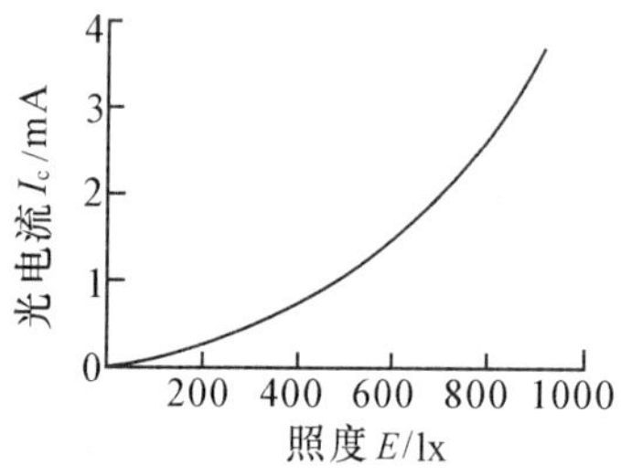

图 4-50 光电三极管的光电特性曲线

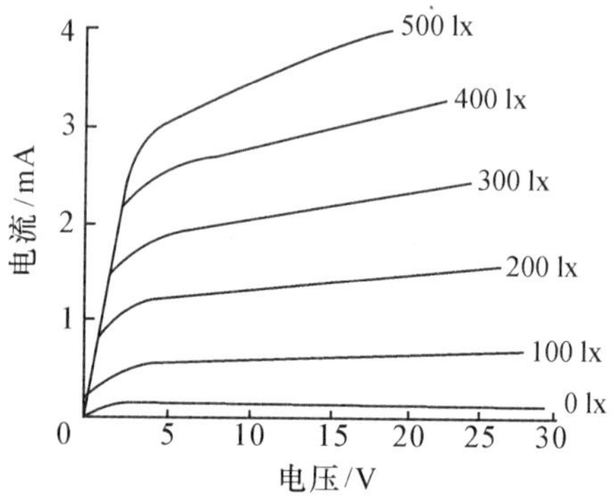

图 4-51 光电三极管的伏安特性曲线

(3)温度特性

图 4-52 给出了硅光电二极管和硅光电三极管输出暗电流和光电流随温度变化的曲线。可以看出，硅光电三极管受温度的影响比硅光电二极管大得多。很显然这是由于光电三极管有放大作用。另外也可看出，随着温度升高，暗电流增加很快，使输出信噪比变差，不利于弱光的检测。在进行光信号检测时，应考虑到温度对光电器件输出的影响，必要时还需要采取适当的恒温或温度补偿措施。

(4)频率特性

光电三极管频率响应除了受光电二极管频率响应影响因素的影响外，还受基区渡越时间和发射结电容的限制，因此频率特性比光电二极管差。图4-53给出了光电三极管在不同负载电阻 R_L 下的频率特性。与光电二极管相同，光电三极管需要根据响应速度和输出幅度来选择负载电阻 R_L。硅光电二极管的时间常数一般在 0.1μs 以内，PIN 光电二极管的时间常数在纳秒数量级，而硅光电三极管的时间常数为 5～10μs。

总之，光电三极管的工作原理分为两个过程：一是光电转换；二是光电流放大。最大特点是输出电流大，达毫安级。但响应速度比光电二极管慢得多，温度效应也比光电二极管大得多。

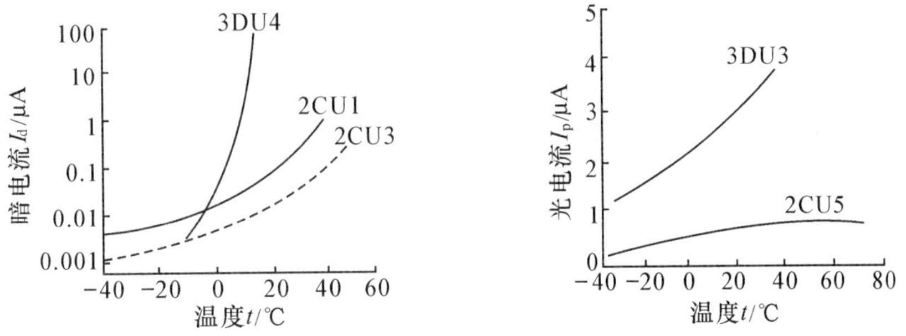

(a) 暗电流I_d的温度特性曲线　　(b) 光电流I_p的温度特性曲线

图 4-52　硅光电二极管和硅光电三极管的温度特性曲线

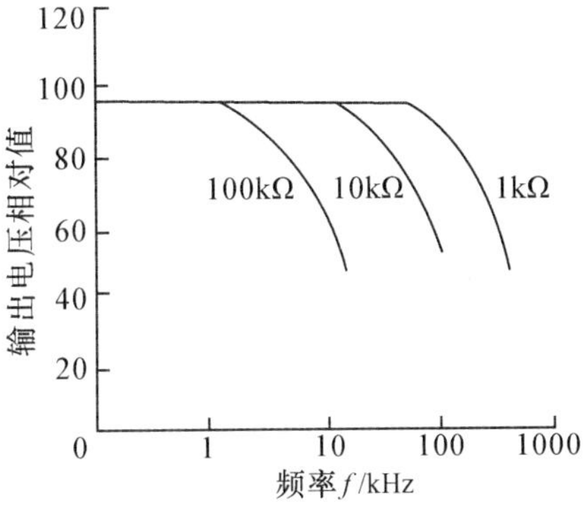

图 4-53　光电三极管的频率响应曲线

4.2.6　位置灵敏探测器

1. 基本原理

位置灵敏探测器(PSD)一般采用 PIN 结构。PIN 光电二极管由三层半导体组成，即高浓度的 P^+ 区、高浓度的 N^+ 区及在两者之间的高阻本征 I 区。由于 I 区的电阻率极高，其中能电离的掺杂原子很少，耗尽层将占据整个 I 区并向 P^+ 区与 N^+ 区两边进行少许扩展。但因为这两个区域的掺杂浓度很高，这种扩展极为有限，所以耗尽层(the depletion layer)的宽度基本上等于 I 层厚度。当外加电压为 0V 时，整个 I 区已成为耗尽层。进一步给二极管加反向偏压时，由于 P^+ 区与 N^+ 区掺杂浓度很高，其中相应地存在大量可以电离的施主与受主，因此耗尽层宽度增加很少，结电容基本上与反向偏压无关。因此 PIN 结构有助于减小电容效应，提高量子效率，改善波长特性。PIN 型一维 PSD 剖面结构和等效电路如图 4-54所示。

从等效电路可知，当器件 P^+ 区的电阻率分布均匀、负载及电极接触电阻为零时，由电极①和电极②输出的电流大小分别与光点到各电极的电阻值(距离)成反比。设电极①和

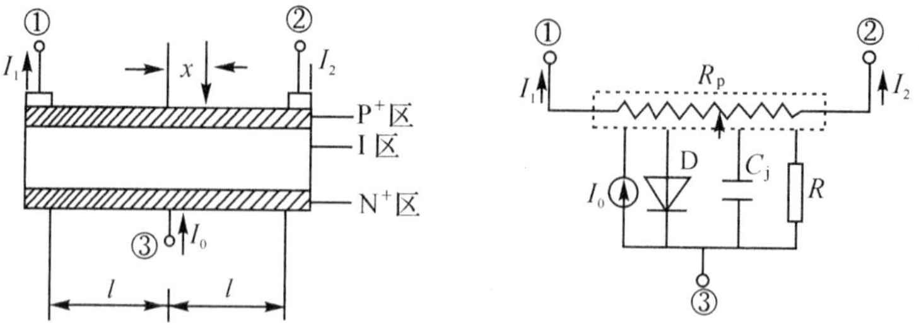

(a) PSD剖面结构 (b) PSD等效电路

图 4-54 PIN 型一维 PSD 剖面结构和等效电路

电极②的距离为 $2l$,电极①和电极②输出光电流分别为 I_1 和 I_2,电极③上的电流为总电流 I_0,则有 $I_0=I_1+I_2$。若以 PSD 的中心点位置作为原点,光点离中心点的距离为 x,则有

$$I_1=\frac{l-x}{2l}I_0,\ I_2=\frac{l+x}{2l}I_0 \tag{4.57}$$

$$x=\frac{I_2-I_1}{I_2+I_1}l \tag{4.58}$$

利用式(4.58)即可确定光斑的能量中心对于器件中心的位置 x,它只与 I_1、I_2 的电流差与和之比有关,而与总电流无关。

2. PSD 的种类

(1)一维 PSD

一维 PSD 结构和等效电路如图4-55所示。

参照图 4-56,入射光位置的计算公式为

$$\frac{I_{X2}-I_{X1}}{I_{X2}+I_{X1}}=\frac{2X}{l_X} \tag{4.59}$$

其中,I_{X1}、I_{X2} 表示电极的输出电流。

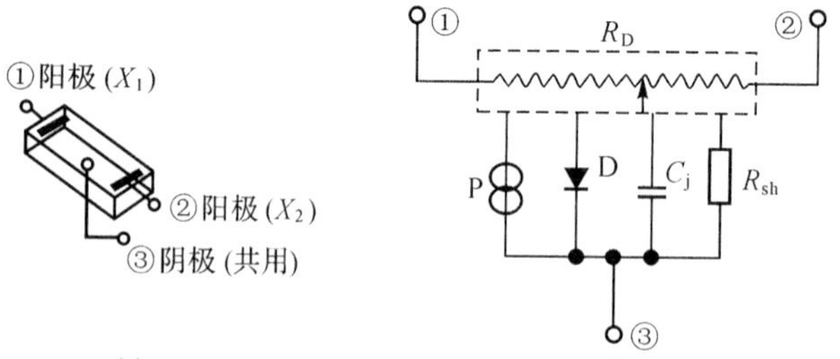

(a) (b)

图 4-55 一维 PSD 结构和等效电路

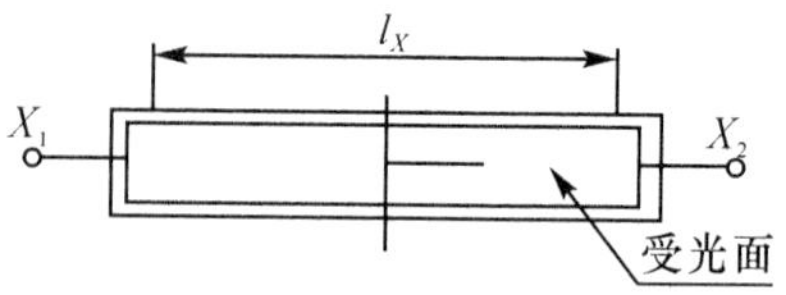

图 4-56 一维 PSD 受光面

图 4-57 给出了一维 PSD 位置检测电路原理。光电流 I_1 经运算放大器 A_1 放大后,分别送给放大器 A_3、A_4;同样光电流 I_2 经运算放大器 A_2 放大后,也分别送给放大器 A_3、A_4。放大器 A_3 为加法电路,完成光电流 I_1 与 I_2 的相加运算。放大器 A_4 为减法电路,完成光电流 I_2 与 I_1 的相减运算。最后,用除法电路计算出 I_2-I_1 与 I_2+I_1 的商,即光点在一维 PSD 光敏面上的位置信号 x。光敏区长度 l 可通过调整放大器的放大倍数,利用标定的方法进行综合调整。

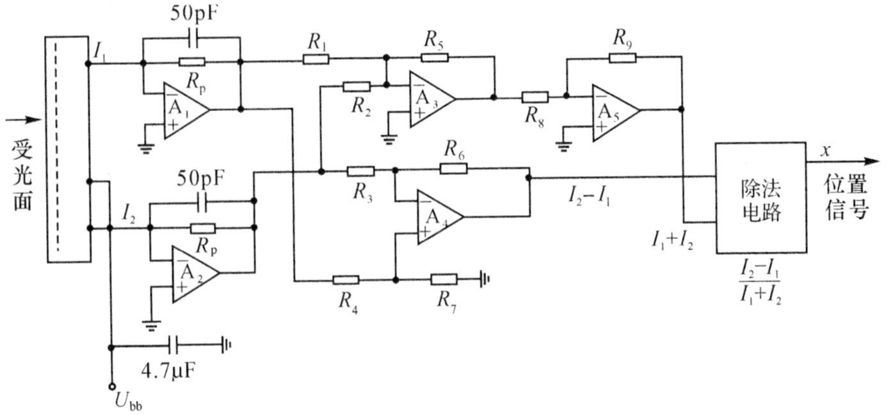

图 4-57　一维 PSD 位置检测电路原理

(2)二维 PSD

二维 PSD 根据结构分为单面分割型 PSD 和双面分割型 PSD。单面分割型 PSD 还包含对感光面电极进行改良后的改良表面分割型(缓冲型)PSD。结构不同,入射位置的换算公式也不同。

①单面分割型 PSD

单面分割型 PSD 是在 PSD 的单阻抗层上设置 4 个电极。光电流在同一阻抗层分成 4 个位置信号输出。单面分割型 PSD 的结构和等效电路如图 4-58 所示,其感光面板如图 4-59所示。比起双面分割型 PSD,其虽然在边缘位置容易产生电极的相互干扰,应力也容易变大,但具有加上反向偏压、低暗电流更方便及快速响应的特性。入射位置的计算公式为

$$\frac{I_{X2}-I_{X1}}{I_{X1}+I_{X2}}=\frac{2X}{L_X} \tag{4.60}$$

$$\frac{I_{Y2}-I_{Y1}}{I_{Y1}+I_{Y2}}=\frac{2Y}{L_Y} \tag{4.61}$$

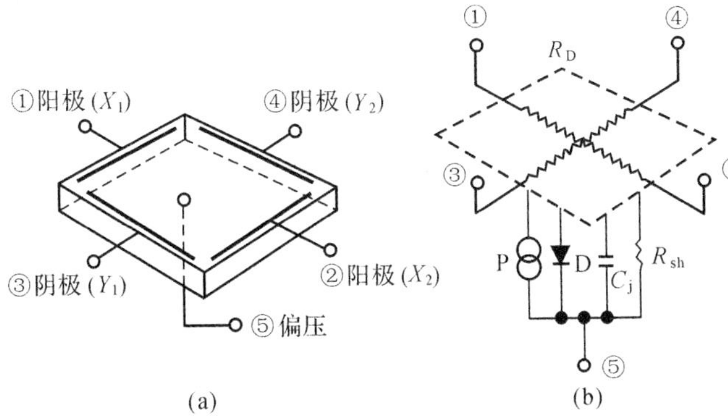

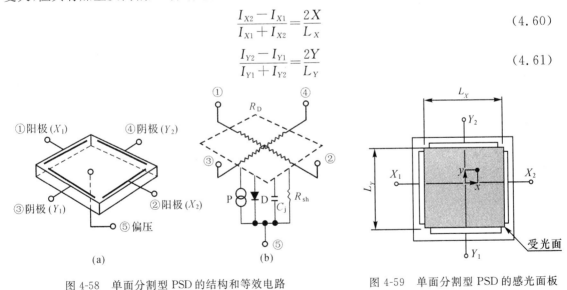

图 4-58　单面分割型 PSD 的结构和等效电路

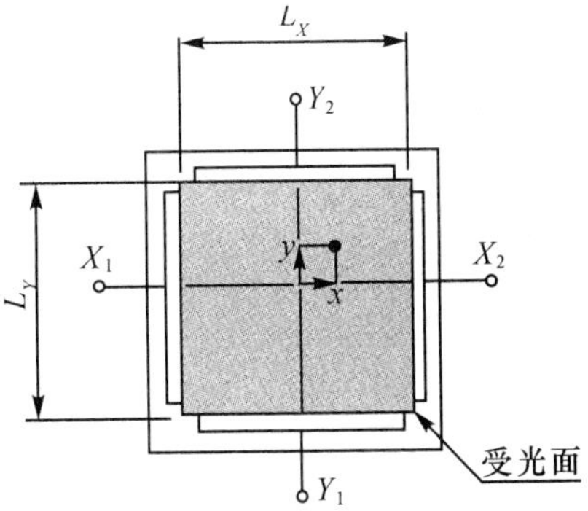

图 4-59　单面分割型 PSD 的感光面板

②双面分割型 PSD

双面分割型 PSD 两面阻抗层采用直角构造,如图 4-60 所示。X 轴方向的位置信号从表面电极输出,Y 轴方向的位置信号从里面电极输出。不同极性的电流被分割成两面,信号强度是单面分割型的 2 倍,得到了优良的位置分辨率。另外,双面分割型 PSD 的电极相互分离,与表面分割型 PSD 相比,位置检测特性更好。

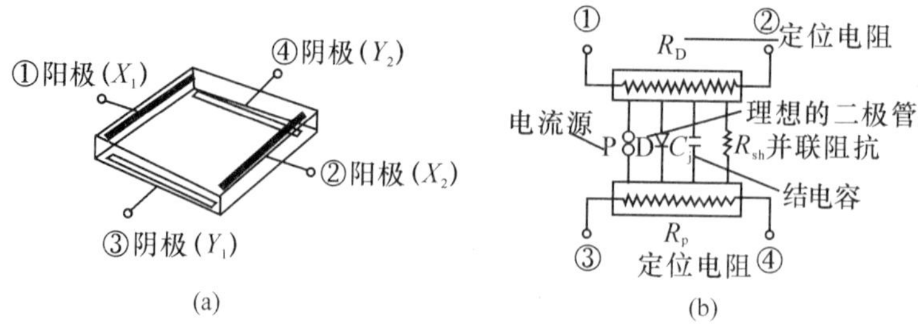

图 4-60 双面分割型 PSD 的结构和等效电路

4.2.7 半导体色敏器件

半导体色敏器件是根据人眼视觉的三色原理，利用不同结深的光电二极管对各种波长的光谱响应率不同的现象制成的。

1. 半导体色敏器件的结构原理

如图 4-61 所示，半导体色敏器件由同一块硅片上制造的两个深浅不同的 PN 结构成，其中 PD_1 为浅结，它对波长短的光响应度高；PD_2 为深结，它对波长长的光响应度高。这种结构相当于两个光电二极管反向串联，所以又称为双结光电二极管。图 4-62 为双结硅光电二极管的光谱响应特性。

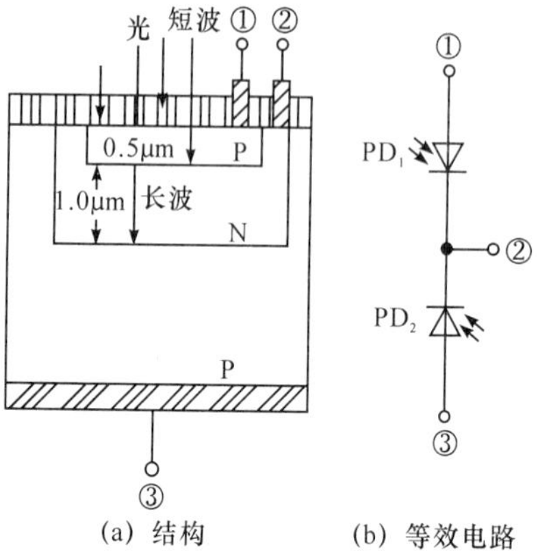

图 4-61 双结光电二极管半导体色敏器件

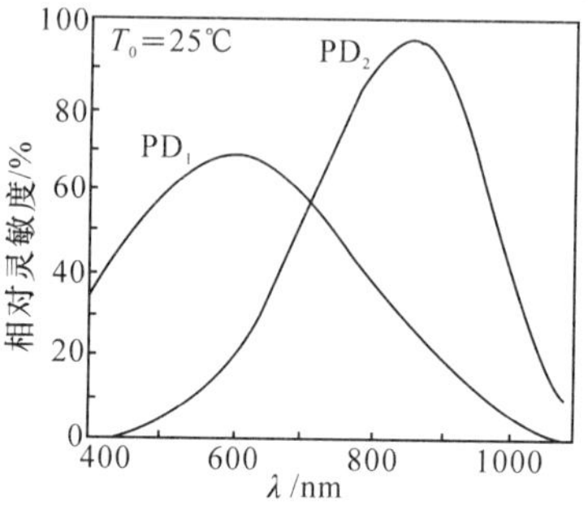

图 4-62 双结硅光电二极管的光谱响应特性

2. 双结硅色敏器件的检测电路

根据图 4-61(b)所示双结光电二极管等效电路，可以设计如图 4-63 所示的信号处理电路，图中 PD_1、PD_2 为两个深浅不同的硅 PN 结，它们的输出分别连接到运算放大器 A_1 和 A_2 输入端，D_1、D_2 作为对数变换元件，A_3(差动放大器)对 A_1 和 A_2 的输出电压做减法运算，最后得到对应于不同颜色波长的输出电压值，即

$$U_o = U_T(\lg I_{sc2} - \lg I_{sc1})\frac{R_2}{R_1} \tag{4.62}$$

其中，$U_T = kT/e$，室温条件下，$U_T \approx 26\text{mV}$；I_{sc1}、I_{sc2} 分别为 PD_1、PD_2 的短路电流；$R_2/R_1 = R_4/R_3$ 为差动放大器 A_3 的电压放大倍数。

当用双结硅光电二极管进行颜色测量时，可以测出其中两个硅光电二极管的短路电流比的对数值[$\lg(I_{sc2}/I_{sc1})$]与入射光波长的关系，如图 4-64 所示。由图 4-64 可知，每一种波

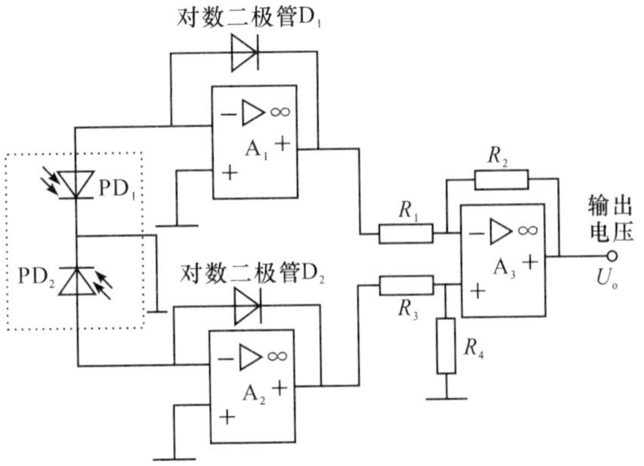

图 4-63　双结硅色敏器件信号处理电路

长的光都对应于一短路电流比值，再根据短路电流比值的不同来判断入射光的波长。

由于入射光波与(I_{sc2}/I_{sc1})之间有一一对应关系，根据式(4.62)就可以得到输出电压 U_o 与入射光波长之间的关系，如图 4-65 所示。因此，只要测出上面信号处理电路的输出电压，就能确定被测光的波长以达到识别颜色的目的。

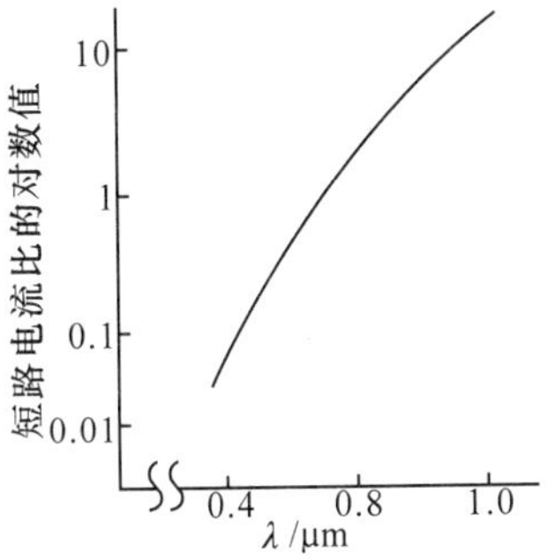

图 4-64　短路电流比值与入射光波长的关系曲线

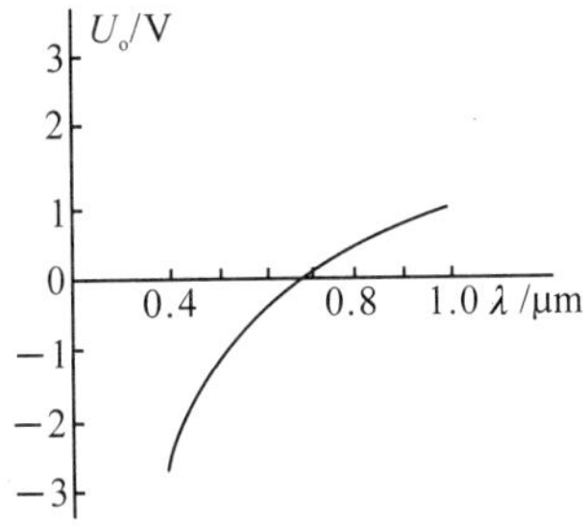

图4-65　输出电压 U_o 与入射光波长之间的关系

上述双结硅光电二极管只能用于确定单色光的波长，对于多种波长组成的混合色光，它是无能为力的。根据色度学理论，已研制出可以识别混合色光的三色色敏器件。图 4-66 为集成全色色敏器件的结构，它是在同一块非晶体硅基片上制作 3 个深浅不同的 PN 结，并分别配上 R、G、B 3 块滤色片而构成一个整体，得到如图 4-67 所示的光谱响应曲线。该曲线近似于国际照明委员会制定的 CIE 1931 RGB 标准色度系统光谱三刺激值曲线，通过 R、G、B 3 个不同结输出电流的大小比较识别各种颜色。

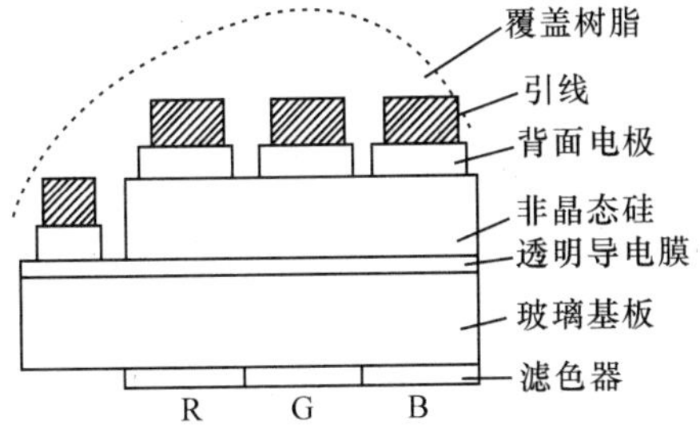

图 4-66　集成全色色敏器件的结构

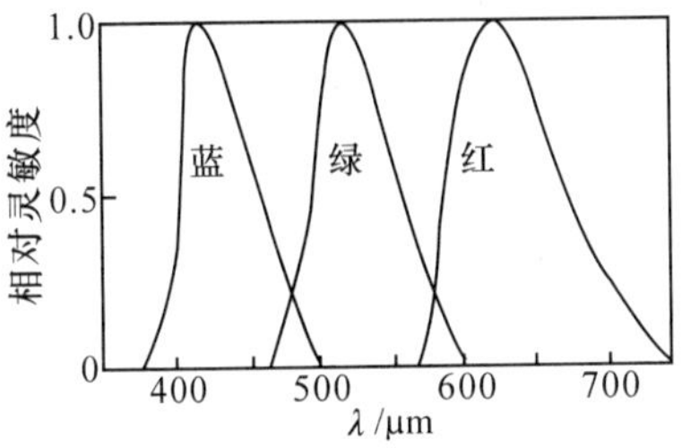

图 4-67　集成全色色敏器件的光谱特性

半导体色敏器件具有结构简单、体积小、成本低等特点，被广泛应用于与颜色鉴别有关的各个领域中：在工业上可以自动检测纸、纸浆、染料的颜色；在医学上可以测定皮肤、牙齿等的颜色；用于电视机的彩色调整、商品颜色及代码的读取等。

4.2.8 光伏探测器的偏置与输出电路

PN 结型光伏探测器和光电导探测器是在一定偏置电路状态下工作的。按照不同的使用场合，光伏探测器的偏置电路一般有自偏置电路、零偏置电路和反向偏置电路。光电导器件有恒流偏置电路、恒压偏置电路和恒功率偏置电路。每一种偏压电路使得光伏探测器工作在其伏安特性曲线的不同区域，表现出不同的特性。图 4-68 为光照下的 PN 结的伏安特性曲线。因此了解各种偏置的特点，掌握它的使用方法是非常重要的。

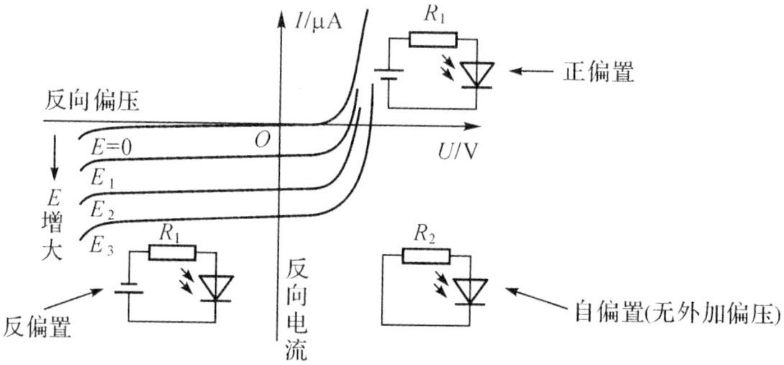

图 4-68 光照下的 PN 结的伏安特性曲线

1. 偏置电路类型

(1)自偏置电路

自偏置电路实际上不需要外加偏压，由器件本身在一定条件下产生电压。如光电池工作时不需要外加偏压，直接与负载电阻连接，如图 4-69 所示。在光照射下，光电流 I 流过外电路负载电阻 R_L 产生的压降 IR 就是光电池自身的偏压。由于自偏置电路的特点，在实际测量中很少采用自偏置电路，这里不进行介绍。

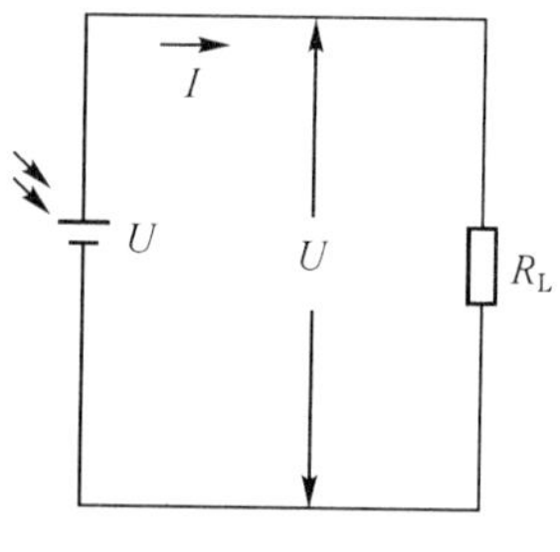

图 4-69 光电池自偏置电路

(2)零偏置电路

光伏探测器在自偏置的情况下，若负载电阻 R_L 为零，则自偏压为零；而光伏探测器在反偏置的情况下，反向偏压很小或接近零。这两种情况都属于零偏置，对应的偏置电路都称为零偏置电路。

光伏探测器采用零偏置电路时，它的 $1/f$ 噪声最小，暗电流为零，可以获得较高的信噪比。因此，即使性能较好的光伏探测器也常采用零偏置电路，以免采用其他偏置电路引入噪声。另外，像远、中红外探测器，如 3～5.5μm 的 InSb 和 8～14μm 的 HgCdTe 光电导器件，由于用带隙能量很小的材料制成，其性能受热激发影响较大，能承受的反向偏压不高，常工作在零伏偏置或接近于零伏偏置的状态。

零偏置电路都属于近似零伏偏置电路，它们都具有一定大小的等效电阻，当信号电流较强或辐射强度较高时，将使其偏离零伏偏置。故零伏偏置电路只适合对微弱光辐射信号的探测，不适合较强光辐射探测的领域。

(3)反向偏置电路

当光伏探测器外加偏压工作时，若 N 区接电源的正端，P 区接电源的负端，光伏探测器处在反向偏置状态，对应的电路称为反向偏置电路，如图 4-70 所示。

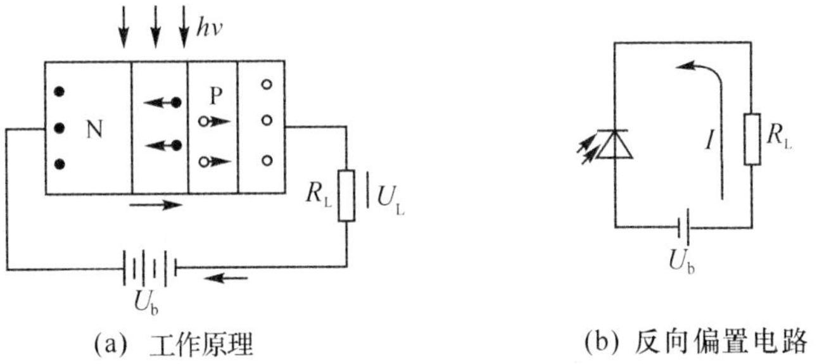

图 4-70　光伏探测器工作原理和反向偏置电路

由图 4-70(a)可知，光伏探测器反向偏置时，PN 结耗尽层加宽，内建电场增强，从而减小了载流子的渡越时间，降低了结电容，这样可得到较高的灵敏度、较宽的频带宽度和较大的光电转换的线性范围。

①负载电阻上的输出信号

光电二极管反偏时的伏安特性曲线对应于图 4-41(a)中第Ⅲ象限，将其旋转 180°得到如图 4-71 所示的伏安特性曲线。利用方程 $U(I)=U_b-IR_L$，在该特性曲线上画出负载线 U_b-IR_L，它是斜率为 $-1/R_L$，通过 $U=U_b$ 点的直线，与纵轴交于 U_b/R_L 点上。若输入光照由 E_0 变化 $\pm\Delta E$ 时，光电二极管输出 $\pm\Delta I$ 的电流信号，而负载电阻 R_L 上会输出 $\pm\Delta U$ 的电压信号。

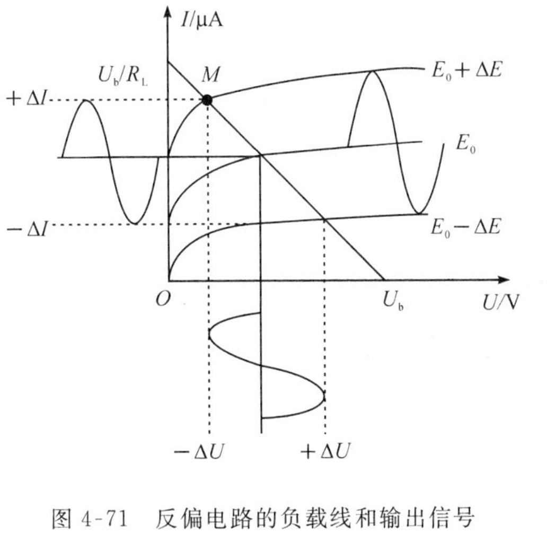

图 4-71　反偏电路的负载线和输出信号

图 4-72(b)中，对于相同的 R_L 值，增大偏置电压 U_b，输出信号电压的幅度也随之增大，并且线性度得到改善；但电路的功耗随之加大，并且过大的偏置电压可能引起光电二极管的反向击穿。

因此，可以得出选择负载电阻 R_L 和偏置电压 U_b 的初步方法：

a. 标出最大入射光照时对应曲线上的线性和非线性的拐点 M，如图 4-73 所示。在给

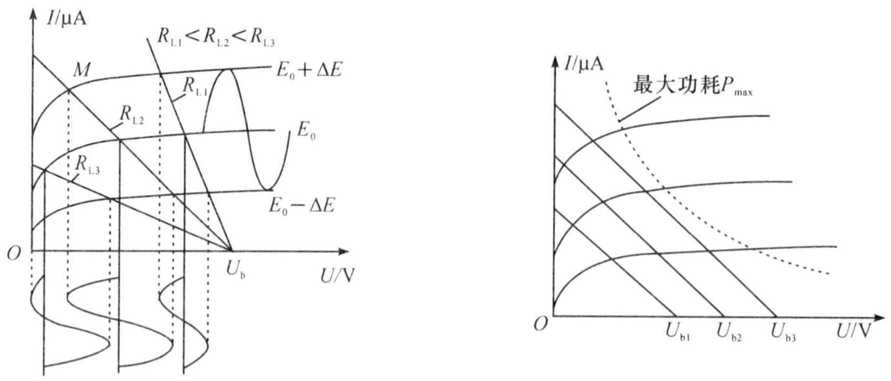

(a) 负载电阻的影响　　(b) 偏置电压的影响

图 4-72　偏置电路参数 R_L 和 U_b 对输出信号的影响

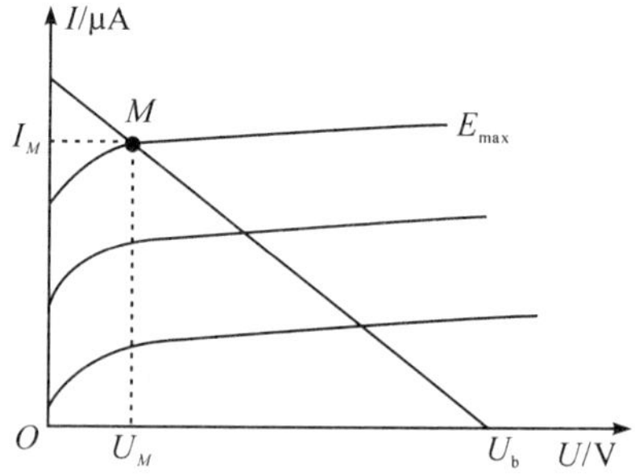

图 4-73　计算偏置电阻 R_L 的方法

定偏置电压 U_b 的条件下，过 M 点和 U_b 做负载线，此时可以获得最大的动态输出范围，即可以获得最大的、不失真的输出信号。其负载电阻为

$$R_L=\frac{U_b-U_M}{I_M} \tag{4.63}$$

其中，U_M 为拐点电压；I_M 为拐点电流（对应最大入射光照度下的光电流）。应当指出，式(4.63)忽略了光电二极管的暗电流（暗电导）作用。但是，光电二极管反向偏置时，暗电流（暗电导）很小，其计算误差不会影响实际使用。考虑暗电流（暗电导）的影响，式(4.63)应如何修改，读者可自行分析。

反之，在给定负载电阻 R_L 的条件下，也可由式(4.63)选择偏置电压 U_b。

b. 由前面的讨论，器件工作时应符合功耗限制的要求，即

$$R_L\geqslant U_b^2/(4P_{max}) \tag{4.64}$$

其中，P_{max} 为器件的极限功率。

由式(4.63)和式(4.64)即可以确定基本反向偏置电路的负载电阻 R_L。

图解分析方法直观、方便，适用于检测恒定或缓慢变化的入射光信号的直流电路，特别适用于大信号状态下的电路分析。

②输出电流、电压与辐射通量的关系

可以求出反向偏置电路的输出电流与入射辐射通量的关系，即

$$I_L=\frac{\eta q\lambda}{hc}\Phi_{c\lambda}+I_d \tag{4.65}$$

由于制造光伏器件的半导体材料一般都采用高阻轻掺杂的器件（太阳能电池除外），因此暗电流很小，可以忽略不计。那么反向偏置电路的输出电流与入射辐射通量的关系可简化为

$$I_L=\frac{\eta q\lambda}{hc}\Phi_{c\lambda} \tag{4.66}$$

同样，反向偏置电路的输出电压与入射辐射通量的关系为

$$U_o=U_b-R_L\frac{\eta q\lambda}{hc}\Phi_{c\lambda} \tag{4.67}$$

2. 光伏探测器输出电路

由于大多数光伏探测器输出信号都较弱，对于它的探测一般都需要进行放大处理，下面介绍三种进行信号处理的电路。

(1)电流放大型

图 4-74 是电流放大型 IC 检测电路。光电二极管和运算放大器的两个输入端同极性相连，放大器的输入阻抗 Z_i 就是光电二极管的负载电阻，可表示为

$$Z_i = R_f/(1+A) \tag{4.68}$$

其中，A 是放大器的开环放大倍数；R_f 是反馈电阻。若 $A=104$，$R_f=100\text{k}\Omega$，$Z_i=10\Omega$，则可以认为光电二极管是处于短路工作状态，能得到近似理想的短路电流。处于电流放大状态的运算放大器，其输出电压 U_o 与光电二极管的输入短路光电流成正比，即

$$U_o = I_{sc}R_f = R_f S\Phi \tag{4.69}$$

即输出信号与输入光照度成正比。此外，电流放大器因输入阻抗低而响应速度较快，并且放大器噪声较低，信噪比高，因此电流放大器在光伏探测中广泛应用于较弱光信号的检测。

(2)电压放大型

图 4-75 是电压放大型 IC 检测电路。光电二极管的正端接在运算放大器的正端，运算放大器的漏电流比光电流小得多，具有很高的输入阻抗。当负载电压 R_L 取 1MΩ 以上时，工作在光电池状态下的光电二极管处于接近开路状态，可以得到与开路电压成比例的输出信号，即

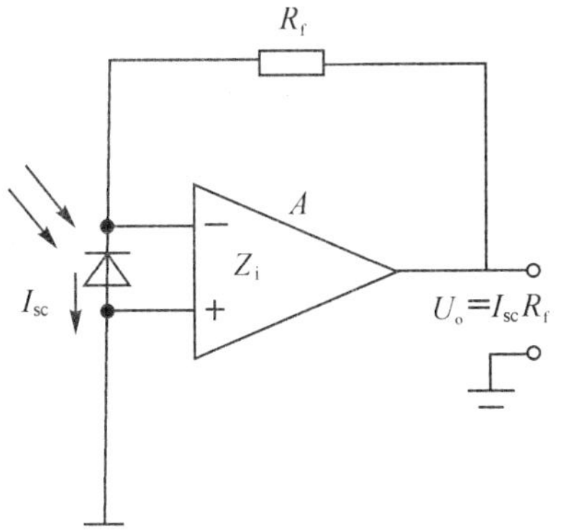

图 4-74　电流放大型 IC 检测电路

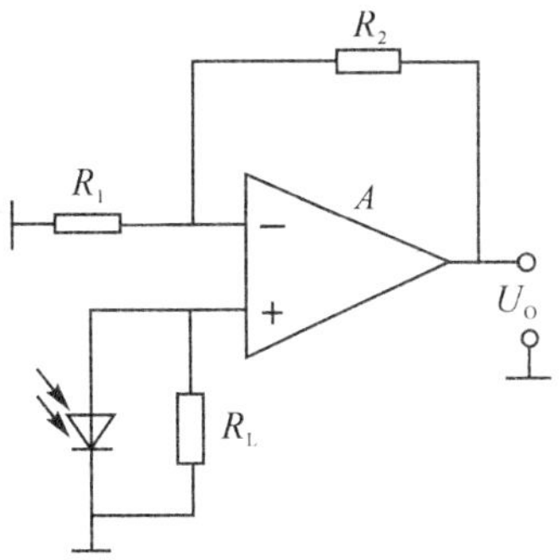

图 4-75　电压放大型 IC 检测电路

$$U_o = AU_{oc} \approx AU_T \ln(S\Phi/I_p) \tag{4.70}$$

其中，$A=(R_2+R_1)/R_1$，为该电路的电压放大倍数。

(3)阻抗变换型

反向偏置光电二极管或 PIN 光电二极管具有恒流源性质，内阻很大，且饱和光电流和输入光通量成正比，在有很高的负载电阻的情况下可以得到较大的信号电压。但如果将这种处于反向偏置状态下的光电二极管直接接到实际的负载电阻上，则会因阻抗的失配而削弱信号的幅度。因此需要有阻抗变换器将高阻抗的电流源变换成低阻抗的电压源，再与负载相连。如图 4-76 所示的以场效应管为前级的运算放大器就是这样的阻抗变换器。该电路中场效应管具有很高的输入阻抗，光电流是通过反馈电阻 R_f 形成压降的。电路的输出电压 U_o 为

$$U_o = +IR_f \approx +I_pR_f = +R_f S\Phi \tag{4.71}$$

即 U_o 与输入光通量成正比。当实际的负载电阻 R_L 与放大器连接时，由于放大器输出阻抗 R_o 较小，$R_L \gg R_o$，则负载功率 P_o 为

$$P_o = U_o^2 R_L/(R_o + R_L)^2 \approx U_o^2/R_L = R_f^2 I_p^2/R_f \quad (4.72)$$

当光电二极管直接与负载电阻相连时，负载上的功率 $P_1 = I_p^2 R_L$，比较两种情况可以发现，采用阻抗变换器可以使功率输出提高 $(R_f/R_L)^2$ 倍。这种电路的时间特性比较差，但用在信号带宽没有特殊要求的缓变光信号检测中，可以得到很高的功率放大倍数。此外，用场效应管代替双极性晶体管制作前置级，其偏置电流很小，因此适用于光功率很小的场合。

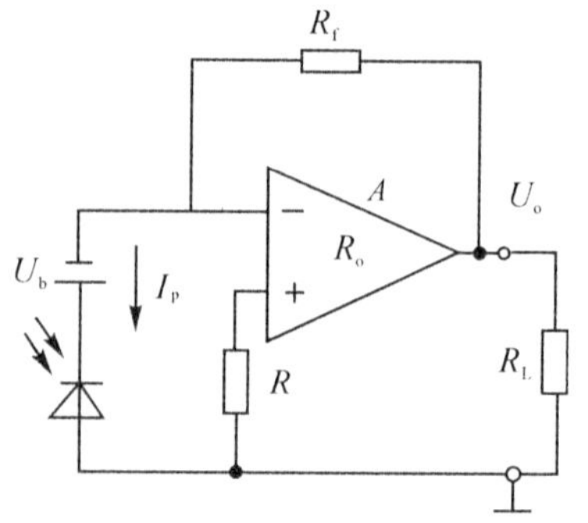

图 4-76　阻抗变换器输出电路

习　题

4.1　已知某光敏电阻在 100lx 的光照下的阻值为 2kΩ，且已知它在 90～120lx 范围内的 $\gamma = 0.9$。试求该光敏电阻在 110lx 光照下的阻值。

4.2　已知某光敏电阻在 500lx 的光照下的阻值为 550Ω，而在 700lx 的光照下的阻值为 450Ω。试求该光敏电阻在 550lx 和 600lx 光照下的阻值。

4.3　在如题 4.3 图所示的电路中，已知 $R_b = 820\Omega$，$R_e = 3.3\text{k}\Omega$，$U_w = 4\text{V}$，光敏电阻为 R_p，当光照度为 40lx 时输出电压为 6V，80lx 时为 9V。设该光敏电阻在 30～100lx 的 γ 值不变，试求：

(1)输出电压为 8V 时的照度。

(2)若 R_e 增加到 6kΩ，输出电压仍然为 8V，求此时的照度。

(3)若光敏面上的照度为 70lx，求 $R_e = 3.3\text{k}\Omega$ 与 $R_e = 6\text{k}\Omega$ 时的输出电压。

(4)求该电路在输出电压为 8V 时的电压灵敏度。

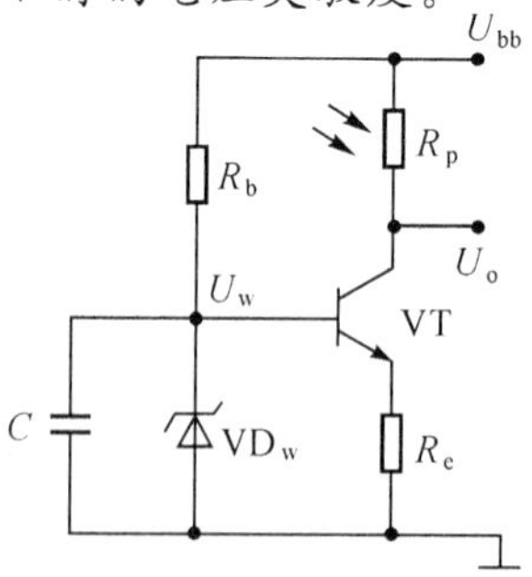

题 4.3 图　光敏电阻控制电路

4.4　影响光生伏特器件频率响应特性的主要因素有哪些？为什么 PN 结型硅光电二极管的最高工作频率小于或等于 10^7 Hz？怎样提高硅光电二极管的频率响应特性？

4.5　硅光电池的内阻与哪些因素有关？在什么条件下硅光电池的输出功率最大？

4.6　光生伏特器件有几种偏置电路？各有什么特点？

4.7　光电三极管变换电路及其伏安特性曲线如题 4.7 图所示，若光敏面上的照度变化 $E = 120 + 80\sin\omega t$ (lx)，为使光电三极管的集电极输出电压为不小于 4V 的正弦信号，求所需要

的负载电阻 R_L、电源电压 U_{bb} 及该电路的电流、电压灵敏度，并画出三极管输出电压的波形。

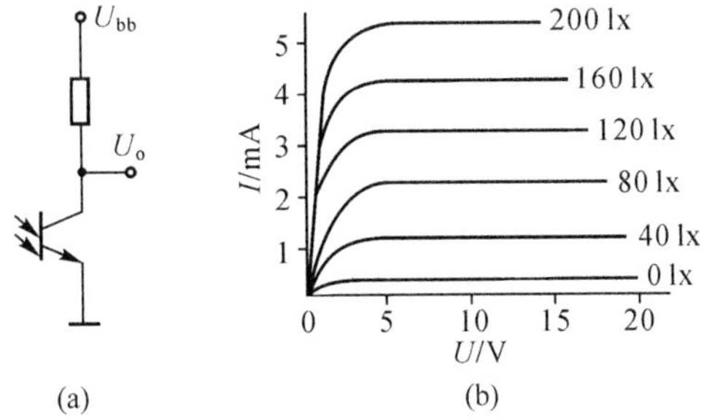

题 4.7 图　光电三极管变换电路及其伏安特性曲线

4.8　利用 2CU2 光电二极管和 3DG40 光电三极管构成如题 4.8 图所示的探测电路。已知光电二极管的电流灵敏度 $S_i = 0.4\ \mu A/\mu W$，其暗电流 $I_d = 0.2\mu A$，3DG40 光电三极管的电流放大倍率 $\beta = 50$，最高入射辐射功率为 400μW 时的拐点电压 $U_z = 1W$。求入射辐射功率最大时，电阻 R_e 的值与输出信号 U_o 的幅值。入射辐射功率变化 50μW 时的输出电压变化量为多少？

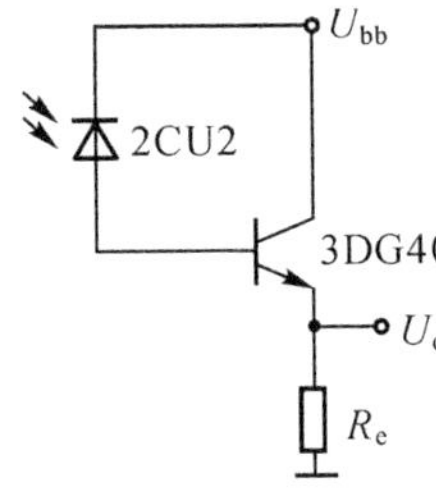

题 4.8 图　2CU2 和 3DG40 构成的探测电路

4.9　已知 2CR44 型硅光电池的光敏面积为 10mm×10mm，在室温为 300K、辐照度为 $100mW/cm^2$ 时的开路电压为 $U_{oc} = 550mV$，短路电流 $I_{sc} = 28mA$。试求：辐照度为 $200mW/cm^2$ 时的开路电压 U_{oc}、短路电流 I_{sc}、获得最大功率的最佳负载电阻 R_L、最大输出功率 P_m。

4.10　何谓 PSD 器件？PSD 器件有几种基本类型？你能设计出探测光点在被测物体上位置的一维 PSD 吗？

4.11　为什么越远离 PSD 几何中心位置的光点，其位置检测的误差越大？

4.12　列表比较光敏电阻、光电二极管、PIN 光电二极管、雪崩光电二极管、光电三极管在动态特性、线性、动态范围、灵敏度、暗电流等方面的性能优劣。

第5章

外光电效应探测器

捕捉中微子的过程相当漫长。长期以来，科学家一直致力于捕捉中微子。有人说，中微子的探寻史如同原子物理中诸多发现一样，本身就是一段引人入胜的故事。1931 年，奥地利物理学家沃尔夫冈·泡利通过大量的理论推理与计算做出了天才的预言：在我们的物质世界中存在中微子。他的预言 25 年后得到了实验的证实，1956 年中微子被发现。

中微子只参与非常微弱的弱相互作用，具有极强的穿透力，1 个中微子可以穿过数光年的铅层而不"惊扰"其中的任何一个原子。在 100 亿个中微子中只有一个会与物质发生反应，因此中微子的检测非常困难。正因为如此，在所有的基本粒子中，人们对中微子了解最晚，也最少。实际上，大多数粒子物理和核物理过程都伴随着中微子的产生，例如核反应堆发电（核裂变）、太阳发光（核聚变，如图 5-1 所示）、天然放射性（β 衰变）、超新星爆发、宇宙射线等。

当你读到这儿的时候，正有几十亿个中微子在穿过你的身体。其中绝大部分来自太阳，一些来自遥远的星系，还有的甚至可能来自宇宙最初的大爆炸。从出生的那一刻起中微子就在不断地穿过你的身体，然而在你的整个一生中只有少数的几个中微子会和你身体中的原子发生相互作用。探测这些相互作用并且把它们和其他效应区分开是中微子天体物理学的核心要务。

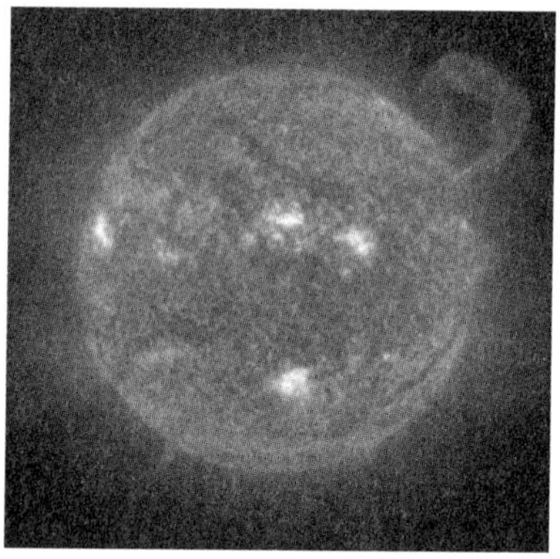

图 5-1　太阳核聚变

如何探测中微子，人们想到可以通过在一个大探测器中放入巨量的原子来使得中微子和物质的相互作用变得更频繁。当我们"探测"到中微子时，我们实际上看到的是原子所做的反冲运动或者是由中微子引发的一次原子核反应。是否还存在其他东西也能造成同样的结果呢？例如，被称为"宇宙射线"的高能粒子也在不断地轰击地球表面。搞清楚哪些效应是宇宙射线引起的并且把它们与中微子造成的反应区分开并不是一件容易的事情。科学家们将其称为"背景"问题。

20 世纪 60 年代开始，美国宾夕法尼亚大学的雷·戴维斯（R. Davis）为解决这些问题进行了首次尝试。他为中微子设定的标靶是一大罐四氯乙烯——一种干洗化学剂和氯的原料。戴维斯开玩笑说，如果他的实验失败了，他仍可以加入清洁工的行列。为了应对"背景"问题，戴维斯把他的实验放到了位于美国南达科他州霍姆斯特克金矿地下 1.6km 深的地方。在那里有厚厚的岩层"保护"着实验装置。他的目标是要寻找太阳中心核聚变反应所产生的中微子。在充满液体的大罐子里，每一天这些太阳中微子会把一个氯原子转变成一个氩原子。为此他不得不在这片清洁剂的海洋中寻找这些孤独的氩原子。

就像以往科学家探索新领域一样，戴维斯的实验结果出乎了所有人的预料。他确实探测到了太阳的中微子，但在此过程中他还发现一个与中微子和太阳有关的重要现象。戴维斯的实验仅仅探测到了中微子预期数量的 1/3。是他的实验出了问题吗？还是物理学家对于能探测到多少中微子的计算出了差错？或是我们并没有完全了解这其中的物理学？最终发现中微子其实有三种，不同的种类之间可以转化。这一发现已经成为现代物理学的理论基石。继戴维斯的成功之后，物理学家们又制造了第二代中微子探测器。所有的都是深藏于北美、欧洲和日本地下的大质量标靶探测器。许多人采用了一种新的探测策略，即用超纯水作为标靶。

当中微子从水中穿过时通过核反应会产生出一个带电粒子。在水中这个粒子会发出锥形的蓝色光脉冲，即切伦科夫辐射——以俄罗斯物理学家帕维尔·切伦科夫(P. Cerenkov)命名。围绕水箱放置的一系列光电探测器会探测这些辐射。这些蓝色光脉冲可以告诉我们中微子入射的方向，使得中微子天文学的发展成为可能。

1987 年 2 月 24 日，在与银河系为邻的大麦哲伦云中，一颗引人瞩目的超新星出现了。天文学家第一次检测到来自这颗超新星的中微子。中微子作为超新星爆发的直接证据，首次被确定。天文学家期待着能够一睹这颗超新星爆发后残存的中子星的风采。日本的一台巨型探测器在 1987 年捕捉到了 19 个超新星爆发时释放的中微子，领导这些研究的正是小柴昌俊。以日本和美国科学家组成的研究小组，在上述超新星爆发的前一天，即 2 月 23 日下午 4 时 35 分 35 秒至 48 秒，共捕捉到 11 个中微子，其中两个可以确定来自大麦哲伦云。他们利用的装置(如图 5-2 所示)设在日本岐阜县神冈矿山地下 1km 处，他们在那里设置了一个直径 15.6m、高 16m 的圆桶形水槽，其中灌满了水，足有 $3000m^3$ 之多，在水槽的内部设置了 1000 个直径 50cm 的光电倍增管，当中微子来临时，可观测到切伦科夫辐射，通过光电效应，光电倍增管可以将其转换成电信号。这些电信号会被计算机芯片捕捉到并且数字化，进而传输到计算机中。其传感器里的时钟彼此的误差始终控制在纳秒以内。这些信息使得科学家们可以重建中微子事件，并且可以推算出它们的到达方向和能量。也就是因为在 13s 内，探测到了 11 个中微子，小柴昌俊获得 2002 年诺贝尔物理学奖。然而这 13s 的探测，是建立在小柴昌俊几十年如一日的工作基础之上的。

图 5-2　布满光电倍增管的神冈探测器

为什么使用光电倍增管？

20 世纪 40 年代以来，半导体光电器件得到了迅速发展，其低廉的价格、稳定的性能和使用方便等特点，使其已经成为部分应用的主角。由于光电倍增管具有灵敏度极高、响应快速等特点，在探测微弱光信号及快速脉冲弱信号方面仍然是一个重要的探测器件，广泛应用于航天、材料、生物、医学、地质等领域。

为什么选择直径 50cm 的光电倍增管?

神冈探测器初期使用 3000t 水制作捕捉切伦科夫光的装置,同期在美国麻省理工学院(MIT)的一个联合小组,使用了 7000t 水,如果从水容量上考虑,这是神冈探测器的一倍以上。当时,世界上最大的光电倍增管的直径是 20cm,MIT 小组使用的也不过是 12.5cm,为了与 7000t 大容量探测器相抗衡,只有采用直径 50cm 的光电倍增管,提高光电倍增管的聚光能力,才能获得更微弱的切伦科夫光信号。后来,日本滨松光子学株式会社成功研制出来直径 50cm 的光电倍增管,在中微子探测历史上留下了重要一笔。

5.1 光电管

光电管(photo tube)的构造比较简单,由玻璃外壳、光电阴极和阳极三部分组成。如果管壳内是真空状态,就称为真空光电管;如果管壳内充有增益气体,就称为充气光电管。光电阴极是在玻璃外壳内壁上先涂上一层金属半透明的银膜作为阴极,然后再蒸涂光电发射材料,该材料受光照时,可向外发射电子。阳极是金属环或金属网,置于光电阴极的对面,加正的高压,用于收集从阴极发射出来的电子。在阴极和阳极之间的电场作用下,光电子在极间做加速运动。而在充气型光电管,光电子在向阳极运动的途中与惰性气体原子碰撞而产生电离,电离过程中产生新电子。光电管的特点是:光电阴极面积大,灵敏度较高,暗电流小,光电发射弛豫过程极短(皮秒数量级)。如已有的产品 R1238U 系列超快光电管,其响应时间达到 60ps,特别适合于由高功率激光光源产生的超短脉冲光信号的检测。但这类管子体积较大,工作电压高达百伏到数百伏,玻璃外壳容易破碎,它的一般应用目前已基本被半导体光电器件替代。

光电管的核心部件是光电阴极。光电阴极的基本概念和特性请参考第 5.2 节的内容。

5.2 光电倍增管(PMT)

5.2.1 PMT 的基本结构与工作原理

光电倍增管主要由入射光窗、光电阴极、倍增极、分压器、电源和阳极组成,如图 5-3 所示。光电倍增管的工作原理是:光子通过光窗入射到光电阴极上产生光电子,光电子通过电子光学输入系统进入二次电子倍增系统,电子得到倍增,最后阳极把放大的电子流收集起来,形成阳极电流或电压输出。

光电倍增管通常可分为端窗式(head-on)和侧窗式(side-on)两大类(见图 5-4):端窗式光电倍增管是通过管壳端面接收入射光,其对应的阴极形式通常为半透明的光电阴极;侧窗式光电倍增管是通过管壳侧面接收入射光,其对应的阴极形式通常为不透明的光电阴极。

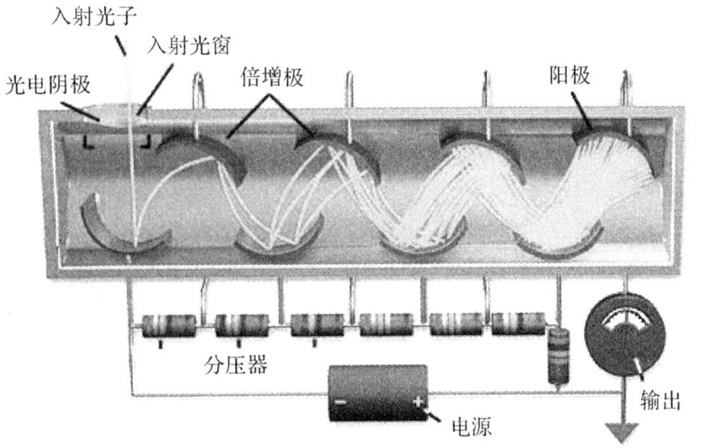

图 5-3　光电倍增管的结构

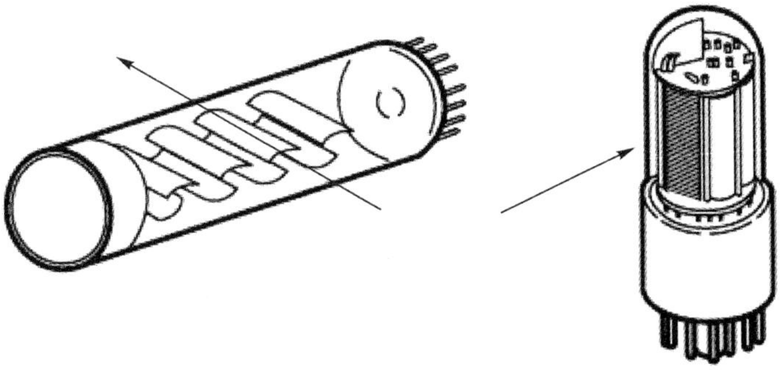

(a) 端窗式　　(b) 侧窗式

图 5-4　光电倍增管的类型

1. 入射光窗

入射光窗(incident light window)是由具有一定形状、不同透过率的玻璃材料组成的。常用的光窗材料有硼硅玻璃、透紫玻璃、合成(熔融)石英、蓝宝石(Al_2O_3)和氟化镁晶体(MgF_2)。

2. 光电阴极

光电阴极(photocathode)是接收光子而发射出光电子的材料,光电发射就发生在光电阴极面上。通常光电发射可分为三个阶段:①光子吸收,光子能量转换成电子能量;②光电子向发射体真空界面运动;③光电子克服势垒逸入真空。

光电阴极的材料应具备三个基本条件;①光吸收系数大;②光电子在体内传输过程中受到的能量损失小,使逸出深度大;③电子亲和势小,表面势垒低,电子由表面逸出的概率大。金属的上述三项条件均不优越,它对光的反射强、吸收少,体内自由电子多,电子散射造成较大的能量损失,所需逸出功大,因此金属光电发射的量与效率都很低。同时,金属的光谱响应多在紫外或远紫外区,因此只适用于光谱响应对紫外灵敏的光电器件。

半导体光电阴极材料的光吸收系数比金属大得多,且体内自由电子少,在体内运动过程中电子碰撞机会少,散射能量损失小,因而有较高的量子效率。半导体光电阴极材料分为经典光电阴极材料($E_A>0$)和负电子亲和势材料($E_A<0$)。后者量子效率高,且光发射

波长可延伸至近红外波段。

光电阴极的材料多为以逸出功低的碱金属为主的半导体化合物，到目前为止，实用的光电阴极基本上有单碱和多碱锑化物光电阴极、银氧铯和铋银氧铯光电阴极、Cs-I 和 Cs-Te 光电阴极等。

(1)单碱和多碱锑化物光电阴极

锑铯(Cs_3Sb)光电阴极是最常用也是最重要的光电阴极。它的量子效率高，光谱范围从紫外到可见光，在蓝光区峰值量子效率 η 高达 30%。但是，锑铯光电阴极的光谱响应区狭窄，对红光和红外光不灵敏。

两种或三种碱金属与锑化合形成多碱锑化物光电阴极。如高温用低暗电流 Na_2KSb 光电阴极，一般光电阴极面的保证温度是 50℃，而它因为可以耐 175℃ 的高温，所以多数被使用在石油勘探等高温作业场合。另外，因其在常温下暗电流非常小，对微弱光探测是有利的，所以也可用于光子计数和必须使用低噪声测量的场合。

含微量铯的 Na_2KSb:Cs 光电阴极的电子亲和势由 1.0eV 左右降到 0.55eV 左右，具有从紫外到 850nm 的宽光谱范围，被广泛地用于分光光度计等。此外，还有延伸到 900nm 的红外延伸型，多用于氮氧化合物的化学发光探测等。含铯的光电阴极材料通常使用温度不超过 60℃，否则铯被蒸发，光谱灵敏度显著降低，甚至被破坏而无光谱灵敏度。

(2)银氧铯和铋银氧铯光电阴极

银氧铯(Ag-O-Cs)光电阴极具有很宽的光谱范围，从可见光到近红外区(300～1200nm)，它有两个峰值，分别为 350nm 和 800nm。银氧铯是在红外波段唯一有用的经典光电发射材料，阈波长达 1.2μm，但量子效率低，暗电流大。

铋银氧铯光电阴极可以用各种方法制成。在各种制作方法中，4 种元素结合的次序可以有各种不同方式，如 Bi-Ag-O-Cs、Bi-O-Ag-Cs、Ag-Bi-O-Cs 等。铋银氧铯光电阴极的量子效率仅为锑铯阴极的一半，暗电流大小介于锑铯和银氧铯之间。

(3)Cs-I 和 Cs-Te 光电阴极

由于碘化铯(Cs-I)对太阳光不灵敏，所以称为“日盲”，是真空紫外区专用材料。入射光窗材料为 MgF_2 或合成石英时，波长范围是 115～200nm。Cs-I 光电阴极即使在波长为 115nm 的短波处也有高的灵敏度。碲化铯(Cs-Te)对于 300nm 以上的波长，灵敏度急剧下降，和 Cs-I 同样被称为“日盲”，可做成对可见光灵敏度特别低的管型。

3. 电子光学输入系统

电子光学输入系统(electro-optical input system)由光电阴极和第一倍增极之间的电极结构(聚焦极、加速极)以及所加的电压构成。电子光学输入系统的设计任务是要保证光电阴极发射的光电子尽可能多地聚焦在第一倍增极上，而将其他部分的散射热电子散射掉，提高信噪比。在快速光电倍增管中，阴极面上各处发射的光电子在电子光学系统中的渡越时间要尽可能相等，这一参数通常用渡越时间分散表示，即把电子光学系统设计为球形，光电子渡越时间分散最小。

4. 二次电子倍增系统

二次电子倍增系统(secondary electron multiplier system)是光电倍增管最复杂的部分。它由若干倍增极组成，工作时各电极依次加上递增的电位。从光电阴极发射的光电子，经过电子光学系统聚焦后入射到第一倍增极上，产生一定数量的二次电子，这些二次电子在电场作用下入射到下一个倍增极，二次电子又得到倍增，如此不断进行，一直到被放大的电子流为阳极收集。

金属、半导体和介质的表面在受到电子束撞击之后都能引起二次电子发射。二次电子发射大小与倍增极材料的性质、倍增极的表面状态、倍增极的工作温度、倍增极的制作过程和处理方法以及一次电子的性质有关。倍增极结构不同也会使时间性能、线性电流、均匀性、二次电子收集效率等不同。通常二次电子倍增系统可分两大类：分离式倍增系统和连续式倍增系统。下面着重介绍倍增极结构及倍增极材料。

(1)倍增极结构

①环形聚焦型

环形聚焦(circular-cage，CC)型结构有两种：一种[见图 5-5(a)]适用于侧窗管；另一种[见图 5-5(b)]适用于端窗管。侧窗环形聚焦结构紧凑，体积小，时间响应快。端窗环形聚焦结构具有高的电子收集效率，这在闪烁计数应用中是很有利的。侧窗环形聚焦的管子主要用于分光光度测量。

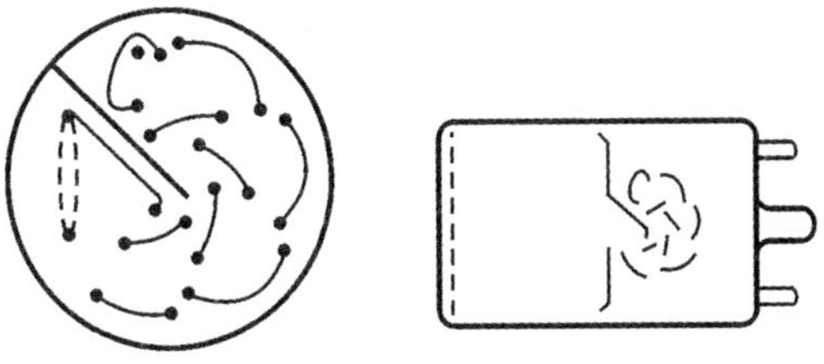

(a)　　(b)

图 5-5　环形聚焦型光电倍增管的两种结构

②盒栅型

盒栅(box-and-grid，BG)型倍增极是由 1/4 圆筒形的盒子加有栅网排列在一起组成的。它具有电子收集效率高、均匀性好的特点，大多数端窗型光电倍增管均采用这种电极结构。

③直线聚焦型

在直线聚焦(linear-focused，LF)型结构中，对于电极形状和相对位置的设计采用补偿设计的方法，使得电极表面不同点发射的电子几乎具有相等的渡越时间，如图 5-6 所示，从倍增极 1 上不同点例如 A_1、B_1、C_1、D_1 发射电子到达 2 时的轨迹是不等长的(A_1A_2 最长，D_1D_2 最短)，但是从 2 上这些对应点 A_2、B_2、C_2、D_2 进一步发射的电子，到达 3 正好相反(A_2A_3 最短，D_2D_3 最长)。这种较长和较短的轨迹交替的结果，使得总的渡越时间差减小。

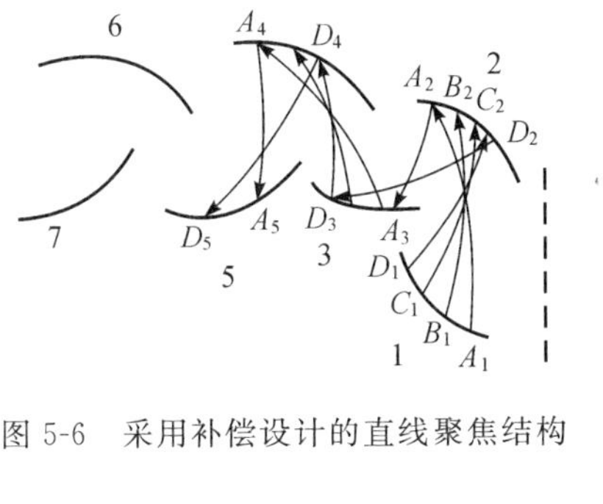

图 5-6　采用补偿设计的直线聚焦结构

④百叶窗型

百叶窗(venetian blind,VB)型倍增极的工作表面是由许多按一定角度倾斜、相互平行、连接起的金属长条构成的,形状像百叶窗片。为了减小前一级对后一级的影响,通常在倍增极前焊上一个辅助栅网,将发射面屏蔽起来。百叶窗型倍增极的优点是:倍增极面积大,易做成大面积的光电倍增管;按不同要求,倍增极级数可以很方便地任意改变,获得不同的增益;输出电流大,稳定性好以及受外界磁场影响小。它的缺点是收集效率稍低,时间性能较差。

(2)倍增极材料(二次电子发射体)

虽然很多金属材料以及几乎所有半导体和介质的二次电子发射系数都大于1,但是要作为实用的倍增极材料还必须满足下列要求:①足够大的二次电子发射系数;②热发射小,使光电倍增管极限灵敏度高;③工作稳定性好,对高温光电倍增管还要求其倍增极的高温性能好;④材料制取容易,二次电子发射系数均匀性好。

根据这些要求,目前常用的倍增极材料主要有锑碱化合物(如Sb-Cs、Sb-K-Cs、Na_2KSb:Cs和Rb-Cs-Sb等)、Ⅲ-Ⅳ化合物磷化镓(GaP:Cs)、磷砷化镓(GaAsP)及合金材料(Ag-Mg、Cu-Be等)。虽然锑碱化合物用作二次发射体是成功的,但是制作光电阴极和倍增极的工艺条件不可能相同,因而对阴极合适的化学成分的组成,未必就完全适合二次发射体。

多碱化合物(S-20)的典型化学组成是Na_2KSb:Cs。这种化合物的二次电子发射系数很大。但是在光电倍增管制造过程中,要使每个倍增极上的发射体表面同时具有严格的化学组分是比较困难的,所以工艺要严格控制。双碱化合物(K_2CsSb)也有很高的二次电子发射系数。当一次电子能量为600eV时,经过表面氧化的双碱化合物,其二次电子发射系数可达20以上。目前,有许多型号的光电倍增管的阴极和倍增极都采用这种化合物。

对于锑碱化合物(如Cs_3Sb二次电子发射体),其二次电子发射系数δ与极间电压U_{DD}的关系式为

$$\delta=0.2U_{DD}^{0.7} \tag{5.1}$$

锑碱化合物存在一些缺点:必须在较高的真空中生成和保存,一旦暴露在空气中,锑碱化合物立即遭到破坏;当工作或存放温度太高(如100℃以上)时,会出现分解现象;当电流密度超过100mA/cm^{2}时,稳定性会变差。因此,在某些情况下,人们只能采用二次电子发射系数小于锑碱化合物的合金材料(如Mg-Ag、Cu-Be)。合金材料在未经铯敏化时,其发射层在空气中是比较稳定的,在大电流轰击下,合金表面比锑碱化合物表面也有更好的稳定性,因此较大脉冲电流的快速光电倍增管往往都采用合金倍增极。铜铍合金和银镁合金的二次电子发射特性相近,但前者比后者价廉且易于获得。目前银镁合金已用得很少了。合金的二次电子发射系数δ与极间电压的关系式为

$$\delta=U_{DD}/40 \tag{5.2}$$

5. 阳极

阳极(anode)是最后收集电子,并给出输出电信号的电极。它与末级倍增极之间应该有最小的极间电容,允许有较大的电流密度。一般阳极有三种形式:板状、栅网状、窄缝式(棒状)。最简单又最常用的是栅网状阳极。

历史上第 1 支光电倍增管

1934 年，美国 RCA 的艾姆斯(H. E. Iams)和莎尔斯伯克(B. Salzberg)研制了一支增益 8 倍的单级光电倍增管。1936 年，苏联的库别茨基(Л. А. Кубецикий)研制了一支多级光电倍增管，增益为 1000 倍；同年，RCA 的兹沃里金(V. Zworykin)等宣布研制了一支电磁聚焦的多级光电倍增管。1939 年，兹沃里金和拉克曼(J. A. Rajchman)研制了一支环行静电聚焦的多级光电倍增管——RCA931 型光电倍增管，这是一个侧窗管，成为世界上第一种投入商品生产的光电倍增管。

5.2.2 微通道板 PMT

发展于 20 世纪 60 年代的新型电子倍增器件——微通道板(microchannel plate, MCP)是一种重要的二维电子图像倍增极，它是利用固体材料在电子撞击下能够发射出更多电子的特性来实现电流倍增，因而具有增益高、噪声低、分辨率高、频带宽、功耗低、体积小、重量轻、寿命长以及产生自饱和效应等优点。

因此，如果用微通道板代替一般光电倍增管中的电子倍增器，就可构成微通道板光电倍增管(即 MCP 光电倍增管)。这种光电倍增管的尺寸大为缩小，不仅电子渡越时间很短，阳极电流的上升时间几乎降低了一个数量级，还有可能响应更窄的脉冲或更高的频率辐射，因而能够代替一般光电倍增管用于需要高性能的场合。所以，加有微通道板的光电倍增管被广泛应用在显像管、像增强器、摄像管、高速示波器及紫外探测器等领域。

1. 微通道板的结构和工作原理

微通道板是由成千上万根直径为 10～30μm、长度为 0.5～1.5mm 的微通道排列而成的二维阵列，即微小单通道玻璃管(电子倍增器)彼此平行地集成为片状盘形薄板，如图 5-7 所示。

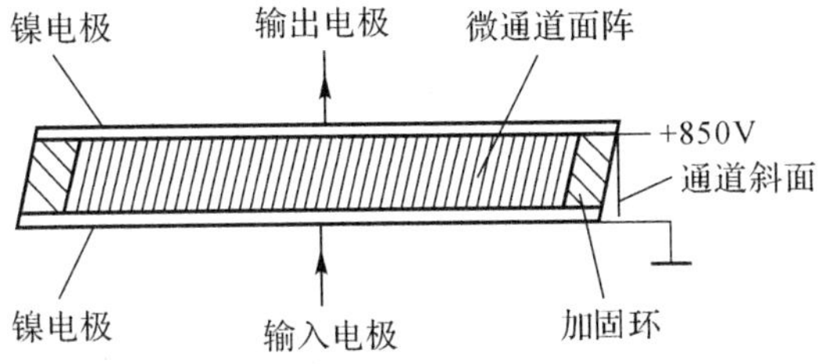

图 5-7 微通道板的纵向剖面

由图 5-7 可知，每个单通道电子倍增器实际上是一块通道内壁具有良好二次发射性能和一定导电性能的微细空心通道玻璃纤维面板，这些微通道的长度与孔径之比的典型值为 50。在微通道板的两个端面镀有 Ni 层，形成输入电极和输出电极。在微通道板的外缘带有加固环，微通道通常不垂直于端面，而具有 7°～15°的斜角。通常，一块微通道板包含数百万根微通道管，也可以说是数百万像素，因而可以使图像的亮度增加几千乃至上万倍。

一般，微通道板由含有铅、铋等重金属的硅酸盐玻璃拉伸成直径较小的玻璃纤维棒，再经烧结切成圆片而制成。微通道的内壁具有半导体的电阻率(10^9～10^{11} Ω · cm)和良好的二次电子发射系数。这样，当两电极间加上电压时，管道内壁有数量级为微安的电流流过，使管内沿轴向建立起一个均匀的加速电场。当光电子以一定角度从管子一端射入时，射入通道的电子及由其碰撞管壁释放出的二次电子，在这个纵向电场和垂直于管壁的出射角的共同作用下，将沿着管轴曲折前进，碰撞出以几何级数增加的电子，如图 5-8 所示。

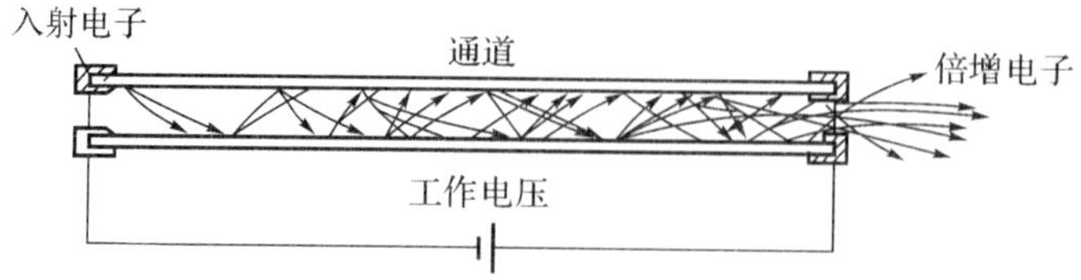

图 5-8 微通道板倍增过程

实际上，每一次曲折就产生一次倍增。而在前后两次碰撞之间，电子又获得 100～200V 电压的加速，电子在细长的管内径中经多次曲折可获得 10^7～10^8 的增益，超过一般光电倍增管的水平。显然，这种通道电子倍增器的电子增益与管壁内的电子发射材料有关，与通道的长径比有关，与通道所加电压有关，但与通道的大小无关。因此，它可以做得极小，如果将其并列起来组成阵列，就可以用来传递显示图像了。

2. MCP 光电倍增管

微通道板光电倍增管就是将光电阴极、微通道板(MCP)和荧光屏做在一起，从而产生对微弱图像信号的放大作用。这种器件用输入窗口内表面的半透明光电阴极，把微弱光信号(或二维光图像)转换成光电子(或二维电子图像)发射出来，再经过电子透镜或均匀电场将其传送到微通道板的输入端。电子图像在输入端面，被几百万个微通道分割成几百万个"像素"，而在各个通道内进行彼此独立的传输放大，因此图像的空间分布没有改变，于是在微通道的输出端就得到了被增强的电子图像。这个被增强的电子图像，再被均匀加速电场加速后，入射到荧光屏上，因而在屏上就会显示出清晰明亮的电子图像。

微通道板光电倍增管具有比一般光电倍增管更高的灵敏度，且比任何分离电极的倍增极结构具有更快的时间响应。它的阳极灵敏度比通常的光电倍增管高一个数量级，可达到 10^7 A/W，又可使暗电流降低两个数量级。当采用多阳极输出结构时，它在磁场中仍具有良好的一致性和二维探测能力。

5.2.3 位置探测型 PMT

MCP 的响应速度很快，但具有受到动态范围(线性)、最大计数率限制的缺点。现在为弥补这种缺点的宽动态范围、高增益、空间分辨率高的倍增管已经开发出来了。栅网型和细网型倍增极的产品已经商品化，用于位置探测型光电倍增管上。下面以栅网型位置探测型光电倍增管为例说明位置探测型 PMT 工作原理。

1. 构造

图 5-9 是栅网型位置探测型光电倍增管的电极构造及电子轨迹。和通常的光电倍增管不同的是，电子倍增器用栅网型倍增极做成，且有二次电子发射功能的细微构造，所以，各级间二次电子的飞行空间很小。

由光电面发射的光电子在倍增极间倍增(整个增益在 10^5 以上)再由末级倍增极(反射型)反射出来的二次电子用二层交叉的丝型阳极(十字丝网型阳极)读取。另外，为使光电面和第一倍增极间光电子扩展减小，栅网型倍增极做成近贴型构造。

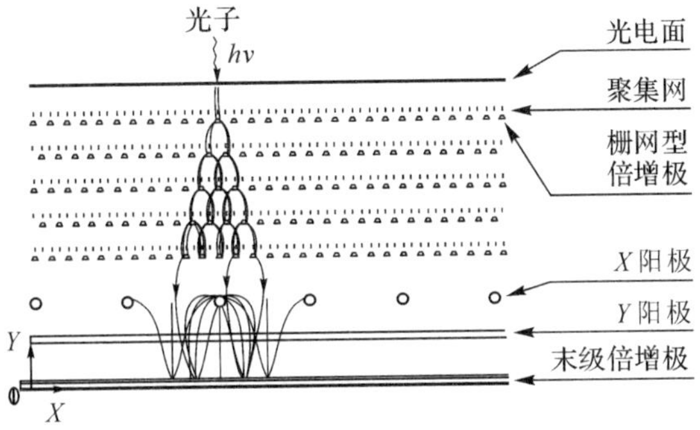

图 5-9　栅网型位置探测型光电倍增管的电极构造及电子轨迹

2. 位置探测原理

这种光电倍增管的读取一般用十字丝网型阳极的重心计测方法，如图 5-10 所示。从末级倍增极发射的电子群打到 X,Y 两个方向的丝型阳极上，沿 X_1、X_2、Y_1、Y_2 方向分流。阳极用电阻回路连接起来，以便电子到达十字丝网型阳极相应位置分流。在这里通过加算(SUM)和除算(DIV)回路，可求出相应的 X,Y 方向的重心位置，其公式为

$$X=X_2/(X_1+X_2) \tag{5.3}$$
$$Y=Y_2/(Y_1+Y_2)$$

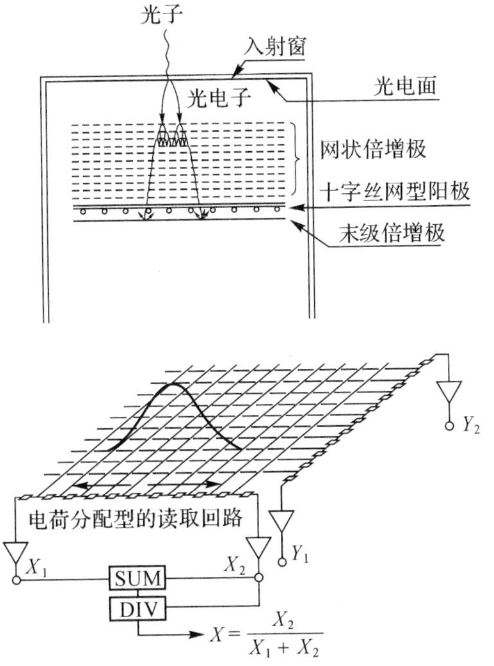

图 5-10　十字丝网型位置控测型光电倍增管重心计测方法

回路用如图 5-11 所示的方法，把从十字丝网型阳极输出的电流放大，经模/数(A/D)转换后，在计算机内进行数字运算，求出重心。

5.2.4　PMT 性能参数与特性

一方面，光电倍增管的工作过程是一个包括光电转换、电子倍增和信号输出在内的复

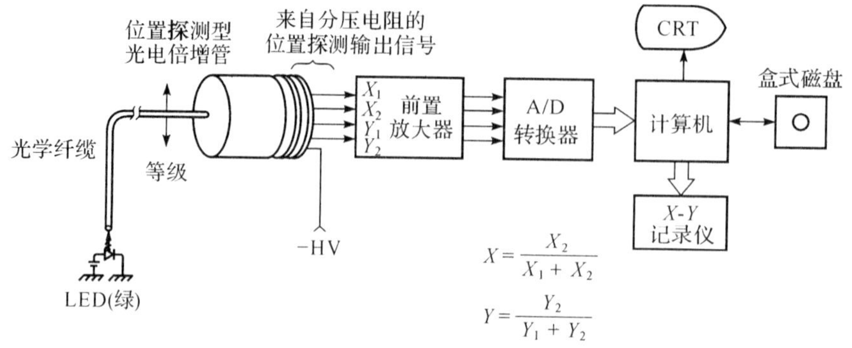

图 5-11 位置探测原理

杂物理过程，需要用多种参数表征其工作的特性；另一方面，光电倍增管品种繁多，应用广泛，需要用许多参数来表征其品种和使用要求。例如：为了鉴别光电倍增管的弱光探测能力，常常用暗电流和信噪比作为挑选管子的主要参数；在直流法测光时，又常常用暗电流等效输入表征管子的灵敏阈；在光子计数测光应用中，单光子谱和噪声谱是关键特性；在各类能谱仪中，幅度分辨率、等效噪声能当量更具有实际意义；在低本底液闪烁计数中，符合本底计数引起人们的关注。这些参数之间本质上有一定的对应关系，例如，$^{137}Cs+NaI(Tl)$组合件的能量分辨率就与光电倍增管的蓝光灵敏度有一定关系，但有些则互不相关。总之，由于我们不能用一类参数来表征几种不同的物理过程，也不能用一种参数来表征诸方面的使用要求，因此，适当将光电倍增管的参数进行分类是必要的，也是有益的。

习惯上，光电倍增管的参数和特性可分为三类：基本参数、应用参数和特性，以及运行特性(有时候，人们根据光电倍增管测试时的状态不同，将其参数分为直流参数、脉冲参数和特性及例行特性)。基本参数是光电倍增管质量最本质的反映，它们常常与管子的工作机理、结构特征、材料性质和制造工艺等紧密相关，如阴极光照灵敏度、辐射灵敏度、量子效率、阳极灵敏度、电流放大倍数(增益)、暗电流以及光谱响应等。应用参数和特性与光电倍增管的应用方法和探测对象有关。它通常反映某种应用的特殊要求，如：闪烁计数中的脉冲幅度分辨率、噪声能当量和计数坪特性；光子计数中的暗噪声计数、单电子分辨率和峰谷比等。运行特性与光电倍增管的工作条件、工作环境有关，它通常表征光电倍增管所能承受的外部条件的限制和管子本身的使用极限，如温度特性、稳定性、最大线性电流、抗磁干扰特性和抗冲击振动特性等。下面对光电倍增管的基本参数特性及其应用中比较重要的一些参数进行简要的介绍。

1. *灵敏度*

灵敏度是衡量光电倍增管的重要参数。它反映光电阴极材料对入射光的敏感程度和倍增极的倍增特性。光电倍增管的灵敏度通常分为阴极灵敏度和阳极灵敏度。

(1)阴极灵敏度：光电倍增管阴极电流 I_k 与入射光谱辐射通量 $\Phi_{e,\lambda}$之比，记为 $S_{k,\lambda}$，用公式表达为

$$S_{k,\lambda}=\frac{I_k}{\Phi_{e,\lambda}} \tag{5.4}$$

若入射辐射为白光，则定义阴极电流 I_k 与所有入射辐射波长的光谱辐射通量积分之比为阴极积分灵敏度，并记为 S_k，用公式表达为

$$S_k = \frac{I_k}{\int_0^{\infty} \Phi_{e,\lambda} d\lambda} \tag{5.5}$$

其单位为 $\mu A/W$，当用光度单位描述光度量时，单位为 $\mu A/lm$。

阴极光照灵敏度是用色温为 2856K 的钨丝灯泡的入射光束，从光电面发射的光电子流（阴极电流）的大小来表示的。其测试如图 5-12 所示，将各倍增极连在一起，加同电位，当作二极管测试。测试用的入射光通量为 $10^{-5} \sim 10^{-2}$ lm。如入射光量过大，光电面的面电阻会引起误差，所以要由光电面的大小和其材料来决定入射光的最佳值。

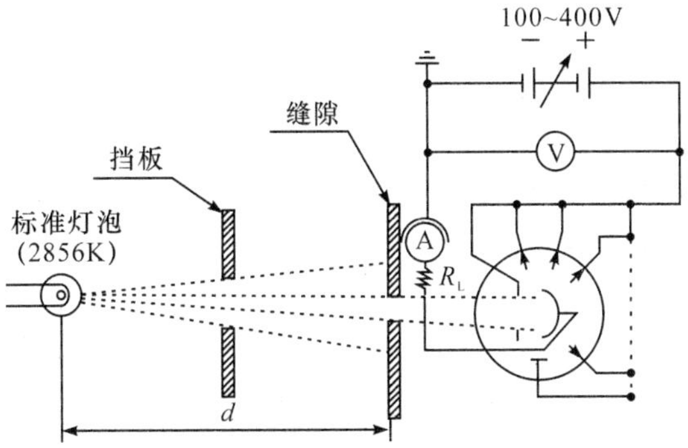

图 5-12　阴极光照灵敏度测试系统

(2) 阳极灵敏度：光电倍增管阳极电流 I_a 与入射光谱辐射通量 $\Phi_{e,\lambda}$ 之比，记为 $S_{a,\lambda}$，用公式表达为

$$S_{a,\lambda} = \frac{I_a}{\Phi_{e,\lambda}} \tag{5.6}$$

若入射辐射为白光，则定义阳极电流 I_a 与所有入射辐射波长的光谱辐射通量积分之比为阳极积分灵敏度，并记为 S_a，用公式表达为

$$S_a = \frac{I_a}{\int_0^{\infty} \Phi_{e,\lambda} d\lambda} \tag{5.7}$$

其单位为 A/W，当用光度单位描述光度量时，单位为 A/lm。

2. 量子效率

光照灵敏度一般可用来比较同一类型的光电阴极灵敏度。但对于不同光谱响应的光电阴极，此数据就不能提供有效的比较，就管子性能而言，在特定的峰值波长下的量子效率能给出更有用的指示。

量子效率定义为单色辐射作用于光电阴极时，光电阴极单位时间发射出去的光电子数 $N_{e,\lambda}$ 与入射光子数 $N_{p,\lambda}$ 之比，记为 η_λ，用公式表达为

$$\eta_\lambda = \frac{N_{e,\lambda}}{N_{p,\lambda}} \tag{5.8}$$

量子效率也可以从该波长的阴极辐射灵敏度 $S_{k,\lambda}$ 求出，即

$$\eta_\lambda = \frac{hc}{\lambda q} S_{k,\lambda} = \frac{124}{\lambda} S_{k,\lambda} \times 100\% \tag{5.9}$$

其中，h 是普朗克常数；λ 是入射光波长(nm)；c 是光速；q 是电子电荷量。

辐射灵敏度、量子效率的测试方法是用精密校正过的标准光电管或半导体器件作为二级标准。首先用标准光电管或半导体器件测试待测波长的入射光辐射通量 $\Phi_{e,\lambda}$(W),然后把要求测试辐射灵敏度的光电倍增管固定好,测出光电流 $I_{k,\lambda}$。辐射灵敏度 $S_{k,\lambda}$的公式为

$$S_{k,\lambda}=\frac{I_{k,\lambda}}{\Phi_{e,\lambda}} \tag{5.10}$$

例如测得 R1450 在 420nm 波长下的辐射灵敏度 $S_{k,\lambda}=88\text{mA/W}$,可以得出

$$\eta_\lambda=\frac{124}{420}\times 88\times 100\%\approx 26\%$$

3. 光谱响应

光电阴极的光电发射是选择性的光电效应,长波响应截止波长由光电阴极材料的性质决定,而短波阈主要决定于窗材料,不同的窗材料和光电发射层有不同的光谱响应曲线,如图 5-13 所示就是同一类型的管子,其光谱响应曲线也因制造工艺不同而在极大范围内变化。

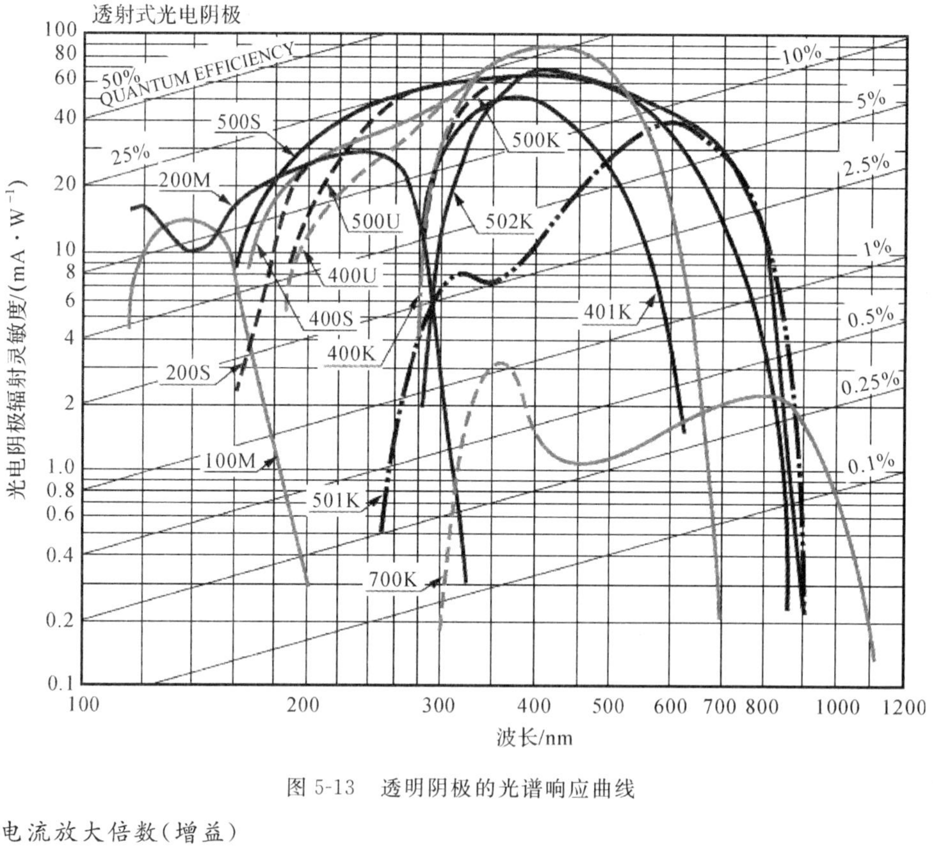

图 5-13 透明阴极的光谱响应曲线

4. 电流放大倍数(增益)

电流放大倍数(增益)表征了光电倍增管的内增益特性,它不但与倍增极材料的二次电子发射系数 δ 有关,而且与光电倍增管的级数 N 有关。理想光电倍增管的增益 G 与二次电子发射系数 δ 的关系为

$$G=\delta^N \tag{5.11}$$

光电阴极发射出的电子被第一倍增极所收集,其收集系数为 η_1,且每个倍增极都存在收集系数 η_i,因此,增益 G 应修正为

$$G=\eta_1(\eta_i\delta)^N \tag{5.12}$$

对于非聚焦型光电倍增管，其 η_1 近似为 90%，η_i 要高于 η_1，但小于 1；对于聚焦型的，尤其是在阴极与第一倍增极之间具有电子限束电极 F 的倍增管，其 $\eta_i \approx \eta_1 \approx 1$。

倍增管的二次电子发射系数可以用经验公式进行计算。

对于锑化铯(Cs_3Sb)倍增极材料有经验公式

$$\delta=0.2U_{DD}^{0.7} \tag{5.13}$$

对于氧化的银镁合金(AgMgO[Cs])倍增极材料有经验公式

$$\delta=0.025U_{DD} \tag{5.14}$$

其中，U_{DD} 为倍增极的极间电压。

显然，采用上述两种倍增极材料的光电倍增管的电流增益 G 与极间电压 U_{DD} 的关系式可以得到。

对于锑化铯倍增极材料有

$$G=0.2^N U_{DD}^{0.7N} \tag{5.15}$$

对于氧化的银镁合金倍增极材料有

$$G=0.025^N U_{DD}^N \tag{5.16}$$

当然，光电倍增管在电源确定后，电流放大倍数可以从定义出发，通过测量阳极电流 I_a 与阴极电流 I_k 确定，即

$$G=\frac{I_a}{I_k}=\frac{S_a}{S_k} \tag{5.17}$$

式(5.17)给出了增益与灵敏度之间的关系。

5. 暗电流

光电倍增管无光照射时(严格说来是完全隔离辐射时)所产生的电流称为暗电流。如图5-14所示，暗电流随工作电压的关系可分为三个部分：a 区(低压区)主要是漏电流；b 区(中压区)主要是热电子发射；c 区(高压区)主要是场致发射，玻璃及电极支撑材料的发光。

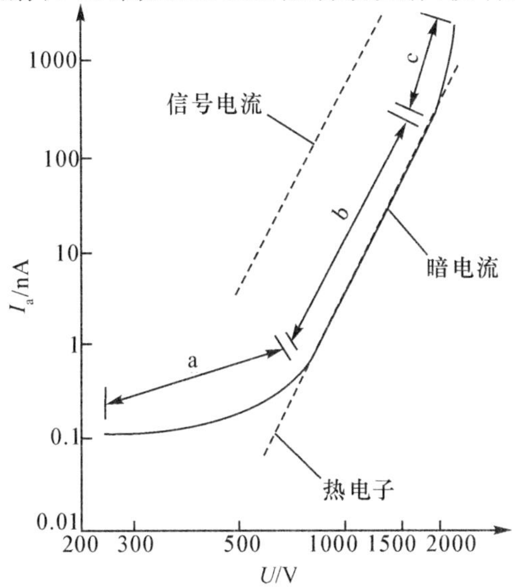

图 5-14 暗电流与工作电压的关系曲线

一般来说，暗电流的产生有如下几个原因：

(1)欧姆漏电

欧姆漏电主要是指管内漏电和管外漏电。管壁玻璃表面(包括芯柱)管座、管基上的电阻漏电即“管外漏电”。而管子在制造过程中还有一些碱金属蒸气附凝在绝缘支架上，形成“管内漏电”。欧姆漏电通常比较稳定，因而它对暗电流噪声的贡献是小的。管子在低电压工作时欧姆漏电为暗电流产生的主要原因。

(2)热电子发射

由于光电阴极和倍增极的材料具有较低的逸出功，即使在室温下也有一定的热电子发射，与阴极光电子一样被倍增。在管子正常工作的条件下，阴极的热电子发射电流是暗电流的主要成分。这种热电子发射电流对非常弱的光信号探测显得极为重要。热电子发射电流密度 J 可由理查森(Richardson)公式表示为

$$J = A^{*}T^{2}\exp\left(\frac{-q\Phi_{Bn}}{kT}\right) \tag{5.18}$$

其中，Φ_{Bn} 为功函数；T 为绝对温度；q 为电子电荷量；A^{*} 为有效理查逊常数；k 为玻耳兹曼常数。热发射电子和光电子一样经过倍增系统倍增。因为增益通常随电压增加而指数增加，热电子发射电流也随电压增加而指数增加，或者说，热电子发射电流的对数值正比于工作电压。

一个在线性区工作的管子，根据阳极暗电流和灵敏度，可以推算出阴极的热电子发射电流。阴极的热电子发射电流可近似等于阳极暗电流除以增益，即阳极暗电流和阴极灵敏度乘积与阳极灵敏度之比。如果知道阴极有效面积，则可进一步推算出单位面积、单位时间内的热发射的电子数。目前，好的双碱阴极在室温下的热电子发射电流密度可以达到几个电子/(cm^2 · s)。光电倍增管阳极暗电流与温度的关系曲线如图 5-15 所示。

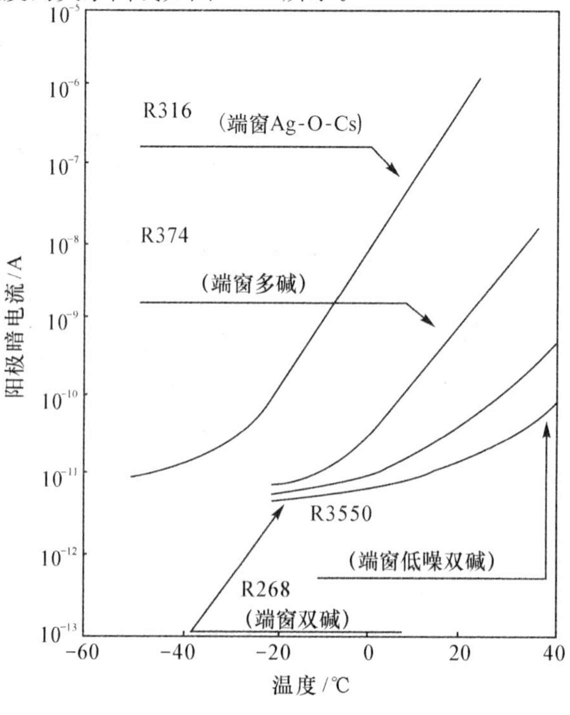

图 5-15　光电倍增管阳极暗电流与温度的关系曲线

冷却光电倍增管是减小热电子发射效应的有效方法，如锑铯阴极的管子从室温25℃冷却到0℃时，能使暗电流的热发射成分减到1/10。除Ag-O-Cs以外的常用阴极，其暗电流的热发射成分在冷却到−20℃时实际上已消除，再往下冷却，已没有显著效果。

另外，在不需要大面积阴极的情况下，采用“磁散焦技术”控制管子有效面积，对减小热发射造成的暗电流是有效的。

(3)残余气体电离(离子反馈)

光电倍增管的电子通常具有足够的能量使管中残余气体电离，产生正离子和光子，这些正离子和光子又在阴极和倍增极上打出电子，经过倍增形成了附加的暗电流。这种效应在工作电压很高和放大倍数很大时表现特别强，使管子工作不稳定。在闪烁计数中，所谓后脉冲的“乱真”脉冲，主要是由这种效应引起的。现在的光电倍增管在结构设计时，已经采取优化措施，使后脉冲减到最小。

(4)场致发射

光电倍增管在高电压(接近极限工作电压)下工作时，由电极的尖端和棱角，以及机械加工不当造成零件的边缘粗糙、毛刺等引起的电子发射称为场致发射，它也产生附加暗电流，建议光电倍增管工作电压比极限工作电压低20%～30%。

(5)玻璃发光

当电子脱离预定轨道飞出，打在玻璃壳时会产生辉光(玻璃荧光)并导致暗电流增加。当金属屏蔽与玻璃壳接触时(负高压使用)，金属屏蔽与管壳表面之间会产生放电，引起暗电流增加和工作不稳定。可以使用正高压，或者采用滨松公司在光电倍增管玻壳上涂敷导电层并与阴极同电位的所谓“HA”涂层的方法加以解决。

(6)切伦科夫光子

光电倍增管的窗材料可能含有少量钾(也有少量的镭和钍)，它衰变时产生β粒子；另外宇宙射线中的μ介子穿过窗时，产生切伦科夫光子，从而引起暗电流。暗脉冲的大幅度闪烁脉冲就是由这个效应引起的。虽然用石英窗的管子可以大大克服这个效应，但是由于外来宇宙射线和辐射的影响，这个效应仍然不能完全消除。

6. 时间特性

由于电子在倍增过程的统计性质以及电子的初速效应和轨道效应，从阴极同时发射的电子到达阳极的时间是不同的。因此，当输入信号为δ函数的光脉冲时，阳极电流脉冲是展宽的。一般采用脉冲上升时间、脉冲响应宽度、渡越时间和渡越时间分散(transit time spread，TTS)等参数表示光电倍增管的时间特性。

脉冲上升时间是当管子由非常短的闪光(函数光源)照射时，从输出脉冲前沿峰值的10%上升到90%所需的时间(见图5-16)。上升时间测试原理如图5-17所示。

渡越时间定义为δ函数的限定幅值辐射脉冲到达光电阴极和阳极输出脉冲达到稳定值的时间间隔(见图5-16)。δ函数的辐射脉冲是一个具有有限积分通量而宽度无限窄的脉冲，换句话说，是一个与所研究的时间间隔或响应对应相比宽度很小的脉冲。

如前所述，渡越时间是从入射光入射到光电阴极起，到输出信号出现为止的时间。渡越时间分散则描述的是单一光电子脉冲的渡越时间的起伏。而渡越时间差(transit

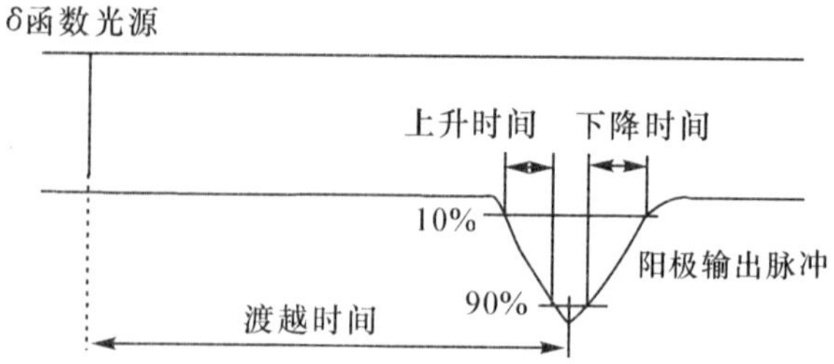

图 5-16 上升、下降、渡越时间

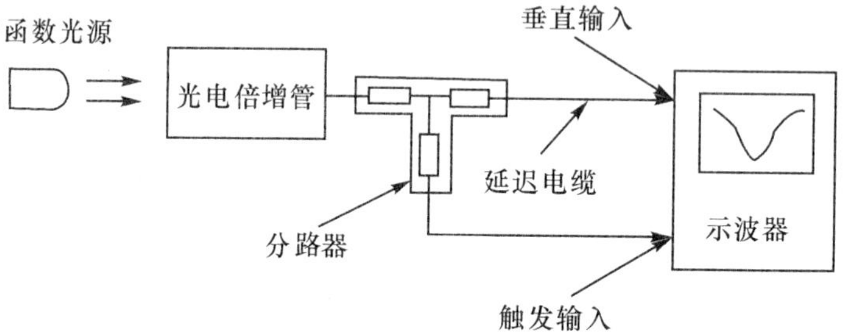

图 5-17 上升时间测试原理

time difference)指的是入射到光电阳极的不同位置时的渡越时间差别，也就是表示的是渡越时间与光电阴极上不同照射位置之间的关系。如果两个辐射脉冲同时轰击，一个在中央，另一个在边缘，光电子到达第一倍增极有一个时间差，从而产生展宽的阳极脉冲或两个分立的脉冲，所以渡越时间差与光电阴极和第一倍增极的结构有关，也与电压有关。

光电倍增管的上升时间、渡越时间的测试需要一个重复的函数光源和一个取样示波器。测量渡越时间分散可采用恒比定时法。因为这个方法在很宽的幅度范围内可以获得较好的定时性能，这时需要一个时幅变换器和恒比定时甄别器。时间特性取决于倍增极结构(见表 5-1)和工作电压(见图 5-18)。通常直线聚焦型和环形聚焦型倍增极结构的光电倍增管比盒栅型和百叶窗型倍增极结构的光电倍增管有较好的时间特性。图 5-19 是实测 R943 光电倍增管输出波形。一般下降时间比上升时间长 2～3 倍。

表 5-1 不同倍增极结构的时间特性

倍增极结构	渡越时间/ns	上升时间/ns	渡越时间分散/ns
百叶窗(VB)型	40～110	8～15	2.2～5.7
盒栅(BG)型	50～80	12～18	4.2～6.4
环形聚焦(CC)型	20～35	1.5～2.5	0.5～1.0
直线聚焦(LF)型	20～55	1.8～2.7	0.5～1.2

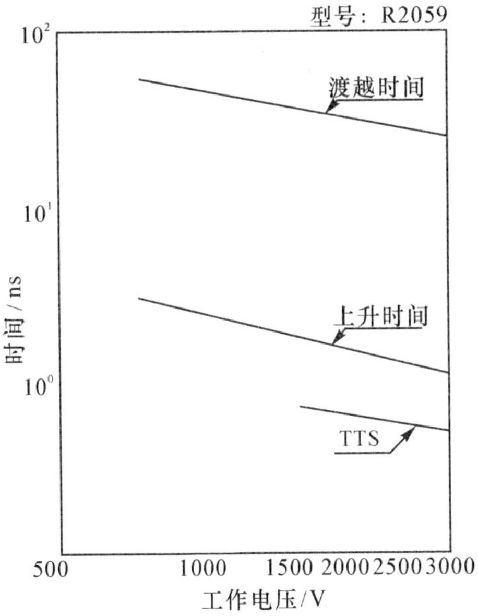

图 5-18　时间特性与工作电压的关系曲线

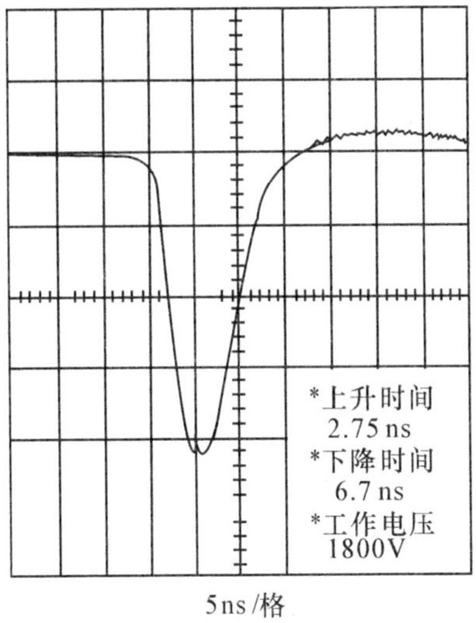

图 5-19　R943 光电倍增管输出波形

7. 线性电流

光电倍增管的线性一般由它的阳极伏安特性表示，它是光电测量系统中一个重要的指标。线性不仅与光电倍增管的内部结构有关，还与供电电路及信号输出电路等因素有关。造成非线性的原因可以分为两类：①内因，即空间电荷、光电阴极的电阻率、聚焦或收集效率等的变化；②外因，光电倍增管输出信号电流在负载电阻上的压降对末级倍增极电压产生负反馈和电压的再分配，都可能破坏输出信号的线性。

空间电荷主要产生在光电倍增管的阳极和最后几级倍增极之间。当阳极电流太大或最后几级倍增极的极间电压不足时，容易出现空间电荷。有时，当阴极和第一倍增极之间的距离过大或电场太弱，在端窗式的光电倍增管的第一级中也容易出现空间电荷。为防止空间电荷引起的非线性，应使这些极间的电压保持较高水平，而让管内的电流密度尽可能小一些。

阴极电阻也会引起非线性，特别是当大面积的端窗式光电倍增管的阴极只有一小部分被光照射时，非照射部分会像串联电阻那样起作用，在阴极表面引起电位差，于是降低了被照射部分和第一倍增极之间的电压，这一负反馈引起的非线性是被照射面积的大小和位置的函数。

光电倍增管中，不同的倍增极结构对入射电子的收集特性差别较大，因此对线性的影响也有较大的差别。

负载电阻和阴极电阻具有十分相似的效应。当光电流通过该电阻时，产生的压降使得阳极电压降低，易引起阳极的空间电荷效应。为防止负载电阻引起的非线性，可采用运算放大器作为电流电压转换器，使得等效的负载电阻降低。

阳极或倍增极输出电流引起电阻链中电压的再分配，从而导致光电倍增管线性的变化。一般当光电流较大时，再分配电压使极间电压（尤其是接近阳极的各级）增加，阳极电压降低，结果使得光电倍增管的增益降低；当阳极光电流进一步增大时，使得阳极和最末级电压接近于零，结果尽管入射光继续增加，而阳极输出电流趋向饱和。因此，为降低该效应，常使阻链中的电流至少大于阳极光电流最大值的10倍。

8. 疲劳与衰老

光电阴极材料和倍增极材料中一般都含有铯金属。当电子束较强时，电子束的碰撞会使倍增极和阴极板温度升高，铯金属蒸发，影响阴极和倍增极的电子发射能力，使灵敏度下降，甚至使得光电倍增管的灵敏度完全丧失。因此，必须限制入射的光通量使光电倍增管的输出电流不得超过极限值。为防止意外情况发生，应对光电倍增管进行过电流保护，阳极电流一旦超过设定值便自动关断供电电源。

在较强辐射作用下倍增管灵敏度下降的现象称为疲劳，这是暂时的现象，待管子避光存放一段时间后灵敏度将会部分或全部恢复过来。当然，过度的疲劳也可能造成永久损坏。

光电倍增管在正常使用的情况下，随着工作时间的积累，灵敏度逐渐下降且不能恢复的现象称为衰老。这是真空器件特有的正常现象。

5.2.5 PMT供电电路设计

为了使光电倍增管能正常工作，需要在光电阴极与阳极之间的聚焦极或加速极及各个倍增极加上适当的电压，如图5-20所示，提供电压的装置一般有分压电路和高压电源。通常分压电路是采用电阻（有时也采用齐纳二极管）分压，下面就着重介绍高压电源的选择及分压器的设计。

1. 高压电源的选择

选择光电倍增管的高压电源一般从如下五个方面考虑：

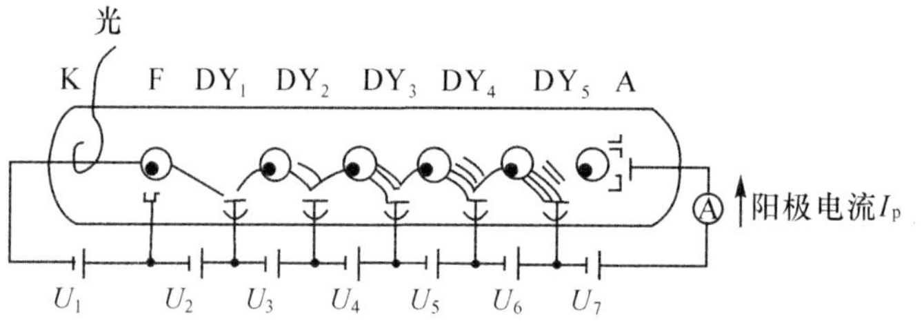

图5-20 光电倍增管工作供电电路

（1）极性

光电倍增管使用的高压可以是正高压（阴极接地），也可以是负高压（阳极接地），电源的极性必须考虑到采用正、负高压电源的优缺点，根据使用场合和要求进行选择。采用负高压电源时，阳极输出可以不接隔直电容（或耐高压的电容）。用直流法测量阳极输出电流，在时间测量中，阳极输出信号可以直接与同轴电缆连接，这样分布参数较小。可是在这种情况下，必须保证作为光屏蔽或电磁屏蔽的金属外壳距玻璃管壳至少10mm，如图5-21所示。否则由于金属筒（一般接地）与管壳的阴极面处在高电位，容易产生放电现象，可能增加阳极的暗电流和RMS噪声，但也可以采用所谓的“HA”涂层的方法，如图5-22所示，在侧壁玻璃外壁涂覆导电层并与阴极同电位。为了安全起见，要在外面加绝缘套（热塑套管）。

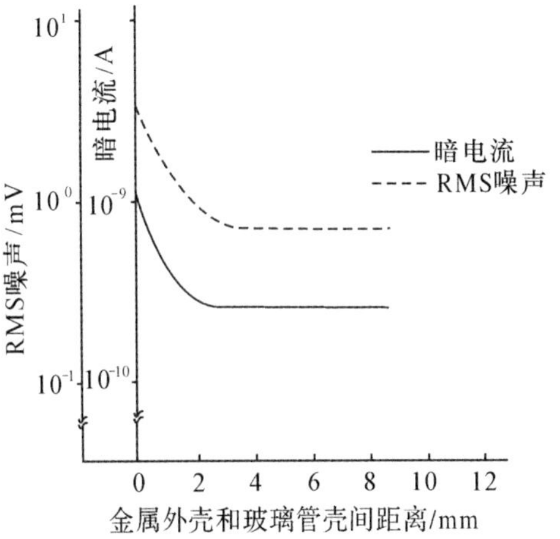

图 5-21　距地电位的距离和暗电流、RMS 噪声的关系

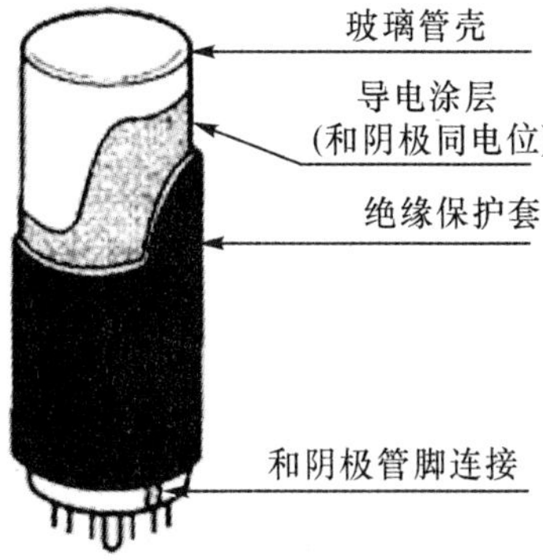

图 5-22　"HA"涂层

虽然在使用负高压时，采用"HA"涂层可以解决金属外壳与玻璃管壳过于靠近引起的暗电流增加问题。但是，在光电面入射窗玻璃上有低电位导电物质的场合，这种方法也不是有效的手段。入射窗的发光对管子影响很大，如果外壳必须接近入射窗，则需使用高绝缘性能的聚四氟乙烯等材料。还有入射窗上有低电位物质时，不仅 RMS 噪声增加，而且光电面的灵敏度下降。所以，光电倍增管的固定方法必须特别注意。为此，如果可能的话推荐使用正高压，使阴极处于低电位。

采用正高压电源就失去了采用负高压电源的优点，这时阳极输出端需接上耐高压、噪声小的隔直电容，它可以获得比较低和稳定的暗电流和 RMS 噪声。当要求倍增极作为信号输出电极时，可采用中间接地法。由此可见，除了对光电倍增管的暗电流和 RMS 噪声有苛刻要求的场合外，一般采用负高压供电。

(2)电压范围

光电倍增管的倍增极的级数较多，一般为 7～13 级。而弱光测量(化学发光、生物发光)要求管子增益较大，光电倍增管工作电压较高；对于时间测量的光电倍增管，其时间性能与管子的工作电压有关，管子所加的工作电压比较高，综合起来高压电源电压范围一般是 500～3000V。当然可根据使用要求进行选择和调整(如光分析仪器高压电源电压范围是 200～1500V；高温光电倍增管高压电源电压范围是 500～2000V；时间测量高压电源电压范围是 500～3000V)。

(3)稳定性

增益 G 是 U_{DD} 的幂函数，所以增益 G 也是总电压 U 的幂函数，对电压变化很敏感。从 G 与倍增管的二次电子发射系数的公式出发，即可求得 G 对 U 的相对变化率，对于采用锑化铯倍增极材料的 PMT 有

$$\frac{dG}{G}=0.7N\frac{dU}{U} \tag{5.19}$$

对于大部分 PMT 而言，N 一般在 10 左右，那么高压电源变化 1%，增益就大约变化 7%～10%。对于一般的应用，高压电源的稳定度要求达到 0.05%～0.1%。

(4)输出电流

一般来说,要求光电倍增管输出线性度达到 10%,分压器的电流至少是光电倍增管阳极输出电流的 10 倍,流过分压器的电流是阳极输出电流的 20～100 倍。所以通常要求高压电源的输出电流为 0.2mA～0.5mA。但对于快速光电倍增管,由于其输出脉冲电流较大,所以要求高压电源的输出电流也较大,一般为 1mA～2mA。

(5)纹波

供给光电倍增管的高压,如果交流纹波太大,纹波电压与有用信号叠加在一起,就会造成光电倍增管输出信号幅度出现误差或输出波形畸变,所以对高压电源的纹波有一定要求。在计数测量时,高压电源的纹波电压可在 100mV 以下;而在能谱测量时,高压电源的纹波电压应不大于 30mV。

2. 分压器的设计

(1)基本原则

合理设计分压器对正确使用光电倍增管是非常重要的,不恰当的分压器会引起管子的分辨率、线性和稳定性降低。分压器的设计应根据对管子的要求(最佳信噪比、高增益、大电流输出等)来考虑。光电倍增管的分压器可细分为三个部分:前级(阴极至第一倍增极)、中间级、末级,如图 5-23 所示。下面就对光电倍增管分压器的设计原则及典型的分压器电路进行扼要介绍。

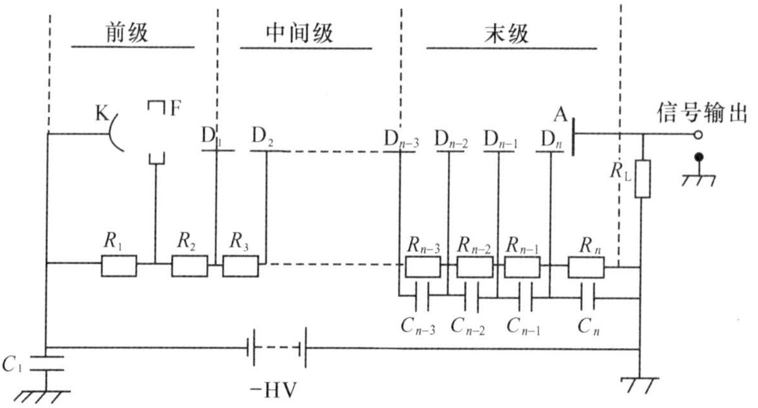

K—光电阴极;F—聚焦极;D_1,D_2,…,D_n—倍增极;A—阳极。

图 5-23 分压器基本电路

①前级(阴极至第一倍增极):前级电压的分配是由电子收集效率、第一倍增极二次电子发射系数、时间特性和信噪比决定的。

②中间级:中间级倍增极的电压可根据增益的需要来选择。中间级倍增极一般采用均匀分压器。在某些场合,人们希望降低管子的增益而不改变总电压,简单的方法是调节中间级倍增极之间的电位(在一定范围内适用)。

③末级:末级倍增极分压器由输出线性决定。末级倍增极应具有较高的电场,避免空间电荷效应。在直流工作时,为了取得最大输出线性,在末级和阳极之间以及必要的,在相应的前后 1～2 级之间加入齐纳二极管,即将 R_1、R_2 用齐纳二极管取代,R_{n-1} 和 R_n 也可用齐纳二极管取代,以提升输出线性。同时要求高的直流输出时,在末级倍增极($D_{n-2}\rightarrow D_n$)

几级的电阻用独立电源来代替，为了使分压器电流足够大，齐纳二极管并联上独立且线性好的瓷介电容也是好的办法。在脉冲工作时，为了避免在最后几个倍增极上由于信号脉冲电流过大而影响倍增极的极间电位分布，需在最后若干个倍增极上接去耦电容（储能电容）。去耦电容的接法，多采用如图 5-23 所示的串联法。但也有并联法，即将 $C_{n-3}\rightarrow C_n$ 去耦电容接在高压源与 $D_{n-3}\rightarrow D_n$ 之间。采用并联法必须用耐高压电容器，所以一般都采用串联法。

(2)器件的选择

①电阻链分压型供电电路

典型光电倍增管的电阻分压型供电电路如图 5-24 所示。电路由 11 个电阻构成电阻链分压器，分别向 10 级倍增极提供电压。

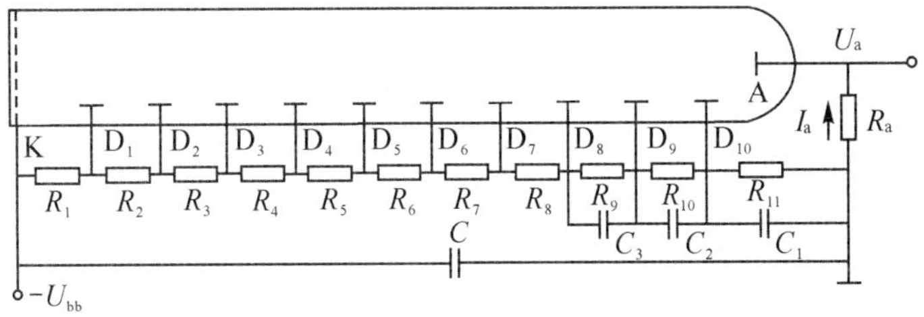

图 5-24　典型光电倍增管的电阻分压型供电电路

U_{DD}直接影响二次电子发射系数 δ 或管子的增益 G。因此，根据增益 G 的要求可以设计极间供电电压 U_{DD}与电源电压 U_{bb}。考虑到光电倍增管的各倍增极的电子倍增效应，各级的电子流按放大倍率分布，其中阳极电流 I_a 最大。因此，电阻链分压器中流过每级电阻的电流并不相等，但是，当流过分压电阻的电流 $I_R \gg I_a$ 时，流过各分压电阻 R_i 的电流近似相等。工程上常设计成

$$I_R \geqslant 10 I_a \tag{5.20}$$

当然，I_R 的选择要根据实际的使用情况，选择的 I_R 太大将使分压电阻功率损耗加大，倍增管温度升高导致性能的降低，以至于升温太高而无法工作，另外也使电源的功耗增大。

选定电流后，可以计算出电阻链分压器的总阻值为

$$R=\frac{U_{bb}}{I_R} \tag{5.21}$$

各部分电阻 R_i 便可计算出来。考虑到第一倍增极与阳极的距离较远，设计 U_{DD1} 为其他倍增极的 1.5 倍，即

$$R_1 = 1.5 R_i \tag{5.22}$$

$$R_i=\frac{U_{bb}}{(N+1.5) I_R} \tag{5.23}$$

②末级电容

当入射辐射信号为高速的迅变信号或脉冲时，末 3 级倍增极电流变化会引起 U_{DD}的较大变化以及光电倍增管增益的起伏，进而破坏信息的变换。为此，在末 3 级使用 3 个电容 C_1、C_2 与 C_3，通过电容的充放电过程使末 3 级电压稳定。

如图 5-25 所示，去耦电容的使用方法有串联法和并联法两类。采用如图 5-25(b) 所示的并联法必须用耐高压电容器，所以一般多用如图 5-25(a) 所示的串联法。

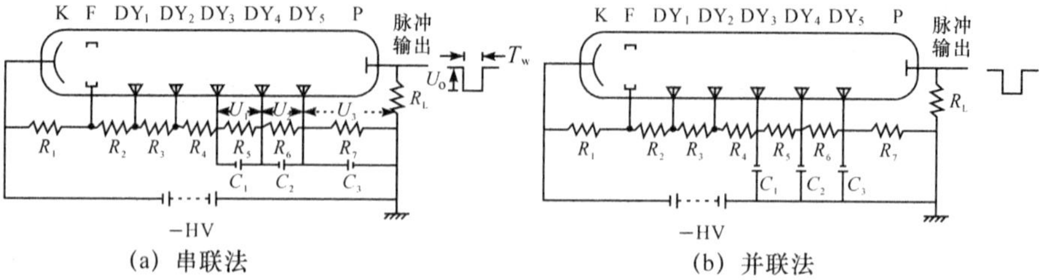

图 5-25 加有去耦电容的分压器回路

首先，如果脉冲输出的峰值电压为 U_o，脉冲宽度为 T_w，负载电阻为 R_L，则每1次的输出脉冲电荷 Q_0 可用公式表示为

$$Q_0 = T_w \frac{U_o}{R_L} \tag{5.24}$$

在此，使用 Q_0 就可求出去耦电容 $C_1 \sim C_3$ 的容量。

如 C_3 蓄积的电荷量为 Q_3，希望得到 $\pm 3\%$ 以上的输出线性，则一般必须满足

$$Q_3 \geqslant 100Q_0 \tag{5.25}$$

从 $Q = CU$ 的关系，则 C_3 为

$$C_3 \geqslant 100 \frac{Q_0}{U_3} \tag{5.26}$$

$$C_3 \geqslant 100 \frac{Q_0}{I_b R_7} \tag{5.27}$$

当极间电压为100V时，光电倍增管倍增极每级的二次电子发射系数 δ 通常为 $3 \sim 5$，若极间电压下降到 $70 \sim 80$V时，各倍增极间的 $\delta = 2$，C_2、C_1 可蓄积的电荷量 Q_2、Q_1 为

$$Q_2 = \frac{Q_3}{2}, Q_1 = \frac{Q_2}{2} = \frac{Q_3}{4}$$

若 C_2、C_1 的容量与 C_3 情况一样，其公式为

$$C_2 \geqslant 50 \frac{Q_0}{U_2} = 50 \frac{Q_0}{I_b R_6}$$

$$C_1 \geqslant 25 \frac{Q_0}{U_1} = 25 \frac{Q_0}{I_b R_5}$$

大电流输出时，DY_3 以前的级也需接入去耦电容时，可以进行同样的计算。

举一个例子。在输出脉冲峰值电压 $U_o = 50$mV，脉冲宽度 $T_w = 1\mu$s，负载电阻 $R_L = 50\Omega$，极间电阻 $R_5 = R_6 = R_7 = 100$kΩ，分压器电流 $I_b = 1$mA 的条件下，求出各电容值。先求出相当于一个输出脉冲的电荷量，其计算公式为

$$Q_0 = \frac{50\text{mV}}{50\Omega} \times 1\mu\text{s} = 1\text{nC}$$

去耦电容 C_3、C_2、C_1 的计算公式为

$$C_3 \geqslant 100 \times \frac{1\text{nC}}{100\text{k}\Omega \times 1\text{mA}} = 1\text{nF}$$

$$C_2 \geqslant 50 \times \frac{1\text{nC}}{100\text{k}\Omega \times 1\text{mA}} = 0.5\text{nF}$$

$$C_1 \geqslant 25 \times \frac{1\text{nC}}{100\text{k}\Omega \times 1\text{mA}} = 0.25\text{nF}$$

上述电容器容量只是最低限度的值。一般设计有余量，希望为上述值的 10 倍左右。此外，输出电流更大时，$C_1 \sim C_3$ 的值加大的同时，还必须增加接入去耦电容的级数。尽管采取了上述措施，电容器容量仍和直流输出一样，即使是脉冲工作，输出电流的平均值在分压器电流的1/50 ～ 1/20 时，也将使输出线性变差，从而使得输出峰值电流低时计数率高，这种情况需要注意。

5.2.6　光电倍增管的输出电路

1. 使用运算放大器进行电流、电压转换

使用运算放大器进行电流、电压转换的回路，如果和模拟计算机或数字电压表组合起来用，就不需要使用昂贵的微小电流计，可精确测试光电倍增管的输出电流。用运算放大器进行电流、电压转换的基本回路如图 5-26 所示。

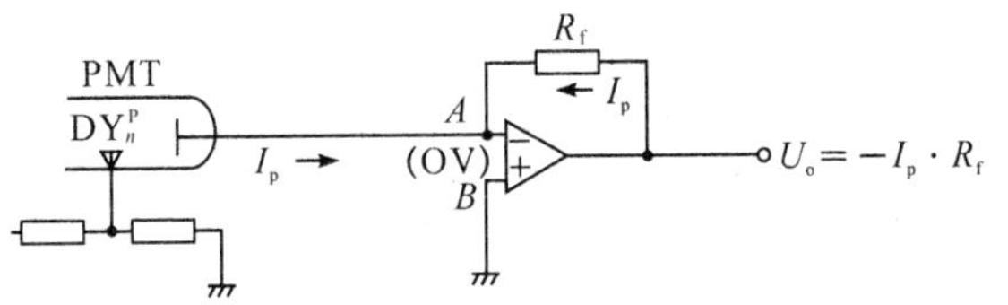

图 5-26　用运算放大器的电流、电压转换回路

在这种情况下，输出电压 U_o 的计算公式为

$$U_o = -I_p \cdot R_f \tag{5.28}$$

因为运算放大器的输入阻抗非常高，光电倍增管的输出电流不能在图 5-26 的 A 点流入运算放大器的逆向端子(—)，其大部分流经反馈电阻 R_f 在 R_f 两端产生电压 $I_p \times R_f$。运算放大器的放大倍数为 10^5，非常高，通常保持逆向输入端子(A 点)的电位与非逆向输入端子(B 点)的电位(接地电位)相同的情况下工作(把这称作并接地或假接地)。所以运算放大器输出电压和 R_f 两端发生的电压 U_o 相同，理论上，可以得到开路放大倍数倒数大小的高精度，实现电流、电压转换。使用前置放大器时，决定最小测试电流的主要因素是：前置放大器的输入偏置电流(I_{os})、R_f 的质量、使用的绝缘材料的质量、布线方法等。

此外，因为光电倍增管是加上高电压的电子管，为了保护前置放大器，像图 5-27 那样，必须设计由保护电阻 R_p 和保护用晶体管 D_1 及 D_2 构成的保护回路。这时，起保护作用的晶体管必须使用漏电电流及结电容都非常小的产品，通常使用小信号放大用晶体管的 B-E 结和 FET。图 5-27 中的 R_p 如果太小，起不到保护作用，反之，如果过大，大电流测试时会产生误差，所以选择数千欧至数十千欧的范围。

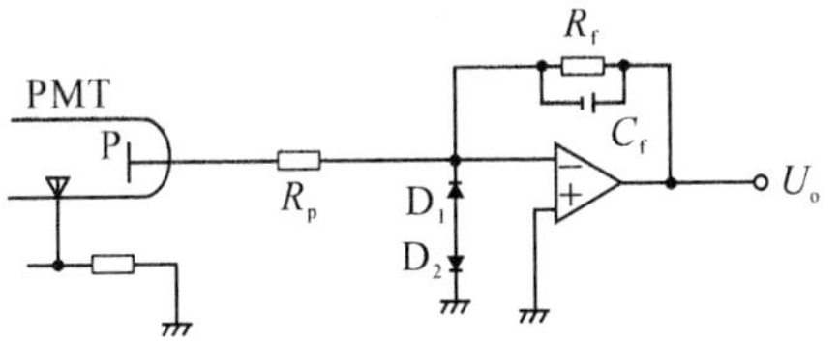

图 5-27　前置放大器的保护回路

如果反馈电阻 R_f 使用 $10^{12}\,\Omega$ 左右的大电阻，则如图 5-28 所示，在 R_f 上会产生杂散电容 C_s，回路具有 $C_s \times R_f$ 的时间常数，带宽减小。解决此问题的办法如图 5-28 所示，把 R_f 通过接地电位的金属屏蔽板中间的孔，则该 C_s 会减小，频率响应特性可提高。

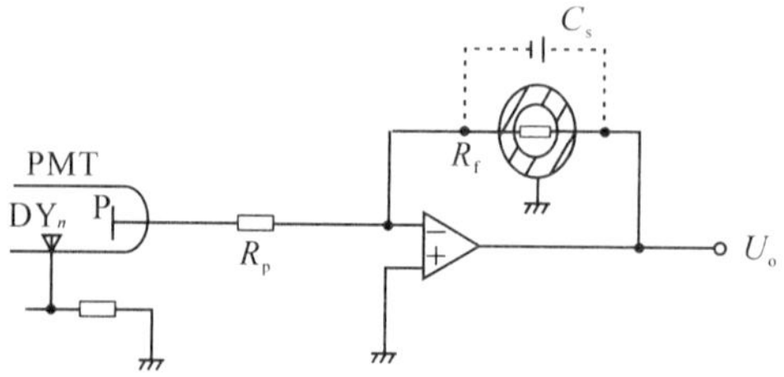

图 5-28　R_f 对杂散电容的抵消

如图 5-29 所示，光电倍增管的输出电缆过长而存在其等效容量 C_c 时，则 $C_c \times R_f$ 运算放大器回路的反馈线内形成振荡回路，有可能成为振荡的原因。这时，如在 R_f 上并接一个 C_f 则可去掉振荡，但又会使响应速度降低。

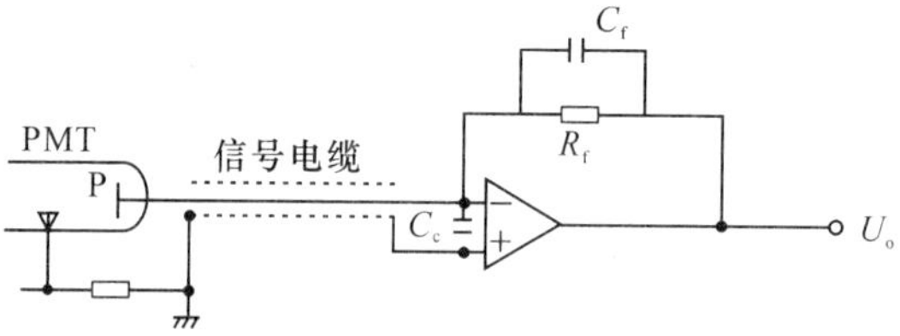

图 5-29　信息电缆对电容的抵消

2. 使用运算放大器的电荷灵敏放大器

图 5-30(a) 是使用运算放大器的电荷灵敏放大器(电荷放大器) 的基本电路。光电倍增管的输出电荷 Q_p 蓄积在 C_f，输出电压 U_o 可用公式表示为

$$U_o = -\int_0^t Q_p \cdot \mathrm{d}t \tag{5.29}$$

这里，如光电倍增管输出电流为 I_p，则可用公式表示为

$$U_o = -\left(\frac{1}{C_f}\right)\int_0^t I_p \cdot \mathrm{d}t \tag{5.30}$$

如果继续蓄积电荷，则最终 U_o 如图 5-30(b) 和(c) 所示，值上升到前置放大器的供给电压附近。

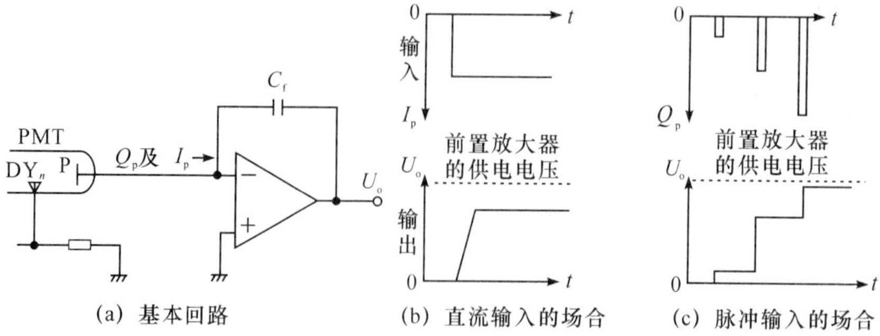

图 5-30　电荷灵敏放大器的回路和工作

另外，在闪烁计数和光子计数等场合，因为必须将光电倍增管的一个个输出脉冲电荷量转换成相应的电压脉冲，因此要使用如图 5-31 所示的接一个和 C_f 并联的 R_f、放电时间常数 $\tau=C_f\times R_f$ 的回路。

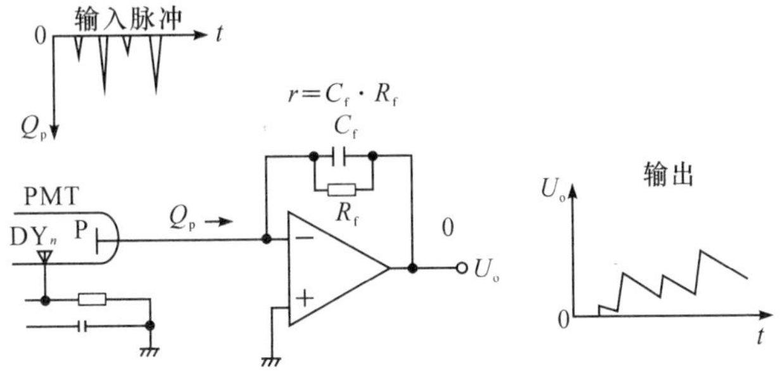

图 5-31　脉冲输入型电荷灵敏放大器

5.3　光电倍增管的应用

5.3.1　光子计数器

光子计数器是一种检测极弱光信号的仪器，它在一些基础前沿科学研究中获得了广泛的应用，例如生物、化学、医学和物理等各个领域中的发光研究，拉曼散射，荧光、磷光测量，质谱，X 射线测量，分子射线谱，基本粒子分析研究。高分辨率光谱测量、大气污染测量、对月测距和天文测光以及生命科学等研究工作中也已广泛使用光子计数器。

用光子计数器测微弱光信号时，被探测信号的量子特性变得十分明显。此时，单个光子被光电倍增管转换为光电子，然后由放大器输出一个脉冲半宽度为几到几十纳秒的电流或电压信号，这个信号再经过鉴别器后被计数器计数。微弱光信号由每秒几个到几百万个光子组成，所发射的每个光子之间有随机的时间间隔，记录由它们引起的电脉冲数，从而可测得光功率值和光子速率。

光子计数器目前只适用于测量每秒 10^8 个以内分立光子的微弱光信号。它与传统的光电流测量方法相比，具有下列优点：①它是通过分立光子产生的电子脉冲来测光，因此系统的探测灵敏度高，抗噪声能力强；②高压电源波动使光电倍增管增益变化，对光子计数法的影响较小，对传统光电流法的影响却较大；③可消除光电倍增管直流漏电和输出零漂等造成的测量误差；④输出的为数字量，可方便地与计算机连接。

1. 光电倍增管输出信号

在弱光探测的光子计数器中，通常采用具有倍增效应、灵敏度很高的光电倍增管作为光电变换器件，其次还用雪崩光电二极管。当可见光能量小于 10^{-11} W(相当于 10^4 个光子/s)时，利用光电倍增管观察到一些代表光子能量的序列脉冲；图 5-32 给出不同入射光强下光电倍增管的输出信号。图 5-32(a)为 10^{-13} W 数量级光功率的光电信号，是在直流电压上叠加散粒噪声的信号；图 5-32(b)为 10^{-15} W 数量级光功率的光电信号，重叠脉冲少，直流电压平稳；图 5-32(c)为 10^{-16} W 数量级光功率的光电信号，直流电压趋于零。不难看出，当光强小到 10^{-16} W 时，可测得一个个不重叠的光子脉冲波形。在 1ms 的时间间隔里只有几个可观察到的脉冲，有时在 1ms 的时间间隔里一个脉冲也观察不到。输出信号中没有直流成分，这说明没有光脉冲(光子)重叠，而是分离的单个光子探测过程。

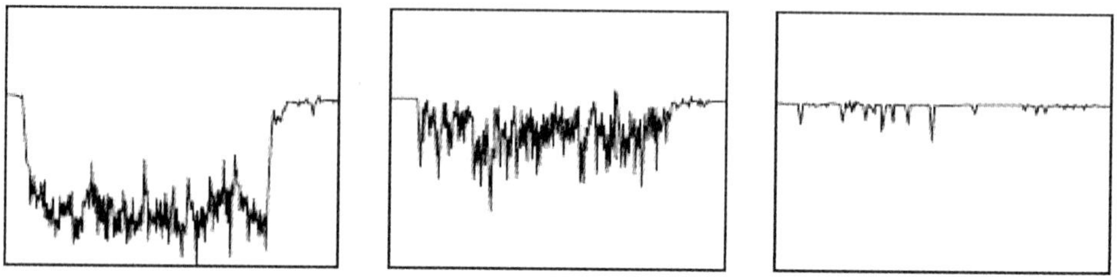

(a) 高　　(b) 低　　(c) 非常低

图 5-32　不同入射光功率时光电倍增管的输出波形

在这样的弱光下，光强度的变化已不能直接看到，光子起伏是主要的。对于这样随机出现的光电子脉冲只能进行计数统计。光子计数器就是在给定时间 Δt 内对光电子脉冲进行一次次计数，连续不停地可计数 m 次。若单位时间入射光子数为 N_s，光电倍增管增益为 M，则某一时间间隔 Δt 内所计光电子脉冲数为 $N_e = N_s \eta M \Delta t$，可以由 m 次测量中得出光子到达率的频率分布，如图 5-33 所示。当测量次数无限多时，频率分布就接近概率分布，可得到光子概率分布函数。

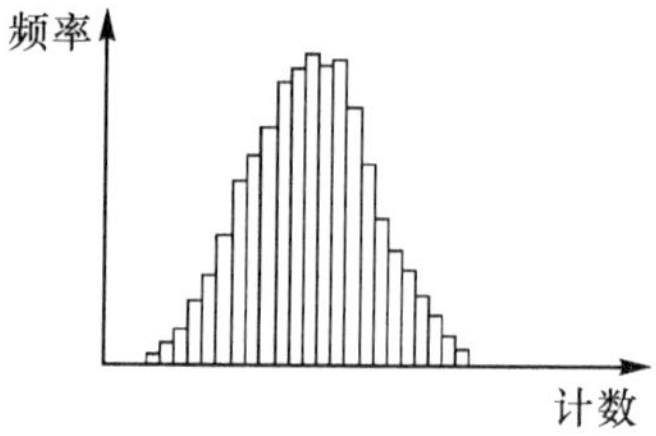

图 5-33　光子计数频率分布

若每次计数值为 N_{ei}，计数次数为 m，则可求得平均光电子数为

$$\overline{N} = \frac{1}{m}\sum_{i=1}^{\infty} N_{ei} \tag{5.31}$$

由平均光电子数就知道了光强，同样也可得到方差为

$$\sigma^2 = \frac{1}{m}\sum_{i=1}^{\infty}(N_{ei} - \overline{N})^2 \tag{5.32}$$

如果系统接近理想状态，则 $\sigma \geqslant \sqrt{\overline{N}}$；如果 $\sigma \gg \sqrt{\overline{N}}$，说明尚有其他噪声对计数有明显影响，系统尚未进入正常状态。

由上述讨论可知，为测量 $10^{-16} \sim 10^{-14}$ W 的光功率，观察到光信号的量子特性，所用光子计数器必须首先能够显示和分辨出光电子脉冲而不被展宽；其次要能将光电子脉冲信号从噪声中甄别(提取)出来。实验证明，当探测系统的带宽大于光电子脉冲平均速率的 20 多倍时，在探测系统分辨时间内同时发生两个光电子脉冲的概率可小到 1% 以下。此时就可基本保证光电子脉冲不被展宽而能重现。此外，要能从噪声谱中提取光电子脉冲，就必须对光电倍增管噪声谱有所了解，并采用相干检测技术恢复电子脉冲信号。

图 5-34 表示光电倍增管输出噪声与单光电子脉冲的幅度分布。横坐标表示噪声与单光电子脉冲的幅度电压(能量)，纵坐标则表示其幅度电压的分布概率。暗噪声脉冲幅度谱的峰值与信号单光子脉冲幅度谱的峰值位置不同，前者多集中在低电压范围，而后者则相对多集中于高电压范围。光电倍增管的后向脉冲(离子撞击光阴极产生的脉冲、切伦科夫脉冲等)幅度电压远比光电子脉冲幅度电压高。

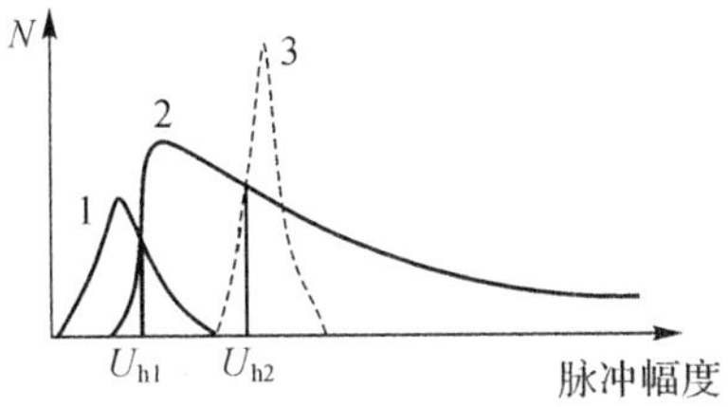

1—噪声谱；2—光电子谱；3—后向脉冲噪声谱。

图 5-34　光电倍增管输出噪声与单光电子脉冲的幅度分布

利用噪声与信号脉冲电压分布的不同，选择不同的幅值（电压）甄别器，使计数器只计脉冲幅度满足 $U_{h1}<U_h<U_{h2}$ 的脉冲数，则大部分噪声脉冲可被甄别掉。而信号脉冲所受的损失可以忽略。因此，选择适当电压的甄别器是光子计数器的重要问题。

光子计数技术就是利用光电阴极发射的光电脉冲与各倍增极发射的噪声脉冲幅度分布不同，用脉冲幅度鉴别器从诸多脉冲中鉴别出幅度高的信号脉冲供计数器计数，而倍增极产生的噪声脉冲则被消除。

但是，光电阴极产生的热电子形成的电脉冲与光形成的脉冲幅度相近，无法用脉冲高度鉴别法消除。只能用低温冷却来减少热电子发射，或减小阴极面积以降低噪声。

利用光电倍增管进行普通光电流测量时，由于光电流的积分效果，倍增极产生的热电子发射和倍增起伏而引起的噪声未经消除。因此光子计数测量的信噪比高于普通光电流测量方法。

2. 光子计数器原理

光子计数器包括光电倍增管，前置放大器，上、下甄别器，反符合器，计数器及打印机等，其原理如图 5-35 所示。当微弱光（包括背景光）照在光电倍增管光电阴极上，产生光电子，经过管内倍增极的放大，在阳极上输出光电子脉冲。该脉冲经过低噪声前置放大器放大，再由上、下甄别器及反符合器甄别出较纯净的光电子脉冲，使噪声得以较好地抑制，最后输出与信号光子数成正比的脉冲计数，并可给以打印记录。

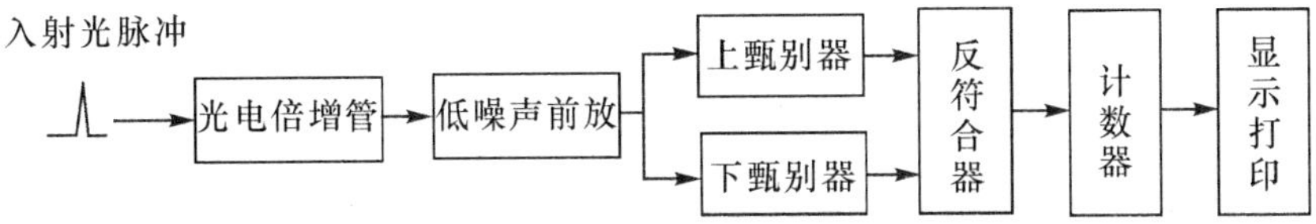

图 5-35　光子计数器原理

甄别器相当于一个门限电路或者一个电压比较器，其简单原理如图 5-36 所示。图5-36 中“1”端为信号输入端，“2”端为一预置电压端，“3”端为甄别器输出端。输出电压 U_o 的有无，取决于 U_i 与 U_h 的比较。下甄别器将预置电压 U_h 置于 U_{h1} 或略小于 U_{h1}，使甄别器工作于 $U_i>U_{h1}$ 的状态，即只有当 $U_i>U_{h1}$ 时，输出端才有信号输出。这样，可抑制掉光电倍增管输出的低电压噪声脉冲。相反，上甄别器则将预置电压 U_h 置于 U_{h2} 或略高于 U_{h2}，并与反符合器结合，可将光电倍增管高于信号电压的噪声脉冲（后向脉冲）抑制掉，使进入计数器的脉冲是“纯”光电子计数脉冲。

图 5-37 为反符合器原理。当其输入端 A、B 均有脉冲输入或均无脉冲输入时，输出端 C 无脉冲输出；当 A、B 两端任意一端有脉冲输入时，输出端 C 有脉冲输出。光子计数器是

将上、下甄别器的输出端"3"分别接至反符合器的 A、B 两个输入端。当下甄别器将超过预置电压 U_{h1} 的光电子脉冲送入反符合器时，由于光电子脉冲电压低于上甄别器预置电压 U_{h2}，故上甄别器将无脉冲加至反符合器，根据反符合器工作原理，此时将有脉冲输出到计数器，它直接反映了信号光电子计数脉冲。对于超过预置电压 U_{h2} 的后向脉冲，上、下甄别器均有输出加至反符合器的输入端，故反符合器将没有脉冲输出。这样，由下甄别器可以抑制掉光电倍增管输出的低电压噪声；由上、下甄别器与反符合器结合则可抑制高电压噪声，仅将信号脉冲输入计数器，从而得到信号光电子脉冲的再现。

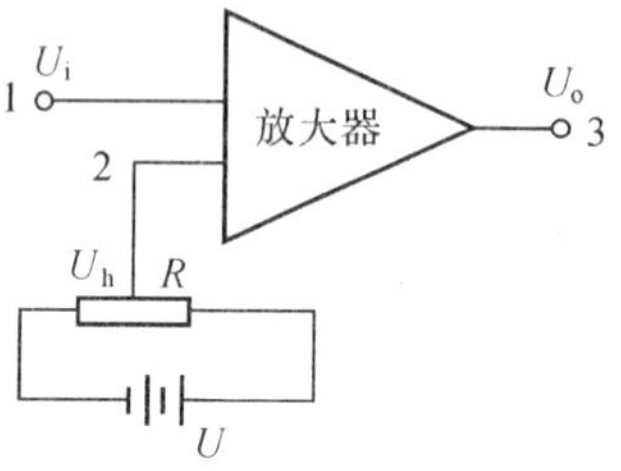

图 5-36　甄别器原理

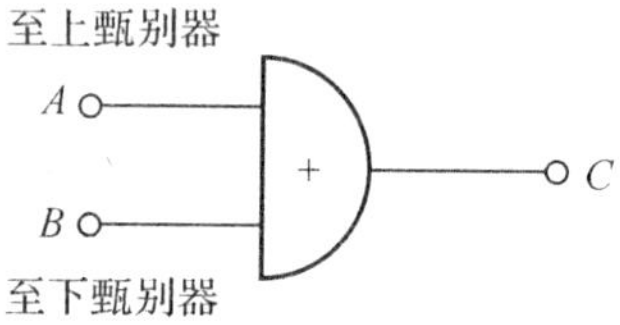

图 5-37　反符合器原理

显而易见，一个良好的光子计数器除了选择合适的上、下甄别器的电压外，还要对光电倍增管及低噪声前置放大器提出特殊要求。对于光电倍增管，首先要求它在信号光脉冲后，不会或很少产生其他杂散假脉冲(即光电倍增管后向脉冲)；其次要选用较小的光电阴极和较窄的光谱响应波段(只要求覆盖被测光的光谱范围)，这样可以减小背景噪声及暗电流噪声，系统的内部噪声决定了光子计数器线性工作范围的下限。

影响光子计数器分辨时间的因素主要有两个。

(1)光电倍增管渡越时间分散 t_d。光电子从光电阴极表面释放以后，在管内飞渡到达阳极。在这渡越时间内，电子运动形成了电流。电子到达阳极时，电流就终了，在渡越时间内输出光电流脉冲。因为从光电阴极发出的光电子的初速度有所不同，倍增极发射的二次电子的初速度也有所不同。电极之间还有不相等的通道长度以及不均匀电场等原因，都使光电子渡越时间不是一个定值，形成渡越时间分散。

(2)计数器电路有效分辨时间 t_w。放大器的带宽直接影响输出脉冲的带宽。由于光电子脉冲极窄，如果放大器的通频带宽度不够宽，就会使输出脉冲的脉宽变宽，从而增加重叠误差。因此光子计数器还要求有设计性能良好的低噪声前置放大器，其除要噪声尽量低外，还要能再现单光子脉冲，通常一个光电子脉冲宽度约为 20ns，所以放大器带宽应大于 50MHz，甚至放大器带宽应有百兆赫以上。此外，甄别器和计数器也有一定上升时间。若上升时间小，影响也就小些。

当光子到达率(每秒到达的平均光子数)R_s 很低时，即满足 $t_d<1$，$R_s t_w<1$ 时，脉冲堆积误差为

$$\varepsilon=R_d(t_d+t_w) \tag{5.33}$$

其中，R_d 为光电子发射率。

目前，好的光电倍增管的渡越时间误差小于 10ns，计数器分辨时间约为 10ns。当入射光子率下降时，其下限主要是受光电倍增管的热噪声的限制。

3. 辐射源补偿的光子计数器

为了补偿辐射源的起伏影响，采用如图 5-38 所示的双通道系统，在测量通道中放置被测

样品，光子计数率 R_A 随样品透过率和照明辐射源的波动而改变。参考通道中用同样的放大鉴别器测量辐射源的光强，输出计数率 R_C 只由光源起伏决定。若在计数器中用源输出 R_C 去除信号输出 R_A，将得到源补偿信号 R_A/R_C，为此采用如图 5-39 所示的比例计数电路。它与图 5-38 的电路相似。只是用参考通道的源补偿信号 R_C 作为外部时钟输入，当源强度增减时，R_A 和 R_C 随之同步增减。这样，在计数器 A 的输出计数值中，比例因子 R_A/R_C 仅由被测样品透过率决定，而与源强度起伏无关。可见，比例技术提供了一个简单而有效的源补方法，即

$$A = R_A t = R_A N/R_C = \frac{R_A}{R_C}N \tag{5.34}$$

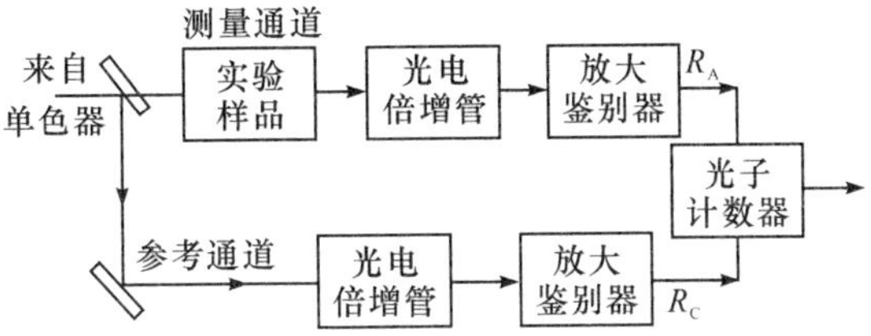

图 5-38　辐射源补偿用的光子计数器一

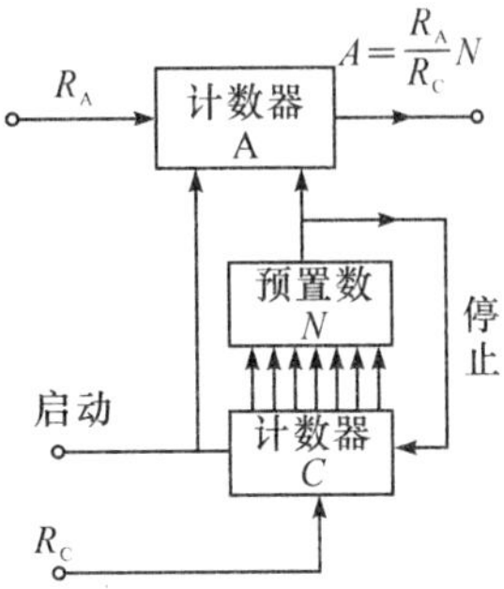

图 5-39　辐射源补偿用的光子计数器二

4. 背景补偿的光子计数器

在光子计数器中，当光电倍增管受杂散光或温度的影响，引起比较大的背景计数率时，应该把背景计数率从每次测量中扣除。为此采用了如图 5-40 所示的背景补偿光子计数器，这是一种斩光器或同步计数方式。

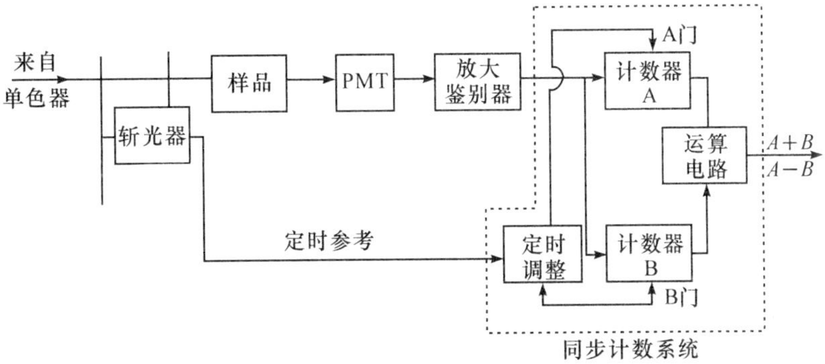

图 5-40　有背景补偿能力的光子计数器

斩光器用来通断光束，产生交替的“信号＋背景”和“背景”的光子计数率，同时为光子计数器 A、B 提供选通信号。当斩光器叶片挡住输入光线时，放大鉴别器输出的是背景噪声 N，这些噪声脉冲在定时电路的作用下由计数器 B 收集。当斩光器叶片允许入射光通向倍增管时，鉴别器的输出包含信号脉冲和背景噪声$(S+N)$，它们被计数器 A 收集。这样在一定的测量时间内，经多次斩光后计算电路给出了两个输出量，即

信号脉冲

$$A - B = (S+N) - N = S \tag{5.35}$$

总脉冲

$$A + B = (S + N) + N \tag{5.36}$$

对于光电倍增管,随机噪声满足泊松分布,其标准偏差为

$$\sigma = \sqrt{A + B} \tag{5.37}$$

于是信噪比为

$$\mathrm{SNR} = \frac{\text{信号}}{\sqrt{\text{总计数}}} = \frac{A - B}{\sqrt{A + B}} \tag{5.38}$$

根据式(5.35)和式(5.36)可以计算出检测的光子数和测量系统的信噪比。例如:在 $t = 10\mathrm{s}$ 时间内,若分别测得 $A = 10^6$ 和 $B = 4.4 \times 10^5$,则可得

被测光子数

$$S = A - B = 5.6 \times 10^5$$

标准偏差

$$\sigma = \sqrt{A + B} = \sqrt{1.44 \times 10^6} = 1.2 \times 10^3$$

信噪比

$$\mathrm{SNR} = S/\sigma = 5.6 \times 10^5 / 1.2 \times 10^3 \approx 467$$

图 5-41 给出了有斩光器的光子计数器工作波形。在一个测量时间内包括 M 个斩光周期 $2t_p$。为了防止斩光叶片边缘散射光的影响,使选通脉冲的半周期 $t_s < t_p$ 并且满足

$$t_p = t_s + 2t_D \tag{5.39}$$

其中,t_D 为空程时间,为 t_p 的 2% ~ 3%。

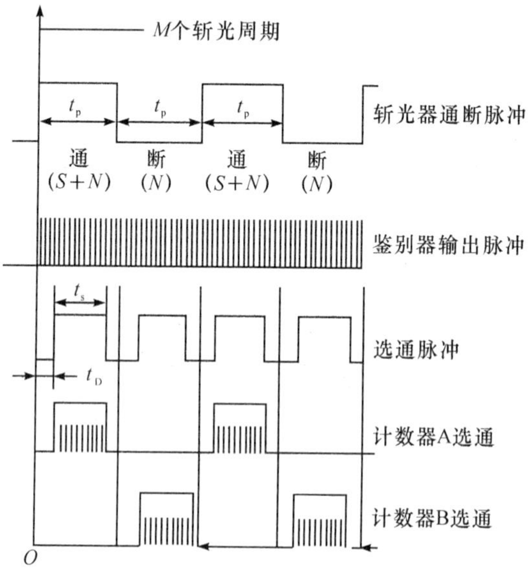

图 5-41 有斩光器的光子计数器工作波形

根据前述说明,光子计数技术的基本过程可归纳如下:

(1) 用光电倍增管检测弱光的光子流,形成包括噪声信号在内的输出光脉冲;

(2) 利用脉冲幅度鉴别器鉴别噪声脉冲和多光子脉冲,只允许单光子脉冲通过;

(3) 利用光子脉冲计数器检测光子数,根据测量目的,折算出被测参量;

(4) 为补偿辐射源或背景噪声的影响，可采用双通道测量方法。

光子计数方法的特点是：

(1) 适合于极弱光的测量，光子的速率限制在 10^9/s 左右，相当于 1nW 的功率，不能测量包含许多光子的短脉冲强度；

(2) 不论是连续的、斩光的还是脉冲的光信号都可以使用，能取得良好的信噪比；

(3) 为了得到最佳性能，必须选择光电倍增管和装备带制冷器的外罩；

(4) 不用数模转换即可提供数字输出，可方便地与计算机连接。

光子计数方法在荧光、磷光测量、拉曼散射测量、夜光测量和生物细胞分析等微弱光测量中得到了应用。图 5-42 给出了用光子计数器测量试样的磷光效应。光源产生的光束经分光器由狭缝 A 中入射到转筒上的狭缝 C 上，在转筒转动过程中断续地照射到被测磷光物质上，被测磷光经过活动狭缝 C 和固定狭缝 B 出射到光电倍增管上，经光子计数器测量出磷光的光子数值。转筒转速可调节，借以测量磷光的寿命和衰变。转筒的转动同步信号输送到光子计数器中，用来控制计算器的启动时间。

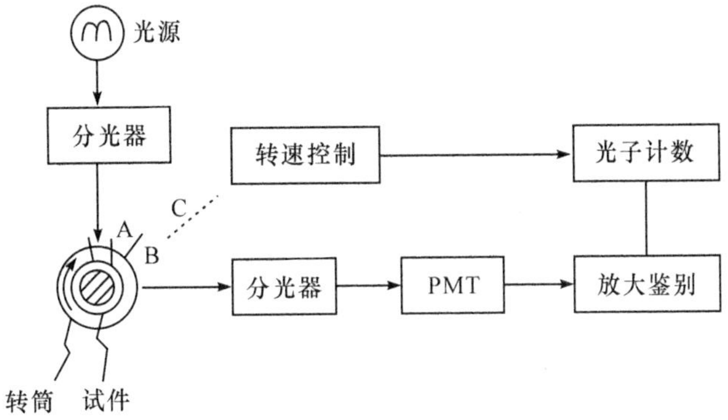

图 5-42　用光子计数器测量试样的磷光效应

5.3.2　射线的探测：在医学成像中的应用

闪烁计数是将闪烁晶体与光电倍增管耦合在一起探测高能粒子的有效方法。闪烁晶体的作用是将高能粒子转换为可见光信号，随后光电倍增管将光信号转换为电信号，而且光电倍增管输出的脉冲的幅度与粒子的能量成正比。

正电子发射断层显像(PET)系统是当代科学研究的热点之一。PET 设备发展变化到今天，经历了几十年的探索与改进，而其关键性部件——位置灵敏型射线探测器的研究更是贯穿始终。PET 的基本原理是：半衰期很短的放射性核素的制备工作完成后，它们可以被用来标记大量的生理物质或药物，成为在保持人体原有的生理或病理状态的情况下，研究各种生化代谢过程的化学示踪剂。在 PET 测量中，化学示踪剂被注射入人体内，这些示踪剂通过血液的流动被运载到器官或病变区域参与人体的生理或代谢过程。

当正电子发射核素在体内发生衰变时，原子核通过发射正电子来去除本身多余的正电荷。正电子与周围组织产生碰撞而几乎立即丧失自己的动能并和负电子结合产生湮灭反应，如图 5-43 所示。对于湮灭过程，依据爱因斯坦方程 $E=m_0c^2$，负电子和正电子的质量将转化为电磁辐射能量。m_0 是负电子和正电子的静止质量，c 为光速。正、负电子的湮灭反应应遵守能量守恒和动量守恒定律。能量守恒是指系统发生湮灭反应前的能量为1.022MeV，发生湮灭反应后产生两个光子的能量之和也应为1.022MeV。动量守恒是指因为正电子和负电子为静止的，所以系统发生湮灭反应前系统的动量基本上为零，系统发生湮灭反应后应当保持不变。因此，湮灭反应后的最终状态是：产生一对能量为0.511MeV的γ射线，约成180°方向从湮灭地点飞出。

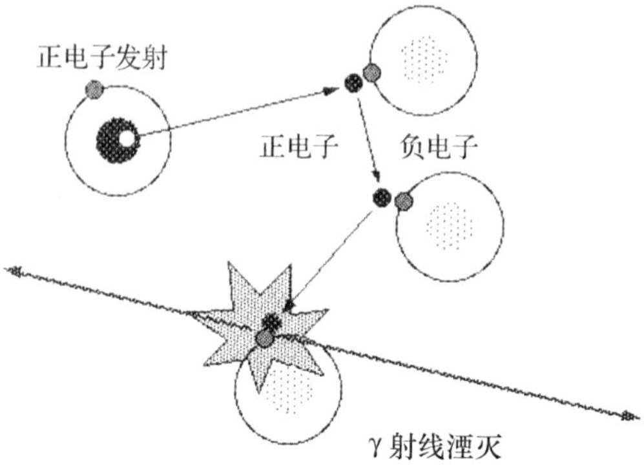

图 5-43 正电子湮灭的物理原理

因为湮灭反应产生的一对γ射线有两个非常重要的性质：产生时间上的同时性及几乎以相反的方向飞出，这使得可以在体外使用两个相对放置的探测器利用符合技术对它们进行探测，如图5-44所示。一次符合事件是指一对γ射线在较短的符合时间窗内与相对放置的探测器对产生作用，则湮灭的原始地点位于两个探测器连线的中心位置上[有时也称为反应线(line-of-response，LOR)]。如果湮灭事件发生在所定义的体元之外即不满足符合条件，这时候至多只有两个光子之一被符合线路相连的探测器对所探测到，这个事件就被丢弃了。请注意这里利用的探测器通常是闪烁晶体阵列与光电倍增管耦合而成的：比如锗铋氧化物(BGO)晶体组成的矩阵阵列耦合在2×2光电倍增管阵列上或2个双光电倍增管阵列上。这种探测器的价格合理且能够紧密组合排列，适合构建成多环PET系统。但是它的空间分辨率受到了PMT尺寸的限制和BGO晶体产生的光子统计涨落上的影响。为了克服这些缺点，山下贵司等提出了用一个位置灵敏型光电倍增管(PS-PMT)来取代2×2光电倍增管阵列或2个双光电倍增管。现在的研究趋势是利用APD阵列取代光电倍增管来克服其缺点。

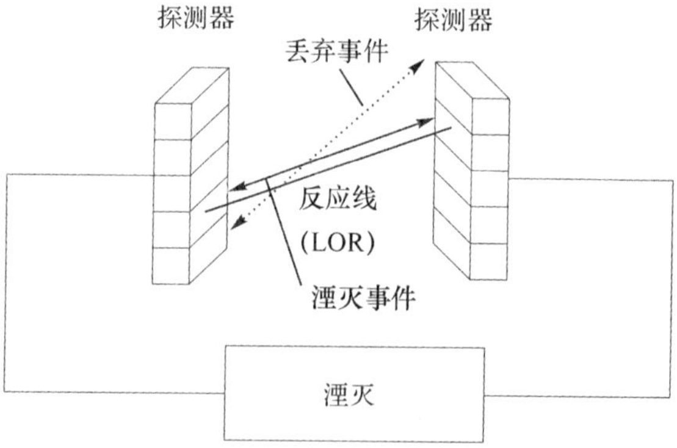

图 5-44 利用符合技术探测正电子湮灭辐射

图 5-45 给出了一个典型的单环 PET 系统的结构，在测量过程中，每个探测器可与环上所有其他的探测器关联组合，形成探测器对，这样可以采集不同角度和不同位置的线性符合投影数据，最后根据这些投影数据采用重建方法获取感兴趣的代谢图像。

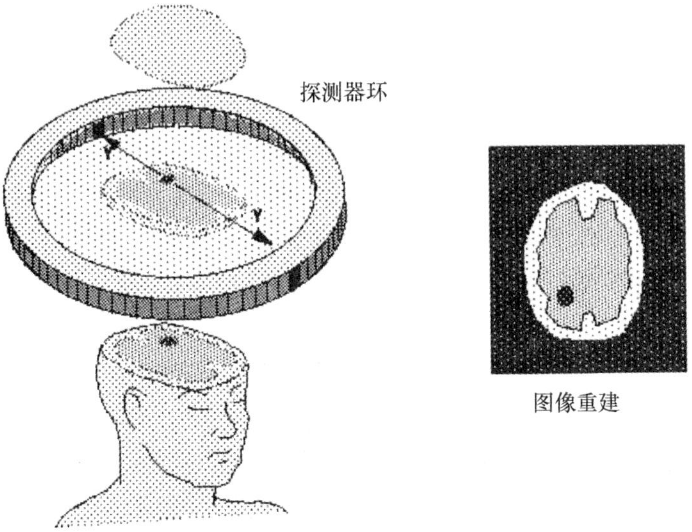

图 5-45　PET 的原理：探测器环构成和图像重建

下一代光电倍增管

提高光电阴极的灵敏度、拓宽光谱响应范围是研究光电管和光电倍增管的重要课题。因此，光电倍增管的主要发展方向是采用双碱阴极、多碱阴极，以及Ⅲ-Ⅴ族镓砷化合物阴极。钯银氧铯阴极的截止波长可延伸至 1400nm，因此也具有发展前景。对于紫外光电倍增管，光谱响应范围的拓宽在于发展各种透紫光窗。除石英光窗外，氟化物光窗是最有希望的。高温管、高稳定管以及快速管普遍采用合金倍增极。后者的重要性并不亚于光电阴极。

采用 MEMS 技术的微光电倍增管（即 microPMT）可能成为下一代光电倍增管，其制作工艺是通过 MEMS 技术在硅底板上形成光电面及倍增极，用两张玻璃底板将其夹住形成，这种构造的最大特点是可轻松进行批量生产。microPMT 的工作原理与原来的 PMT 相同，性能方面也毫不逊色。

习　题

5.1　解释切伦科夫光辐射，试说明如何利用其追踪中微子的入射方向。

5.2　为什么常把真空光电倍增管的光电阴极做成球面？这样设计有什么优越性？

5.3　何谓光电倍增管的增益特性？举出两种测量光电倍增管增益的方法。光电倍增管各倍增极的发射系数 δ 与哪些因素有关？最主要的因素是什么？

5.4　光电倍增管产生暗电流的原因有哪些？如何降低暗电流？

5.5 某光电倍增管的阳极灵敏度为 10A/lm，为什么要限制它的阳极输出电流在 50～100μA？

5.6 已知某光电倍增管的阳极灵敏度为 100A/lm，阴极灵敏度为 2μA/lm，要求阳极输出电流限制在 0～100μA 范围内，求允许的最大入射光通量。

5.7 图 5-4 中的两个箭头是光电倍增管在使用中需要注意的事项，并非入射光的方向，请查阅文献试着解释这两个箭头的含义。

5.8 光电倍增管的供电电路分为负高压供电与正高压供电电路，试说明这两种供电电路的特点，举例说明它们分别适用于哪种情况。

5.9 书中所介绍的光电探测器中，哪种探测器增益大？哪种探测器时间性能好？线性、暗电流方面情况如何呢？

5.10 设光电倍增管有 8 个倍增极，假定每个倍增极的二次发射系数 $\delta=4$，且阴极光照灵敏度为 60μA/lm，当阳极输出电流为 1μA 时，入射到光阴极的光通量应该是多少？

5.11 阴极与第一倍增极之间的电压要高于其他极间电压，为什么？

5.12 利用光子计数器可以构成紫外荧光大气 SO_2 浓度监测系统。在 0～30mg/L 测量范围内，其检出极限可达 0.5μg/L，明显优于基于化学原理的比色法的检出极限 2.45μg/L。查文献说明这种系统的结构原理。

第6章

红外热探测器

红外辐射是波长介于可见光与微波之间的电磁波，俗称红外线，是一种人眼察觉不到的光线。红外辐射的波长范围大致在0.76～1000μm，实际中常把红外辐射分为四个区域：近红外区（0.76～3μm）、中红外区（>3～6μm）、远红外区（>6～16μm）和极远红外区（>16～1000μm）。红外线的最大特点是光热效应——热辐射。物体温度越高，辐射出的热量就越大，辐射出的红外光线也就越多。红外线和可见光一样，具有反射、折射、散射、吸收、干涉、衍射等光学特性，并具有明显的波粒二象性。

红外探测器是利用红外辐射与物质的相互作用所引起的物理效应来检测红外辐射的。红外探测器按功能可分为五类：①辐射计，用来测试辐射和光谱量；②搜索和跟踪系统，用来搜索和跟踪红外目标，确定空间位置；③热成像系统，用来获取待测目标的红外辐射分布图像；④红外测距和红外通信；⑤复合系统，上述两个或多个装置的组合。

红外探测器将红外辐射能转换成电能。红外辐射照射物体会引起物体的物理特征发生变化，使其产生红外热效应和光电效应。一般来说，只要红外辐射产生的物理效应可以被测量并且探测器精度足够，就可以测量红外辐射的强弱。红外探测器的核心是一个对红外辐射物理效应敏感的器件，此外还包括红外透射窗口、光学部分、电路部分、密封外壳、恒温元件等。现代红外探测器可分为热探测器和光子探测器两大类，本章主要讨论热探测器。

热探测器是利用探测元吸收光辐射（各种波长的电磁辐射）的能量产生热，而引起温升，再借助各种物理效应把温升转换成电量变化的探测器。由于热探测器首先将入射的光辐射转换为热能，其引起的温度变化大小取决于入射光辐射的强度，而和波长无关，因此这种器件可以实现各种波长的辐射均匀响应，尤其是针对数个、数十个甚至数百个微米波长的光辐射测量，由于常规的光伏、光导器件无法响应，这个波长的辐射有着广泛的应用。根据工作原理的不同，可把热探测器分为热电阻、热电偶、热释电探测器等。热电阻的工作原理是基于物质的电阻率随其本身温度变化而变化的电阻温度效应。热电偶的工作原理是基于热电效应，即入射的光辐射导致特殊制作的材料产生温度变化，并且可将这种温度变化转变为成比例的热电势。热释电探测器是一种利用热释电效应制成的新型热探测器，热释电探测器利用晶体在温度变化时，极化强度和面束缚电荷发生变化，从而在垂直于极轴的两个端面之间出现可测量的电动势，即产生了热释电效应，达到感知温度变化的目的。历史上记载热释电效应的发现可追溯到两三个世纪以前，但直到1938年才首先利用它制作红外辐射探测器，到20世纪60年代，由于激光、红外技术的迅速发展，热释电晶体材料及器件的研究也发展得极快。与其他热探测器相比，热释电探测器的工作频率可达几百千赫以上，远远超过只适于低频工作的其他热探测器，同时，受环境温度变化的影响较小。近年来热释电探测器受到特别重视，发展极为迅速，它不但广泛应用于热辐射和从可见光到红外波段激光的探测，而且在亚毫米波段也很受重视，这是因为其他性能较好的亚毫米波段的探测器都要在液氦温度下才能工作，而热释电器件甚至可以工作在常温条件下。

热辐射

1672 年，人们发现太阳光(白光)是由各种颜色的光复合而成的，使用分光棱镜就能把太阳光(白光)分解为红、橙、黄、绿、青、蓝、紫等单色光。1800 年，英国物理学家威廉·赫胥尔利用棱镜和温度计从热的观点来研究各种色光时，发现了红外线，太阳发出的辐射中除可见光外，还有一种人眼看不见的“热线”。这种看不见的“热线”位于红色光外侧，称为红外线。从发现红外线至今已有 200 多年的历史。赫胥尔把加热物体的射线称为热辐射，并且认为它和可见光都是光谱中的不同部分。

热辐射探测的开始

最早的红外探测器就是赫胥尔用于发现红外线的水银温度计。在以后的 100 年中，所有的红外探测器都是热感应的，入射到吸收层的辐射使该层变热，转而使与吸收器相接触的热敏材料变热，就可通过热敏材料特性的变化测得入射辐射功率。人们利用这种热电效应发明了多种热电探测器，如热电偶和热电堆、金属和半导体的热敏电阻测辐射热计。起初多数热探测器是在环境温度下工作，但其电性能在低温下变化更快，因此导致了冷却的热探测器的出现。

6.1 红外热探测器的基本原理

红外热探测器是基于光辐射物质相互作用的热效应制成的器件，其机理是：探测器将吸收的光能转换为热能而产生温升，温升引起材料中有关于温度的参数变化，检测出该变化，就可以了解光辐射的存在和强弱。由于热探测器是利用材料吸收入射辐射的总功率产生温升来工作的，而不是利用某一部分光子的能量，各种波长的辐射对于响应都有贡献，因此热探测器的突出特点是光谱响应范围宽。

目前常用的热探测器主要有热电阻、热电偶(热电堆)、热释电探测器三种。下面首先讨论热探测器件的共同原理，然后分别介绍几种热探测器。

6.1.1 热探测器的温升模型

图 6-1 为热探测器的温度上升模型。热探测器与周围环境的热交换程度可由热导(thermal conductance)G_h 表示，与热探测器的周围环境、器件的寿命情况、电极以及引线等诸多因素有关。

热探测器在没有受到辐射作用的情况下，器件与环境温度处于平衡状态，其温度为 T_0。定义探测器的热容量为 C_h，它定义器件温度升 1K 所需吸收的热量，单位为焦耳/度(J/K)。

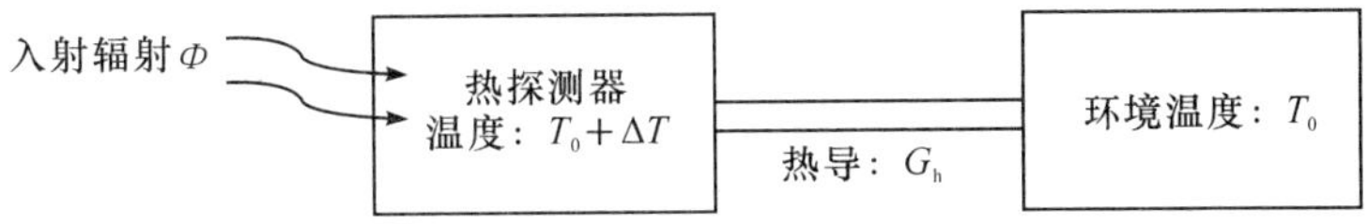

图 6-1　热探测器的温度上升模型

设器件周围环境的热容为无穷大，即环境的温度 T_0 恒定不变，当辐射通量为 Φ 的入射光入射到热探测器上，设热探测器对辐射的吸收系数为 η，则热探测器吸收的辐射通量为 $\eta\Phi$。这些被吸收的辐射，其中一部分使器件的温度升高，即温度 $T = T_0 + \Delta T$；另一部分用于补偿器件与环境的热交换所损失的能量。

在如图 6-1 所示的系统中，根据能量守恒定律，热探测器吸收的辐射通量应等于单位时间内热探测器内能增量与热交换能量之和，而

$$\eta\Phi = C_h \frac{d(\Delta T)}{dt} + G_h \cdot \Delta T \tag{6.1}$$

根据上述定义，热导 G_h 表示在单位时间内由单位温度引起的能量损失，单位为焦耳/(开/秒)[J/(K·s)] 或瓦 / 开(W/K)。

设入射的辐射为 $\Phi = \Phi_0 \cdot \exp(j\omega t)$，$\omega$ 为角频率，并利用初始条件 $t = 0$ 时，$\Delta T = 0$，则微分方程(6.1) 的解为

$$\Delta T(t) = \frac{\eta\tau_T\Phi_0}{C_h(1 + j\omega\tau_T)} \cdot e^{j\omega t} - \frac{\eta\tau_T\Phi_0}{1 + j\omega\tau_T} \cdot e^{-t/\tau_T} \tag{6.2}$$

其中，$\tau_T = C_h/G_h$，称为热探测器的热响应时间常数，它具有时间的量纲，与基于光电效应的探测器的响应时间相对应。也可表示为 $\tau_T = R_h C_h$，其中 R_h 称为热阻。当时间 $t \gg \tau_T$ 时，式(6.2) 的第二项衰减到可以忽略，则

$$\Delta T(t) = \frac{\eta\tau_T\Phi_0}{C_h(1 + j\omega\tau_T)} \cdot e^{j\omega t} \tag{6.3}$$

其幅值为

$$|\Delta T| = \frac{\eta\tau_T\Phi_0}{C_h\sqrt{1 + \omega^2\tau_T^2}} \tag{6.4}$$

可见，热敏器件吸收交变辐射所引起的温升与吸收系数 η 成正比。因此，几乎所有的热敏器件都被涂黑，并且热探测器件吸收交变辐射能所引起的温升还与工作频率 ω 有关，ω 越大，其温升 ΔT 越小。在低频($\omega\tau_T \ll 1$) 时，它与热导 G_h 成反比，式(6.4) 变为

$$|\Delta T| = \frac{\eta\Phi_0}{G_h} \tag{6.5}$$

因此减小热导是提高温升、灵敏度的好方法，但是热导与时间常数成反比，提高温升将使器件的时间响应变差。

当高频($\omega\tau_T \gg 1$) 时，式(6.4) 变为

$$|\Delta T| = \frac{\eta\Phi_0}{\omega C_h} \tag{6.6}$$

式(6.6) 表明，温升 ΔT 与热导 G_h 无关，而与热容成反比，并随高频的频率的增加而下降。

当 $\omega = 0$ 时，由式(6.2) 可得

$$\Delta T(t) = \frac{\eta\Phi_0}{G_h}(1 - e^{-t/\tau_T}) \tag{6.7}$$

结果表明，当 $t \to \infty$ 时，ΔT 达到稳定值$\frac{\eta\Phi_0}{G_h}$；当 $t = \tau_T$ 时，ΔT 上升到稳定值的 63%。

我们还可推导出热探测器的响应度为

$$S_T = \left(\frac{\Delta T}{\Phi}\right) \cdot \left(\frac{I_p}{\Delta T}\right) = \frac{g_T}{G_h\sqrt{1 + (\omega\tau_T)^2}} \tag{6.8}$$

其中，S_T 为响应度（A/ω）；g_T 取决于这种类型的热探测器的转换机理。从上面的讨论中我们知道，增加探测器的热导，可以改善探测器的频率响应（减小 τ_T），但从式(6.8) 可以看到这将导致响应度的下降。因此改进频率响应主要采用降低热容的方法。这就是多数热探测器的光敏元都做得小巧的原因。

6.1.2 热探测器的最小可探测功率

根据斯特藩-玻尔兹曼定律，若器件的温度为 T，接收面积为 A，将探测器近似为黑体，则当它与环境处于热平衡时，单位时间内所辐射的能量为

$$\Phi = A\varepsilon k_{SB}T^4 = A_d\varepsilon k_{SB}T^4 \tag{6.9}$$

其中，ε 为探测器的发射率，T 为热探测器的绝对温度。由热导的定义得

$$G_h = \frac{d\Phi}{dT} = 4A_d\varepsilon k_{SB}T^3 \tag{6.10}$$

可见，辐射热导 G_h 与热敏材料发射性质、光敏面积以及温度有关，而与光辐射的波长无关。

热探测器与周围环境的热电导同时存在三种形式：探测器与散热器、电极和导线之间的接触传热；与周围空气的对流传热；通过辐射向空间传热。前两种形式的传热可以通过缩短引线长度或缩小接触面积，采用真空封装等结构设计的方法尽可能将其减小。而式(6.10) 得到的热导是辐射热导，当温度升高时，G_h 值将急剧增大。由于绝对温度不可降为零，G_h 的值也不可能为零。

热探测器与外界达到平衡后，探测器围绕其平均温度存在一定的温度起伏，由此引起的热探测器输出信号的起伏称为温度噪声。温度噪声使辐射场中进入或离开热探测器的能量发生变化，这就限制了热探测器所能探测的最小辐射能量。

下面讨论热探测器的最小可探测功率。根据热力学统计的结果，当热探测器与环境温度处于平衡时，在频带宽度 Δf 内热探测器吸收的热功率 $P_T(t)$ 产生起伏的均方根值为

$$\Delta P_T = 2\sqrt{kG_h \cdot \Delta f} \cdot T \tag{6.11}$$

其中，ΔP_T 是探测器因温度起伏所产生的温度噪声功率。式(6.11) 表明，温度噪声功率与器件的热导成正比，与器件的温度的平方成正比。这说明，热导越大，热能的交换越快，因此探测器的温度变化越明显，由此带来的温度噪声越强。同样，温度越高，热运动越强，产生的温度噪声亦越大。

值得注意的是，式(6.11) 中的热导是包含辐射热导的总热导。现我们只考虑式(6.10) 中的辐射热导，取 $\Delta f = 1\text{Hz}$，则此时 ΔP_T 将是可能取值中的最小值，即

$$\Delta P_T = 2\sqrt{kG_h \cdot \Delta f} \cdot T = 2\sqrt{4kA_d\varepsilon k_{SB} \cdot \Delta f} \cdot T^{5/2} \tag{6.12}$$

根据最小可探测功率 NEP 的定义（输出端信号比为 1 时入射到探测器的辐射通量），

$\alpha \cdot \mathrm{NEP}/\Delta P_T = 1$,可以推出热探测器仅仅受温度影响的最小可探测功率为

$$P_{\min} = \mathrm{NEP} = \frac{\Delta P_T}{\varepsilon} = 4\sqrt{k \cdot A_d \cdot k_{SB} \cdot \frac{\Delta f}{\varepsilon} \cdot T^5} \tag{6.13}$$

这里用到了热平衡时的基尔霍夫定律 $\varepsilon = \alpha$。对于黑体,$\varepsilon = 1$,设热探测器的光敏面积 $A_d = 1\mathrm{cm}^2$,温度 $T = 300\mathrm{K}$,$\Delta f = 1\mathrm{Hz}$,则可得 $\mathrm{NEP} = 5.5 \times 10^{-11}\mathrm{W}$。

显然,温度噪声会使器件的比探测率降低,由式(6.13)可以得到比探测率为

$$D^* = \frac{(A_d \cdot \Delta f)^{1/2}}{\mathrm{NEP}} = \left(\frac{1}{4\sqrt{k \cdot k_{SB} \cdot T^5}}\right)^{1/2} \tag{6.14}$$

在前述所设的条件下,可得 $D^* = 1.81 \times 10^{10}\ \mathrm{cm \cdot Hz^{1/2} \cdot W^{-1}}$。式(6.14)写成更为一般的形式为

$$D^* = \left(\frac{\varepsilon^2 A_d}{4kT^2 G_h}\right)^{1/2} \tag{6.15}$$

6.2 热电阻

热电阻传感器利用导电材料的电阻随温度变化而变化的特性实现温度测量,按其材料(金属或半导体)的性质不同,热电阻传感器可分为金属热电阻和半导体热电阻两大类,在很多场合下,前者简称热电阻,后者简称热敏电阻。

金属热电阻利用金属材料随温度的上升电阻率变大的特性,通过测量电阻的阻值,利用电阻的阻值和温度之间的确定对应关系,实现温度测量。

铂、铜、铁、镍是四种适合制作金属热电阻的材料,其中铂、铜是应用最广泛的金属热电阻材料,虽然铁、镍的温度系数和电阻率比铂、铜高,但铁、镍存在不易提纯和非线性的缺点。铂容易提纯,在高温和氧化性介质中化学、物理性能稳定,铂电阻的温度和电阻值关系接近线性,测量精度高,应用最为广泛,除作为温度标准外,还广泛应用于高精度的工业测量。

半导体热电阻和金属热电阻相比,具有以下优点:①电阻温度系数较金属热电阻大,其绝对值通常大 4～9 倍;②电阻率大,故可制成极小尺寸的感温元件,适用于快速测量、点温测量及表面温度测量;③构造简单,可以根据不同要求制成各种适用的形状;④机械性能好,使用寿命长。但是热敏电阻的最大缺点是复现性和互换性差,与显示仪表配套成测温仪表时几乎全要单独标定刻度。虽然在一些特殊测量中已研制出能测 2000℃高温的热敏电阻,但是目前使用的常规热敏电阻其测温上限还不太高,约在 300℃以下。

热敏电阻测辐射热计利用热敏电阻吸收辐射能,温度升高,电阻随之变化而产生信号输出,由于测量对象是热敏电阻的阻值,工作时必须加偏压。热敏电阻测辐射热计通常接成桥式电路形式,如图 6-2 所示。其中,R_1、R_2 是两个性能完全一样的热敏电阻,其中一个是主元件,另一个是补偿元件;R_{L1}、R_{L2} 是两个负载电阻,其中一个是可调的;A、B 两点的电压差 U_L 为代表温度高低的电信号。

由图 6-2 可知,当无辐射作用时,A、B 两点的输出电位始终相同,所以输出信号电压 $U_L=0$;当有辐射作用于热敏元件 R_1 时(R_1 称为主元件,R_2 称为补偿元件,在工作过程中

R_2 不受辐射照射，仅作为传感器本身的温度漂移补偿，即在无辐射照射时，当热敏电阻测辐射热计本身的温度变化，R_1、R_2 产生同样的阻值变化，因而输出信号电压 U_L 保持不变)，R_1 的阻值发生变化，变成 $R_1+\Delta R$，因此两个热敏电阻阻值不相等，即 A、B 两点电位不等。输出信号电压 U_L 为

$$U_L=U_A-U_B=\left(\frac{R_{L1}}{R_1+\Delta R+R_{L1}}-\frac{R_{L2}}{R_2+R_{L2}}\right)U_b \tag{6.16}$$

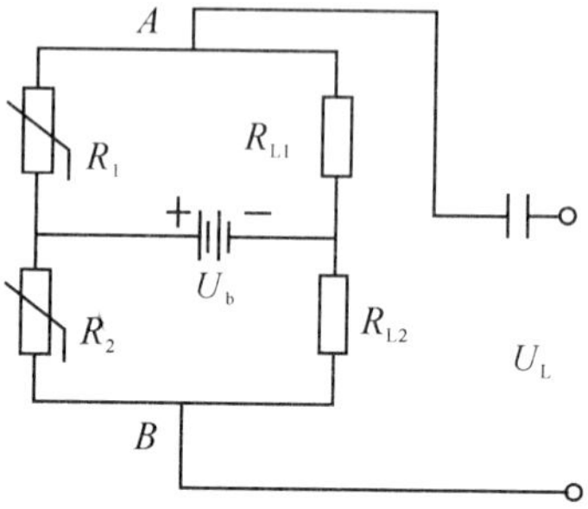

图 6-2 测辐射热计电路

在小信号条件下($\Delta R\ll R_1$)，且考虑到桥式电路的平衡条件 $R_1R_{L2}=R_2R_{L1}$，则输出信号电压 U_L 简化为

$$U_L=-\frac{R_{L1}\Delta R}{(R_1+R_{L1})^2}U_b \tag{6.17}$$

任何导体或半导体温度变化时，必然导致电阻值的变化，若被测目标温度变化为 ΔT，引起的电阻值变化为 ΔR，则 $\Delta R=\bar{\alpha}_T R_1\Delta T$，把它代入式(6.17)，得

$$U_L=-\frac{R_{L1}R_1\bar{\alpha}_T\Delta T}{(R_1+R_{L1})^2}U_b \tag{6.18}$$

其中，U_b 为偏置电压；$\bar{\alpha}_T$ 为 ΔT 温度间隔内热敏电阻的平均温度系数。如果满足 $R_1=R_{L1}$ 的条件，则输出电压达到最大值，即

$$U_{Lmax}=-\frac{\Delta R}{4R_1}U_b=-\frac{\bar{\alpha}_T\Delta T}{4}U_b \tag{6.19}$$

当有辐射作用于热探测器上时，探测器吸收辐射能量，使它的温度升高 ΔT，它与辐射 Φ_0 的关系为

$$|\Delta T|=\frac{\eta\tau_T\Phi_0}{C_h\left(1+\omega^2\frac{C_h^2}{G_h^2}\right)^{1/2}} \tag{6.20}$$

其中，$\tau_T=C_h/G_h$；C_h 表示热敏元件温度升高 1K 所需的热量，单位为 $J\cdot K^{-1}$；G_h 为热敏电阻的热导。

由此我们可以得到热敏电阻电路输出电压与入射功率的时间响应关系，即

$$U_{Lmax}=-\frac{U_b}{4}\frac{\bar{\alpha}_T\eta\Phi_0\tau_T}{C_h\sqrt{1+(\omega\tau_T)^2}} \tag{6.21}$$

对于直流，电压灵敏度为

$$S_T=\frac{U_b}{4}\cdot\alpha_T\cdot\eta\cdot R_h \tag{6.22}$$

要提高热敏电阻的电压灵敏度，可采取以下方法：

(1)增大偏置电压 U_b。但 U_b 增大时，热敏电阻的噪声也会增大，且使回路中的电流增大，容易造成热敏元件的损坏，故此种方法具有一定的局限性。

(2)将热敏电阻的光敏面涂黑，以提高吸收率 η。

(3)减小热导 G_h。其办法是减小热敏元件的接收面积和元件-外界对流造成的热量损失，将元件装入真空管内。但减小热导 G_h 时，会使热敏电阻的热响应时间常数 τ_T 增大。实际上为了减小热响应时间常数 τ_T，通常把热敏元件粘贴在具有高热导的衬底上。

(4)选用 α_T 值大的材料。另外，由于 α_T 随温度 T 的降低而增大，热敏元件在低温条件下工作(例如，在其周围加置制冷器等)，可获得较大的 α_T 值，这种方法在遥感成像等方面得到了重要应用。

在使用热敏电阻时，除了要对自身的发热进行补偿外，同时必须特别注意的有以下两点：

(1)热敏电阻温度的非线性。热敏电阻随温度的变化呈指数规律，其非线性是十分明显的。常用的线性化方法是根据器件手册，建立温度与阻值之间的查找表，利用查表的方式进行对应的温度计算。

(2)热敏电阻器特性的稳定性和老化问题。早期热敏电阻器的应用曾因其特性不稳定、分散性、缺乏互换性和老化问题等而受到限制，近十几年来，随着半导体工艺水平的提高，其产品性能已得到很大的改善。现在已研制出高精度，并具有良好一致性(互换性)的热敏电阻，而且还能制造出可忽略老化影响的产品。在一般情况下，正温度系数热敏电阻器和临界温度热敏电阻器特性的均匀性要差于负温度系数热敏电阻器。

热敏电阻的型号很多，表 6-1 列出了几种型号作为示例，常见的热敏电阻封装方式如图 6-3 所示。

表 6-1　常用热敏电阻

型号	主要用途	主要参数			外形
		标称阻值/kΩ(25℃)	额定功率/W	时间常数/s	
MF11	温度补偿	0.01～16	0.50	≤60	片状
MF13	温度、控温	0.82～300	0.25	≤85	杆状
MF16	温度补偿	10～1000	0.50	≤115	杆状
RRC2	温度、控温	6.8～1000	0.40	≤20	杆状
RRC7B	温度、控温	3～100	0.03	≤0.5	珠状

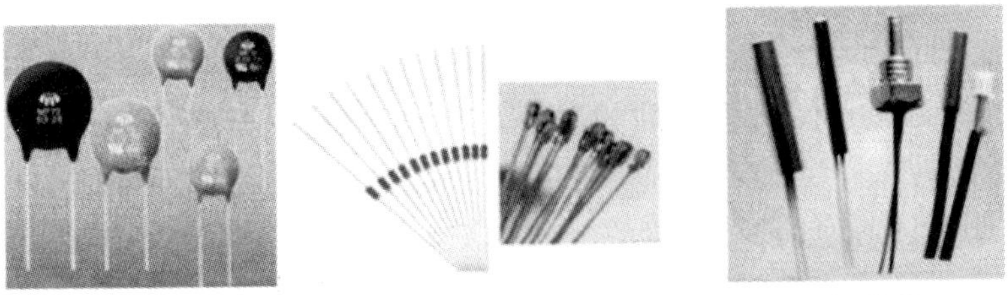

(a) 片状　(b) 珠状　(c) 杆状

图 6-3　常见的热敏电阻封装方式

热敏电阻由于稳定性和线性均不如金属热电阻，主要适用于对测温精度要求不高、被测温度不高的场合，如电源、电加热器、电子节能灯和电子镇流器等的温度监控，各种电子装置电源电路的保护，彩色显像管、白炽灯及其他照明灯具的灯丝保护。同时，热敏电阻也适用于厂房及宾馆温度调节，仓库、油库火警预报等远距离多点位温度的测量和控制。

PTC——意外的发现

1955 年荷兰飞利浦公司的海曼等人发现在 $BaTiO_3$ 陶瓷中加入微量的稀土元素后，其室温电阻率大幅度下降，在某一很窄的温度范围内其电阻率可以升高三个数量级以上，因此首先发现了 PTC 材料的特性——电阻率随温度升高而增大。

6.3 热电偶

6.3.1 工作原理

如图 6-4 所示，两种不同的导体 A 和 B 两端相互紧密地连接在一起，组成一个闭合回路，当两接触点温度不等（$T>T_0$）时，回路中就会产生电动势，从而形成热电流，这一现象称为赛贝克（Seebeck）效应，回路中产生的电动势称为温差电势。导体 A 和 B 称为热电极，它们的组合称为热电偶。两个接触点，一个称为工作端或热端，测量时，将它置于被测温度场中；另一个称为参考端或冷端，一般要求恒定在某一温度。辐射热电偶的热端接收入射辐射，在热端装有一块涂黑的金箔，当入射辐射通量 Φ_0 被金箔吸收后，金箔的温度升高，形成热端，产生温差电势，在回路中将有电流流过，用检流计 G 可检测出电流 I，图中 J_1 为热端，J_2 为冷端。

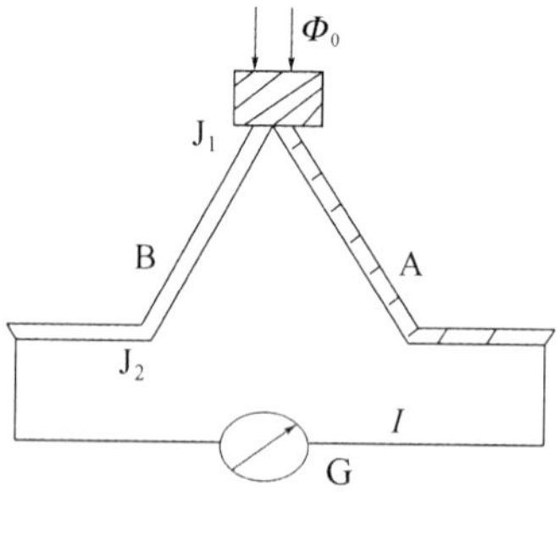

图 6-4　辐射热电偶

几个热电偶可串联以给出较高的电压输出，这样的串联热电偶被称为热电堆。

半导体测辐射热电偶的结构原理如图 6-5 所示。它采用 P、N 型两种不同的半导体材料，用涂黑的金箔将 P、N 型半导体材料连接在一起构成热端，接收光辐射，两种半导体的另一端均为冷端。其基本原理是：热端吸收光辐射后，产生温升，温升导致半导体中载流子的动能增加，使多数载流子由热端向冷端扩散，结果是 P 型半导体材料的热端带负电，冷端带正电，N 型半导体材料的情况则正好相反，从而在负载 R_L 上产生温差电压信号。检测这一电压信号，就可探知光辐射的情况。

下面以如图 6-5 所示的半导体测辐射热电偶为例，说明热电偶的工作原理。

当外电路开路时，热电偶的输出电压（即温差电动势）为

$$U_o = M_s \cdot \Delta T \tag{6.23}$$

其中，M_s 为塞贝克系数，也称为温差电动势率，单位为 V/K；ΔT 为热电偶中产生的温升（即热端与冷端之间的温度差），由光辐射的具体情况确定。可见，热电偶（或热电堆）的被测物理量是温差或温度梯度，而不是温度本身。

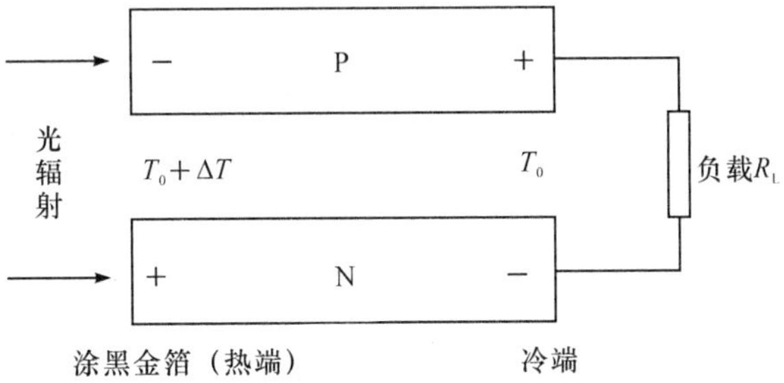

图 6-5　半导体测辐射热电偶的结构原理

热电偶在恒定入射辐射的作用下，外接负载电阻 R_L，则负载电阻 R_L 上所产生的压降为

$$U_L = \frac{M_s R_L}{R_{ci} + R_L}\Delta T = \frac{M_s R_L \eta \Phi_0}{G_h^* (R_{ci} + R_L)} \tag{6.24}$$

其中，Φ_0 为入射辐射的功率(W)；η 为吸收系数；R_{ci} 为热电偶电阻；G_h^* 为总的热导[W/(m·℃)]。

如果入射辐射为交流辐射信号，则产生的交流信号电压为

$$U_{L,\omega} = \frac{M_s R_L \eta \Phi_0}{G_h^* (R_{ci} + R_L)(1 + \omega^2 \tau_T^2)^{1/2}} \tag{6.25}$$

其中，$\omega = 2\pi f$，f 为交流辐射调制频率，τ_T 为器件的时间常数，$\tau_T = C_h/G_h^*$，$G_h^* = G_h + \frac{M_s^2 T}{R_{ci} + R_L}$。热导 G_h 与材料性质和周围环境有关，为了使热导稳定，常常抽成真空，所以热电偶通常称为真空热电偶。但需指出的是，虽然真空封装的响应度为非真空封装的 2 倍以上，但真空封装后与外界的热交换变差，因而时间常数将会增大。

6.3.2　热电偶冷端温度误差及其补偿

热电偶利用导体结点间的温差电动势实现对温度的测量，因此，冷端的温度必须保持恒定，或者通过其他方式对其温度变化进行补偿，才能实现对待测温度的准确测量。

热电偶的输出电压与温度成非线性关系，对于任何一种实际的热电偶，并不是由精确的关系式表示其特性，而是用特性分度表。通常为了统一，热电偶的特性分度表是在保持热电偶冷端温度 $T_0 = 0℃$ 的条件下，热电势与热端温度的数值对照。为此，当使用热电偶测量温度时，如果冷端温度保持 0℃，则只要正确地测得热电势，通过特性分度表即可查得所测温度。但在实际测量中，热电偶的冷端温度会受环境温度或热源温度的影响，并不为 0℃。为了实现对温度的准确测量，对冷端温度变化所引起的误差常采取以下措施进行修正：

(1)恒温法

将热电偶的冷端保持在器皿中,如图 6-6 所示。此法适用于实验室,它能使冷端温度误差完全得到克服。

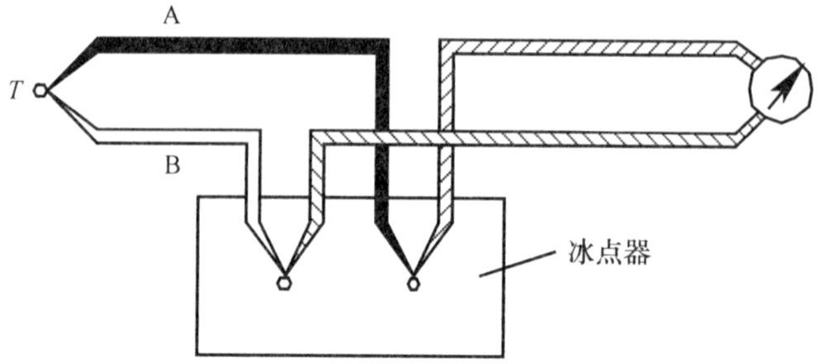

图 6-6 冷端 0℃恒温

(2)冷端补偿器法

工业上,人们常采用简便的冷端补偿器法。冷端补偿器是一个四臂电桥,其中三个桥臂电阻的温度系数为零,另一桥臂采用铜电阻 R_{Cu}(其值随温度变化),放置于热电偶的冷结点处,如图 6-7 所示。

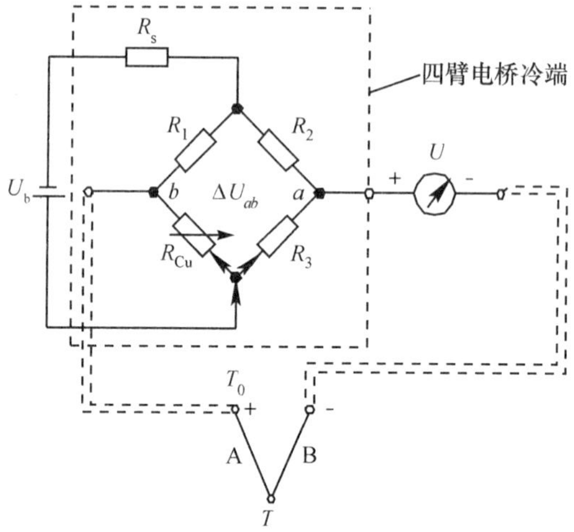

图 6-7 冷端补偿器法的原理

通常,选取合适电阻,在 $T_0=20℃$ 时电桥达到平衡。此时,若不考虑 R_s 和四臂电桥的负载影响,则有

$$\Delta U_{ab}=\left(\frac{R_{Cu}}{R_1+R_{Cu}}-\frac{R_3}{R_2+R_3}\right)U_b=0 \tag{6.26}$$

$$U=\Delta U_{ab}+U_{AB}(T)-U_{AB}(20℃)$$

当 T_0 上升(如 $T_0=T_n$)时,R_{Cu} 上升,ΔU_{ab} 上升,如果设计因补偿电阻 R_{Cu} 的变化在 ab 两端产生的电势差 $\Delta U_{ab}'=U_{AB}(T_n-20℃)$,则 U 维持不变,即

$$U=U_{AB}(T)-U_{AB}(20℃) \tag{6.27}$$

冷端补偿器所产生的不平衡电压正好补偿了由冷端温度变化引起的热电势变化值,仪表便可得到正确的温度测量结果。使用冷端补偿器应注意:

①由于电桥是在20℃达到平衡，所以此时应把温度表示的零位调整到20℃处；

②不同型号规格的冷端补偿器应与一定的热电偶配套；

③采用不需要冷端补偿的热电偶。

目前已经知道，镍钴-镍铝热电偶在300°C以下、镍铁-镍铜热电偶在50°C以下、铂铑$_{30}$-铂铑$_6$热电偶在50°C以下的热电势均非常小，只要实际的冷端温度在其范围内，使用这些热电偶就可以不考虑冷端误差。

表6-2给出了K[镍铬-镍硅(铝)]、J(铁-康铜)、E(镍铬-铜镍)、T(铜-康铜)型热电偶产生的相对于基准点冷端(0℃)的温差电势，K型热电偶在0℃时输出为0mV，在600℃时输出为24.902mV。如果放大器的增益由电位器调整为240.94倍，则在0℃时输出为0V，在600℃时输出为6V。

表6-2 K、J、E、T型热电偶产生的相对于基准点冷端(0℃)的温差电势

温度/℃	K型热电偶/mV	J型热电偶/mV	E型热电偶/mV	T型热电偶/mV
−200	−5.891	−7.890	−8.824	−5.603
0	0	0	0	0
200	8.137	10.777	13.419	9.286
400	16.395	21.846	28.943	20.869
600	24.902	33.096	45.085	
800	33.277	45.498	61.022	
1000	41.269	57.942	76.368	
1200	48.828	69.536		

6.3.3 热电偶的特性

1. 热电偶的电压灵敏度

电压灵敏度S_u是输出电压信号$|U_{L,\omega}|$与入射光辐射通量的幅值Φ_0之比，用公式表达为

$$S_u = \frac{|U_{L,\omega}|}{\Phi_0} = \frac{M_s R_L}{R_{ci} + R_L} \cdot \frac{\eta}{G_h^* (1 + \omega^2 \tau_T^2)^{1/2}} \tag{6.28}$$

$\omega = 0$时即为直流情况。可见，要提高热电偶的电压灵敏度S_u，可以有多种方法，如选用塞贝克系数M_s值较大的热敏材料，将光敏面涂黑(以增大对光辐射的吸收率η)，减小内阻R_{ci}等。另外，还可减小调制频率ω，特别是在低频调制时($\omega\tau_T \ll 1$)，还可通过减小热导G_h来达到提高S_u的目的。对于高频调制情况，$\omega\tau_T \gg 1$，此时$S_u \propto 1/\omega$，灵敏度将随调制频率的提高而减小，所以热电偶适用于低频情况。

半导体测辐射热电偶的电压灵敏度S_u约为50 μV/μW。

2. 热响应时间常数

热电偶的热响应时间常数τ_T比较大，为几到几十毫秒。因此，它适用于探测恒定的或低频(一般不超过几十赫兹)调制的光辐射。但据报道，采用在BeO衬底上制造Bi-Ag结构工艺的热电偶，其热响应时间常数可降至10^{-7}s以下，可用于探测高频调制的光辐射。

由式(6.28)可知，热电偶在响应交变辐射时的电压灵敏度 S_u 随热响应时间常数 τ_T 的增大而减小。因此，在要求 S_u 值高的场合，应选用 τ_T 值小的热电偶；当对 S_u 的要求不太高时，可选择 τ_T 值较大的热电偶，但此时的响应速度较慢。

3. 热电偶的内阻

热电偶的电阻值 R_{ci} 决定于所用的热敏材料及结构。由于热敏材料的电阻率一般都很低，热电偶的电阻值不大，一般为几十欧姆。同时，也由于这个原因，要使热电偶与后续的放大器的阻抗相匹配，只能利用变压器放大技术，其结果使装置的结构复杂化。

4. 噪声等效功率

热电偶的噪声主要来自两个方面：一是由热电偶具有的欧姆电阻所引起的热噪声；二是由光敏面温度起伏所产生的温度噪声。根据式(6.28)，外电路闭合时热电偶的噪声等效功率为

$$\mathrm{NEP} = \left(\frac{\overline{u_{nr}^2}}{S_u^2} + \overline{W_T^2}\right)^{1/2} = \left(4kR_{ci}T \cdot \frac{G_h^{*2} + \omega^2 C_h^2}{M_s^2 \eta^2} \cdot \Delta f + 4kG_h T^2 \cdot \Delta f\right)^{1/2} \tag{6.29}$$

其中，括号内第一项对应于热噪声的贡献，第二项对应于温度噪声的贡献。半导体测辐射热电偶的噪声等效功率一般为 10^{-11} W 左右。

5. 热电堆的主要特点

为了简便起见，设热电堆由 n 个性能一致的热电偶串联构成。

(1) 热电堆的内阻

热电堆的内阻 R_{pi} 是所有串联热电偶的内阻之和，即

$$R_{pi} = \sum_{i=1}^{n} R_{ci}^{(i)} = n \cdot R_{ci} \tag{6.30}$$

热电堆的内阻 R_{pi} 较大，可达几十千欧，易于与放大器的阻抗匹配，可利用普通的运算放大器。

(2) 热电堆的温差电动势

在温差相同时，热电堆的开路输出电压 U_{po} 是所有串联热电偶的温差电动势之和，即

$$U_{po} = \sum_{i=1}^{n} U_{co}^{(i)} = nU_{co} = n \cdot M_s \cdot \Delta T \tag{6.31}$$

其中，U_{po} 是单个热电偶产生的温差电动势。可见，热电偶的数目越多，热电堆的温差电动势就越大。这样，在相同的电信号检测条件下，热电堆能检测到的最小温差就是单个热电偶的 $1/n$。因此，热电堆对温度的分辨能力大大增强。

另外，如果单个热电偶在测量时的绝对误差都相等，即

$$\Delta U_{c1} = \Delta U_{c2} = \cdots = \Delta U_{cn}$$

则整个热电堆的测量误差为

$$\Delta U_{po} = (\Delta U_{c1}^2 + \Delta U_{c2}^2 + \cdots + \Delta U_{cn}^2)^{1/2} = \sqrt{n} \cdot \Delta U_{c1}$$

因此，整个热电堆在测量时的相对误差为

$$\delta_p = \frac{\Delta U_{po}}{U_{po}} = \frac{\sqrt{n} \cdot \Delta U_{c1}}{n \cdot U_{co}} = \frac{1}{\sqrt{n}}\delta_c$$

其中，$\delta_c = \dfrac{\Delta U_{c1}}{U_{co}}$ 是单个热电偶在测量时的相对误差。可见，与单个热电偶相比，热电堆的测量准确度要高 $n^{1/2}$ 倍。

6.3.4　热电偶的应用

钨铼系热电偶主要应用在超高温的测量中。我国现在生产的钨铼系热电偶的使用温度范围为200～300℃，其上限主要受绝缘材料的限制；就其电极材料本身的耐温情况来看，其测温上限可高达 2800℃，它们适用于惰性气体及氢气，在真空中也可短期使用。

铠装热电偶具有良好的机械性能，抗震抗冲击，适合各种条件下的工业现场使用，尤适于高压容器内的温度测量，常见的铠装方式如图 6-8 所示。

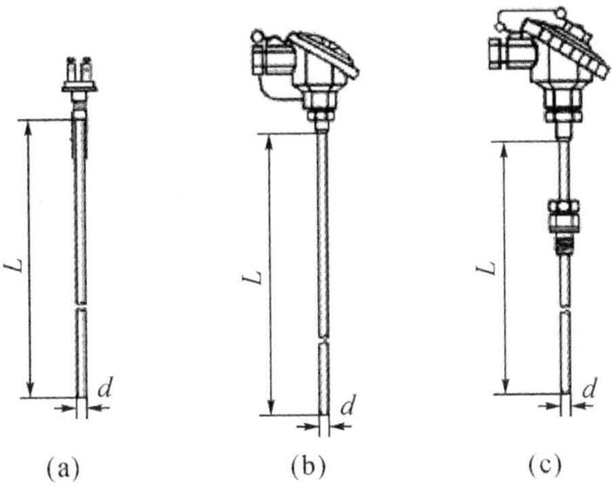

图 6-8　常见的铠装方式

热电堆已广泛应用于光谱、光度测量仪器中，尤其是其在高/低温探测领域的作用是其他探测器件无法取代的。在民用方面，已利用热电堆对空调、微波炉、烘干机等家用电器进行非接触式温度测量。

激光功率计

激光功率计是用来测试连续激光的功率或者脉冲激光在某一段时间的平均功率的仪器。另外还常用到激光能量计，用来探测重复脉冲激光的单发能量和单脉冲激光的能量。热电堆型激光功率计通过热电堆结构将光能转换成热量，再转换为电信号输出，通过校准来精确测量激光功率的大小。

6.4　热释电探测器

6.4.1　热释电效应

根据转动对称性，晶体被分为 32 种类型。在这 32 类晶体中，有 20 类压电晶体，它们都是非中心对称的。在这 20 类压电晶体中，有 10 类具有唯一的极性轴，称为极性晶体。极性晶体在外电场和应力均为零的情况下，晶体内正负电荷的中心并不重合，而是呈现电偶极矩，也就是说，晶体本身具有自发的电极化，如图 6-9 所示。

由于极性晶体内部具有自发极化，因此在与自发极化强度垂直的两个晶体表面上将出现面束缚电荷，一面是正束缚电荷，另一面是负束缚电荷。面束缚电荷密度等于自发极化

强度 P_s。平时这些束缚电荷常被晶体内或表面附近空间的自由电荷所中和，故显现不出来，但只要温度产生变化，晶体中离子间的距离和电偶极矩的角度发生变化，从而导致自发极化强度和面束缚电荷产生变化，在垂直于极轴的两个端面之间产生微小的电压。由于自由电荷中和面束缚电荷所需的时间常数较大，需 1～1000s，而晶体自发极化的弛豫时间很短，约为 10^{-12}s，因此在自由电子被完全中和之前，在晶体表面会出现电势差，在有外部回路时，产生电流，可响应快速的温度变化，这种现象被称为热释电效应，如图 6-10 所示。

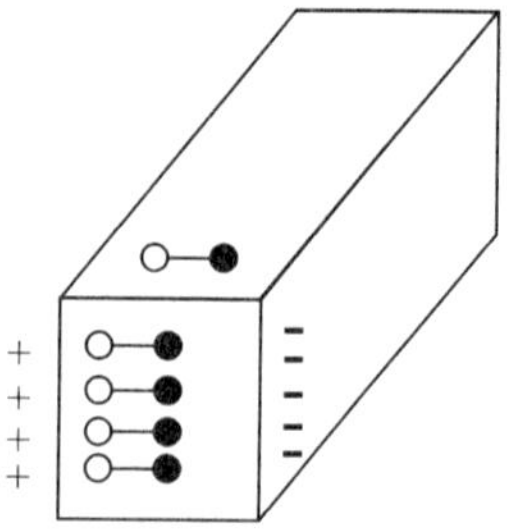

图 6-9 热释电材料

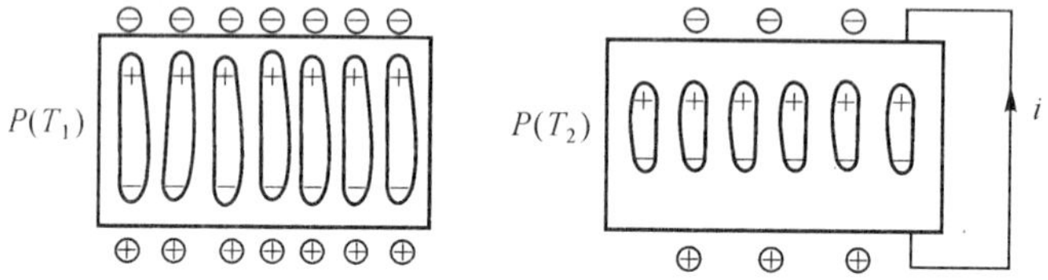

(a) 电子被完全中和　　(b) 电子未被完全中和

图 6-10 极化强度变化引起的电信号

热释电晶体的自发极化强度 P_s 与温度的关系如图 6-11(两种热释电晶体的温度特性)所示，随着温度的升高，极化强度减低，当温度升高到一定值，自发极化突然消失，这个温度常被称为“居里温度”或“居里点”。在居里点以下，极化强度 P_s 是温度 T 的函数，利用这一关系制造的热敏探测器称为热释电器件。

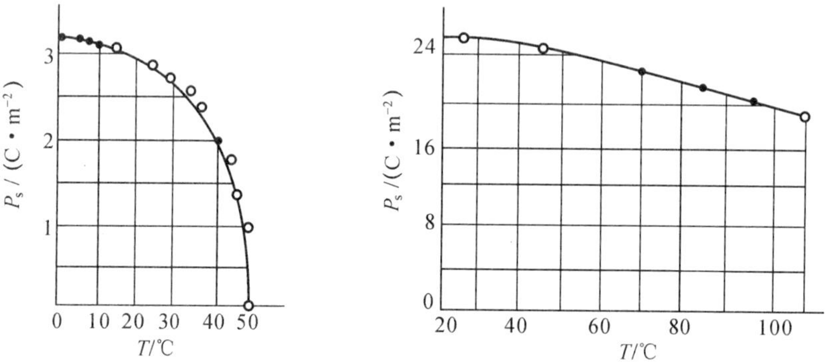

(a) TGC材料　　(b) $BaTiO_2$材料

图 6-11 自发极化强度随温度的变化

6.4.2 热释电材料的特性参数

1. 热释电系数 λ

热释电系数是指自发极化强度(面束缚电荷密度)P_s 随温度 T 的变化率，即

$$\lambda=\frac{\mathrm{d}P_s}{\mathrm{d}T} \tag{6.32}$$

大多数铁电体的热电系数 λ 大于 10^{-8}C/(cm^2 · K)。通常情况下，λ 越大，热释电材料的灵敏度越好；但同时由于 λ 大，介电常数 ε 也大，从而导致材料的时间响应性能变差。所以在实际应用时，需要综合考虑 λ 和 ε 两个因素，以保证器件的整体性能。

2. 介电常数 ε

热电晶体的介电常数是反映介质极化程度的一个宏观物理量。介质的极化程度，也就是对电荷的束缚能力，介电常数越大，对电荷的束缚能力越强，它是表示绝缘能力特性的一个系数。

热电晶体中的介电常数随晶轴方向、电场和温度而变化，因此介电常数通常指常温、弱电场强度情况下极轴方向的介电常数，介电常数大，时间常数也大，影响器件的中高频性能。

热电晶体的复数介电常数表示为

$$\varepsilon=\varepsilon'-j\varepsilon'' \tag{6.33}$$

其中，实部和虚部分别是交变电场频率和温度的函数。ε''与ε'之比称为损耗因子，即

$$\tan\delta=\frac{\varepsilon''}{\varepsilon'} \tag{6.34}$$

介质在交变电场中要消耗功率，它等效于电路中存在交流阻抗，损耗的大小与材料的ε''及电场频率 ω 有关。ε''大的铁电体其介质损耗也大，同一介质低频时损耗比高频时要小。

6.4.3　热释电探测器的工作原理

用热释电材料探测红外辐射的工作原理如图 6-12 所示，晶片切割方向与自发极化方向垂直，在与自发极化强度垂直的两个晶体表面上镀上电极，作为信号的读出引脚，这两个面同时作为辐射接收面，由于辐射要通过电极层才能到达晶体，所以电极对于待测的辐射波段必须透明。

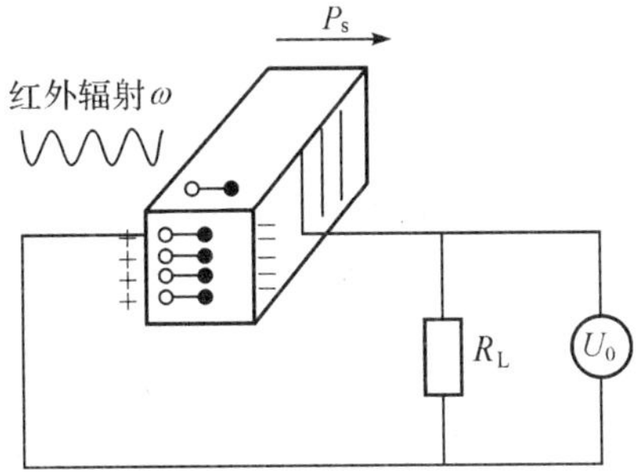

图 6-12　热释电器件的工作原理

红外辐射照射到晶片上，初始时会出现电压，两端电极若接上负载，就会有电流通过。如果红外辐射的频率过低，以至于热释电效应所产生的极化电荷很快被中和，则不能进行有效探测。若频率提高，极化电荷来不及被中和，就会在负载 R 两端出现交流信号电压，在满足 $\omega>1/\tau_0$（ω 为入射辐射的调制周期，τ_0 为中和表面出现的束缚电荷的平均时间）时具有较好的响应特性，其等效电路可以表示为图 6-13。当辐射变化频率进一步提高时，由于介电常数的影响[可以理解为图 6-13(b)中的等效电容]，器件的响应又将变差。

设晶体的自发极化矢量为 P_s，P_s 的方向垂直于探测器的两个极板平面，如图 6-14 所示。接收辐射的极板和另一极板的重叠面积为 A_d，辐射引起的温升为 ΔT，由于晶体温度的变化而导致的极板表面上束缚电荷的变化量为

$$\Delta Q=A_d\cdot\Delta\sigma$$

σ 为面束缚电荷密度，由于 $\sigma=P_s$，则有

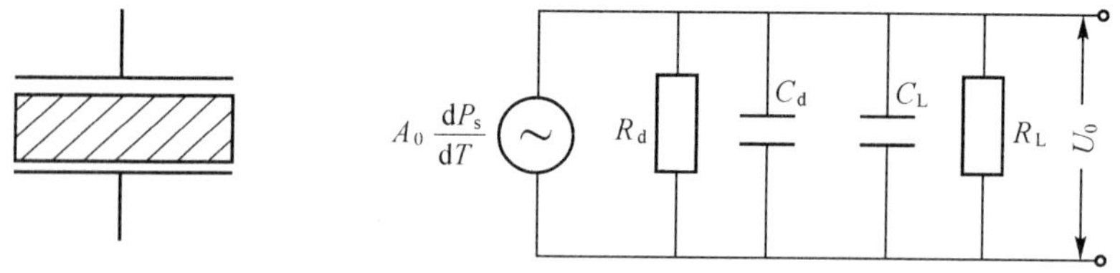

(a) 图形符号　　(b) 等效电路

图 6-13　热释电器件的图形符号和等效电路

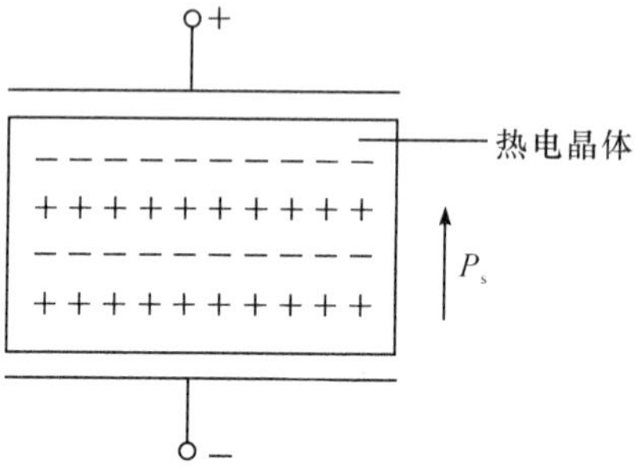

图 6-14　自发极化现象

$$\Delta Q = A_d \cdot \Delta P_s = A_d \cdot \frac{\Delta P_s}{\Delta T} \cdot \Delta T = A_d \cdot \gamma \cdot \Delta T \tag{6.35}$$

热释电器件可等效为电流源，如图 6-13(b)所示，R_d、C_d 分别为等效电阻和等效电容，R_L、C_L 分别为外接负载电阻和电容，由于温度变化在负载上产生的电流是束缚电荷的时间变化率，可以表示为

$$I_s = \frac{dQ}{dt} = A_0 \lambda \frac{dT}{dt} \tag{6.36}$$

其中，A_0 为晶体受光面面积；λ 为热释电系数；$\frac{dT}{dt}$ 为热释电晶体的温度随时间的变化率（T 表示温度，t 表示时间）。温度变化速率与材料的吸收率和热容有关，吸收率大，热容小，则温度变化率大。可见，热释电器件的响应正比于热释电系数和温度的变化速率 $\frac{dT}{dt}$。

热释电器件产生的热释电电流在负载电阻上产生的电压为

$$U_0 = I_s R_E = A_0 \lambda \frac{dT}{dt} R_E \tag{6.37}$$

其中，R_E 为 R_d、C_d、R_L、C_L 的并联等效阻抗。

如图 6-13(b)的等效电路所示，有

$$R_E = \frac{1}{1/R + j\omega C} = \frac{R}{1 + j\omega RC} \tag{6.38}$$

其中，$R = \frac{R_L R_d}{R_L + R_d}$；$C = C_L + C_d$；$\omega$ 为输入信号的调制频率。R_E 的模值为

$$|R_E| = \frac{R}{(1 + \omega^2 R^2 C^2)^{1/2}} \tag{6.39}$$

对于热释电系数为 λ、电极面积为 A 的热释电器件，其在调制频率为 ω 的交变辐射下的温度可以表示为

$$T = |\Delta T_\omega| e^{j\omega t} + T_0 + \Delta T_0$$

其中，T_0 为环境温度；ΔT_0 表示热释电器件接收光辐射后的平均温升；$|\Delta T_\omega| e^{j\omega t}$ 表示与时间相关的温度变化。因此，对 T 进行微分后有

$$\frac{dT}{dt}=\omega|\Delta T_\omega|e^{j\omega t} \tag{6.40}$$

可以得到

$$U_0=A_0\lambda\frac{dT}{dt}|R_E|=A_0\lambda\omega|\Delta T_\omega|\frac{R}{(1+\omega^2R^2C^2)^{1/2}}e^{j\omega t} \tag{6.41}$$

由式(6.20)可得

$$|\Delta T|=\frac{\eta\Phi_0}{G\left(1+\omega^2\dfrac{C^2}{G^2}\right)^{1/2}}=\frac{\eta\Phi_0}{G(1+\omega^2\tau_T^2)^{1/2}} \tag{6.42}$$

其中，$\tau_T=C_h/G_h$ 为热响应时间常数。

得到输出电压的幅值为

$$|U_0|=\frac{\eta\omega\lambda A_0R}{G(1+\omega^2\tau_e^2)^{1/2}(1+\omega^2\tau_T^2)^{1/2}}\Phi_0 \tag{6.43}$$

其中，$\tau_e=RC$ 为电路时间常数；τ_e、τ_T 的数量级为 0.1～10s。

通常热释电器件的电极按照性能的不同要求做成如图 6-15 所示的面电极和边电极两种形式。如图 6-15(a)所示的面电极置于热释电晶体的前后表面上，其中一个电极位于光敏面上，对于待测的辐射波段透明。这种电极结构的电极面积较大，极间距离较小，因而极间电容较大。在如图 6-15(b)所示的边电极结构中，电极所在的平面与光敏面互相垂直，电极间距较大，电极面积较小，因此极间电容较小。由于热释电器件的响应速度受极间电容的限制，因此，在高速运用时应采用极间电容小的边电极形式。

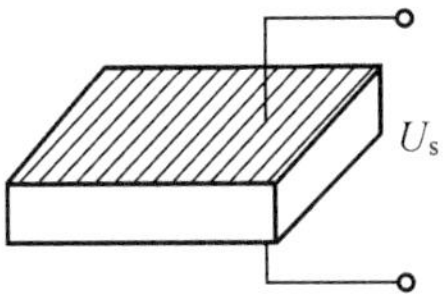

(a) 面电极

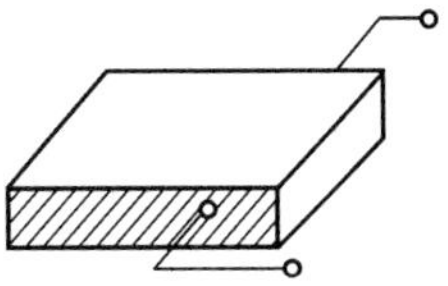
(b) 边电极

图 6-15　电极形式

6.4.4 热释电器件的性能

1. 响应度

S_T 的表达式为

$$S_T=\frac{U_0}{\Phi_0}=\frac{A_0\lambda\eta\omega R}{G(1+\omega^2\tau_T^2)^{1/2}(1+\omega^2\tau_e^2)^{1/2}} \tag{6.44}$$

可以看出：当入射信号的调制频率 $\omega=0$ 时，$S_T=0$；在低频段 $\omega<1/\tau_e$或 $\omega<1/\tau_T$时，R_T 与 ω 成正比；当 $\tau_e\neq\tau_T$ 时(通常 $\tau_e<\tau_T$)，在 $\omega=1/\tau_e\sim\tau_T$ 范围内，S_T 与 ω 无关；在高频段($\omega>1/\tau_e,1/\tau_T$)时，S_T 则随 ω 成反比变化。

热释电器件响应度和工作频率的关系如图 6-16 所示，其中 R 表示负载电阻的大小。

由图 6-16 可见，增大 R 可以提高灵敏度，但是频率响应的带宽变窄。应用时必须考虑灵敏度与频率响应带宽的矛盾，根据具体应用条件，合理选用恰当的负载电阻。

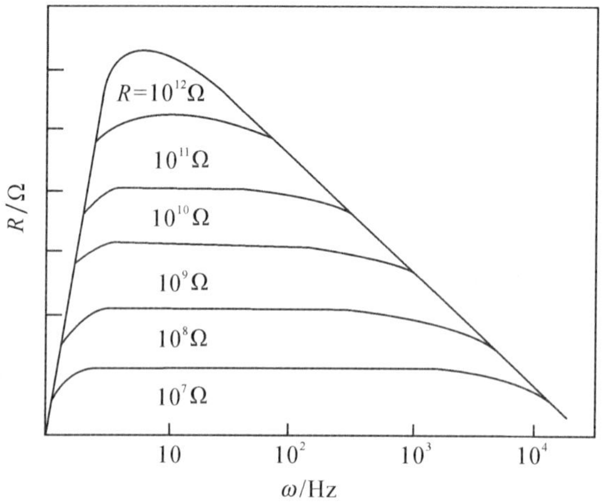

图 6-16 热释电器件响应度和工作频率的关系

2. 噪声

热释电器件的基本结构是一个电容，因此输出阻抗很高，它后面常接有场效应管，构成源极跟随器的形式，使输出阻抗降低到适当数值。在分析噪声的时候，也要考虑放大器的噪声。热释电器件的噪声主要有电阻的热噪声、由辐射场的起伏引起的器件温度随机起伏而导致的温度噪声和放大器噪声等。

(1)热噪声

电阻的热噪声来自晶体的介电损耗和与探测器并联的电阻。若等效电阻为 R_E，则热噪声电流的方均值为

$$\overline{I_R^2}=4kT_R\Delta f/R_E \tag{6.45}$$

其中，k 为玻尔兹曼常数；T_R 为器件的温度；Δf 为系统的带宽。以图 6-13(b)为例，热噪声电压为

$$\sqrt{\overline{U_{NJ}^2}}=\frac{(4kTR\Delta f)^{1/2}}{(1+\omega^2\tau_e^2)^{1/4}} \tag{6.46}$$

当 $\omega^2\tau_e^2\gg1$ 时，式(6.46)可简化为

$$\sqrt{\overline{U_{NJ}^2}}=\left(\frac{4kTR\Delta f}{\omega\tau_e}\right)^{1/2} \tag{6.47}$$

表明热噪声电压随调制频率的升高而下降，因此在应用时，在不影响响应度的情况下，将调制频率适当提高，有助于提高信噪比。

(2)温度噪声

温度噪声$\overline{I_T}$来自热释电器件的光敏面与外界辐射交换能量的随机性，是一种散粒噪声，属于白噪声，噪声电流的方均值为

$$\overline{I_T^2}=\gamma^2A_0^2\omega^2\Delta\overline{T^2}=\gamma^2A_0^2\omega^2\left(\frac{4kT^2\Delta f}{G}\right) \tag{6.48}$$

其中，k 为波尔兹曼常数；T 为绝对温度；A_0 为器件接收面积；γ 为吸收率；A 为电极的面积；Δf 为工作带宽。

(3)放大器噪声

放大器噪声来自放大器中的有源器件和无源器件及信号源的阻抗和放大器输入阻抗

之间噪声的匹配等方面。设放大器的噪声系数为 F，把放大器输出端的噪声折算到输入端，认为放大器是无噪声的，这时放大器输入端的噪声电流方均值为

$$\overline{I_k^2}=4k(F-1)T_d\Delta f/R_L \tag{6.49}$$

其中，T_d 为背景温度。

(4)响应时间

热释电器件对低重复频率的高速突变辐射信号有较快速的响应，如可对激光脉冲做出响应，但是对高重复频率的信号，由于介电常数的影响，不能很好地响应。

6.4.5 常见热释电探测器的种类

与其他热探测器相比，热释电探测器具有以下优点：①具有较宽的频率响应范围，工作频率接近兆赫兹，远远超过其他热探测器的工作频率。一般热探测器的时间常数典型值为 0.01～1s，而热释电探测器的有效时间常数可低至 $3\times10^{-5}\sim3\times10^{-4}$ s。②热释电探测器的探测率高，图6-17是几种常见热探测器的 D^* 值，热释电探测器具有明显的优势。③热释电探测器可以有大面积均匀的敏感面，而且工作时可以不外接偏置电压。④与热敏电阻相比，它受环境温度变化的影响更小。⑤热释电器件的强度和可靠性比其他多数热探测器都要好，且制造比较容易。

由于热释电探测器具有众多优点，因此得到广泛的应用，目前常用的热释电探测器有以下五大类：

1. 硫酸三甘肽(TGS)晶体热释电探测器

它在室温下的热释电系数较大，介电常数较小，比探测率 D^* 值较高($D^*(500,10,1)$ 为 $1\times10^9\sim5\times10^9\,\mathrm{cm\cdot Hz^{1/2}\cdot W^{-1}}$)。在较宽的频率范围内，这类探测器的灵敏度较高，因此，至今仍是广泛应用的热辐射探测器件。TGS 晶体热释电探测器可在室温下工作，具有光谱响应宽、灵敏度高等优点，是一种性能优良的红外探测器，广泛应用于红外光谱领域。

掺丙乙酸的 TGS(LATGS)具有很好的锁定极化特点，温度由居里温度以上降到室温，仍无退极化现象，热释电系数也有所提高。掺杂后 TGS 晶体的介电损耗减小，介电常数下降，前者降低了噪声，后者改进了高频特性。在低频情况下，这种热释电探测器的噪声等效功率(noise equivalent power，NEP)为 $4\times10^{-11}\,\mathrm{W/Hz^{1/2}}$，相应的 D^* 值为 $5\times10^9\,\mathrm{cm\cdot Hz^{1/2}\cdot W^{-1}}$。它不仅灵敏度高，而且响应速度也很快。

图 6-18 为 LATGS 的噪声等效功率 NEP 和比探测率 D^* 与工作频率 f 的关系。

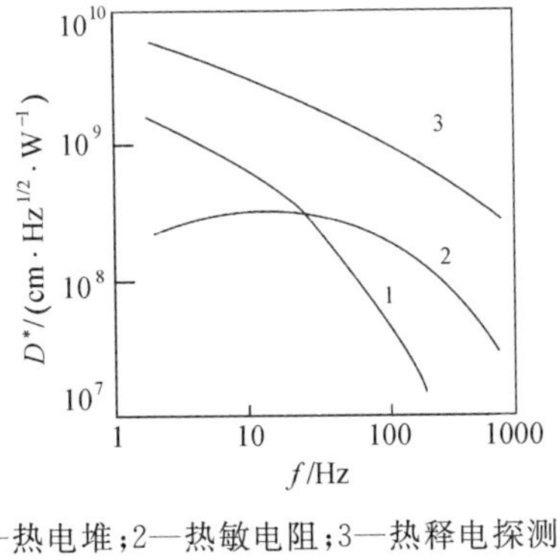

1—热电堆；2—热敏电阻；3—热释电探测器。

图 6-17　几种常见热探测器的 D^* 值

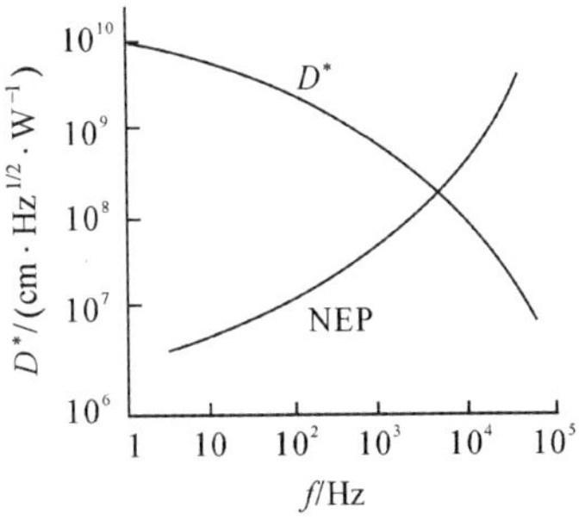

图 6-18　LATGS 的 NEP 和 D^* 与 f 的关系

2. 铌酸锶钡(SBN)热释电探测器

这种热释电探测器由于材料中钡含量的提高而使居里温度相应提高。例如，钡含量从0.25增加到0.47，其居里温度相应从47℃升高到115℃。SBN热释电探测器在大气条件下性能稳定，不需要窗口材料，电阻率高，热释电系数大，机械强度高，在红外波段吸收率高，可不必涂黑。工作在500MHz也不出现压电谐振，可用于快速光辐射的探测。但SNB晶体在钡含量$x<0.4$时，如不加偏压，在室温下就趋于退极化；而当$x>0.6$时，晶体在生长过程中会开裂。

3. 钽酸锂($LiTaO_3$)热释电探测器

这种热释电探测器具有很吸引人的特性。在室温下它的响应约为TGS晶体热释电探测器的一半，但在低于0℃或高于45℃时都比TGS好。其居里温度T_c高达620℃，室温下的响应率几乎不随温度变化，可在很高的环境温度下工作；且能够承受较高的辐射能量，不退极化；它的物理化学性质稳定，不需要保护窗口；机械强度高；响应快(时间常数为13×10^{-12}s，极限为1×10^{-12}s)；适于探测高速光脉冲。可用于测量峰值功率为几千瓦，上升时间为100ps的Nd:YAG激光脉冲。钽酸锂热释电探测器的$D^*(500,30,1)$达8.5×10^8 $cm\cdot Hz^{1/2}\cdot W^{-1}$。

4. 压电陶瓷热释电探测器

压电陶瓷热释电探测器的特点是热释电系数较大，介电常数也较大，两者的比值并不高。其机械强度高，物理化学性能稳定，电阻率可以控制；能承受的辐射功率超过$LiTaO_3$热释电探测器；居里温度高，不易退极化。例如，锆钛酸铅热释电探测器的T_c高达365℃，$D^*(500,1,1)$高达$7\times10^8 cm\cdot Hz^{1/2}\cdot W^{-1}$。此外，这种热释电探测器容易制造，成本低廉。

5. 聚合物热释电探测器

有机聚合物热释电材料的热导小，介电常数也小；易于加工成任意形状的薄膜；其物理化学性能稳定，造价低廉。

在聚合物热释电材料中较好的有聚二氟乙烯(PVF2)、聚氟乙烯(PVF)及聚氟乙烯和聚四氟乙烯等共聚物。利用PVF2薄膜已使得$D^*(500,10,1)$达$10^8 cm\cdot Hz^{1/2}\cdot W^{-1}$。

6.4.6 热释电探测器的结构

图6-19为典型TGS热释电探测器。把制好的TGS晶体连同衬底贴于普通三极管管座上，上下电极通过导电胶、铟球或细铜丝与管脚相连，加上窗口后构成完整的TGS热释电探测器。

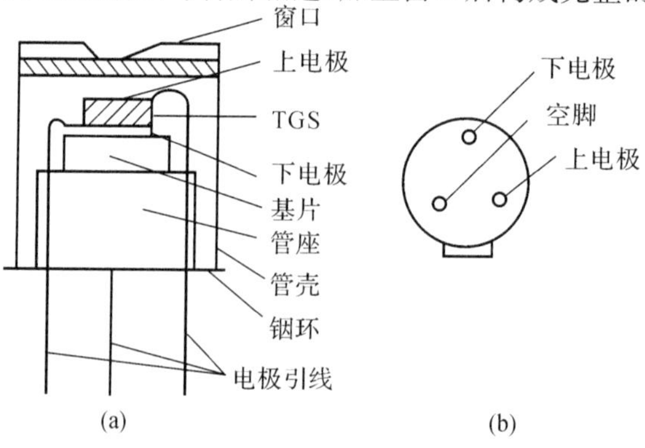

图6-19 典型TGS热释电探测器

为了降低探测器的总热导，人们一般采用热导率较低的衬底。管内抽成真空或充氪气等热导很低的气体。为获得均匀的光谱响应，可在热释电探测器灵敏层的表面涂特殊的漆，增加对入射辐射的吸收。所有的热释电器件同时又是压电晶体，因此它对声频振动很敏感，入射辐射脉冲的热冲击会激发热释电晶体的机械振荡，而产生压电谐振。这意味着在热释电效应上叠加有压电效应，产生虚假信号，使探测器在高频段的应用受到限制。为了提高热电器件的灵敏度和信噪比，常把热释电探测器与前置放大器（常为场效应管）做在一个管壳内。图 6-20 为一种典型的热释电探测器与场效应管放大器组合在一起的结构，图 6-20(b)和图 6-20(c)分别是其等效阻抗原理和结构原理。由于热释电探测器本身的阻抗高达 1010～1012Ω，因此场效应管的输入阻抗应高于 1010Ω，而且应采用具有较低噪声、较高跨导（g_m＞2000）的场效应管作为前置放大器。引线要尽可能短，最好将场效应管的栅极直接焊接到探测器的一个管脚上，并一同封装在金属屏蔽壳内，如图 6-20(a)所示。

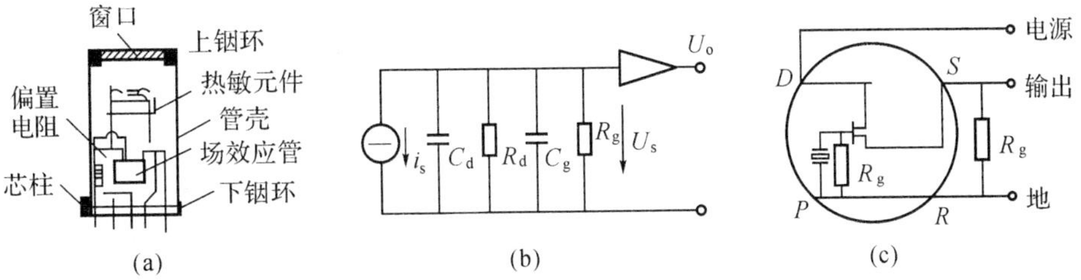

图 6-20　带前置放大器的热释电探测器

热释电探测器不仅保持了热探测器的共同优点，即室温宽波段工作，而且在很宽的频率和温度范围内具有较高的探测率，能承受较大的辐射功率并具有较小的时间常数，因此得到了广泛应用。例如，利用热释电探测器探测目标本身的热辐射强度，可用于空中与地面侦察、入侵报警、战地观察、火情观测、医用热成像、环境污染监视以及其他领域。在空间技术中，热释电探测器主要用来测量温度分布，或用于搜集地球辐射的有关数据。大气系统的热辐射和大气组分的光谱吸收带主要位于 3～25μm 范围内，而且用于测量这些辐射的变化频率不高，因此使用热释电探测器是合适的。例如，在艾托斯-D 卫星上装备有使用热释电晶体 TGS（硫酸三甘肽）的垂直温度分布辐射计，所用的 TGS 的 NEP 值小于 $1.5\times10^{-10}\,W\cdot Hz^{-1/2}$，工作温度为 35℃，调制频率为 16Hz，光敏面积为 2.25mm^2；在云雨 6 号卫星上所使用的压力调制辐射计和地球平衡测量仪都使用了热释电探测器，前者使用了两个 TGS 器件，用以测量 40km 和 85km 高度范围内的大气温度分布，后者使用了 $LiTaO_3$ 探测器，测量太阳和地球的辐射，该器件的 NEP 值为 $1.75\times10^{-9}\,W\cdot Hz^{-1/2}$。

习　题

6.1　试说明热容、热导和热阻的物理意义。热惯性用哪个参量来描述？它与时间常数 RC 有什么区别？

6.2　热敏电阻的灵敏度与哪些因素有关？

6.3　热电堆可以理解成热电偶有序积累而成的器件吗？

6.4 已知一热探测器的热响应时间常数、热容、热导，求出当调制辐射频率 f 变化时探测器温升的相对变化规律。

6.5 在使用热电偶或热电堆探测红外辐射时，开路和闭路情况下热端的温升是否相同？

6.6 在使用热电偶探测红外辐射时，有哪些方法可以提高其电压灵敏度？

6.7 热释电器件为什么不能工作在直流状态？工作频率等于何值时热释电器件的电压灵敏度达到最大值？

6.8 设铌酸锶钡的吸收系数为 0.85，计算铌酸锶钡热释电探测器在调制辐射频率为 500Hz 时的电压灵敏度。

6.9 热释电探测器可视为一个与电阻 R 并联的电容器。假定电阻 R 中的热噪声是主要的噪声源，试导出热释电探测器的最小可探测功率的表达式。

6.10 利用热释电探测器制作人体感应器时，为什么在探测器前面增加光学菲涅耳透镜？

第7章

光电信号的调制与扫描

列文虎克(A. Leeuwenhoek)出生于1632年,在很小的年纪就不得不面对父亲的去世,被迫来到阿姆斯特丹的一家干货商店当学徒,在那里他接触到放大镜,并对此产生了极大的兴趣。闲暇之余,他便耐心地磨起了自己的镜片。或许是太无聊,或许是太好玩,他一生中竟然磨制了400多个透镜,放大倍数竟然可以达到300倍!利用自制的显微镜,列文虎克为人们展现了一个全新的微观世界。他第一个发现并描绘了细菌,准确地描述了红细胞,证明了马尔皮基推测的毛细血管层是真实存在的,成为微生物学的奠基人。

与列文虎克同期的,还有一个人叫罗伯特·胡克(R. Hooke)。"胡克定律"就是以他的名字命名的。他不仅提出了弹性材料的胡克定律、万有引力的平方反比关系,设计了真空泵,还利用自制的显微镜发现了软木中的"小室",并将"cell"一词深深地刻进了现代人的脑海中。从此,显微镜的发展进入快车道,出现了形式多样、拥有不同功能的各类显微镜。

光波有振幅(亮度)、波长及相位等特征参数,当光束通过物体时,如果其波长和振幅发生变化,人们的眼睛就能观察到它,这就是普通显微镜下人们能够观察到被染色的生物样品的道理。

显微镜的变革,也使细胞学迎来了最为辉煌的发展时期。对细胞器、染色体等染色的方法的出现,使人们对于细胞这一生命最基本单位有了相当深入的认识。但是,染色毕竟影响甚至杀死了细胞,跟一堆死细胞玩真是太没意思了!直到1932年弗里茨·塞尔尼克(F. Zernike)发明了相位差显微镜来研究无色和透明的生物样品(这样细胞不再需要染色),这一情况才被彻底改变。塞尔尼克因此获得了1953年的诺贝尔物理学奖。然而在相位差显微镜刚被发明时其并没有得到足够多的重视,塞尔尼克与蔡司公司讨论过合作的可能性,但蔡司当时不感兴趣。直到第二次世界大战时塞尔尼克被纳粹党逮捕,媒体对塞尔尼克的报道才使相位差显微镜得到重视。相位差显微镜的原理是:利用样本中质点折射率不同或质点厚度不同,产生相位的变化进行成像,使活的新鲜生物样本不需要染色就可以被查看到。

偏振显微镜(polarization microscopy)也是一种非标记技术,由德国物理学家马克·贝雷克(M. Berek)在第二次世界大战前发明。偏振显微镜有两个偏振镜,一个装置在光源与被测样品之间,称为"起偏镜";另一个装置在物镜与目镜之间,称为"检偏镜"。如果起偏镜与检偏镜的偏振方向互相平行,那么光源射出的光束通过它们时视场最为明亮;反之,如果它们的偏振方向互相垂直,则视场完全黑暗;如果它们的偏振方向斜交时,则视场表现出中等的亮度。根据这一基本原理,将被测的样品放在显微镜台上,如果被检测物体是单折射体,则旋转镜台视野始终黑暗;如果旋转镜台一周,视野内被检测样品出现四明四暗,则说明被测样品是双折射体。许多结晶物质(如痛风结节中的尿酸盐结晶、尿结石、胆结石等)、人体组织的弹力纤维、胶原纤维、染色体等都是双折射体,就不可以利用偏振显微镜检验,进行定性与定量分析。

普通显微镜、相位差显微镜和偏振显微镜是光电信号调制的经典案例。

7.1 光电信号调制原理

7.1.1 光电信号调制基本概念

在光电检测中,常用光波的电场分量表示光波电磁波,这主要有两方面原因:一方面是因为根据麦克斯韦方程,磁场的磁场分量与电场分量之间有确定关系,电场分量求出后,可直接根据关系推导出磁场分量;另一方面是因为光强常用光波电场 $\boldsymbol{E}$ 振幅的平方来表示。

光波为电磁波,满足波动方程

$$\nabla^2 \boldsymbol{E}(\boldsymbol{r},t) - \frac{1}{c^2} \cdot \frac{\partial^2 \boldsymbol{E}(\boldsymbol{r},t)}{\partial t^2} = 0 \tag{7.1}$$

这里给出的是无源波动方程。E(r,t) 为光辐射电磁场量中的电矢量,c 为光速。

以后的学习中,我们一般是以光波电场为主要研究对象,且考虑光波电场为时谐单色波(具有单一频率,在时间、空间上无限连续的波),用复数表示为

$$\boldsymbol{E}(\boldsymbol{r},t) = \boldsymbol{E}(\boldsymbol{r}) \cdot \exp(-\mathrm{j}\omega t) \tag{7.2}$$

这里 ω 为角频率。将式(7.2) 代入式(7.1) 中,有

$$\nabla^2 E(\boldsymbol{r}) + k^2 \boldsymbol{E}(\boldsymbol{r}) = 0 \tag{7.3}$$

其中,$k^2 = \omega^2/c^2$。式(7.3) 就是著名的亥姆霍兹方程。

根据式(7.3) 的解 $E(r)$ 的不同形式,光波电场可分为平面波、球面波和柱面波等。

1. 平面波

平面波可用公式表示为

$$\boldsymbol{E}(r) = A \cdot \exp(\mathrm{j}\boldsymbol{kr})$$

其中 A 为振幅。这是一种在与传播方向正交的平面上各点电场或磁场具有相同值的波,其光强为

$$I(\boldsymbol{r}) = |\boldsymbol{E}(\boldsymbol{r})|^2 = |A|^2$$

波前为一个垂直于波矢 $\boldsymbol{k}$ 的平面。

2. 球面波

式(7.3) 的另一个解为

$$\boldsymbol{E}(\boldsymbol{r}) = \frac{A}{\boldsymbol{r}} \cdot \exp(\mathrm{j}\boldsymbol{kr})$$

这个解代表了球面波。将一个点光源放在各向同性均匀介质中,从点光源发出的光波以相同的速度沿径向传播,某一时刻电磁波所达到的各点将构成一个以点光源为中心的球面,这种光波就是球面波。

3. 柱面波

柱面波是一种无限长线光源发出的光波，其波面为圆柱形，柱面波 $\boldsymbol{E}(\boldsymbol{r})$ 可用公式表示为

$$\boldsymbol{E}(\boldsymbol{r})=\frac{\mathrm{A}}{\sqrt{\boldsymbol{r}}}\cdot\exp(\mathrm{j}\boldsymbol{kr})$$

既然光具有振幅、频率、相位、强度和偏振等参量，如果能够应用某种方法使被测参数被携带于这些参量中，使其按照调制信号的规律变化，那么光就受到了信号的调制，达到“运载”信息的目的。

7.1.2　光电信号调制的分类

1. 按调制次数分类

调制有一次调制和二次调制之分。将信息直接调制到光载波上称为一次调制；而先将光载波人为地调制成随时间或空间变化，再将被测信息调制到光载波上称为二次调制，这样做虽然看起来复杂，但它对提高信噪比和测量灵敏度，对信息处理的简化都有好处，还可以改善系统的工作品质和扩大目标定位范围。

2. 按载波波形分类

（1）直流载波：载波不随时间变化而只随信息变化。

（2）交流载波：载波随时间周期变化。

3. 按调制方式分类

（1）连续载波（又称模拟调制）：有调幅波、调频波、调相波、强度调制等形式。振幅调制就是光载波的振幅随调制信号的规律而变化的振荡，简称调幅；调频或调相就是光载波的频率或相位随着调制信号的变化规律而改变的振荡，因为这两种调制波都表现为总相角的变化，因此统称为角度调制；强度调制是使光载波的强度（光强）随调制信号规律变化的振荡。光束调制多采用强度调制形式，这是因为接收器一般都是直接响应其所接收的光强变化。

（2）脉冲载波：有脉冲调宽、调幅、调频和脉冲调位[脉冲调相或脉冲时间调制（PPM）]等形式。目前广泛采用在不连续状态下进行调制的脉冲调制和数字式调制（脉冲编码调制）。

脉冲调制是用间歇的周期性脉冲序列作为载波，并使载波的某一参量按调制信号规律变化的调制方法，即先用模拟调制信号对一电脉冲系列的某参量（幅度、宽度、频率、位置等）进行电调制，使之按调制信号规律变化，成为已调电脉冲序列，然后用这一已调电脉冲序列对光载波进行强度调制，就可以得到相应变化的光脉冲序列。

脉冲编码调制是把模拟信号先变成电脉冲序列，进而变成代表信号信息的二进制码，再对光载进行强度调制。要实现脉冲编码调制，必须进行三个过程：抽样、量化和编码。

① 抽样。抽样就是把连续信号波分割成不连续的脉冲波，用一定的脉冲序列来表示，且脉冲序列的幅度与信号波的幅度相对应。也就是说，通过抽样，原来的模拟信号变成脉幅调制信号。按照抽样原理，只要取样频率比所传递信号的最高频率大两倍以上，就能恢复原信号。

② 量化。量化就是把抽样后的脉幅调制波进行取“整”处理，用有限个数的代表值取代抽样值的大小，经抽样再通过量化过程变成数字信号。

③ 编码。编码是把量化后的数字信号变换成相应的二进制码的过程，即用一组等幅度、

等宽度的脉冲作为“码子”，用“有”脉冲和“无”脉冲分别表示二进制码的“1”和“0”。再将这一系列反映数字信号规律的电脉冲加到一个调制器上。为控制激光的输出，用激光载波的极大值代表二进制码的“1”，而用激光载波的零值代表“0”。这种调制方式具有很强的抗干扰能力，在数字激光通信中得到了广泛的应用。

4. 按时空状态分类

（1）时间调制：载波随时间和信息变化。

（2）空间调制：载波随空间位置变化后再按信息规律调制。

（3）时空混合调制：载波随时间、空间和信息同时变化。

5. 按调制器和光源的相对关系分类

（1）内调制

内调制又称直接调制，是指从发光器的内部采取措施进行调制，该方法要求光源具有极小的惰性。常用的光源有激光器、发光二极管、氖灯和氢灯等，通过调制电源来调制发光。采用交流供电时，发光频率是交流供电频率的两倍；采用脉冲供电时，发光频率与脉冲频率相同。脉冲电源也可由多种多谐振荡器和功率放大器组成。

发光二极管具有良好的频率特性，调制光谱可达吉赫数量级，加上价格相对便宜，所以是应用最多的调制光源。光通信中用的注入式半导体激光器就是内调制。

采用光源调制的好处除了设备简单外，还有能消除任何方向的杂散光以及探测器暗电流对检测结果的影响。

（2）外调制

外调制是在光传播过程中进行调制，常用各种调制器来实现，如电光调制器、声光调制器、磁光调制器等。它们都利用光电子物理学方法使输出光的振幅、相位、频率，光的偏振方向和光的传播方向随被测信息来改变。这些光调制器件又称光控器件。通常用得最多的是对光的振幅进行调制。由于光强与光振幅的平方成正比，因此对光的振幅进行调制也就是对光强的调制。此外，还可以用各种机械、光学电磁元件实现调制，如调制盘、光栅、电磁线圈等。

这个过程中的调制方法在光电检测中应用最多，如机械调制法、干涉调制法、偏振面旋转调制法、双折射调制法和声光调制法等。具体选用哪一类调制方案，应按探测器的用途所要求的灵敏度、调制频率以及所能提供光通量的强弱等具体条件来确定。

外调制按照调制对象又可分为调幅、调频、调相及强度调制等；按照调制的工作机理来分，主要有电光调制、声光调制、磁光调制等。

光电检测系统需利用外界输入的光波特性的变化检测出所需信息。如利用光波频率的变化可检测运动物体的速度。要用光波作为消息的载体，就必须解决如何将信息加到光波上去的问题。这种将信息加载于光波的过程称为调制，完成这一过程的装置称为调制器。其中被加载的光波称为载波，起控制作用的低频信息称为调制信号。

7.2 直接调制

直接调制是把要传递的信息转变为电流信号注入半导体[半导体激光器（LD）或半导

体发光二极管(LED)],从而获得调制光信号。由于它是在光源内部进行的,因此又称为内调制。根据调制信号的类型,直接调制又可以分为模拟调制和数字调制两种,前者是用连续的模拟信号(如电视、语音等信号)直接对光源进行光强度调制,后者是用脉冲编码调制的数字信号对光源进行强度调制。

1. 半导体激光器(LD)直接调制的原理

半导体激光器是电子与光子相互作用并进行能量直接转换的器件。图 7-1 是砷镓铝双异质结注入式半导体激光器的输出功率与驱动电流的关系曲线。半导体激光器有一个阈值电流 I_t,当驱动电流密度小于 I_t 时,激光器基本上不发光或只发很弱的、谱线宽度很宽、方向性较差的荧光;当驱动电流密度大于 I_t 时,则开始发射激光,此时谱线宽度、辐射方向显著变窄,相对辐射强度大幅度增加,而且随电流的增加线性增长,如图 7-2 所示。由图7-1 可以看出,发射激光的强弱直接与驱动电流的大小有关。若把调制信号加到激光器电源上,就可以直接改变(调制)激光器输出光信号的强度,由于这种调制方式简单,能工作在高频,并能保证良好的线性工作区和带宽,因此在光纤通信、光盘和光复印等方面得到了广泛的应用。

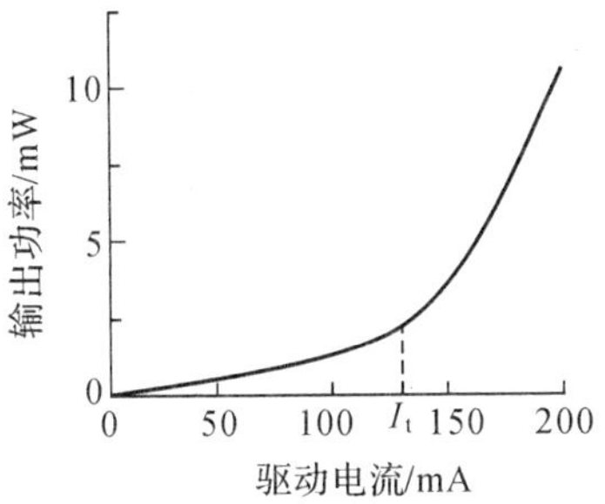

图 7-1　半导体激光器的输出特性

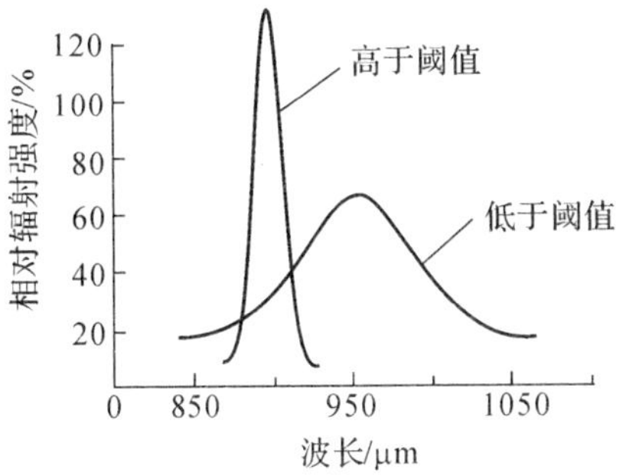

图 7-2　半导体激光器的光谱特性

图 7-3 是半导体激光器调制原理以及输出功率与调制信号的关系曲线。为了获得线性调制,使工作点处于输出特性曲线的直线部分,必须在加调制信号电流的同时加一适当的偏置源电流 I_b,这样就可以使输出的光信号不失真。但是必须注意,要把调制信号源与直流偏置源隔离,避免直流偏置源对调制信号源产生影响。当频率较低时,可用电容和电感

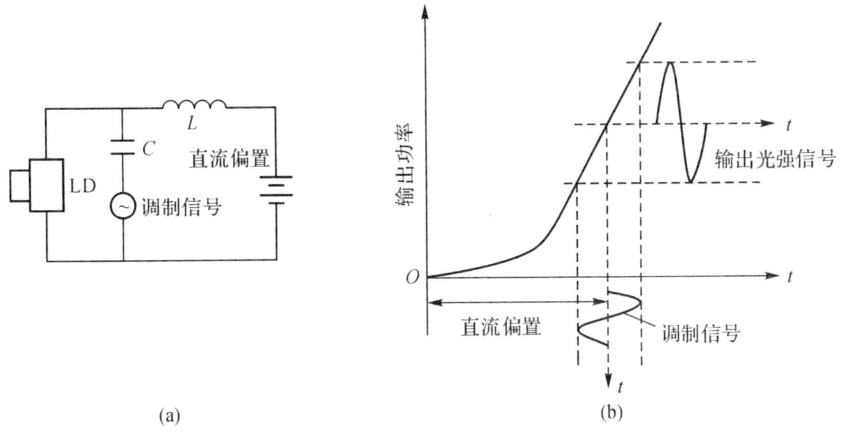

图 7-3　半导体激光器调制

线圈串接来实现；当频率很高(＞50MHz)时，则必须采用高通滤波电路。另外，偏置电源直接影响LD的调制功能，通常应选择 I_b 在阈值电流附近而且略低于 I_t，这样LD可获得较高的调制速率。因为在这种情况下，LD连续发射光信号不需要准备时间(即延迟时间很小)，其调制速率不受激光器中载流子平均寿命的限制，同时也会抑制张弛振荡。但 I_b 选得太大，又会使激光器的消光比降低，所以在选择偏置电流时，要综合考虑其影响。

半导体激光器处于连续调制工作状态时，无论有无调制信号，由于有直流偏置，所以功耗较大，甚至引起温升，会影响或破坏器件的正常工作。双异质结激光器的阈值电流密度比同质结的大大降低，其可以在室温下以连续调制方式工作。

要使半导体激光器在高频调制下工作不产生调制畸变，最基本的要求是输出功率要与阈值以上的电流呈良好的线性关系；为了尽量不出现张弛振荡，应采用条宽较窄结构的激光器。另外直接调制会使激光器主模的强度下降，而次模的强度相对增加，从而使激光器谱线加宽，调制所产生的脉冲宽度 Δt 与谱线宽度 $\Delta\nu$ 之间相互制约，构成所谓傅里叶变换的带宽限制，因此，直接调制的半导体激光器的能力受到 $\Delta t \cdot \Delta\nu$ 的限制，在高频调制下宜采用量子阱激光器或其他外调制器。

2. 半导体发光二极管(LED)的调制特性

半导体发光二极管由于不是阈值器件，它的输出功率不像半导体激光器那样会随注入电流的变化而发生突变，因此，LED的 P-I 特性曲线的线性比较好。图7-4是LED与LD的 P_{out}-I 特性曲线比较，其中 LED_1 和 LED_2 是正面发光型发光二极管的 P_{out}-I 特性曲线，LED_3 和 LED_4 是端面发光型发光二极管的 P_{out}-I 特性曲线。可见，发光二极管的 P_{out}-I 特性曲线明显优于半导体激光器。所以它在模拟光纤通信系统中得到广泛应用。但在数字光纤通信系统中，因为它不能获得很高的调制速率(最高只能达到100Mbps)而应用受到限制。

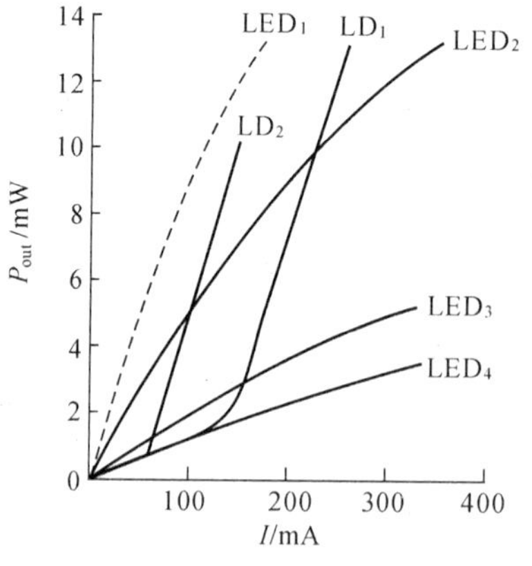

图7-4 LED与LD的 P_{out}-I 曲线比较

3. 半导体光源的模拟调制

无论是使用LD还是LED作为光源，都要施加偏置电流 I_b，使其工作点处于LD或LED的 P_{out}-I 特性曲线的直线段，如图7-5所示。其调制线性好坏与调制深度 m 有关，即

$$\text{LD}: m=\frac{\text{调制电流幅度}}{\text{偏置电流}-\text{阈值电流}}, \quad \text{LED}: m=\frac{\text{调制电流幅度}}{\text{偏置电流}}$$

当 m 大时，调制信号幅度大，但线性较差；当 m 小时，虽然线性好，但调制信号幅度小。

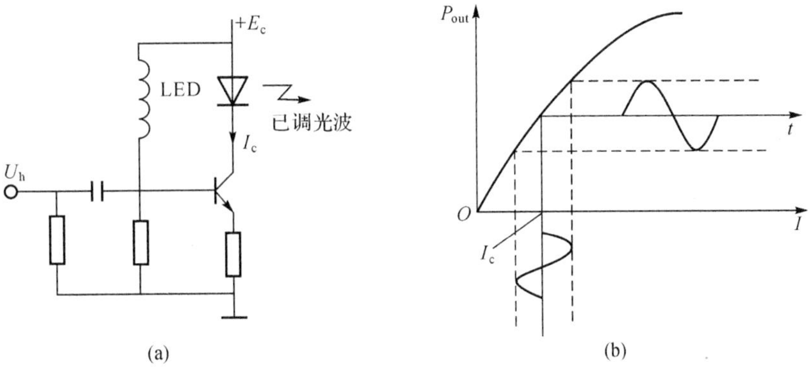

图 7-5　模拟信号驱动电路激光强度调制

因此，应选择合适的 m 值。另外，在模拟调制中，光源器件本身的线性特性是决定模拟调制好坏的主要因素。所以在线性要求较高的应用中，需要进行非线性补偿，即用电子技术校正光源引起的非线性失真。

4. 半导体光源的数字调制

数字调制是用二进制码"1"和"0"对光源发出的光波进行调制。而数字信号大都采用脉冲编码调制，即先将连续的模拟信号通过"抽样"变成一组调幅的脉冲序列；再经过"量化"和"编码"过程，形成一组等幅度、等宽度的矩形脉冲作为"码元"，将连续的模拟信号变成脉冲编码数字信号；最后用脉冲编码数字信号对光源进行强度调制，其调制特性曲线如图 7-6 和图 7-7 所示。直接调制的优点是可以简单地通过改变注入电流来实现，不需要配备其他调制器，在中短距离光电测距、光通信等领域得到广泛应用。

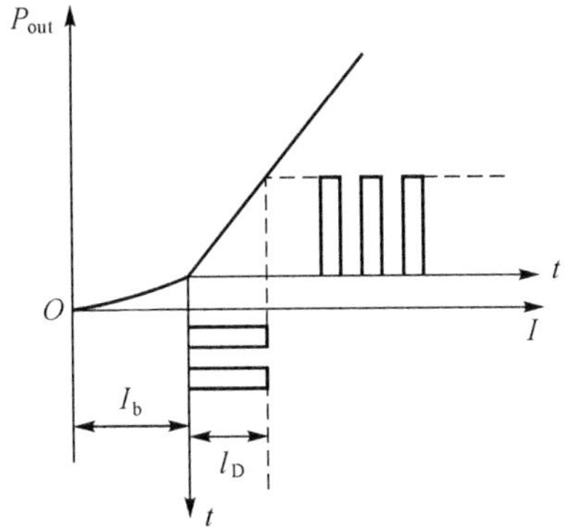

图 7-6　加 I_b 后的 LD 数字调制特性

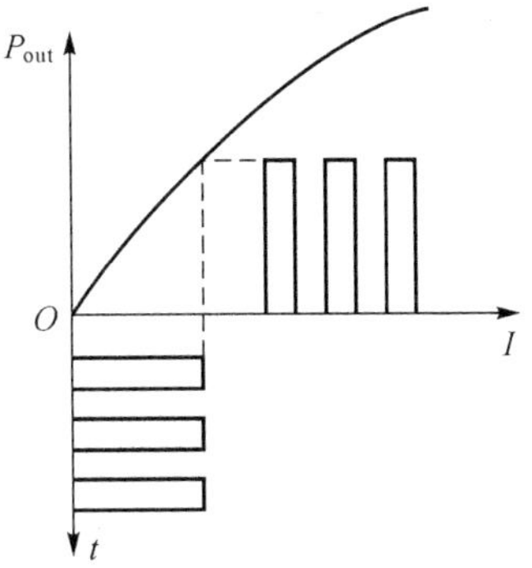

图 7-7　LED 数字调制特性

7.3　强度调制

强度调制器调制光波的方式有两种：调制光强和调制光束方向。调制光强的仪器有旋转光闸和光控调制器等。另外可以通过调制光束方向，如调制反射光或透射光来调制光强。

7.3.1 旋转光闸

旋转光闸也称为调制盘，是机电光强调制器的一种。对于缓变的辐射信号采用调制盘进行光学调制，有如下作用：

(1)缓变信号经调制后变为交变信号，这样可用交流前置放大器，避免了直流放大器零点漂移的缺点。

(2)大张角背景成像到调制盘上，将覆盖整个或大部分调制盘面积，所以背景辐射只改变调制信号的直流分量。通过滤波器可以滤掉其直流分量，起到过滤背景的作用。

(3)经调制和窄带滤波后，可以消除探测器和前置放大器的低频噪声。

(4)采用特殊设计的调制盘可以判别辐射信号的幅值和相位。

可见，调制盘是用来处理辐射信号的一种手段，其功能是将光的幅值或相位变为周期信号，即将空间分布的二维辐射信号变成一维的时间信号(把恒定的辐射通量变成周期性重复的辐射通量)。

它通常被放置于光学系统的焦平面上，位于光电探测器之前。调制盘的类型有幅度调制盘、相位调制盘、频率调制盘和脉冲编码式调制盘，如图 7-8 所示。下面通过实例说明调制盘的空间滤波作用。

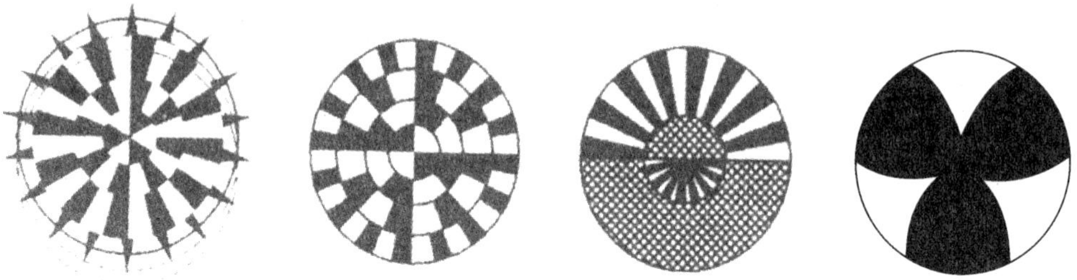

(a) (b) (c) (d)

图 7-8 调制盘的类型

目标(如飞机)辐射总是存在于背景辐射之中，因此背景辐射总是不可避免地与目标辐射同时进入探测系统。在一些系统中，背景辐射由于距离近甚至会比目标辐射大几个数量级，造成检测困难。利用目标和背景相对于系统的张角不同，调制盘可以抑制背景，从而突出目标，实现目标、背景分离。

采用如图 7-9 所示的双调制盘结构可以实现空间滤波。双调制盘由两个半圆部分组成：一个半圆为扇形格，作为目标幅度调制；另一个半圆为半透明区(透过率为 0.5)，作为目标相位调制。小张角目标成像到调制盘上是一个很小的像点；在调制盘转动后，目标像点交替经过调制盘的扇形条纹，产生一系列的脉冲。载波的频率由调制盘的转速和调制盘扇形条分格数决定。

相位调制区选择 0.5 透过率的目的是使上、下两部分对大面积背景透过的辐射通量相等，输出的幅值不随时间变化或只有很小的变化，基本上是直流信号。这样可以消除背景影响，有较强的过滤背景能力。

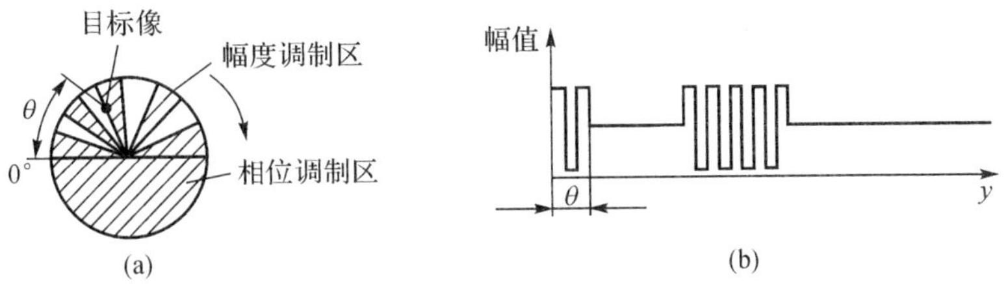

图 7-9　双调制盘结构及目标信号经调制后的输出波形

7.3.2　光控调制器

1. 电光强度调制

电光效应是指外加电场导致材料的折射率发生变化，因此材料的光学特性可以得到调制。这里所说的外加电场不是指光波中的电场，而是独立的外电场。通过在晶体两侧加上电极并接上电源，可以获得需要的外电场。施加的电场扭曲了物质分子或者原子中电子的运动状态，或者扭曲了晶体结构，从而改变了晶体的光学属性。例如，外电场把光学各向同性立方晶体（如 GaAs）变成了双折射晶体。电光效应可分为一阶电光效应和二阶电光效应。

折射率 n 随外电场强度 E 的变化函数为 $n = n(E)$，可以对 E 进行泰勒展开，则新折射率为

$$n' = n + a_1 E + a_2 E^2 + \cdots（电场诱导折射率） \tag{7.4}$$

其中，因子 a_1 和 a_2 分别叫作线性电光效应(linear electro-optical effect) 因子和二阶电光效应(second-order electro-optical effect) 因子。虽然在式(7.4) 中可以得到更高阶次项，但是这些通常十分小，且在实际高电场中可以忽略不计。基于一次项 E 的折射率 n 的变化称为普克尔斯效应(Pockels effect)。基于二次项 E^2 的折射率 n 的变化叫作克尔效应(Kerr effect)，且因子 a_2 通常记作 λK，其中 K 称为克尔系数(Kerr coefficient)。因此这两种效应用公式表达为

$$\Delta n = a_1 E（普克尔斯效应） \tag{7.5}$$

$$\sum n = a_2 E^2 = (\lambda K) E^2（克尔效应） \tag{7.6}$$

所有材料都具有克尔效应。有人可能认为所有材料的 a_1 值都不等于零，但是这并不正确，只有特定晶体材料才具有普克尔斯效应。如果在一个方向上施加电场 $\boldsymbol{E}$，然后反向施加电场 $-\boldsymbol{E}$，则根据式(7.5) 可知，Δn 的符号发生变化。在普克尔斯效应中，若折射率随着 $\boldsymbol{E}$ 而上升，则其随着 $-\boldsymbol{E}$ 而下降，即材料外加电场方向反向不会引起相同的效应（相同的 Δn）。对于电场 $\boldsymbol{E}$ 和 $-\boldsymbol{E}$，该结构的响应不同，因此结构中一定存在某种非对称性使得施加电场 $\boldsymbol{E}$ 和 $-\boldsymbol{E}$ 时出现差别。在非晶体材料中，任意方向上材料的电介质特性相同，则电场 $\boldsymbol{E}$ 导致的折射率变化 Δn 等于电场 $-\boldsymbol{E}$ 引起的 Δn。因此，所有的非晶体材料（如玻璃和液体）都有 $a_1 = 0$。同理，如果晶体材料具有对称中心，如图 7-10(a) 所示，则电场方向反向前后折射率变化一致，a_1 又等于 0。中心对称晶体如果由中心 O 向着离子 A 做矢量 $\boldsymbol{r}$，则做出相反矢量 $-\boldsymbol{r}$ 时，会在 $-\boldsymbol{r}$ 处找到相同类型的离子 B，即图 7-10(a) 中的 A 和 B 为相同的离子。图 7-10(b) 中的六方晶体结构为非中心对称。如果由中心 O 作 A 的矢量 $\boldsymbol{r}$，然后作反转矢量 $-\boldsymbol{r}$，则在 $-\boldsymbol{r}$ 处找到不相同的离子 B，即 A 和 B 两者属性不同。只有非中心对称晶体表现出普克尔斯效应。例如，NaCl 晶体中心对称，因此不表现出普克尔斯效应；然而 GaAs 晶体为

非中心对称晶体，外加电场时表现出普克尔斯效应。

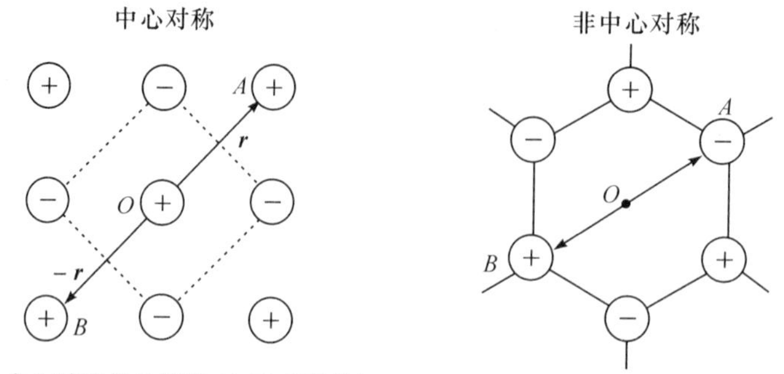

(a) 中心对称单元结构（如NaCl晶体）具有对称中心O

(b) 一种非中心对称单元结构。该结构中，六方晶体单元没有对称中心

图 7-10　中心对称与非中心对称晶体结构

如式(7.5)所示的普克尔斯效应过程过于简单，因为实际中需要考虑的是，沿着特定晶体方向施加的电场对给定传播方向和给定偏振的光束对应的折射率的影响。例如，假设x、y和z为晶体的主轴，沿着三个方向的对应折射率分别是n_1、n_2和n_3。光学各向同性晶体三种折射率相等，但是图7-11(a)中xy截面所示的单轴晶体满足$n_1=n_2\neq n_3$。假设在晶体两侧施加了适当的电压，因此沿z轴产生了外加直流电场$\boldsymbol{E}_a$。在普克尔斯效应中，外加电场改变了晶体的光率体，并且具体影响取决于晶体结构，例如，光学各向同性且具有球状光率体的GaAs晶体变成了双折射晶体，单轴晶体如KDP(KH_2PO_4——磷酸二氢钾)变成了双轴晶体。对于单轴KDP晶体，沿着z轴的电场$\boldsymbol{E}_a$围绕z轴旋转，旋转角为45°，如图7-11(b)所示，主轴方向折射率相应发生改变。新主轴折射率分别是n_1'和n_2'，此时横截面为椭圆形。图7-11(b)中外加电场条件下，沿z轴传播光束的折射率将为n_1'和n_2'。从图7-11(b)中可以明显看出，外加电场导致晶体产生新的主轴x'、y'和z'，而在此特殊情况下有$z'=z$。在一种重要的电光单轴晶体$LiNbO_3$(铌酸锂)中，沿着y轴的电场$\boldsymbol{E}_a$不会显著旋转其他两个主轴，但主轴折射率n_1和n_2(都等于n_0)分别变成了n_1'和n_2'，如图7-11(c)所示。

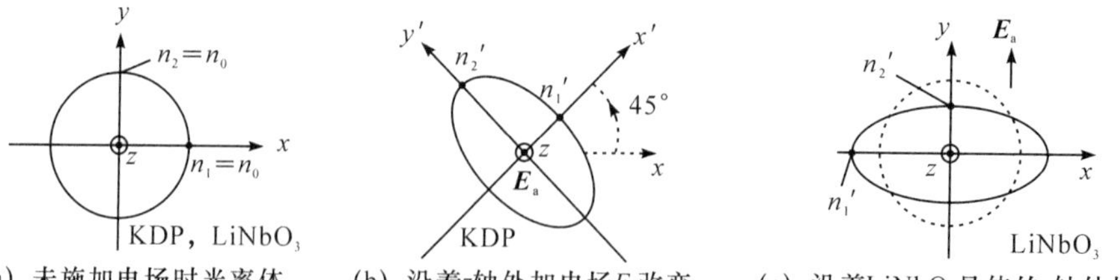

(a) 未施加电场时光率体横截面，有$n_1=n_2=n_0$

(b) 沿着z轴外加电场E_a改变光率体。在KDP晶体中，主轴旋转45°，变为x'和y'，相应折射率n_1和n_2分别变为n_1'和n_2'

(c) 沿着$LiNbO_3$晶体的y轴外加电场改变光率体，相应折射率n_1和n_2分别变为n_1'和n_2'

图 7-11　晶体不同方向施加外电场时，相应折射率的变化情况

这里以沿着$LiNbO_3$晶体z轴(光轴)传播的一束光波为例考虑几种情况。如图7-11(a)所示，任意偏振态光束的折射率相同($n_1=n_2=n_0$)。然而，当施加如图7-11(c)所示的平行于主轴y的电场$\boldsymbol{E}_a$时，光波相互垂直(沿着x轴和y轴)的两个偏振分量具有不同的折射率，分别为n_1'和n_2'。外加电场导致沿着z轴传播光束发生双折射效应。在此情况下，外加电

场诱导主轴旋转角度很小,可以忽略不计。施加电场之前,折射率 n_1 和 n_2 均等于 n_0。由普克尔斯效应可知,施加电场 $\boldsymbol{E}_a$ 后,新的折射率 n_1' 和 n_2' 分别为

$$n_1' \approx n_1 + \frac{1}{2}n_1^3 r_{22} E_a, n_2' \approx n_2 - \frac{1}{2}n_2^3 r_{22} E_a (\text{普克尔斯效应}) \tag{7.7}$$

其中,r_{22} 为常量,称为普克尔系数(Pockels coeffieient),取决于晶体结构和材料。系数的下标为不常用的 22,这是因为不只存在一个常数,它们都是沿着某个主轴方向上施加电场后晶体的光学响应张量的元素(精确的理论分析要通过数学推导而不是直观得出)。因此,必须使用正确的普克尔斯系数来表示特定晶体在特定电场方向上的折射率变化。若电场沿着 z 轴方向,则式(7.8) 中的普克尔斯系数为 r_{13}。

很明显,外加电场(电压) 控制折射率变化的方式具有明显的优势:可以通过控制或者调制普克尔斯晶体来改变光波相位,这种相位调制器(phase modulator) 称为普克尔斯盒(Pockels cell)。在纵向普克尔斯盒相位调制器(longitudinal Porkels cell phase modulator) 中,外加电场沿着光束传播方向;而在横向相位调制器(transverse phase modulator) 中,外加电场垂直于光束传播方向。对沿着 z 轴传播的光波,纵向普克尔斯效应和横向普克尔斯效应分别如图 7-11(b) 和图 7-11(c) 所示。

考虑如图 7-12 所示的横向相位调制器。其中,外加电场 $\boldsymbol{E}_a = U/d$,沿着 y 轴方向并垂直于光波传播方向 z 轴。假设入射光束为线偏振光(图 7-12 中的 $\boldsymbol{E}$),并与 y 轴的夹角为 45°,则沿 x 轴和 y 轴把入射光束分解为偏振光 E_x 和 E_y。E_x 和 E_y 对应的折射率分别为 n_1' 和 n_2',则当 E_x 穿过 l 后,相位改变量 φ_1 为

$$\varphi_1 = \frac{2\pi n_1'}{\lambda} l = \frac{2\pi l}{\lambda}\left(n_0 + \frac{1}{2}n_0^3 r_{22} \frac{U}{d}\right)$$

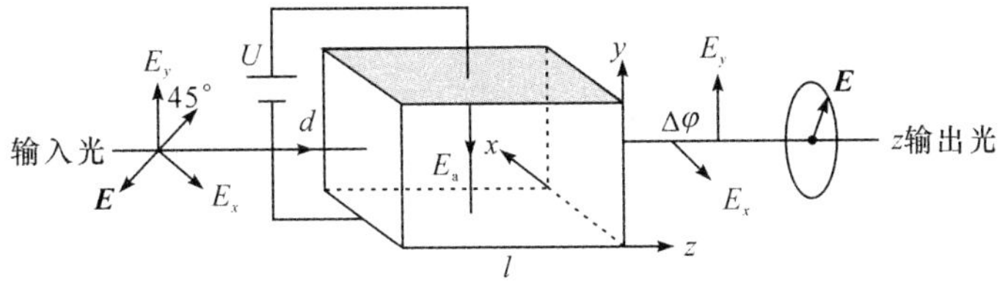

图 7-12　横向普克尔斯盒位调制器

注:线偏振光入射到电光晶体上,发射出圆偏振光

当分量 E_y 穿过 l 后,相位改变量 φ_2 与 φ_1 类似,只是 r_{22} 系数改变了符号。因此,两个电场分量的相位差 $\Delta\varphi$ 为

$$\Delta\varphi = \varphi_1 - \varphi_2 = \frac{2\pi}{\lambda} n_0^3 r_{22} \frac{l}{d} U (\text{横向普克尔斯效应}) \tag{7.8}$$

外加电压在两光波分量中插入了一个可调制的相位差 $\Delta\varphi$。因此,输出光波的偏振态可由外加电压控制,普克尔斯盒也被称为偏振调制器(polarization modulator)。仅仅调制外加电压 U,介质可以从 1/4 波片变为半波片。电压 $U = U_{\lambda/2}$ 称为半波电压(half-wave voltage),对应于 $\Delta\varphi = \pi$,即晶体为半波片。横向普克尔斯效应的主要优点在于,可以通过独立降低 d 来增大电场或者增大晶体长度 l,以获得更大的相位差,即 $\Delta\varphi$ 正比于 l/d;而纵向普克尔斯效应的情况不同。若 l 等于 d,则 $U_{\lambda/2}$ 一般为几千伏特。但当 d/l 远小于 1 时,半波电压 $U_{\lambda/2}$ 下降,可以达到实际要求。

由如图 7-12 所示的偏振调制器，通过在相位调制器的前后插入一个偏振片 P 和一个检偏器 A，可以构建一个强度调制器(intensity modulator)，如图 7-13(a) 所示。图 7-13(a) 中 P 和 A 是正交偏振的，即 P 和 A 的透光轴相互为 90°。偏振片 P 的透光轴与 y 轴呈 45° 角(则同样 A 的透光轴与 y 轴呈 45° 角)，因此入射到晶体后，光束可分解为振幅相等的 E_x 和 E_y。未施加电压时，两光波分量传播折射率相同，因此从晶体内输出的光束偏振态不变。由于 A 和 P 的透光轴方向相互垂直(马吕斯定律中 $\theta = 90°$)，因此器件末端探测不到光束输出。

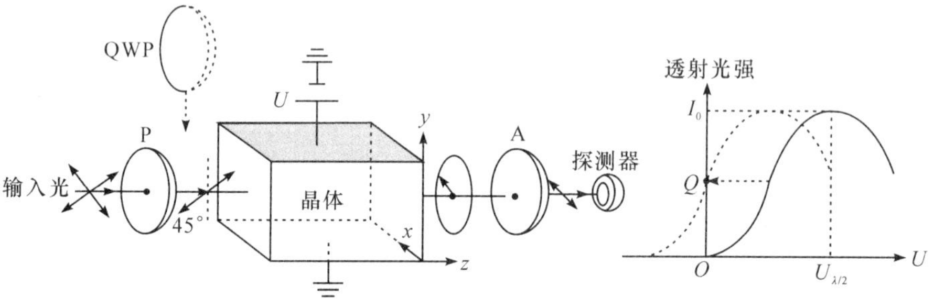

(a) 横向普克尔斯盒光强调制器。偏振片P和检偏器A的透光轴方向相互垂直，且P的透光轴与y轴呈45°角

(b) 透射光强随施加电压的变化曲线。若偏振片P后插入一个1/4波片(QWP)，则该特性曲线平移到图中虚线处

图 7-13 横向普克尔斯盒光强调制器及其工作原理

外加电压时，光波两电场分量引入了相位差 $\Delta\varphi$，则晶体内的输出光束为椭圆偏振光，且光波沿着 A 的透光轴方向偏振输出。因此，一部分光束透过检偏器 A，并被接收器接收。透射光波强度取决于外加电压 U 的大小。检偏器处的光波两电场分量相位差为 $\Delta\varphi$。需要求取总电场 $\boldsymbol{E}$，以及电场沿着 A 的透光轴方向的分量。假设 E_0 为入射到晶体表面光波的振幅，则沿着 x 轴和 y 轴的光波分量振幅分别是$E_0/\sqrt{2}$(注意，$\boldsymbol{E}$ 的 x 分量沿着 $-x$ 轴振动)。所以，检偏器接收的总的电场为

$$\boldsymbol{E} = -\hat{\boldsymbol{x}}\frac{E_0}{\sqrt{2}}\cos(\omega t) + \hat{\boldsymbol{y}}\frac{E_0}{\sqrt{2}}\cos(\omega t + \Delta\varphi)$$

每个电场分量乘以 cos45° 通过检偏器 A。沿着 A 的透光轴方向求解 E_x 和 E_y，然后相加，并最终使用三角恒等式，可以得到检偏器 A 中的输出电场。最终的输出电场强度为

$$E = E_0\sin\left(\frac{1}{2}\Delta\varphi\right)\sin\left(\omega t + \frac{1}{2}\Delta\varphi\right)$$

则探测到的光束的强度 I_v 为乘以正弦时间变化项的输出电极强度的平方，即

$$I_v = I_{v0}\sin^2\left(\frac{1}{2}\Delta\varphi\right) \tag{7.9}$$

即

$$I_v = I_{v0}\sin^2\left(\frac{\pi}{2}\cdot\frac{U}{U_{\lambda/2}}\right)\text{(普克尔斯强度调制)} \tag{7.10}$$

其中，I_{v0} 为光波全部透射时的光束强度，$U_{\lambda/2}$ 为满足式(7.8) 中 $\Delta\varphi$ 等于 π 的电压。

2. 声光强度调制

声光调制器由声光介质、电声换能器、吸声(或反射)装置及驱动电源等组成,如图7-14所示。①声光介质是声光相互作用的区域。当一束光通过变化的声场时,由于光和超声场的相互作用,其出射光具有随时间而变化的各级衍射光,利用衍射光的强度随超声波强度的变化而变化的性质,就可以制成光强度调制器。②电声换能器(又称超声发生器)。它是利用某些压电晶体(石英、$LiNbO_3$ 等)或压电半导体(CdS、ZnO 等)的反压电效应,在外加电场作用下产生机械振动而形成超声波,所以它起着将调制的电功率转换成声功率的作用。③吸声(或反射)装置。它放置在超声源的对面,用以吸收已通过介质的声波(工作于行波状态),以免返回介质产生干扰,但要使超声场为驻波状态,则需要将吸声装置换成声反射装置。④驱动电源。它用以产生调制信号施加于电声换能器的两端电极上,驱动声光调制器(换能器)工作。

(1)声光调制器的工作原理

声光调制是利用声光效应将信息加载于光频载波上的一种物理过程。调制信号是以电信号(调幅)形式作用于电声换能器上,再转化为以电信号形式变化的超声场,当光波通过声光介质时,由于声光作用,使光载波受到调制而成为"携带"信息的强度调制波。

无论是拉曼-奈斯(Raman-Nath)衍射还是布拉格(Bragg)衍射,其衍射效率均与附加相位延迟因子$[(2\pi/\lambda)\Delta nl]$有关,声致折射率差 Δn 正比于弹性应变幅值 S,而 S 正比于声功率 P_s,故若声波场受到信号的调制使声波振幅随之变化,则衍射光强也将随之做相应的变化。布拉格声光调制特性曲线与电光强度调制相似,如图 7-15 所示。衍射效率 η_s 与超声功率 P_s 是非线性调制曲线形式,为了使调制波不发生畸变,则需要加超声偏置,使其工作在线性较好的区域。

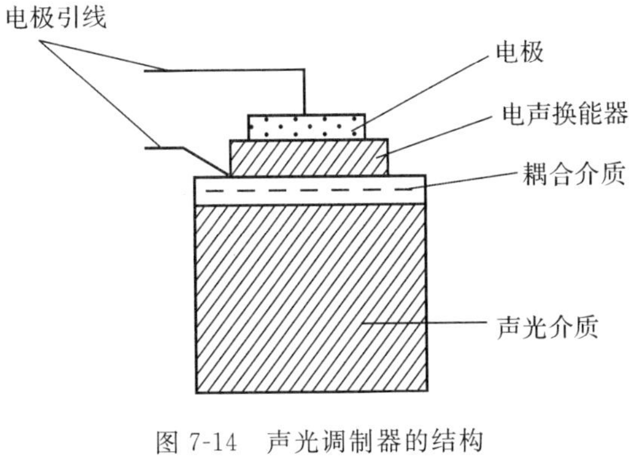

图 7-14　声光调制器的结构

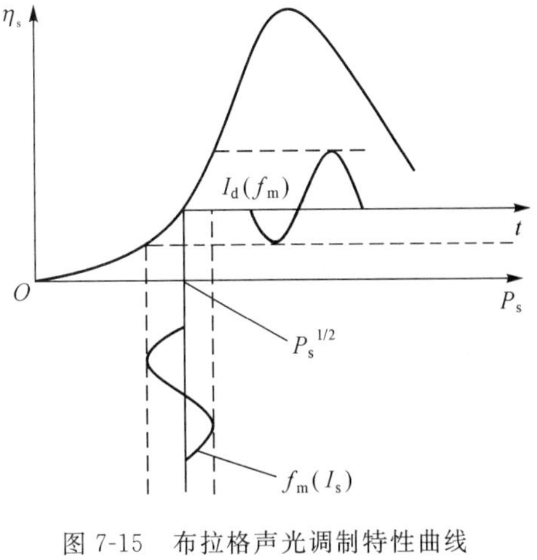

图 7-15　布拉格声光调制特性曲线

对于拉曼-奈斯衍射,工作声源频率低于 10MHz,图 7-16(a)给出了这种调制器的工作原理。若取某一级衍射光作为输出,可利用光阑将其他各级的衍射光遮挡,则从光阑孔出射的光束就是一个随附加相位延迟因子变化的调制光。由于拉曼-奈斯衍射效率低,光能利用率也低,当工作频率较高时,光波传播方向上声束的宽度太小,要求的声功率很高,因此拉曼-奈型声光调制器只限于低频工作,只具有有限的带宽。

布拉格型声光调制器的工作原理如图 7-16(b)所示。在声功率 P_s(或声强 I_s)较小的情

况下，衍射效率 η_s 随声强 I_s 单调地增加（呈线性关系），即

$$\eta_s \approx \frac{\pi^2 l^2}{2\lambda^2 \cos^2\theta_B} M_2 I_s \tag{7.11}$$

其中，$\cos\theta_B$ 因子考虑了布拉格角 θ_B 对声光作用的影响，M_2 为声光材料的品质因数，是由介质本身性质决定的量，l 为换能器的长度。由此可见，若对声强加以调制，衍射光强也就受到了调制。布拉格衍射必须使光束以布拉格角 θ_B 入射，同时在相对于声波阵面对称方向接收衍射光束时，才能得到满意的结果。布拉格衍射由于效率高，且调制带宽较宽，故多被采用。

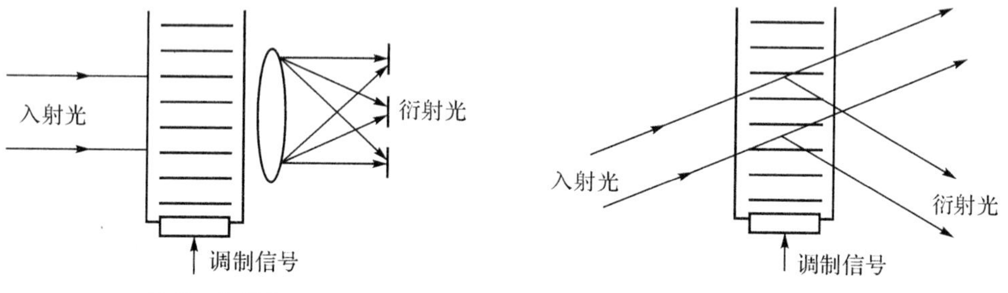

图 7-16　声光调制器的工作原理

（2）调制带宽

调制带宽是声光调制器的一个重要参量，它是衡量能否无畸变地传输信息的一个重要指标，受到布拉格带宽的限制。对于布拉格型声光调制器而言，在理想的平面光波和声波情况下，波矢量是确定的，因此对给定入射角和波长的光波，只能有一个确定频率和波矢的声波才能满足布拉格条件。当采用有限的发散光束和声波场时，波束的有限角将会扩展，因此，在一个有限的声频范围内才能产生布拉格衍射。根据布拉格衍射方程，得到允许的声频带宽 Δf_s 与布拉格角的可能变化量 $\Delta\theta_B$ 之间的关系为

$$\Delta f_s = \frac{2nv_s\cos\theta_B}{\lambda}\Delta\theta_B \tag{7.12}$$

其中，$\Delta\theta_B$ 是由于光束和声束的发散所引起的入射角和衍射角的变化量，也就是布拉格角允许的变化量，v_s 为声速。设入射光束的发散角为 $\delta\theta_i$，声波束的发散角为 $\delta\varphi$，对于衍射受限制的波束，这些波束发散角与波长和束宽的关系分别近似为

$$\delta\theta_i \approx \frac{2\lambda}{\pi n\omega_0},\quad \delta\varphi \approx \frac{\lambda_s}{D} \tag{7.13}$$

其中，ω_0 为入射光束束腰半径；n 为介质的折射率；D 为声束宽度。显然入射角（光波矢与声波矢之间的夹角）覆盖范围应为

$$\Delta\theta = \delta\theta_i + \delta\varphi \tag{7.14}$$

若将 $\delta\theta_i$ 角内传播的入射（发散）光束分解为若干不同方向的平面波，对于光束的每个特定方向的分量在 $\delta\varphi$ 范围内就有一个适当频率和波矢的声波可以满足布拉格条件。而声波束因受信号的调制同时包含许多中心频率的声载波的傅里叶频谱分量。因此，对于每个声频率，具有许多波矢方向不同的声波分量都能引起光波的衍射。于是，相应于每一确定角度的入射光，就有一束发散角为 $2\delta\varphi$ 的衍射光，如图 7-17 所示。而每一衍射方向对应不同的

频移，故为了恢复衍射光束的强度调制，必须使不同频移的衍射光分量在平方律探测器中混频。因此，要求两束最边界的衍射光(如图 7-17 中的 OA' 和 OB' 所示)有一定的重叠，这就要求 $\delta\varphi \approx \delta\theta_i$，若取 $\delta\varphi \approx \delta\theta_i = \frac{\lambda}{\pi n \omega_0}$，则可得到调制带宽为

$$(\Delta f)_m = \frac{1}{2}\Delta f_s = \frac{2nv_s}{\pi\omega_0}\cos\theta_B \tag{7.15}$$

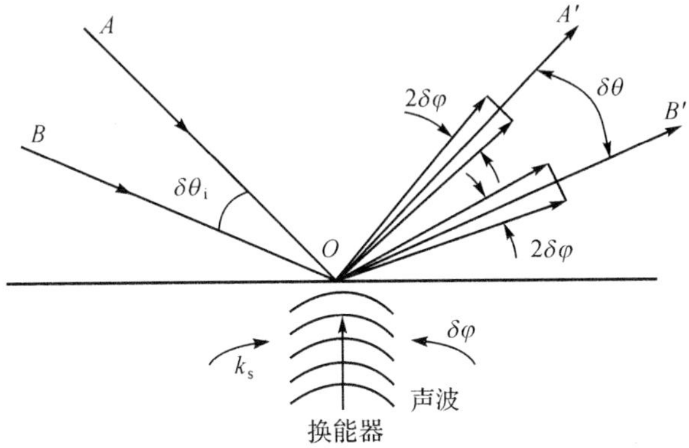

图 7-17　具有波束发散的布拉格衍射

式(7.15)表明，声光调制器的带宽与声波穿过光束的渡越时间(ω_0/v_s)成反比，即与光束直径成反比，用宽度小的光束可得到大的调制带宽。但是光束发散角不能太大，否则，0 级和 1 级衍射光束将有部分重叠，会降低调制器的效果。因此，一般要求 $\delta\theta_i < \theta_B$，可得

$$\frac{(\Delta f)_m}{f_s} \approx \frac{\Delta f}{f_s} < \frac{1}{2} \tag{7.16}$$

即最大的调制带宽 $(\Delta f)_m$ 近似等于声频率 f_s 的一半。因此，大的调制带宽要采用高频布拉格衍射才能得到。

(3)声光调制器的衍射效率

声光调制器的另一重要参量是衍射效率。要得到 100% 的调制，所需要的声强度为

$$I_s = \frac{\lambda^2 \cos^2\theta_B}{2M_2 l^2} \tag{7.17}$$

若表示为所需要的声功率，则为

$$P_s = hlI_s = \frac{\lambda^2\cos^2\theta_B}{2M_2}\left(\frac{h}{l}\right) \tag{7.18}$$

可见，声光材料的品质因数 M_2 越大，欲获得 100% 的衍射效率所需要的声功率越小。而且电声换能器的截面应做得长(l 大)而窄(h 小)。然而，作用长度 l 的增大虽然对提高衍射效率有利，但会导致调制带宽的减小(因为声束发散角 $\delta\varphi$ 与 l 成反比，小的 $\delta\varphi$ 意味着小的调制带宽)。令 $\delta\varphi = \lambda_s/(2l)$，带宽可写成

$$\Delta f = \frac{2nv_s\lambda_s}{\lambda l}\cos\theta_B \tag{7.19}$$

由式(7.19)可得

$$2\eta_s f_0 \Delta f = \left(\frac{n^2 P^2}{\rho v_s}\right)\frac{2\pi^2}{\lambda^3\cos\theta_B}\left(\frac{P_s}{h}\right) \tag{7.20}$$

其中，f_0 为声中心频率($f_0 = v_s/\lambda_s$)。引入因子 $M_1 = n^7P^2/(\rho v_s) = (nv_s^2)M_2$，$M_1$ 为表征声

光材料的调制带宽特性的品质因数。M_1 值越大，声光材料制成的调制器所允许的调制带宽越大。

(4)声束和光束的匹配

由于入射光束具有一定宽度，并且声波在介质中是以有限的速度传播的，因此，声波穿过光束需要一定的渡越时间。光束的强度变化对于声波强度变化的响应就不可能是瞬时的。为了缩短其渡越时间以提高响应速度，调制器工作时用透镜将光束聚焦在声光介质中心，使光束成为极细的高斯光束。事实上，为了充分利用声能和光能，声光调制器比较合理的情况是工作于声束和光束的发散角比 $\alpha \approx 1\left[\alpha=\frac{\Delta\theta_i(\text{光束发散角})}{\Delta\varphi(\text{声束发散角})}\right]$，这是因为声束发散角大于光束发散角时，其边缘的超声能量就浪费了；反之，如果光束发散角大于声束发散角，则边缘光线因不满足布拉格条件而不能被衍射。所以在设计声光调制器时，应比较精确地确定两者的比值。一般的光束发散角 $\delta\theta_i=4\lambda/(\pi d_0)$。$d_0$ 为聚焦在声光介质中的高斯光束腰部直径，超声波束发散角 $\delta\varphi=\lambda_s/l$。于是得到比值

$$\alpha=\frac{\delta\theta_i}{\delta\varphi}=(4/\pi)[\lambda l/(d_0\lambda_s)] \tag{7.21}$$

实验证明，调制器在 $\alpha=1.5$ 时性能最好。此外，对于声光调制器，为了提高衍射光的消光比，希望衍射光尽量与 0 级光分开，调制器还必须采用严格分离条件，即要求衍射光中心和 0 级光中心之间的夹角大于 $2\Delta\varphi$，即大于 $8\lambda/(\pi d_0)$。由于衍射光和 0 级光之间的夹角(即偏转角)等于 $\frac{\lambda}{v_s}f_s$，因此可分离条件为

$$f_s \geqslant \frac{8v_s}{\pi d_0}=\frac{8}{\pi\tau}\approx\frac{2.55}{\tau} \tag{7.22}$$

因为 $f_s=v_s/\lambda_s$，式(7.22)也可写成

$$\frac{1}{d_0}\leqslant\frac{\pi}{8\lambda_s} \tag{7.23}$$

把式(7.23)代入式(7.21)，得

$$\alpha=\frac{\lambda l}{2\lambda_s^2}\approx\frac{l}{2l_0} \tag{7.24}$$

当调制器最佳性能条件 $\alpha=1.5$ 满足时，则

$$l=3l_0 \tag{7.25}$$

由此确定换能器的长度 l_0，再用式(7.22)可求得聚焦在声光介质中激光束的束腰直径为

$$d_0=v_s\tau=\frac{2.55v_s}{f_s} \tag{7.26}$$

这样就可以选择合适的聚集透镜焦距。

(5)声光波导调制器

声光布拉格衍射型波导调制器结构如图7-18所示，由平面波导和交叉电极换能器组成。为了在波导内有效地激起表面弹性波，波导材料一般采用压电材料(如 ZnO 等)，其衬底可以是压电材料也可以是非压电材料。图 7-18 中衬底是 $LiNbO_3$ 压电晶体材料，波导为 Ti 扩散的波导。用光刻法在表面做成交叉电极的电声换能器，整个波导器件可以绕 y 轴旋

转，使波导光与电极板条间的夹角可以调节到布拉格角。当入射光经棱镜(高折射率的金红石棱镜)耦合通过波导时，换能器产生的超声波会引起波导及衬底折射率的周期变化，因而相对于声波波前以 θ_B 角入射的波导光波穿过输出棱镜时，得到与入射光束成 $2\theta_B$ 角的 1 级衍射光。其光强为

$$I_{v1}=I_{vi}\sin^2\left(\frac{\Delta\varphi}{2}\right)=I_{vi}\sin BU \tag{7.27}$$

其中，$\Delta\varphi$ 是在电场作用下，导波光波通过长度为 l 的相位延迟；B 是一比例系数，它取决于波导的有效折射率等因素。式(7.27)表明，衍射光强 I_{v1} 随电压 U 的变化而变化，从而可实现对波导光的调制。

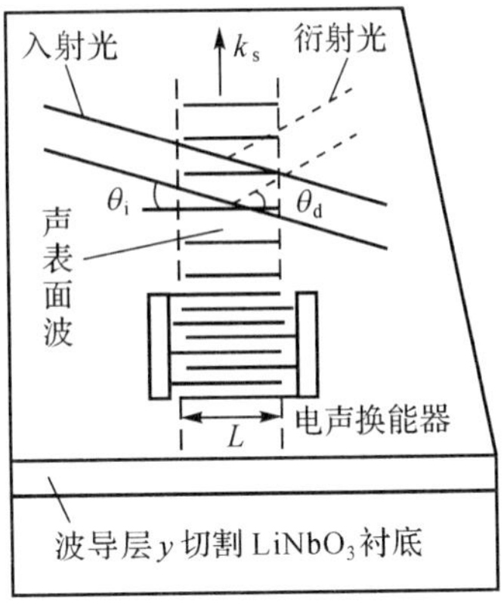

图 7-18　声光布拉格衍射型波导调制器结构

7.3.3　光束方向调制

1. 反射型光强调制

有时利用反射光强的变化也可以达到检测待测量(物理量、化学量等)的目的。图 7-19 是反射型光强调制的几个典型例子。利用图 7-19(a)中的装置可测反射面的粗糙度：表面光洁度好，反射光强；反之，则反射光弱。利用此装置也可测反射面的位移，因为光强的变化反映反射面和光电探测器之间的距离变化。图7-19(b)中，棱镜如果置于空气中，则反射光强(因为底面产生全反射)；如果置于水中，则反射光弱。由此即可构成一个光电液位计，如图 7-20 所示。此液位计可用于液位报警。如果提高光电探测器的检测灵敏度，则由反射光强的变化可测出棱镜底面液体折射率的变化，从而可检测液体的浓度等参数。例如，由此可构成测量水中酒精含量的酒精浓度计、测量水中蔗糖含量的糖分计等。

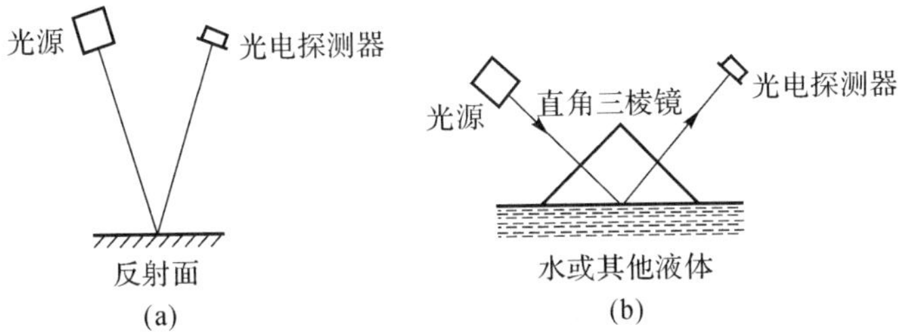

图 7-19　反射型光强调制举例

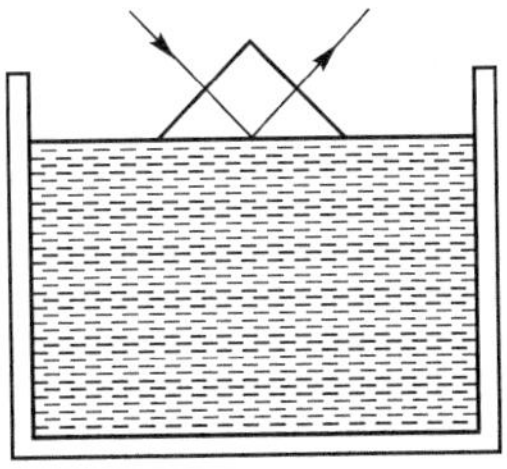

图 7-20　光电液位计原理

上述例子是定点调制光强的方法，如果上述装置中再配以光束扫描装置，则可在大空间范围内进行检测。反射扫描光检测法的原理如图 7-21 所示。激光通过旋转的反射镜入射到被测表面上，如果表面有缺陷，在缺陷处反射光必有明显变化，利用此法可在较大空间范围内检测表面缺陷。这种方法适于自动检测直径 0.1～1mm 的缺陷。典型的表面缺陷检测装置如图 7-22 所示。其中图 7-22(a)是飞点成像式，在被检测表面的行进方向(x 方向)的垂直方向(y 方向)上，用线光束照明，反射光用旋转多面体沿 y 方向扫描接收，在被测表面的像面上设置针孔以检测反射光的变化，从而评定表面是否有损伤与划痕。图 7-22(b)是飞点扫描式，直接用激光束扫描表面，扫描方向与被检表面的行进方向垂直。反射光由

阵列光电器件检测，此法已用于高速行进的冷轧钢板表面的检测。

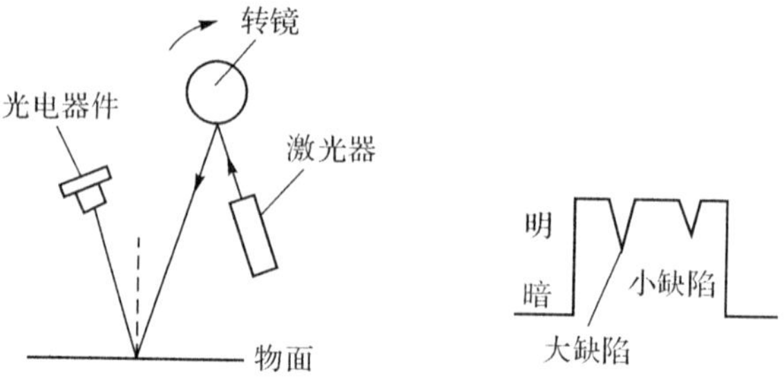

图 7-21 反射扫描光检测法的原理

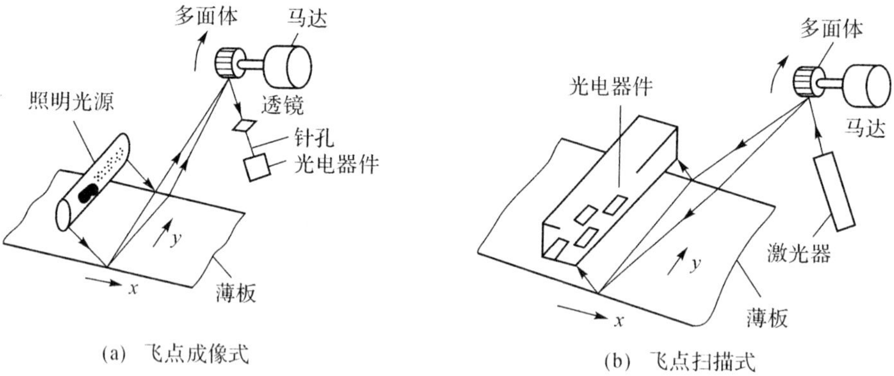

图 7-22 典型的表面缺陷检测装置

2. 透射型光强调制

透射型光强调制是利用透射光强的变化来检测待测量。它和反射型光强调制系统的结构类似，只是光路由反射式变成透射式。图 7-23 是一种简单而典型的透射型光电传感器光路。此装置可用于测量容器内散射粒子的浓度，如空气中烟尘粒子的含量。因为在一定浓度范围内，散射光强和烟尘粒子的含量成比例，因而用此装置也可检测液体中杂质的含量。

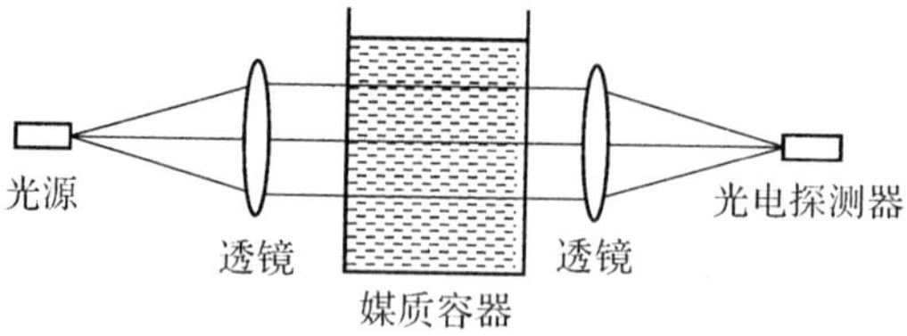

图 7-23 透射型光电传感器光路

透射型光电检测系统的光路可采用固定式和扫描式两种，采用扫描式可在较大的空间范围内进行检测。

7.3.4 强度调制光电检测系统设计

强度调制光电检测系统如图 7-24 所示，主要由光源单元、传感单元、光电转换和信号处理单元三部分组成。系统设计的主要任务如下：

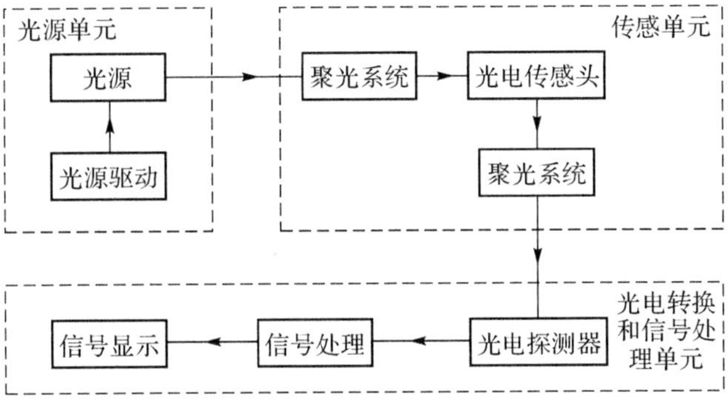

图 7-24　强度调制光电检测系统

1. 测量方式的选择

设计强度调制光电检测系统，首先应根据测量对象确定所用测量方式。一般可用的测量方式有以下三种：

(1)反射测量。对于有可供利用的反射面的测量对象(工件)，用平行光束斜入射到测量对象，在满足反射测量的条件处放置探测器进行测量。

(2)透射测量。对于透明的材料或有孔的测量对象(工件)，用平行光束垂直入射到测量对象，在满足测量的条件处放置探测器进行测量。

(3)对称测量。对于具有对称性的工件，如圆孔、圆柱等，可根据测量对象的同轴性和方位等用 CCD 等进行测量。

2. 光源的选择

对于强度型光电传感器的设计，光源的选择要求主要是输出功率稳定。根据系统的实用要求，确定光源的工作波长及输出功率等参数，同时要兼顾光源的成本。

3. 光电探测器的设计

确定光电探测器的规格(包括工作波长、线性范围、响应时间、灵敏度和暗电流等)、信号处理和传输方式等。

4. 系统结构的选择

确定系统封装和接口选用何种具体结构，以满足上述测量方式的要求，便于直接计算测量结果，且系统误差满足实用要求(测量范围、测量误差等)。

7.4　相位调制

利用外界因素对光波的相位影响达到检测的目标，就可以构建相位调制型光电检测系统。实现相位调制的方式有两大类：一类是利用电光效应；另一类是基于光波干涉原理检测光波相位的变化。基于光波干涉原理的相位调制方法的主要优点是灵敏度高，这是因为干涉方法可以检测光波波长数量级的光程变化。

7.4.1　电光相位调制

如图 7-25 所示的偏振调制器为最简单的集成光路，其中嵌入波导通过在 $LiNbO_3$ 衬底上注入可增加折射率的 Ti 原子来形成。在波导两侧制作了两个共面条状电极，为光传播 z 轴方向提供横向电场 $\boldsymbol{E}_a$。外加调制电压 $U(t)$ 被施加在两个共面器件电极上，由于普克尔斯效应，晶体折射率 n 的感应变化为 Δn，因此该器件中光波相位随着电压变化而变化。可以把沿着波导传输的光波分解为互相垂直偏振的两个分量模式，即沿 x 轴偏振的 E_x 和沿 y 轴偏振的 E_y。两个分量模式的相位变化恰好对称相反。E_x 和 E_y 的相位偏移 $\Delta\varphi$ 通常由式(7.28)给出。然而，在本例中，外加(感应)电场在电极间分布不均匀，并且并非所有的电场线都分布在波导中。所以，有用的电光效应发生在外加电场和光场的空间重叠区域。空间重叠效率(spatial overlap efficiency)可用系数 Γ 表示，则相位偏移 $\Delta\varphi$ 可记作

$$\Delta\varphi=\Gamma\frac{2\pi}{\lambda}n_0^3 r_{22}\frac{l}{d}U \quad (\text{相位调制器}) \tag{7.28}$$

其中，该类型的集成偏振调制器通常有 $\Gamma\approx0.5\sim0.7$。因为光波相位偏移取决于电压 U 和长度 l 的乘积，所以该器件可用一个相当的器件参数 $U\times l$ 来表示 π 相位偏移(半波长)，即 $U_{\lambda/2}l$。当 $\lambda=1.5\mu m$ 时，光波通过如图 7-25 所示的 x 轴切割 $LiNbO_3$ 晶体，因为 $d\approx10\mu m$，所以 $U_{\lambda/2}l\approx35V\cdot cm$。例如，长 $l=2cm$ 的调制器需要的半波电压 $U_{\lambda/2}=17.5V$。相比而言，z 轴切割 $LiNbO_3$ 晶片时，光束沿着 y 轴传输，且 $\boldsymbol{E}_a$ 沿着 z 轴方向。由于相应的普克尔系数(r_{13} 和 r_{33})远大于 r_{22}，所以 $U_{\lambda/2}l\approx5V\cdot cm$。

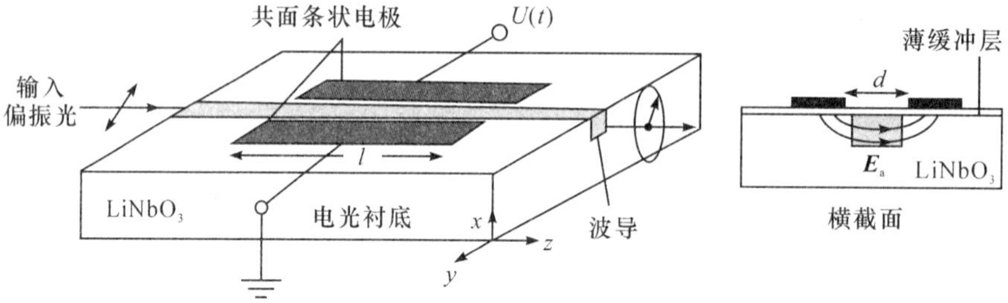

图 7-25 集成横向普克尔盒相位调制器

7.4.2 典型光学干涉仪

当两束相干光束的频率相同时，被测量的变化可以使相干光波的相位发生变化，再通过干涉作用把光波相位的变化变换成为干涉条纹的强度变化，这是利用光学干涉进行相位调制的基本原理。实际上，干涉条纹的强度取决于相干光的相位差，而相位差又取决于光传输介质的折射率对光的传播距离的线积分。由此可以看出，光波传输介质的折射率和光程长度的变化都将导致相位的变化，从而引起干涉条纹强度的改变。能够引起光程差发生变化的参量有很多，如：几何距离、位移、角度、速度、温度的变化引起的热膨胀等会引起光波传播距离的改变；介质的成分、密度、环境温度、气压以及介质周围的电场、磁场等的变化能引起折射率的变化。这些参量都可以通过光学干涉技术进行检测。下面介绍典型的光学干涉仪器，这些仪器都可以用来构建相位调制型光电检测系统。

1. 迈克耳孙(Michelson)干涉仪

迈克耳孙干涉仪结构如图 7-26 所示。入射光束经分束镜分为两束，分别射向反射镜 M_1 和 M_2，经反射镜 M_1 和 M_2 反射的光束在分束镜处合光，产生干涉效应。此干涉光束由

光电探测器接收。这时，引起干涉效应发生变化(即两干涉光束之间发生相位变化)的原因可有很多种：①反射镜之一发生位移；②两反射镜有相对移动；③两光路之一的折射率有变化；④两光路之间的折射率有相对变化，例如，两光路中都插入了气体盒，一个为标准气体，另一个为待测气体。

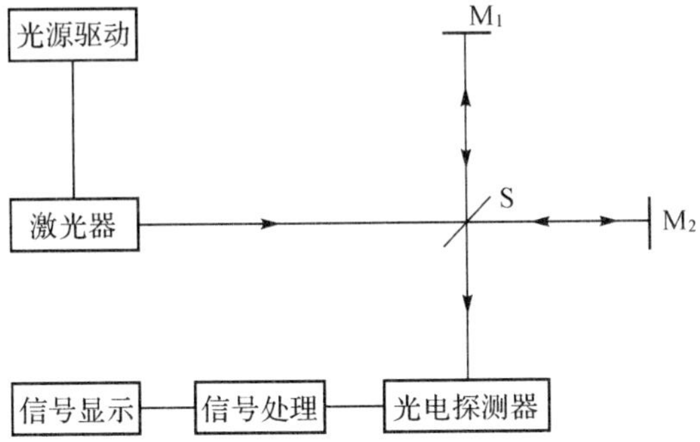

(a) 基于迈克尔孙干涉仪的光电位移传感器

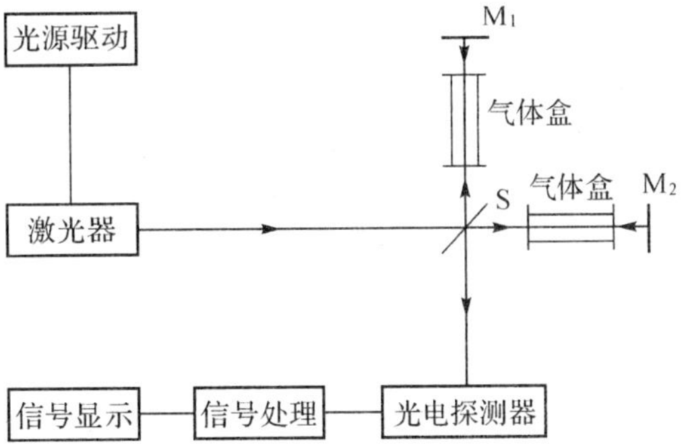

(b) 基于迈克尔孙干涉仪的光电气体传感器

图 7-26　基于迈克耳孙干涉仪的光电传感器传感原理

这四种情况是设计相位型光电传感器的基础。在这些情况下，光电探测器接收到的干涉条纹也将发生移动。测出此干涉条纹的变化，即可得出反射镜的移动量，或两反射镜相对移动的大小。若反射镜的移动是由外界因素，例如温度、压力、振动、应力、应变、气体浓度、气体含量等引起的，则测出此干涉条纹的变化即可求出相应的温度、压力、振动、应力、应变、气体浓度、气体含量等的变化量。这就是基于迈克耳孙干涉仪的光电传感器进行传感的原理。基于其他干涉仪的光电传感器进行传感的原理也相同。

2. 马赫-曾德尔(Mach-Zehnder，M-Z)干涉仪

其传感原理和基于迈克耳孙干涉仪的光电传感原理基本相同，差别只是光路不同。马赫-曾德尔干涉仪也是用分振幅法产生双光束以实现干涉的仪器。图 7-27 是其光路，它由两块分光板 P_1、P_2 和两块反射镜 M_1、M_2 组成，四个反射面相互平行，并且中心光路构成一个平行四边形。入射光在分光板 P_1 的前表面分成两束平行光，它们分别由反射镜 M_1、M_2 反射，到第二块分光板 P_2 后相叠加产生干涉。在使用时，一般先把其中一块分光板稍微倾斜，使视场内出现为数不多的几个直条纹，然后将其中一路插入被检物质，再根据干涉条纹的变化来检测光学性质，即光程的变化。这种光电传感器主要是对引起两光路之一的折射率发生变化，或者两光路之间的折射率有相对变化的外界参量进行传感。

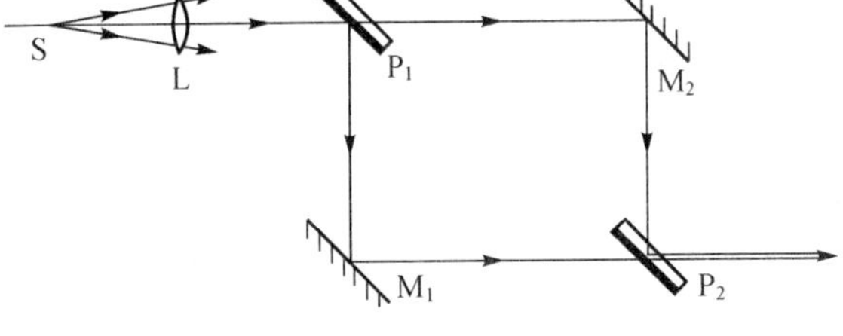

图 7-27　基于马赫-曾德尔干涉仪的光电传感器传感原理

这种干涉仪的特点是两束光分得很开，因为用途广泛，在全息照相、光信息处理、光纤

光学、导波光学中都有不少的应用实例

3. 法布里-珀罗(Fabry-Perot,F-P)干涉仪

F-P 干涉仪是由两块镀有高反射膜的反射镜构成的。如图 7-28 所示,仪器主要由两块玻璃板(或石英板)P_1、P_2 组成。平板相对的两个面是仔细加工过的,其平面度一般是(1/20)λ以上,且镀面上有多层介质膜(或金属膜)以产生高反射率。为获得等倾干涉条纹,仪器上装有精密的调整装置以使两平面严格平行。另外,为了避免 P_1、P_2 两板的外表面(非工作面)反射光所造成的干扰,每块板的两个表面并不严格平行,而是有一个小的夹角。自扩展光源 S 发出的光经过透镜 L_1 后变成各方向入射的平行光束,透射光在透镜 L_2 的焦平面上形成等倾干涉条纹。

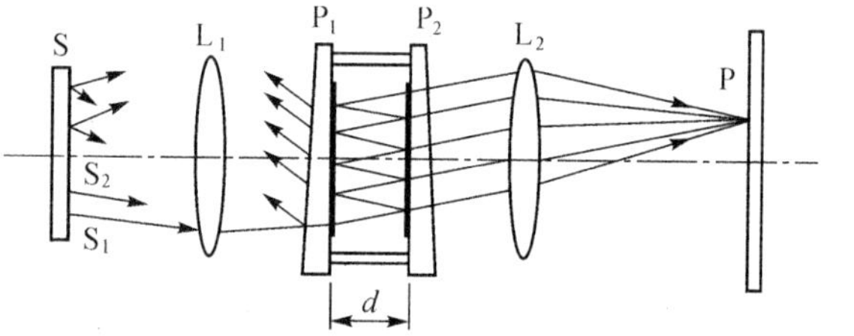

(a)

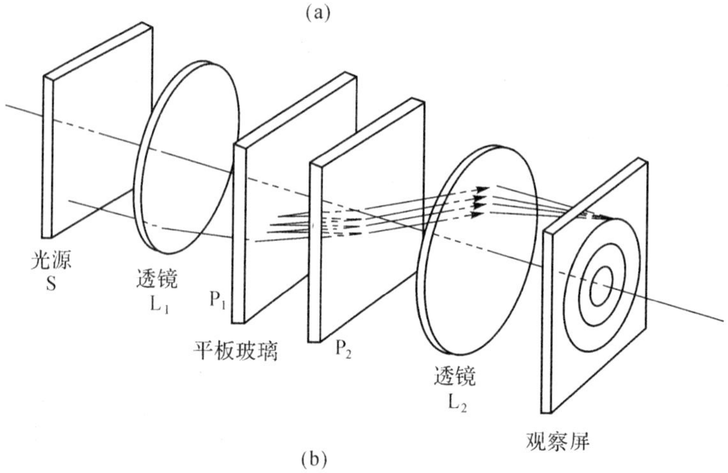

(b)

图 7-28 基于法布里-珀罗干涉仪的光电传感器传感原理

如果 P_1、P_2 两反射镜之间的光程可以调节,这种干涉装置就称为法布里-珀罗干涉仪,简称法-珀标准具。目前亦将单块玻璃板磨成严格相互平行,并镀上高反射膜制成的单块标准具,其厚度 h 按使用要求预先设计好。

引起 F-P 干涉仪干涉效应发生变化的原因有三个:一是两反射镜之间的距离发生变化;二是两反射镜之间的折射率发生变化;三是两反射镜的间距和折射率都发生变化。这时,光电探测器接收到的干涉条纹也将发生移动。测出此干涉条纹的变化,即可得出 F-P 干涉仪光程的变化量。若此光程的变化量是由外界因素,例如温度、压力、振动、应力、应变、气体浓度、气体含量等决定的,则测出此干涉条纹的变化,即可求出相应的温度、压力、振动、应力、应变、气体浓度、气体含量等的变化量。这就是基于 F-P 干涉仪的光电传感器进行传感的原理。

7.5 偏振调制

基于材料的各种偏振效应，如法拉第效应（磁光效应）、电光效应等，可以实现偏振调制，用来检测材料和构件的应力、应变，或用于检测电场、磁场、电流、电压等多种物理量。下面以磁光效应为例，说明偏振调制的原理。

磁光调制主要是应用法拉第旋转效应，它使一束线偏振光在外加磁场作用下的介质中传播时，偏振方向发生旋转，这个旋转角度 θ 的大小与沿光束方向的磁场强度 H 和光在介质中传播的长度 l 之积成正比，即

$$\theta = VHl \tag{7.29}$$

其中，V 为韦尔德（Verdet）常数，它表示在单位磁场强度下，线偏振光通过单位长度的磁光介质后偏振方向旋转的角度。

7.5.1 磁光体调制器

磁光调制与电光调制、声光调制一样，也是把要传递的信息转换成光载波的强度（振幅）等参数随时间的变化。所不同的是，磁光调制是将电信号先转换成与之对应的交变磁场，由磁光效应改变在介质中传输的光波的偏振态，从而达到改变光强度等参量的目的。磁光体调制器的组成如图 7-29 所示。工作物质（YIG 棒或掺 Ga 的 YIG 棒）置于沿 z 轴方向的光路上，它的两端有起偏器和检偏器，高频螺旋形线圈环绕在 YIG 棒上，受驱动电源的控制，用以提供平行于 z 轴的信号磁场。为了获得线性调制，在垂直于光传播的方向上加一恒定磁场 H_{dc}，其强度足以使晶体饱和磁化。工作时，高频信号电流通过线圈就会感生出平行于光传播方向的磁场，入射光通过 YIG 晶体时，由于法拉第旋转效应，其偏振而发生旋转，旋转角正比于磁场强度 H。因此，只要用调制信号控制磁场强度的变化，就会使光的偏振面发生相应的变化。但这里因加有恒定磁场 H_{dc}，且与通光方向垂直，故旋转角与 H_{dc} 成反比，即

$$\theta = \theta_s \frac{H_0 \sin\omega_H t}{H_{dc}} l_0 \tag{7.30}$$

其中，θ_s 是单位长度饱和法拉第旋转角；$H_0 \sin\omega_H t$ 是调制磁场。如果再通过检偏器，就可以获得一定强度变化的调制光。

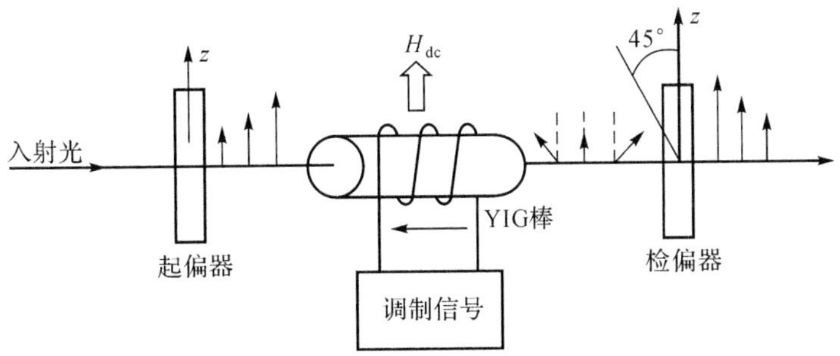

图 7-29　磁光体调制器的组成

7.5.2　磁光波导调制器

这里以磁光波导模式转换调制器为例讨论磁光波导调制器的原理。图 7-30 为磁光波导模式转换调制器的结构，圆盘形的钆镓石榴石($Gd_3Ga_5O_{12}$，简称 GGG)衬底上，外延生长掺 Ga、Se 的钇铁石榴石(YIG)磁性膜作为波导层(厚度 $d=3.5\mu m$，折射率 $n=2.12$)，在磁性膜表面用光刻方法制作一条金属蛇形线路，当电流通过蛇形线路时，蛇形线路中某一条通道中的电流沿 y 方向，则相邻通道中的电流沿 $-y$ 方向，该电流可产生 z、$-z$ 方向交替变化的磁场，磁性薄膜内便可出现沿 z、$-z$ 方向交替饱和磁化。蛇形磁场变化的周期(即蛇形结构的周期)为

$$T=\frac{2\pi}{\Delta\beta} \tag{7.31}$$

其中，$\Delta\beta$ 为 TE 模和 TM 模传播常数之差。由于薄膜与衬底之间晶格常数和热膨胀的失配，易磁化的方向处于薄膜平面内，故用小的磁化就可以使磁化强度 M 在薄膜平面内变化。若激光由两个棱镜耦合器输入输出，入射是 TM 模时，由于法拉第磁旋光效应，随着光波在光波导薄膜中沿 z 方向(磁化方向)的传播，原来处于薄膜平面内的电场矢量(x 方向)就转向薄膜的法线方向(y 方向)，即 TM 模逐渐转换成 TE 模。由于磁光效应与磁化强度 M 在光传播方向 z 上的分量 M_z 成正比，因此在 z 轴和 y 轴之间 45°方向上加一直流磁场 H_{dc} 后，改变蛇形线路中的电流，就可以改变 M_z 的大小，从而可以改变 TM 模到 TE 模的转换效率。当输入蛇形线路的电流大到使 M 沿 z 方向饱和时，转换效率达到最大。由此可达到光束调制的目的。

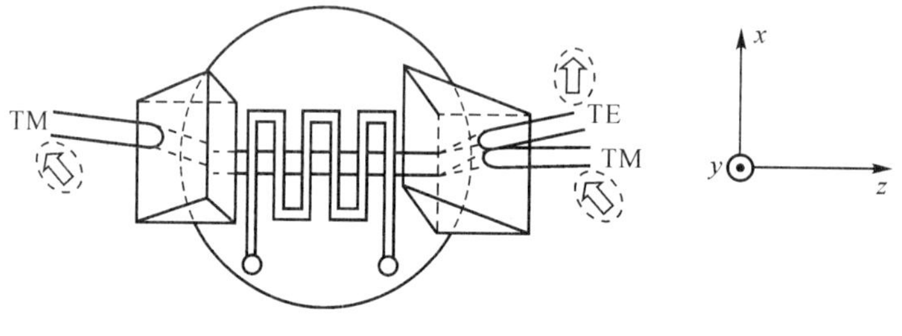

图 7-30　磁光波导模式转换调制器的结构

7.6　波长调制

7.6.1　光学多普勒频移

光学中的多普勒频移是指由于观测者和目标的相对运动，观测者接收到的光频率产生变化的现象。

以 v 表示光源 S 对于观测者 Q 的相对运动的速度，以 θ 表示相对速度方向和光传播方向(即光源到观测者的方向)的夹角，如图 7-31 所示。对于多普勒效应，观测者 Q 接收到的光频率 ν_1 可表示为

$$\nu_1=\nu_0\left(1-\frac{v^2}{c^2}\right)^{1/2}\Big/\left(1-\frac{v}{c}\cos\theta\right)\approx\nu_0\left[1+\left(\frac{v}{c}\right)\cos\theta\right] \tag{7.32}$$

其中，ν_0 为光源发出的原频率；$c=c_0/n$ 为光在介质中的传播速度，其中 c_0 为真空中的光速，n 为介质的折射率。

在激光测速中，通常最关心的是运动物体所散射的光的频移，而光源和观测者则是相对静止的。这种情况要作为双重多普勒频移处理，即先考虑从光源到运动物体，再考虑从运动物体到观测者。如图 7-32 所示，S 代表光源，P 为运动物体，Q 是观测者。若物体 P 的运动速度为 v，其运动方向与 PS 及 PQ 夹角分别为 θ_1 和 θ_2，则从光源 S 发出的频率为 ν_0 的光经过物体发生散射。考虑观测者 Q 接收的频移，首先要考虑由物体 P 相对于光源 S 运动，P 能观测到的光频率 ν_1 为

$$\nu_1=\nu_0\left[1-\left(\frac{v}{c}\right)^2\right]^{1/2}\Big/\left[1-\left(\frac{v}{c}\right)\cos\theta_1\right] \tag{7.33}$$

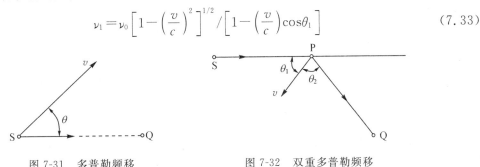

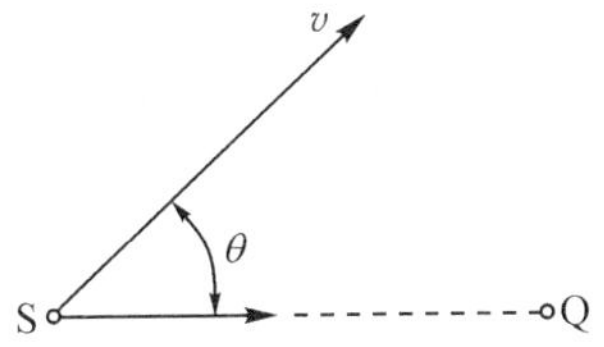

图 7-31　多普勒频移

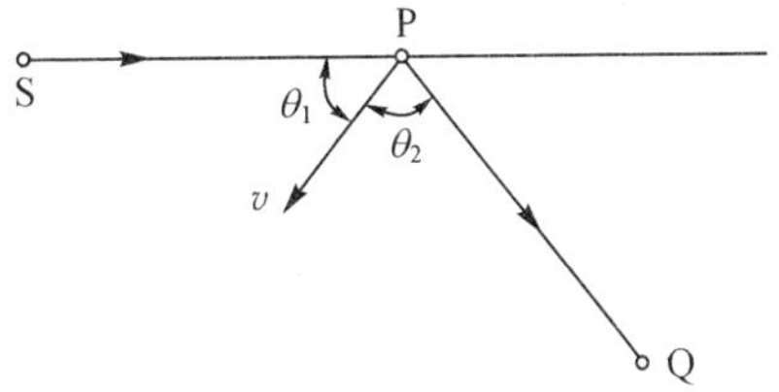

图 7-32　双重多普勒频移

频移后频率为 ν_1 的光经过物体散射后重新传播开来，观测者 Q 最终观测到的双重多普勒频移后的光频率 ν_2 为

$$\nu_2=\nu_1\left[1-\left(\frac{v}{c}\right)^2\right]^{1/2}\Big/\left[1-\left(\frac{v}{c}\right)\cos\theta_2\right] \tag{7.34}$$

将式(7.34)代入式(7.33)并考虑实际的物体运动速度 v 比光速 c 小得多，可以近似地求出双重多普勒频移后的光频率 ν_2 为

$$\nu_2=\nu_0\left[1+\frac{v}{c}(\cos\theta_1+\cos\theta_2)\right] \tag{7.35}$$

7.6.2　激光感生荧光测温

受激分子的某一振动-转动能级(v_k'，j_k')通过吸收激光能量后跃迁到高能级，经平均寿命 τ 以后，受激分子通过自发辐射形式又释放出已吸收的激发能量，即产生荧光。这个过程通常称为激光感生荧光。荧光向所有满足跃迁选择定则的较低能级跃迁，因在激发能级邻域密布大量振动能级，故由受激能级出发，除直接辐射荧光外，经碰撞还可弛豫到邻近的耦合能级上，而这些碰撞后的分子能再度辐射荧光，因此向基态某振动-转动能级跃迁的荧光强度实际上应为受激分子和各碰撞后的分子辐射的全部荧光之和。利用激光感生荧光探测能级上的粒子数，再从不同能级上的粒子数相对比例推算出体系所处的温度，这就是激光感生荧光测温方法的基本思想。用激光感生荧光法测量温度的典型方法是通过测量被测分子的荧光激励光谱，以及荧光强度随激发光波长的变化，从而得到基态转动能级粒子数分布或者是振动能级粒子数分布。根据能级上粒子数随温度分布的玻耳兹曼公式 $N_a=N_gG_a\exp[-E_a/(kT)]$ 就可以计算出体系的温度为

$$T=-\frac{\Delta E}{k}\left[\ln\left(\frac{N_a}{N_g G_a}\right)\right]^{-1} \tag{7.36}$$

其中，N_a 和 N_g 分别为 a 能级和基态的粒子数密度；G_a 是能级 a 的简并度；E_a 是能级 a 的能量。因为采用这种方法测量时，需要经过激光波长的扫描，即需要许多激光脉冲的入射，所以对于诸如爆炸等类型的快速变化过程此方法不太适用。

7.7 衍射型光电检测系统

7.7.1 衍射型光电检测系统原理及特点

1. 利用远场衍射进行测量

衍射测量的原理如图 7-33 所示，它是利用被测物与参考物之间的间隙所形成的远场衍射完成的。当激光照射被测物与参考标准物之间的间隙时，相当于单缝的远场衍射。当入射平面波波长为 λ，入射到长度为 l、宽度为 w 的单缝上时（$l>w>\lambda$），在与单缝距离 $r\geqslant w^2/\lambda$ 的观察屏 E 的视场上将看到十分清晰的衍射条纹。图 7-33(a)是测量原理，图 7-33(b)是等效衍射。这时，在观察屏 E 上由单缝形成的衍射条纹的光强 I_v 的分布由物理光学可知有

$$I_v=I_{v0}\left(\frac{\sin^2\beta}{\beta^2}\right) \tag{7.37}$$

其中，$\beta=\left(\frac{\pi w}{\lambda}\right)\sin\theta$；$\theta$ 为衍射角；I_{v0} 是 $\theta=0°$时的光强，即光轴上的光强度。

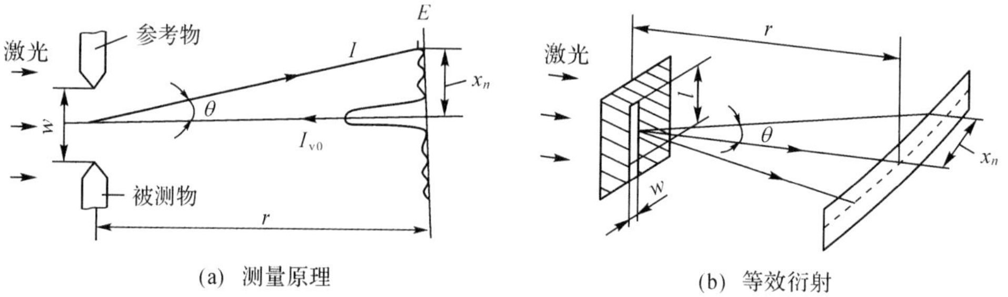

(a) 测量原理　　(b) 等效衍射

图 7-33　衍射测量的原理

式(7.37)说明衍射光强随 $\sin\beta$ 的平方而衰减。在 $\beta=0,\pm\pi,\pm2\pi,\pm3\pi,\cdots,\pm n\pi$，处将出现强度为零的条纹，即 $I_v=0$ 的暗条纹。测定任意一个暗条纹的位置变化就可以精确知道间隙 w 的尺寸和尺寸变化。这就是衍射测量的原理。

2. 巴比涅(Babinet)原理

巴比涅原理是激光衍射互补测定法的基础。图 7-34 是任意孔径的夫琅禾费衍射。光源 S 通过准直透镜 1 以平行光束照射屏 3 上的孔径 D，通过会聚透镜 2 在接收屏 4 上得到衍射图像。显然，在光束照射范围内，使孔径 D 保持方向不变的平移，不会改变接收屏 4 上的光强分布状况。

两块衍射屏如图 7-35 中的 D_1 和 D_2 所示。在屏 D_1 中开有 N 个孔径，它们具有相同的形状。屏 D_2 是由 N 个不透明的形状和屏 D_1 孔径相同的小屏组成的。因此，这两块屏是

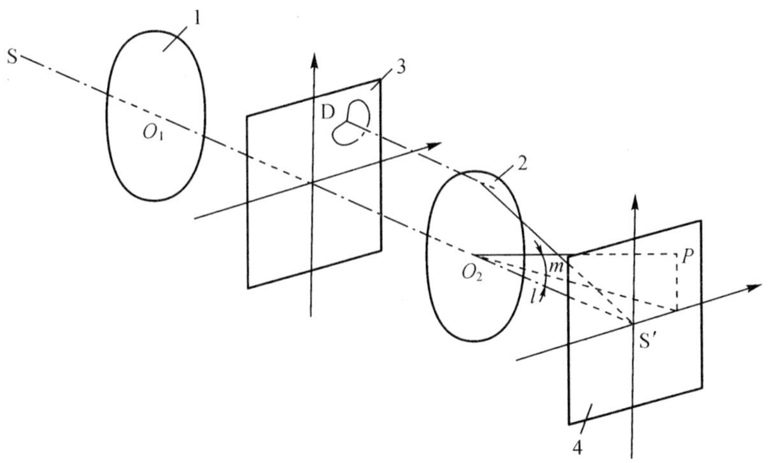

图 7-34　任意孔径的夫琅禾费衍射

互补的。如果分别将 D_1 和 D_2 置于图 7-34 的屏 3 位置上，考虑接收屏上 P 处的振幅。假设没有屏时，通过会聚透镜 2 以后衍射图上的振幅是 $A_0(l,m)$，其中 l 和 m 是光线 O_2P 的方向余弦。放入屏 D_1 以后，在 P 处的振幅是$A_{D1}(l,m)$。放入屏 D_2 以后，在 P 处的振幅是$A_{D2}(l,m)$。

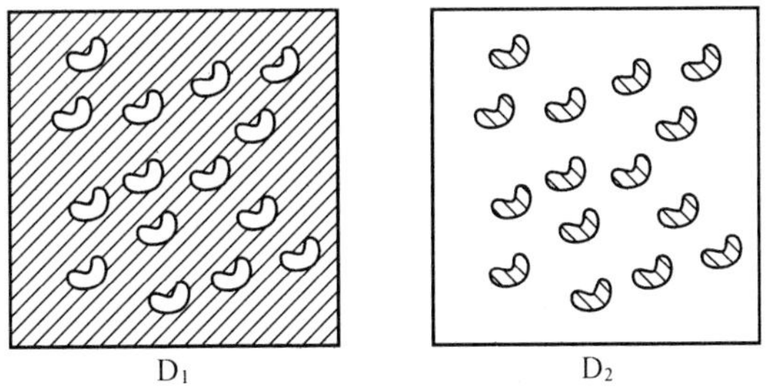

图 7-35　巴比涅原理表面

显然，放入屏 D_2 时，P 处的振幅应当等于没有屏时会聚透镜 2 给出的振幅减去和不透明小屏相等的表面发出的振幅，故

$$A_{D2}(l,m)=A_0(l,m)-A_{D1}(l,m) \tag{7.38}$$

限制波面的孔径越小，衍射图就越扩散。这里，对应 $A_{D1}(l,m)$的衍射图和屏 D_1 上有单个小孔径的衍射图相同，因而这个衍射图要比会聚透镜 2 的自由孔径产生的衍射图 $A_0(l,m)$扩展得多。如果远离衍射中心，$A_0(l,m)$项实际上可以忽略，于是有

$$A_{D2}(l,m)=-A_{D1}(l,m) \tag{7.39}$$

$$|A_{D2}(l,m)|^2=|A_{D1}(l,m)|^2 \tag{7.40}$$

因此得到结论，两个互补屏产生的衍射图是相同的。当然这个结论是在远离衍射图中心时才正确，此衍射图中心就是透镜自由表面的衍射图像。这就是巴比涅原理。

3. 衍射测量技术的特点

衍射测量技术有以下四个特点：

(1)灵敏度高。如果条纹清晰，测量 0.05mm 时测量灵敏度最高达到 0.1μm。衍射测量系统的放大比可以达到 1000～10000 倍。

(2)精度有保证。首先是激光下的夫琅禾费衍射条纹十分清晰、稳定。其次,这是一种非接触测量,而且采用照相或光电系统测量衍射条纹是可行的,精度可以达到微米级。

(3)装置简单,操作方便,测定快速。

(4)可实现动态的联机测量和全场测量,测量时物体不必固定,可为工艺过程提供反馈信号,显著提高工艺效率。

衍射测量的不足之处是绝对量程比较小,量程范围为0.01~1.5mm。超过此范围必须用比较测量法。另外,当 w 小时,衍射条纹本身比较宽,不容易获得精确测量,而且当 r 大时,装置外形尺寸不能紧凑,限制了衍射测量的应用范围。

7.7.2 典型衍射测量方法

目前在实际应用中得到发展的衍射测量技术大多基于夫朗禾费衍射或圆孔衍射原理,并采用记录衍射条纹分布极值点之间角量的方法具体计算。这些方法归纳起来主要有间隙测量法、反射衍射测量法、分离间隙测量法、互补测量法和艾里斑测量法。下面的缝宽皆用 w 表示。

1. 间隙测量法

间隙测量法是衍射测量技术的基本方法,主要适合于三种用途:①进行尺寸比较测量;②进行工件形状轮廓测量;③做应变传感器使用。

应用间隙测量法进行尺寸比较测量时,如图7-36(a)所示,先用标准尺寸的工件相对参考边的间隙作为零位,然后放上工件,测定间隙的变化量从而推算出工作尺寸。应用间隙测量法进行工件形状轮廓测量时,如图7-36(b)所示,同时转动参考物和工件,由间隙变化得到工件轮廓相对于标准轮廓的偏差。应用间隙法的应变传感器是当试件上加载 P 时[见图7-36(c)],由单缝的尺寸变化,用衍射条纹的自动监测来测量应变量。间隙测量法的基本装置如图7-37所示,其中:1表示激光器;2表示柱面扩束透镜,用来获得一个亮带,并以平行光方式照明狭缝;狭缝是由工件3与参考物4所形成的;5表示成像物镜;6表示观察屏或光电器件接收平面;7表示微动机构,用于衍射条纹的调零或定位。由于采用激光作为光源,柱面透镜作为聚光镜,光能高度集中在狭缝上,因此,能获得明亮而清晰的衍射条纹。当 $r \geqslant w^2/\lambda$ 时,观察屏离开工件较远,这时还可以取消物镜5,直接在观察屏6上测量衍射条纹。观察屏上的衍射条纹可直接用线纹尺测量,亦可用照相记录测量或光电测量。

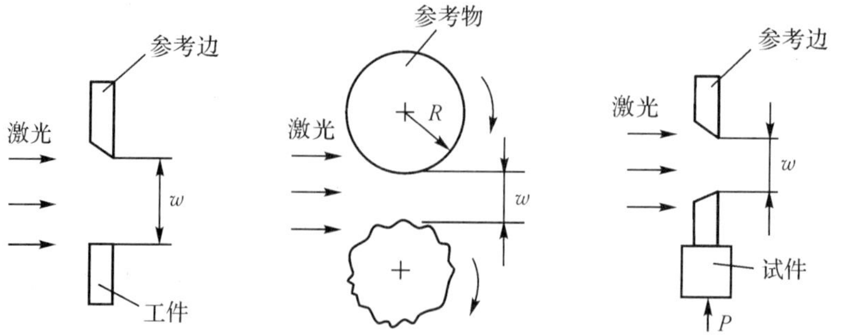

(a) 尺寸比较测量　(b) 工件形状轮廓测量　(c) 应变传感器

图7-36 间隙测量法的应用

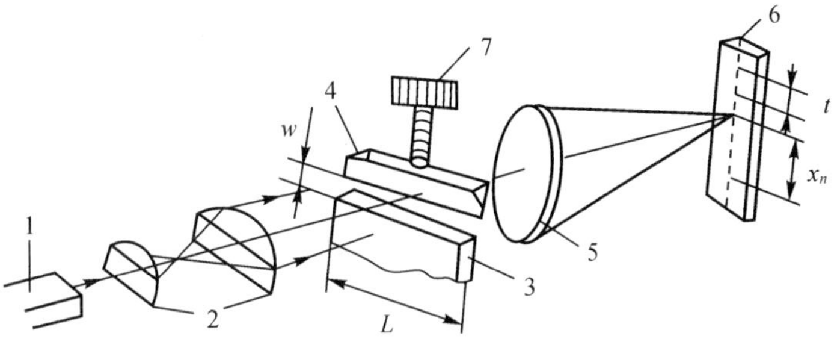

图 7-37　间隙测量法的基本装置

间隙测量法的计算公式为

$$w=\frac{n\lambda r}{x_n} \tag{7.41}$$

通过测量 x_n 来计算 w。但更方便的计算是设

$$\frac{x_n}{n}=t \tag{7.42}$$

其中，t 为衍射条纹间隔。

将式(7.42)代入式(7.41)，得

$$w=\frac{r\lambda}{t} \tag{7.43}$$

若已知 r 和 λ，测定两个暗条纹间隔 t，按式(7.43)就可以求出 w。

间隙测量法用于位移和应变测量有两种基本测量方法。

(1)绝对法

位移或应变值 δ 相当于 w 的变化值，即

$$\delta=w-w'=\frac{n\lambda r}{x_n}-\frac{n\lambda r}{x_n'}=n\lambda r\left(\frac{1}{x_n}-\frac{1}{x_n'}\right) \tag{7.44}$$

由式(7.44)，测量位移前后 n 级衍射条纹中心距中央零级条纹中心的位置 x_n 及 x_n' 就可以求得位移量。

(2)增量式

由 $w\sin\theta=n\lambda$，$n=1,2,3,\cdots$，θ 为衍射角，得

$$\delta=w-w'=\frac{n\lambda}{\sin\theta}-\frac{n'\lambda}{\sin\theta}=(n-n')\frac{\lambda}{\sin\theta}=\Delta N\frac{\lambda}{\sin\theta} \tag{7.45}$$

其中，$\Delta N=n-n'$。ΔN 是通过某一固定的衍射角 θ 来记录干涉条纹的变化数得到的。

2. 反射衍射测量法

反射衍射测量法从原理上说主要是利用试件棱镜缘和反射镜形成狭缝。图 7-38 为反射衍射测量法原理，狭缝由刀刃 A 与反射镜 B 组成。反射镜的作用是用来形成 A 的像 A′。这时，相当于以 φ 角入射的，缝宽为 $2w$ 的单缝衍射。显然，出现暗条纹的条件是光程差满足

$$2w\sin\varphi-2w\sin(\varphi-\theta)=n\lambda \tag{7.46}$$

其中，φ 为激光对平面反射镜的入射角；θ 为光线的衍射角；w 为试件 A 的边缘与反射镜之间的距离。按三角级数将式(7.46)展开，则

$$2w\left(\cos\varphi\sin\theta+2\sin\varphi\sin^2\frac{\theta}{2}\right)=n\lambda \tag{7.47}$$

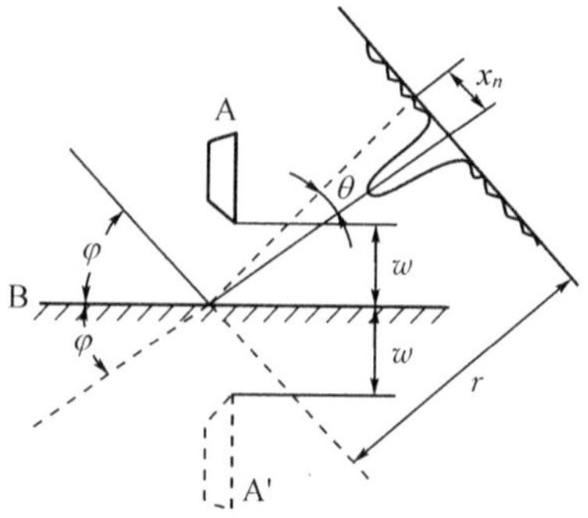

图 7-38 反射衍射测量法原理

对于远场衍射，则

$$\sin\theta=\frac{x_n}{r}$$

代入式(7.47)，则有

$$\frac{2wx_n}{r}\left(\cos\varphi+\frac{x_n}{2r}\sin\varphi\right)=n\lambda$$

整理后得

$$w=nr\lambda/\left[2x_n\left(\cos\varphi+\frac{x_n}{2r}\sin\varphi\right)\right] \tag{7.48}$$

式(7.48)说明：①给定 φ，已知 r 和 λ，认定衍射条纹级次 n，测定 x_n，就可求得 w；②由于反射效应，装置的灵敏度提高了近 1 倍。

反射衍射测量技术的应用有三个方面：①表面质量评价；②直线性测定；③间隙测定。

3. 分离间隙测量法

分离间隙测量法是利用参考物和试件不在一个平面内所形成的衍射条纹来进行精密测量的方法。在实际测量中，为了方便安装试件，要求组成单缝的两个边不在同一个平面上，即存在一个间距 z，这就形成了分离间隙的衍射测量方法。

分离间隙测量法原理如图 7-39 所示。分离间隙的衍射特点在于出现的衍射条纹是不对称的。图 7-39 中组成单缝的两边 A 和 A_1 不在一个平面内，距离为 z。设 A_1'为 A_1 对应的与 A 在一个平面内的边，此时的缝宽为 w。在衍射角为 θ_1 的观察屏上，对应于这一级次的条纹位置为 P_1。显然，对称于光轴(即中央的零级条纹中心)的同一级次条纹为 P_2，衍射角为 θ_2。间距 z 的存在，使 $\theta_1\neq\theta_2$，出现衍射条纹光强呈不对称的分布情况。对于 P_1 点，出现暗条纹的条件是

$$\overline{A'_1A_1P_1}-\overline{A_1P_1}=w\sin\theta_1+(z-z\cos\theta_1)=w\sin\theta_1+2z\sin^2\left(\frac{\theta_1}{2}\right)=n_1\lambda \tag{7.49}$$

对于 P_2 点，出现暗条纹的条件是

$$w\sin\theta_2-2z\sin^2\left(\frac{\theta_2}{2}\right)=n_2\lambda \tag{7.50}$$

由于 $r\gg z$，所以

$$\sin\theta_1=\frac{x_{n_1}}{r},\sin\theta_2=\frac{x_{n_2}}{r}$$

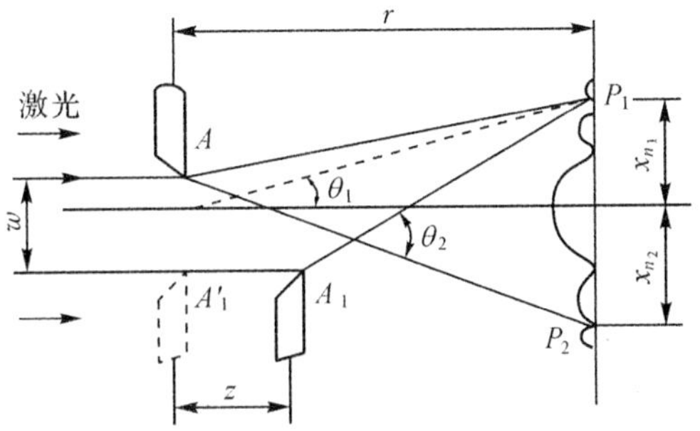

图 7-39　分离间隙测量法原理

分别代入式(7.49)及式(7.50)，则有

$$\left.\begin{aligned}\frac{wx_{n_1}}{r}+\frac{zx_{n_1}^2}{2r^2}=n_1\lambda\\ \frac{wx_{n_2}}{r}-\frac{zx_{n_2}^2}{2r^2}=n_2\lambda\end{aligned}\right\}\tag{7.51}$$

由式(7.51)可得计算分离间隙衍射时的缝宽间隙，即

$$w=\frac{n_1 r\lambda}{x_{n_1}}-\frac{zx_{n_1}}{2r}=\frac{n_2 r\lambda}{x_{n_2}}+\frac{zx_{n_2}}{2r}\tag{7.52}$$

若测定 x_{n_1}、x_{n_2}，数出 n_1 及 n_2，已知 r 和 λ，就可求得分离值 z，由 z 就可以计算 w。

根据式(7.51)，若测定相同级次的衍射条纹，即 $n_1=n_2$，则 $x_{n_2}>x_{n_1}$。所以，当狭缝两个边缘不在同一平面上时，将出现中心亮条纹两边的衍射条纹不对称现象。条纹间距增大的一边，就是 z 值所在的一边。

4. 互补测量法

激光衍射互补测量法是基于巴比涅定理，当用平面光波照射两个互补屏时，它们产生的衍射图形的形状和光强完全相同，相位相差 π。利用该原理可以对各种金属细丝和薄带的尺寸进行高精度非接触测量。

5. 艾里斑测量法

艾里斑测量法是基于圆孔的夫琅禾费衍射原理。依据衍射原理可进行微小孔径的测量。假设待测圆孔的物镜焦距为 f'，则屏上各级衍射环的半径为

$$r_m=f'\tan\theta\approx f'\sin\theta=\frac{m\lambda}{a}f'\tag{7.53}$$

其中，当 m 取值为 0.610，1.116，1.619，…时，为暗纹；当 m 取值为 0，0.818，1.339，1.850，…时，为亮环。a 表示圆孔半径，若用 D_m 表示各级环纹的直径，则

$$D_m=\frac{4m\lambda}{D}f'\tag{7.54}$$

其中，$D=2a$，是待测圆孔的直径。只要测得第 m 级环纹的直径，便可算出待测圆孔的直径。对式(7.54)求微分，得

$$|\mathrm{d}D_m|=\frac{4m\lambda}{D^2}f'\mathrm{d}D=\frac{D_m}{D}\mathrm{d}D\tag{7.55}$$

因为 $D_m\gg D$，所以 $D_m/D\gg 1$。这说明圆孔的直径 D 的微小变化可以引起环纹直径的很大变化，也就是说，在测量环纹直径 D_m 时，如测量不确定度为 $\mathrm{d}D_m$，则换算为衍射孔径 D

之后，其测量不确定度将为原值的 D_m/D 倍，显然 D 越小，则 D_m/D 会越大。当 D 值较大时，用衍射法进行测量就没有优越性了。一般仅对 $D<0.5$mm 的孔应用此法进行测量。

依据衍射理论进行微小孔径的测量，应取较高级的环纹才有利于提高准确度。但高级环纹的光强微弱，监测器的灵敏度应足够高。为了充分利用光源的辐射能，采用单色性好、能量集中的激光器最为理想。若采用光电转换技术来自动地确定 D_m 值，既可以提高测量不确定度，又可以加快测量速度。这对用人造纤维、玻璃纤维等制造的喷头上的微孔，以及其他无法测量的微孔，是很有用的测量手段。

7.7.3 测量分辨率、测量精度与测量范围

激光衍射技术可能达到的测量分辨率、测量精度，以及其测量范围（即量程），是在实际应用中是否选择这项技术的重要前提。

1. 测量分辨率

测量分辨率就是测量能达到的灵敏度，也就是指激光衍射技术能分辨的最小量值。从衍射测量的基本公式，即

$$w=\frac{n\lambda r}{x_n} \tag{7.56}$$

可知，测量分辨率就是指 $\frac{\partial w}{\partial x_n}$。令 $s=\frac{\partial w}{\partial x_n}$，则有

$$s=\frac{\partial w}{\partial x_n}=\frac{w^2}{n\lambda r}\quad（取正） \tag{7.57}$$

式(7.57)表明，缝宽 w 越小，r 越大，激光所用波长越长以及所取衍射级次越高，则 s 越小。测量分辨率越高，测量就越灵敏。由于 w 受测量范围的限制，r 受仪器尺寸的限制，n 受激光器功率的限制，因此，实际上 s 可近似地确定。

设 $r=1000$mm，$w=0.1$mm，$n=4\sim8$，$\lambda=0.63\mu$m，代入式(7.57)，则

$$s=\frac{1}{500}\sim\frac{1}{250}$$

可见，通过衍射使 w 的变化量放大了 250～500 倍。对 0.1mm 的缝宽来说，测量的灵敏度是 0.4～0.2μm.

2. 测量精度

由式(7.56)可知，衍射技术的测量精度主要由测量 x_n、r 以及 λ 的精度决定。按随机误差计算衍射测量能达到的精度是

$$\Delta w=\pm\sqrt{\left(\frac{nr}{x_n}\Delta\lambda\right)^2+\left(\frac{n\lambda}{x_n}\Delta r\right)^2+\left(\frac{nr\lambda}{x_n^2}\Delta x_n\right)^2} \tag{7.58}$$

其中，$\Delta\lambda$ 为激光器的稳定度；Δr 为观察屏的位置误差；Δx_n 为衍射条纹位置的测量误差。

对于氦氖激光器，稳定度一般可优于 $\frac{\Delta\lambda}{\lambda}=1\times10^{-4}$，观察屏距误差一般不超过0.1%。当屏距 $r=1000$mm 时，$\Delta r=\pm1$mm。衍射条纹位置测量误差一般不超过 0.1%。当 $x_n=10$mm 时，$\Delta x_n=\pm0.01$mm。

设 $r=1000$mm，$\lambda=0.63\mu$m，$w=0.19$mm，$n=3$，$x_n=10$mm，把这些数据代入式(7.58)，

得

$$\Delta w = \pm 0.3\mu m$$

而相对误差为 $\frac{\Delta w}{w} = \pm 1.6 \times 10^{-3}$。若考虑到实际测量中的环境等误差因素，则衍射测量可达到的精度在 $\pm 0.5\mu m$ 左右。

3. 测量范围

将式(7.56)改写为

$$x_n = \frac{n\lambda r}{w} \tag{7.59}$$

对式(7.59)微分，得

$$dx_n = -\frac{n\lambda r}{w^2} dw \tag{7.60}$$

由式(7.59)和式(7.60)，若 $r=1000mm$，$n=4$，$\lambda=0.63\mu m$，则计算后可得到表 7-1。

表 7-1　缝宽与灵敏度、条纹中心位置的关系

缝宽 w/mm	灵敏度 $\frac{dx_n}{dw}$ 与放大倍数的比值	条纹中心位置 x_n/mm($n=4$)
0.01	−25000	250
0.1	−250	25
0.5	−10	5
1	−2.5	2.5

表 7-1 说明以下三点：

(1)缝宽 w 越小，衍射效应越显著，光学放大比越大。

(2)缝宽 w 变小，衍射条纹拉开，光强分布减弱。由于 w 变小，原先进入狭缝的能量就减少，现在散布范围变大，因此光能变得非常弱，造成高级次条纹不能被测量。

(3)缝宽 w 大，条纹密集，测量灵敏度低，实际上 $w \geqslant 0.5mm$，就失去使用意义。衍射测量的最大量程是 0.5mm，绝对测量的量程是 0.01～0.5mm。因此，衍射测量主要用于小量程的高精度测量方面。

7.8 光束扫描技术

光束扫描是激光应用(如激光显示、传真和光存储等)的基本技术之一，可以用机械转镜、电光效应和声光效应来实现。光束扫描技术根据应用目的不同可分为两种类型：一种是光的偏转角连续变化的模拟式扫描，它能描述光束的连续位移；另一种是不连续的数字扫描，它是在选定空间的某些特定位置上使光束的空间位置“跳变”。前者主要用于各种显示，后者则主要用于光存储。

7.8.1 机械扫描

机械扫描是目前最成熟的一种扫描方法。如果只需要改变光束的方向，即可采用机械扫描方法。机械扫描技术是利用反射镜或棱镜等光学元件的旋转或振动实现光束扫描。图 7-40 为一个简单的机械扫描装置,激光束入射到一个可转动的平面反射镜上,当平面镜转动时,平面镜反射的激光束的方向就会发生改变,达到光束扫描的目的。

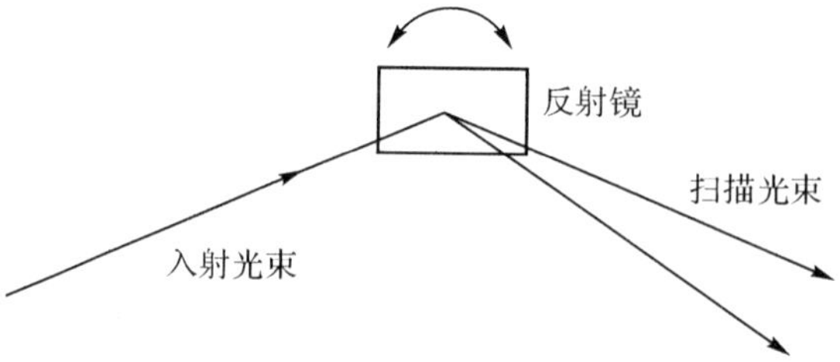

图 7-40 机械扫描装置

机械扫描方法虽然原始,扫描速度慢,但其扫描角度大而且受温度影响小,光的损耗小,适用于各种光波长的扫描。因此,机械扫描方法在目前仍是一种常用的光束扫描方法。

7.8.2 电光扫描

电光扫描是利用电光效应来改变光束在空间的传播方向,其原理如图 7-41 所示。光束沿 y 方向入射到长度为 l、厚度为 d 的电光晶体,如果晶体的折射率是坐标 x 的线性函数,即

$$n(x)=n+\frac{\Delta n}{d}x \tag{7.61}$$

其中,n 是 $x=0$ 处的折射率;Δn 是在厚度 d 上折射率的变化量。那么,在 $x=d$(晶体上面)处的折射率则是 $n+\Delta n$。当一个平面波经过晶体时,光波的上部(A 线)和下部(B 线)所“经历”的折射率不同,通过晶体所需的时间也就不同,分别为

$$T_A=\frac{l}{c}(n+\Delta n),\ T_B=\frac{l}{c}n \tag{7.62}$$

由于通过晶体的时间不同,光线 A 相对于光线 B 要落后一段距离 $\Delta y=\frac{c}{n}(T_A-T_B)$。这就意味着光波到达晶体出射面时,其波阵面相对于传输轴线偏转了一个小角度,其偏转角(在输出端晶体内)为 $\theta'=-\frac{\Delta y}{d}=-l\frac{\Delta n}{nd}=-\frac{l}{n}\frac{\mathrm{d}n}{\mathrm{d}x}$,其中用折射率的线性变化 $\frac{\mathrm{d}n}{\mathrm{d}x}$ 代替了 $\Delta n/d$,那么光束射出晶体后的偏转角 θ 可根据折射定律 $\sin\theta/\sin\theta'=n$ 求得。设 $\sin\theta\approx\theta\ll 1$,则

$$\theta=n\theta'=-l\frac{\Delta n}{d}=-l\frac{\mathrm{d}n}{\mathrm{d}x} \tag{7.63}$$

其中的负号是由坐标系引起的,即 θ 由 y 转向 x 为负。由以上讨论可知,只要晶体在电场的作用下沿某些方向的折射率发生变化,那么当光束沿着特定方向入射时,就可以实现光束扫描。光束偏转角的大小与晶体折射率的线性变化率成正比。

图 7-42 是根据这种原理做成的双 KDP 楔形棱镜扫描器。它由两块 KDP 直角棱镜组成,棱镜的三个边分别沿 x' 轴、y' 轴和 z 轴方向,但两块晶体的 z 轴反向平行,其他两个轴的取向均相同,电场沿 z 轴方向,光线沿 y' 方向传播且沿 x' 方向偏振。在这种情况下,上部的 A 线完全是在上棱镜中传播,“经历”的折射率为 $n_A=n_o-\frac{1}{2}n_o^3\gamma_{63}E_z$。而在下棱镜中,因

电场相对于 z 轴反向，故 B 线“经历”的折射率为 $n_B=n_o+\frac{1}{2}n_o^3\gamma_{63}E_z$。于是上、下折射率之差（$\Delta n=n_B-n_A$）为 $n_o^3\gamma_{63}E_z$。将其代入式(7.63)，得

$$\theta=\frac{l}{d}n_o^3\gamma_{63}E_z \tag{7.64}$$

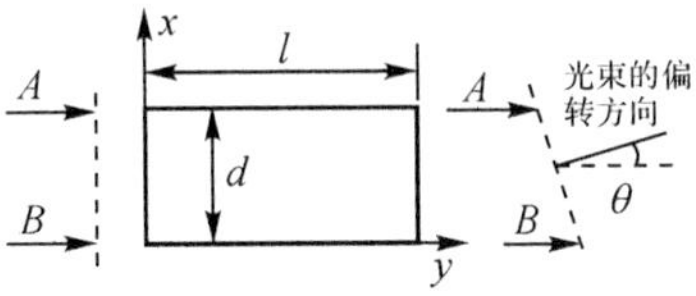

图 7-41　电光扫描原理

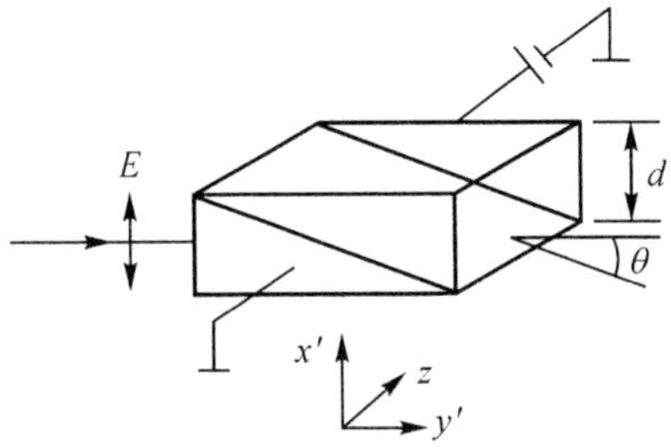

图 7-42　双 KDP 楔形棱镜扫描器

例如，取 $l=d=h=1\text{cm}$，$\gamma_{63}=10.5\times10^{-12}\text{m/V}$，$n_o=1.51$，$U=1000\text{V}$，则得 $\theta=35\times10^{-7}\text{rad}$。可见电光偏转角是很小的，很难达到实用的要求。为了使偏转角加大，而电压又不致太高，因此常将若干个 KDP 棱镜在光路上串联起来，构成长为 ml、宽为 d、高为 h 的偏转器，如图 7-43 所示。两端的两个顶角为 $\beta/2$，中间的几个顶角为 β 的等腰三角棱镜，它们的 z 轴垂直于纸面，棱镜的宽与 z 轴平行，前后相邻的二棱镜的光轴反向，电场沿 z 轴方向。各棱镜的折射率交替为 $n_o-\Delta n$ 和 $n_o+\Delta n$，其中 $\Delta n=\frac{1}{2}n_o^3\gamma_{63}E$。故光束通过扫描器后，总的偏转角为每级（一对棱镜）偏转角的 m 倍，即

$$\theta_{总}=m\theta=\frac{mln_o^3\gamma_{63}U}{hd} \tag{7.65}$$

一般 m 为 4～10，m 不能无限增加的主要原因是激光束有一定的尺寸，而棱镜高 h 的大小有限，光束不能偏出 h 之外。

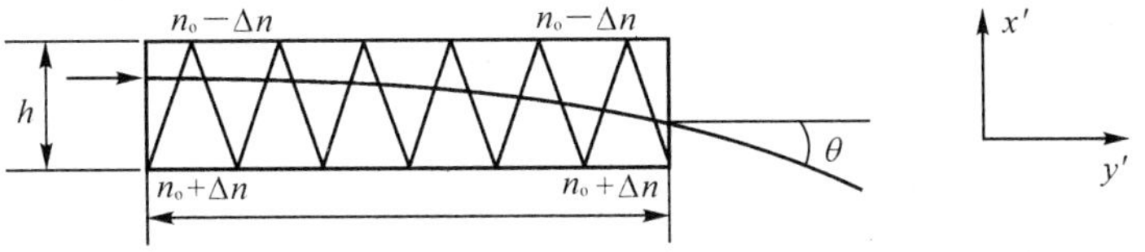

图 7-43　多级棱镜扫描器

数字式扫描器由电光晶体和双折射晶体组合而成，其原理如图 7-44 所示，其中 S 为 KDP 电光晶体，B 为方解石双折射晶体（分离棱镜），它能使线偏振光分成互相平行、振动方向垂直的两束光，其间隔 d 为分裂度，ε 为分裂角（也称离散角），γ 为入射光法线方向与光轴间的夹角。KDP 电光晶体 S 的 x 轴（或 y 轴）平行于双折射晶体 B 的光轴与晶面法线所组成的平面。若一束入射光的偏振方向平行于 S 的 x 轴（对 B 而言，相当于 o 光），当 S 上未加电压时，光波通过 S 之后偏振态不变，则它通过 B 时方向仍保持不变；若 S 上加半波电压，则入射光的偏振面将旋转 90°而变成了 e 光。我们知道，不同偏振方向光波对光轴的取向不同，其传播的光路也是不同的，所以此时通过 B 的 e 光相对于入射方向就偏折了一个 ε 角，从 B 出射的 e 光与 o 光相距 d。由物理光学可知，当 n_o 和 n_e 确定后，对应的最大分裂角

为 $\varepsilon_{max}=\arctan\dfrac{n_e^2-n_o^2}{2n_on_e}$。以方解石为例，其 $\varepsilon_{max}\approx 6°$(在可见光和近红外光波段)。上述电光晶体和双折射晶体就构成了一个一级数字扫描器，入射的线偏振光随电光晶体上加和未加半波电压而分别占据两个“地址”之一，分别代表“0”和“1”状态。若把 n 个这样的数字偏转器组合起来，就能做到 n 级数字式扫描。图 7-45 为一个三级数字式电光扫描器，使入射光分离为 2^3 个扫描点。光路上的短线“|”表示偏振面与纸面平行，“•”表示偏振面与纸面垂直。最后射出的光线中，“1”表示电光晶体上加了电压，“0”表示未加电压。

要使可扫描的位置分布在二维方向上，只要用两个彼此垂直的 n 级扫描器组合起来就可以实现。这样就可以得到 $2^n\times 2^n$ 个二维可控扫描位置。

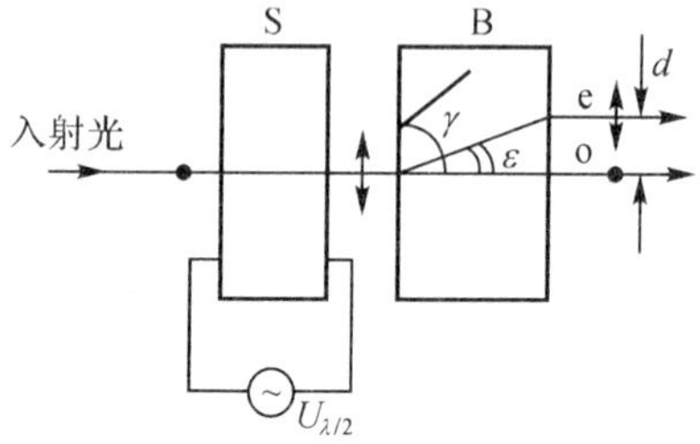

图 7-44　数字式扫描器原理

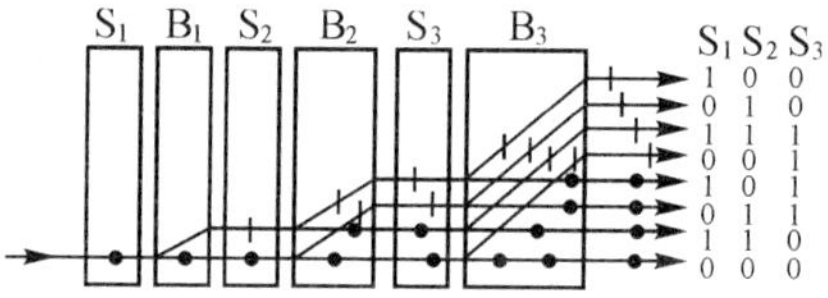

图 7-45　三级数字式电光扫描器

7.8.3　声光扫描

声光效应的另一个重要用途是进行光束扫描偏转。声光扫描器的结构与布拉格声光调制器基本相同，不同之处在于调制器是改变衍射光的强度，而扫描器则是通过改变声波频率来改变衍射光的方向，使之发生偏转。这个偏转既可以是光束连续偏转，也可以是分离的光点扫描偏转。

1. *声光扫描原理*

从前面的声光布拉格衍射理论分析可知，光束 θ_i 角入射，产生的衍射极值应满足布拉格条件：$\sin\theta_B=\dfrac{\lambda}{2n\lambda_s}$，$\theta_i=\theta_d=\theta_B$。布拉格角一般很小，可写为

$$\theta_B=\frac{\lambda}{2n\lambda_s}=\frac{\lambda}{2nv_s}f_s \tag{7.66}$$

故衍射光与入射光间的夹角(偏转角)等于布拉格角 θ_B 的 2 倍，即

$$\theta=\theta_i+\theta_d=2\theta_B=\frac{\lambda}{nv_s}f_s \tag{7.67}$$

由式(7.67)可以看出，改变超声波的频率 f_s，就可以改变其偏转角 θ，从而达到控制光束传播方向的目的，即超声频率改变 Δf_s 引起光束偏转角的变化为

$$\Delta\theta=\frac{\lambda}{nv_s}\Delta f_s \tag{7.68}$$

这可用如图 7-46 所示的声光扫描原理予以说明。设声波频率为 f_s 时，声光衍射满足布拉格条件，则声光波矢图为闭合等腰三角形，衍射极值沿着与超声波面成 θ_d 角的方向。若声波频率变为 $f_s+\Delta f_s$，则根据 $k_s=\dfrac{2\pi}{v_s}f_s$ 的关系，声波波矢将有 $\Delta k_s=\dfrac{2\pi}{v_s}\Delta f_s$ 的变化。由

于入射角 θ_i 不变，衍射光波矢大小也不变，则声光波矢图不再闭合。光束将沿着 OB 方向衍射，相应的光束偏转角为 θ。因为 θ 和 $\Delta\theta$ 都很小，可近似认为 $\Delta\theta=\frac{\Delta k_s}{k_s}=\frac{\lambda}{nv_s}\Delta f_s$，所以偏转角与声频的改变成正比。

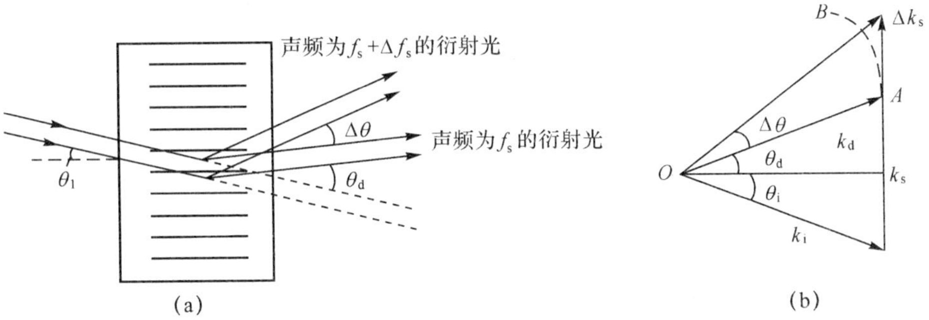

图 7-46　声光扫描原理

2. 声光扫描器的主要性能参量

声光扫描器的主要性能参量有三个，即可分辨点数 N（它决定扫描器的容量）、偏转时间 τ（其倒数决定扫描器的速度）和衍射效率 η_s（它决定扫描器的效率）。下面主要讨论可分辨点数、扫描速度和工作带宽问题。

对一个声光扫描器来说，不仅要看偏转角 $\Delta\theta$ 的大小，还要看其可分辨点数 N。可分辨点数 N 定义为偏转角 $\Delta\theta$ 和入射光束本身发散角 $\Delta\varphi$ 之比，即

$$N=\frac{\Delta\theta}{\Delta\varphi},\Delta\varphi=R\lambda w \tag{7.69}$$

其中，w 为入射光束的宽度（光束的直径）；R 为常数，其值决定于所用光束的性质（均匀光束或高斯光束）和判据（瑞利判据或可分辨判据）。例如，显示或记录用扫描器采用瑞利判据，$R=1.0\sim1.3$；光存储器用扫描器则采用可分辨判据，$R=1.8\sim2.5$。扫描可分辨点数为

$$N=\frac{\Delta\theta}{\Delta\varphi}=\frac{w}{v_s}\frac{\Delta f_s}{R} \tag{7.70}$$

其中，$\frac{w}{v_s}$为超声波渡越时间，记为 τ_s，也就是扫描器的偏转时间。故式(7.70)可以写成

$$N\frac{1}{\tau_s}=\frac{1}{R}\Delta f_s \tag{7.71}$$

其中，$N\frac{1}{\tau_s}$为声光扫描器的容量-速度积，它表征单位时间内光束指向的可分辨位置的数目，它仅取决于工作带宽 Δf_s，而与介质的性质无关。因此，当光束宽度和声速确定后，参数也就确定了。只有增加带宽才能提高扫描器的分辨率。例如，入射光束直径 $w=1\text{cm}$，声速 $v_s=4\times10^5\text{cm/s}$，则 $\tau_s=2.5\mu\text{s}$，若要求 $N=200$，则 Δf_s 为 100MH$_2$～200MHz。

声光扫描器带宽受两种因素的限制，即受换能器带宽和布拉格带宽的限制。因为声频改变时，相应的布拉格角也要改变，其变化量为

$$\Delta\theta_B=\frac{\lambda}{2nv_s}\Delta f_s \tag{7.72}$$

因此，要求声束和光束具有匹配的发散角。声光扫描器一般采用准直的平行光束，其发散角很小，所以要求声波的发散角 $\delta\varphi \geqslant \delta\theta_B$。取 $\delta\varphi = \lambda_s / l$，再考虑到式(7.72)，就得到

$$\frac{\Delta f_s}{f_s} \leqslant \frac{2n\lambda_s^2}{\lambda l} \tag{7.73}$$

实际上，工作带宽是由给定的指标 N 和 τ 确定的，此时工作频带的中心频率也已确定。因为正常布拉格器件的 Q 值一般不容易做得很大，故总存在一些剩余的高级衍射，此处还有各种非线性因素和驱动电源谐波分量的影响，为了避免在工作频带内出现假点，要求工作带宽的中心频率 $f_{s0} \geqslant \frac{3}{2}\Delta f_s$，或

$$\frac{\Delta f_s}{f_{s0}} \leqslant \frac{2}{3} \approx 0.667 \tag{7.74}$$

式(7.74)是设计布拉格声光偏转器的扫描带宽的基本关系式。

要使布拉格声光衍射扫描器有良好的带宽特性，即能在比较大的频率范围内产生布拉格衍射，尽量减小对布拉格条件的偏离，就要求在较宽的角度范围内提供方向合适的超声波。设法使超声波的波面随频率的变化发生相应的倾斜转动，使超声波的传播主方向始终平分入射光方向和衍射光方向，这样超声方向能够自动跟踪布拉格角(称超声跟踪)。实现超声跟踪的方法一般是采用一种所谓的"阵列换能器"，即将换能器分成数片，使进入声光介质的超声波是各换能器发出的超声波的叠加合成，形成一个倾斜的波面，合成超声波的主方向随声波频率的改变而改变。这种结构就可以保证布拉格条件在较大频率范围内得以满足。阵列换能器的形式分为阶梯式和平面式两种。阶梯式结构如图 7-47(a)所示，它是把声光介质磨成一系列阶梯，各阶梯的高差为 $\lambda_s/2$，阶梯的宽度为 S，各片换能器黏结在各个阶梯上，相邻两换能器间的相位差为 π，因而每个换能器所产生的超声波波面间也有 π 弧度的相位差，使在介质中传播的声波等相面随之发生倾斜转动，其转动的角度是随频率而改变的。这样就相当于改变了入射光束的角度，使之满足布拉格条件。平面式结构如图 7-47(b)所示，它的工作原理和阶梯式结构基本相同。

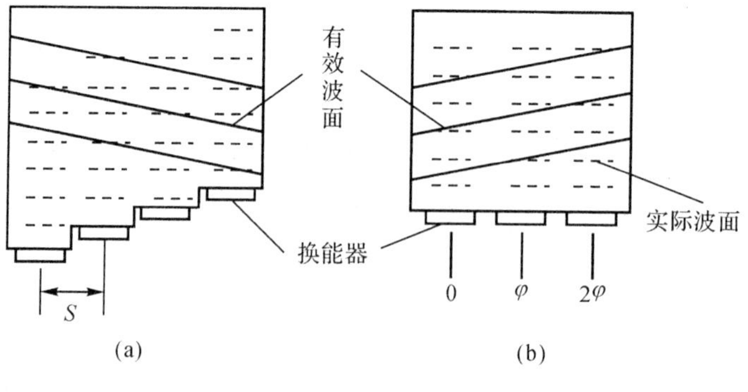

图 7-47　阵列换能器

习　题

7.1　如何测量透明薄膜的厚度？为什么在测量透明薄膜厚度时常采用对数放大器？

7.2　测量物体表面粗糙度及表面瑕疵可采用哪种光电信息变换方式？怎样将表面粗糙度及表面瑕疵的信息检测出来？

7.3　对光信号进行调制有哪些优点？对光电信号进行调制有哪几种途径？

7.4　假设调制波是频率为 500Hz、振幅为 5V、初相位为 0 的正弦波，载波频率为 10kHz，振幅为 50V，求调幅波的表达式、带宽及调制度。

7.5　如果一个纵向电光调制器没有起偏器，入射的自然光能否得到光强度调制？为什么？

7.6　总结说明电光效应、声光效应和磁光效应可以对光波的哪些参数进行调制，并比较它们的调制频率。

7.7　利用调制盘是否可以提高面辐射源的探测能力？为什么？

7.8　利用所学光电知识，设计测量液体含糖量的光电检测系统，并讨论光源、光电探测器的选择原则和测量方法的优劣。

7.9　调制不是光电检测的目的，它只是实现光电检测和提高光电检测能力的一种手段。光电检测要从调制信号中检测出被测信息，将被测信息从调制信号中分离出来的过程称为解调。调研归纳总结可以用于光电检测系统的解调方法，并讨论每种方法的特点。

第8章

光电检测电路与信号处理

前面已分别讨论了光电系统中光电探测器原理、特性和光电信号的调制方法，本章接着讨论电信号的处理方法。信息源(目标)信号变换为电信号后，通常由电子系统进一步处理，如通过放大、滤波、采样保持、模数转换和相关检测等多种处理手段，最终实现系统要求的显示、控制和测量等功能。本章将重点介绍在光电系统中有特殊要求的电信号处理方法，主要包括光电检测电路的动态计算、噪声抑制、微弱光信号检测与处理等内容。

8.1 光电检测电路的设计要求

光电检测电路由光电探测器、偏置电路和前置放大器组成，如图8-1所示。它的设计要求如下：

(1)灵敏的光电转换能力：给定的输入光信号在允许的非线性失真条件下有最佳的信号传输系数，得到最大的功率、电压或电流输出，即输出信号有最大的动态范围。

(2)快速的动态响应能力：满足系统要求的频率选择性或对瞬变信号的快速响应。

(3)最佳的信号检测能力：具有保证可靠检测所必需的信噪比或较小的可检测信号功率。

(4)长期工作的稳定性和可靠性。

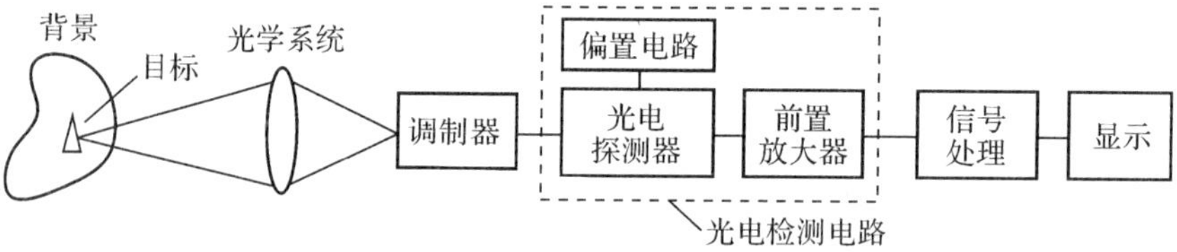

图8-1 光电检测电路基本结构

8.2 光电检测电路的动态计算

直流电路的设计重点在于确定电路的静态工作状态，即进行静态计算。由于光电探测器伏安特性的非线性，一般采用非线性电路的图解法和分段线性化的解析法来计算。这些内容已经针对具体的器件在本书前面各章进行了讲述。在许多场合下，光电检测电路接收到的是随时间变化的光信号，如瞬变光信号或各种类型的调制光信号，这类信号称为交变光信号。其特点是信号中包含丰富的频率分量，当信号微弱时，还需要进行多级放大等。与缓变光信号检测电路的设计不同，在分析和设计交变光信号检测电路时，需要解决如下动态计算问题：①确定检测电路的动态工作状态，使在交变光信号作用下的负载上能获得最小非线性失真的电信号输出；②使检测电路具有足够宽的频率响应范围，以对复杂的瞬变光信号或周期光信号进行无频率失真的变换和传输。本节将分别讨论这两方面的问题。

8.2.1　光电输入电路的动态计算

现以光电二极管和光电池为例，介绍其交流检测电路的动态计算方法。

1. 光电二极管交流检测电路

图 8-2(a)给出了反向偏置光电二极管交流检测电路。首先确定在交变光信号作用下电路的最佳工作状态。假定输入光照度为正弦变化信号，即 $E_v = E_{v0} + E_{vm}\sin\omega t$，则光照度的变化范围为 $E_{v0} \pm E_{vm}$。若在信号通频带范围内，耦合电容 C_c 可被认为是短路，则等效交流负载电阻是 R_b 和 R_L 的并联。对应的交流负载线 MN 应该通过特性曲线的转折点 M [见图 8-2(b)]，以便能充分利用器件的线性区间，其斜率由 R_b 和 R_L 的并联电阻决定。交流负载线与光照度 $E_v = E_{v0}$ 对应的伏安特性曲线相交于 Q 点。该点对应交变输入光照度的直流分量，是输入直流偏置电路的静态工作点。通过 Q 点作直流负载线，可以图解得到偏置电阻 R_b 和电源 U_b 的值。下面计算负载 R_L 上的输出电压和输出功率。

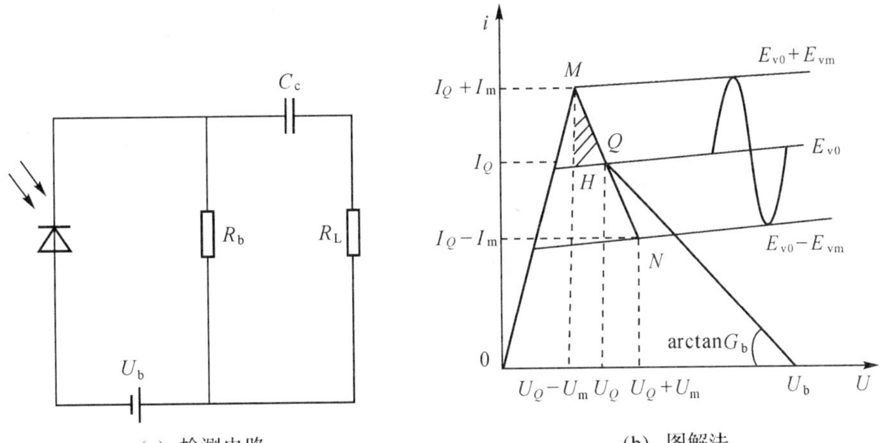

图 8-2　反向偏置光电二极管交流检测电路及图解法

负载电阻上的输出电压峰值 U_m 可利用图 8-2(b)中阴影三角形 MHQ 的数值关系计算得到。若交流负载线的斜率是 $G_L + G_b$，设交流负载的总电流峰值为 I_m，则有

$$U_m = \frac{I_m}{G_L + G_b} \tag{8.1}$$

另外，在线段 MN 上有电流关系

$$I_m = SE_{vm} - GU_m \tag{8.2}$$

其中，S 是光电灵敏度；G 为结间漏电导。将式(8.2)代入式(8.1)，有

$$U_m = \frac{SE_{vm}}{G_b + G_L + G} \tag{8.3}$$

负载电阻 R_L 上的输出功率 P_L 为

$$P_L=\frac{1}{\sqrt{2}}I_L\cdot\frac{1}{\sqrt{2}}U_m=\frac{1}{2}I_LU_m \tag{8.4}$$

其中，I_L（$I_L=U_m/R_L=G_LU_m$）是负载 R_L 上的电流峰值。将式(8.3)代入式(8.4)，有

$$P_L=\frac{G_L}{2}\left(\frac{SE_{vm}}{G_b+G_L+G}\right)^2 \tag{8.5}$$

求 P_L 对 R_L 的偏微分，计算最大功率输出下的负载电阻 $R_{L0}=1/G_{L0}$，可得

$$G_{L0}=G_b+G \tag{8.6}$$

将式(8.6)代入式(8.3)和式(8.5)，可得阻抗匹配条件下负载的输出电压峰值 U_{m0}、最大输出功率有效值 P_{Lm} 和输出电流峰值 I_{m0} 分别为

$$U_{m0}=\frac{SE_{vm}}{2G_{L0}} \tag{8.7}$$

$$P_{Lm}=\frac{(SE_{vm})^2}{8G_{L0}}=\frac{1}{2}G_{L0}U_{m0}^2 \tag{8.8}$$

$$I_{m0}=2\frac{P_{Lm}}{U_{m0}}=\frac{1}{2}SE_{vm} \tag{8.9}$$

最大功率输出条件下的直流偏置电阻 R_{b0} 和电源电压 U_b 可用解析法计算。静态工作点 Q 的电流有伏安特性

$$I_Q=GU_Q+SE_{v0} \tag{8.10}$$

由负载线得

$$I_Q=(U_b-U_Q)G_b \tag{8.11}$$

求解式(8.10)和式(8.11)，得

$$U_Q=\frac{G_bU_b-SE_{v0}}{G+G_b} \tag{8.12}$$

另外，在电压轴上工作点 Q 处的电压 U_Q 为

$$U_Q=U_{m0}+U_M=\frac{SE_{vm}}{2(G_b+G)}+U_M \tag{8.13}$$

其中，U_M 为 M 点的电压。

比较式(8.12)和式(8.13)可计算出 G_{b0} 和 R_{b0} 分别为

$$G_{b0}=\frac{S(E_{vm}+2E_{v0})+2GU_M}{2(U_b-U_M)} \tag{8.14}$$

$$R_{b0}=\frac{2(U_b-U_M)}{S(E_{vm}+2E_{v0})+2GU_M} \tag{8.15}$$

2. 光电池交流检测电路

图 8-3(a)是光电池交流检测电路，图 8-3(b)是处于线性区域的工作特性图解法，图中直流负载是通过原点且斜率为 G_b 的直线。当输入光照度为 $E_v=E_{v0}+E_{vm}\sin\omega t$ 时，光电池特性曲线中对应于 $E_v=E_{v0}$ 的曲线与直流负载线相交于 Q 点，Q 是静态工作点。交流负载线通过 Q 点，斜率为 G_b+G_L，该负载线与最大输入光照度 $E_v=E_{v0}+E_{vm}$ 对应的光电池特性曲线相交于 M 点。M 点的电压 U_M 应满足

$$U_M=U_Q+U_m\leqslant 0.7U_{oc} \tag{8.16}$$

其中，U_m 为与正弦输入光照度相对应的输出电压峰值。

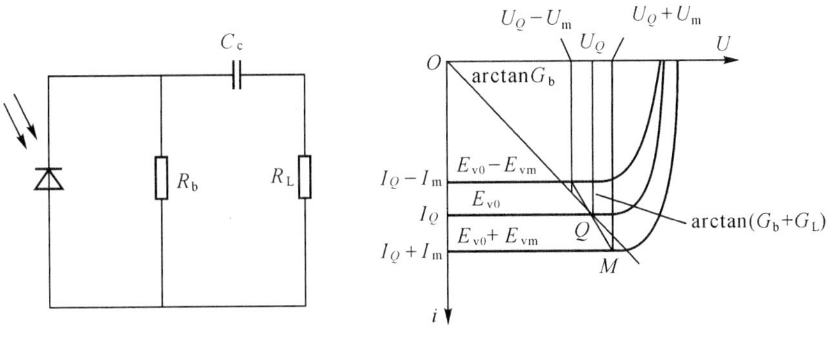

(a) 检测电路　　(b) 图解法

图 8-3　光电池交流检测电路及图解法

对于 $G_L=G_b=G_{L0}$ 的最大功率输出条件下的输出电压、功率和电流，有类似式(8.7)、式(8.8)和式(8.9)的形式。偏置电阻的计算公式为

$$R_{b0}=R_{L0}=\frac{2U_M}{S(2E_{v0}+E_{vm})} \tag{8.17}$$

8.2.2　光电检测电路的频率特性

由于光电器件自身的惯性和检测电路的耦合电容、分布电容等非电阻性参数的存在，光电检测电路需要一个过渡过程才能对快速变化的输入光信号建立稳定的响应。通常采用时域分析法和频域分析法来表征这种动态响应能力，在检测技术中常采用频域分析法。需要指出的是，在光电器件以各种耦合方式和电路器件组成检测电路时，其综合动态特性不仅与光电器件本身有关，还主要取决于电路的形式和阻容参数，需要进行合理的设计才能充分发挥器件的固有性质，达到预期的动态要求。工程上描述检测通道频率响应的参数是通道的通频带 ΔF，它是检测电路上限和下限截止频率所包括的频率范围。ΔF 愈大，信号通过能力愈强。本节将以器件等效电路为基础，介绍检测电路的频率特性，并给出根据被测信号的技术要求设计检测电路的实例。

1. 光电检测电路的高频特性

除热释电检测器件外，大多数光电、热电检测器件对检测电路的影响突出地表现在对高频光信号响应的衰减上。因此，我们首先讨论光电检测电路的高频特性。反向偏置光电二极管交流检测电路的微变等效电路如图 8-4 所示。

如图 8-4 所示的电路忽略了耦合电容 C_c 的影响，因为对于高频信号 C_c 可以认为是短路的，所以可得

$$U_L=\frac{SE_v}{G+G_L+G_b+j\omega C_j},\quad I_L=\frac{U_L}{R_L} \tag{8.18}$$

其中，S 为光电灵敏度；$E_v=E_{v0}+E_{vm}\sin\omega t$ 为输入光照度；SE_v 是输入光电流；I_L 为负载电流；C_j 为光电二极管的结电容。图 8-4 中，I_b 为偏置电流，I_j 为结电容电流，I_g 为光电二极管反向漏电流。式(8.18)中各光电量均是复数值。将式(8.18)改写成

$$U_L=\frac{\dfrac{SE_v}{G+G_L+G_b}}{1+j\omega\left(\dfrac{C_j}{G+G_L+G_b}\right)}=\frac{\dfrac{SE_v}{G+G_L+G_b}}{1+j\omega\tau} \tag{8.19}$$

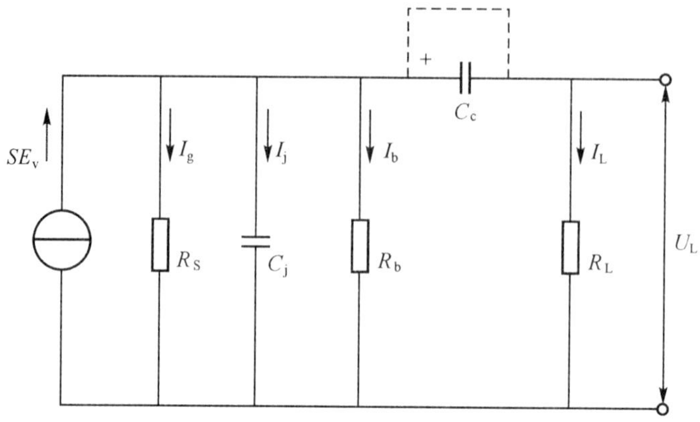

图 8-4　反向偏置光电二极管交流检测电路的微变等效电路

其中，$\tau=\dfrac{C_j}{G+G_L+G_b}$称为检测电路的时间常数，上限频率 $f_H=\dfrac{1}{2\pi\tau}$。可见，检测电路的频率特性不仅与光电二极管参数 C_j 和 G 有关，还取决于放大电路的参数 G_L 和 G_b。

对应检测电路的不同工作状态，频率特性式(8.19)可有不同的简化形式，具体如下：

(1)给定输入光照度，希望在负载上获得最大功率输出，要求满足 $R_L=R_b$ 且 $G\ll G_b$，此时

$$U_L=\frac{\frac{R_L}{2}SE_v}{1+j\omega\tau} \tag{8.20}$$

时间常数和上限频率分别为

$$\left.\begin{aligned}\tau&=\frac{R_L}{2}C_j\\ f_H&=\frac{1}{2\pi\tau}=\frac{1}{\pi R_L C_j}\end{aligned}\right\} \tag{8.21}$$

(2)电压放大时，希望在负载上获得最大电压输出，要求满足 $R_L\gg R_b$(例如 $R_L=10R_b$)且 $G\ll G_b$，此时

$$U_L=\frac{SE_vR_b}{1+j\omega\tau} \tag{8.22}$$

时间常数和上限频率分别为

$$\left.\begin{aligned}\tau&=R_bC_j\\ f_H&=\frac{1}{2\pi R_bC_j}\end{aligned}\right\} \tag{8.23}$$

(3)电流放大时，希望在负载上获得最大电流，要求满足 $R_L\ll R_b$ 且 G 很小，此时

$$U_L=\frac{SE_vR_L}{1+j\omega\tau} \tag{8.24}$$

时间常数和上限频率分别为

$$\left.\begin{aligned}\tau&=R_LC_j\\ f_H&=\frac{1}{2\pi R_LC_j}\end{aligned}\right\} \tag{8.25}$$

为了从光电二极管中得到足够的信号功率和电压，负载电阻 R_L 和 R_b 不能很小。但阻

值过大又会使高频截止频率下降，从而降低了通频带宽度，因此负载的选择要根据增益和带宽的要求综合考虑。只有在电流放大的情况下才允许 R_L 取得很小，并能通过后级放大得到足够的信号增益。因此，常常采用低输入阻抗和高增益电流放大器使检测器件工作在电流放大状态，以提高频率响应。而高增益电流放大器可在不改变信号通频带宽度的前提下提高信号的输出电压。

2. 光电检测电路的综合频率特性

在前面的讨论中为了强调说明负载电阻对频率特性的影响，忽略了电路中隔直电容和分布电容等的影响，而它们是确定电路通频带的重要因素。下面介绍检测电路的综合频率特性。

图 8-5(a)是光电二极管交流检测电路，图 8-5(b)是其等效电路，其中 C_0 是电路的布线电容，C_i 是放大器的输入电容，C_c 是级间耦合电容。输入电路的频率特性可表示为

$$W(j\omega)=\frac{U_L(j\omega)}{E_v(j\omega)}=\frac{KT_0 j\omega}{(1+jT_1\omega)(1+jT_2\omega)} \tag{8.26}$$

其中

$$K=\frac{SR_gR_b}{R_g+R_b}$$

当 $R_g \gg R_b$ 时，有 $K=SR_b$。$T_1=1/\omega_1$，ω_1 为下限截止频率；$T_2=1/\omega_2$，ω_2 为上限截止频率；$T_0=C_0R_L$；$KT_0 \approx SR_bR_LC_0$。

输入电路的振幅频率特性 $|W(j\omega)|$ 可表示成

$$|W(j\omega)|=\frac{KT_0\omega}{\sqrt{(1+T_1^2\omega^2)(1+T_2^2\omega^2)}} \tag{8.27}$$

将式(8.27)用对数形式表示时，可以得到对数频率特性

$$20\lg|W(j\omega)|=20\lg(KT_0\omega)-20\lg(T_1\omega)-20\lg(T_2\omega) \tag{8.28}$$

式(8.28)可用图 8-5(c)表示，图中的虚线表示实际的对数特性，折线是规整化的特性。

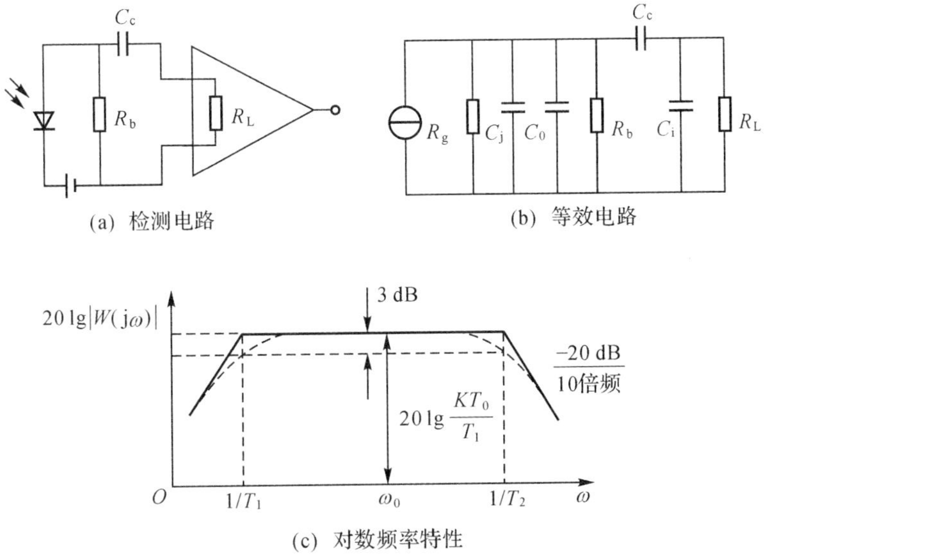

图 8-5　光电二极管交流检测电路、等效电路和对数频率特性

3. 光电检测电路频率特性的设计

在保证所需检测灵敏度的前提下，获得最好的线性不失真和频率不失真特性是光电检测电路设计的两个基本要求，前者属于静态设计的基本内容，后者是检测电路频率特性设计需要解决的问题。在多数情况下，快速变化的复杂信号可以看作若干不同谐波分量的叠加，对于确定的环节，描述它对不同谐波输入信号的响应能力的频率特性是唯一确定的；对于多级检测系统，可以用其组成单元的频率特性间的简单计算得到系统的综合频率特性，这有利于复杂系统的综合分析。

信号的频率失真会使某些谐波分量的幅度和相位发生变化，从而导致合成波形的畸变。因此，为了避免频率失真，保证信号的全部频谱分量不产生非均匀的幅度衰减和附加的相位变化，检测电路的通频带应以足够的宽裕度覆盖光信号的频谱分布。检测电路频率特性的设计大体包括下列三个基本内容：①对输入信号进行傅里叶频谱分析，确定信号的频谱分布；②确定多级光电检测电路的允许通频带宽度和上限截止频率；③根据级联系统的带宽计算方法，确定单级检测电路的阻容参数。下面通过一个实例来说明频率特性的设计方法。

【例 8-1】 用 2DU1 型光电二极管和两级相同的放大器组成光电检测电路，如图 8-6 所示，脉冲重复频率 $f=200\text{kHz}$，脉宽 $t_0=0.5\mu\text{s}$，脉冲幅度为 1V。设光电二极管的结电容 $C_j=3\text{pF}$，输入电路的分布电容 $C_0=5\text{pF}$，试设计该电路的阻容参数。

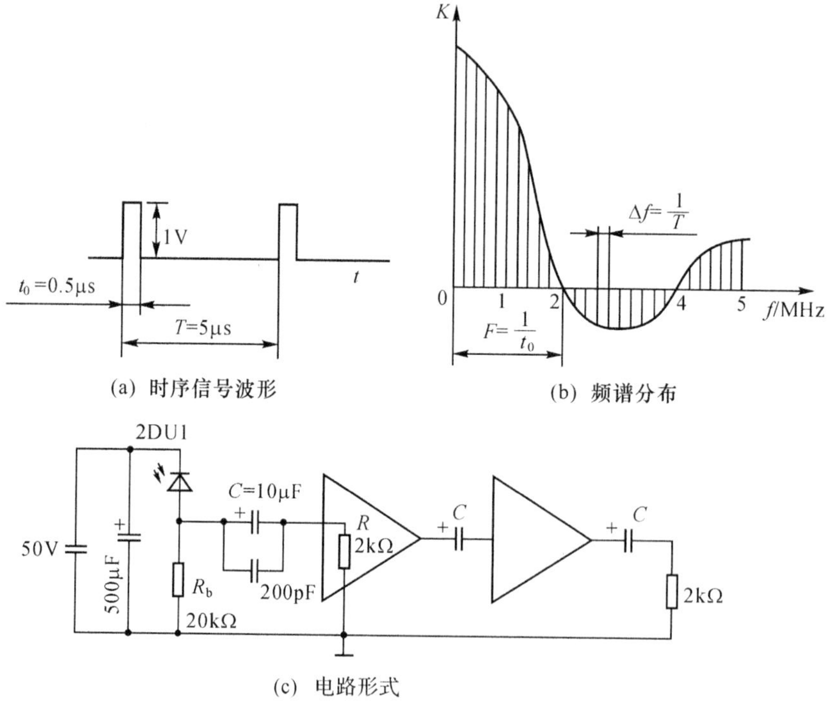

(a) 时序信号波形　(b) 频谱分布

(c) 电路形式

图 8-6　光电检测电路

解　(1)首先分析输入光信号频谱，确定检测电路的总频带宽度。

根据傅里叶变换函数表，对应如图 8-6(a)所示的时序信号波形，可以得到如图 8-6(b)所示的频谱分布。周期为 $T=1/f$ 的方波脉冲时序信号，其频谱是离散的，谱线的频率间隔为

$$\Delta f=1/T=1/(5\mu\text{s})=200\text{kHz}$$

频谱包络线零值点的分布间隔为

$$F=1/t_0=1/(0.5\mu s)=2MHz$$

选取频谱包络线的第二峰值作为信号的高频截止频率，如图8-6(b)所示，第二波峰包含15个谐波成分，高频截止频率f_{HC}取为

$$f_{HC}=200kHz\times 15=3MHz$$

此时可认为是不失真传输。

取低频截止频率为200Hz，则检测放大器的总频带宽度可由$f_{HC}=3MHz$和$f_{LC}=200Hz$得出，带宽近似为$\Delta F=3MHz$。

(2)确定级联各级电路的频带宽度。

根据设计要求，检测电路由输入电路和两级相同的放大器串联而成。设三级带宽相同，根据电子学中系统频带宽度的计算公式，相同的n级级联放大器的高频截止频率f_{nHC}为

$$f_{nHC}=f_H\sqrt{2^{1/n}-1} \tag{8.29}$$

其中，f_H为单级高频截止频率。

将$f_{nHC}=f_{HC}=3MHz$和$n=3$代入式(8.29)，可得

$$f_H=\frac{3}{\sqrt{2^{1/3}-1}}MHz\approx\frac{3}{0.51}MHz\approx 6MHz$$

即单级高频截止频率为6MHz。

类似地，单级低频截止频率f_L和多级低频截止频率f_{nLC}之间的关系为

$$f_{nLC}=\frac{f_L}{\sqrt{2^{1/n}-1}} \tag{8.30}$$

由于$f_{nLC}=f_{LC}=200Hz$，可由式(8.30)计算得出$f_L=102Hz$。

(3)计算输入电路参数。

带宽为6MHz的输入电路宜采用电流放大方式，此时利用前述有关公式可计算得出

$$R_L=\frac{1}{2\pi f_H(C_j+C_0)}=\frac{1}{2\pi\times 6\times 10^6\times 8\times 10^{-12}}k\Omega\approx 3.3k\Omega$$

若选取R_L为$2k\Omega$，此处R_L为后级放大器的输入阻抗，为保证$R_L\ll R_b$，取$R_b=10R_L=20k\Omega$。

耦合电容C的值是由低频截止频率决定的。由

$$f_L=\frac{1}{2\pi(R_L+R_b)C}$$

和$f_L=102Hz$，计算C值为

$$C=\frac{1}{6.28\times 22\times 10^3\times 102}F\approx 0.07\mu F$$

取$C=1\mu F$，对于第一级耦合电容可适当增大为10倍，取电容值为$10\mu F$。

(4)选择放大电路。

选用二级通用的宽带运算放大器，放大器输入阻抗小于$2k\Omega$，放大器通频带要求为6MHz，取为10MHz。

按前述计算得到的检测电路如图8-6(c)所示。其中，输入电路的直流电源电压为50V，低于2DU1型光电二极管的最大反向偏压，并联的$500\mu F$电容用以滤除电源电压的波动。为减小电解电容C寄生电感的影响，并联了$C_p=200pF$的电容。

8.3 光电检测电路的噪声抑制

光电检测系统中，光电探测器的输出端都紧密连接一个前置放大器。如何设计和应用低噪声放大器，如何将一定偏置状态下的检测器件与前置放大器耦合，是必须考虑的重要问题。

8.3.1 放大器的噪声

1. 放大器的噪声模型

放大器由多个元器件组成，每一个元器件在工作时都是一个噪声源，所以难以从噪声的观点进行分析。为了简化噪声分析，提出了放大器噪声模型。如图 8-7 所示，放大器内的所有噪声源都折算到输入端，就是用阻抗为零的噪声电压发生器 U_n 串联在输入端和用阻抗为无限大的噪声电流发生器 I_n 与输入端并联。而放大器本身被假设为一个无噪声的理想放大器。这样等效之后，对放大器内部噪声过程的研究可以简化为分析 U_n 和 I_n 在电路中的作用，这种等效的模型称为放大器的 U_n-I_n 噪声模型。该模型也适用于晶体管、电子管以及集成电路。

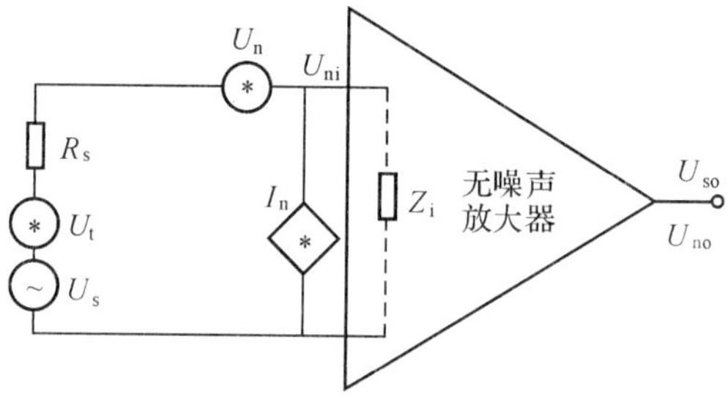

图 8-7 放大器的噪声模型

图 8-7 中，R_s 为信号源电阻（简称源电阻），U_t 为信号源电阻的热噪声电压，U_s 为信号源电压，Z_i 为放大器的输入阻抗。

2. 等效输入噪声

采用 U_n-I_n 噪声模型后，一个信号源与放大器组成的系统的噪声源可归结为三个，即 U_n、I_n 和 U_t。进一步考虑这三个噪声源共同作用的效果，可以将它们等效到信号源的位置，用“等效输入噪声 U_{ni}”来表示。为了得到 U_{ni} 与 U_n、I_n 和 U_t 的关系，必须求得各噪声源在放大器输出端产生的总噪声电压。

如图 8-7 所示的放大器输入端噪声电压 U_i 可以用分压原理和分流原理求出，即

$$U_{ni}^2=\frac{(U_n^2+U_t^2)Z_i^2}{(R_s+Z_i)^2}+\frac{I_n^2Z_i^2R_s^2}{(R_s+Z_i)^2}$$

设放大器的电压增益为 A_u，则放大器输出端总噪声电压为

$$U_{no}^2=A_u^2U_{ni}^2 \tag{8.31}$$

从信号源到放大器输出端的传递函数称为系统的增益 A_t，定义为

$$A_t=\frac{U_{so}}{U_s} \tag{8.32}$$

其中，U_s 为输入信号电压；U_{so} 为放大器输出端信号电压，即

$$U_{so}=A_u\frac{U_sZ_i}{R_s+Z_i} \tag{8.33}$$

将式(8.33)代入式(8.32)，得

$$A_t = \frac{A_u Z_i}{R_s + Z_i} \tag{8.34}$$

可以看出，系统增益 A_t 与放大器电压增益 A_u 不同，A_t 不仅与放大器有关，还与信号源内阻有关。

等效输入噪声 U_{ni} 把放大器所有噪声源折算到信号源处，所以总输出噪声除以系统增益就得到等效输入噪声 U_{ni}，即等效输入噪声的平方为

$$U_{ni}^2 = \frac{U_{no}^2}{A_t^2} \tag{8.35}$$

将式(8.31)和式(8.34)代入式(8.35)，得到

$$U_{ni}^2 = U_n^2 + U_t^2 + I_n^2 R_s^2 \tag{8.36}$$

这就是等效输入噪声的常见形式，适用于任何有源网络。式(8.36)中，U_t 为源电阻的热噪声电压，可表示为

$$U_t = \sqrt{4kTR_s \Delta f_e} \tag{8.37}$$

这里 Δf_e 为放大器的等效器声带宽。U_t 可以通过计算或测量得到，而放大器的噪声电压源 U_n 和电流源 I_n 的值可以用测量方法得到，所以系统的等效输入噪声 U_{ni} 是确定的。

如果考虑 U_n 和 I_n 之间的相关性，则必须引入相关项，此时等效输入噪声为

$$U_{ni}^2 = U_n^2 + U_t^2 + I_n^2 R_s^2 + 2cU_n I_n R_s \tag{8.38}$$

其中，c 为相关系数。

3. U_n 和 I_n 的测量

广泛采用 U_n-I_n 噪声模型的另一个原因是其参数 U_n 和 I_n 的值容易测量。从式(8.37)和式(8.38)可以看出，如果使 R_s 为零，这样得到的等效输入噪声就是噪声电压源 U_n。因此，在 $R_s=0$ 的条件下测量放大器的总输出噪声，得到的就是 $A_u U_n$ 项，总输出噪声除以增益 A_u，就可以得到 U_n。

在式(8.36)中，等式右边的 U_n^2 项与源电阻 R_s 无关，另外两项都与 R_s 有关。当 R_s 很小时，U_{ni}^2 中 U_n^2 占优势，即

$$U_{ni}^2 \big|_{R_s \to 很小} \approx U_n^2$$

当 R_s 很大时，U_{ni}^2 中以 U_t^2 和 $I_n^2 R_s^2$ 为主，而且 $U_t^2 \propto R_s$，$I_n^2 R_s^2 \propto R_s^2$，所以当 R_s 足够大时，U_{ni}^2 中主要是 I_n^2 起作用，即

$$U_{ni}^2 \big|_{R_s \to 很大} \approx I_n^2 R_s^2$$

这样就得到 U_n 和 I_n 的测量方法：

(1)放大器输入端短路，即 $R_s=0$，测得放大器输出端的噪声电压均方根值为 $A_u U_n$，除以 A_u，得 U_n；

(2)取一个很大的电阻作为源电阻 R_s，测得放大器输出端的噪声电压均方根值为 $A_u I_n R_s$，除以 $A_u R_s$，得 I_n。

放大器的 U_n-I_n 噪声模型在理论上和实践中都有重要的意义。在理论上，可以用 U_n-I_n 模型对放大器的噪声性能进行具体的分析；在实践中，U_n-I_n 模型是选用低噪声放大器的重要依据。

4. 噪声系数

一个无噪声的理想放大器，其输出端的噪声仅仅是放大了的输入噪声。由于实际的放

大器本身还存在噪声，所以其输出噪声必然大于上述理想情况。放大器本身的噪声越大，则这种差别就越大。这种情况不仅存在于放大器中，还存在于系统或元件中。为了描述放大器或其他电路的噪声性能，噪声系数 F 定义为输入端信噪比与输出端信噪比的比值，即

$$F=\frac{\text{输入端信噪比}}{\text{输出端信噪比}} \tag{8.39}$$

式(8.39)用功率信噪比可表示为

$$F=\frac{P_{si}/P_{ni}}{P_{so}/P_{no}}=\frac{P_{no}}{A_n P_{ni}} \tag{8.40}$$

其中，P_{ni}为放大器的输入端噪声功率，而 P_{si}是对应的输入信号功率；P_{no}为放大器的输出端总的噪声功率，而 P_{so}是对应的输出信号功率。A_p 为放大器的功率增益，它定义为输出信号功率 P_{so}与输入信号功率 P_{si}的比值。噪声系数刻画了输出信噪比的恶化程度，也可以用分贝表示，即

$$NF=10\lg F$$

一个好的放大器应该是在源热噪声的基础上增加尽可能少的噪声，使噪声系数 F 接近于 1，或者说，使放大器的输出信噪比接近输入信噪比。理想的无噪声放大器 $NF=0\text{dB}$。

式(8.39)用均方根电压信噪比可表示为

$$F=\frac{U_s^2/E_t^2}{U_{so}^2/E_{no}^2}=\frac{E_{no}^2}{E_t^2}=\frac{E_{no}^2}{E_t^2}\cdot\frac{1}{A_t^2}=\frac{E_{ni}^2}{E_t^2}=1+\frac{E_n^2}{E_t^2}+\frac{I_n^2R_s^2}{E_t^2} \tag{8.41}$$

注意，式(8.41)是在 E_n 和 I_n 之间不相关的情况下得到的。如果考虑相关性，需要带入式(8.38)。

噪声系数主要用于比较放大器的噪声性能，它不一定是放大器噪声特性的最佳标志。因为同样一个放大器，如果源电阻增大，其热噪声也随之增加，由此使得噪声系数减小，但是放大器本身的噪声性能并没改变，所以这种噪声系数的变小对放大器本身的设计并没有什么意义。只有在源电阻相同的情况下，减小噪声系数才有意义。

5. 噪声匹配

由式(8.41)可知，噪声系数与源电阻 R_s 有关。当 R_s 较小时，放大器的噪声电压 U_n 项大于其他两项——U_t 和 I_nR_s 项。随着源电阻 R_s 的增大，信号源的热噪声增大，所以噪声系数由于源电阻 R_s 的增大而减小。当 R_s 增大到足够大时，放大器的噪声电流项 I_nR_s 成为主要项，以至于噪声系数随着源电阻的增大而增大。在其中某个 R_s 值时，噪声系数存在一个最小值，此时放大器在源热噪声的基础上噪声增加最小，这个源电阻被称为最佳源电阻 R_0。为求得最佳源电阻，可将式(8.41)两边对 R_s 求导数，然后，令其等于零，则有

$$\frac{dF}{dR_s}=\frac{d}{dR_s}\left[1+\frac{U_n^2}{4kTR_s\Delta f_e}+\frac{I_n^2R_s}{4kT\Delta f_e}\right]=0 \tag{8.42}$$

由此可以得到

$$R_0=R_s=\frac{U_n}{I_n} \tag{8.43}$$

式(8.43)表明，当源电阻等于放大器噪声电压与噪声电流的比值时，噪声系数最小，这个特殊的源电阻即为最佳源电阻，式(8.43)被称为噪声匹配条件。

要注意的是，不要将噪声匹配与功率匹配相混淆，因为最佳源电阻 R_0 并不是功率传输

最大时的电阻。R_0 和放大器的输入阻抗 Z_i 之间没有直接关系，而是和放大器的噪声电压 U_n、噪声电流 I_n 直接有关。

8.3.2　低噪声前置放大器的设计

一个实际放大器常常是由许多单级电路组合起来的，可以推导，如果级联放大器的第一级功率增益或电压增益足够大，则总的噪声系数 F 主要是由第一级的噪声系数 F_1 决定。因此，级联放大器的设计，要尽量提高第一级的功率增益或电压增益，尽量压低第一级的噪声。

低噪声前置放大器的设计同一般放大器设计的根本区别是首先满足放大器的噪声指标，因此要考虑器件的选取和低噪声工作点的确立，注意使信号源阻抗与放大器间的噪声匹配；其次要考虑电路的组态、级联方式及负反馈等，以满足对放大器增益、频率响应、输入输出阻抗等方面的要求。另外，为了获得良好的噪声性能，通常还要采取避免外来干扰的多种措施。

1. 噪声匹配的方法

要使前置放大器获得最佳的噪声性能，就必须满足噪声匹配条件，即要求信号源阻抗等于最佳源阻抗，此时放大器的噪声系数才能最小。实现噪声匹配，要从以下几个方面考虑：

(1)有源器件的选取

对于信号源电阻较小的情况(如热电偶、光电池等)，一般选用晶体管构成低噪声前置放大器，因为晶体管的噪声电流 I_n 较大，具有较小的最佳源电阻(100Ω～1MΩ)。对于信号源电阻较大的情况(如热电阻)，则多采用场效应管，因为它有较小的噪声电流 I_n 和较大的最佳源电阻(1kΩ～10MΩ)。运算放大器有和晶体管大致相同的最佳源电阻值，而金属氧化物半导体(metal oxide semiconductor，MOS)场效应管的最佳源电阻可达 1MΩ～10GΩ。

有源器件的最佳源电阻 R_0 是频率的函数。上述给出的器件最佳源电阻范围是指较低频率时的情况，随着频率的升高，场效应管的 R_0 迅速减小，一般在几十兆赫兹时，结型场效应管的最佳源电阻仅为几千欧，所以也仅适用于源电阻较小的情况。PNP 晶体管的基极电阻小，电压噪声小，最佳源电阻也较小，适用于源电阻较小的情况；而 NPN 晶体管的 R_0 较大，因此适用于源电阻较大的情况。

(2)采用输入变压器实现噪声匹配

这种方法主要用来解决信号源电阻 R_s 小于最佳源电阻 R_0 时的噪声匹配问题，采用热电偶检测器件时就是这样。在这种情况下，如变压器初、次级线圈匝数比为 1∶n，则初级电路反射到次级电路的信号电压、源噪声、源电阻分别为 nU_s、nU_t、n^2R_s。如图 8-8 所示，在理想变压器情况下，经变压器变换后，次级上的信噪比没有发生变化，仍为 U_s^2/U_t^2，然而这时的等效源电阻却增大为 n^2R_s，通过适当选择升压比 n，可以使得 $n^2R_s=R_0$，从而实现了噪声匹配。

(3)利用并联放大器实现噪声匹配

设有 N 个相同的放大器并联连接，U_n-I_n 模型为各放大器的噪声模型，Z_i 为各放大器的输入阻抗，R_0 为单个放大器的最佳源电阻，R_0'为并联放大器的最佳源电阻，若满足条件

$$Z_i \gg 2\left(1-\frac{1}{N}\right)\frac{U_n}{I_n}$$

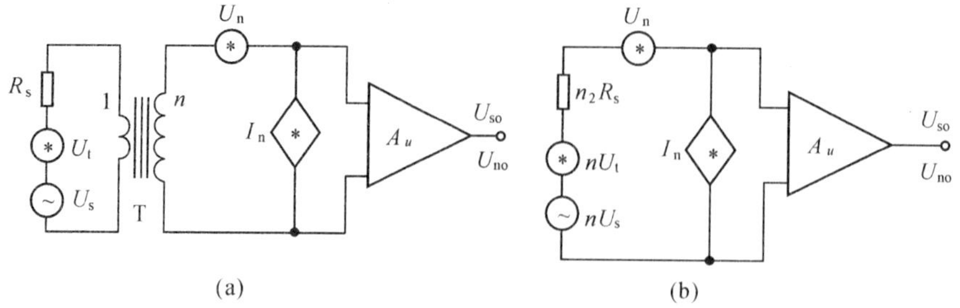

图 8-8 采用输入变压器实现噪声匹配

则有

$$R_0{}'=\frac{U_n}{I_n\cdot N}=\frac{R_0}{N} \tag{8.44}$$

因此可以适当选择级数 N,使 $R_0{}'=R_s$,从而实现噪声匹配。

(4)无源器件的选取

无源器件包括电阻、电容、耦合变压器等。在低噪声电路中,一般都选用金属膜电阻器和绕线电阻器,而不使用碳质与碳膜电阻。因为碳质或碳膜电阻的噪声指数(电阻两端每伏直流压降在 10 倍频程内产生的均方根噪声微伏值)一般为十几到几十微伏/伏以上;而金属膜电阻器则可做到小于 1μV/V。为了降低噪声,主要选用损耗小的云母电容和瓷介电容。在大容量的电容中,则选用漏电流很小的钽电解电容。耦合变压器的构成主要考虑在外加磁场作用下,由于磁化的不连续性而表现出的磁起伏噪声和外界干扰引入的噪声,因此要有好的磁屏蔽和静电屏蔽。

2. 低噪声放大器的屏蔽与接地

在理想情况下,彼此连接的接地点与大地间应具有零阻抗。但实际上,由于两接地点间或接地点与大地间有一定的阻抗,地回路中的电流会使它们之间形成一定的电位差,从而形成了干扰源。这种接地点之间形成的干扰源称为差模源。该差模源无法用差动输入的前置放大器来加以克服。解决的办法是改多点接地为单点接地,如图 8-9 所示,这样就切断了地回路的干扰,在一般情况下,称此为浮地技术。通常在浮地端再用一个 1kΩ～10kΩ 的电阻或一个小电容接地,以加强对空间电磁场的屏蔽效果。

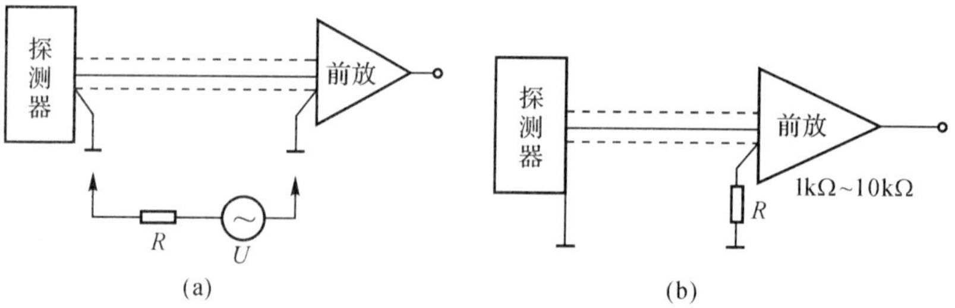

图 8-9 接地干扰的形成和抑制

为更好地消除接地干扰和空间电磁场干扰,还经常采用双屏蔽技术。其中内层屏蔽采用浮空方式以消除接地干扰,外层屏蔽采用多点接地以消除电磁场干扰,如图 8-10 所示。

3. 低噪声电路对电源电路的要求

低噪声电路对电源电路的要求是具有高的稳定度和良好的共模干扰电压抑制能力。

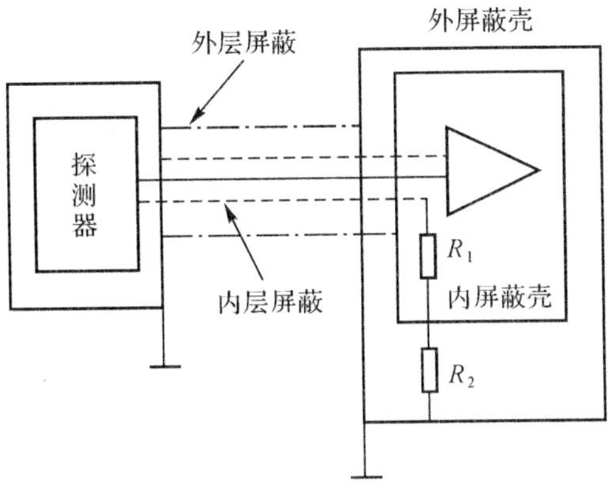

图 8-10　抑制地回路的双屏蔽结构

一般稳压电源的稳定度为 $10^{-4}\sim10^{-2}$，而低噪声系统要求电源稳定度为 $10^{-6}\sim10^{-5}$。因此，必须采取相应措施，提高稳压电源的稳定度。

克服变压器共模干扰电压的办法是在初、次级电路间采用良好的静电屏蔽和单端接地，以避免共模干扰电压形成循环通路。

8.3.3　光电检测电路的噪声估算

光电检测电路噪声估算的目的是要确定器件和电路的固有噪声电压，计算信噪比，估算出为保证可靠检测所必需的最小输入光功率。在进行噪声估算时，为了计算方便，工程上常常进行等效处理，即将检测电路各种器件的噪声等效为相同形式的均方根（或有效值）电流源，这样便可以与其他电路器件一起以统一的方式建立起等效噪声电路。

1. 等效噪声带宽

测量系统的等效噪声带宽是噪声量度的一种表示形式，定义为最大增益矩形带宽，如图 8-11 所示，可用公式表示为

$$\Delta f_e = \frac{1}{A_p}\int_0^\infty A_p(f)D(f)\mathrm{d}f \qquad (8.45)$$

其中，Δf_e 是等效噪声带宽；$A_p(f)$ 是放大器或电路的功率增益，它是频率 f 的函数；A_p 是放大器或电路功率增益的最大值；$D(f)$ 是等效于电路输入端的归一化噪声功率谱。

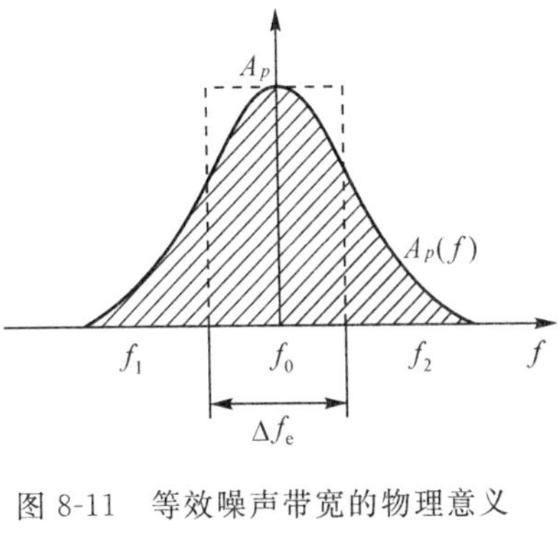

图 8-11　等效噪声带宽的物理意义

在白噪声条件下，$D(f)=1$，则有

$$\Delta f_e = \frac{1}{A_p}\int_0^\infty A_p(f)\mathrm{d}f \qquad (8.46)$$

当电路的频率响应为带通型时，式(8.46)可以改写为

$$A_p\Delta f_e = \int_{f_1}^{f_2} A_p(f)\mathrm{d}f \qquad (8.47)$$

如图8-11 所示，A_p 为中心频率上所对应的功率增益；当电路频率响应为低频型时，A_p 就是零频上的功率增益。

式(8.47)等号右边是功率增益函数 $A_p(f)$ 在图8-11 中曲线下所包含的面积（阴影部分），而等号左边是以 A_p 为高、Δf_e 为宽的一块面积，即图8-11 中虚线构成的矩形面积，该面

积与曲线 $A_p(f)$ 下所包含的阴影面积相等，则 Δf_e 是等效面积的宽度，称为等效噪声带宽，它是系统通过噪声的能力的一种量度。

光电探测器输入电路由光电探测器和阻容元件组合而成。在电阻和电容并联的情况下，电容 C 的频率特性使合成阻抗随频率的增加而减少，合成电阻可表示为

$$R(f)=\frac{R}{1+(2\pi fRC)^2} \tag{8.48}$$

因此，并联 RC 电路的噪声电压有效值为

$$U_{nT}^2=4kT\int_0^{\infty}R(f)\mathrm{d}f=4kT\int_0^{\infty}\frac{R}{1+(2\pi fRC)^2}\mathrm{d}f \tag{8.49}$$

由此得到

$$U_{nT}^2=\frac{4kTR}{4RC}=4kTR\Delta f_e \tag{8.50}$$

其中，Δf_e 为电路的等效噪声带宽，即

$$\Delta f_e=\frac{1}{4RC} \tag{8.51}$$

式(8.51)表明，并联 RC 电路对噪声的影响相当于使电阻热噪声的频谱分布由零至无穷大变窄为等效噪声带宽 Δf_e，它的物理意义可以由图 8-11 看出。频带变窄后的噪声非均匀分布曲线所包围的图形面积等于以 Δf_e 为带宽、$4kTR$ 为恒定幅值的矩形区的面积，这样就给分析和计算带来了方便。

应当指出的是，系统的噪声带宽或等效噪声带宽 Δf_e，不同于信号带宽 Δf_s 或 f_{3dB}。Δf_e 反映系统对噪声的选择性，而放大器 3dB 带宽 f_{3dB} 是指输出信号下降至最大值乘以 0.707时对应的频率。由于噪声频谱与信号频谱具有完全不同的特征，所以 Δf_e 和 f_{3dB} 具有不同意义，两者间的关系与放大器类型有关。

对于并联 RC 电路，等效噪声带宽 Δf_e 可由式(8.51)得出。而信号带宽为

$$\Delta f_s=f_{3dB}=\frac{1}{2\pi RC} \tag{8.52}$$

由此可见，一个单级 RC 放大器等效噪声带宽 Δf_e 比放大器 3dB 带宽要宽，两者间的关系为

$$\Delta f_e=1.57f_{3dB} \tag{8.53}$$

对一般多级 RC 放大器，其等效噪声带宽将随着级数 n 的增加而与 f_{3dB} 的差别逐渐减小。此时若用 f_{3dB} 代替 Δf_e，虽有一定误差，但工程计算上是允许的。

2. 噪声估算的具体步骤

噪声估算的具体步骤是：首先，确定探测器件和前置放大器的噪声源，画出检测电路的等效噪声电路；其次，计算等效电路的等效噪声带宽；最后，根据等效噪声电路计算出噪声输出电流（电压）、信噪比和要求的最小输入光功率值。

8.4 微弱光信号的检测与处理

许多研究和应用领域都涉及微弱光信号的检测。这些信号非常微弱，甚至比噪声小几

个数量级，或者说，信噪比远远小于 1。前面讲述的光子计数方法就是典型的微弱光信号的处理方法之一。由电子电路理论可知，用通频带很窄的滤波器也可以从噪声中提取信号，但滤波器的中心频率必须设定在信号频率上。对于周期不固定或者频率不能做到绝对恒定的信号，滤波器的通频带不能过窄，因此，信噪比的改善不可能太大。下面讨论相关检测、锁定放大器、取样积分器等检测微弱光电信号的理论和方法。

8.4.1　相关检测

1. 相关函数

相关函数是两个波形之间时间偏移的函数，可分为自相关函数和互相关函数两种。

(1) 自相关函数

自相关函数 $R_{xx}(\tau)$ 是度量一个变化量或随机过程在 t 和 $t-\tau$ 两个时刻线性相关性的统计参量，它是 t 和 $t-\tau$ 两点的时间间隔 τ 的函数，定义为

$$R_{xx}(\tau)=\lim_{T\to\infty}\frac{1}{2T}\int_{-T}^{T}x(t)x(t-\tau)\,\mathrm{d}t \tag{8.54}$$

自相关函数具有下列性质：

① $R_{xx}(\tau)=R_{xx}(-\tau)$，即 $R_{xx}(\tau)$ 为 τ 的偶函数。

② $R_{xx}(\tau)$ 在原点 $\tau=0$ 处最大，很显然 $R_{xx}(0)$ 为 $x(t)$ 的平均功率。

③ 若变化量 $x(t)$ 不包含周期性分量，$R_{xx}(\tau)$ 将从 $\tau=0$ 处的最大值随着 τ 的增大而单调地下降，到 $\tau\to\infty$，$R_{xx}(\tau)$ 趋近于 $x(t)$ 平均值的平方。如果 $x(t)$ 平均值为零，则 $R_{xx}(\tau)$ 随着 τ 的增大而趋于零，表示不相关。

④ 若变化量 $x(t)$ 为规则函数，即包含周期性信号分量，则自相关函数 $R_{xx}(\tau)$ 也将包含周期性信号分量。

(2) 互相关函数

互相关函数 $R_{xy}(\tau)$ 是度量两个随机过程 $x(t)$、$y(t)$ 间相关性的函数，定义为

$$R_{xy}(\tau)=\lim_{T\to\infty}\frac{1}{2T}\int_{-T}^{T}x(t)y(t-\tau)\,\mathrm{d}t \tag{8.55}$$

其中，τ 为所考虑时间轴上的时间间隔。

如果两个随机过程互相完全没有关系，则其互相关函数将为一个常数，并等于两个变化量平均值的乘积。若其中一个变化量平均值为零，则两个变化量的互相关函数 $R_{xy}(\tau)$ 将处处为零，即完全独立不相关。

2. 相关检测的原理

相关检测就是利用信号良好的时间相关性和噪声的不相关性（或仅在短时间内部分相关），使信号进行积累而噪声不进行积累的原理，从而把被噪声淹没的信号提取出来。相关检测分为自相关检测和互相关检测。

(1) 自相关检测

图 8-12 为自相关检测的原理。$x(t)$ 代表被测信号，它由待测信号 $S_{\mathrm{i}}(t)$ 和噪声信号 $N_{\mathrm{i}}(t)$ 组成，即 $x(t)=S_{\mathrm{i}}(t)+N_{\mathrm{i}}(t)$。在实际测量中，只能对 $x(t)$ 进行有限时间的测量，设测量时间从 0 到 T，则

$$R_{xx}(\tau)=\frac{1}{T}\int_0^T x(t)x(t-\tau)\mathrm{d}t \tag{8.56}$$

将 $x(t)=S_i(t)+N_i(t)$代入式(8.56),得

$$R_{xx}(\tau)=R_{ss}(\tau)+R_{sn}(\tau)+R_{nn}(\tau)+R_{ns}(\tau) \tag{8.57}$$

其中,$R_{ss}(\tau)$、$R_{nn}(\tau)$分别为信号和噪声的自相关函数;$R_{sn}(\tau)$、$R_{ns}(\tau)$为信号和噪声的互相关函数。由于信号和噪声互不相关,并设噪声的平均值为零,根据相关函数的性质有 $R_{sn}(\tau)=R_{ns}(\tau)=0$,则式(8.57)简化为

$$R_{xx}(\tau)=R_{ss}(\tau)+R_{nn}(\tau) \tag{8.58}$$

又由于噪声在时间上的不相关性,$R_{nn}(\tau)$随时间 t 的增加很快衰减至零。相反,周期信号是相关的,$R_{ss}(\tau)$将随时间 t 的增加而远大于 $R_{nn}(\tau)$。这样,式(8.57)可写为 $R_{xx}(\tau)=R_{ss}(\tau)$,表明经过自相关处理后,保留了信号,抑制了噪声。

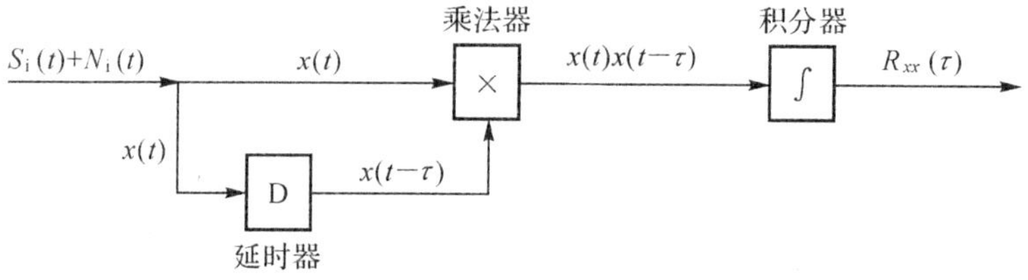

图 8-12 自相关检测的原理

(2)互相关检测

与自相关检测类似,互相关检测是利用一个与待测信号 $S_i(t)$同频率的信号 $y(t)$,对被噪声干扰的信号 $x(t)=S_i(t)+N_i(t)$进行互相关处理。图 8-13 为互相关检测的原理,其中$y(t)$为参考信号,经过延迟电路后变化为 $y(t-\tau)$,将 $y(t-\tau)$与被测信号 $x(t)$同时输入乘法器进行乘法运算,由于噪声与参考信号 $y(t-\tau)$是不相关的,所以,在输出端得到$x(t)$和$y(t)$的互相关函数 $R_{xy}(\tau)=R_{ss}(\tau)$。该式表明,最后输出的信号中只保留了与参考信号 $y(t-\tau)$相关的部分,噪声被完全抑制了。

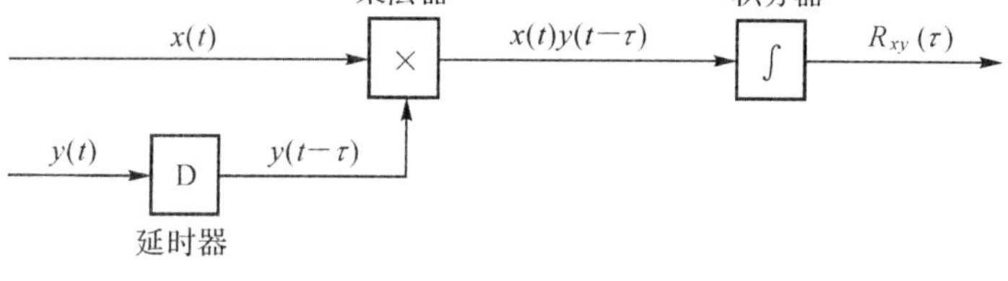

图 8-13 互相关检测的原理

实际上,后面将要学习的光外差接收(相干检测)就是一种互相关检测。在光外差接收系统中,信号光场与参考光场是相关的,分析和计算入射至探测器上的信号光场与参考光场的相干接收过程,也可看作求两者相关函数的过程。探测器的响应速度比一般光频信号慢得多,因此探测器对光频信号的响应在时间上可视为一个积分过程,其物理意义是探测器响应信号光场和参考光场的相干合成场的光强。

在光检测系统中,背景辐射多可视为热辐射,可表示为强度均值不为零的、相位在 0～2π 均匀分布的高斯分布形式。因此,光外差接收中,随信号光入射的背景光或背景辐射噪声与本地激光振荡信号的互相关函数为零,从而可使光外差接收系统有极高的抗背景噪声

能力，可达到量子限的检测要求。但是互相关检测要求参考信号 $y(t)$ 与被测信号同频率，而当被测信号 $x(t)$ 未知时，要确定参考信号 $y(t)$ 的频率是困难的。这就使互相关检测的应用范围受到了限制。

8.4.2　锁定放大器

锁定放大器(lock-in amplifier，LIA)也称为锁相放大器，是一种基于互相关接收理论的微弱信号检测设备。它利用相敏检波器有效地抑制噪声，并检测出周期信号的幅值和相位。因而可以说，锁定放大器是一种具有窄带滤波能力的放大器，它可以检测出噪声比信号大数千倍以上的微弱光电信号。

1. 锁定放大器的结构原理

锁定放大器由信号通道、参考通道和相敏检波三个主要部分组成，如图 8-14 所示。信号通道对混有噪声的初始信号进行放大，对噪声进行初步的窄带滤波后输出信号 U_s；参考通道通过触发电路、倍频电路、相移电路和方波驱动电路，提供一个与被测信号同频且相位可调的方波信号 U_r；相敏检波由乘法器、积分器(低通滤波器)和 DC 放大器组成。输入信号与参考信号在相敏检波器中混频，经过低通滤波器后得到一个与输入信号幅度成比例的直流输出分量。

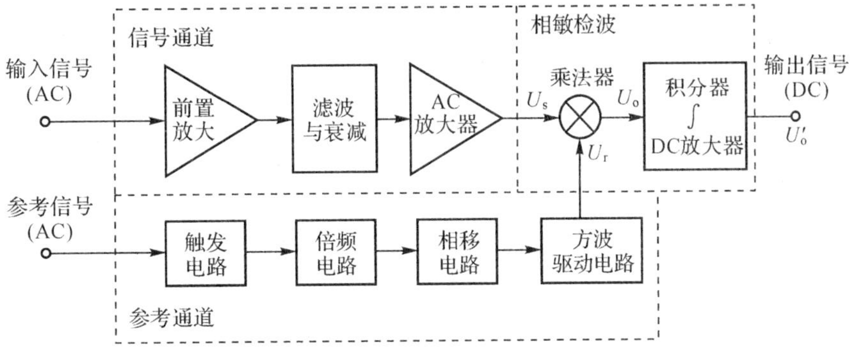

图 8-14　锁定放大器的组成

在简单情况下，设乘法器的输入信号 U_s 和参考信号 U_r 为正弦波，即

$$\begin{cases} U_s = U_{sm}\cos\omega t \\ U_r = U_{rm}\cos(\omega t+\varphi) \end{cases} \tag{8.59}$$

经过乘法器混频后的输出信号为

$$U_o = U_s U_r = \frac{1}{2}U_{sm}U_{rm}[\cos\varphi+\cos(2\omega t+\varphi)] \tag{8.60}$$

其中，φ 为输入信号 U_s 和参考信号 U_r 的相位差。由式(8.60)可知，通过输入信号和参考信号的相关运算后，输出信号的频谱由 ω 变换到差频(零频)与和频(2ω)的频段上。这种频谱变换的意义在于可利用低通滤波器得到窄带的差频信号(或者零频信号)；同时，和频信号分量 2ω 被低通滤波器滤除。于是，低通滤波器输出信号为

$$U_o' = \frac{1}{2}U_{sm}U_{rm}\cos\varphi \tag{8.61}$$

式(8.61)表明，锁定放大器的输出信号幅值取决于输入信号和参考信号的幅值，并与两者

的相位差有关。因此，它可用于检测周期信号的幅值和相位。

利用参考通道的相移器，可以使 φ 在 $0\sim2\pi$ 范围内可调。当 $\varphi=0$ 时，$U_o'=\frac{1}{2}U_{sm}U_{rm}$；当 $\varphi=\frac{\pi}{2}$ 时，$U_o'=0$。也就是说，在输入信号中只有当被测信号本身和参考信号同频率同相位时，才能得到最大的直流输出；而对于其中随机变化的噪声或外部干扰信号，其输出信号总是拍频信号，即交流信号，能被后接的低通滤波器滤除。虽然那些与参考信号同频率同相位的噪声分量也能够输出直流信号并与被测信号相叠加，但是这种概率是很小的，这种信号只占白噪声的极小部分。因此，锁定放大器能以极高的信噪比从噪声中提取出有用信号。

同步检测需要的参考信号，通常是由外部输入的，有时也设有内部振荡以供选择。对光信号进行探测时，常用马达带动光调制盘（或称斩波器）转动对光进行调制，以获得被测光信号；由驱动调制盘的参考电源直接输出参考信号或者通过调制盘调制固定光源获得参考光信号后，再由光电探测器输出参考信号。这样，很容易保证参考信号频率与被测光信号频率完全一致，实现同步检测。

2. 信噪比的改善

相敏检波器中的低通滤波器带宽可以做得很窄。采用一阶 RC 滤波器，其传递函数为

$$K=\frac{1}{\sqrt{1+\omega^2R^2C^2}} \tag{8.62}$$

对应的等效噪声带宽为

$$\Delta f_e=\int_0^{\infty}K^2\mathrm{d}f=\int_0^{\infty}\frac{\mathrm{d}f}{1+\omega^2R^2C^2}=\frac{1}{4RC} \tag{8.63}$$

例如，取 $\tau_e=RC=30\text{s}$，则有 $\Delta f_e=0.008\text{Hz}$。对于这种带宽很小的噪声，似乎可以用窄带滤波器加以消除。但是宽带滤波器的中心频率不稳定，限制了滤波器的带宽[$\Delta f_e=f_0/(2Q)$，其中，Q 为品质数，f_0 为中心频率]，使可能达到的最大 Q 值只有 100，因此，实际上单纯依靠压缩带宽来抑制噪声是有限度的。然而，在锁定放大器中被测信号与参考信号是严格同步的，不存在频率稳定性问题，所以可将它看成一个高 Q 值的“跟踪滤波器”，其 Q 值可达 10^8，等效噪声带宽 Δf_e 在 10^{-3}Hz 数量级，少数可达到 $4\times10^{-4}\text{Hz}$。这足以表明，锁定放大器具有极强的抑制噪声能力。

白噪声电压正比于噪声带宽的平方根，因此，锁定放大器的信噪改善比可表示为

$$\text{SNIR}=\frac{\text{SNR}_o}{\text{SNR}_i}=\frac{\sqrt{\Delta f_{ei}}}{\sqrt{\Delta f_{eo}}} \tag{8.64}$$

其中，SNR_o 和 SNR_i 分别为锁定放大器的输出和输入信噪比；Δf_{eo} 和 Δf_{ei} 分别为输出和输入的噪声带宽。例如，当 $\Delta f_{ei}=10\text{kHz}$ 和 $\tau_0=1\text{s}$ 时，有 $\Delta f_{eo}=0.25\text{Hz}$，则信噪改善比为 200 倍（46dB）。目前锁定放大器的可测频率在 0.1Hz～1MHz，电压灵敏度达 10^{-9}V，信噪改善比可达 1000 倍以上。

8.4.3 取样积分器

取样积分器又称为 Boxcar 平均器，是一种基于自相关接收理论的微弱信号检测设备。

它利用取样和平均化技术检测深埋在噪声中的周期性信号。对于稳定的周期性电信号，若在每个周期的同一相位处多次采集波形上某点的数值，则其算术平均值与该点处的瞬时值成正比，而随机噪声的长时间平均值将收敛为零；各个周期内取样平均信号的总体可展现待测信号的真实波形。

取样积分器通常有两种工作方式，即定点式和扫描式。定点式取样积分器测量周期信号的某一瞬态平均值；扫描式取样积分器则可以恢复和记录被测信号波形。

1. 定点式取样积分器

定点式取样积分器及其工作波形如图 8-15 所示。触发输入经延时电路按指定时间延时，脉宽控制器产生确定宽度的门脉冲加在取样模拟开关上。输入信号经前级放大后输入取样模拟开关，开关的动作由触发信号控制。在开关接通时间内，输入信号通过电阻 R 向存储电容 C 充电，得到信号积分。由取样开关和 RC 积分电路组成的门积分器是取样积分器的核心。

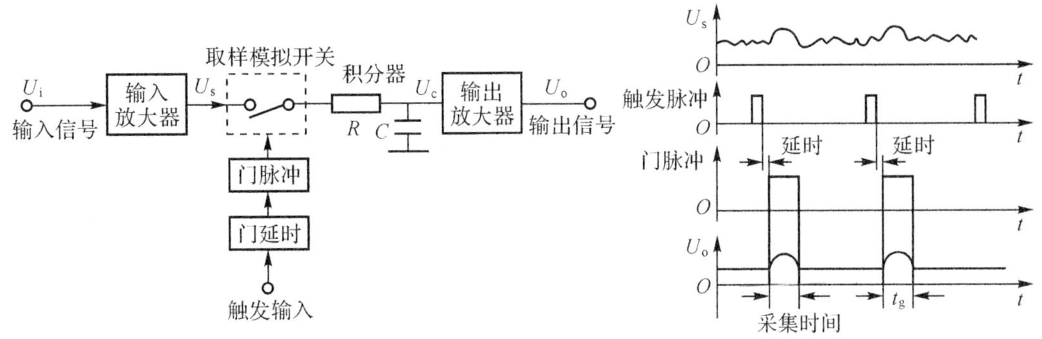

(a)　定点式取样积分器　　(b)　工作波形

图 8-15　定点式取样积分器及其工作波形

该积分器的充电时间常数 $\tau_e = RC$，经过 N 次取样后，电容 C 上的电压为

$$U_c = U_s\left[1 - \exp\left(-\frac{t_g}{\tau_e}N\right)\right] \tag{8.65}$$

其中，U_s 为信号电压；t_g 是开关接通的时间。

当 $t_g N \gg \tau_e$ 时，电容 C 上的电压能跟踪输入信号的波形，得到 $U_c = U_s$ 的结果。门脉冲宽度 t_g 决定输出信号的时间分辨率。t_g 越小，分辨率越高，比 t_g 更窄的信号波形将难以分辨。在这种极限情况下，t_g 和输入等效噪声带宽 Δf_{ei}满足

$$t_g = \frac{1}{2\Delta f_{ei}} \tag{8.66}$$

$$\Delta f_{ei} = \frac{1}{2t_g} \tag{8.67}$$

门积分器输出的等效带宽等于低通滤波器的噪声带宽，即 $\Delta f_{eo} = 1/(4RC)$，所以对于单次取样的积分器，其信噪改善比为

$$\mathrm{SNIR} = \frac{\mathrm{SNR_o}}{\mathrm{SNR_i}} = \frac{\sqrt{\Delta f_{ei}}}{\sqrt{\Delta f_{eo}}} = \sqrt{\frac{2RC}{t_g}} \tag{8.68}$$

其中，$\mathrm{SNR_i}$ 为输入信噪比；$\mathrm{SNR_o}$ 为输出信噪比。

对于 N 次取样平均器，积分电容上的取样信号连续叠加 N 次。这时，输入信号中的被

测信号本身同相地累积起来，其累积的信号为被测信号平均值的 N 倍；另外，根据各次噪声的不相关性，输入信号中的噪声则是均方根的平均，其累积的噪声为其平均值的 $\sqrt{N}$倍。若单次取样的信噪比为 SNR_1，则多次取样的信噪比为

$$SNR_N = \sqrt{N} SNR_1 \tag{8.69}$$

即信噪改善比随 N 的增大而提高。定点式取样积分器仅能在噪声中提取信号瞬时值，其功能与锁定放大器相同，不同的是，定点式取样积分器可通过手控延时电路来实现。

2. 扫描式取样积分器

在定点式测量方式中，取样脉冲在连续周期性信号的同一位置采集信号。若取样积分器门延时的时间借助扫描电压缓慢而连续地改变，使取样脉冲和相应触发脉冲之间的延时依次增加，于是对每一个新的触发脉冲，取样脉冲缓慢移动，逐次扫描整个输入信号。在这种情况下，积分器的输出变成信号波形的展开复制，这就是扫描式取样积分器的工作原理。扫描式取样积分器及其工作波形如图 8-16 所示，图中的取样模拟开关部分和定点式相同，不同的是有一个慢扫描锯齿波电压加在门延时电路上，它和触发脉冲同时控制门延时电路，产生延时间隔 τ 随时间线性增加的取样脉冲串。

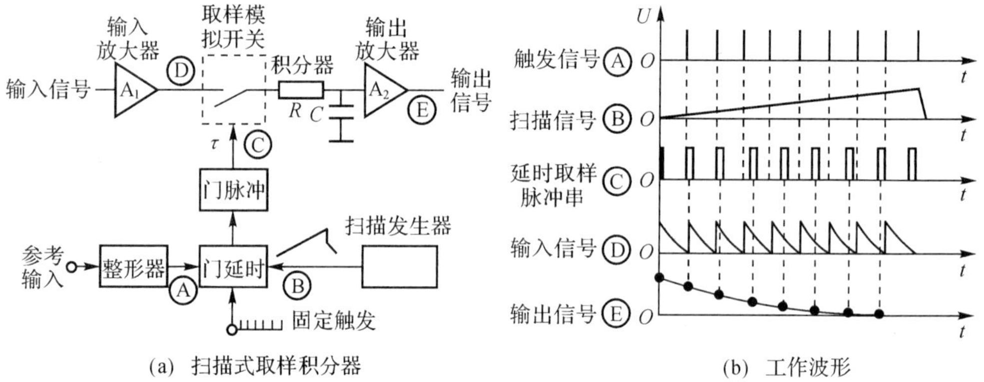

图 8-16 扫描式取样积分器及其工作波形

习 题

8.1 热电偶的内阻值一般为几十欧姆，如何使它和后续的放大器达到噪声匹配？为什么？

8.2 什么是光电检测电路的带宽？带宽过小和过大分别对系统有什么影响？

8.3 为了探测脉冲宽度为 20ns、重复频率为 20kHz 的激光脉冲信号，且要保证信号不失真，检测电路的带宽至少应大于多少？若要求较好的信噪比，带宽至少应小于多少？

8.4 用相关原理检测微弱信号时，应具备什么条件才能实现？自相关器与互相关器的区别有哪些？

8.5 自相关检测与互相关检测相比，哪一种抑制噪声更有效？

8.6 比较 Boxcar 平均器和光子计数系统在检测微弱信号时各自的特点。为什么说微弱信号检测的基本要素是以时间为代价来换取高灵敏度？

8.7　光电倍增管的阴极积分灵敏度 $S_k = 30\mu A/lm$，阳极积分灵敏度 $S_a = 10A/lm$，阳极电流 $I_d = 4\mu A$，输入电路是电阻 $R = 10^5 \Omega$ 和电容 $C_0 = 0.1\mu F$ 的并联，阴极面积为 $80mm^2$，要求信号电流为 $I_L = 10^{-4} A$，计算阳极噪声电流、负载电阻上的噪声电压和信噪比。

8.8　题 8.8 图是一种双频双光束锁定放大器检测系统。该系统具有两排光孔的调制盘，在转动过程中给出两种不同频率的光通量，分别经过测量通道和参考通道后由同一光电探测器接收。

(1)分别指出两个锁定放大器的输入信号和参考信号；

(2)说明该系统的工作原理；

(3)输入光强度的变化和光电倍增管灵敏度的波动对该系统的测量结果有无影响？为什么？

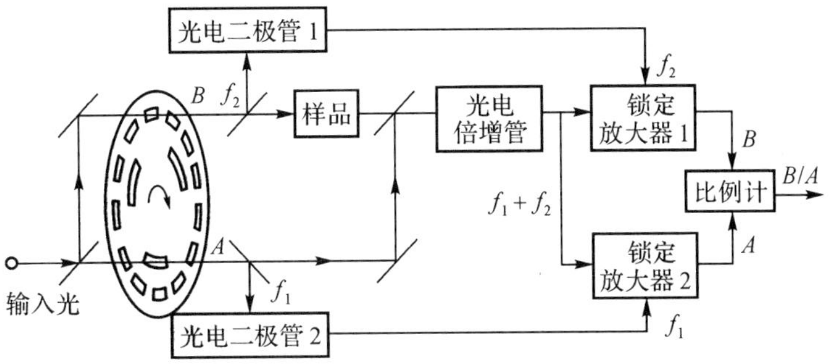

题 8.8 图　双频双光束锁定放大器检测系统

8.9　用光电倍增管检测电路估算噪声时，是否要考虑后接放大器的噪声模型参量 E_n 和 I_n 的影响？为什么？

8.10　光电检测系统往往离不开数据采集问题。联系自己学习过的知识，总结光电信号的二值化方法，以某种光电探测器构建的具体系统为例，设计其数据采集系统，说明系统可以达到的采集分辨率、精度、速率和动态范围，以及总线的选择方法。

第9章

光电直接检测技术与系统

采用多种调制方法，如强度调制、幅度调制、频率调制、相位调制和偏振调制等，均可以把被测信号加载于光载波。在很多场合，强度调制常常被采用，因为它能由光电探测器直接解调；偏振调制也很容易转化为强度调制。这两种调制均采用非相干检测方法，又称为光电直接检测。如果采用频率调制和相位调制，则必须采用光外差检测（相干检测）方法。相对于光外差检测，光电直接检测在原理和实现方式上都比较简单，现有的各种光电探测器都可用于光电直接检测。

9.1 光电直接检测系统的基本工作原理

光电直接检测是将待测光信号直接入射到光电探测器光敏面上，光电探测器输出和光辐射强度（辐射功率）对应的电流或电压信号，强度调制直接检测系统模型如图 9-1 所示。

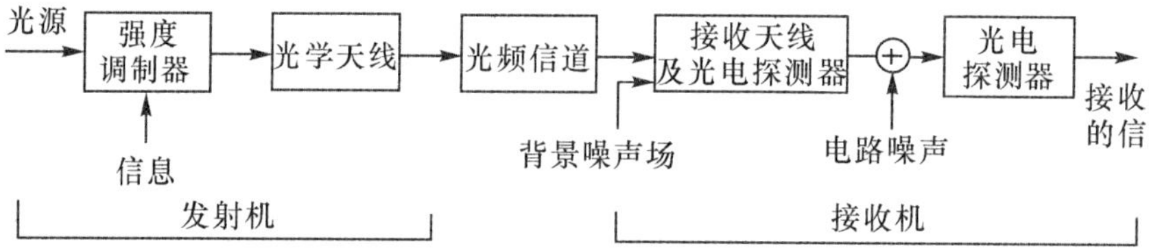

图 9-1 强度调制直接检测系统模型

接收机可经光学天线或直接由探测器接收光信号，在其前端还可经过频率滤波（如窄带滤光片）和空间滤波（如光阑）等处理。接收到的光信号入射到光电探测器的光敏面上（若无光学天线，则仅以光电探测器光敏面接收光场）。同时，光学天线也接收到背景辐射，并与信号一起入射到探测光敏面上。

假定入射光信号的电场为 $E(t)=A\cos\omega t$，其中 A 是光信号的电场振幅，ω 是信号光的频率。平均辐射功率 P 为

$$P=\overline{E^2(t)}=A^2/2 \tag{9.1}$$

光电探测器输出的电流为

$$I_p=\beta P=\frac{q\eta}{h\nu}\overline{E^2(t)}=\frac{q\eta}{2h\nu}A^2 \tag{9.2}$$

其中，$\overline{E^2(t)}$表示 $E^2(t)$的时间平均值，β 为光-电变换比例常数，且有

$$\beta=\frac{q\eta}{h\nu} \tag{9.3}$$

若光电探测器的负载电阻为 R_L，则光电探测器输出电功率为

$$S_p = I_p^2 R_L = \left(\frac{q\eta}{h\nu}\right)^2 P^2 R_L \tag{9.4}$$

式(9.4)说明，光电探测器输出的电功率正比于入射辐射功率的平方。光电探测器的平方律特性包含两层含义：其一是光电流正比于光电场振幅的平方；其二是电输出功率正比于入射辐射功率的平方。如果入射光是调幅波，即 $E(t)=A[1+d(t)]\cos\omega t$，其中 $d(t)$ 为调制信号，仿照式(9.2)的推导可得

$$I_p(t) = \frac{1}{2}\beta A^2 + \frac{1}{2}\beta A^2 d(t) = \frac{q\eta}{h\nu}P[1+d(t)] \tag{9.5}$$

其中第一项为直流项，若光电探测器输出端有隔直流电容，则输出光电流只包含表示交流部分的第二项，这就是包络探测的意思。需要指出的是，探测器响应的是光场的包络。目前，尚无能直接响应光场频率的探测器。

9.2 光电直接检测系统的特性参数

光电直接检测系统的应用极其广泛，形式多种多样，想用几个统一的参数描述系统的特性比较困难。我们只能给出几个基本的共同参数：直接检测系统的灵敏度、视场角和通频带宽度。

9.2.1 直接检测系统的灵敏度

1. 模拟系统的灵敏度

通常模拟系统的灵敏度用信噪比表示，它可写成两种形式：一种形式的信号为已知波形；另一种形式的信号为随机变量。它们分别表示为

$$\mathrm{SNR}_p = \frac{S^2(t)}{N^2(t)} = \frac{t\text{ 时刻信号的平方}}{t\text{ 时刻的噪声均方根}} \tag{9.6}$$

$$\mathrm{SNR}_p = \frac{\text{信号功率}}{\text{噪声功率}} \tag{9.7}$$

在一般情况下，当功率信噪比大于 2 时认为是可探测信号，在精密测量或通信系统中要求信噪比至少为 10。

模拟系统要求光电检测系统不失真地传输已调信号的波形。这一指标同样可用输出信噪比衡量。系统的灵敏度愈高(信噪比愈大)，波形失真愈小，这可由式(9.6)清楚地看出。因为分子 $S^2(t)$ 是输出信号瞬时值的平方，而分母是噪声的均方根，噪声均方根可看成是叠加了噪声的信号的方差，它们的比值的倒数可被理解为噪声引起信号失真的百分比。因此，功率信噪比的值可度量由噪声引起信号波形失真的程度。

输入的信号光功率为 P_s，噪声功率为 P_n，则输出的电功率为

$$S_p + N_p = \left(\frac{q\eta}{h\nu}\right)^2 R_L (P_s + P_n)^2 \tag{9.8}$$

其中，信号功率为 $\left(\frac{q\eta}{h\nu}\right)^2 R_L P_s^2$；噪声功率为 $\left(\frac{q\eta}{h\nu}\right)^2 R_L (2P_sP_n + P_n^2)$。可以得到输出电信号的

信噪比 SNR_p 为

$$SNR_p=\frac{P_s^2}{2P_sP_n+P_n^2}=\frac{(P_s/P_n)^2}{1+2(P_s/P_n)} \tag{9.9}$$

当 $P_s \ll P_n$ 时，$SNR_p=(P_s/P_n)^2$，说明输出信噪比是输入信噪比的平方。由此可见，直接检测系统不适用于对输入信噪比小于 1 或微弱光信号的检测。

光电直接检测系统在大部分情况下都工作在输入光信号远大于噪声的条件下，即当 $P_s \gg P_n$时，$SNR_p \approx \frac{1}{2}\frac{P_s}{P_n}$，此时的输出信噪比 SNR_p 为输入信噪比$\frac{P_s}{P_n}$的一半。

由式(9.9)可以看出，即使是理想直接检测系统的输出信噪比(假设在此过程中，检测系统本身不引入额外的噪声，噪声仅由入射的光噪声引起)，也总是小于入射信号的原始信噪比，通常为原始信噪比的 1/2，但是由于直接检测系统方便易用，其还是得到了广泛的应用。

2. 数字系统的灵敏度

模拟系统的灵敏度可用信噪比的值来评价，而数字系统的灵敏度一般用误码率进行评价。

在数字系统中所需传输的信息不再是真实的信号波形，而是被编成代表“0”或“1”的信号发射出去，接收机只要正确地检测和判断发射信号的高低状态即可实现正确接收。由于传输过程和检测过程存在噪声，这些被发射的符号会出现误差，此时用来描述重现信号“质量”的品质因素就是误码率。下面以二进制系统为例说明误码率的计算过程，如图9-2所示。

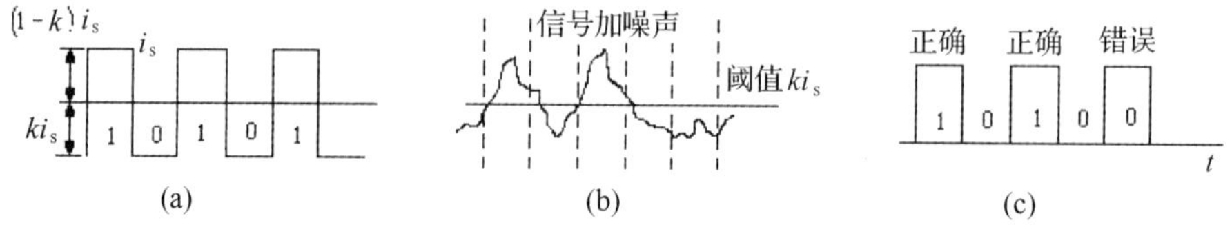

图 9-2 数字系统误码信号

图 9-2(a)显示出了发射脉冲序列的一部分，它含有三个“1”信号和两个“0”信号。一个理想的无噪声检测系统应该准确无误地复现如图 9-2(a)所示的脉冲。但噪声的存在引起随机起伏，检测到的信号(探测器输出的电信号)如图 9-2(b)所示。通常译码器在每个周期内对信号采样，采样周期和编码周期同步。如果采样信号电流 i 大于阈值电流 ki_s(其中 k 通常是小于 1 的常数，i_s 是发射“1”脉冲电流的值)，则输出一个“1”脉冲；如果被测信号的采样值 i 小于阈值电流 ki_s，则在输出端输出一个零信号。由图 9-2(c)看出，所选的阈值使最后一个“1”脉冲产生了误差，由“1”信号变成“0”信号。如果一个给定的脉冲是“1”，在采样时出现噪声电流 i_n 和信号电流 i_s 之和小于阈值电流 ki_s，即 $i_s+i_n<ki_s$ 或 $i_n<-i_s(1-k)$，就会发生脉冲状态误判。当 $i_n>ki_s$ 时，一个“0”脉冲会变成“1”脉冲，同样发生判读误差。

3. 直接检测系统的极限灵敏度

检测系统的灵敏度主要取决于光学系统的接收灵敏度(包括调制形式)、光电探测器的灵敏度、信号处理系统的噪声系数 F 以及滤波器的通频带宽度 Δf。在讨论系统的极限灵敏度时，假设信号处理系统的噪声系数 F 为 1，即不考虑后续电路部分的噪声影响。

假定光学系统接收到的光功率为 P_{dm}，接收系统接收到的是理想的点光源辐射的光能量，在传输过程中没有严重的波形失真，只考虑功率的衰减。这一点光源经过某一调制函数$m(t)$调制后入射到探测器上的辐射功率为

$$P_d(t)=P_0[1+m(t)]\tau=P_0\tau+P_s(t) \tag{9.10}$$

其中，P_0 为接收系统表面接收到的平均辐射功率；τ 为光学接收系统的透过率；$P_s(t)=P_0m(t)\tau$，为信号辐射功率。

令调制信号的功率谱为 $S(\omega)$，信号中绝大部分能量包含在功率谱宽度 $2\Delta\omega$ 内，则探测器的有效输入功率为

$$P_{dm}=\frac{1}{2\pi}\int_{-\Delta\omega}^{\Delta\omega}S(\omega)\mathrm{d}\omega \tag{9.11}$$

探测器输出电流信号 $i_s(t)$在 1Ω 电阻上的功率为

$$i_s^2=(aP_{dm})^2=\left(\frac{q\eta}{h\nu}P_{dm}G\right)^2 \tag{9.12}$$

其中，a 为比例系数，表示在光信号调制和接收过程中的损耗；$h\nu$ 为光子能量；η 为量子效率；q 为电子电荷量；G 为探测器增益。

光电检测系统由于采用了不同的探测器件，极限灵敏度各不相同，原因在于各类探测器的内增益 G 及噪声表达式不同，下面讨论光伏型及外光电发射器件和光电导探测器的极限灵敏度。

(1)光伏型及外光电发射器件的极限灵敏度

光伏型及外光电发射器件的噪声功率类同，它们都包含暗电流、信号光电流和背景光电流的散粒噪声以及负载电阻的热噪声。当然，它们的具体参数并不一样。例如，在通常条件下，光伏器件的倍增因子 $G=1$，而典型的外光电发射器件——光电倍增管的倍增因子 $G\geqslant10^6$，其噪声功率为

$$\overline{i_n^2}=2\frac{q^2\eta}{h\nu}(P_{dm}+P_b)G^2\Delta f+2qI_dG^2\Delta f+\frac{4kT}{R_L}\Delta f \tag{9.13}$$

其中，P_b 为背景光功率；Δf 为系统的带宽；I_d 为暗电流；R_L 为负载电阻。它们的信噪功率比为

$$\mathrm{SNR_i}=\frac{[q\eta P_{dm}G/(h\nu)]^2}{[2q^2\eta(P_{dm}+P_b)G^2/(h\nu)+2qI_dG^2+4kT/R]\Delta f} \tag{9.14}$$

若忽略热噪声，并只考虑光电流引起的散粒噪声(暗电流的散粒噪声小于光电流的散粒噪声)，则式(9.14)简化为

$$\mathrm{SNR_i}=\frac{\eta P_{dm}^2}{2h\nu(P_{dm}+P_b)\Delta f} \tag{9.15}$$

若背景光功率相对信号功率足够强，则信号功率产生的散粒噪声可以忽略，此时得到的灵敏度称为背景极限灵敏度，用公式表达为

$$\mathrm{SNR_i}=\frac{\eta P_{dm}^2}{2h\nu P_b\Delta f} \tag{9.16}$$

若背景光功率 P_b 远小于信号光功率 P_{dm}，则在噪声功率中可略去背景光子散粒噪声。这种情况在激光检测系统中可实现。因为激光光源光谱很窄，在系统中加入视场限制和窄带滤光片很容易消除背景光。此时的灵敏度为

$$SNR_i = \frac{\eta P_{dm}}{2h\nu\Delta f} \tag{9.17}$$

式(9.17)称为直接检测系统的极限灵敏度，也称量子限灵敏度。它是直接检测系统在理论上的极限灵敏度。由 NEP 的定义，噪声等效功率就是 $SNR_i = 1$ 时所需的信号功率。从式(9.17)可知，在直接检测系统中往往同时存在多种噪声源，当入射的信号光波引起的散粒噪声为主要噪声源时，有

$$NEP = P_{min} = \frac{2h\nu}{\eta}\Delta f \tag{9.18}$$

假定探测器的量子效率 $\eta=1$，测量带宽 $\Delta f = 1\text{Hz}$，代入式(9.18)可知 $NEP=2h\nu$，此结果已接近单个光子的能量。应当指出式(9.18)是理想光电探测器在不存在背景辐射和暗电流的情况下得到的。在实际的直接检测系统中，很难实现信号噪声极限检测，因为任何实际的光电探测器总会有噪声存在，系统中所用的放大器和负载电阻也不可能没有噪声。

从式(9.17)可知，为提高直接检测系统信噪比，可采用以下方法：①利用光学方法，使系统接收到更多的光信号能量。②利用电学方法，以尽可能降低探测器自身的各种噪声，例如合理选择探测器的偏置电路、工作效率以及低噪声前置放大器的设计。③利用热力学方法，采用降温措施以降低探测器的噪声等。

(2)光电导探测器的极限灵敏度

光电导探测器的主要噪声为产生-复合噪声，它是一种散粒噪声，和偏置电流成比例，因而它的灵敏度与具体使用条件有关。但可以肯定，光电导探测器的极限灵敏度比光伏器件及光电倍增管的极限灵敏度要低，所需理想的最小可检测功率大。

实际上无论是光电导型还是光伏型或光电倍增管，在直接检测系统中要想达到量子极限灵敏度几乎不可能。在红外系统中，上述大部分探测器均可达到背景极限灵敏度。只有在特殊情况下，光电倍增管在可见光区域可达到量子极限灵敏度。

9.2.2　直接检测系统的视场角

视场角是直接检测系统的重要性能指标之一，它表示系统能“观察”到的空间范围。在被测物看来是在无穷远处，且物方与像方两侧的介质相同的条件下，探测器位于焦平面上时，其半视场角(如图 9-3 所示)为

$$W = \frac{d}{2f} \tag{9.19}$$

或视场角立体角 Ω 为

$$\Omega = \frac{A_d}{f^2} \tag{9.20}$$

其中，d 是探测器直径；A_d 为探测器面积；f 为焦距。

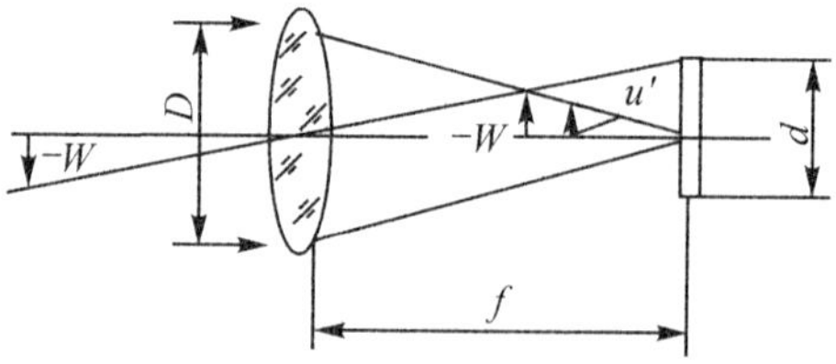

图 9-3　直接检测系统的视场角

从观察范围，即从发现目标的角度出发，希望视场角越大越好。由式(9.20)可看出，为了增大 Ω，可增大探测器面积或减小光学系统的焦距。这两种方式对检测系统都有不利影响。第一，增大探测器的面积意味着增大系统的噪声，因为对大多数探测器而言，其噪声功率和面积的平方根成正比。从理论上讲，远处目标在探测器上所得到的尺寸是夫琅禾费衍

射所形成的艾里斑。实际上，由于光学系统存在像差，在光学系统焦平面上得到的是比艾里斑大得多的弥散斑。考虑到大气扰动引起的像斑跳动，某些目标还可能是运动目标等因素。实际的光探测器面积应比衍射极限决定的艾里斑尺寸大得多。即使这样考虑，实际系统的视场还是尽可能取小值。第二，减小焦距使系统的相对口径加大，会导致光学设计的难度加大，在很多场合下会受到限制。同时，视场加大后，在探测对象不能覆盖整个视场时，其引入的背景辐射（即背景噪声的重要来源）也增加，使系统灵敏度下降。因此，在设计系统的视场角时要全面权衡这些利弊，在保证探测到信号的基础上尽可能减小系统的视场角。

9.2.2.1　物镜

下面对折射式物镜和反射式物镜进行介绍。

1. 折射式物镜

可见光及近红外区域中常用折射式物镜。随着红外材料的不断开拓，长期使用反射式物镜的红外系统，也开始采用折射式物镜。

（1）单片折射式物镜

如图 9-3 所示，单片折射式物镜结构简单、体积小、重量轻，可用于像质要求较低的检测系统中，如简单的红外辐射计等。通过像差计算，可得到以下结论：①透镜形状要按所用材料的折射率和工作波长来确定。当它满足最小球差条件时，其球差与彗差均比双凸或平凸的透镜小。锗和硅材料用于红外时，应是弯月形。②视场增大，像散增大。因此，单片物镜用于大视场时，像质将很差。③当工作在较宽的光谱范围时，如某个大气窗口中，其色差将相当严重。④光敏面较小的检测系统，对应视场又很小，可采用单片透镜。

（2）多片折射式物镜（组合透镜）

图 9-4(a)为由三片薄透镜组成的消球差物镜，第一片为平凸镜，目的是使其球差最小。图 9-4(b)为双分离消色差物镜，它用于中红外 3～5μm 波段，通常采用氟化镁和硫化锌镜片。氟化镁镜片折射率较低，不需要镀增透膜；而硫化锌镜片折射率较高，应对以 4μm 为中心的波段镀增透膜。一组典型参数为：$f'=100$mm，$F=4$，4.1μm处的透射比 $\tau=90\%$，到 1μm 和 7.8μm 处透射比下降为 30%。图 9-4(c)为具有较大视场和较大相对孔径的柯克物镜，$D/f=1:4.5$，$2\omega=50°$。该物镜的可变参量有 6 个面和 2 个间隔，在满足焦距要求后，还有 7 个变量，正好用来校正 7 种初级像差。

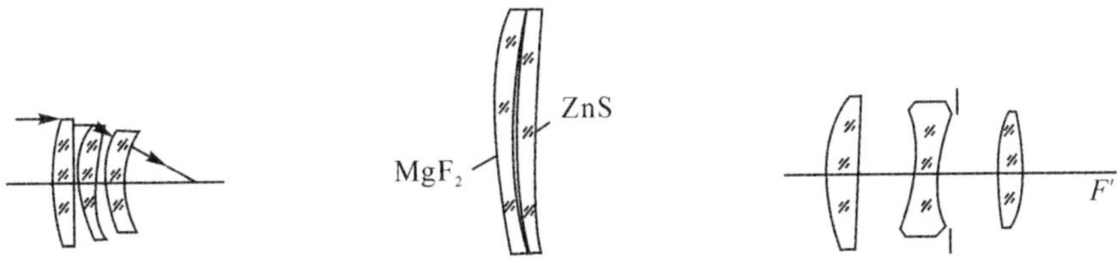

(a) 三片式消球差物镜　(b) 双分离消色差物镜　(c) 三片式柯克物镜

图 9-4　多片折射式物镜

还有一些其他类型的多片物镜，如用于大视场、大相对孔径（1∶2）的 6 片大物镜等。但是片数越多，其反射、散射和吸收等损失将越大。

2. 反射式物镜

反射式物镜的优点是不受使用波段的限制、口径大、光能损失小、不产生色差等。它的缺点是视场小、体积大、加工难度较大等。

(1)单反射物镜

图9-5(a)为球面反射物镜,像质接近单透镜,但无色差,价格便宜。小孔径使用时,像质较好。但随着视场增大、F 数减小,像质很快变差。有时可在系统的球心处加一补偿透镜,以消除球差,改善像质。

图 9-5(b)为抛物面反射物镜,是由抛物线 $x=y^2/(2r_0)$ 回转而成的,r_0 为抛物线顶点的曲率半径。抛物面反射镜对无限远处轴上物点成像时无像差,只有衍射影响像质。因此它是用于小视场的优良物镜。物镜焦距 $f'=r_0/2$。抛物面反射物镜的两种形式如图 9-6 所示。其中,图9-6(a)为同轴式,将要挡去一部分有效光束;图 9-6(b)为离轴式,光路安排方式较好,但装调较困难。

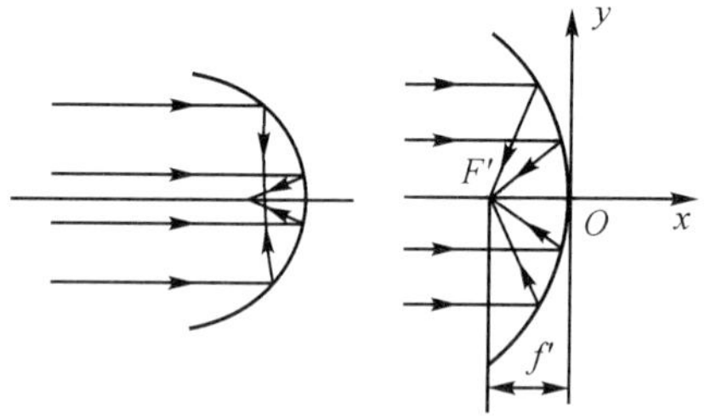

(a) 球面 (b) 抛物面

图 9-5 单反射物镜

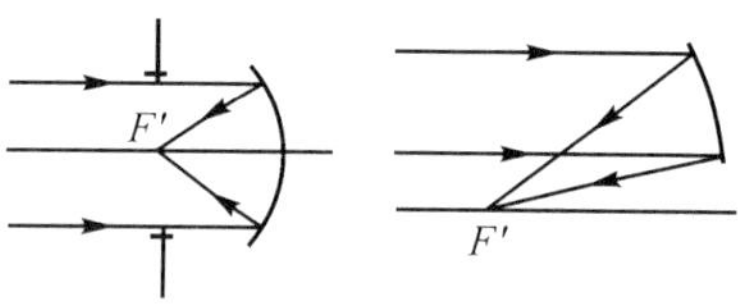

(a) 同轴式 (b) 离轴式

图 9-6 抛物面反射物镜的两种形式

二次曲面中的双曲面和椭球面均有共轭点 P 与 P' 存在,如图 9-7 所示。在 P 与 P' 间成像无像差存在。二次曲面光学系统彗差大,像质不好,很少单独使用。有时利用共轭点的关系,设计成专用光学系统,如利用椭球构成的小光点光学系统等。

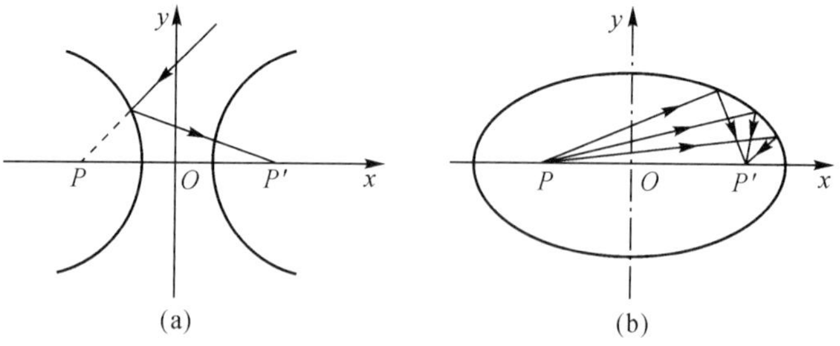

(a) (b)

图 9-7 双曲面、椭球面的共轭关系

(2)双反射物镜

双反射物镜是由主镜和次镜组成的。光束首先经主镜反射到次镜,再由次镜反射输出。图 9-8(a)是由抛物面主镜和平面次镜构成的牛顿系统,图 9-8(b)为牛顿补充型系统。它们的像质与单抛物面反射物镜相当,适用于小视场系统中。该系统镜筒较长,重量也较大。

图 9-9 为卡塞格伦系统,主镜为抛物面,次镜为凸双曲面,将双曲面的一个焦点 P 与抛物面的焦点 F 重合,则系统焦点将在双曲面的另一个焦点 P' 处,焦距 f 为正,成倒立实像,它比牛顿系统的轴外像差小。其优点是像质好、镜筒短、焦距长、在焦点处便于放置探测器。

一些卡塞格伦的变形系统也常被应用。如用球面作为道尔-克哈姆型的次镜,性能相

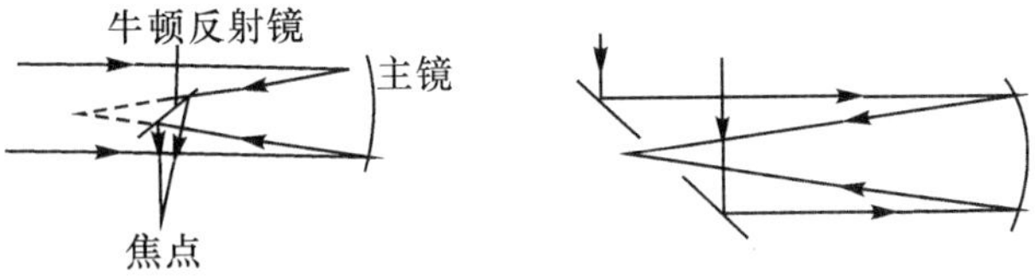

(a) 牛顿系统　　(b) 牛顿补充型系统

图 9-8　牛顿系统及牛顿补充型系统

近，但制造容易。又如两反射物镜都用一般非球面的里奇-克瑞钦型，既无球差也无彗差。

图 9-10 为格雷果里系统，主镜为抛物面，次镜为凹椭球面，两镜面焦点重合放置，则系统焦点在椭球的另一焦点处。该系统无球差、成正像，缺点是长度较长。

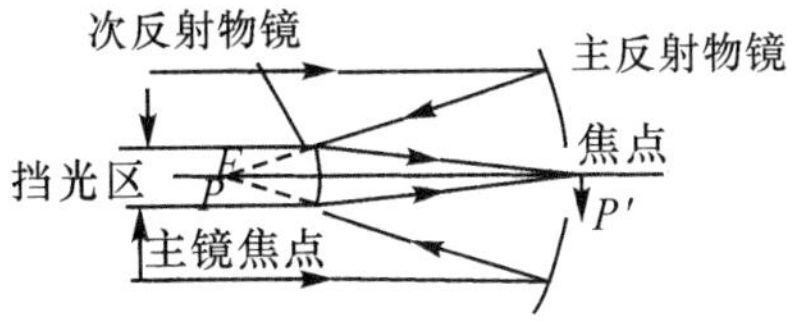

图 9-9　卡塞格伦系统

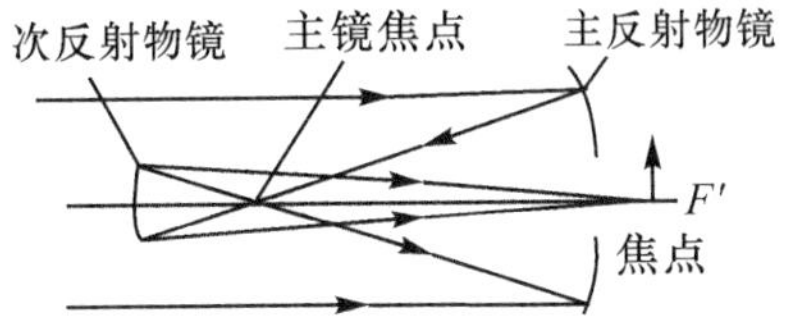

图 9-10　格雷果里系统

双反射物镜系统的主要问题是中间有挡光区，随着视场和相对孔径加大，像质迅速变差。所以它们更适合用于小视场的情况。为克服视场小和中间挡光的缺点，也可使用如图 9-11 所示的四反射物镜系统，这种结构的加工和装配都极为复杂。

图 9-12 为一种有效的三反射物镜系统，主镜是 F 数为 1 的抛物面镜；次镜为椭球面；而第三个反射物镜为球面镜，它加工在主镜的中央部分。该系统可获得平场的像面。

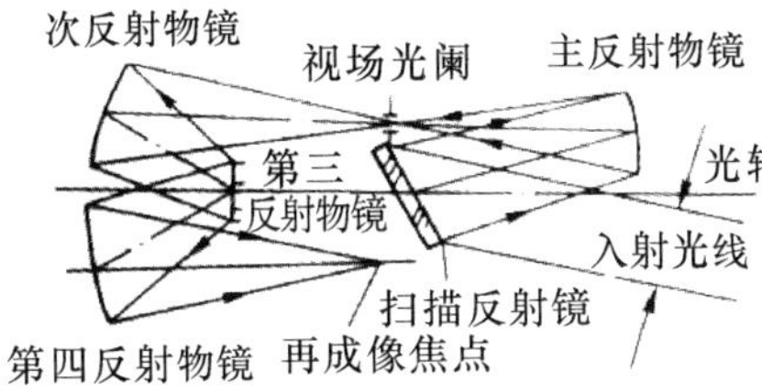

图 9-11　四反射物镜系统

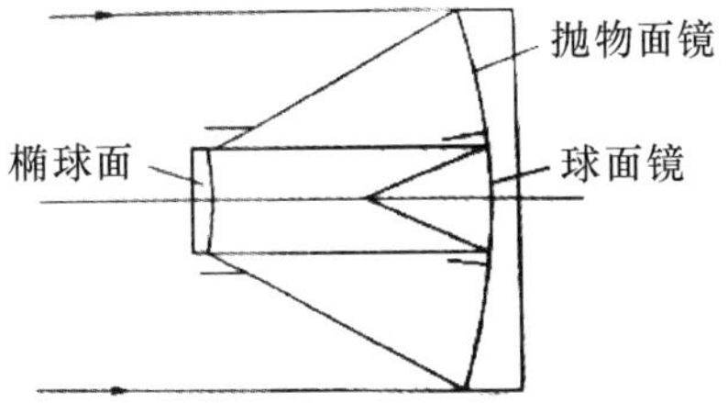

图 9-12　三反射物镜系统

(3) 折返式物镜

折返式物镜由球面(也可以是非球面)反射物镜同适当的补偿透镜组合，后者的作用是校正球面反射物镜的某些像差，但它自身将带来色差，因此要求补偿透镜在工作波段中消色差，或者做得很薄使色差较小。

①施密特系统。其主镜是球面反射物镜，单独成像时可无彗差和像散，只产生球差和场曲，为校正球差，在反射物镜曲率中心处放置一块特制的非球面补偿透镜，即施密特校正板，如图 9-13(a)所示。为同时消色差可用两块校正板。这类系统 $2\omega \approx 25^\circ$，$F=1\sim2$。系统的缺点是镜筒长；校正板比抛物面加工容易些，但仍比较困难。此外，像散随视场增大而增大，加上场曲等原因限制了这种系统的应用范围。

②曼金折返系统。图 9-13(b)为曼金折返系统，由两球面构成背面反射和前面折射。它可在大口径的折返系统中充当主镜，也可在双反射物镜系统中充当次镜。如图 9-13(c)所示，主反射物镜为球面，曼金次镜消色差。

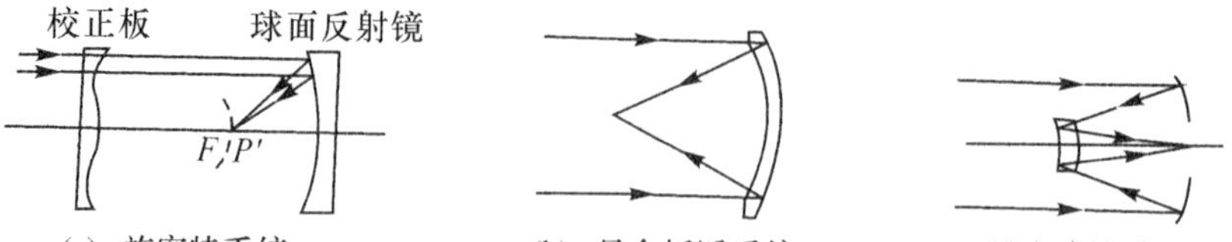

(a) 施密特系统 (b) 曼金折返系统 (c) 曼金次镜消色差

图 9-13 折返式物镜

③包沃斯-马克苏托夫系统。这是由包沃斯和马克苏托夫各自独立提出，用球面反射物镜和厚弯月形负透镜组成的系统。如图 9-14 所示，厚弯月形负透镜消色差。该系统的特点是各球面同心，光阑置于公共球心处，无彗差和像散存在。其像面也是与各球面共心的曲面。弯月透镜可在球心前或球心后，其作用一样，在球心前被称为心前系统，反之被称为心后系统。

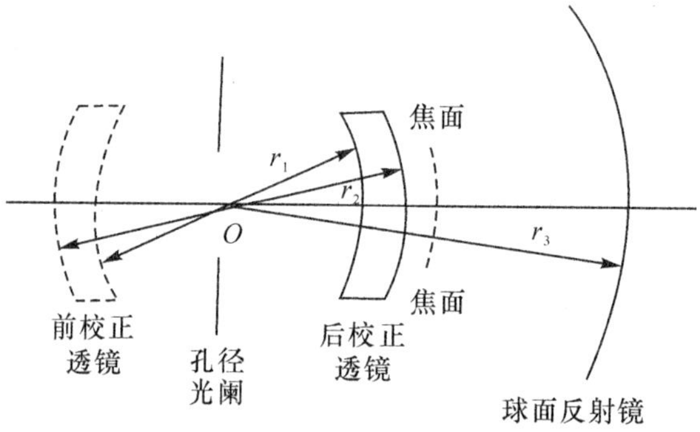

图 9-14 包沃斯-马克苏托夫系统

为校正剩余球差，可在曲率中心放置施密特校正板，构成校正共心包沃斯-施密特系统。为减少色差，可把弯月透镜做成消色差复合透镜，但破坏了同心原理，增加了彗差和像散。

9.2.2.2 具有集能作用的光学元件

以上介绍的是用于限制接收系统视场的物镜，为更好地提高光电探测器光能的利用率和合理地安排光路系统，有时在光电检测系统中额外附加一些具有集能作用的光学元件，主要有场镜和光锥。这些光学元件的使用可以降低物镜的设计难度，下面将介绍这些元件的工作原理。

1. 场镜

工作在物镜像面附近的透镜称为场镜。如图 9-15 所示，场镜的主要作用如下：

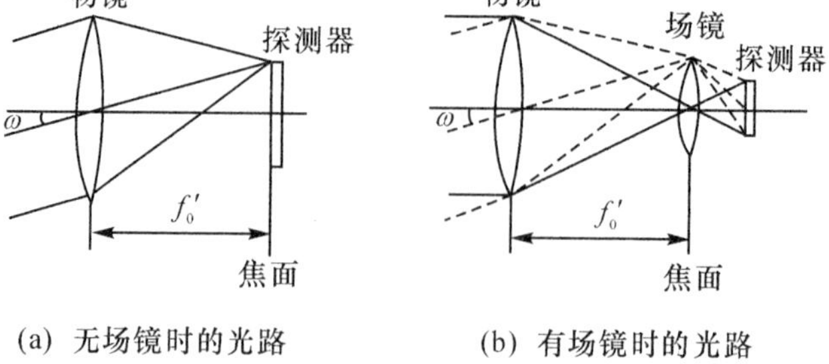

(a) 无场镜时的光路 (b) 有场镜时的光路

图 9-15 场镜的作用

(1)场镜可提高边缘光束入射到探测器的能力。

(2)在相同的大光学系统中,附加场镜将减少探测器的面积。如果使用同样的探测器面积,可扩大视场,增加入射的总通量。

(3)场镜放置在像面附近,可让出像面位置放置调制盘,以解决无处放置调制盘的问题。

(4)场镜的使用也使探测器光敏面上的非均匀光照得以均匀化。

(5)当使用平像场镜时,可获得平场像面。

加入场镜后,光学系统参量可按薄透镜理想公式计算。图 9-15(b)将场镜放在物镜的焦平面上,这是常用的一种形式。在需要放置调制盘的系统中,则将场镜后移一段距离,而把探测器放在物镜口径经场镜所成像的位置上,如图 9-16 所示。图 9-16 中参量的含义如下:L_f 是场镜距物镜焦面的距离;D_0 是物镜的口径;f_0'是物镜焦距;$F_0=f_0'/D_0$ 是物镜的 F 数;D_1 是场镜的口径;f_1'是场镜的焦距;$F_1=f_1'/D_1$ 是场镜的 F 数;d 是探测器的直径。按成像公式有

$$1/L'-1/L=1/f_1' \tag{9.21}$$

垂轴放大率为

$$d/D_0=-L'/L \tag{9.22}$$

将式(9.21)和式(9.22)组合可得到场镜的焦距公式为

$$f_1'=-\frac{dL}{D_0+d}=\frac{(f_0'+L_f)}{D_0+d} \tag{9.23}$$

在已知 d 和 L'时,可计算 f_1';在已知 f_1'时,可通过关系式设计 d 和 L'。

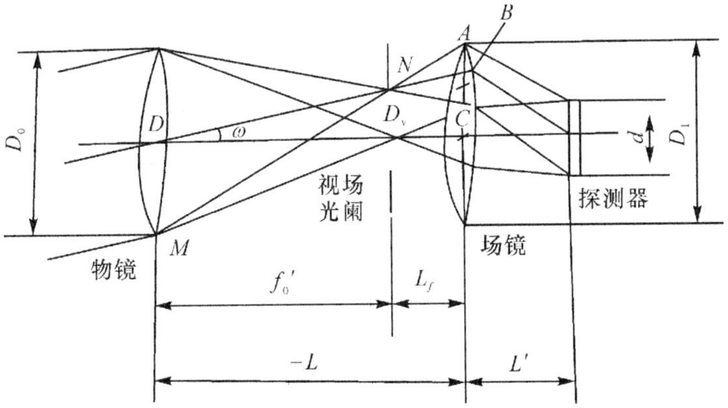

图 9-16 场镜的位置

设视场光阑口径为 D_v,有

$$D_v=2f_0'\tan\omega \tag{9.24}$$

则可导出场镜口径为

$$D_1=2(AC)=2(AB+BC) \tag{9.25}$$

$$BC=(-L)\tan\omega=(f_0'+L_f)\tan\omega \tag{9.26}$$

$\triangle ANB\backsim\triangle MND$,则有

$$\frac{D_0/2}{f_0'/\cos\omega}=\frac{AB}{L_f/\cos\omega},\ AB=\frac{D_0L_f}{2f_0'},\ D_1=2(f_0'+L_f)\tan\omega+\frac{D_0L_f}{f_0'} \tag{9.27}$$

有时为了计算方便而忽略第二项，使 $D_1=2BC$，则

$$D_1=2(f_0'+L_f)\tan\omega=D_v \tag{9.28}$$

按式(9.28)计算 D_1 略小，为确保光束入射探测器，可使结果向上取整。

当系统不用调制盘时，场镜置于物镜焦面上，这时 $L_f=0$，$-L=f_0'$，则有

$$D_1=D_v=2f_0\tan\omega \tag{9.29}$$

$$f_1'=\frac{f_0'd}{D_0+d} \tag{9.30}$$

$$d=\frac{D_0f_1'}{f_0'-f_1'} \tag{9.31}$$

使用场镜后，探测器直径由 D_1 变为 d，则有

$$\frac{D_1}{d}=\frac{D_1(f_0'-f_1')}{D_0f_1'} \tag{9.32}$$

一般 f_0'远大于 f_1'，则有

$$d\approx D_1F_1/F_0 \tag{9.33}$$

由此可见，探测器与场镜直径之比等于场镜与物镜的 F 数之比。如果 $F_1=F_0$，则 $d=D_1=2f_0'\tan\omega$，这时场镜没有集光作用。实际上场镜适用于 $F_0>F_1$ 或 $F_0\gg F_1$ 的场合。

下面引入光学增益 G 的概念，它定义为：有、无某光学系统时，探测器接收到的光辐射通量之比。有、无物镜时的光学增益为

$$G_0=\tau_0\frac{A_0}{A_d} \tag{9.34}$$

其中，A_0 为物镜入瞳的面积；A_d 为探测器的面积；τ_0 为物镜的透射比。

有、无物镜和场镜时的光学增益为

$$G_1=\tau_0\tau_1\frac{A_0}{A_d} \tag{9.35}$$

其中，τ_1 为场镜的透射比。

有、无场镜时的光学增益的变化，用光学增益倍数 m 表示，注意这时式(9.34)中的 A_d 应用场镜的面积 A_1 代替，即

$$m=\frac{G_1}{G_0}=\tau_1\frac{\pi\left(\frac{D_1}{2}\right)^2}{\pi\left(\frac{d}{2}\right)^2} \tag{9.36}$$

将式(9.33)代入式(9.36)得

$$m\approx\tau_1\cdot\frac{F_0^2}{F_1^2} \tag{9.37}$$

由于 τ_1 的存在，m 略小于两 F 数的平方比。光学系统中加入场镜后，使整个系统的光学参量发生了变化，可用有效参量来表示。如有效焦距 f_e 定义为 $f_e=d/(2\omega)$。原物镜焦距 f_0' 与视场光阑 D_v 间的关系为

$$f_0'=D_v/(2\tan\omega)\approx D_v/(2\omega) \tag{9.38}$$

使用场镜时，若 $d<D_v$，则 $f_e'<f_0'$，即有效焦距比原焦距短。对应的有效 F 数$F_e=f_e'/D_0$，显然有 $F_e<F_0$，即有效相对孔径大于原物镜的相对孔径，提高了探测器表面的照度。

2. 光锥

光锥是一种圆锥体状的聚光镜,可制成空心和实心两种类型。使用时将大端放在主光学系统的焦面附近收集光束,并利用圆锥形内壁的高反射比特性,将光束引到小端输出。将探测器置于小端,接收集中后的光束。它是一种非成像的聚光元件,与场镜类似可起到增加光照度或减少探测器面积的作用。

下面以如图 9-17 所示的实心光锥为例,说明其传播特性。光轴与光锥重合,光锥顶角为 2α,光线进入光锥前与光轴的夹角为 u,即入射角。经折射后光线与光轴的夹角为 u',即折射角。光线第一次与圆锥壁相遇在 B 点,入射角为 i_1,反射后光线与光轴的夹角为 u_1'。光线第二次与圆锥壁相遇于 G 点,对应角为 i_2,u_2'。以后多次反射对应的角分别为 i_3,u_3',i_4,u_4',…。由$\triangle BEF$ 中可知

$$(90^\circ-\alpha)+(90^\circ-i_1)+(90^\circ-u')=180^\circ$$

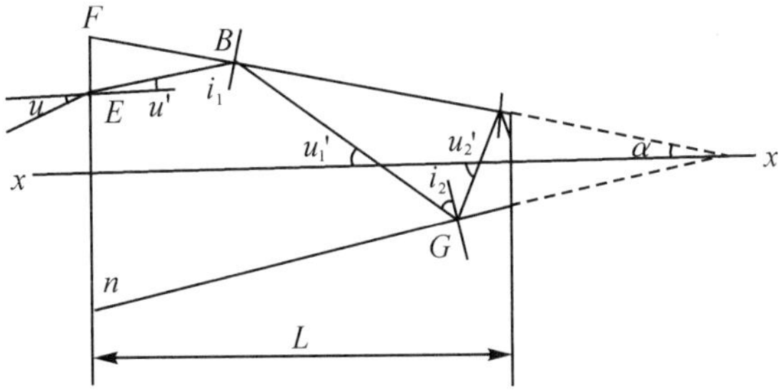

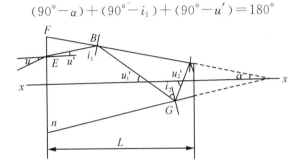

图 9-17　光线在光锥内的传播

所以 $i_1=90^\circ-u'-\alpha$,按外角等于两内角之和的关系,则有

$$u_1'=90^\circ-i_1+\alpha=u'+2\alpha$$

依次有

$$i_2=90^\circ-u'-3\alpha$$
$$u_2'=u'+4\alpha$$

经 m 次反射的通式为

$$\begin{cases}i_m=90^\circ-u'-(2m-1)\alpha\\u_m'=u'+2m\alpha\end{cases}\tag{9.39}$$

对空心光锥 $u'=u$,经 m 次反射的通式为

$$\begin{cases}i_m=90^\circ-u-(2m-1)\alpha\\u_m'=u+2m\alpha\end{cases}\tag{9.40}$$

由式(9.40)可知,入射角 i 随反射次数的增加而迅速减小。当 $i_m\leqslant0$ 之后,光线不再向小端传播,而返回大端。可见在其他条件不变时,i_1 越大,允许向小端前进的反射次数越多;而 i_1 越小,则返回越快。一个具体的光锥能否使光线由大端传到小端有一临界角 i_{1c}存在,与此相应也有临界入射角 u_c 存在。它们与光锥的顶角 2α、光锥长度 L,以及实心光锥的材料折射率 n 有关。u_c 与 i_{1c}的关系为

$$u_c=90^\circ-i_{1c}-\alpha\qquad\text{空心光锥}\tag{9.41}$$

$$u_c=\arcsin[n\sin(90^\circ-i_{1c}-\alpha)]\qquad\text{实心光锥}\tag{9.42}$$

从物理意义上说,u_c 也限制了系统的视场角 2ω,$u>u_c$ 的光束将传不到小端。

9.2.3 直接检测系统的通频带宽度

通频带宽度 Δf 是光电检测系统的重要指标之一。检测系统对信号的不同频率分量有不同的响应,在规定的衰减值下,系统允许信号通过的频率范围称为通频带宽度。检测系统要求 Δf 应保存原有信号的调制信息,并使系统达到最大输出功率信噪比。Δf 越宽,表明系统对不同频率信号的适应能力越强;Δf 越窄,表明系统对通频带中心频率的选择能力越强。按照传递信号的能力,描述系统的通频带宽度有以下几种方法:

(1)等效矩形带宽

令 $I(\omega)$ 为信号的频谱,则信号的能量为

$$E=\frac{1}{2\pi}\int_{-\infty}^{\infty}|I(\omega)|^2\mathrm{d}\omega \tag{9.43}$$

等效矩形带宽 $\Delta\omega$ 定义为

$$\Delta\omega=\frac{E}{|I(\omega_0)|^2} \tag{9.44}$$

其中,$I(\omega_0)$ 是 $\omega=\omega_0$ 的频谱分量,如图9-18所示,$I(\omega_0)=I(0)$。

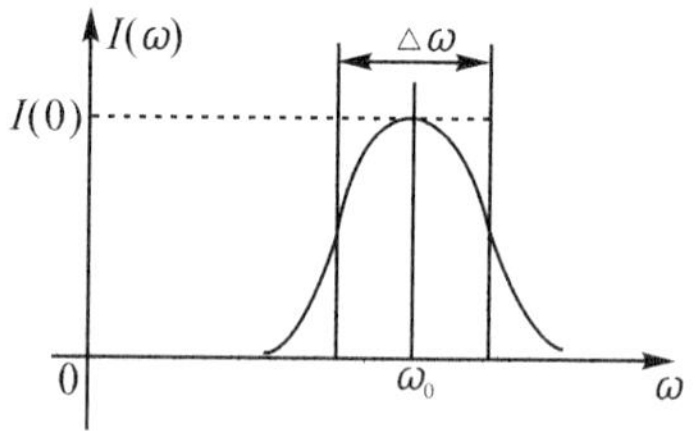

图 9-18 等效矩形带宽

以钟形波表示的脉冲激光信号为例,进行等效矩形带宽的计算。激光波形为

$$I(t)=A\mathrm{e}^{-\beta^2t^2} \tag{9.45}$$

其中,β 是脉冲峰值,$\beta\approx1.66/\tau_0$;τ_0 是激光脉冲宽度。它的频谱 $I(\omega)$ 为

$$I(\omega)=\int_{-\infty}^{\infty}I(t)\mathrm{e}^{-\mathrm{j}\omega t}\mathrm{d}t=\frac{A\sqrt{\pi}}{\beta}\mathrm{e}^{-\omega^2/(4\beta^2)} \tag{9.46}$$

激光脉冲能量 E 为

$$E=\frac{1}{2\pi}\int_{-\infty}^{\infty}\left|\frac{A\sqrt{\pi}}{\beta}\mathrm{e}^{-\omega^2/(4\beta^2)}\right|^2\mathrm{d}\omega=\frac{A^2}{\beta}\sqrt{\frac{\pi}{2}} \tag{9.47}$$

等效矩形带宽为

$$\Delta\omega=\frac{E}{|I(0)|^2}=\frac{\beta}{\sqrt{2\pi}}=\frac{0.66}{\tau_0} \tag{9.48}$$

(2) 频谱曲线下降 3dB 的带宽

将式(9.46) 代入 $-20\lg\dfrac{I(\omega)}{I(0)}=3$ 可得

$$\omega=\sqrt{4}\beta\sqrt{\ln\sqrt{2}} \tag{9.49}$$

$$\Delta\omega_2=2\omega=4\beta\sqrt{\ln\sqrt{2}}$$

$$\Delta f_2=\frac{\Delta\omega_2}{2\pi}=\frac{0.62}{\tau_0}$$

(3) 包含 90% 能量的带宽

$$\frac{E(\Delta\omega)}{E}=\phi(x)=0.9 \tag{9.50}$$

其中

$$E(\Delta\omega)=\frac{1}{2\pi}\int_{-\Delta\omega}^{\Delta\omega}|I(\omega^2)|\mathrm{d}\omega=\frac{1}{2\pi}\int_{-\Delta\omega}^{\Delta\omega}\left|\frac{A\sqrt{\pi}}{\beta}\mathrm{e}^{-\omega^2/(4\beta^2)}\right|^2\mathrm{d}\omega$$

$$=\frac{\sqrt{2}A^2}{\beta}\int_0^{\Delta\omega}\mathrm{e}^{-[\omega/(\sqrt{2}\beta)]^2}\mathrm{d}\left(\frac{\omega}{\sqrt{2}\beta}\right)=\frac{A^2}{\beta}\sqrt{\frac{\pi}{2}}\phi(x) \tag{9.51}$$

其中，$\phi(x)=\frac{\pi}{\sqrt{2}}\int_0^x \mathrm{e}^{-x^2}\mathrm{d}x, x=\frac{\omega}{\sqrt{2}\beta}$。

给定误差函数 $\phi(x)$ 的值时，由误差函数表可求出 x 值，根据式(9.50)求出 ω 值，而 $\Delta\omega=2\omega$。表 9-1 是对应不同的 $E(\Delta\omega)/E$ 取值时的通频带宽度 Δf。

表 9-1　对应不同的 $E(\Delta\omega)/E$ 取值时的通频带宽度 Δf

$E(\Delta\omega)/E$	0.9	0.8	0.7	0.6	0.5
Δf	$\frac{0.89}{\tau_0}$	$\frac{0.68}{\tau_0}$	$\frac{0.58}{\tau_0}$	$\frac{0.45}{\tau_0}$	$\frac{0.38}{\tau_0}$

由以上分析可知，通频带宽度 Δf 越宽，通过信号的能量越多，但系统的噪声功率增大。为保证系统有足够的信噪比，Δf 的取值不能太大。如果要求复现信号的波形，则必须加宽通频带宽度。

图 9-19 是输入信号为矩形波时，通过不同带通滤波器的波形。曲线 1 是 $\Delta f=0.25/\tau_0$ 的波形曲线，它表明矩形脉冲被展宽，其幅度也随之下降；曲线 2 是 $\Delta f=0.5/\tau_0$ 的波形曲线，它的输出峰值功率基本达到最大值，从信噪比观点出发系统有这样的带宽足够了；曲线 3 是 $\Delta f=1/\tau_0$ 的波形曲线，此时脉冲上升沿也较陡，波形亦接近方波；曲线 4 是 $\Delta f=4/\tau_0$ 的波形曲线，这一指标达到了复现输入信号波形的要求。可见，要复现输入信号波形，必须使系统带宽 $\Delta f \geqslant 4/\tau_0$。

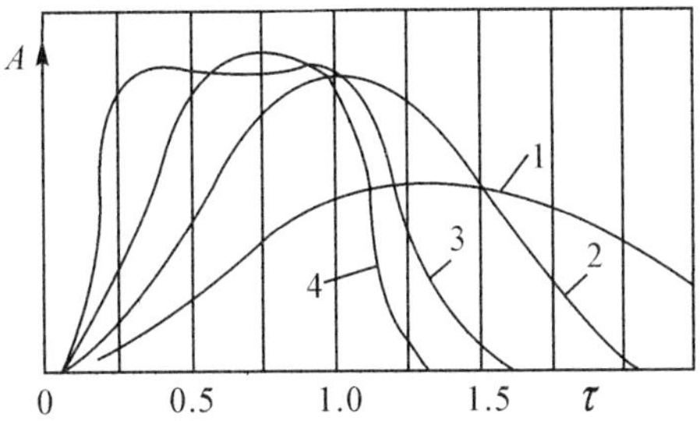

图 9-19　矩形波通过滤波器的波形

如果系统的输入信号是调幅波，一般取其通频带宽度 $\Delta f=f_0\pm f_1$。其中，f_0 为载波频率，f_1 为包络波(边频)频率，即 $\Delta f=2f_1$。如果系统的输入信号为调频波，由于调频波的边频分量较多，为保证有足够的边频分量通过系统，要求滤波器加宽频带宽度。

9.3　直接检测系统的距离方程

第 9.2 节用信噪比表示光电检测系统的灵敏度。实际上，由于检测系统用途不同，灵敏度的表达形式亦不尽相同。在对地测距、搜索、跟踪等系统中，检测距离通常也用来评价系统的灵敏度。其他系统的灵敏度亦可由距离方程演变出来。

9.3.1 被动检测系统的距离方程

设被测目标的辐射强度为 $I_{e,\lambda}$，经大气传播后到达接收光学系统表面的光谱辐照度的公式为

$$E_{e,\lambda}=\frac{I_{e,\lambda}\tau_{1\lambda}}{l^2} \tag{9.52}$$

其中，$\tau_{1\lambda}$ 为被测距离 l 内的大气光谱透过率；l 为目标到光电检测系统的距离。

入射到探测器上的光辐射功率 $P_{e,\lambda}$ 为

$$P_{e,\lambda}=E_{e,\lambda}A_0\tau_{0\lambda}=\frac{I_{e,\lambda}\tau_{1\lambda}}{l^2}A_0\tau_{0\lambda} \tag{9.53}$$

其中，A_0、$\tau_{0\lambda}$ 分别为接收光学系统的入射孔径面积和光谱透过率。

根据目标辐射的波段范围及所选取探测器光谱响应范围得到实际工作时的光谱响应范围 $\lambda_1\sim\lambda_2$，在此辐射波段内积分可得到探测器的输出信号电压为

$$U_s=\frac{A_0}{l^2}\int_{\lambda_1}^{\lambda_2}I_{e,\lambda}\tau_{1\lambda}\tau_{0\lambda}R_{v\lambda}\,d\lambda \tag{9.54}$$

其中，$R_{v\lambda}$ 为探测器的光谱响应度。

令探测器的方均根噪声电压为 U_n，则它的输出信噪比为

$$\frac{U_s}{U_n}=\frac{A_0}{U_n l^2}\int_{\lambda_1}^{\lambda_2}I_{e,\lambda}\tau_{1\lambda}\tau_{0\lambda}R_{v\lambda}\,d\lambda \tag{9.55}$$

其中，$I_{e,\lambda}$、$\tau_{1\lambda}$、$\tau_{0\lambda}$、$R_{v\lambda}$ 都是波长的复杂函数，很难用确切的解析式表达。除非能够得到在 $\lambda_1\sim\lambda_2$ 范围内以上四个变量的实际函数，否则，通常的处理方法是对上述各量进行简化处理：

(1)取 $\tau_{1\lambda}$ 为被测距离 l 内在 $\lambda_1\sim\lambda_2$ 光谱范围内的平均透过率 τ_1；

(2)光学系统的透过率 $\tau_{0\lambda}$ 也取为在 $\lambda_1\sim\lambda_2$ 光谱范围内的平均值 τ_0；

(3)把探测器对波长 $\lambda_1\sim\lambda_2$ 的响应度看成一个矩形带宽，即认为 $\lambda<\lambda_1$ 或 $\lambda>\lambda_2$ 的光谱响应度为零，而在 $\lambda_1<\lambda<\lambda_2$ 的光谱范围内响应度为常值；

(4)根据物体的温度 T 查表，可计算出在考查波段范围内的黑体辐射强度，再乘以物体的平均比辐射率，可得到物体在 $\lambda_1\sim\lambda_2$ 光谱范围内的辐射强度 I_e。

把上述各值代入式(9.55)得到

$$\frac{U_s}{U_n}=\frac{A_0}{U_n l^2}I_e\tau_1\tau_0R_v \tag{9.56}$$

所以有

$$l=\left[\frac{A_0I_e\tau_1\tau_0R_v}{U_s}\right]^{1/2} \tag{9.57}$$

又因为 $R_v=\dfrac{U_nD^*}{\sqrt{A_d\Delta f}}$，将其代入式(9.57)得到

$$l=\left[\frac{A_0I_e\tau_1\tau_0D^*}{\dfrac{U_s}{U_n}\sqrt{A_d\Delta f}}\right]^{1/2} \tag{9.58}$$

其中，A_d 为探测器面积；Δf 为系统的带宽；D^* 为探测器的归一化探测度。

式(9.58)中的 $A_0 I_e = P_0$，就是入射到接收光学系统的平均功率。考虑到系统的调制特性，入射到探测器上的有效功率应按式(9.11)计算。在这里，为了能清楚地看出系统各部件对作用距离的影响，把调制特性考虑为对入射功率的利用率 k_m，则式(9.58)改写为

$$l = (I_e \tau_1)^{1/2} (A_0 \tau_0)^{1/2} \left(\frac{D^*}{\sqrt{A_d}}\right)^{1/2} \left[\frac{k_m}{\sqrt{\Delta f}(U_s/U_n)}\right]^{1/2} \tag{9.59}$$

其中，第一个括号内的分量是目标辐射特性及大气透过率对作用距离的影响；第二个和第三个括号表示光学系统及探测器特性对作用距离的影响；第四个括号是信息处理系统对作用距离的影响。

9.3.2　主动检测系统的距离方程

主动检测指光电检测系统为了达到特定的检测目的，主动发射光源作为被测信号的载体，通过对系统自身发射的光信号的反射或散射信号进行检测，获得相应的信息。

由于工作距离较远、返回的检测信号较弱，主动检测系统通常以亮度高、单色性和定向性较好的激光作为光源，令其发射功率为 $P_s(\lambda)$，发射束发散角为 Ω，发射光学系统透过率为 $\tau_{01}(\lambda)$，经调制的光能利用率为 k_m，则发射机发射的功率 $P_T(\lambda)$ 为

$$P_T(\lambda) = P_s(\lambda)\tau_{01}(\lambda)k_m \tag{9.60}$$

激光在大气中传播时，能量考虑为按指数规律衰减，令衰减系数为 $k(\lambda)$，经传播距离 l 后光斑面积为 $S_l = \Omega l^2$，光斑 S_l 上的辐射照度 $E_e(\lambda)$ 为

$$E_e(\lambda) = \frac{P_T(\lambda)}{S_l} e^{-k(\lambda)l} = \frac{P_T(\lambda)}{\Omega l^2} e^{-k(\lambda)l} \tag{9.61}$$

设在距光源为 l 处有一目标，其反射面积为 S_a。一般把复杂反射体看成近似朗伯反射，即在半球内均匀反射，其反射系数为 r。在此条件下，单位立体角的反射光辐射强度 $I_e(\lambda)$ 为

$$I_e(\lambda) = \frac{1}{\pi} r S_a E_e(\lambda) = \frac{P_T(\lambda)}{\pi \Omega l^2} r S_a e^{-k(\lambda)l} \tag{9.62}$$

假定接收机和发射机在一处。反射光经大气传输到接收器的过程仍遵守指数规律衰减，衰减系数仍为 $k(\lambda)$，则接收功率为

$$P(\lambda) = I_e(\lambda)\Omega' = \frac{P_T(\lambda)D_0^2}{4\Omega l^4} r S_a e^{-2k(\lambda)l} \tag{9.63}$$

其中，D_0 为光学系统接收口径；$\Omega' = \pi D_0^2/(4l^2)$ 为接收光学系统的立体角。如果接收光学系统的透过率为 $\tau_{02}(\lambda)$，则探测器上接收到的总功率为

$$P_d(\lambda) = \tau_{02}(\lambda)P(\lambda) = \frac{P_s(\lambda)k_m S_a D_0^2}{4\Omega l^4} e^{-2k(\lambda)l} \tag{9.64}$$

其中，$k = \tau_{01}(\lambda)\tau_{02}(\lambda)r$。

探测器上的输出电压 U_s 为

$$U_s = P_d(\lambda)R_v(\lambda) = \frac{P_s(\lambda)k_m k S_a D_0^2}{4\Omega l^4} e^{-2k(\lambda)l} R_v(\lambda) \tag{9.65}$$

其中，$R_v(\lambda)$ 为探测器相对光谱响应度。把 $R_v(\lambda) = U_n D_n^* / \sqrt{A_d \Delta f}$ 代入式(9.65)得距离 l 为

$$l=\left[\frac{P_s(\lambda)k_m k S_a D_0^2 D_n^*}{4\Omega(U_s/U_n)\sqrt{A_d\Delta f}}e^{-2k(\lambda)l}\right]^{1/4} \tag{9.66}$$

如果目标反射面积 S_a 等于光斑照射面积 Ωl^2，则式(9.66)变为

$$l=\left[\frac{P_s(\lambda)k_m k D_0^2 D_n^*}{4(U_s/U_n)\sqrt{A_d\Delta f}}e^{-2k(\lambda)l}\right]^{1/2} \tag{9.67}$$

由式(9.67)看出，影响检测距离的因素很多，发射系统、接收系统、大气特性以及目标反射特性都将影响检测距离。

在被动检测系统中计算距离时，由于光谱范围较宽，大气衰减作用以平均透过率 τ_0 表示；而在主动检测系统中计算距离时，绝大多数系统以激光作为光源，激光光谱较窄，衰减系数以 $e^{-k(\lambda)l}$ 表示，这两种表示法的物理意义是等价的。

9.4 常用的直接检测方法

常用的直接检测方法主要有直接作用法、差动作用法、补偿测量法和脉冲测量法。

9.4.1 直接作用法

直接作用法原理如图 9-20 所示，在信息测量中，照射在光电探测器上的辐通量表示被测信号，而光电探测器输出的电信号经放大器放大后由显示器指示出被测光通量的大小。

图 9-20 直接作用法原理

由图 9-20 可以得到被光电探测器检测的辐通量和测量仪表显示值之间的关系为

$$\Phi=\frac{C}{S\cdot K}\alpha \tag{9.68}$$

其中，Φ 是被检测辐通量；S 是光电探测器积分灵敏度；K 是放大器增益；α 是测量系统显示值；C 是仪表定标常数。由此可以得到被测量控制的照在光电探测器上的辐通量的相对误差为

$$\frac{\Delta\Phi}{\Phi}=\left|\frac{\Delta K}{K}\right|+\left|\frac{\Delta S}{S}\right|+\left|\frac{\Delta\alpha}{\alpha}\right| \tag{9.69}$$

运用直接作用法测量的优点是装置简单，价格便宜。缺点是系统性能易受元器件参数变化的影响，受周围环境及电压波动的影响较大，因而精度和稳定性稍差。采用光电直接作用法的系统中应选用质量较高的元器件，防止因为环境温度、压力和电源等的影响，产生测量结果波动。

在一些特殊的场合，要求有更高的测量精度，或要求在较恶劣的环境下工作，则必须在测量过程中克服一些影响测量精度的不稳定因素，这时可以采用差动作用法或补偿测量法。

9.4.2　差动作用法

差动作用法就是把被测量与一个参考量相比较，将它们的差或比值取出来经放大后显示出来，或者用于控制执行机构，达到系统控制的目的。光电差动检测法如图 9-21 所示。

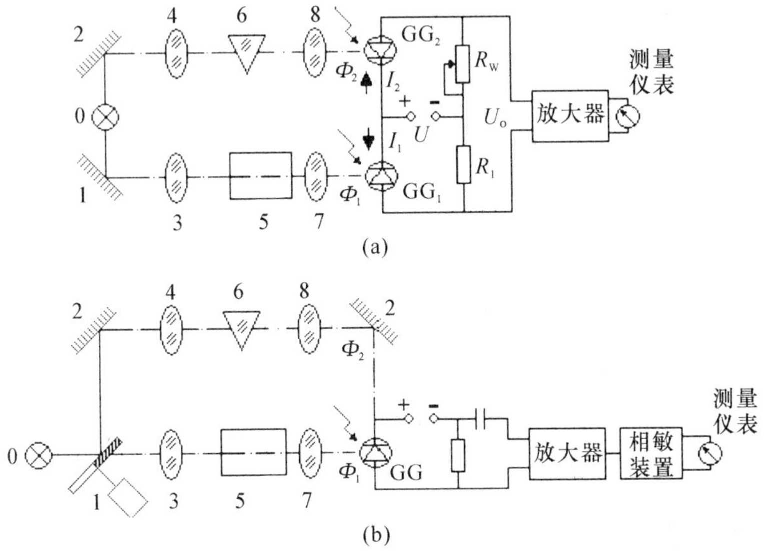

图 9-21　光电差动检测法

在图 9-21(a)中，光源 0 发出的光线分成两束，与被测物理量有关的光通量 Φ_1 经过反射镜 1、透镜 3、被测介质 5、透镜 7 到达光电二极管 GG_1，参考光通量 Φ_2 经过反射镜 2、透镜 4、光楔 6、透镜 8 到达光电二极管 GG_2。光电二极管 GG_1 和光电二极管 GG_2 作为电桥的两臂，电桥的输出信号与光通量 Φ_1、Φ_2 的量值有关，经放大器放大后由测量仪表读出。电位器 R_W 调节检测仪表的零点。这种系统有两个光学通道，得到的电信号与两光通量 Φ_1、Φ_2 之差有关，故称为差动式。

如果光通量变化较小，光电二极管的积分灵敏度为常数，则光敏二极管 GG_1 的光电流 $I_1=S_1\Phi_1$，电阻 R_1 上的压降为 $I_1R_1=S_1\Phi_1R_1$。同理，电位器 R_W 上的压降为 $I_2R_W=S_2\Phi_2R_W$。电桥的输出电压 U_o 为两压降之差，所以有

$$U_o=S_1\Phi_1R_1-S_2\Phi_2R_W \tag{9.70}$$

假定光电二极管的灵敏度相等($S_1=S_2$)，它们的负载电阻也相等($R_1=R_W$)，则式(9.70)变为

$$U_o=S_1R_1(\Phi_1-\Phi_2)=S_1R_1\Delta\Phi \tag{9.71}$$

由式(9.71)可知，由于参考光通量是已知量，仪表测量显示的 $\Delta\Phi$ 中包含被测量 Φ_1，通常 $\Delta\Phi\ll\Phi_2$，因此可把这种方法应用于高灵敏度、小量程的测量仪表，特别适用于测量与标准量或正常值相差较小的被测量，提高测量的精度和灵敏度。

如果两光电二极管的特性相同，又工作在线性范围，差动法可以减小系统中光源电压波动产生的影响。

假定光源光通量在电源变化前有一定的比值 $N=\Phi_2/\Phi_1$，电源变动后两个通道的光通量各为 Φ_1'、Φ_2'，它们的差为

$$\begin{aligned}\Phi_1{}'-\Phi_2{}'&=(\Phi_1+\Delta\Phi_1)-(\Phi_2+\Delta\Phi_2)\\&=(\Phi_1-\Phi_2)+(\Delta\Phi_1-\Delta\Phi_2)=\Delta\Phi+\Delta\Phi_1(1-N)\end{aligned}\tag{9.72}$$

式(9.72)中的第一项为电压波动前的两通道光通量之差，第二项 $\Delta\Phi_1(1-N)$ 是由电压波动引起的误差。如果是单通道的测量系统，则电源波动产生的误差全部加到测量结果上，从第二项可见，N 越接近于 1，产生的误差越小。$N=1$ 时，第二项为零，则光源电压波动不影响测量结果。

为进一步提高测量精度，希望两个光电二极管有完全一致的性能，克服因探测器的响应特性有可能存在的差异而导致响应的测量误差，可采用如图9-21(b)所示的系统，光源光线照在由电动机带动的恒速旋转的盘上，盘的一半是反射镜，可以反射光线，另一半可以透射光线。测量通道和参考通道的光通量交替投射到光电器件上，如果两光通量不等，设 $\Phi_1<\Phi_2$，因而在光电器件的负载上有交变分量的电流和电压(见图 9-22(a))，它们的振幅取决于两光通量值之差，差越大，振幅越大，相位决定于 Φ_1、Φ_2 中大的光通量，频率决定于转镜的旋转速度。因而从交变分量的大小和相位即可决定出与被测物理量有关的光通量 Φ_1，图 9-22(b)中的光通量 Φ 由电容器分离出光电流的交流分量，并经放大器和相敏装置后由测量仪表读出。

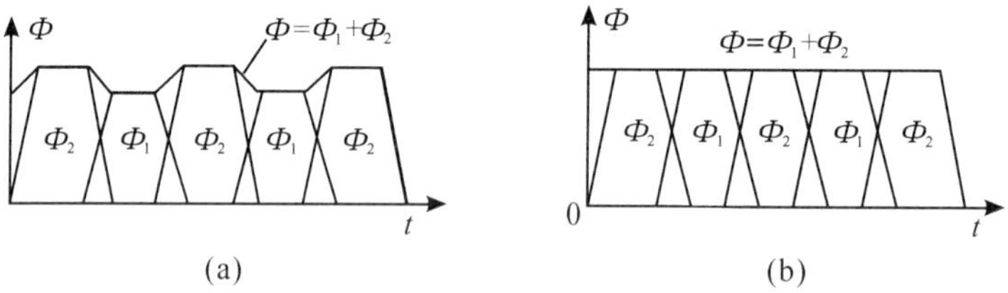

图 9-22 光通量 Φ、Φ_1、Φ_2 的变化情况

周围环境的变化，在光电差动仪表的两个通道中都会引起相应的变化，如果两个通道的特性相近，其引起的误差也可得到一定的补偿。

差动作用法的精确度比直接作用法高，但是双光通道后的环节，如放大器等，仍然受到电源和参数波动的影响，对电源和元件的要求还是比较高的，如果采用补偿测量法，就可进一步改善这些缺点。

9.4.3 补偿测量法

补偿测量法的原理是：由被测物理量控制的光通量变化所引起的信号，可用光学或电学的补偿器补偿，补偿量可由与补偿器连接在一起的读数系统显示出来，补偿器的补偿量值事先可用标准器进行精确标定。

在如图 9-21(a)所示的系统中，当与被测物理量有关的光通量改变时，如果改变电位器(电补偿器)，或光楔 6 的位置(光补偿器)，使测量仪表的指示值为零，补偿量读数从与补偿器相连的读数装置读出(图中未画出)，此系统就成为一个双通道补偿式仪表。

补偿式测量仪表的特点是：被测量读数从与补偿器相连的读数装置读出，系统中的测量指示仪表仅起指示零的作用，要求对零值附近的微小电信号的响应灵敏度要高，零值的稳定性好。同时，对补偿器的制造和校准的要求较严格，但这些比直接作用法和差动作用法中要求增大灵敏度、改善线性及再现性要容易达到。而补偿器又可采用一般的电或光衰减器，例如电位器和孔径可变的光阑等，容易实现。补偿测量法的灵敏度较高，可以测量较小的光通量变化。

双通道差动式和补偿式仪表都是基于比较两束光的光通量进行测量，所以也可把它们称为比较法。差动式仪表的两束光的光通量不相等，由测量仪表指示出读数，称为工作于不平衡状态的比较法；补偿式仪表能自动或手动调节补偿器，使测量仪表指示为零，称为工作于平衡状态或“零”状态的比较法。

双通道补偿式仪表的两个光通道的光通量经过补偿达到完全相等，因而光通量的波动及周围环境的影响可以互相抵消。所以补偿法的精度较高，但是系统中因为补偿而需要有电机、调节器等惯性较大的元件，补偿装置运动需要一定的时间，不适于检测变化较快的物理过程。采用动态补偿法可以显著提高检测的速度。

绝对辐射计就是利用电功率补偿光功率的方法来对光功率测试进行定标，图 9-23 为绝对辐射计的原理。绝对辐射计主要有三部分：一部分是吸收辐射功率而能使温度增加的辐射吸收元件 4 和 7；一部分是可控和可测量电功率的电加热器 5；另一部分是用于测量辐射热和电热使温度变化是否相等的辐射探测器 8。通常吸收元件可以是黑平板、黑锥腔或圆柱腔，加热器可以是电热丝或镀覆的薄膜，探测器为热电堆、热敏电阻测热辐射计或热释电探测器。

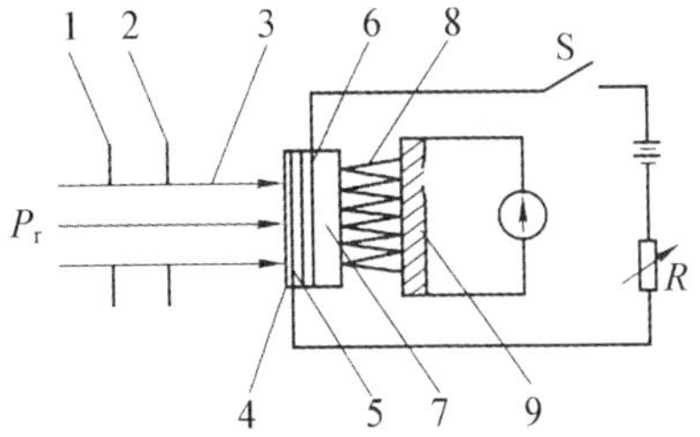

图 9-23　绝对辐射计的原理

如图 9-23 所示，入射辐射 3 由快门 1 和光阑 2 进入，通过斩波器（未画出）照射到作为吸收器和加热器的黑金层 4 上，斩波器把连续辐射变为交变辐射，同时输出斩波周期信号，分别送给可调增益功率放大器和同步解调器，它们输出相位相差 π 的信号。加热器的功率由功率放大器供给，并用标准电阻器和电压表测量。探测器是一个用塑料层和环氧树脂包覆，与吸收-加热器绝缘的热释电探测器，为了测量辐射功率，入射辐射功率和加热功率交替地加到黑金层上，同样产生如图 9-22 所示的波形，调节功率放大器的功率直至交流输出信号为零，这表示电热信号完全补偿了（等于）辐射热信号，即入射的辐射功率等于电热功率。

9.4.4　脉冲测量法

受被测物理量控制的光通量连续作用于光电探测器，通过测量光电探测器输出信号来获得被测量的方法通常称为连续测量法。受被测物理量控制的光通量断续作用于光电探测器，光电探测器输出电脉冲，其脉冲参数（脉冲频率、脉冲持续时间、脉冲的数目等）随被测物理量变化，电脉冲经过放大后由测量仪表或计数器读出，这种方法称为脉冲测量法或断续作用法。本小节介绍的是脉冲测量法。

图 9-24 为放在传送带上的被测物体移动时，利用脉冲持续时间测量被测物体长度的实例，被测物体 3 放在传送带或链轨上，传送轮 4 转动时，物体即移动。假设物体的移动速度 v 与传送带的速度相等，即两者无相对滑动。物体通过光源 1 和光电探测器 2 所需的时间为 t，即照在光电探测器件上的光线被遮断的暗脉冲持续时间为 t，则被测物体长度为 $L=vt$。

这种检测方案实施的前提条件是：被测物体必须匀速运动。但是实际上，驱动电机的电源电压会发生波动，传送带所拖带的负载会发生变化等因素致使物体的运动速度发生变

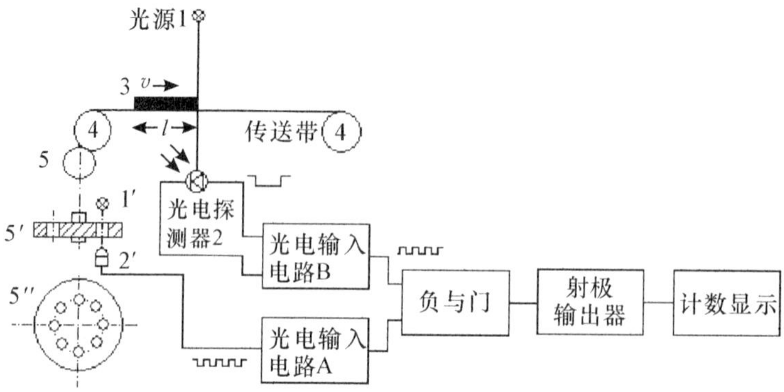

图 9-24 脉冲测量法测量物体长度的原理

化。这种方案只适用于对测量结果要求不高的场合。如果要求测量的精度较高，就必须设法排除速度变化的影响。因此可按如下思想进行设计：不管物体移动速度的大小，只要物体移动一个单位长度，仪器便发出 n 个脉冲，则被测物通过光电装置共发生 m 个脉冲时，被测物的长度 $L=m/n$，与速度无关。

如图 9-24 所示，脉冲测量法测量物体长度的工作原理如下：

(1)图 9-24 中圆盘 5 与传送带轮 4 通过齿轮相啮合，在圆盘 5 的边缘钻有若干个孔，5″是圆盘 5 的放大剖面图，可见孔的分布情况。光源 1′发出的光线穿过小孔为光电探测器 2′所接收。当圆盘 5 随着传送带轮 4 转动时，光电输入电路 A 就输出一系列脉冲。

圆盘 5 上孔的个数由两个条件决定：①测量结果所要求的精度，也就是说，取决于对测量计数显示数字的个位数所对应的单位(例如 mm)；②安装圆盘的轴转动一周时传送带所移动的距离。设计时应该首先确定精度等级。例如某测长仪需要精确到毫米级，那么传送带每移动 1mm，光电输入电路就应发出 1 个脉冲。设圆盘轴转动一周，传送带移动了 12mm，那么圆盘上就应钻 12 个孔。这样仪器发出的脉冲个数就与移动的距离直接对应了。

(2)只要传送带一运行，不管传送带上有无物体，光电输入电路 A 都会不停地发出脉冲，如将这些脉冲进行计数，得到的结果将是传送带移动的累积长度。要检测传送带上物体的长度，必须装一个电子开关，当被测物体通过某一位置时，使开关接通，对光电输入电路 A 输出的脉冲计数。当被测物体完全通过这一位置时，应使开关立即关闭，停止计数，这样计数器上得到的脉冲数就对应于待测物体的长度。这个电子开关就靠光电输入电路 B 完成。当被测物体通过光源 1 和光电探测器 2 之间时，光电探测器被遮光，它的光电流减小，输出一个暗脉冲，用它去控制负与门。

(3)负与门电路的工作条件是：只有两个输入均处于负(低)电位时，门电路才有输出。当无被测物体时，光电探测器 2 一直被光照着，光电输入电路 B 始终输出高电压，负与门就关闭，光电输入电路 A 输出的脉冲无法通过负与门；当被测物体通过测试位置，挡住光源 1 发出的照在光电探测器 2 上的光线时，光电输入电路 B 输出低电压，负与门开启，光电输入电路 A 输出的计数脉冲通过负与门由后续计数电路进行计数。一旦被测物体通过测试点，光电探测器重新受光，光电输入电路 B 输出高电压，关闭负与门，停止脉冲计数，计数器显示出被测物体的长度。测量结束后，手动或自动使计数器的数字复零，以待下次测量。

脉冲测量法的测量精度高、速度快、抗干扰性好，光电器件的灵敏度及放大倍数等变化对它的影响也小，适合于遥测、遥控和高精度的测量。

9.5 典型光电直接检测系统

9.5.1 补偿式轴径检测系统

该系统利用光通量变化对轴径进行补偿式检测，其工作原理如图 9-25 所示。轴遮挡投射到探测器 1 上光通量中的一部分，被遮光通量的大小将决定于待测轴的直径。探测器的光电流 I_1 及相应负载电阻上产生的电压降 U_1 包含了轴径的信息。可动光门遮挡了光通量 Φ_2 的一部分，由探测器 2 产生的光电流为 I_2，在其负载电阻上产生的电压降为 U_2。把两电压 U_1 和 U_2 输入到差动放大器上，放大器的输出电压为

$$U_o = K(U_1 - U_2) \tag{9.73}$$

其中，K 为放大器的放大倍数。

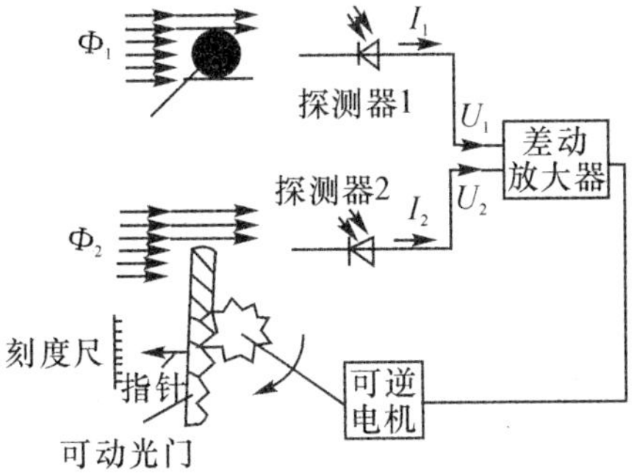

图 9-25　补偿式轴径检测系统的工作原理

把放大器输出端引至可逆电机上，可逆电机依据差动放大器输出电压的大小和符号控制光门的移动，以减小或增大通过光门的光通量来进行补偿。当两探测器所获光通量相等时，放大器输出电压为零，可逆电机停止补偿转动。与光门同步转动的指针和刻度尺上显示轴径。当无待测轴时，光门移动使指针在刻度盘上的指示归零。

该系统不仅可以测定轴径，经改装后也可测定零件的几何尺寸、表面粗糙度及面积等。这类系统中光束截面上光通量分布的均匀性十分重要，必须在光学系统的设置上给予保证。两探测器性能上的一致性在设计时也应给予考虑。

9.5.2 采用比较法检测透明薄膜厚度的装置

采用比较法检测透明薄膜厚度的装置如图9-26所示。光源发出的光束，经透镜组后产生一束平行光，再由分光棱镜分为两束：一束通过参比薄膜和滤光片 1，并由光电管 GD 接收；另一束通过待测薄膜和滤光片 2 由光电管 GD′接收。按照介质对光吸收的指数衰减定律有

$$I_{\lambda}=I_{\lambda0}\,e^{-k_{\lambda}d} \tag{9.74}$$

其中，I_{λ} 为透过物体的单色光强度；$I_{\lambda0}$ 为射入物体的单色光强度；d 为吸收物体的厚度；k_{λ} 为物体对单色光的吸收系数。

在光源稳定和测量同种材料薄膜的条件下，$I_{\lambda0}$、k_{λ} 为常数，I_{λ} 只与厚度 d 有关。一般对可见光透明的物质对紫外光吸收较强，所以在这里常采用紫外光源。设参比薄膜厚度为 d_0，待测薄膜厚度为 d，当 $d_0=d$ 时，由两光电管和电阻 R_1、R_W、R_2 构成的电桥平衡无信号输入放大器 FD。当$d>d_0$时，ab 两端输出正电压；当 $d<d_0$ 时，ab 两端输出负电压。由$|d-d_0|$决定的电压信号经高阻放大器放大后，由测量仪表 CB 显示输出。

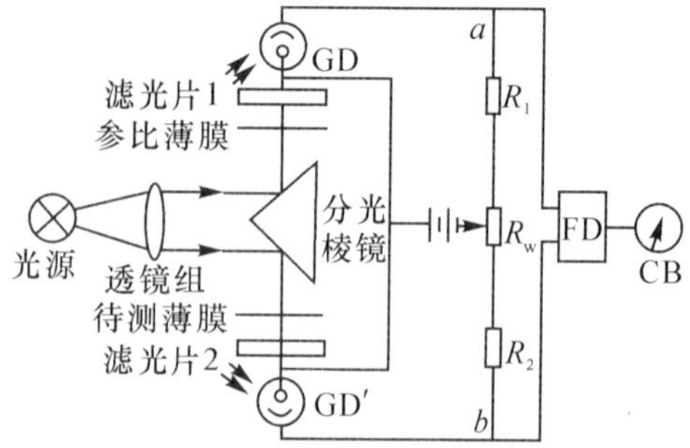

图 9-26 采用比较法检测透明薄膜厚度的装置

紫外光适宜于测量涤纶薄膜、聚氯乙烯薄膜、聚苯乙烯薄膜等，测量范围为 4～1000μm。采用比较法检测透明薄膜厚度的装置经适当改造，可进行连续测试和反馈控制。在测定不同材料时，装置必须进行相应的标定和校正。

9.5.3 照度计

光强度、光通量的测量往往是通过测量照度来实现的，照度测量比其他光度量的测量应用更广泛。光照度的定义为：在某个受光面的小面元 ds 上，接收到入射的光通量为 dΦ，则小面元上的照度 $E=\mathrm{d}\Phi/\mathrm{d}s$。如果整个受光面 s 上照射均匀，总入射通量为 Φ，则面上的照度 $E=\Phi/s$，单位为 $\mathrm{lm/m^2}$ 或 lx。

目前在实际工作中主要采用客观法测量照度，即将照度计的光辐射探测器放在待测平面，光照引起探测器的光电流，放大后通过仪表或数字读出。对于标定过的照度计，读出的数据代表了所测平面的照度值。照度计的基本结构是光电测量头及其示数装置。光电测量头包括光电探测元件、光谱校正滤光片，以及扩大测量量程的减光器（中性滤光片），如图 9-27 所示。

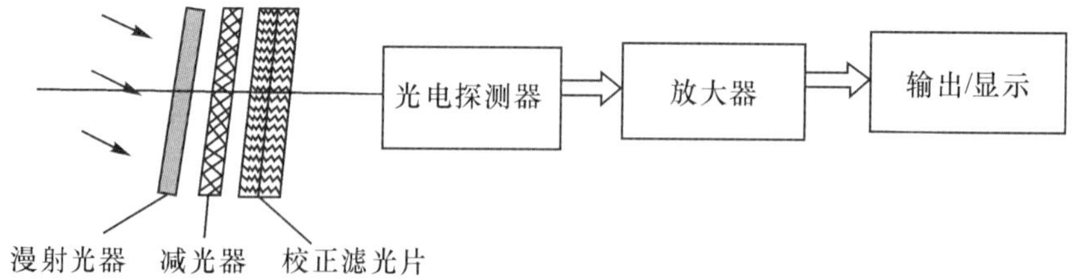

图 9-27 照度计的原理

为了可靠地测量照度，照度计必须满足以下条件：

(1)光电探测器的光谱响应符合照度测量的要求。由于照度计通常用硒光电池或硅光电池、光电倍增管等作为测光部件，其光谱响应和人眼光谱光视效率有较大差别。当进行同色温光源下照度测量时，只要这种光源的色温、种类与照度计标定时所用标准光源的色温、种类一致，就不会产生测量误差。但当待测光源的色温或种类与标定光源的不同时，由于测光部件光谱响应和人眼光谱光视效率之间的差异，其就会成为引入照度测量误差的重要因素。为了使测光部件的光谱响应符合照度测量的精度要求，一般选用合适的滤光片，校正照度计的光谱响应，使两者组合后的光谱响应尽量接近人眼光谱光视效率。对于硒光电池和硅光电池的光辐射探测器，用现有玻璃滤光片进行 $V(\lambda)$ 匹配，其理论计算的误差可在 1% 以内。

(2)探测器的余弦校正。根据余弦定理，使用同一光源照射在某一表面，表面上的照度随光线入射角而改变。当光线垂直入射时，表面照度为 E_{v0}；当光线与表面法线夹角为 α 时，表面的照度为

$$E_{v\alpha}=E_{v0}\cos\alpha \tag{9.75}$$

使用照度计测量某一表面上的照度时，光线以不同的角入射，探测器产生的光电流或者说照度计的读数也应随入射角的不同而呈余弦比例关系。但是由于测量仪器并不能达到各种理想状态，探测器的这种非余弦响应主要是由菲涅耳反射所致。为消除或减小探测器的非余弦响应给照度测量带来的误差，人们设计了多种余弦校正器(见图 9-28)。余弦校正器的基本原理是利用光电探测器的透镜或漫透玻璃，改变光滑平面的菲涅耳反射作用，从而克服探测器的非余弦响应。

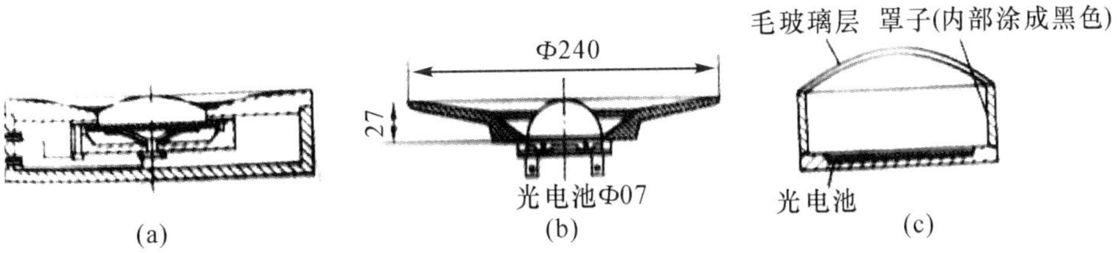

图 9-28　几种余弦校正器

(3)照度示值与所测照度有正确的比例关系。照度计光电探测器的光电流应与所接收的照度呈线性关系。目前，精度较高的照度计在 $0.01\sim2\times10^5$ lx 的线性误差小于0.5%。有些照度计在测光部件上还可加一些光衰减器(如中性密度滤光片等)或在信号输出时采用可选的不同放大倍数，以扩大照度计的照度测量范围。

(4)照度计要定期进行精确标定。使用一段时间后，光电探测器会发生老化，即灵敏度发生永久性改变。故照度计应定期进行标定，确定测光部件表面照度与输出光电流或照度计读数之间的关系。

(5)照度计要有较好的环境适应性。环境温度的变化会影响光电探测器的响应度。为避免照度计受温度变化的影响，在精密测量时，应保持恒温。

9.5.4　亮度计

亮度是经常测量的发光体光度特性之一。发光体表面的亮度与其表面状况、发光特性的均匀性、观察方向等有关，因而亮度的测量颇为复杂，且测量的往往是一个小发光面积内亮度的平均值。

常用的亮度计用一个光学系统把待测光源表面成像在放置光辐射探测器的平面上。亮度计的原理如图 9-29 所示，亮度计的测光系统由物镜 B、光阑 P、视场光阑 C、漫射器和探测器等组成；光阑 P 与探测器的距离固定，紧靠物镜安置；视场光阑 C 和漫射器位于探测器平面上；C 限制待测发光面的面积。对于不同物距的待测表面，通过物镜的调焦，待测发光

面成像在探测器受光面上。

设待测发光面的长度为 l，物镜的投射比为 τ，若不考虑亮度在待测表面和物镜之间介质中的损失（物距太长时应考虑），则像平面上的照度为

$$E=\tau l \frac{S}{r^2} \tag{9.76}$$

其中，S 是光阑 P 的透光面积；r 是光阑 P 到像平面的距离（不随测量距离不同而改变）。

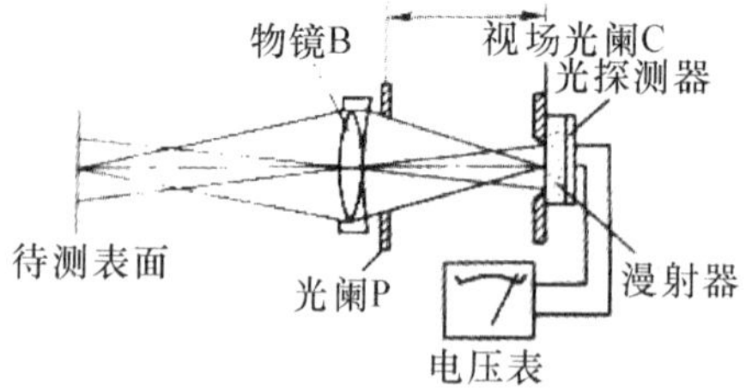

图 9-29 亮度计的原理

设探测器的照度响应度为 R_E，则亮度计的亮度响应度为

$$R_L=\tau \frac{S}{r^2} R_E \tag{9.77}$$

光阑 P 的设置非常重要，因为如果只用物镜框来限制通光面积，那么在测量物距不同的发光表面时，物镜框到像平面的位置将随着物镜的调焦而改变，结果对应不同的物距就有不同的亮度响应度，若对物距的变化不加修正，就会引起亮度测量误差。例如，一种物镜焦距为 180mm 的亮度计，仪器对 2m 物距进行标定，当用它测量 10m 物距的发光面时，会产生约 17%的误差。

图 9-30 是一种用途广泛的亮度计的结构。物镜将待测表面成像在倾斜 45°安装的反射镜上；反射镜上有一系列尺寸不等的圆孔，转动反射镜，将反射镜上直径不同的圆孔导入测量光路，从而改变亮度计测量视场角的大小。目标上待测部分的面积也就由小孔的直径决定。来自目标的光线经物镜成像，穿过小孔和滤光片转轮上的滤光片，照到光电探测器上。光电探测器的光谱响应根据需要进行修正，经标定产生的信号代表待测亮度值。

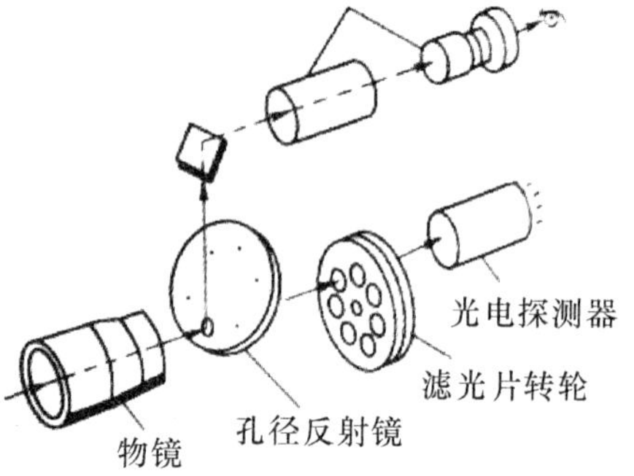

图 9-30 亮度计的结构

待测表面在反射镜上的像向上进入上部取景器，取景器具有取景与调焦功能。取景器的视场比光电探测器的测量视场大，人眼通过取景器，可看到中央一黑斑，黑斑的大小即亮度计的测量视场。当测量不同距离的目标时，调节物镜前后移动，可使取景器视场内待测表面清晰可见，这时待测表面经物镜成的像正好落在反射镜位于光轴上的孔径中心所在的垂直平面上。

为了满足测量要求，亮度计允许更换物镜。以焦距 17.78cm 的标准物镜、视场角约为 6′为例，在 1.5m 处可测量 0.25cm 直径面积内的平均亮度。通常亮度计的测量范围为 $3.426\times10^{-4}\sim3.426\times10^{8}\ \mathrm{cd/m^2}$。

为了测量更远的目标，可换长焦距物镜。如果物镜的焦距为 200cm，视场角为 0.17′，在距离为 1.6km 时，测量面积为直径约 7.6cm 的圆。用这种物镜测量亮度，可测目标的最小距离约为 10m，同时，物镜焦距长、视场角度小，亮度计的测量灵敏度降低。

亮度计的最大误差来源是其光学系统各表面产生的反射、漫射和杂散光，它们使探测器对仪器视场外的光源产生响应。在被测目标的背景较亮时，亮度计必须加上挡光环或使用遮光性能良好的伸缩套。

亮度是人眼对光亮感觉产生刺激大小的度量。人眼的视觉视场为 2°，为与人眼明视觉的观察一致，通常亮度计的视场角不超过 2°。亮度计视场的减小受到探测器灵敏度的限制。

因为亮度计得到的是平均亮度，故测量时待测部分的亮度应均匀。如果在测量方向上有明显的镜面反射成分，即待测表面的反射和透射特性不均匀，则不同视场角测得的平均亮度会有明显的差异。若待测亮度表面不能充满亮度计视场，如测量小尺寸点光源或线光源时，应当把光源投影到一块屏上，光源像应当有足够大的尺寸。先测得光源像的亮度，再计算出光源的实际亮度。

9.5.5 莫尔条纹测长系统

1. 测长原理

若两块光栅（其中一块称为主光栅，另一块叫指示光栅）互相重叠，并使它们的栅线之间形成一个较小的夹角，当光栅对之间有相对运动时，透过光栅对看另一边的光源，就会发现有一组垂直于光栅运动方向的明暗相间的条纹移动，这就形成了莫尔条纹。

组成莫尔条纹的两块计量光栅的相邻刻线之间的宽度叫光栅的节距，常用光栅的节距大于 0.01mm，称为黑白光栅。这时光栅节距与波长相比是极大的，当使用更小节距的相位光栅时，莫尔条纹就由衍射和干涉形成。组成莫尔条纹的两块计量光栅的节距一般为 0.04～0.05mm，即每毫米有 20～25 对线。黑白光栅常用刻画法或照相复制法得到，可以在玻璃材料上做成透射式光栅，也可以在金属材料（如钢带）上做成反射式光栅。

图 9-31 是光栅莫尔条纹。在如图 9-32 所示的长光栅莫尔条纹中，取主光栅 A 的零号栅线为 y 轴，垂直于主光栅 A 的栅线的方向为 x 轴，x 轴和 y 轴在零号线的交点为原点。主光栅和指示光栅的刻线交点的连线为莫尔条纹的中线，两者的夹角为 θ。主光栅刻线序列用$i=1,2,3,\cdots$表示，指示光栅刻线用 $j=1,2,3,\cdots$表示，则两光栅的交点为$[i,j]$。如莫尔条纹中线 1 由两光栅同各刻线交点$[0,0]$，$[1,1]$，…连线构成。设主光栅的节距为 P_1，指示光栅的节距为 P_2，光栅 A 的刻线方程为

$$x_i = iP_1 \tag{9.78}$$

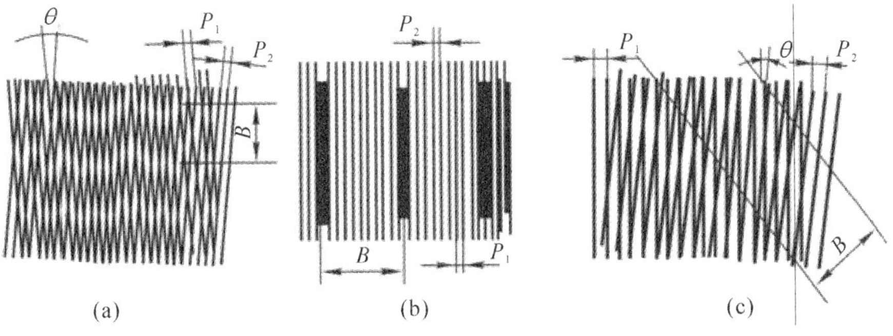

图 9-31　光栅莫尔条纹

指示光栅 B 的刻线 j 与 x 轴交点的坐标为

$$x_j = \frac{jP_2}{\cos\theta} \tag{9.79}$$

莫尔条纹 1 是由光栅 A，B 同各 $i=j$ 刻线的交点连接而成，所以莫尔条纹的方程是

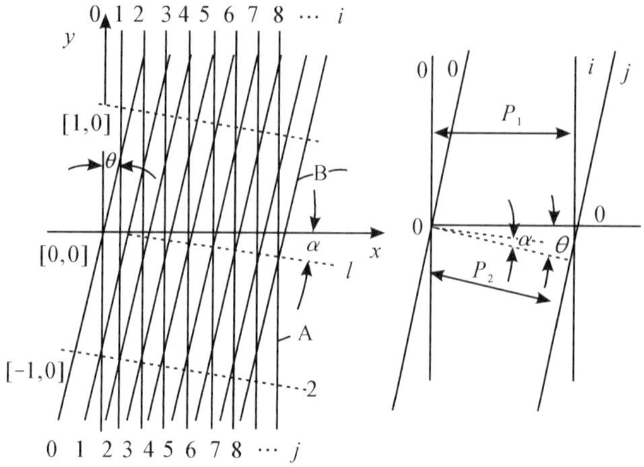

图 9-32 长光栅莫尔条纹

$$\begin{cases} x_{i,j}=iP_1 \\ y_{i,j}=(x_{i,j}-x_j)\cot\theta=\left(iP_1-\dfrac{jP_2}{\cos\theta}\right)\cot\theta=iP_1\cot\theta-\dfrac{jP_2}{\sin\theta} \end{cases} \tag{9.80}$$

莫尔条纹 1 的斜率为

$$\tan\alpha=\frac{y_{i,j}-y_{0,0}}{x_{i,j}-x_{0,0}}=\frac{P_1\cos\theta-P_2}{P_1\sin\theta}x \tag{9.81}$$

莫尔条纹 1 的方程可表示为

$$y_1=x\tan\alpha=\frac{P_1\cos\theta-P_2}{P_1\sin\theta}x \tag{9.82}$$

同样可求得莫尔条纹 2 和 3 的方程为

$$y_2=\frac{P_1\cos\theta-P_2}{P_1\sin\theta}x-\frac{P_2}{\sin\theta} \tag{9.83}$$

$$y_3=\frac{P_1\cos\theta-P_2}{P_1\sin\theta}x+\frac{P_2}{\sin\theta} \tag{9.84}$$

由方程(9.82)～(9.84)可以得出结论：莫尔条纹是周期函数，其周期 $T=P_2/\sin\theta$，也叫莫尔条纹的宽度 B。当 $P_1=P_2$ 时，莫尔条纹中线斜率为

$$\tan\alpha=\frac{\cos\theta-1}{\sin\theta}=-\tan\frac{\theta}{2} \tag{9.85}$$

当 $P_1=P_2$ 时，所得到的条纹称横向莫尔条纹，横向莫尔条纹与 x 轴的夹角为$\theta/2$，实用中 θ 很小，因此可以认为横向莫尔条纹几乎与 y 轴垂直，如图 9-31(a)所示。当 $P_2=P_1\cos\theta$ $(\theta\neq 0)$时，就得到严格的横向莫尔条纹。当 $\theta=0$，$P_1\neq P_2$ 时，就得到如图 9-31(b)所示的纵向莫尔条纹。其他情况都是斜向莫尔条纹，如图 9-31(c)所示。

当一束恒定不变的光照射到运动的光栅对上时，通过光栅对的光就变成固定周期的交变光，光栅对起到了调制光的作用。假如两个计量光栅的节距相等，且两光栅栅线的夹角很小，当主光栅相对于指示光栅移动一个节距时，莫尔条纹就移动了一个条纹间隔，即移动了一个莫尔条纹的宽度 B，$B=P/\sin\theta$。由此可见，莫尔条纹有放大作用，放大倍数 $K=B/P=1/\sin\theta$。例如，若 $\theta=20'$，则 $K=172$。

一维长光栅莫尔条纹与电子电路配合形成光学自动测长系统，已广泛应用于机械测长和数控机床中。在一般情况下，指示光栅与工作台固定在一起。工作台前后移动的距离由指示光栅和长光栅形成的莫尔条纹测长系统进行计数来得到。指示光栅相对于长光栅移过一个节距，莫尔条纹变化一周。工作台移动进行长度测量时，指示光栅移动的距离为 x，则有

$$x = NP + \delta \tag{9.86}$$

其中，P 是光栅节距；N 是指示光栅移动距离中包含的光栅线对数；δ 是小于 1 个光栅节距的小数。

最简单的形式是以指示光栅移过的光栅线对数 N 进行直接计数。但实际系统并不单纯计数，而是利用电子学的方法，把莫尔条纹的一个周期再进行细分，于是可以读出小数部分 δ，使系统的分辨能力提高。目前电子细分可分到几十分之一到百分之一。如果单纯从光栅方面去提高分辨率，光栅节距再做小至几十分之一，工艺上是难以达到的。

2. 四倍频细分判向原理

电子细分方式用于莫尔条纹测长中有好几种，四倍频细分是普遍应用的一种。

在光栅一侧用光源照明两光栅，在光栅的另一侧用四个聚光镜接收光栅透过的光能量，这四个聚光镜布置在莫尔条纹一个周期 B 的宽度内，它们的位置相互相差 1/4 个莫尔条纹周期。在聚光镜的焦点上各放一个光电二极管，进行光电转换用，结构如图 9-33 所示。

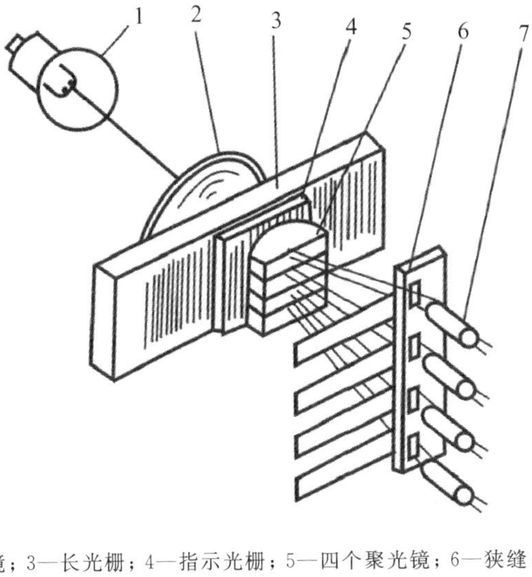

1—灯泡；2—聚光镜；3—长光栅；4—指示光栅；5—四个聚光镜；6—狭缝；7—四个光电二极管。

图 9-33　四倍频细分透镜读数头

当指示光栅移动一个节距时，莫尔条纹变化一个周期，四个光电二极管输出四个相位相差 $\pi/2$ 的近似于正弦的信号：$A\sin t$、$A\cos t$、$-A\sin t$ 和 $-A\cos t$。这四个信号称为取样信号，被送到如图9-34所示的处理流程中去。四个正弦信号经过整形电路以后输出相位互差 $\pi/2$ 的方波脉冲信号，便于后面计数器对信号脉冲进行计算。于是莫尔条纹变化一个周期，在计数器中就得到四个脉冲，每一个脉冲就反映 1/4 莫尔条纹周期的长度，使系统的分辨能力提高了 4 倍。

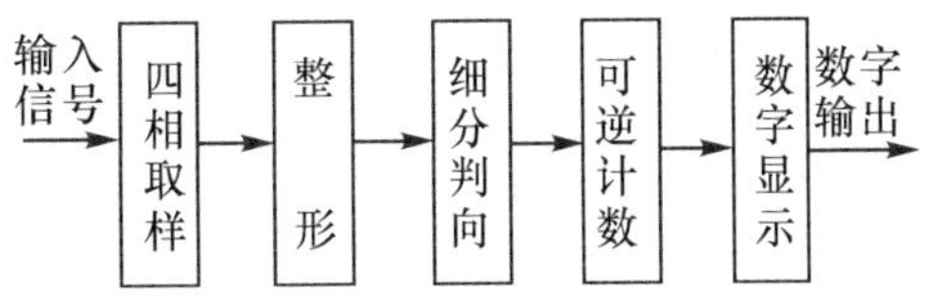

图 9-34　信号处理流程

采用可逆计数器是为了判断指示光栅运动的方向。当工作台前进时，可逆计数器进行加法运

算，当工作台后退时，可逆计数器进行减法计算。四倍频整形、细分、判向电路如图9-35所示。四个取样信号是包含直流分量的电信号，可表达为

$$\begin{cases}U_1=U_0+U_A\sin(\omega t+0)=U_0+U_A\sin\omega t\\U_2=U_0+U_A\sin\left(\omega t+\dfrac{\pi}{2}\right)=U_0+U_A\cos\omega t\\U_3=U_0+U_A\sin(\omega t+\pi)=U_0-U_A\sin\omega t\\U_4=U_0+U_A\sin\left(\omega t+\dfrac{3\pi}{2}\right)=U_0-U_A\cos\omega t\end{cases}\tag{9.87}$$

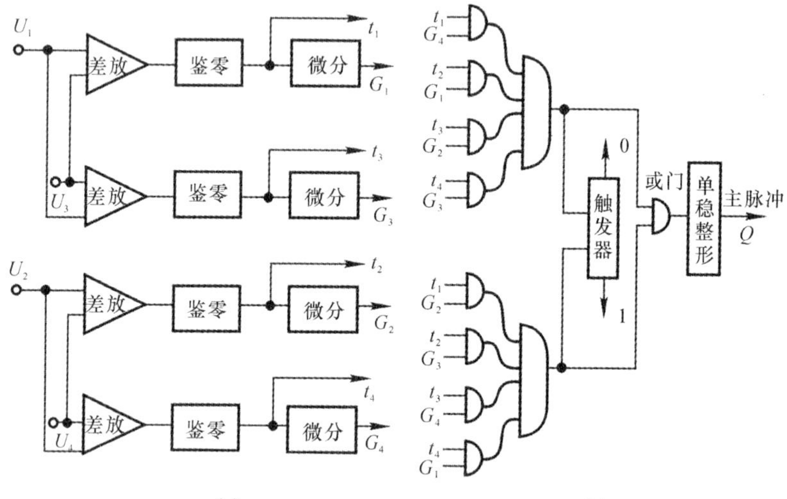

图 9-35 四倍频整形、细分、判向电路

经差分放大后滤去直流分量得到

$$\begin{cases}U_{1,3}=U_1-U_3=2U_A\sin\omega t\rightarrow\sin\omega t\\U_{2,4}=U_2-U_4=2U_A\cos\omega t\rightarrow\cos\omega t\\U_{3,1}=U_3-U_1=-2U_A\sin\omega t\rightarrow-\sin\omega t\\U_{4,2}=U_4-U_2=-2U_A\cos\omega t\rightarrow-\cos\omega t\end{cases}\tag{9.88}$$

鉴零器的作用是把正弦波变成方波，它工作于开关状态，输入的正弦波每过零一次，鉴零器就翻转一次。它为后面的数字电路提供判向信号(t_i)，同时经过微分电路微分后输出尖脉冲提供计数的信号(G_i)。波形如图 9-36 所示。

八个与门和两个或门加触发器构成判向电路，由触发器输出 0 或 1，加到可逆计数器的“加”或“减”控制线上。若令与门输出信号为 q，则逻辑表达式为 $q=tG$，即逻辑乘。

当输入都是高电压“1”时，与门输出为高电压“1”，否则输出为低电压“0”，即

$$\begin{cases}q=tG=1\\q=t\bar{G}=0\end{cases}\tag{9.89}$$

或门的逻辑是加法运算，即 $Q=q_1+q_2+q_3+q_4$。于是或门输出为

$$\begin{cases}Q_+=t_1G_4+t_2G_1+t_3G_2+t_4G_3\\Q_-=t_1G_2+t_2G_3+t_3G_4+t_4G_1\end{cases}\tag{9.90}$$

从如图 9-37 所示的细分判向电路波形可看出 Q_+ 和 Q_- 输出波形，Q_+、Q_- 控制触发器

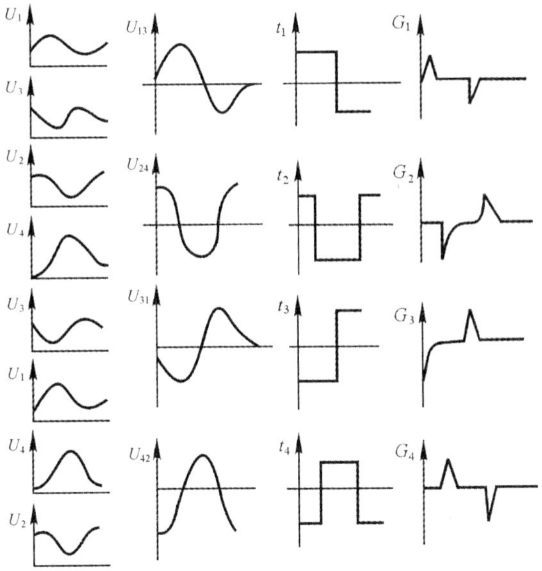

图 9-36　波形

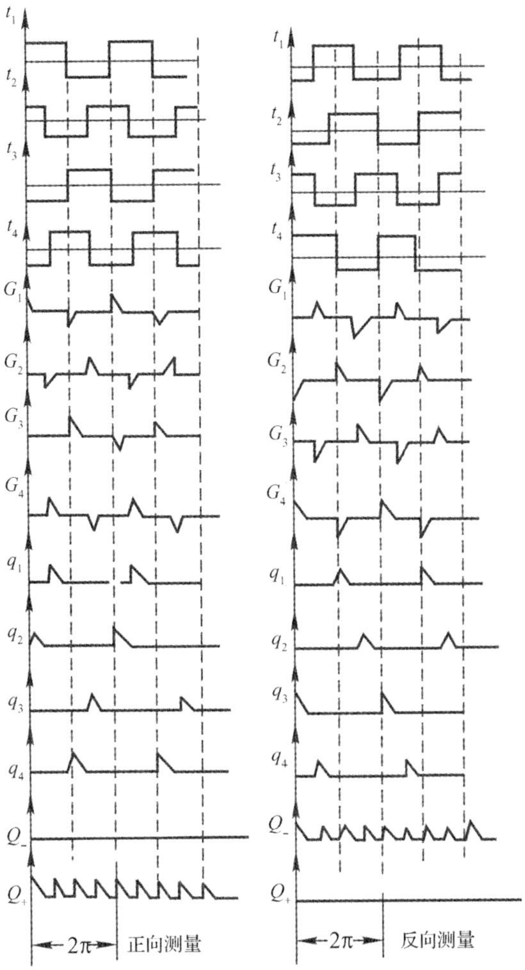

图 9-37　细分判向电路波形

的输出电压加到可逆计数器的加减控制线上。Q_+ 和 Q_- 经或门再经单稳整形后输出到可逆计数器的计数时钟线上进行计数器计数，最后由数字显示器显示。莫尔条纹信号的细分电路还可由其他形式的电路去实现，也可由单片机去实现。细分程度与波形的规则程度有关。要求信号最好是严格的正弦波，谐波成分少，否则细分的精度也不可能提高。目前，一般测长精度是 1μm。

3. 零位信号

要知道测长的绝对数值，必须在测长的起始点给计数器零位信号，这样计数器最后的指针值就反映了绝对测量值。这个起始信号一般是在指示光栅和长光栅上面另加一组零位光栅，单独加光电转换系统和电子线路来给出计数器的零位信号。考虑到光电二极管能得到足够的能量，一般零位光栅不采用单缝而采用一组非等宽的黑白条纹，如图 9-38 所示。当另一对零位光栅重叠时，就能给出单个尖三角脉冲，如图 9-39 所示。此尖脉冲作为测长计数器的零位信号。

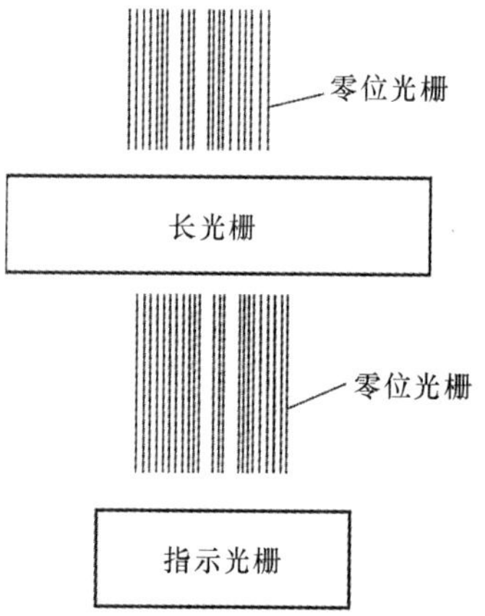

图 9-38 零位光栅

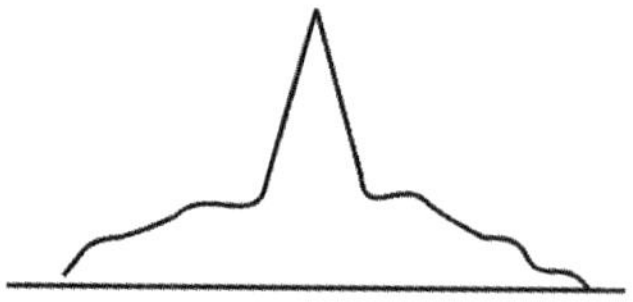
图 9-39 零位光栅透过光通量

如果工作台可沿 x 轴、y 轴、z 轴三个坐标方向运动，在 x 轴、y 轴、z 轴三个坐标方向安置三对莫尔光栅尺，配合电子线路后就形成了三坐标测量仪。可以自动精读工作台三维运动的长度，或者自动测出工作台上工件的三维尺寸。

9.5.6 相位法和时间法测距

1. 相位测量法

如果光载波的辐射通量被调制成随时间呈周期性变化，而被测信息加载于辐射通量的相位之中，检测到这个相位值即能确定被测值，这种方法称为辐射通量的相位测量法。

典型的辐射通量相位测量实例是光波测距，其原理如图 9-40 所示。该系统采用半导体激光器作为光源，在光源的供电电路中施加正弦电压，则半导体激光器发射出以正弦规律变化的辐射通量 Φ，有

$$\Phi=\Phi_0+\Phi_m\sin(\omega_0 t+\varphi_0) \tag{9.91}$$

其中，Φ_0 为直流分量；Φ_m 为交流分量的振幅；ω_0 为辐射通量变化的角频率；φ_0 为初相位。

光辐射经光学系统 3 发射到放在被测物体上的靶镜 4 上，光在靶镜中全发射后被光电

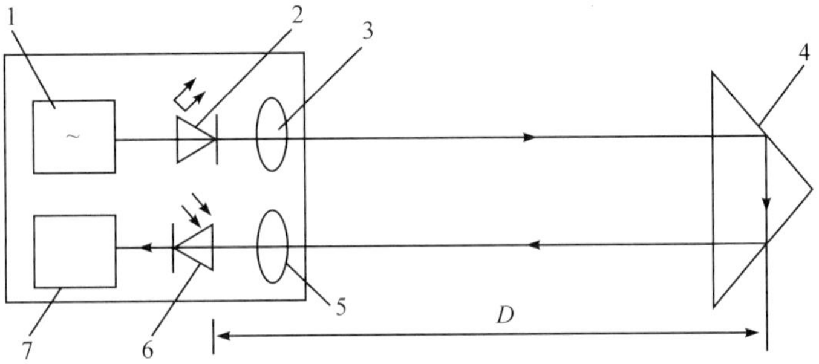

1—半导体激光器激励源；2—半导体激光器；3,5—光学系统；4—靶镜；
6—光电器件；7—放大电路。

图 9-40　相位法光波测距原理

器件 6 接收，经放大、鉴相处理后给出测量值。

若被测距离为 D，从发射光至接收到返回光的时间为 t，光的传播速度为 c，则

$$t=2D/c \tag{9.92}$$

在这段时间里光载波的相位改变了 φ，即

$$\varphi=\omega_0 t=\omega_0 2D/c \tag{9.93}$$

从而可以计算出待测距离

$$D=\frac{c\varphi}{2\omega_0}=\frac{c\varphi}{4\pi n f_0} \tag{9.94}$$

其中，$\omega_0=2\pi f_0$；n 为空气折射率。

对式(9.94)微分，可得到最小可测距离为

$$\Delta D_{\min}=c\Delta\varphi_{\min}/(4\pi n f_0) \tag{9.95}$$

表明测距仪可测量最小距离与相位测量分辨力成正比，与光源激励频率 f_0 成反比。

2. 时间测量法

若光源发出的辐射通量是脉冲式辐射，这时可通过测量单个脉冲的时间延迟来测距离，称为时间测量法。脉冲式激光测距仪和激光雷达都是时间法测距的典型应用，如图 9-41所示。

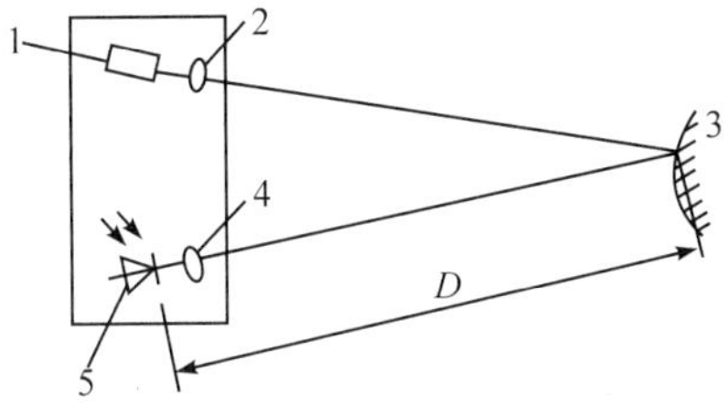

1—强脉冲激光器；2,4—光学系统；3—目标；5—光电器件。

图 9-41　时间法测距原理

强脉冲激光器 1 发出的能量为几兆瓦，作用时间为几纳秒，发散角为几毫弧度的激光脉冲，经光学系统 2 射向被测距离的目标 3，光被目标反射后被测距仪上的光电器件 5 接收。若该脉冲从发射到接收的时间延迟为 t，则被测距离为

$$D=\frac{1}{2}ct \tag{9.96}$$

光速 c 是恒定的，故测得时间 t，便可测出距离 D。时间 t 可用如图 9-42 所示的脉冲填充法求出。主波和回波脉冲均被接收器接收，获得的信号脉冲经整形后获得时间宽度为 t 的方波，时间间隔为 ΔT 的时钟脉冲在门控电路作用下向脉宽为 t 的信号方波内填充脉冲，并用计数器计数，若计数值为 N，则

$$t=N\Delta T=N/f$$

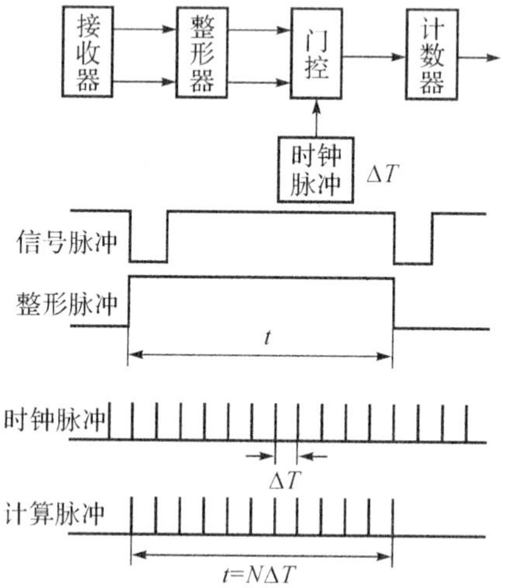

图 9-42 时间 t 的测量原理

从而可得

$$D=\frac{1}{2}ct=\frac{1}{2f}cN=KN \tag{9.97}$$

其中，$K=\frac{c}{2f}$ 是测距脉冲当量，即单位脉冲对应的被测距离。若时钟脉冲频率为 149.9MHz，光速 c 为 2.999×10^8 m/s，则 $K=1$m/脉冲，即分辨力达到 1m。由式(9.97)可以看出，时钟脉冲频率 f 越高，则系统测距的分辨力越高。

9.5.7 光学目标定位

光学目标定位用于光强随空间分布的光信号位置检测，又称几何中心检测法。

光学目标是指不考虑对象的物理性质，只把它看成与背景有一定光强反差的几何形体或者景物。当几何形体由简单的点、线、面等规则形体构成时称为简单光学目标，如刻线、狭线、十字线、光斑、方框窗口等。如果几何形体复杂，如景物、字符、图表、照片等称为复杂光学目标。

几何中心检测法一般用于简单光学目标的空间定位。光学目标和其衬底间的反差形成物体表面轮廓。轮廓中心位置称为几何中心。如图 9-43 所示，在 x 方向上的几何中心 $x_{G0}=\frac{1}{2}(x_1+x_2)$。

几何中心检测法通过检测与目标轮廓分布相应的像空间分布来确定物体的中心位置。

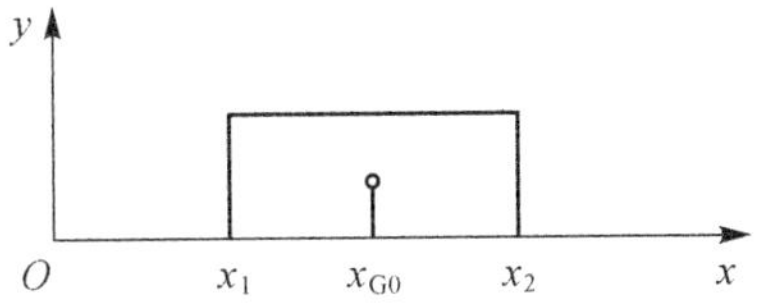

图 9-43　几何中心

1. 单通道像空间分析器

确定精密线纹尺刻线定位位置的静态光电显微镜工作原理如图 9-44 所示。光源 1 发出的光经聚光镜 2、分光镜 3、物镜 4 照亮被测线纹尺上的刻线。刻线尺 5 上的刻线被物镜 4 成像到狭缝 6 所在的平面上，由光电检测器件 7 检测光能量的变化。

仪器设计时取狭缝的缝宽 l 与刻线尺 5 的像宽 b 相等，狭缝高 h 与像高 d 相等，如图 9-45(a)所示。当刻线中心位于光轴上时，刻线像刚好与狭缝对齐，透过狭缝的光通量为零，即透过率 $\tau=0$。而在刻线未对准光轴时，其刻线像中心也偏离狭缝中心，因而有光通量从狭缝透过，即 $\tau\neq 0$。当刻线偏离光轴较大时，其像完全偏离狭缝，此时透过率最大，光敏面照度达到 E_0。由此可以确定当刻线对准光轴时，即光通量输出为零时的状态即为刻线的正确定位位置。可以看出，由刻线像与狭缝及光电器件构成的装置可以分析物(刻线)的几何位置，称之为像分析器。

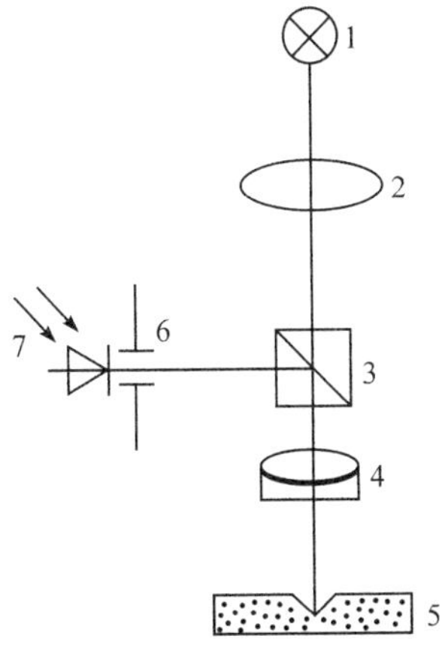

1—光源；2—聚光镜；3—分光镜；4—物镜；5—刻线尺；6—狭缝；7—光电检测器件。

图 9-44　静态光电显微镜工作原理

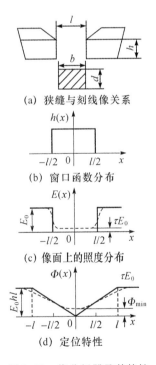

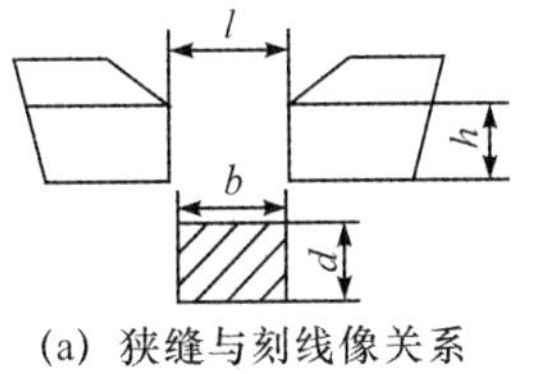

图 9-45　像分析器及其特性

若光电器件接收光通量为 $\Phi(x)$，狭缝窗口照度分布为 $E(x)$，取样窗口函数为 $h(x)$，则定位特性可用 $h(x)$与 $E(x)$的卷积积分求得，即 $\Phi(x)=h(x)^{*}E(x)$。在理想情况下定位特性 $\Phi(x)$为

$$\Phi(x)=\begin{cases}E_0h|x|, & |x|<l\\ 0, & x=0\\ E_0hl, & |x|\geq l\end{cases} \tag{9.98}$$

但是由于背景光、像差、狭缝边缘厚度的存在,实际的照度分布与定位特性如图 9-45 中虚线所示,即当 $x=0$ 时仍有一小部分光通量输出,有

$$\Phi_{min}=\tau E_0hl \tag{9.99}$$

其中,Φ_{min}是背景光通量,它对系统的对比度有一定影响;τ 为背景光等引起的透过率。$|x|<l$,$\Phi(x)=(1-\tau)E_0h|x|+\Phi_{min}$。

从以上分析可以得到对光亮法,像分析器的要求:

(1)像面上设置的取样窗口(狭缝、刀口、劈尖等)是定位基准,应与光路的光轴保持正确的位置,窗口的形状和尺寸与目标像的尺寸应保持严格的关系,窗口的边缘应陡直。

(2)目标像应失真小,即像差要小,并有一定的照度分布。

(3)像分析器应有线性的定位特性。

从以上分析可以看出,像分析器将目标位置调制到光通量幅值变化之中,因此它是幅度调制器,同时它又实现了刻线位置向光通量的转化,故又称位移-光通量变换器。从式(9.99)可以看出,照度的变化对定位精度影响很大,因此该系统对光源的稳定性有较高的要求。

2. 扫描调制式像分析器与静态光电显微镜

为了减小光源光强波动对定位精度的影响,采用扫描调制的方法将直流信号变为交流信号是一个好办法。

图 9-46 是扫描调制式静态光电显微镜的工作原理,它与图 9-44 相比增加了用于调制的振动反射镜 6,从而实现像在缝上做周期性扫描运动,使透过狭缝的光通量变成连续时间调制信号,再被狭缝实现幅度调制,最后由光电器件得到连续的辐度调制输出,这种调制又叫扫描调制。

扫描调制的静态光电显微镜要求狭缝宽 l 与被定位的刻线像宽 b 相等,而在狭缝处像的振幅 A 也与它们相等。判断刻线中心是否对准光轴的依据是光通量的变化频率。图 9-47给出了刻线图像对准狭缝中心和偏离狭缝中心的几种情况。在对准状态光通量变化频率是振子振动频率 f 的两倍。当刻线像的中心偏在狭缝一边(如偏右),则信号频率中含有 f 和 $2f$ 两种成分,且 $T_1\neq T_2$,$T_1>T_2$。若刻线像的中心偏到狭缝的另一边,波形发生变化不仅 $T_1\neq T_2$,且 $T_1<T_2$,利用这一特点可以判别物的移动方向,这时信号频率有 f 和 $2f$ 两种成分。因此,只要使要定位的刻线在工作台上移动,一直到信号频率全部为 $2f$ 时,则刻线定位到光轴上。

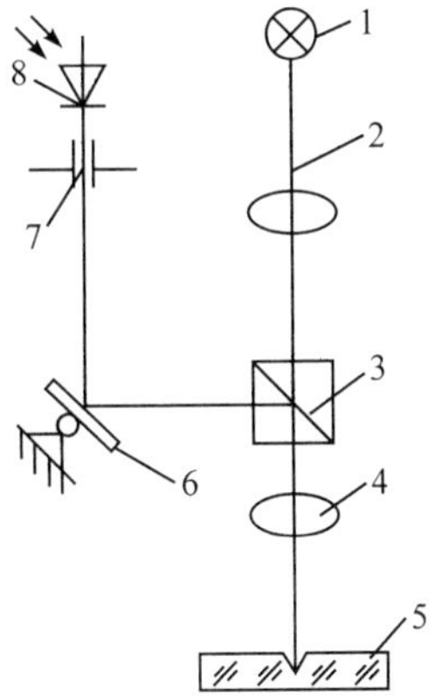

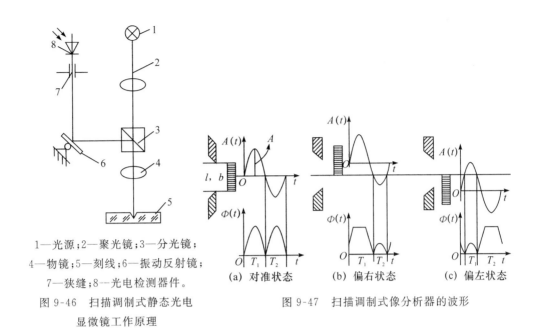

1—光源；2—聚光镜；3—分光镜；
4—物镜；5—刻线；6—振动反射镜；
7—狭缝；8—光电检测器件。

图 9-46　扫描调制式静态光电显微镜工作原理

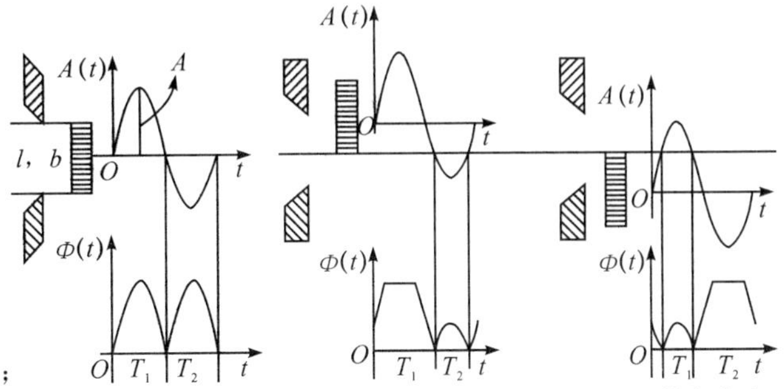

(a) 对准状态　(b) 偏右状态　(c) 偏左状态

图 9-47　扫描调制式像分析器的波形

由此可设计成如图 9-48 所示的电路来实现定位指示。对于扫描调制式静态光电显微镜的设计要求是：

(1)视场照度足够强，且照度均匀。

(2)物镜像差小。

(3)振子的振幅均匀对称、稳定可靠、可调。

(4)狭缝边缘平直，狭缝位置正确。

这种扫描调制式静态光电显微镜的瞄准精度为 0.01～0.02μm。

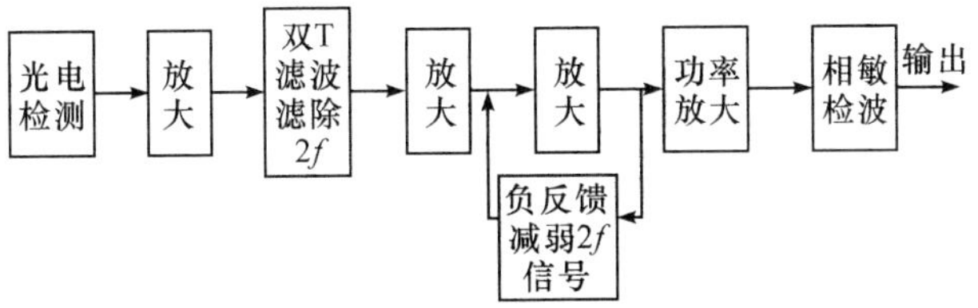

图 9-48　静态光电显微镜电路

3. 差动式像分析器与动态光电显微镜

为了减小光源波动对定位精度的影响，可以将像分析器设计成差动形式。差动式光电显微镜的原理如图 9-49 所示。当被定位的刻线在运动状态定位时，这种显微镜称为动态光电显微镜。

光源 1 发出的光经聚光镜 2 投射到刻线 4。物体经物镜分别成像在像分析器 7 和 8 的狭缝处。狭缝 A 和 B 在空间位置上是错开放置，像先进入 A，经过$\frac{l}{3}$后进入狭缝 B。像宽 b 与狭缝 A 及 B 的宽度 l 相等。刻线像与狭缝 A、B 的光照特性和输出特性如图 9-50 所示。从图 9-50中可

以看出，当$|x|\leqslant\frac{l}{3}$时，特性近似处于线性区，这时两路光电检测器件输出的电压差为

$$\Delta U=U_A-U_B=[E_0hx-(-E_0hx)]S=2E_0hxS \tag{9.100}$$

其中，h 为狭缝高；S 为光电灵敏度。

从式(9.100)可以看出，由于采用差动法，光源波动($\Delta\Phi$)的影响大为减小，并且线性区扩大一倍，曲线斜率也增加一倍。为了进一步改善系统的稳定性，减小直流漂移，系统可以变为交流差动系统。

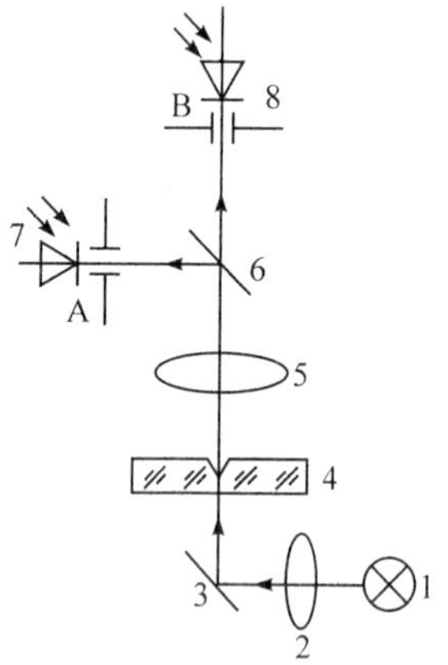

1—光源；2—聚光镜；3—反射镜；4—被瞄准的刻线；5—物镜；6—分光镜；7—像分析器 A；8—像分析器 B。

图 9-49 差动式光电显微镜的原理

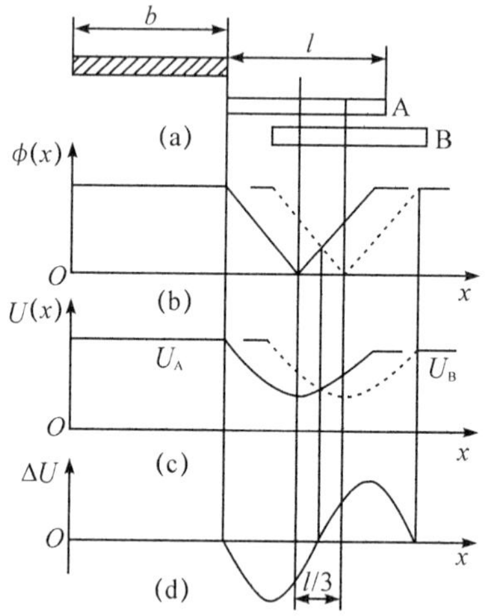

(a)刻线像及狭缝 A、B 相对位置；(b)光照特性；(c)光电器件的输出特性；(d)差分输出特性。

图 9-50 刻线像与狭缝 A、B 的光照特性和输出特性

习 题

9.1 直接检测系统的基本原理是什么？为什么说直接检测又称为包络检测？

9.2 对直接检测系统来说，如何提高输入信噪比？

9.3 什么是直接检测系统的量子极限？请说明其物理意义。

9.4 直接检测系统所能达到的最大信噪比极限是多少？为什么？以光子发射探测器为例，导出它在直接检测系统中只受到信号光的散粒噪声限制(量子噪声限)下的信噪比表达式。

9.5 试根据信噪比分析具有内增益光电探测器的直接测量系统为什么存在一个最佳倍增系数。

9.6 对于点检测光电系统，怎样提高系统的作用距离？

9.7 光电检测系统的作用距离与灵敏度有什么关系？在主动和被动检测系统中怎么提高系统的作用距离？

9.8　什么是场镜？在光电接收系统中使用场镜有什么好处？

9.9　已知主光学系统 $f_0'=50\text{mm}$，$D_0=50\text{mm}$，要求视场角 $2\omega=30°$，试设计光锥，使光锥长为 40mm，作图并确定各参量。

9.10　何谓莫尔条纹？应用几何光学原理解释为什么莫尔条纹测试技术具有光学放大的作用。

9.11　在莫尔测长中，除了四倍频细分方法外，试给出另一种细分方法，并总结光电信号辨向处理与细分电路。

9.12　在脉冲激光测距仪中，为了得到 1m 脉冲的测距脉冲当量，应该选用多少频率的时标振荡器？

9.13　用相位测距法测量距离，设被测距离最大范围是 10km，要求测距精度为 1cm，而各尺的测量精度为 1%，试给出测尺的个数以及各测尺的长度和频率。

第 10 章

光外差检测技术与系统

在电磁波谱的射频和微波波段，光外差检测技术的优点早已为人们所熟知，并在通信、广播、雷达等领域得到了广泛应用。近年来，随着激光与红外技术的发展，光外差检测技术也广泛用于红外（尤其是近、中红外）波段。

在光波频率较高、波长较短（例如在可见光波段，频率 $\nu \geqslant 10^{18}$ Hz）的情况下，每个光子的能量很大，很容易检测出单个光子，在这种场合光外差检测技术并不特别有用。相反，由于直接检测不需要稳定激光频率和本振激光器，在光路上也不需要进行精确的准直，因此，在这种场合直接检测更为可取。在波长较长的情况下（例如在近、中红外波段），光外差检测则有利得多。这是因为在波长较长时，量子噪声较低，光学准直要求也不像在波长较短时那样苛刻，且大气湍流引起的相干性退化效应也较小。在近、中红外波段，已有效率高、功率大的光源（例如波长为 10.6μm 的 CO_2 激光器和波长为 1.30μm 及 1.55μm 的半导体激光器）可供利用。但在这个波段还缺少像在可见光波段那样具有极高灵敏度的光探测器。因此，用一般的直接检测法无法实现量子噪声限检测，只有用光外差检测方法才能使光检测系统工作于量子噪声限。由于这个缘故，在近、中红外波段应用这种高灵敏度的检测方法，能够检测极微弱的光辐射。

由于光外差检测是基于两束光在光检测器（在光外差检测中光检测器又称为光混频器）光敏面上的相干效应，因此，光外差检测又称为光辐射的相干检测，或差拍检测。

10.1 光外差检测原理

10.1.1 光外差检测的基本物理过程

光外差检测的原理是：将包含被测信息的相干光调制波和作为基准的本机振荡光波在满足波前匹配的条件下，在光电探测器上进行光学混频（相乘）。由于光电探测器的响应频率远远低于光波频率，其输出是频率为两光波差频的电信号。这个输出信号包含调制信号的振幅、频率和相位特征。显然，光外差检测也是相干检测。与非相干检测的直接检测法相比，光外差检测具有灵敏度高、输出信噪比高、精度高、探测目标作用距离远等优点，因而在精密测量中得到了广泛的应用。

光外差检测的原理如图 10-1 所示。考虑频率为 ν_M 和 ν_L 的两束互相平行的平面光，其空间任意点 P 的电分量分别表示为

$$E_M(t)=a_M\cos(2\pi\nu_M t+\varphi_M) \tag{10.1}$$

和

$$E_L(t)=a_L\cos(2\pi\nu_L t+\varphi_L) \tag{10.2}$$

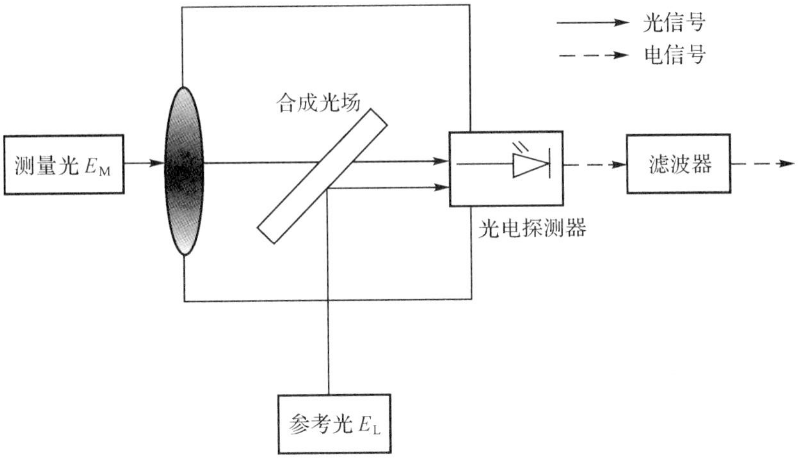

图 10-1　光外差检测的原理

其中，a_M 和 a_L 分别表示两光束的振幅；φ_M 和 φ_L 分别表示两光束在 P 点的相位。则两光束相叠加所得到的光强为

$$\begin{aligned}I(t)&=[E_M(t)+E_L(t)]^2\\&=a_M^2\cos^2(2\pi\nu_M t+\varphi_M)+a_L^2\cos^2(2\pi\nu_L t+\varphi_L)+\\&\quad 2a_M\cos(2\pi\nu_M t+\varphi_M)a_L\cos(2\pi\nu_L t+\varphi_L)\end{aligned} \tag{10.3}$$

使用三角函数对式(10.3)进行变换，可得

$$\begin{aligned}I(t)=&a_M^2/2+a_L^2/2+1/2[a_M^2\cos(4\pi\nu_M t+2\varphi_M)+a_L^2\cos(4\pi\nu_L t+2\varphi_L)]+\\&a_Ma_L\cos[2\pi(\nu_M+\nu_L)t+(\varphi_M+\varphi_L)]+a_Ma_L\cos[2\pi(\nu_M-\nu_L)t+(\varphi_M-\varphi_L)]\end{aligned} \tag{10.4}$$

式(10.4)共有五项，其中前两项组成了光强的直流部分；第三项和第四项的频率都在光频数量级(10^{14} Hz)，现有的光电探测器无法达到这么高的响应速度(通常在 10^{10} Hz 以下)，故这两项不对探测器产生影响；而最后一项为光强信号的交流部分，其信号振幅为 a_Ma_L，频率 $\nu_M-\nu_L$ 为两束相干光的频率差，也叫拍频。故探测器获取的光强信号为

$$I(t)=\frac{a_M^2}{2}+\frac{a_L^2}{2}+a_Ma_L\cos[2\pi(\nu_M-\nu_L)t+(\varphi_M-\varphi_L)] \tag{10.5}$$

该信号为附有直流偏置的余弦交流量，通过带通滤波器滤去直流量后，输出电压为

$$U(t)=\beta a_Ma_L\cos[2\pi(\nu_M-\nu_L)t+(\varphi_M-\varphi_L)] \tag{10.6}$$

其中，β 可以视为与探测器光电转换和滤波电路响应有关的比例常数。该信号为余弦交流信号，若将其中一束光视为参考信号(或称本振信号，local oscillator signal)，另外一路信号视为测量信号，其振幅、频率和相位的改变将反映在式(10.6)中对应参量的变化。如果被测量能够对这些参量进行调制而使得测量信号携带被测量信息，则通过检测其相应的变化就可获得被测量的大小。

10.1.2 零差检测

当 $\nu_M=\nu_L$，即参考光频率等于测量光频率时，所获得的干涉信号频率为零，这是外差检测的一种特殊形式，称为零差检测（homodyne detection），也是光学干涉仪最常见的检测形式。零差检测的信号表达式为

$$U(t)=\beta a_M a_L \cos(\varphi_M-\varphi_L) \tag{10.7}$$

在零差检测中，混频后输出的差频频率为零，但输出的振幅和相位含有信号光的振幅和相位，即输出信号的振幅和相位都随信号光的振幅和相位而变化。

通过上面的分析不难看出，光外差信号是由具有恒定频率（近似于单频）和恒定相位的相干光混频得到的。如果频率、相位不恒定，就无法得到确定的差频信号。这就是通常只有激光才能实现光外差检测的原因。

10.2 光外差检测特性

10.2.1 多参数信息获取能力

由于光电探测器的响应频率较光频低数个数量级，在光电直接检测系统中，探测器实际上是无法获得被测光的频率和相位信息的，它探测到的是光强度（与光波电矢量振幅的平方成正比）。而在光外差检测中，由于通过混频将信号带宽从光频"搬移"到了光电探测器可以响应的频段，不仅可以获取被测光的振幅信息，还能获取频率和相位信息。因此，在固定的参考信号下，光外差检测不但能够处理振幅和强度调制的光信号，还可以处理频率调制的光信号，从而增加了检测方案的灵活性。

10.2.2 微弱信号检测能力

从式（10.6）可以看出，光外差检测输出的有效信号电压幅度与本振光和测量光电矢量振幅乘积成正比，则信号电功率 P_h 正比于电压的平方，即

$$P_h \propto a_M^2 a_L^2 \propto P_M P_L \tag{10.8}$$

其中，a_M、a_L 分别为测量光和参考光（本振光）的电矢量振幅；P_M、P_L 分别为测量光和参考光的平均光功率。

相比较而言，光电直接检测系统只有一路测量信号光，其有效信号电压幅度与测量信号光电矢量振幅的平方成正比，有效信号电功率 P_d 正比于电压的平方，即

$$P_d \propto a_M^4 \propto P_M^2 \tag{10.9}$$

在同样的测量光功率 P_M 下，这两种方法所得到的信号功率比 G 为

$$G=\frac{P_h}{P_d} \propto \frac{P_L}{P_M} \tag{10.10}$$

也就是说，光外差检测与直接检测的信号功率之比正比于本振光与测量光功率之比。在很多检测过程中，原本较强的测量光经过系统后由于被散射或者吸收衰减等原因，进入

探测器时已经非常微弱，此时，如果用直接检测法，信号往往会由于太弱而被淹没在噪声里，如果使用光外差检测，使本振光功率 P_L 比测量光功率 P_M 大几个数量级是容易达到的，所以光外差检测相对于直接检测的增益可以高达 $10^7 \sim 10^8$，非常适合用于检测微弱光信号。而在测量光较强的时候，光外差检测的优势并不突出。

10.2.3　滤波性能和信噪比

在光外差检测中，有效信号带宽是测量光与本振光的频率之差，较光频低 5～10 个数量级。考虑到现有电滤波器可以具有非常狭窄的带宽，如锁定放大器可以将带宽控制在 1Hz 以下，测量光以外的其他波长的光由于无法相干或频差太大而被有效滤除，这就极大地抑制了背景噪声，使输出的信号具有很高的信噪比和精度。

而在光电直接检测中，滤除杂散光若采用带宽为几个纳米的窄带滤光片，其信号带宽则在吉赫数量级，滤波性能较光外差检测差了很多。

此外，若系统噪声功率谱集中在某个谱段（如低频段），则在光外差检测中可以方便地通过改变测量光与本振光的频差来避开噪声较高的谱段，从而有效地提高检测系统信噪比。

10.2.4　最小可检测功率

内增益为 M 的光外差探测器的输出有效信号功率可以表示为

$$P_h = 2\left(M\frac{q\eta}{h\nu}\right)^2 P_M P_L R_L \tag{10.11}$$

其中，$q\eta/(h\nu)$ 为光电变换比例常数（q 为电子电荷量，η 为量子效率，$h\nu$ 为光子能量）；R_L 为负载电阻。对于光电导探测器，内增益 M 为 0～1000；对于光伏探测器件，M 为 1；对于光电倍增管，M 在 10^6 以上。

在光外差检测系统中遇到的噪声与直接检测系统中的噪声基本相同，这里主要考虑不可克服或难以消除的散粒噪声和热噪声。依据第 2 章中有关探测器噪声的表述，光外差检测系统输出的散粒噪声和热噪声功率可表示为

$$P_n = 2M^2 q\left[\frac{q\eta}{h\nu}(P_M + P_L + P_B) + I_d\right]\Delta f R_L + 4kT\Delta f \tag{10.12}$$

其中，第一项表示散粒噪声；第二项表示热噪声。P_B 为背景光辐射功率；I_d 为探测器的暗电流；T 为绝对温度；Δf 为光外差检测中的频带宽度。式(10.12)可以表述为：光外差检测系统中的噪声分别由测量光、本振光和背景辐射引起的散粒噪声，探测器暗电流引起的散粒噪声以及探测器和电路产生的热噪声组成。

光外差检测的功率信噪比可表示为

$$\mathrm{SNR} = \frac{P_h}{P_n} = \frac{2\left(M\frac{q\eta}{h\nu}\right)^2 P_M P_L R_L}{2M^2 q\left[\frac{q\eta}{h\nu}(P_M + P_L + P_B) + I_d\right]\Delta f R_L + 4kT\Delta f} \tag{10.13}$$

当本振光功率 P_L 足够大时，式(10.13)分母中的其他噪声远小于本振光散粒噪声，可以忽略不计，则式(10.13)可近似为

$$\mathrm{SNR}=\frac{\eta P_{\mathrm{M}}}{h\nu\Delta f} \tag{10.14}$$

这就是光外差检测系统中所能达到的最大信噪比，一般称为光外差检测的量子检测极限或量子噪声限。

若用噪声等效功率(NEP)值表示，则在量子检测极限下，光外差检测的噪声等效功率为

$$\mathrm{NEP}=\frac{h\nu\Delta f}{\eta} \tag{10.15}$$

这个值有时又称为光外差检测的灵敏度，是光外差检测的理论极限。如果光电探测器的量子效率为1，带宽为1Hz，则光外差检测灵敏度的极限是一个光子。虽然实际上达不到这样高的检测灵敏度，但光外差检测方法十分有利于检测微弱的测量光是无疑的。检测灵敏度高是光外差检测的突出优点。

不同类型的光混频器构成的光外差检测系统的NEP值是不同的。即使是同一种光混频器，由于工作条件不同，其NEP值也不相同。显然，在未达到量子噪声限的条件下，本振光功率增加时NEP值将随之降低。铌酸锶钡(SBN)检测器用于光外差检测时NEP与P_{L}的关系如图10-2所示。

光外差检测系统的NEP还与光混频器所加偏压有关。NEP值随着偏压的增加而增大。这是偏压增加导致漏电流增大的缘故。为了提高工作频率，结型光混频器一般在较高的偏压下工作，以降低结电容。

此外，光外差检测的NEP值还随着光混频器工作温度的升高而增大。这是因为随着光混频器工作温度的升高，暗电流相应增大，由暗电流引起的散粒噪声随之增加。图10-3为光伏型HgCdTe探测器用于光外差探测时，NEP值与外加偏压及光混频器工作温度的关系曲线。在实际的光外差探测系统中，除了选择足够大的本振光功率以保证探测系统工作于量子噪声限以外，还应选择最佳偏压和最佳工作温度，使得NEP值最小。

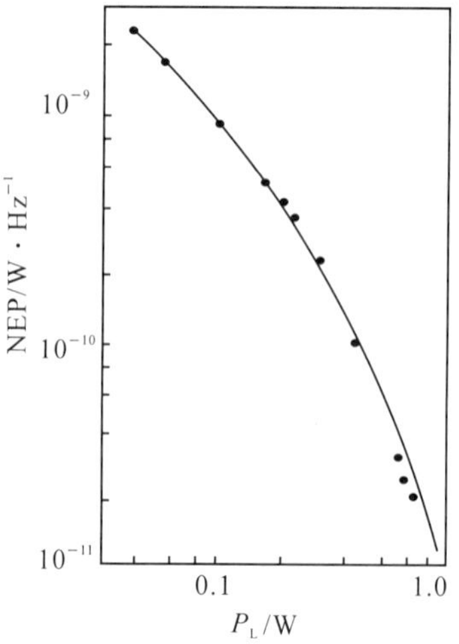

图10-2 在放大器噪声限下SBN检测器用于光外差检测时NEP与P_{L}的关系

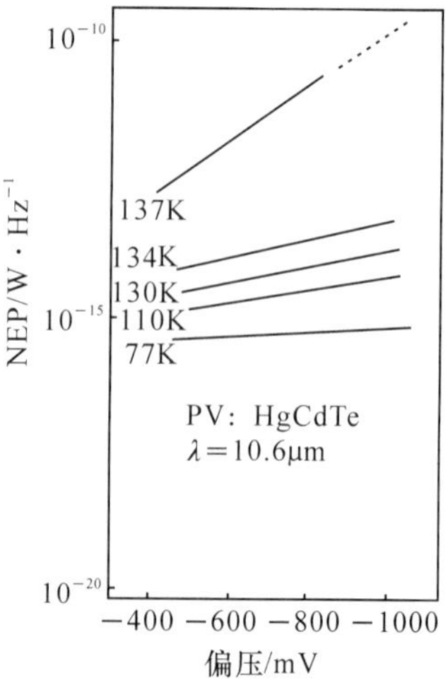

图10-3 PV-HgCdTe作为光混频器时NEP值与外加偏压及温度的关系

10.2.5　影响光外差检测灵敏度的因素

影响光外差检测灵敏度的因素很多，诸如测量光和本振光的偏振态、频率稳定度、噪声、测量光波前和本振光波前的空间调准及场匹配、光源的模态、传输通道的干扰等。第10.2.4小节已经提到了噪声对检验灵敏度的影响，这里以光外差检测的空间条件、偏振态对光外差检测灵敏度的影响、光外差检测的频率条件为例进行分析。

1. 光外差检测的空间条件

光外差检测过程本质上是测量光与本振光发生干涉的过程，因而光学干涉的形成条件必然影响光外差检测过程。在通常情况下，互相干涉的两束光要具有相同的偏振方向(或有方向相同的振动分量)、相同的传播方向、相同或非常接近的频率(否则会由于差频过大而造成探测器无法响应)等。第10.1节假设测量光和本振光具有完全相同的传播方向，也就是说，两者的波前是平行的。若两者都是平行光，则在沿其传播方向的任何一个截面上，各面元所探测到的相位是完全相同的，即振动是同步的，此时叠加起来的信号对比度最强。反之，如果测量光与本振光的传播方向有一个夹角，则在垂直于任何一个光束的截面上，两束光在各个面元上的波相差将导致各面元上的干涉相位不一致，用探测器获取到的是这些不同相位的干涉信号的平均值，这种情况就会造成光外差信号的对比度降低，从而影响探测的灵敏度。

现在推导两光束传播方向不平行对光外差检测的影响。如图10-4所示，假设测量光和本振光都是平面波，测量光和本振光之间的夹角为 θ，且本振光垂直于光敏面入射。

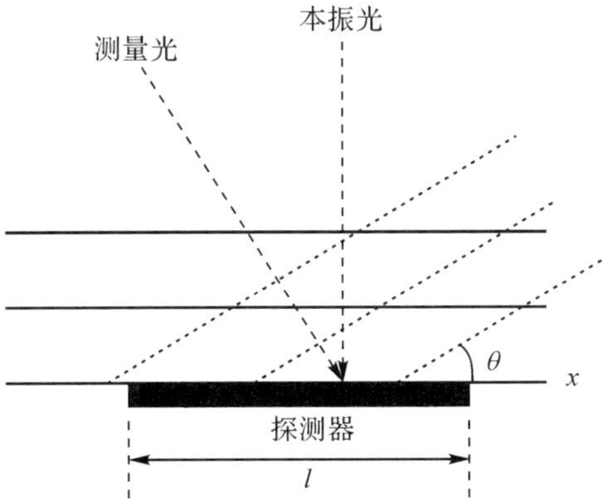

图10-4　光外差检测的空间条件

类似于前面的分析，设入射测量光 E_M 和本振光 E_L 分别可表示为

$$E_M(t)=a_M\cos(2\pi\nu_M t+\varphi_M) \tag{10.16}$$

$$E_L(t)=a_L\cos(2\pi\nu_L t+\varphi_L) \tag{10.17}$$

其中，a_M 和 a_L 分别表示两光束的振幅；φ_M 和 φ_L 分别表示两光束的初始相位。由于信号光是斜入射的，因此在光敏面上不同位置处的波前是不相同的，即可以认为在光敏面不同位置处的信号光相位是不同的，其相对于 $x=0$ 处的附加相位 $\Delta\varphi$ 可以表示为

$$\Delta\varphi=2\pi\frac{x\sin\theta}{\lambda_L}=\beta x \tag{10.18}$$

其中，$\beta=2\pi\dfrac{\sin\theta}{\lambda_L}$；$\lambda_L$ 为本振光在介质中的波长。考虑上述附加相位 $\Delta\varphi$，则本振光可表示为

$$E_L(t)=a_L\cos(2\pi\nu_L t+\varphi_L+\beta x) \tag{10.19}$$

当上述两束光投射到探测器上时，根据探测器的输出特性，探测器光敏面 x 处的响应电流为

$$dI(x)=\alpha a_M a_L\cos[2\pi(\nu_M-\nu_L)t+(\varphi_M-\varphi_L)-\beta x]dx \tag{10.20}$$

其中，α 为光电变换比例常数。整个光敏面总响应电流为

$$\iint_{A_d}\alpha a_M a_L\cos[2\pi(\nu_M-\nu_L)t+(\varphi_M-\varphi_L)-\beta x]dxdy \tag{10.21}$$

其中，A_d 为探测器的面积。对式(10.20)两边求积分，得到

$$I=\alpha' a_M a_L\cos[2\pi(\nu_M-\nu_L)t+(\varphi_M-\varphi_L)]\cdot\frac{\sin(\beta l/2)}{\beta l/2} \tag{10.22}$$

其中，l 为沿 x 方向的长度；α' 为与沿 y 方向的长度相关的比例常数。当 βl 趋近于零时，$\dfrac{\sin(\beta l/2)}{\beta l/2}$ 趋近于极大值 1，此时总响应电流 I 最大。很显然，为满足此关系，必须使 β 或 l 尽量小。β 值小表明测量光与本振光之间的夹角 θ 要足够小，而 l 值小表明检测器的光敏面要足够小。

由以上分析看出，要形成较强的差频信号，在进行光外差检测时要尽量减小测量光与本振光之间的夹角(失配角)。在自由空间相干光通信技术中(如卫星通信)，为了避免本振光与信号光之间的波矢量夹角所导致的系统性能严重下降，采用特殊设计的瞄准机构能确保两者间保持足够小的夹角。

2.偏振态对光外差检测灵敏度的影响

如果光外差检测所使用的光源是偏振光，则偏振态也会影响检测灵敏度。从干涉的角度出发，只有当两光束具有同一方向的振动分量时，它们才会发生干涉，若两个偏振光的振动方向是垂直(正交)的，则无法获得干涉信号。在进行光外差检测时，偏振光经过光学系统的各种元件(如角锥棱镜、分光镜等)的反射和折射后，其偏振态往往会发生不同的变化，因而导致信号对比度和灵敏度降低。这时需要使用波片、偏振片等器件调整光束的偏振态，以得到最好的信号灵敏度。激光的高亮度和高相干性常会掩盖偏振态对检测灵敏度的影响，从而无法获得最佳的信号灵敏度。这是在设计和调整光外差检测系统时应引起重视的问题。

3.光外差检测的频率条件

为了获得高灵敏度的光外差检测，测量光和本振光还要具有高度的单色性和频率稳定度。所谓光的单色性，是指只包含一种频率或光谱线极窄的光。激光的重要特点之一就是具有高度的单色性。由于原子激发态总有一定的能级宽度，因此激光谱线总有一定的宽度。一般来说，谱线越窄，光的单色性就越好。光源的单色性越好，意味着光源的相干长度越长，越容易获得有效干涉信号。为了获得单色性好的激光输出，必须选用单纵模运转的激光器作为光外差检测的光源。

光源的频率稳定度也是光外差检测所必须考虑的因素，测量光和本振光的频率漂移必须被限制在一定范围内，否则两者频率之差就可能很大，从而导致后续滤波器、前置放大和中频放大电路无法正常工作。因此，在光外差检测中，需要采用专门的措施来稳定测量光和本振光的频率。

10.3　光外差检测使用的光源

光外差检测一般需要两束频率非常接近(相对于光频)的测量光和本振光(参考光)。在实际检测过程中,这样的光源是如何获得的呢？本节将对光外差检测使用的光源进行介绍。

10.3.1　基于塞曼效应的氦氖激光器

当原子被置于弱磁场中时,其能级发生分裂,因而其辐射和吸收谱线也产生相应分裂,一条谱线被几条谱线替代,这种物理现象称为塞曼效应(Zeeman effect)。塞曼效应所产生的分裂谱线和分裂前的原谱线有不大的频差,利用这种现象制作的激光器能够同时输出两种频率相差不大的激光,可用于光外差检测。

氦氖激光器根据光辐射方向和外磁场方向的关系,可以构成纵向塞曼激光器和横向塞曼激光器。当所加磁场和光辐射方向一致时,称为纵向塞曼激光器。当所加磁场垂直于光辐射方向时,称为横向塞曼激光器。

基于塞曼效应的双频激光器的频差通常取决于所加磁场的大小。纵向塞曼激光器辐射的左、右旋圆偏振光,由于介质的频率牵引效应,产生的频差为

$$\delta = 2.4\frac{\Delta\nu_c \mu_B}{\Delta\nu_D h}H \tag{10.23}$$

其中,$\Delta\nu_c$ 为无源腔带宽;μ_B 为玻尔磁子;$\Delta\nu_D$ 为非均匀加宽带宽;h 为普朗克常数;H 为磁场强度。

常见纵向塞曼激光器产生的频差约在兆赫数量级,常见横向塞曼激光器产生的频差约在数十千赫到数百千赫数量级。利用塞曼效应产生的双频激光器常用于构建测长或测位移光外差干涉仪。

10.3.2　双纵模氦氖激光器

利用激光器谐振腔的选频作用可以得到模间隔 $\Delta\nu_l = c/(2nl)$ 的一系列纵模,选择并控制腔长可以得到较大功率的双纵模。例如,选用 250mm 腔长的氦氖激光器,可以得到频差约 600MHz 的双频激光,以两者光强相等为稳频条件,两频率对称于中心频率,幅值和中心幅值相差不大,可应用于光外差检测。用这种方式获得的差频信号往往频差较大,不利于光电检测及信号处理。

10.3.3　声光调制器频移

图 10-5 为声光调制器的原理,换能器把频率为 Ω 的超声波转换为介质中应力的周期性变化,进而形成介质折射率的周期性变化。这样可把介质看成连续移动的三维全息光栅,光栅的栅距等于声波的波长,当光波入射到声光栅时,即发生衍射。零级衍射光相对于入射光是没有产生频移的,而其他各级衍射光将相对于入射光有一定的频移,频移值为施

加的超声波频率与衍射级次的乘积。利用这一特点，声光调制器可以产生两个频率相差不大的光束。

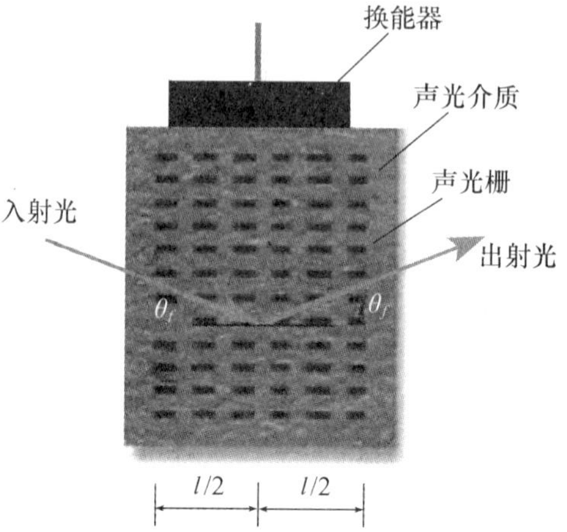

图 10-5　利用声光调制器产生频移

通常施加在换能器上的超声波频率多在数十兆赫以上，这样高的频移对于一般应用来说太高，不利于计数。为此可以进行两次调制频移或对两相干光分别频移，并且在两频率之间按需要设置频差，从而产生频差更小的两束光。

10.3.4　光学机械频移

激光通过匀速旋转的圆光栅或者垂直于激光入射方向匀速运动的光栅可以实现频移，频移值为

$$\Delta f=\frac{mN}{t} \tag{10.24}$$

其中，m 为衍射级次；N/t 为单位时间内光栅转过的周期数。最高可频移数兆赫，一般光栅的衍射效率较低，控制相位光栅的刻蚀深度可有效地改善所选衍射级的效率。

旋转波片也可以实现低频差频移，如线偏振光通过以频率 Ω 旋转的 $\lambda/2$ 波片，就可以得到同轴传播的，频差为 4Ω 的左、右旋转偏振光。由于频差受机械转速的限制，旋转波片只能应用在一些特殊的场合。

10.4　典型光外差检测系统

10.4.1　单频光外差干涉测长系统

图 10-6(a) 给出了单频干涉测长的实例。为了获得最佳的条纹光电信号，要求有最大的交变信号幅值和信噪比，这需要光学装置和光电探测器确保最佳工作条件，尽可能地提高两束光的相干度和光电转换的混频效率。

由式(10.3) 可知，对于振幅分别为 A_1，A_2 的两束单频光，相干光合成时的瞬时发光强度为

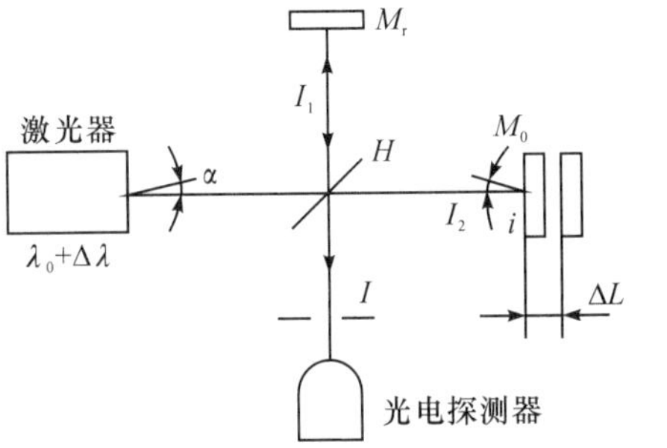

(a) 工作原理

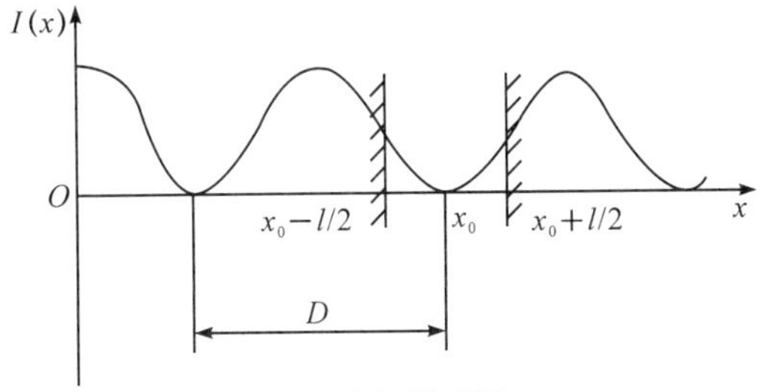

(b) 波形图

图 10-6　条纹发光强度的光电检测

$$\mathrm{I}(x,y,t)=A_1^2+A_2^2+2A_1A_2\cos[\varphi(t)]$$

只有在检测时间 τ 内 $\cos[\varphi(t)]$ 为恒定时才能得到确定的发光强度值。若 $\varphi(t)$ 随时间变化，则合成发光强度是对 t 的积分，即

$$\mathrm{I}(x,y,t)=A_1^2+A_2^2+2A_1A_2\frac{1}{\tau}\int_0^{\tau}\cos[\varphi(t)]\mathrm{d}t \tag{10.25}$$

用 $\varphi(t)$ 和平均值 φ_0 等效表示这一积分值，即令

$$\frac{1}{\tau}\int_0^{\tau}\cos[\varphi(t)]\mathrm{d}t=\Gamma\cos\varphi_0 \tag{10.26}$$

其中，比例因子 Γ 称作两光束的相干度，$0\leqslant\Gamma\leqslant1$。当 $\Gamma=1$ 时，表示在 τ 时间内相位保持不变，相干度最大；当 $\Gamma=0$ 时，表示在 τ 时间内两光束不相干。

将式(10.26) 代入式(10.25) 中，得

$$I(x,y,t)=A_1^2+A_2^2+2A_1A_2\Gamma\cos\varphi_0 \tag{10.27}$$

并有

$$\Gamma=\frac{1/\tau\int_0^{\tau}\cos[\varphi(t)]\mathrm{d}t}{\cos\varphi_0}$$

式(10.27) 表明，只有当 Γ 大时发光强度随相位的变化才明显，而当 $\Gamma=0$ 时合成发光强度只有直流分量，与相位 φ 无关。因此相干度 Γ 是衡量干涉条纹发光强度对比的质量指标。

相干光源波长的非单色 $\Delta\lambda$ 引起不同波长不同初相位的叠加，这会降低相干度。对常用干涉仪，可以计算在中心波长为 λ_0、波长范围为 $\pm\Delta\lambda$ 时其相干度 Γ_λ 为 $\Delta\lambda$ 的 sinc 函数，有

$$\Gamma_\lambda=\mathrm{sinc}\left(\frac{2\pi\Delta L}{\lambda_0^2}\Delta\lambda\right) \tag{10.28}$$

式(10.28) 表明，光程差 ΔL 越小，单色性越好($\Delta\lambda$ 越小)，Γ_λ 值越大。当光程差 ΔL 等于单色

光相干长度时，干涉条纹消失。

相干光源的发散使不同光线产生不同的光程差，这引起相位 φ 的变化。对于平板干涉的情况，当光束发散角为 α，入射光不垂直反射镜的偏角为 i 时，有附加光程差的相干度 Γ_α 为

$$\Gamma_\alpha = \text{sinc}\,\frac{2\pi n\Delta L\alpha\sin i}{\lambda_0} \tag{10.29}$$

这表明空间每条相干光线光程差不同会引起条纹信号交变分量的下降。

光电探测器把光信号转换为电信号，得到的是光敏面上的发光强度积分值。光电信号的质量不仅取决于干涉条纹的相干度，而且取决于接收器光阑和条纹宽度之间的比例关系。在图 10-6(b) 中，设接收光阑是 $h\times l$ 的矩形，由均匀照明光产生的平行直条纹的间距为 D，空间坐标为 x，则沿 x 方向的条纹发光强度空间分布 $I(x)$ 为

$$I(x) = A_1^2 + A_2^2 + 2A_1A_2\Gamma\cos\frac{2\pi}{D}x$$

在不同位置 x 上光电探测器输出电信号 I_{hs} 为

$$\begin{aligned} I_{\text{hs}} &= S\int_{-h/2}^{h/2}\mathrm{d}y\int_{x_0-l/2}^{x_0+l/2}(A_1^2 + A_2^2 + 2A_1A_2\Gamma\cos\frac{2\pi}{D})\mathrm{d}x \\ &= Shl[(A_1^2 + A_2^2 + 2A_1A_2\Gamma\frac{\sin\frac{\pi l}{D}}{\frac{\pi l}{D}})\cos\frac{2\pi}{D}x] \\ &= Shl(A_1^2 + A_2^2 + 2A_1A_2\Gamma\beta\cos\frac{2\pi}{D}x) \end{aligned} \tag{10.30}$$

其中，$\beta = \text{sinc}\,\dfrac{\pi l}{D}$ 称作光电转换混频效率，且有 $0 < \beta < 1$。

当 $l/D \to 0, \beta = 1$ 时，光电信号交变分量幅度最大；当 $l = D, \beta = 0$ 时，光电信号只有直流分量。由式(10.30)可见，混频效率 β 或光阑宽度与条纹宽度比 l/D 直接影响电信号的幅值。为了增大 β 值，当 D 值确定时应减少 l 值，但这样将减少有用光信号的采集。正确的做法是使干涉区域充满接收光阑，通过加大条纹宽度来增大 β 值。这一结果无论对采用均匀扩束照明还是采用单束激光（光束截面强度呈高斯分布）照明或是采用圆孔形光阑的情况都是适用的。

使用干涉仪进行位移测量时，为了消除振动的干扰和进行双向测量，条纹的检测通常采用可逆计数方式，为此要求检测装置提供彼此正交的两路条纹信号。此外，正交信号的差分连接能消除直流发光强度的影响，并能进行倍频细分的计算。产生 $\pi/2$ 相位差信号的方法如图 10-7 所示，其中图 10-7(a) 的条纹图形法是在干涉条纹分布的 1/4 周期位置上分别放置点状检测器或采用四分条状光电池与整个条纹周期对应。相位板法[见图 10-7(b)]利用光学晶体做成的 $\lambda/4$ 波片对光波做相位延迟取得 $\pi/2$ 的相位差。图 10-7(c) 的光路移相法利用组成干涉仪的角反射镜或多层镀膜半透镜在光反射时的相位变化形成 $\pi/2$ 的相位差。前述方法中正交两路信号是由干涉视场内不同区域获得的，所以易受到环境扰动的影响。偏光法不易受外界扰动，在干涉仪中采用偏光分束镜，利用光束的偏光作用形成 $\pi/2$ 的相位差[见图 10-7(d)]。

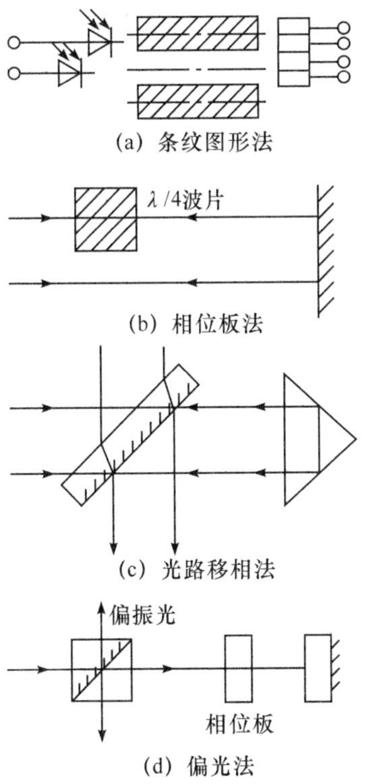

图 10-7　产生正交干涉信号的方法

10.4.2 双频光外差干涉测长系统

使用光外差技术实现长度或位移精密测量的干涉仪现已得到广泛应用。光外差干涉测长系统采用双频激光干涉法，除可获得高测量精度外，对环境要求不高，适合现场使用。双频激光器是利用塞曼效应制作的氦氖激光器，即在氦氖激光器的轴向增加一磁场，使其原发射的主谱线分解为两个旋转方向相反的圆偏振光，且这两束光之间具有不大的频差。由于激光具有良好的空间和时间相干性，因此上述两束光之间虽有较小的频差，但相遇时仍能产生干涉，会产生拍频。

双频激光干涉仪所获得的干涉信号为正弦交流信号，其频率为两束相干光之间的频差，相位为两干涉臂之间的相位差（反映了两臂的光程差）。若其中一臂的长度发生了变化，即光程差产生了变化，则会导致正弦信号的初始相位产生变化（亦可认为是光学多普勒效应产生了附加频移），该相位每变化一个周期（2π），相应的两臂光程差变化一个光波长，利用此办法可以精确地计算出长度或者角度的变化值。

图 10-8 为典型的双频激光干涉仪（惠普公司）。从双频激光干涉仪出射的包含两种频率成分的光束经过一个 $\lambda/4$ 波片后，成为振动方向互相垂直的线偏振光，入射到分光镜后被分光镜分为两部分。其中被反射的部分通过偏振片后，两束光的偏振方向一致，从而产生干涉，使用探测器 D_r 可以探测到该干涉信号，以此作为光外差干涉仪的参考信号。而透过分光镜的那部分光则再次进入一片偏振分光镜，由于两种不同频率成分的光的偏振方向互相垂直，其通过偏振分光镜后被分为频率为 ν_1 和 ν_2 的两束光。频率为 ν_1 的光被静止的

角形反射器 1 反射，频率为 ν_2 的光被可动的角形反射器 2 返回，两束光重新通过偏振分光镜后合在一起，再通过一片偏振片后产生干涉，干涉信号由探测器 D_s 获取。

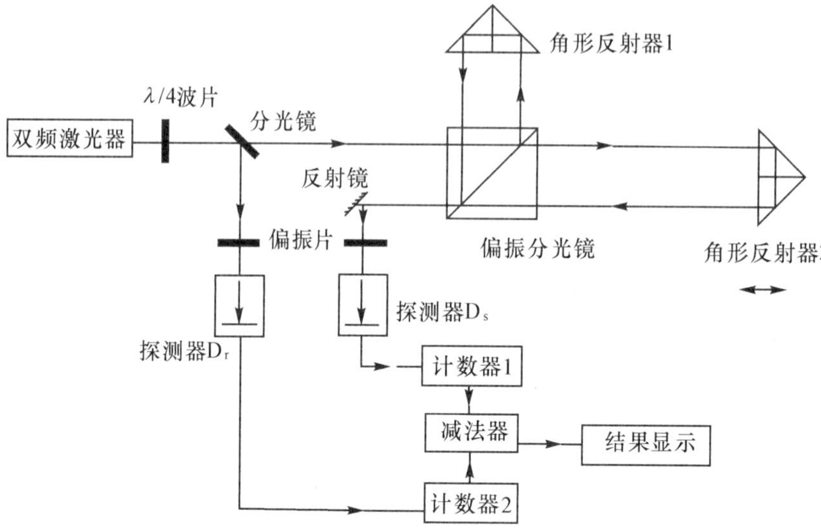

图 10-8 典型的双频激光干涉仪

设双频激光器输出频率分别为 ν_1 和 ν_2 的两束光，它们的振幅为 A_1 和 A_2，初始相位为 φ_1 和 φ_2。依据前面的分析，探测器的响应信号为

$$I(t)=A_1^2/2+A_2^2/2+A_1A_2\cos[2\pi(\nu_1-\nu_2)t+(\varphi_1-\varphi_2)] \tag{10.31}$$

该检测系统实际上由两个干涉仪组成，干涉分别发生在两个偏振片上，并分别被探测器 D_r 和探测器 D_s 接收。其中 D_r 探测到的是参考信号，其初始相位固定；而 D_s 探测到的是测量信号，若角形反射器 2 不动，此信号与参考信号频率相同($\nu_1=\nu_2$)，初始相位固定，则计数器 1、2 所计得的干涉条纹数相同，相减后输出为零。若角形反射器 2 移动了 Δx，则探测器 D_s 所探测到的信号的相位部分发生变化，即

$$I(t)=A_1^2/2+A_2^2/2+A_1A_2\cos[2\pi(\nu_1-\nu_2)t+(\varphi_1-\varphi_2)+4n_A\alpha\pi\Delta x/\lambda] \tag{10.32}$$

其中，n_a 为该真空中波长为 λ 的光在空气中的折射率。对比式(10.31)和式(10.32)可知，计数器 1 比计数器 2 多计了 $2n_a\Delta x/\lambda$ 个条纹。若折射率和波长已知，通过所计得的条纹数可以精确推算出角形反射器 2 的位移。

换个角度来讲，也可以认为角形反射器 2 的移动导致了频率的改变，即光学多普勒频移，改写式(10.32)，可得

$$\begin{aligned}I(t)&=A_1^2/2+A_2^2/2+A_1A_2\cos\{2\pi[\nu_1-\nu_2+2n_a\Delta x/(\lambda t)]t+(\varphi_1-\varphi_2)\}\\&=A_1^2/2+A_2^2/2+A_1A_2\cos[2\pi(\nu_1-\nu_2+\Delta\nu)t+(\varphi_1-\varphi_2)]\end{aligned} \tag{10.33}$$

其中，$\Delta\nu=2n_a\Delta x/(\lambda t)$ 可以看作角形反射器 2 的移动引起的频移。这样，计数器 1、2 所计信号的频率不一样，同一时间内所计得的条纹数也就不同，其差值表示角形反射器 2 的位移。

应用上述双频激光干涉仪原理的产品技术已经非常成熟，操作起来也较为方便，其测量不确定度优于百万分之一(1m 的测量范围内仅差 1μm)。

10.4.3 双频光外差干涉测角系统

测长用的双频干涉仪进行调整即可用于测量角度的变化，如图 10-9 所示。对比双频测

长干涉仪，可以看出测角干涉仪仅仅做了部分改变：其一是用反射镜 1 将入射光线反射至角形反射器 1；其二如图 10-9 中两个虚线框所示，分别把反射镜 1 和偏振分光镜以及角形反射器 1、2 固定在一起，分别称为刚体 1、刚体 2。偏振分光镜将入射光束分为频率不同的两束，分别射向角形反射镜 1、2 并被反射，再经过偏振片后形成干涉，由探测器 D_s 记录下来。其余部分与双频测长干涉仪相同。

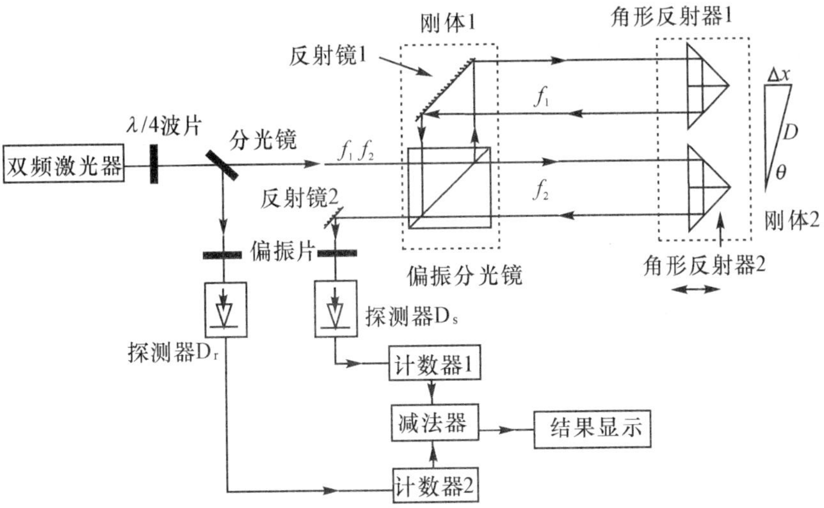

图 10-9　双频干涉仪测角原理

若刚体 2 仅仅沿着如图 10-9 所示方向平动（即刚体 2 没有发生角度变化），两个角形反射器的位移相同，则干涉仪两臂光程差没有发生改变，计数器 1、2 所计得的条纹数相同，相减后为零。若刚体 2 在运动过程中发生了微小角度偏转 θ，则两个角形反射器的位移不同，设其差值为 Δx；相应地，干涉仪的初始相位发生变化，变化量与刚体 2 的角度偏转量 θ 有关，反映在两个计数器所计条纹数的差值 ΔN 上，即

$$\theta = \arcsin\frac{\Delta x}{D} = \arcsin\frac{\Delta N\lambda}{2D} \tag{10.34}$$

其中，D 为两个角形反射器的距离；λ 为光源波长。

使用上述测量原理并经过细分后，可以实现高达 0.01″的测角分辨率。

10.4.4　光波面外差系统

1. 单频光波面外差系统

常见的波面相位调制采用泰曼-格林干涉仪[见图 10-10(a)]。设被测物波面 $U_0(x,y)$ 的相位为 $\varphi_0(x,y)$，参考光是理想的平面波 $U_r(x,y)$；它的初始波相位 φ_r 空间不变。两光波的频率相同，在此种情况下有

$$\begin{cases} U_0(x,y) = A_0(x,y)\exp[-j\varphi_0(x,y)] \\ U_r(x,y) = A_r\exp(-j\varphi_r) \end{cases}$$

干涉场上条纹的强度分布 $I(x,y)$ 为

$$I(x,y) = A_0^2(x,y)^2 + A_r^2 + 2A_0(x,y)A_r\cos[\varphi_r - \varphi_0(x,y)] \tag{10.35}$$

考虑到泰曼-格林干涉仪的光路折返，式(10.35)中的相位分布 $\Delta\varphi(x,y) = \varphi_r - \varphi_0(x,y)$ 和

折射率分布 $\Delta n(x,y)$、物面变形分布 $\Delta L(x,y)$ 之间的关系为

$$\Delta\varphi(x,y)=\frac{4\pi}{\lambda_0}[L\Delta n(x,y)+n\Delta L(x,y)] \tag{10.36}$$

分析干涉图，计算出 $\Delta\varphi(x,y)$ 后，借助式(10.36)可获得被测量的 $\Delta n(x,y)$ 或 $\Delta L(x,y)$ 值。

能进行波面相位调制的干涉仪还有米勒干涉仪[见图10-10(b)]和斐索干涉仪[见图10-10(c)]。在米勒干涉仪中，光源经半透半反镜和长工作距显微物镜照明被测物面。反射波面经物镜成像在接收面上。在物镜和被测物间放置半透半反镜和参考镜，经半透半反镜和参考镜反射的波面作为参考光同时被成像在接收面上，与物光形成干涉条纹。所得到的干涉图由于是经显微镜放大的，所以适用于微细表面的干涉测量。在斐索干涉仪中，激光束经取光镜会聚在准直物镜的焦点上。由物镜出射的平行光垂直入射于半透半反镜和参考镜上，其中的反射光作为参考光束经物镜会聚在干涉平面上。透射光经被测平面反射，再经物镜会聚与参考光束相遇，形成双光束干涉条纹。这些干涉仪所得到的平面干涉图适用于物体表面形状和粗糙度的测量以及非球面光学零件的检验等。

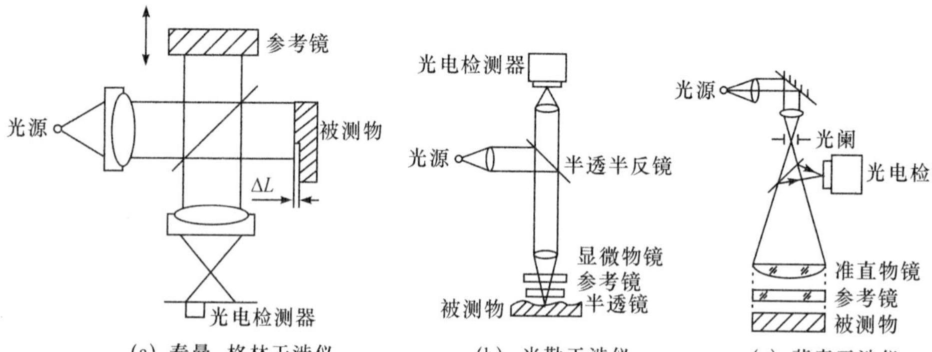

图 10-10 可进行波面相位调制的干涉仪

2. 二次相位调制外差系统

为了自动分析干涉图，近年来发展出了各种能进行动态相位检测的干涉测量技术。其基本原理是使参考光的相位人为地随时间调制(称作二次调制)，使干涉图上各点处的光学相位变换为相应点处时序电信号的相位。利用扫描或阵列检测分别测得各点的时序变化就能以优于$\lambda/100$的相位精度和100线对/mm的空间分辨率测得干涉图的相位分布。

在如图10-11(a)所示的泰曼-格林干涉仪中，若使用压电陶瓷等位移变送器使参考反射镜周期性地随时间成比例地移动$\lambda/2$，在干涉面的各点上将形成同样周期的正弦形强度变化。在不同位置上时序正弦信号的初始相位与该点处被测波面的初始相位对应。用光电法比较各点处电信号的相位就可以计算出被测表面的形状分布，这是条纹扫描干涉法的基本原理。与前面提到的使被测变量直接进行相幅变换形成稳定的干涉条纹相比，这种首先人为地引入相位时间调制，然后进行被测变量相位调制的方法称作二次相位调制。这种用测量并比较时序信号相位来代替测量发光强度空间分布，解算空间相位的做法能有效地提高测量精度。它的调制信号流程如图10-11(b)所示。

在工程上为了便于数据采集，常使参考光路按阶梯波形[见图10-11(a)]变化，在参考镜所处的每一个阶梯位置上用面阵图像传感器对干涉面上的各点的发光强度值取样。对于

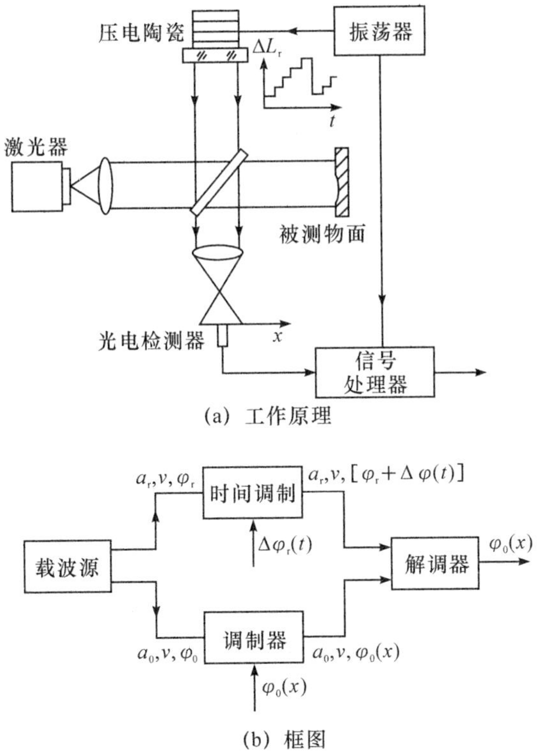

图 10-11　条纹扫描干涉法二次相位调制

每个点，用傅里叶展开式累加各个阶梯上的测量结果可以拟出正弦变化曲线，由此可得到干涉面上各点的相对相位分布。

为使讨论简单，这里只分析一维的情况。由式(10.35)可以看出，干涉面上任一点 x 的发光强度可表示为

$$I(x)=A_0^2(x)+A_r^2+2A_0(x)A_r\cos[\varphi_r-\varphi_0(x)]$$

将其看作 φ_r 的余弦函数，它可表示成有直流分量和基波分量的傅里叶级数形式，即

$$I(x,\varphi_r)=U_0(x)+U_1(x)\cos\varphi_r+m_1(x)\sin\varphi_r \tag{10.37}$$

令 φ_r 在 2π 周期内每次改变 $1/n$ 周期，共采样 p 个周期，即

$$\varphi_{rj}=j(\frac{2\pi}{n})\qquad(j=1,2,3,\cdots,np)$$

则与 φ_{rj} 对应的干涉强度可用式(10.37)表示，此时式中 φ_r 用 φ_{rj} 代替。应用三角函数的正交关系，$I(x,\varphi_{rj})$ 的各系数表示为

$$U_0(x)=\frac{1}{np}\sum_{j=1}^{np}I(x,\varphi_{rj})=A_0^2(x)+A_r^2$$

$$U_1(x)=\frac{1}{np}\sum_{j=1}^{np}I(x,\varphi_{rj})\cos\varphi_{rj}=2A_0(x)A_r\cos[\varphi_0(x)]$$

$$m_1(x)=\frac{2}{np}\sum_{j=1}^{np}I(x,\varphi_{rj})\sin\varphi_{rj}=2A_0(x)A_r\sin[\varphi_0(x)]$$

这是在最小方均误差的意义上对干涉面上发光强度正弦变化的最佳拟合。由此，各点处的

相位值 $\varphi_0(x)$ 可用两个加权平均值之比给出，即

$$\varphi_0(x) = \arctan[m_1(x)/u_1(x)] \tag{10.38}$$

这是对 p 次周期测量数据的累加平均，利用式(10.38)对每个测量点分别测得 $n\times p$ 个数据即可得到被测面形的相位分布图，此外，式(10.38)的计算包含相位的符号，根据相位的连续性可去除 2π 相位的不确定性，因而可以判断面形的凸凹。这种方法的测量精度可达 $\lambda/100$，空间分辨率由像感器件决定。

10.4.5 光纤陀螺测角系统

为了理解 Sagnac 干涉仪的工作原理，在介绍 Sagnac 干涉仪前，我们先介绍 Sagnac 效应。如图 10-12(a)所示的两束光从起点出发，沿着相反的方向在环路里传播。若环路静止，则两束光将在起点会合。当环路沿着顺时针方向以 ω 的角速度转动时，如图 10-12(b)所示，θ 代表光线沿着环路传播一圈的时间内环路的转动角度。显然，顺时针方向传播的那束光将比逆时针方向传播的那束光消耗更多的时间才能到达出发时的位置，这是因为在传播的过程中，环路由“起点”转过一个角度 θ 到达了“终点”，它必须多传播一段 θ 对应的路径才能到达出发时的位置，这种效应最初是由法国科学家萨奈克(G. Sagnac)于 1913 年正式提出的，故称为 Sagnac 效应。

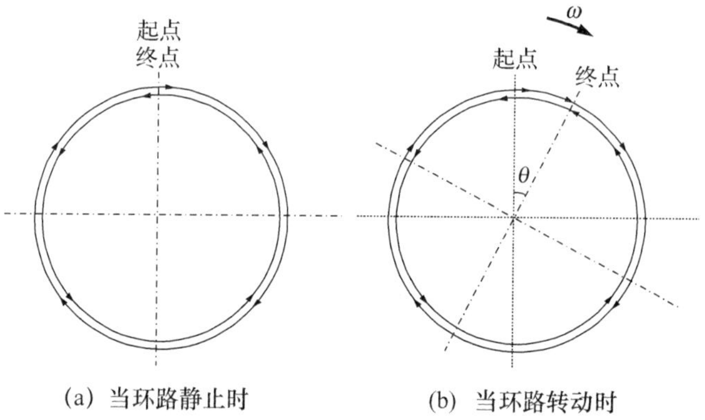

图 10-12 Sagnac 效应

设环路的半径为 r，则环路的圆周线速度为 ωr。顺时针方向传播的光的波前速度与环路速度之和是 $c-\omega r$，而逆时针传播的光的波前速度与环路速度之和是 $c+\omega r$。两束光从起点到达终点所需的时间之差是

$$\begin{aligned}\Delta t &= \frac{2\pi r}{c-\omega r}-\frac{2\pi r}{c+\omega r}\\ &= \frac{4\pi r^2\omega}{c^2-\omega^2 r^2}\end{aligned} \tag{10.39}$$

其中，$A=\pi r^2$ 为环路的面积。一般环路的转动速度远远小于光速，则式(10.39)的分母部分可以用光速的平方代替，即

$$\Delta t=\frac{4A\omega}{c^2} \tag{10.40}$$

上述推导虽然以圆环为例，且转动轴为圆环中心，但可以推导出，式(10.40)适用于任

何形状的环路以及任何位置的转动轴。

图 10-13 为典型的 Sagnac 干涉仪。从光源发出的光经过分光镜后分为两束：一束沿顺时针传播；另一束沿逆时针传播。最后两束光在分光镜处会合产生干涉，信号由探测器获取。若整个干涉仪没有绕着垂直于环路的轴旋转，依据式(10.40)，Δt 为零，则探测器所获取的干涉条纹一直不变。相反，若干涉仪有转动，Δt 不为零，这就意味着两束光到达探测器的时间有了差别，干涉仪的两路光的光程差发生了变化 Δp，从而导致干涉相位产生了移动(亦可认为相位不变，产生了频移)，其值为

$$\Delta\varphi = 2\pi\frac{\Delta p}{\lambda} = 2\pi\frac{c\Delta t}{\lambda} = 8\pi\frac{A\omega}{c\lambda} \tag{10.41}$$

式(10.41)中的相位变化 $\Delta\varphi$ 可以通过探测器及后续处理给出；环路面积 A 也可以测出；已知光速 c 及波长 λ，则可以求出干涉仪的旋转速度。

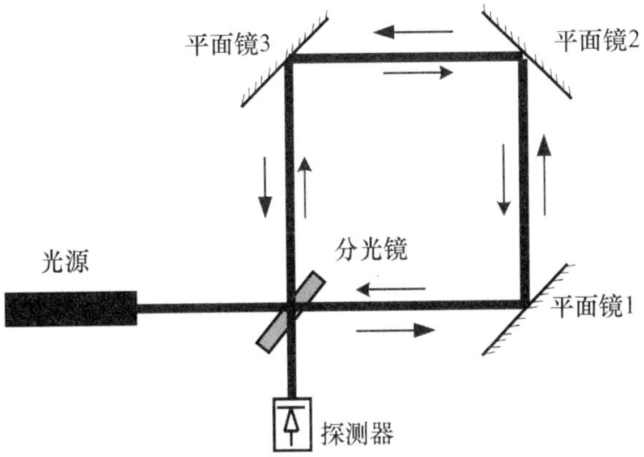

图 10-13　典型的 Sagnac 干涉仪

大多数干涉仪都要求尽量减小机械振动、气流干扰，以获得稳定的干涉条纹；而Sagnac干涉仪具有完美的共光路特性，这使得它具有优秀的抗干扰性能，同时也非常容易探测到干涉条纹。

基于 Sagnac 干涉仪的光纤陀螺广泛地应用在飞机、轮船、宇宙飞船等的导航系统中，它们能够探测慢到每小时十万分之一度的转动。光纤陀螺原理如图 10-14 所示。

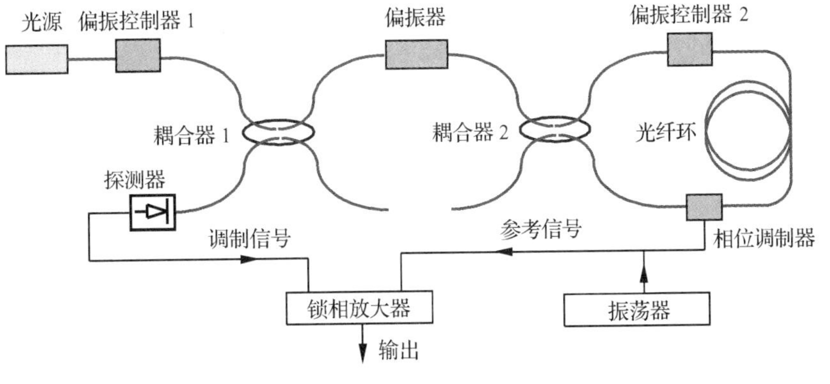

图 10-14　光纤陀螺原理

光纤环是整个系统的核心部分，为了增加系统对转动的灵敏度，常常将长度为 l(可达

数千米)的光纤绕成多匝。设光纤环的半径为 r,则一共可以绕 $N=l/(2\pi r)$ 匝。根据式(10.41),系统旋转所导致的相位变化为

$$\Delta\varphi=8\pi N\frac{A\omega}{c\lambda}=8\pi\frac{l}{2\pi r}\frac{\pi r^2\omega}{c\lambda} \tag{10.42}$$

从光源发出的激光进入耦合器 1、2 后分为两路,沿着相反的方向进入光纤环,系统的转动将形成 Sagnac 干涉。为了提高系统的灵敏度并抑制噪声,加入了偏振器从而使系统中只有一个偏振分量,只有这个偏振方向的光能在光纤中传播。为了得到最大的信号输出,使用偏振控制器 1、2 控制的输入和输出信号的偏振分量均与系统偏振器透光方向重合。

与机械陀螺相比,光纤陀螺具有反应快速、体积小、造价低等优点,因此得到了非常广泛的应用。

10.4.6 多普勒测速系统

光学多普勒效应常用于测量液体(气体)的流动速度。如图 10-15 所示,激光器是经稳频后的单模激光,透镜 1 将光束聚焦在待测液体(气体)区域,待测液体内部的粒子将一部分光散射,由透镜 2 收集作为测量光,直接通过待测区域的光不产生频移,由透镜 3 收集作为本振光。由于散射光通常较弱,为了提高干涉条纹对比度,通常在透镜 3 后加入减光片(衰减片)以减弱本振光强度。两束光最终在析光镜(分光镜)处叠加产生干涉。

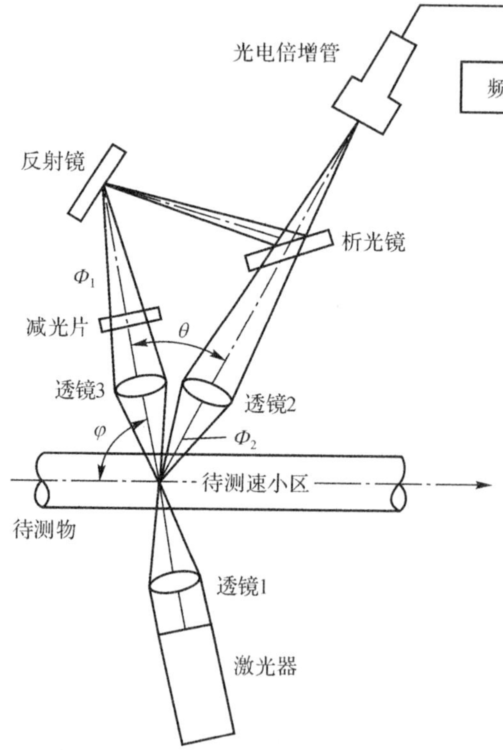

图 10-15 激光多普勒效应测量液体(气体)流速原理

入射到待测液体(气体)后被液体散射的激光将产生多普勒频移,频差 Δf 与待测液体(气体)流速的关系为

$$\Delta f=\frac{2nv}{\lambda_0}\sin\frac{\theta}{2}\sin\left(\varphi+\frac{\pi}{2}\right) \tag{10.43}$$

其中，n 为流体的折射率；v 为流速；λ_0 为入射光在真空中的波长；φ 为流动方向和激光入射方向的补角；θ 为散射方向与激光入射方向的夹角。

事先标定好 n、λ_0、φ、θ，通过该系统测出 Δf，则可求出待测液体（气体）的流速。利用该技术的测速范围很宽，可以达到 0.004cm/s～10^4m/s。

10.4.7　相干光通信

相干光通信主要利用光外差检测技术。相对于传统光通信所使用的强度调制方式来讲，相干光通信可以采用诸如调频、调相和调幅等多种方式将待传输的信号调制到光载波上，这就要求光信号有确定的频率和相位，即应是相干光，如激光。遗憾的是，激光受大气湍流效应影响严重，这破坏了激光的相干性，因而远距离目标光外差检测在大气中的应用受到限制，但在真空中，如卫星间通信，已经达到了实用化阶段。

相干光通信的基本工作原理是，在发送端，将信号以调频、调相或调幅的方式调制到光载波上。当信号光传输到接收端时，首先与本振光信号进行相干混合，然后由接收机信号完成解调，复原被传递的信息。

相干光通信有光纤式和自由空间式两种信息传递方式。这里以自由空间式相干光通信为例，对该系统进行简单介绍，感兴趣的读者可以查阅相关资料进行深入了解。一种零差相移键控(phase-shift keying, PSK)空间光通信系统如图 10-16 所示，该系统分为三部分：发射机（发送端）、空间信道和相干接收机（接收端）。在发送端，数字信号源通过电发射机控制外调制器以对信号光激光器的输出光相位进行调制。这里的外调制器可以使用电光效应比较明显的铌酸锂（$LiNbO_3$）电光调制器，它的半波电压较低。其工作原理是：在 $LiNbO_3$ 的两端施加一电压时，它的折射率会发生变化，从而达到改变光的相位的目的。

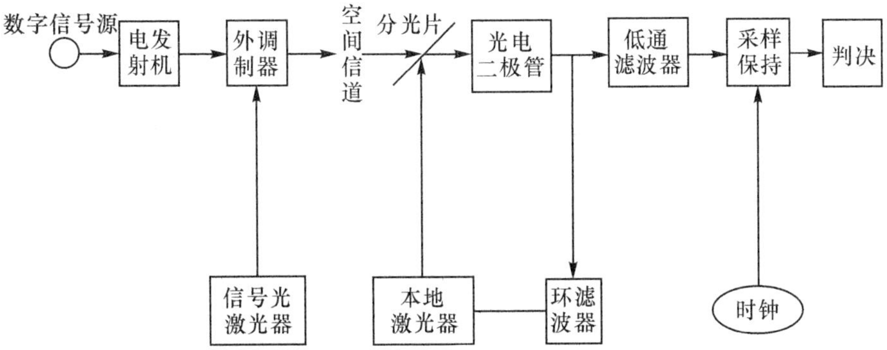

图 10-16　零差相移键控空间光通信系统

调制后的信号光经过一定距离的空间信道后进入相干接收机。本地激光器产生的本振光与信号光在分光片处叠加形成光外差干涉信号，此信号由光电二极管探测并转换为电信号。此信号的处理分为两支：通信信号处理支路和光学锁相环支路。前者经由低通滤波器滤除高频噪声，通过采样保持与判决模块完成信号的解调。因为光零差接收要求接收到的信号光与本地激光的频率和相位完全一致，也就是说，这两个光波是同步的、相干的。为达到这个要求，需要用到高精度的光学锁相环(optical phase locked loop，OPLL)锁定本振激光与接收信号光的频率和相位。图 10-16 中的环滤波器、本地激光器与光电二极管构成光锁相环,实际的锁相过程通常包含一个压控振荡器(VCO),用于将环滤波器输出的误差电压信号转换为频率输出,并控制本地激光器的频率和相位。

相干光通信相对于光强度调制/直接探测方式而言具有如下优点:

(1)灵敏度高,中继距离长。在相同链路距离、码速率以及误码率的条件下,相干光通信的探测灵敏度比直接探测方式能够提高 10~20dB。因此在相同的灵敏度下,相干光通信的中继距离更长。

(2)体积小,成本低。由于接收端灵敏度的提高,收发天线口径可大大减小,同时还可以省掉在直接探测系统接收机中必不可少的前放模块,能有效降低整个通信端机的体积、功耗和质量,从而降低系统成本。

(3)抗干扰能力强。相对光频而言,相干接收机接收带宽极窄,再结合相干光频率跟踪技术,可极大地抑制背景光干扰,从而带来很好的抗干扰和抗截获性能,极大地提高了通信系统的信息安全性。

(4)方案灵活。可以选择多种调制格式和检测解调方案,具有灵活的工程实现性。

(5)通信容量大,速率高。具有以频分复用方式实现更高传输速率的潜在优势。

10.4.8 全息外差系统

10.4.8.1 全息基本原理

1. 全息图的记录

全息术和普通摄影术的不同是,全息底片除记录来自物体的散射波外,还要记录参考光,即把物光波与参考光波同时在底片上曝光。如图 10-17 所示,假定物光波沿 z 轴正方向照射到全息底片上,全息底片放在 xy 平面内,参考光波束是以入射角 θ 对全息底片进行照射的平面波,同时假定参考光波和物光波是两个相干光波。

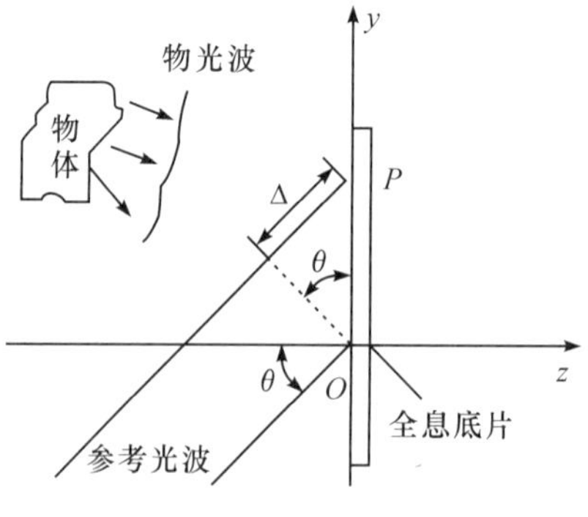

图 10-17 全息图的记录过程

设参考光波为

$$E_r = A_r e^{j\varphi_r} \tag{10.44}$$

其中,A_r 为参考光波振幅;φ_r 为参考光波初相位。

同样,设物光波为

$$E_0 = A_0 e^{j\varphi_0} \tag{10.45}$$

其中，A_0 为物光波振幅；φ_0 为物光波初相位。

因为参考光波是一个强度均匀的平面波，它以入射角照射到全息底片上，所以底片上各点的强度分布是相同的(即振幅恒定)，而相位分布则随 y 值而变。如果以入射到 O 点的光线的相位为参考，那么入射到 O 点光波的相位延迟了 $\Delta\varphi_r$，即

$$\Delta\varphi_r = \frac{2\pi}{\lambda} y \sin\theta \tag{10.46}$$

令

$$\alpha = \frac{2\pi \sin\theta}{\lambda}$$

则在任意一点 $P(x,y)$，参考光波的电场分布可写为

$$E_r = A_r e^{j\alpha y} \tag{10.47}$$

对于物光波，由于入射到全息底片上各点的振幅和相位均为(x,y)的函数，故 $P(x,y)$ 点物光波的电场分布为

$$E_0 = A_0(x,y) e^{j\varphi_0(x,y)} \tag{10.48}$$

于是参考光波和物光波的合成电场分布为

$$E = E_r + E_0 \tag{10.49}$$

全息底片仅对光强起反应，而光强可表示为光波振幅的平方，即

$$I(x,y) = |E|^2 = EE^* = (E_r + E_0)(E_r + E_0)^* \tag{10.50}$$

其中，* 表示复数共轭。于是有

$$\begin{aligned} I(x,y) &= [A_r e^{j\alpha y} + A_0(x,y) e^{j\varphi_0(x,y)}][A_r e^{-j\alpha y} + A_0(x,y) e^{-j\varphi_0(x,y)}] \\ &= A_r^2 + A_0^2(x,y) + A_r A_0(x,y) e^{j[\alpha y - \varphi_0(x,y)]} + A_r A_0(x,y) e^{-j[\alpha y - \varphi_0(x,y)]} \end{aligned} \tag{10.51}$$

式(10.51)表明，全息底片上的光强按正弦规律分布，由于参考光波是固定不动的，所以 A_r 和 αy 是不变的。全息底片上的干涉条纹主要由物光束调制，即干涉条纹的亮度和形状主要由物光波决定，因此物光波的振幅和相位以光强的形式记录在全息底片上。全息底片经过显影和定影处理后，就成为全息图(又称全息干板)。

2. 物光波的再现

由式(10.51)所决定的全息图经过处理后具有一定的振幅透过率 $\tau(x,y)$，它是记录时曝光光强的非线性函数，曝光量 H 和振幅透过率 $\tau(x,y)$ 之间的关系如图 10-18 所示，一般称为 τ-H 曲线。当全息底片的曝光使用 τ-H 曲线的线性部分时，所得到的透过率和曝光光强呈线性关系。这时

$$\tau(x,y) = mI(x,y) \tag{10.52}$$

其中，m 为常数。

物光波再现时，如果用与参考光波一样的光波作为照明光波照明全息图，则得到的透射光波为

$$\begin{aligned} E_r &= \tau(x,y) E_r = mI(x,y) A_r e^{j\alpha y} = mA_r[A_r^2 + A_0^2(x,y)] e^{j\alpha y} + \\ &\quad mA_r^2 A_0(x,y) e^{j\varphi_0(x,y)} + mA_0(x,y) e^{-j\varphi_0(x,y)} A_r^2 e^{j2\alpha y} \end{aligned} \tag{10.53}$$

式(10.53)就是再现时的光波表达式。由式(10.53)可以看出，如果参考光波是均匀的，A_r^2 在整个全息图上近似为常数，则方程第二项正好是一个常数乘上一个物光波

$A_0(x,y)e^{j\varphi_0(x,y)}$。它表示一个与物光波相同的透射光波，这个光波具有原始光波所具有的一切性质，如果迎着该光波观察就会看到一个和原来一模一样的“物体”，该光波就好像是“物体”发射出似的，所以这个透射光波是原始物体波前的再现。由于再现时实际物体并不存在，该像只是由衍射光线的反向延长线构成的，所以称为原始物体的虚像或原始像，如图 10-19 所示。

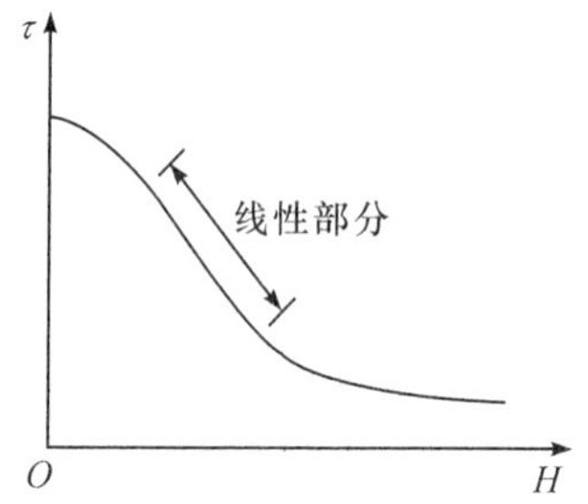

图 10-18 τ-H 曲线

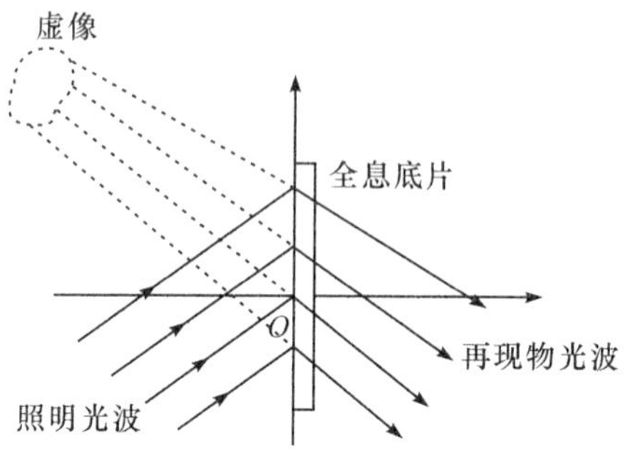

图 10-19 物光波的再现过程(一)

式(10.53)中，第三项也含有物光波的振幅和相位信息，但是它和物光波的前进方向不同，这可以从相位项中看出。第三项所表示的光波是比照明光波更偏离 z 轴的光束波前，偏角比 θ 大一倍左右。$\varphi_0(x,y)$ 前的负号表示再现光波与原始物光波在相位上是共轭的，即从波前来讲，若原来物光波是发散的，则该光波将是会聚的。此处，原来物光波是发散的，这一项所表示的光波在全息图后边某处形成原始物体的一个实像。

式(10.53)中，第一项是在照明光束方向传播的光波，它经过全息图后不偏转。A_r^2 仅造成一种均匀的背景，$A_0^2(x,y)$ 包含物体上各点在记录时所发射光波的自相干和互相干分量，一般使得全息图表面上，在表观上看来出现一种均匀颗粒分布或斑点图像。图像再现时，会产生“晕状雾光”，光物体亮度较小时，该项作用不明显，并且物体较小时，这种物体光束本身的相互调制并不产生在像的方向上的衍射光束，所以，在一般情况下可忽略不计。

有时在再现过程中还可以用另一个方向的光束作为照明光波，即与原参考光波正好按相反方向传播的平面波，如图 10-20 所示。此时，照明光波和原参考光波在光学相位上是共轭的，用它照明全息图，则透射光波为

$$E_t = \tau(x,y)E_r^* = mI(x,y)A_r e^{-j\alpha y} = mA_r[A_r^2 + A_0^2(x,y)]e^{-j\alpha y} + mA_r^2 A_0(x,y)e^{-j\varphi_0(x,y)} + mA_0(x,y)e^{j\varphi_0(x,y)}A_r^2 e^{-j2\alpha y} \tag{10.54}$$

式(10.54)中，第一项是沿照明光波方向传播的透射波，不带有物体信息；第三项是比照明光波传播方向更加偏转的衍射波，除了偏转因子 $e^{-j2\alpha y}$ 之外，它的相位部分与原始物光波的相位分布类似，它形成物体的一个原始像，即一个虚像，如图 10-20 所示；第二项是一个与原始物光波光束相位共轭的衍射波，它相当于在原来的物体位置处得到一个没有像差的实像。这个实像有特殊的深度反演特性，即沿深度方向物体像的空间排列次序和原来物体的深度方向排列次序恰好相反。

当然，如果照明光束的位置相对于全息图看来是从与参考光束成镜像关系的方向射出(见图 10-21)的，那么也能得到一个实像和一个虚像，不过实像位置与前者相比，正好对称于全息图，而且也是深度反演的。

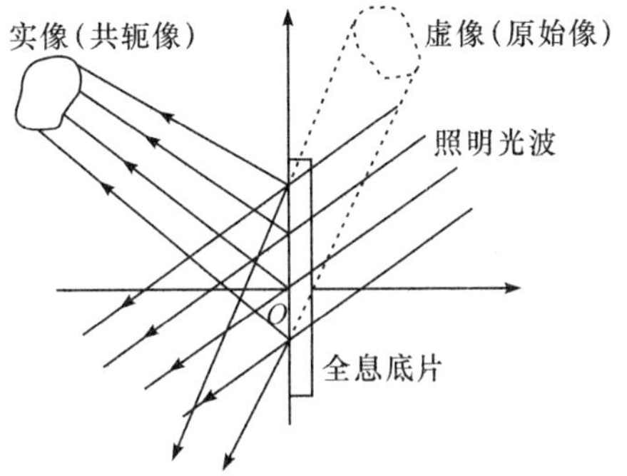

图 10-20　物光波的再现过程(二)

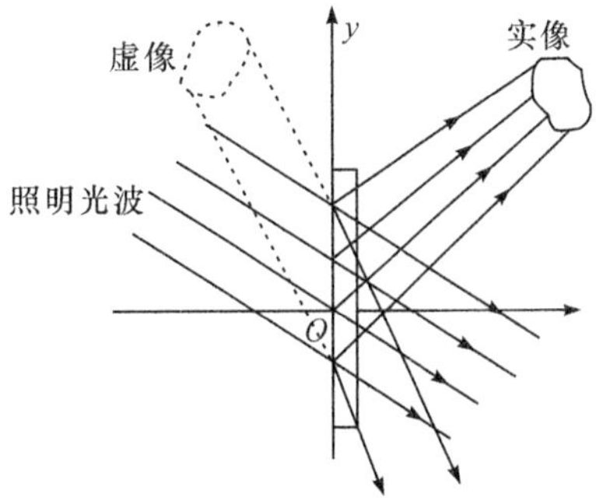

图 10-21　物光波的再现过程(三)

假定照明光束从任意方向照明全息图,对“薄”全息图来讲,也会得到两个像,像的位置也可以从数学分析中表达出来,不过这时一般会出现像的畸变或亮度减弱。

由上面的论述可知,由于全息图记录的是物光波和参考光波产生的干涉条纹,它分布于整个全息图上,因此,如果全息图缺损一部分,则只是减小了干涉条纹所占的面积,降低了再现像的亮度和分辨力,而对再现像的位置和形状是毫无影响的。这就是说,全息图对缺损、划伤、油污、灰尘等没有严格要求。这一点在应用中具有重要意义。

3. 全息图的分辨力和衍射效率

(1) 全息图的分辨力

全息像的分辨力主要由全息图的分辨力决定。实际影响全息图分辨力的因素有 4 个方面:

① 从物点看全息图时的张角 2θ;

② 光波波长 λ;

③ 全息底片的分辨力;

④ 参考光源的大小。

因素 ① 和 ② 与一般光学系统影响分辨力的结论相同,即全息系统的分辨力和尺寸与焦距相同的透镜系统等效,如图 10-22(a) 所示。

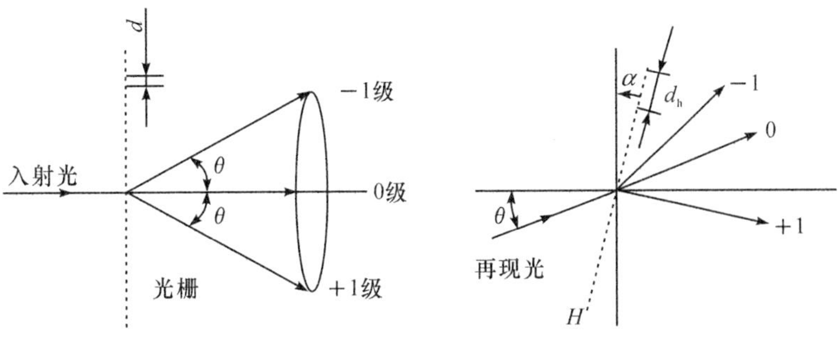

(a) 等效图　　(b) 再现

图 10-22　全息图的分辨力

如果物体的空间频率为 $1/d$,d 是等效的光栅间隔,由阿贝定理知,为使光栅能够被分辨,光栅衍射时两个一级光(±1 级)必须刚好进入透镜。对全息系统来讲,±1 级光必须刚好进入全息底片的视场。设 ±1 级和 0 级光的夹角为 θ,那么,由物理光学可知

$$\frac{1}{d}=\frac{\sin\theta}{\lambda} \tag{10.55}$$

对于全息图，如图10-22(b)所示，干涉条纹等效于光栅，全息图上复杂的干涉条纹是许多光栅的叠加，则干涉条纹的空间频率为

$$\frac{1}{d_{\mathrm{h}}}=\frac{(\sin\theta_{\mathrm{r}}-\sin\theta_0)\cos\alpha}{\lambda} \tag{10.56}$$

其中，α 为全息平面与参考光和物光夹角角平分线的垂线所成的夹角。

当 $\alpha=0$ 来实现再现时，再现光的入射角为 θ，要分辨全息图，则

$$\frac{1}{d_{\mathrm{h}}}=\frac{\sin\theta}{\lambda} \tag{10.57}$$

即 $d=d_{\mathrm{h}}$。

要记录下物体上某个已知空间频率，全息材料必须能够分辨相同空间频率的干涉条纹。由此可知，全息系统的分辨力与物体大小、全息图的类型、光路几何结构以及参考光源的大小有关。对于同轴全息图，如果分辨力不够，则物体的高频信息将在记录中丢失。对于离轴全息图，若分辨力不够，则物体视场的边缘部分记录不下来，视场受到损失。因此，对全息底片的分辨力要求是，底片能记录下物光波的最高空间频率 $\nu_{\max}$ 必须满足

$$\nu_{\max}\geqslant\frac{|\theta_{\mathrm{r}}|+|\theta_1|}{\lambda} \tag{10.58}$$

其中，θ_{r} 为零级衍射波的方向；θ_1 为一级衍射波的方向。

由此，大致可计算出全息底片的分辨力要求是800～4000条/mm。

(2) 全息图的衍射效率

全息图的衍射效率是衍射像的能量与照明光束的能量之比。若用 η 来表示衍射效率，则 η 可表示为

$$\eta=\frac{H_i}{H_0}=\frac{U_i^2}{U_0^2} \tag{10.59}$$

其中，H_i、U_i 为全息图上干涉条纹的能量分布和再现衍射波的复振幅；H_0、U_0 为全息图上曝光量的平均值和再现照明光波的复振幅。

若用 γ 来表示全息图上条纹的对比度，可以推导得

$$\eta=\frac{\beta^2H_0^2\gamma^2}{4} \tag{10.60}$$

其中，β 为全息底片的 τ-H 曲线中线性区的斜率。

式(10.60)说明，全息图的衍射效率与底片的特性曲线(β,H_0)和全息图上干涉条纹的对比度有关。当选定底片后，β 和 H_0 一定，衍射效率仅与干涉条纹的对比度平方有关，当参考光与物光的光强相同，即 $\gamma=1$ 时，全息图将有最大的衍射效率。

应该指出，从感光底片的特性曲线图10-18可知，条纹对比度增加，有可能使光强变化落到曝光特性的非线性区，造成失真。这时全息图将产生高级衍射像。高级衍射成分增加，必然导致有效衍射效率降低。因此，一般不采用最大对比度，通常取亮度比为

$$I_{\mathrm{r}}/I_0=2\sim10$$

则 $\eta=5\%\sim25\%$，就可获得清晰的再现像。不同类型的全息图有不同的衍射效率。实际上，由于各种因素的限制，实际衍射效率要低一些。为使全息图获得最大衍射效率，最佳对比度

就由 I_r/I_0 来控制。

4. 全息术中的光学系统

全息光学系统的设计各有不同，有的很简单，有的很复杂，如图 10-23 所示。由激光器发出的光束，一部分作为参考光束，另一部分作为物体光束。从光源的时间相干性考虑，一般按照等光程安排光路布局。这样不仅能拍摄到具有较大景深的物体，而且可以使全息底片上的干涉条纹的对比度最大化，再现时衍射效率就会提高，从而能获得高亮度的全息像。为了提高全息图的条纹对比度，除了等光程安排光路外，还要考虑以下因素：

(1) 合理选择曝光时间。

(2) 合理选择参考光束和物体光束的光强比。最佳光强比应是 1∶1，但从衍射效率角度考虑，为获得明亮的再现像，强度比应在 10∶1 范围内，可连续调节。

(3) 合理选择参考光束对物体光束在全息图上的入射角 θ。θ 角小，全息图的衍射效率大。

当底片和物体的间距确定以后，可算出使物体像和再现光恰好分开的最小 θ 角。为避免零级光束和再现像之间的干扰，一般取 θ 比上述最小 θ 角大一倍，但不允许超过 90°，否则对底片的分辨力要求将太高。

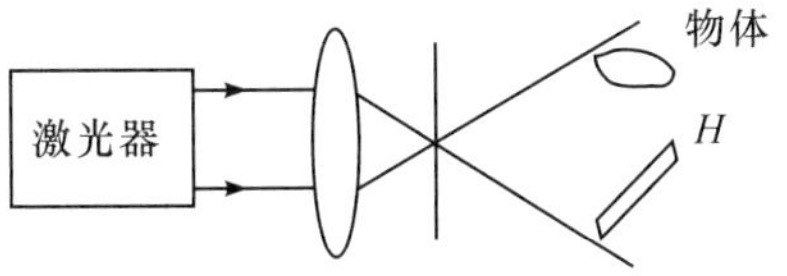

(a) 光路布局(一)

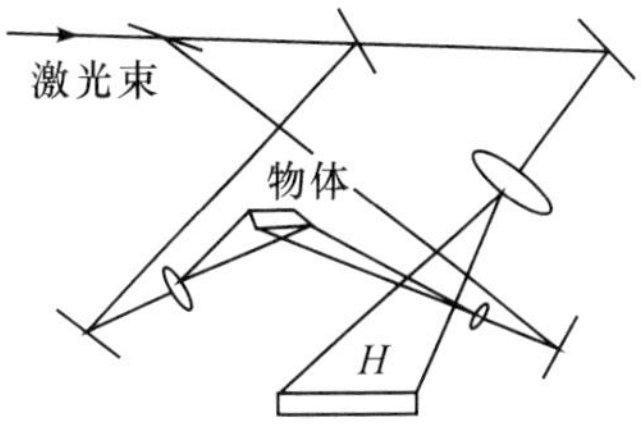

(b) 光路布局(二)

图 10-23　全息术中的光路布局

由于在全息图上记录的干涉条纹很细，所以在曝光过程中，不应使装置移动或振动。因此，必须有具有隔振系统的工作平台。对平台机械稳定性的要求是，参考光束和物体光束之间程差变化不应大于 1/4 波长，否则条纹对比度下降，再现像不清晰。常用的平台有花岗岩抛光平台以及气浮平台。此外，空气紊流对机械振动也同样有影响，在实验中放置热源时要十分注意。

10.4.8.2　全息干涉测试技术

1. 全息干涉测试技术的优势

全息干涉测试技术是全息术运用于实际较早也是较成熟的技术，它把普通的干涉测试技术同全息术结合起来，具有许多独特的优势。

(1) 一般干涉技术只可以用来测量形状比较简单的抛光表面工件，全息干涉技术则能够对任意形状和粗糙表面的三维表面进行测量，测量不确定度可达光波波长数量级。

(2) 全息图的再现像具有三维性质，因此全息干涉技术可以从不同视角观察一个形状复杂的物体。一个干涉全息图相当于用一般干涉进行多次观察。

(3) 全息干涉技术是比较同一物体在不同时刻的状态，因此，可以测试该段时间内物体的位置和形状的变化。

(4) 全息干涉图是对同一被测物体变化前后状态的记录，不需要比较基准件，对任意形状和粗糙表面的测试比较有利。

2. 常用的全息干涉测试方法

全息干涉测试技术的不足是其测试范围较小，变形量仅几十微米。全息干涉包括单次曝光法(实时法)、二次曝光法、多次曝光法、连续曝光法(时间平均法)、非线性记录、多波长干涉和剪切干涉等多种方法和形式。下面介绍几种常用的全息干涉测试方法。

(1) 静态二次曝光法

一般干涉仪的干涉原理是使标准波面与检验波面在同一时间内干涉，从而获得能观察到的干涉条纹。而二次曝光全息干涉法是将两个具有一定相位差的光波分别与同一参考光波相干涉，分两次曝光记录在同一张全息底片上，并得到包含有这两个具有一定光程差的光波的全部信息的全息图。当用与参考光完全相同的再现光照射该全息图时，就可以再现出两个互相重叠的具有一定相位差的物光波。当迎着物光波观察时，就可以观察到在再现物体上产生的干涉条纹。

设第一次曝光时物光波为

$$A_1(x,y) = A_0(x,y)e^{j\varphi_0(x,y)}$$

参考光波为

$$R(x,y) = R_0(x,y)e^{j\varphi_r(x,y)}$$

则第一次曝光在全息底片上的曝光量为

$$I_1(x,y) = |A_1(x,y) + R(x,y)|^2 \tag{10.61}$$

设第二次曝光时物光波变为 $A_2(x,y) = A_0(x,y)e^{j[\varphi_0(x,y)+\delta(x,y)]}$，即物光波发生了 $\delta(x,y)$ 的相位变化，参考光波仍为 $R(x,y) = R_0(x,y)e^{j\varphi_r(x,y)}$，则第二次曝光在全息底片上的曝光量为

$$I_2(x,y) = |A_2(x,y) + R(x,y)|^2 \tag{10.62}$$

两次曝光后，全息底片上总的曝光量分布为

$$\begin{aligned}I(x,y) = I_1(x,y) + I_2(x,y) = |A_1(x,y)|^2 + 2|R(x,y)|^2 + |A_2(x,y)|^2 + \\ R(x,y)A_1^*(x,y) + A_1(x,y)R^*(x,y) + R(x,y)A_2^*(x,y) + A_2(x,y)R^*(x,y)\end{aligned} \tag{10.63}$$

其中，* 表示复数共轭。

若把曝光时间取为 1，并假设底片工作在线性区，比例系数取 1，则底片经过显影、定影处理后得到全息图的振幅透射比分布为

$$\begin{aligned}\tau_H(x,y) = [2|R(x,y)|^2 + |A_1(x,y)|^2 + |A_2(x,y)|^2] + \\ R^*(x,y)[A_1(x,y) + A_2(x,y)] + R(x,y)[A_1^*(x,y) + A_2^*(x,y)]\end{aligned} \tag{10.64}$$

现在若用与参考光波被完全相同的光波照射在全息图上，则透射全息图的光波复振幅分布为

$$\begin{aligned}W(x,y) = R(x,y)\tau_H(x,y) = R(x,y)[2|R(x,y)|^2 + |A_1(x,y)|^2 + |A_2(x,y)|^2] + \\ |R(x,y)|^2[A_1(x,y) + A_2(x,y)] + R^2(x,y)[A_1^*(x,y) + A_2^*(x,y)]\end{aligned} \tag{10.65}$$

式(10.65)由三项组成，其中第二项是两次曝光时两个物光波相干叠加的合成波，第三项则是上述合成波的共轭波。可见，在再现时所出现的原始像和共轭像中，均有干涉条纹出

现。这组干涉条纹反映了两次曝光时物体形状的变化。

现在将两物光波的复振幅分布代入式(10.65)中的第二项，则有

$$
\begin{aligned}
W_2(x,y) &= |R(x,y)|^2\{A_0(x,y)e^{j\varphi_0(x,y)} + A_0(x,y)e^{j[\varphi_0(x,y)+\delta(x,y)]}\} \\
&= |R(x,y)|^2 A_0(x,y)[1+e^{j\delta(x,y)}]e^{j\varphi_0(x,y)} \qquad (10.66)
\end{aligned}
$$

其相应的强度分布为

$$
\begin{aligned}
I_2(x,y) &= W_2(x,y)W_2^*(x,y) \\
&= |R(x,y)|^4 A_0^2(x,y)\{e^{j\varphi_0(x,y)} + e^{j[\varphi_0(x,y)+\delta(x,y)]}\}\{e^{-j\varphi_0(x,y)} + e^{-j[\varphi_0(x,y)+\delta(x,y)]}\} \\
&= 2C\{1+\cos[\delta(x,y)]\} = 4C\cos^2\left[\frac{\delta(x,y)}{2}\right] \qquad (10.67)
\end{aligned}
$$

其中，$C = |R|^4 A_0^2$，为常数。

因此，透射光波中出现条纹是由于物体在前后两次曝光之间变形引起相位分布 $\delta(x,y)$ 的变化。当相位差满足

$$\delta(x,y) = 2n\pi(n = 0, \pm 1, \pm 2, \cdots)$$

时，则在相应的位置上出现亮条纹。而当

$$\delta(x,y) = (2n+1)\pi(n = 0, \pm 1, \pm 2, \cdots)$$

时，出现暗条纹。由于两物光波之间的相位差完全是物体变形引起的，根据光程差和相位差之间的关系，通过干涉条纹的测量就可以计算出物体在各处位置上的微小变形。

由于二次曝光法的干涉条纹是两个再现光波之间的干涉，故不必考虑物体与全息图的位置准确度，而且获得的是物体两个状态变化的永久记录。二次曝光法已经被用来研究许多材料的特性，如检查材料内部的缺陷。若采用脉冲激光，二次曝光技术就可以应用于瞬态现象研究，如冲击波、高速流体、燃烧过程等，可以计量到 1/10 波长的微小变化。

另外，二次曝光中干涉条纹往往是由两个因素引起的：一是二次曝光中物体形状的变化，二是二次曝光时光波频率的变化。后一种因素往往使问题复杂化，有时频率变化甚至使条纹消失，所以为保证测试的准确性，要严格控制激光器输出光波频率的稳定性。

(2) 实时法

实时法全息干涉，是对物体曝光一次的全息图，经显影和定影处理后在原来摄影装置中精确复位，再现全息图时，再现像就重叠在原来的物体上。若物体稍有位移或变形，就可以看到干涉条纹。

设物光波和参考光波在全息底片上形成的光场分布分别为

$$A(x,y) = A_0(x,y)e^{j\varphi_0(x,y)} \qquad (10.68)$$

$$R(x,y) = R_0(x,y)e^{j\varphi_r(x,y)} \qquad (10.69)$$

经过曝光、显影和定影处理后得到全息图底片，如图 10-24(a) 所示，其透射率分布为

$$\tau_H(x,y) = |A(x,y)|^2 + |R(x,y)|^2 + A(x,y)R^*(x,y) + A^*(x,y)R(x,y) \qquad (10.70)$$

将经过处理后获得的全息图复位，并用原参考光波 R 和变形后的物光波 A_1 同时照射全息图，如图 10-24(b) 所示。设变形后的物光波 $A_1(x,y) = A_0(x,y)e^{i\varphi_1(x,y)}$，则照射到全息图上的光波的复振幅为

$$C(x,y) = R(x,y) + A_1(x,y) \qquad (10.71)$$

那么透过全息图的光场复振幅分布为

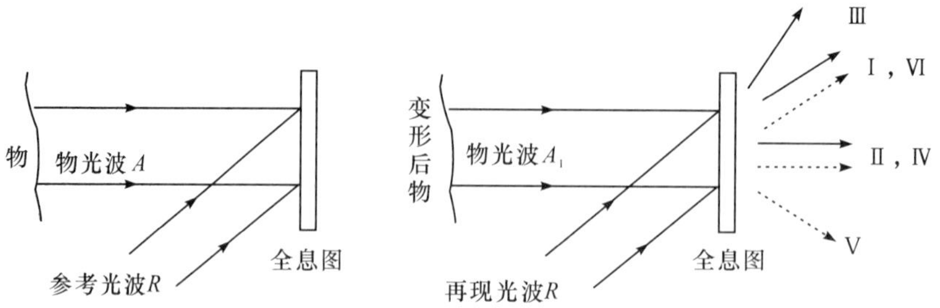

(a) 记录过程　　(b) 再现过程

图 10-24　实时法全息图的记录与波面再现

$$
\begin{aligned}
W(x,y) &= C(x,y)\tau_{\mathrm{H}}(x,y) \\
&= [A_1(x,y)+R(x,y)][|A(x,y)|^2+|R(x,y)|^2+ \\
&\quad A(x,y)R^*(x,y)+A^*(x,y)R(x,y)] \\
&= R_0(x,y)[R_0^2(x,y)+A_0^2(x,y)]e^{j\varphi_r(x,y)}+A_0(x,y)R_0^2(x,y)e^{j\varphi_0(x,y)}+ \\
&A_0(x,y)R_0^2(x,y)e^{-j[\varphi_0(x,y)-2\varphi_R(x,y)]}+A_0(x,y)[R_0^2(x,y)+A_0^2(x,y)]e^{j\varphi_1(x,y)}+ \\
&A_0^2(x,y)R_0(x,y)e^{j[\varphi_0(x,y)+\varphi_1(x,y)-\varphi_r(x,y)]}+A_0^2(x,y)R_0(x,y)e^{-j[\varphi_0(x,y)-\varphi_1(x,y)-\varphi_r(x,y)]}
\end{aligned}
\tag{10.72}
$$

由式(10.72)可见，透射光场由 6 个光波组成，它们的传播方向均不相同。其中第二项是再现产生的物体未改变时的虚像，沿原物光波方向射出。第四项是变形后的物光波。这两个光波干涉形成的条纹图正是我们感兴趣的，它直接反映了物体的表面变形。

由第二项和第四项光叠加后的光的复振幅分布为

$$
W_{2,4}(x,y)=A_0(x,y)R_0^2(x,y)e^{j\varphi_0(x,y)}+A_0(x,y)[R_0^2(x,y)+A_0^2(x,y)]e^{j\varphi_1(x,y)} \tag{10.73}
$$

叠加后的光强分布为

$$
\begin{aligned}
I_{2,4} &= W_{2,4}(x,y)W_{2,4}^*(x,y) \\
&= A_0^2(x,y)R_0^4(x,y)+A_0^2(x,y)[R_0^2(x,y)+A_0^2(x,y)]^2+ \\
&\quad 2R_0^2(x,y)A_0^2(x,y)[R_0^2(x,y)+A_0^2(x,y)]\cos[\varphi_0(x,y)-\varphi_1(x,y)]
\end{aligned}
\tag{10.74}
$$

在上述的推导过程中，假设全息底片工作在线性区，且取系数 1。由式(10.74)可以看出，干涉后的光强分布仅仅与原物光波和变形后的物光波的相位差有关。当这一相位差分别等于 π 的偶数倍或奇数倍时，就分别得到亮条纹或暗条纹。

实时法全息干涉技术在实际工作中要求全息图必须严格复位，否则直接影响测试准确度。应该指出，实时法与二次曝光法一样，研究物体在两个状态之间的变化时，变化量不能太大也不能太小，要在全息干涉分析的限度之内。

(3)时间平均法

多次曝光全息干涉技术的概念可以推广到连续曝光这一极限情况，结果得到所谓的时间平均全息干涉测试技术。这种方法是对周期性振动物体做一次曝光而形成的。当记录的曝光时间大于物体振动周期时，全息图上就会有效地记录许多像的总效果，物体振动的位置和时间平均相对应。当这些光波再现时，它们在空间上必然要相干叠加。物体上不同点的振幅不同引起的再现波相位不同，叠加结果是再现像上必然会呈现与物体的振动状态相对应的干涉条纹，亦即产生和振动的振幅相关的干涉条纹。

设振动物体的振幅为 A_0，并沿 z 轴方向振动，则其再现像上的干涉条纹的光强分布为

$$I(x,y)=|A_0|^2 J_0^2(Cz) \tag{10.75}$$

其中，J_0 为零阶贝塞尔函数；C 为常数。

式(10.75)表明，再现像上的干涉条纹的光强度与振动物体的振幅的平方成正比，与零阶贝塞尔函数的平方成正比。

时间平均全息干涉技术是研究正弦振动的最好工具，也可以用于研究非正弦运动，是振动分析的基本手段。

10.4.8.3　全息干涉测试技术的应用

全息技术是一个正在蓬勃发展的光学分支，其应用渗透到很多领域，已成为近代科学研究、工业生产、经济生活中十分有效的测试手段，广泛应用于位移测量、应变测量、缺陷检测、振动测量、尺寸检测、瞬态测试及信息存储等方面，在某些领域里的应用具有很大优势。下面介绍几种全息干涉技术在不同领域的应用实例。

1. 缺陷检测

全息干涉技术，不仅可以对物体表面上各点位置变化前后进行比较，而且对结构内部的缺陷也可以检测。由于检测具有很高的灵敏度，利用被测件在承载或应力下表面的微小变形的信息，就可以判定某些参量的变化，发现缺陷部位。

图 10-25 所示为用全息干涉法检测复合材料两表面缺陷的光路原理。当叶片两面在某些区域中存在不同振型的干涉条纹时，表示这个区域的结构已遭到破坏。如果振幅本身还有差异，则表示这是一个可疑区域，表明这个叶片的复合材料结构是不可靠的。

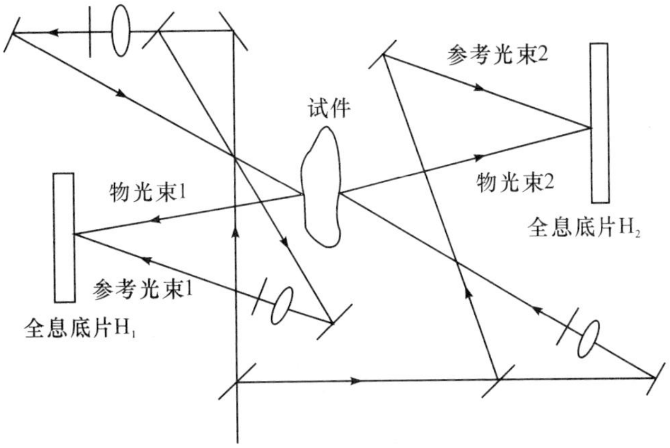

图 10-25　全息干涉法检测复合材料两表面缺陷的光路原理

用全息干涉法测试复合材料是基于脱胶或空隙易产生振动这一现象。由振型情况可区别这种缺陷。此法的优点是不仅能确定脱胶区的大小和形状，而且可以判定其深度。这对改进生产工艺是有意义的。另外，全息干涉法比超声测试法有优势的一点是全息干涉法可以在低于 100Hz 的频率下工作。同时，在低频区工作，一次检测的面积要大得多，提高了效率，简化了全息图的夹持方法。

全息干涉技术在缺陷检测方面的成功应用还有：断裂力学研究中采用实时全息干涉法

监测裂纹的产生和发展，用于应力裂纹的早期预报；利用二次曝光全息干涉技术和内部真空法对充气轮胎进行检测，可以十分灵敏和可靠地检测外胎花纹面、轮胎的网线层、衬里的剥离、玻璃布的破裂、轮胎边缘的脱胶以及各种疏松现象。

2. 振动测量

振动测量是由振动物体拍摄的全息图再现后观测到的，最基本的方法是时间平均法。由式(10.75)可知，振动物体再现时其光强与其零阶贝赛尔函数 J_0 的平方有关，即条纹位置对应物体的运动并与 J_0 的平方有关。振动时找到物体上一个距离最近的静止点来计算，静止点是以最亮的 J_0 条纹为标志的。这样就可以确定灵敏度矢量方向上物体运动的振幅。设振动方向垂直于物体表面，物体的运动问题的计算公式为

$$L=\frac{\lambda J_0^n}{4\pi\sin\alpha_1\cos\alpha_2} \tag{10.76}$$

其中，J_0^n 为 J_0 的 n 次根；α_1 为照明矢量与观察矢量之间夹角的一半；α_2 为灵敏度矢量与物体位移矢量之间的夹角。

通过观测振动物体全息图再现像的照片，由式(10.76)就可以测量物体在记录全息图期间的振动状态。由于其准确度和灵敏度都很高，特别是利用三维信息来研究振动物体的振型，是振动测量从来没有达到过的，因此，在工业和科学研究上得到很多应用，全息测振已经成为解决振动问题的一种工具。

3. 尺寸检测

利用相位外差的原理已制成一种高精度全息长度比较仪。相位外差的原理是使光路中一个波面引进一个频率为 ω 的相位调制，从而有可能取得对相位差 δ 的精确测量，即测得两个条纹之间的精确值。调制后的光强是

$$I=I_0\left[1+\cos\left(\omega t+\frac{2\pi\delta}{\lambda}\right)\right] \tag{10.77}$$

其中，I_0 为原始光强。

由式(10.77)把测量 I 变成测量相位$\dfrac{2\pi\delta}{\lambda}$，这样就有可能检测尺寸，其精度达 $\lambda/100$。

全息长度比较仪的光路系统原理如图 10-26 所示。

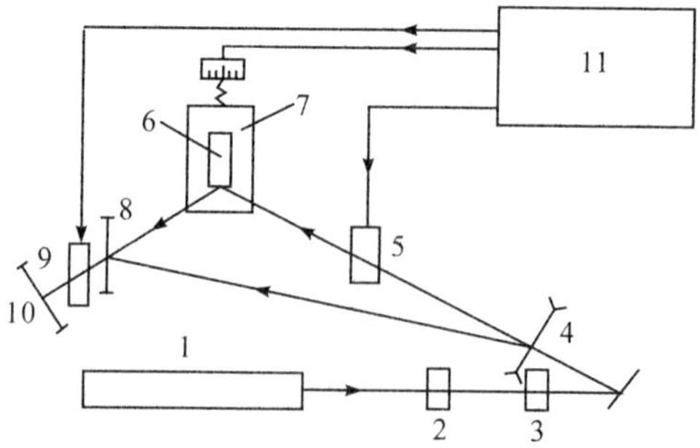

1—激光器，$\lambda=480$nm；2—快门；3—扩束及滤波器；4—透镜；5—调制器；6—块规或工件；7—移动工作台；8—全息底片；9—条纹控制器；10—显示屏；11—微处理机。

图 10-26　全息长度比较仪的光路系统原理

图 10-26 中调制器 5 是用直径 80mm 的圆光栅旋转，形成扫描物光束，半径不同时圆

光栅的线栅距不同，当光栅线数为 500 条时，得到频率为 100kHz～500kHz 的调制。参考光束与物体光束的亮度比取 2∶1，得到对比清晰的干涉条纹，干涉条纹的间隔为$\frac{\lambda}{2}\cos\theta$。$\theta$ 为物体光束与块规端面间的夹角，取 $\theta=30°$。测量是先用标准块规对零位。这时调整移动工作台 7 使干涉条纹完全消失，完成对零操作。放上被测块规或工件，测定干涉条纹的变动，计算尺寸差数的公式为

$$\Delta L=\Delta E\left(\frac{\lambda}{2\cos\theta}\right) \tag{10.78}$$

其中，ΔE 为干涉条纹的变动值。

以上方法仅针对长 80mm 的工件，测量精度可达 $\lambda/10$，$\pm 0.05\mu m$ 左右。

全息技术对粒子尺寸、流场三维分布等可以进行很有效的测量，是获得整个流场定量的理想方法，目前已在空气动力现象、气动传输、蒸汽涡轮机测试、雾场水滴微粒尺寸分布、透明体的均匀性分布、温度分布、流速分布等方面的测量中得到应用。

测量光学玻璃均匀性的全息干涉原理如图 10-27 所示。其中 M_1、M_2、M_3、M_4 是反射镜，B_1、B_2 是分光镜，L_1 是准直物镜，L_2、L_3 是扩束镜，H 是全息底片，G 是待测玻璃样品。从 L_2 扩束的光线经 L_1 准直后由 M_1 射回到 B_1，再反射到 H 上的光束是物光束。从 B_2 反射，经 M_4，再由 L_3 扩束后直达 H 的光束是参考光束。在 H 上获得全息图，测量方法是在样品 G 未放入光路时曝光一次，放入样品后再曝光一次。如果样品是一块均匀的平行平板，那么，再现时，视场中无干涉条纹。当折射率不均匀时，视场中将出现干涉条纹。

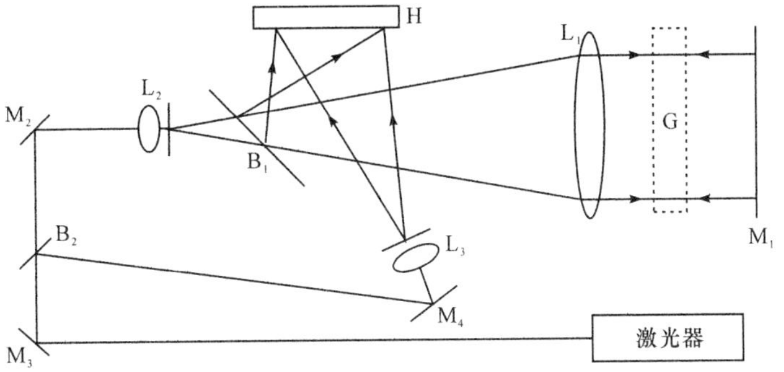

图 10-27　测量光学玻璃均匀性的全息干涉原理

拍摄全息图时，也可以不用 M_1 而直接利用样品 G 的前后两个表面的反射光。此时，两路物体光束之间的光程差是

$$\Delta L=2nh=m\lambda \tag{10.79}$$

其中，n 为样品的折射率；h 为样品的厚度；m 为干涉级次。

由于干涉条纹的移动，用式(10.79) 可求得样品上厚度的不均匀性以及折射率的不均匀性。

习　题

10.1　两个激光器的输出光频率相差 10MHz，强度相同，传播方向一致，叠加在一起

是否一定能够产生光外差干涉？如果不能，尚需满足什么条件？

10.2 试探讨影响光外差干涉测长精度的因素。

10.3 Sagnac 效应与多普勒效应本质上是相同的吗？

10.4 相干光通信与射频无线通信相比有何优缺点？

10.5 写出相干检测和直接检测的最大信噪比极限，在两者带宽相等的条件下，相干检测的信噪比仅比直接检测高了多少分贝？为什么说相干检测可以获得很高的输出信噪比？

10.6 为使光外差检测中的中频输出不低于最大值的 50%，本振光和信号光之间的夹角应在多大范围内取值？

10.7 一多普勒速度计使用 CO_2 激光器，波长为 10.6μm，设沿照明光束方向的运动速度为 $v=0\sim15\text{m/s}$，要求测速灵敏度为 1mm/s，试计算光外差检测系统所需要的通频带宽度和频率的测量灵敏度。与采用波带宽为 1nm 的光谱滤光片相比较，试计算两种情况下的带宽比。

10.8 对称互差方式多普勒测速原理如题 10.8 图所示，试说明它的工作原理，并推导出探测器输出的交流信号的表达式。

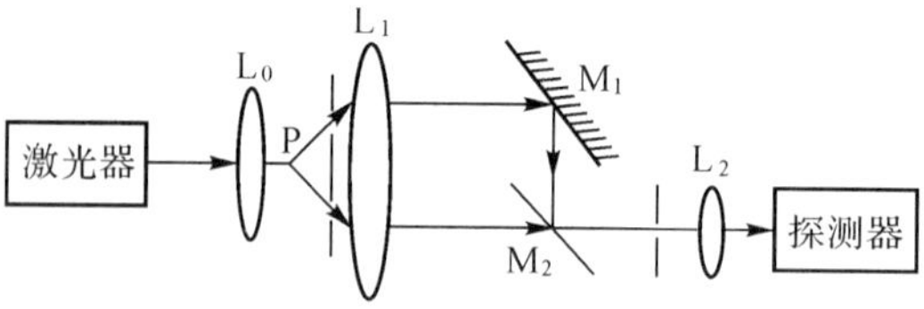

题 10.8 图　对称互差方式多普勒测速原理

10.9 题 10.9 图是一个测量低速转轴表面跳动的光电检测系统。振动针孔沿水平方向振动，AGC 电路为自动增益控制电路。当转轴表面无跳动时，相敏检波器输出信号为零；当有跳动时，输出信号为周期性的正或负脉冲信号，且跳动越大，信号幅度也越大，信号周期与转轴转动周期一致。

(1)试画出图中振动针孔调制器的工作特性曲线；

(2)说明该检测系统的工作原理。

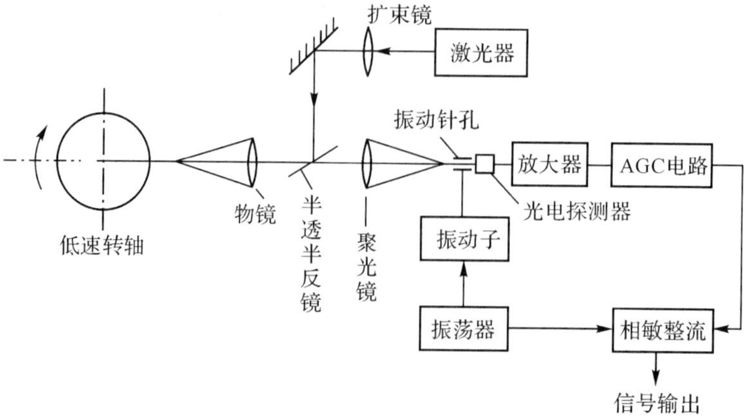

题 10.9 图　测量低速转轴表面跳动的光电检测系统

第11章 图像检测技术与系统

1951年，宾·克罗司比实验室发明了录像机(VTR)，这种新机器可以将电视转播中的电流脉冲记录到磁带上。它被视为电子成像技术产生的标志。20世纪60年代，美国宇航局(NASA)在宇航员被派往月球之前，必须对月球表面进行勘测。然而工程师们发现，由探测器传送回来的模拟信号被夹杂在宇宙里其他射线之中，显得十分微弱，地面上的接收器无法将信号转变成清晰的图像。于是工程师们不得不另想办法。

1969年，美国贝尔实验室发明了电荷耦合器件(CCD)。当工程师使用电脑将CCD得到的图像信息进行数字处理后，所有的干扰信息都被剔除了。后来"阿波罗"登月飞船上安装的使用CCD的装置，就是数码相机的原形。"阿波罗"飞船登上月球的过程中，美国宇航局接收到的数字图像如水晶般清晰。为什么使用CCD探测器可以提高信噪比？它的具体工作原理又是什么呢？本章将介绍CCD的结构及工作原理，还将介绍基于CCD的静态图像和视频的典型光电检测应用。

CCD的历史

1969年10月19日，美国贝尔实验室(Bell labs)的维拉·玻意耳(W. S. Boyle)和乔治·史密斯(G. E. Smith)发明了CCD。当时贝尔实验室正在发展基于二极管阵列的影像电话(picture phone)和半导体气泡式内存(semiconductor bubble memory)。受这两种新技术的启发，波义耳和史密斯通过头脑风暴构思出一种装置，他们将其命名为"电荷'气泡'元件"(charge "bubble" devices)。这种装置最初用作半导体记忆装置。1970年4月，玻意耳和史密斯提出使用该器件组成线阵或面阵可用于成像，CCD就此诞生。发展到今天，以CCD为代表的图像传感器已广泛应用在手机摄像头、照相机、科学研究、工业检测等方面。2006年，玻意耳和史密斯获得的电气和电子工程师学会(IEEE)颁发的Charles Stark Draper奖章，表彰了他们对CCD发展的贡献。2009年，波义耳和史密斯因发明了一种成像半导体电路——CCD而与另外一名科学家高锟分享了当年的诺贝尔物理学奖。

11.1 CCD与CMOS的基本原理

光电成像器件是指能输出图像信息的一类器件，它包括真空成像器件和固体成像器件两大类。真空成像器件根据管内有无扫描机构粗略地分为像管和摄像管。像管的主要功能是把不可见光(红外或紫外)图像或微弱光图像通过电子光学透镜直接转换成可见光图像，如变像管、像增强器、X射线像增强器等。摄像管是一种把可见光或不可见光(红外、紫外或X射线等)图像通过电子束扫描后转换成相应的电信号，通过显示器件再成像的光电成像器件。固体成像器件不像真空成像器件那样需用电子束在高真空度的管内进行扫描，只需要通过某些特殊结构或电路(即自扫描形式)读出电信号，然后通过显示器件再成像。

在20世纪60年代后期，随着半导体集成电路技术的发展，特别是金属氧化物半导体(metal oxide semiconductor, MOS)集成电路工艺的成熟，各种固体成像器件得到迅速发展。20世纪70年代末已有一系列的成熟产品，固体成像器件就不需要在真空玻璃壳内用靶来完成光学图像的转换且电子束按顺序进行扫描就能获得视频信号，即器件本身就能完成光学图像转换、信息存贮和按顺序输出(称自扫描)视频信号的全过程。

11.1.1 CCD的基本原理

CCD包含光敏区域和传输区域。一幅图像通过成像透镜投射到由电容器阵列组成的光敏区域，每个电容器上积累的电荷与入射到其上的辐射通量成正比。由于对应图像的亮暗分布不同，对应的MOS电容器(像素)所积累的电荷不同，从而形成图像的潜影。而移位寄存器组成的传输区域用于将光敏区域积累的电荷按照特定的方式依次转移，最终进入电荷放大器，将电荷量转换为对应的电压信号。在数字装置中，这些电压信号将通过模数转换形成数字信号；在模拟装置中，则通过低通滤波形成连续的模拟信号，经处理后用于传输、记录、显示等。

用于扫描仪和传真机的线阵CCD相机每次仅能获取图像上的一条线上的信息；而通常用于视频和照相的面阵CCD相机采用的是二维感光阵列，能够获取二维图像信息。

CCD的基本单元是MOS电容器。P型Si-CCD的MOS电容器的结构如图11-1所示，它是在半导体P型硅为衬底的表面上用氧化的办法生成一层厚度为20～150nm的二氧化硅(SiO_2)，再在二氧化硅表面蒸镀一层金属(如铝)，在衬底和金属电极间加上偏置电压，就构成了一个MOS电容器。

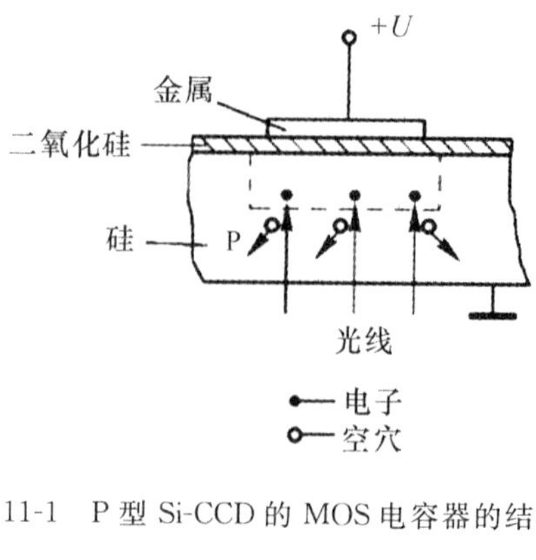

图11-1 P型Si-CCD的MOS电容器的结构

1. 光电转换

当没有施加正偏置电压时，作为P型半导体中多数载流子的空穴是均匀分布的；当在电极施加正偏置电压时，空穴被排斥，产生耗尽层。作为少数载流子的电子受电场吸引进入耗尽层，耗尽层对于电子而言成为势能较低的区域，称为势阱，它具有收集电子的能力。当一定波长的光子入射到 P 型硅时，P 型硅价带的电子将吸收光子的能量而跃迁至导带，产生新的电子-空穴对，称为光生电荷(photo-generated charge)，其中产生的电子被势阱所收集，空穴则被排斥出耗尽层。

一个光敏单元所搜集的所有光生电荷合起来被称为一个电荷包(charge packet)。电荷存储于 MOS 电容器中的硅-二氧化硅交界处，其厚度仅有数十纳米。当有更多的光生电荷产生并进入势阱时，势阱的势能不断降低。当势阱的势能低至零时，就无法吸收多余的光生电荷了。这种状态称为饱和(saturation)。

CCD 的工作波长主要由 MOS 电容器的材料性质决定。能否产生光生电荷由入射光子能量 $h\nu$ 与半导体禁带宽度 E_g 的关系决定，即

$$\lambda_g = \frac{1.24}{E_g} \tag{11.1}$$

其中，λ_g 为保证产生光生电荷的长波限，单位为 μm；E_g 为半导体禁带宽度，单位为 eV。对于硅材料，E_g 为 1.12eV，则 λ_g 为 1.11μm，此即硅材料的 CCD 工作波长的上限，波长高于该上限的光由于无法导致电子跃迁而不能产生光生电荷。那么是否所有波长小于 λ_g 的光都属于硅 CCD 的工作波长呢？答案是否定的，对于硅 CCD 而言，由于硅在波长为 380nm 以下的紫外波段的吸收系数大，其穿透能力弱因而进入不了衬底，在该波段成像比较困难，所以其工作波长也是有下限的。

2. 电荷存贮

由上述可知，构成 CCD 的基本单元是 MOS 结构。如图 11-2(a)所示，在栅极 G 施加正偏压 U_G 之前，P 型半导体中的空穴(多数载流子)的分布是均匀的。当栅极施加正偏压 U_G(此时 U_G 小于 P 型半导体的阈值电压 U_{th})后，空穴被排斥，产生耗尽层，如图 11-2(b)所示。如偏压继续增加，耗尽层将进一步向半导体体内延伸。当 $U_G > U_{th}$时，半导体与绝缘体界面上的电势(常称为表面势，用 ϕ_S 表示)变得如此之高，以至于将半导体体内的电子(少数载流子)吸引到表面，形成一层极薄的(约 10^{-2} μm)但电荷浓度很高的反型层，如图 11-2(c)所示。反型层电荷的存在表明了 MOS 结构存储电荷的功能。然而，当栅极电压由零突变到高于阈值电压时，轻掺杂半导体中的少数载流子很少，不能立即建立反型层。在不存在反型层的情况下，耗尽层将进一步向体内延伸。而且，栅极和衬底之间的绝大部分电压降落在耗尽层上。如果随后可获得少数载流子，那么耗尽层将收缩，表面势下降，氧化层上的电压增加。当提供足够的少数载流子时，表面势可降低到半导体材料费米能级 E_F 的两倍。如对于掺杂浓度为 $10^{15}\,cm^{-3}$的 P 型半导体，其费米能级为 0.3eV。耗尽层收缩到最小时，表面势 ϕ_S 下降到最低值 0.6eV，其余电压在氧化层上。

表面势 ϕ_S 随反型层电荷密度 Q_{INV}、栅极电压 U_G 的变化表示在图 11-3 和图 11-4 中。图 11-3 中的曲线表示对于氧化层的不同厚度在不存在反型层电荷时，表面势 ϕ_S 与栅极电压 U_G 的关系。图 11-4 为栅极电压不变的情况下，表面势 ϕ_S 与反型层电荷密度的关系曲线。

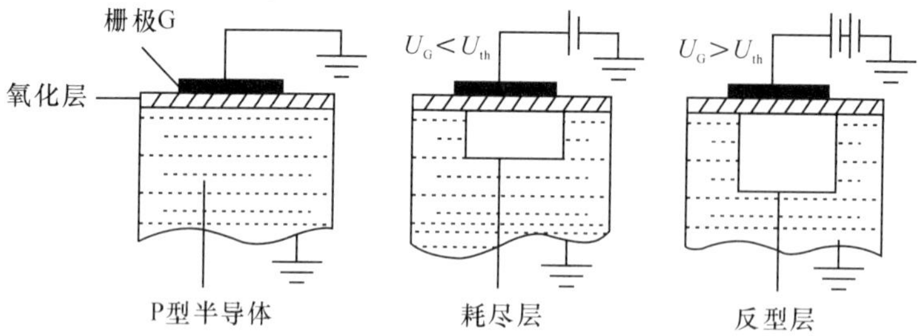

(a) 栅极电压为零　(b) 栅极电压小于阈值电压　(c) 栅极电压大于阈值电压

图 11-2　单元 CCD 栅极电压变化对耗尽层的影响

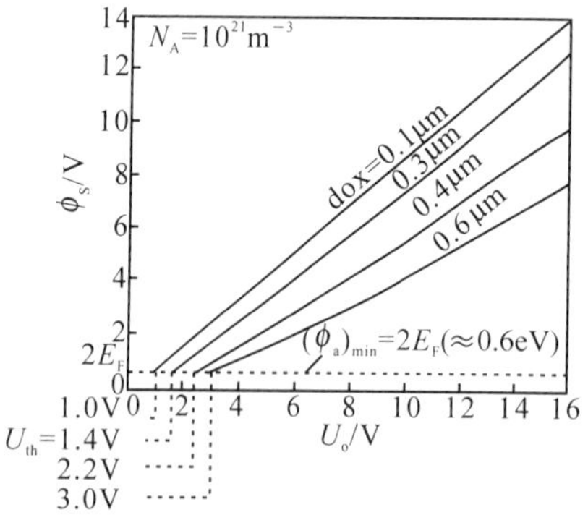

图 11-3　表面势 ϕ_s 与栅极电压 U_G 的关系(P 型硅杂质深度 $N_A=10^{21}m^{-3}$,反型层电荷密度 $Q_{INV}=0$)

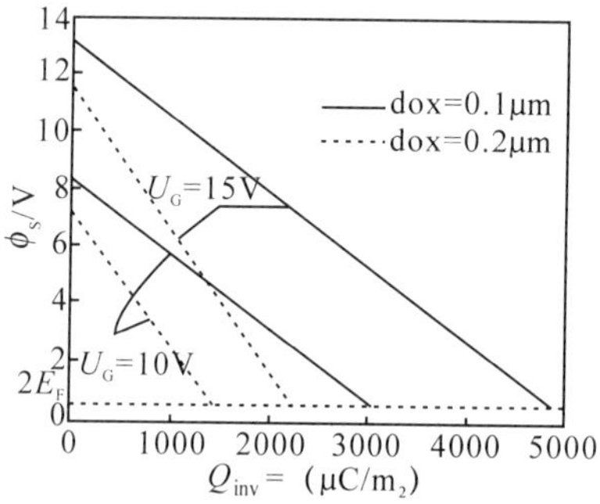

图 11-4　表面势 ϕ_s 与反型层电荷密度 Q_{inv} 的关系

曲线的直线性好,说明表面势 ϕ_S 与反型层电荷密度 Q_{inv} 有良好的反比例线性关系。这种线性关系很容易用半导体物理中的“势阱”的概念来描述。电子之所以被加有栅极电压 U_G 的 MOS 结构吸引到氧化层与半导体的交界面处,是因为那里的势能最低。在没有反型层电荷时,势阱的“深度”与栅极电压 U_G 的关系恰如 ϕ_S 与 U_G 的线性关系[如图 11-5(a)所示空势阱的情况]。图 11-5(b)为反型层电荷填充 1/3 的势阱时,表面势收缩。表面势 ϕ_S 与反型层电荷密度 Q_{inv} 间的关系如图 11-4 所示。当反型层电荷足够多,使势阱被填满时,ϕ_S 降到 $2\phi_F$,此时,表面势不再束缚多余的电子,电子将产生“溢出”现象。这样,表面势可以作为势阱深度的量度,而表面势又与栅极电压 U_G、氧化层的厚度 d_{ox} 有关,即与 MOS 电容容量 C_{ox} 与 U_G 的乘积有关。因此,势阱的横截面积取决于栅极电极的面积 A,所以 MOS 电容存储信号电荷的容量为

$$Q=C_{ox}U_G\cdot A \tag{11.2}$$

3. 电荷转移

为了理解在 CCD 中电荷是如何从一个像素移动到另一个像素的,可以参见图 11-6。取 CCD 中四个彼此相邻的电极来说明。假设开始时有一些电荷存储在偏压为 10V 的第一个电极下面的深势阱里,其他电极上均加有大于阈值的较低的电压(例如 2V)。设图 11-6(a)为零时刻(初始时刻),过 t_1 时刻后,各电极上的电压变为如图 11-6(b)所示的情况,第一个电极仍保持为 10V,第二个电极上的电压由 2V 变到 10V,因这两个电极靠得很近(几微米),它们各自的对应势阱将合并在一起。原来在第二个电极下的电荷变为这两个电极下

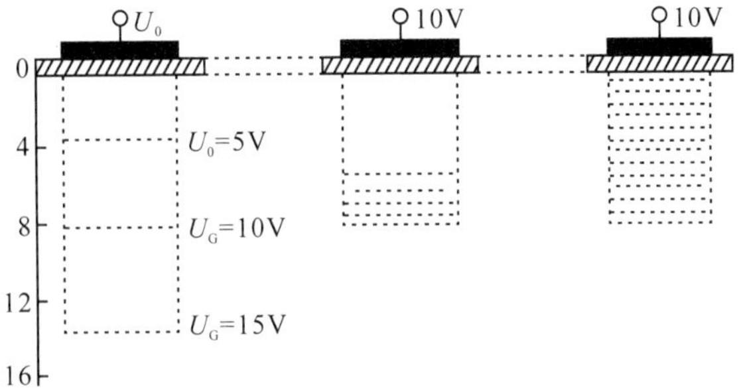

(a) 空势阱　(b) 填充1/3的势阱　(c) 全满势阱

图 11-5　势阱

势阱所共有，如图 11-6(c)所示。若此后电极上的电压变为如图 11-6(d)所示的情况，第二个电极电压由 10V 变为 2V，第三个电极电压仍为 10V，则共有的电荷转移到第三个电极下的势阱中，如图 11-6(e)所示。由此可见，深势阱及电荷包向右移动了一个位置。

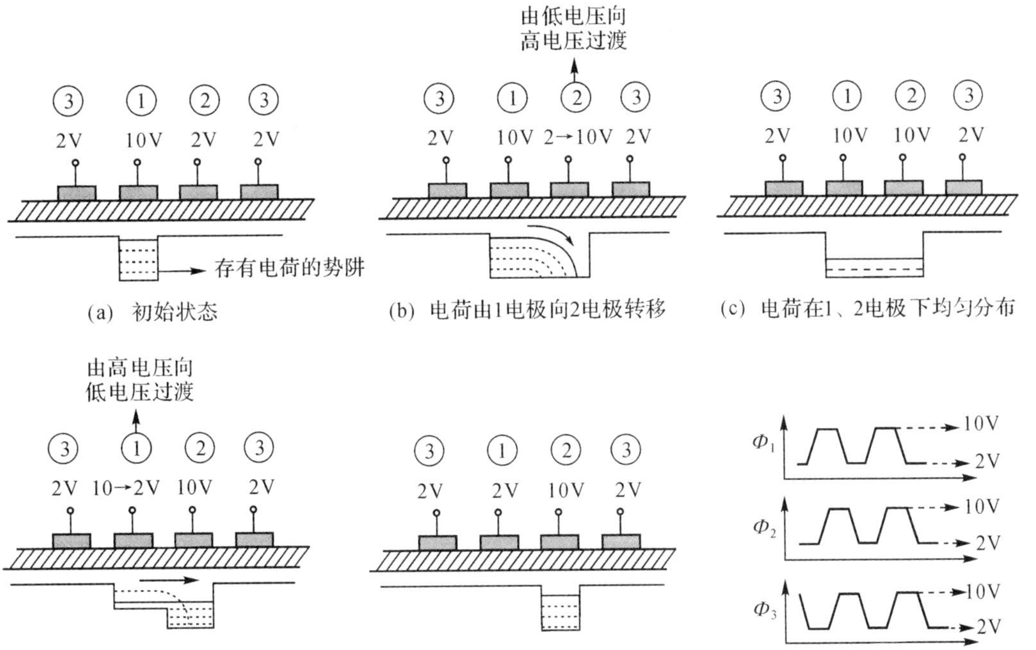

(a) 初始状态　(b) 电荷由1电极向2电极转移　(c) 电荷在1、2电极下均匀分布
(d) 电荷继续由1电极向2电极转移　(e) 电荷完全转移到2电极　(f) 三相交叠脉冲

图 11-6　电荷的转移过程

可见，随着上述三相电压的不断变化，各个电极下的电荷包就能沿半导体表面按一定方向移动。通常把 CCD 电极分为几组，并施加同样的时钟脉冲。CCD 的内部结构决定了使其正常工作所需的相数。如图 11-6 所示的结构需要三相时钟脉冲，其波形如图 11-6(f)所示，这样的 CCD 称为三相 CCD。三相 CCD 的电荷耦合(传输)必须在三相交叠脉冲的作用下才能以一定的方向，逐个单元地转移。

需要指出的是，CCD 电极间隙必须很小，电荷才能不受阻碍地自一个电极转移到相邻电极下。这对于图 11-6 的电极结构是一个关键问题。如果电极间隙比较大，两相邻电极间的势阱将被势垒隔开，不能合并，电荷也不能从一个电极向另一个电极转移，CCD 便不能在外部脉冲作用下正常工作。上述过程是一种电荷耦合过程，故称这种器件为电荷耦合器件。

能够产生完全耦合条件的最大间隙一般由具体电极结构、表面态密度等因素决定。经理论计算和实验证实，为了不使电极间隙下方界面处出现阻碍电荷转移的势垒，间隙的长度应小于 3μm，这也是同样条件下半导体表面深耗尽层宽度的大致尺寸。当然，如果氧化层厚度、表面态密度不同，结果也会不同。但对于绝大多数 CCD，1μm 的间隙长度是足够小的。

4. 电荷输入

CCD 的电荷输入即电荷的注入，一般可分为两类：光注入和电注入。

(1) 光注入

当光照射到 CCD 硅片上时，在半导体体内产生电子-空穴对，其栅极附近的多数载流子被栅极电压排开，少数载流子则被收集在势阱中形成信号电荷。光注入方式又可分为正面照射式及背面照射式。CCD 摄像器件的光敏单元为光注入方式。光注入电荷 Q_{ip} 为

$$Q_{ip} = \eta q \Delta n_{eo} A T_c \tag{11.3}$$

其中，η 为材料的量子效率；q 为电子电荷量；Δn_{eo} 为入射光的光子流速率；A 为光敏单元的受光面积；T_c 为光注入时间。

(2) 电注入

所谓电注入，就是 CCD 通过输入机构对信号电压或电流进行采样，将信号电压或电流转换为信号电荷。电注入的方法很多，这里仅介绍两种常用的注入法，即电流注入法和电压注入法。

① 电流注入法

如图 11-7(a) 所示，由 N^+ 扩散区和 P 型衬底构成注入二极管。IG 为 CCD 的输入栅，其上加适当的正偏压以保持开启，并作为基准电压。模拟输入信号 U_{IN} 加在输入二极管 ID 上。当 ϕ_2 为高电压时，可将 ID 极(N^+ 区)看作 MOS 场效应管的源极，IG 为栅极，而 ϕ_2 为其漏极。当它工作在饱和区时，输入栅下沟道电流为

$$I_s = \mu \frac{W}{L_G} \cdot \frac{C_{ox}}{2} (U_{IN} - U_{IG} - U_{th})^2 \tag{11.4}$$

其中，W 为信号沟道宽度；L_G 为注入栅 IG 的长度；μ 为载流子表面迁移率；C_{ox} 为注入栅 IG 的电容；U_{IG} 为输入栅的偏置电压；U_{th} 为硅材料的阈值电压。

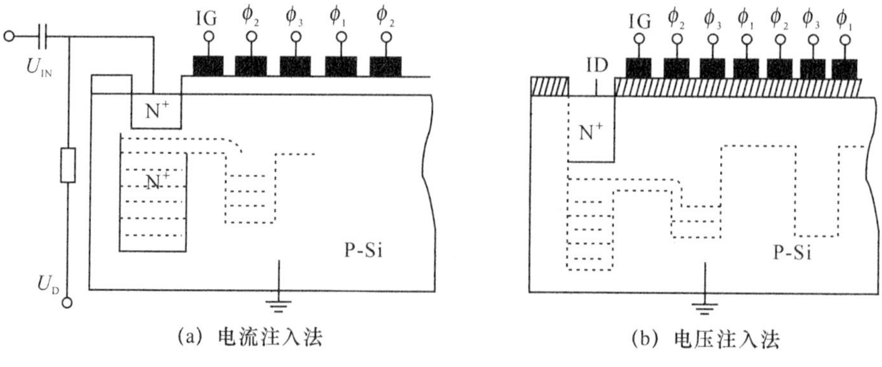

(a) 电流注入法　　(b) 电压注入法

图 11-7 电注入

在经过 T_c 时间的注入后，ϕ_2 下势阱的信号电荷量为

$$Q_s = \mu \frac{W}{L_G} \cdot \frac{C_{ox}}{2}(U_{IN} - U_{IG} - U_{th})^2 \cdot T_c \tag{11.5}$$

由式(11.5)可见，这种注入方式的信号电荷 Q_s 不仅依赖于 U_{IN} 和 T_c，而且与输入二极管所加偏压的大小有关。

② 电压注入法

如图 11-7(b) 所示，电压注入法与电流注入法类似，也是把信号加到源极扩散区上。不同的是，输入栅 IG 电极上加与 ϕ_2 同位相的选通脉冲，其宽度小于 ϕ_2 的脉宽。在选通脉冲的作用下，电荷被注入第一个转移栅 ϕ_2 下的势阱里，直到阱的电位与 N^+ 区的电位相等时，电荷注入才停止。在 ϕ_2 下势阱中的电荷向下级转移之前，由于选通脉冲已经终止，输入栅下的势垒开始把 ϕ_2 下和 N^+ 区的势阱分开。与此同时，留在 IG 下的电荷被挤到 ϕ_2 和 N^+ 区的势阱中。由此而引起的起伏，不仅产生输入噪声，而且使信号电荷 Q_s 与输入电压 U_{ID} 的线性关系变差。这种起伏可以通过减小 IG 电极的面积来克服。此外，选通脉冲的截止速度减慢也能减小这种起伏。这种电压注入法的电荷注入量 Q_s 与时钟脉冲频率无关。

5. 电荷输出

在 CCD 中，信号电荷在转移过程中与时钟脉冲没有任何电容耦合，但在输出端则不可避免。因此，要选择适当的输出电路，使之尽可能地减小时钟脉冲对输出信号的容性干扰。目前，CCD 输出信号的方式主要有电流输出、浮置扩散放大器输出和浮置栅放大器输出。

(1) 电流输出

电流输出是使用较多的一种方式，如图 11-8(a) 所示。当信号电荷转移到最末一个电极 ϕ_2 下的势阱中后，若 ϕ_2 电极上的电压由高变低，信号电荷将通过加有恒定电压的输出栅 OG 下的势阱，进入反向偏置二极管(即图中 N^+ 区) 中。因为这个二极管是反向偏置，它会形成一个深陷信号电荷的势阱，所以转移到 ϕ_2 电极下的电荷包会越过输出栅，流入这个深势阱中。直流偏置的输出栅 OG 用来使漏扩散和时钟脉冲之间退耦。由反向偏置二极管收集来的信号电荷，使 A 点的电位发生变化。所以，可用 A 点的电位来检测注入输出二极管中的电荷量。若二极管输出电流为 I_D，则注入二极管中的信号电荷量 Q_s 为

$$Q_s = I_D \mathrm{d}t \tag{11.6}$$

由此看出，输出电流 I_D 与信号电荷量 Q_s 呈线性关系。最后，A 点的电位变化通过隔直电容由场效应放大器输出。此外，在图 11-8(a) 中，A 点上面的场效应复位使得输出二极管的深势阱复位，二极管导通让剩余电荷流入电源，从而使 A 点的电位恢复到起始的电压，准备接收新的信号电荷。

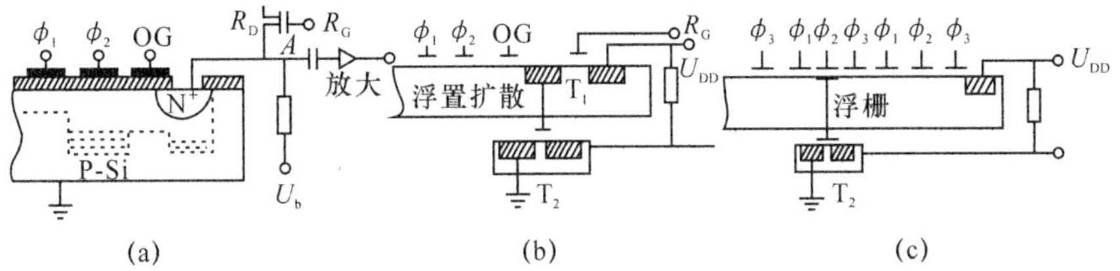

图 11-8　电流输出电路

(2) 浮置扩散放大器输出

如图 11-8(b) 所示,前置放大器与 CCD 同做在一个硅片上,T_1 为复位管,T_2 为放大管。复位管在 ϕ_2 下的势阱未形成之前,在 R_G 端加复位脉冲 ϕ_R,使复位管导通,把浮置扩散区剩余电荷抽走,复位到 U_{DD}。当电荷到来时,复位管截止,由浮置扩散区收集的信号电荷来控制 T_2 管的栅极电位变化,设电位变化量为 ΔU,则有

$$\Delta U = Q_s / C_{FD} \tag{11.7}$$

其中,C_{FD} 是与浮置扩散区有关的总电容,它包括浮置二极管势垒电容 C_d,OG、DG 与 FD 间的耦合电容 C_1、C_2 及 T 管的输入电容 C_g,即

$$C_{FD} = C_d + C_1 + C_2 + C_g \tag{11.8}$$

经放大器放大 K_V 倍后,输出的信号 U_o 为

$$U_o = K_V \Delta U \tag{11.9}$$

(3) 浮置栅放大器输出

图 11-8(c) 为浮置栅放大器输出。T_2 的栅极不是直接与信号电荷的转移沟道相连接,而是与沟道上面的浮置栅相连。当信号电荷转移到浮置栅下面的沟道时,在浮置栅上感应出镜像电荷,以此来控制 T_2 的栅极电位,达到信号检测与放大的目的。由转移到 ϕ_2 下的电荷所引起的浮栅上电压的变化 ΔU_{FG} 为

$$\Delta U_{FG} = \frac{|Q_s|}{\frac{C_d}{C_p}(C_p + C_{\phi_2} + C_g) + (C_{\phi_2} + C_g)} \tag{11.10}$$

其中,C_{ϕ_2} 为 FG 与 ϕ_2 间的氧化层电容。显然,ΔU_{FG} 可以通过 MOS 晶体管 T_2 加以放大输出。浮置栅放大器输出具有在不破坏信号电荷状态下输出的优点。

6. CCD 的类型

CCD 的类型有很多,而且也有很多分类方法。以电子为信号电荷的 CCD 称为 N 型沟道 CCD,简称为 N 型 CCD。而以空穴为信号电荷的 CCD 称为 P 型沟道 CCD,简称为 P 型 CCD。由于电子的迁移率(单位场强下的运动速度) 远大于空穴的迁移率,因此,N 型 CCD 比 P 型 CCD 的工作频率高得多。

此外,CCD 按驱动脉冲的相数分,有二相 CCD、三相 CCD 和四相 CCD。值得注意的是,我们通常所说的 CCD 的位数的位,不是这里的一个栅极。对于三相 CCD 来说,电荷包转移了三个栅极是时钟脉冲的一个周期,我们把这三个栅极称为 CCD 的一个单元,或 CCD 的一位,也就是我们通常所说的一个像元。显然,对于二相 CCD 来说,两个栅极为一位;对于四相 CCD 则一位就是四个栅极了。

CCD 按电荷转移的沟道位置分,有表面沟道 CCD(简称 SCCD) 和体沟道 CCD(简称 BCCD)。SCCD 信号电荷的转移沟道在半导体与氧化层交界的半导体表面;BCCD 是从结构设计方面采取提高转移效率的措施。

11.1.2 CCD 的特性

1. 转移效率及转移损失率

(1) 转移效率 η 及转移损失率 ε 的关系

电荷转移效率是表征 CCD 性能好坏的重要参数。把一次转移后,到达下一个势阱中的

电荷与原来势阱中的电荷之比称为转移效率。如 $t=0$ 时，某电极下的电荷量为 $Q(0)$，在时间 t 后，转移到下一个电极下势阱中的电荷量为 $Q(t)$，则转移效率 η 为

$$\eta=\frac{Q(t)}{Q(0)}\times 100\% \tag{11.11}$$

因此，转移损失率 ε 为

$$\varepsilon=\frac{Q(0)-Q(t)}{Q(0)}=1-\frac{Q(t)}{Q(0)}=1-\eta \tag{11.12}$$

如果线阵 CCD 有 n 个栅电极，则总的转移效率 η_Q 和转移损失率的关系为

$$\eta_Q=\eta^n=(1-\varepsilon)^n\approx 1-n\varepsilon \tag{11.13}$$

或者

$$\varepsilon=\frac{1-\eta_Q}{n} \tag{11.14}$$

(2) 影响 SCCD 转移效率的主要原因

① 界面态对电荷的俘获；

② 电极间隙存在势垒(电极间隙大于 3μm，转移效率明显下降)；

③ 某些电荷转移不够迅速等。

(3) 提高 SCCD 转移效率的方法

① 采用交叠栅的电极结构，使电极间隙小到信号电荷能平滑地过渡，以克服电极间隙势垒的影响；

② 采用“胖零”工作模式，即让零信号有一定的电荷填满界面态陷阱，以克服界面态对信号的俘获；

③ 采用埋沟结构(即 BCCD)，以克服 SCCD 的缺陷。

2. 工作频率 f

(1) 工作频率的下限 f_L

CCD 是一种非稳态器件。如果驱动脉冲电压变化太慢，则在电荷存贮时间内，MOS 电容已向稳态过渡，即热激发产生的少数载流子不断加入存贮的信号电荷中，会使信号受到干扰。如果热激发产生的少数载流子很快填满势阱，则注入电荷的存贮和转移均成泡影。因此，驱动时钟脉冲电压必须有一个下限频率的限制。为了避免由于热激发而产生的少数载流子对于注入信号的干扰，注入电荷从一个电极转移到下一个电极所用的转移时间 t，必须小于少数载流子的平均寿命 τ，即

$$t<\tau$$

在正常工作条件下，对于三相 CCD，t 为

$$t=\frac{T}{3}=\frac{1}{3f}<\tau$$

其中，T 为时钟脉冲的周期，于是可得工作频率的下限为

$$f_L>\frac{1}{3\tau} \tag{11.15}$$

对于二相与四相 CCD，有

$$f_L>\frac{1}{2\tau} \tag{11.16a}$$

$$f_L > \frac{1}{4\tau} \tag{11.16b}$$

由此可见，CCD的工作频率的下限与少数载流子的寿命 τ 有关。τ 愈长，f_L 愈低。

(2) 工作频率的上限 f_H

由于CCD的电极长度不是无限小，信号电荷通过电极需要一定的时间。若驱动时钟的脉冲变化太快，在转移势阱中的电荷全部转移到接收势阱中之前，时钟脉冲电压的相位已经变化了，这就使部分剩余电荷来不及转移，引起电荷转移损失，即当工作频率升高时，若电荷本身从一个电极转移到另一个电极所需要的转移时间 t 大于驱动脉冲使其转移的时间 $T/3$，那么，信号电荷跟不上驱动脉冲的变化，将会使转移效率大大下降。为此，若要电荷有效地转移，对三相CCD来说，必须使转移时间 $t \leqslant T/3$，即

$$f_H \leqslant \frac{1}{3t} \tag{11.17}$$

同样，对于二相与四相CCD，有

$$f_H \leqslant \frac{1}{2t} \tag{11.18a}$$

$$f_H \leqslant \frac{1}{4t} \tag{11.18b}$$

这就是电荷自身的转移时间对驱动脉冲频率上限的限制。由于电荷转移的快慢与载流子迁移率、电极长度、衬底杂质浓度和温度等因素有关，因此，对于相同的结构设计，N型CCD比P型CCD的工作频率高。

(3) 驱动脉冲频率 f 与转移损失率 ε 间的关系

三相多晶 n 沟道SCCD实测驱动脉冲频率 f 与转移损失率 ε 之间的关系曲线如图11-9所示。由曲线可以看出，SCCD的驱动脉冲频率的上限为10MHz。高于10MHz后，SCCD的转移损失率将急骤增加。这是因为工作频率高于 f_H，信号电荷来不及转移。

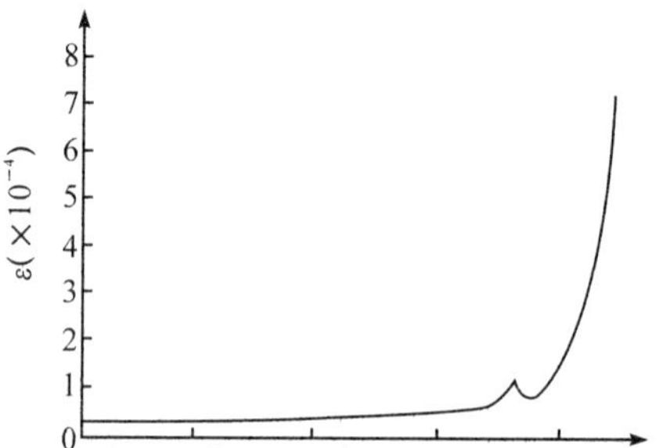

图11-9 驱动脉冲频率 f 与转移损失率 ε 之间的关系曲线

如果信号电荷的转移时间 t 不知道，工作频率的上限 f_H 也可通过电荷的转移损失率 ε 得到。在一般情况下，CCD的势阱中的电量因热扩散作用的衰减的时间常数为 $\tau_D = 10^{-8}$ s(与所用材料和栅极结构有关)。若使 ε 不大于要求的转移损失率 ε_0，则对于三相CCD，f_H 为

$$f_H \leqslant \frac{1}{3\tau_D \ln\varepsilon_0} \tag{11.19}$$

对于二相与四相 CCD，有

$$f_H \leqslant \frac{1}{2\tau_D \ln \varepsilon_0} \tag{11.20a}$$

$$f_H \leqslant \frac{1}{4\tau_D \ln \varepsilon_0} \tag{11.20b}$$

3. 光电转换特性

在 CCD 中，信号电荷是由入射光子被硅衬底吸收产生的少数载流子形成的，一般它具有良好的光电转换特性。通常，CCD 的光电转换因子 γ 可达到 99.7%，即 $\gamma \approx 1$。

CCD 一般是低照度器件，它的低照度线性非常好。当输入光照度大于 100lx 以后，CCD 的输出电压便逐渐趋向饱和。

4. 光谱特性

用纯半导体硅(Si) 做衬底的 CCD，其光谱响应曲线在背面光照时与硅光电二极管一样，其光谱响应范围为 0.4 ～ 1.11μm(如图 11-10 所示)，响应的峰值波长也基本为 0.8 ～ 0.9μm。背面光照能得到高而均匀的量子效率，是因为器件背面没有复杂的电极结构。短波长处的响应减小是体内和背部表面复合造成的；长波长处的减少则是由于红外透过减薄的衬底引起不完全吸收。

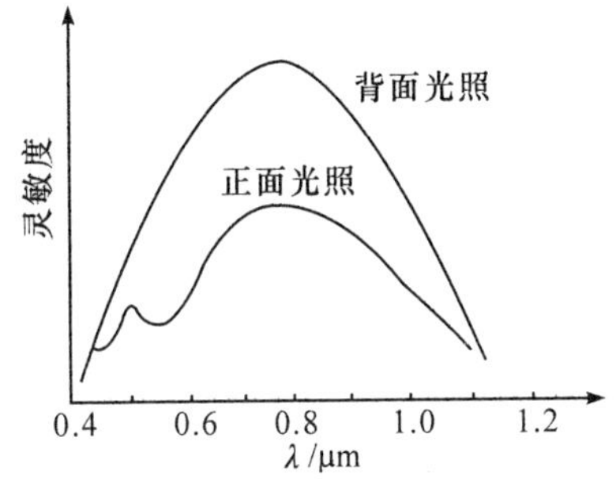

图 11-10　CCD 的光谱响应

背照器件应用时的主要困难是衬底必须减薄到小于一个分辨单元的尺寸，通常要求小于 30μm。这是因为绝大部分可见光在硅片表面下 4μm 处已被吸收，少数光生载流子必须扩散到衬底正面的势阱位置。为了不使载流子因横向扩散而损失空间分辨率，器件就必须减薄。通常衬底减薄只在光敏区进行，为了保持一定的机械强度，光敏区四周留有加强环，也可作为焊点层。此外，背部表面必须保持积累状态，以尽量减小载流子在表面复合的概率。一般还附加有表面抗反射层，以减少入射光能的损失。背面光照方式虽有优越性，但又不能推广。其原因是，上述工艺难度大，且还受到器件结构的限制，目前只有在帧转移型 CCD 摄像器件中使用。

正面光照的光谱响应曲线也如图 11-10 所示。由于 CCD 的正面布置有很多电极，这些电极对入射光的吸收反射和散射作用，使得正面光照的灵敏度比背面光照时低。图中曲线有起伏，是多次反射引起某些波长的光产生干涉现象所致。其中，蓝光(0.42 ～ 0.45μm) 损失最大，黄光(0.56 ～ 0.59μm) 次之。提高正面光照灵敏度的措施有：

(1) 用透明导电金属氧化物(ITO) 做透光栅极材料，取代多晶硅材料。

(2) 采用高灵敏度的光导膜制成叠层结构器件，或采用特殊结构扩大开口率。

(3) 用 PN 结光敏二极管代替 MOS 电容器作为像元，光敏元上面只有一层绝缘物而无电导层，同时也改善了灵敏度。目前，实际 CCD 的感光像元大都如此。

(4) 通过适当设计和控制多层薄膜厚度，可以使入射光至衬底的透射率增大。如采用多晶硅、氮化物和氧化物电极系统，要求设计的空气 / 水汽 / 多晶硅 / 氮化物 / 氧化物 / 硅序列的各层厚度，对 5000K 黑体辐射源，在 0.5 ～ 0.9 μm 光谱范围内具有最佳的响应度。这种响应比一般未加特殊结构设计的器件改善了近 50%。

5. 分辨率

分辨率是摄像器件最重要的一个参数，因为它是指摄像器件对物像中明暗细节的分辨能力。分辨率一般有两种表示法。

(1) 极限分辨率

极限分辨率是在一定的测试条件下定义的。当以一定性质的鉴别率图案(有 100% 对比度的专门的测试卡) 投射到 CCD 光敏面时，在输出端观察到的最小空间频率(即用眼睛分辨的最细黑白条纹对数)，就是该器件的极限分辨率。分辨率通常用每毫米黑白条纹对数(单位为线对 /mm) 或每帧电视行数(单位为 TVL) 表示。摄像机的清晰度单位多是用的 TVL。这两种极限分辨率的单位具有确定的换算关系。

CCD 是离散采样器件，根据奈奎斯特采样定理，一个摄像器件能够分辨的最高空间频率等于它的空间采样频率的一半，这个频率称为奈奎斯特极限频率。如果某一方向上的像元间距为 a，则该方向上的空间采样频率为 $1/a$(线对 /mm)，它可以分辨的最大空间频率为

$$f_{\max} = \frac{1}{2a}\ (\text{线对 /mm}) \tag{11.21}$$

设线阵 CCD 像敏器光敏区总长度为 l，用 l 乘以式(11.21) 两端，可以得到 CCD 像敏器的最大分辨率为

$$f_{\max} \cdot l = \frac{1}{2a} \cdot l = \frac{N}{2} \tag{11.22}$$

其中，N 为 CCD 像敏器的位数。对 2048 位线阵 CCD 像敏器，其 $N = 2048$，故得

$$f_{\max} \cdot l = \frac{2048}{2} = 1024$$

即 2048 位线阵 CCD 最多可分辨 1024 对线。

CCD 用极限每帧电视行数来表示更简单，即在某一方向的像元素就是极限每帧电视行数。显然，每帧电视行数的一半与 CCD 光敏面的高度尺寸的比值，就是相对应的每毫米线对数。所以，CCD 的像素越高，其分辨率也越高。

上述极限分辨率的表示方法，虽然有专门的测试卡测量，使用方便，但不客观科学。其原因是：

① 每个人的视觉不一样，其观测值带有主观性。

② 测试卡的对比度与几何尺寸，以及观测时的照度不一样，观测的结果也会有不同。当被摄图像对比度低于 30% 时，所观测的分辨率值就会明显下降。

③ 观测的分辨率值是系统的总体特性，而不能分摊到各个部件上。

(2) 调制传递函数

目前国际上一般均采用调制传递函数(MTF) 来表示分辨率。调制传递函数指输出调

制度 M_{out} 与输入调制度 M_{in} 之比，即

$$\mathrm{MTF}=\frac{M_{out}}{M_{in}}\times 100\% \tag{11.23}$$

或者说调制传递函数是调制度与空间频率的关系。当输入正弦光波（即一个确定的空间频率的物像投射在 CCD 上）时[见图 11-11(a)]，CCD 的输出也将是随时间变化的一种正弦波[见图 11-11(b)]，设波峰为 A，波谷为 B，则可得调制度 M 为

$$M=\frac{(A-B)/2}{(A+B)/2}=\frac{A-B}{A+B} \tag{11.24}$$

在调制恒定的条件下，可以画出调制深度与空间频率的关系曲线，如图 11-11(c) 所示，通常用零空间频率下的值进行归一化，得到无量纲量即调制传递函数 MTF。

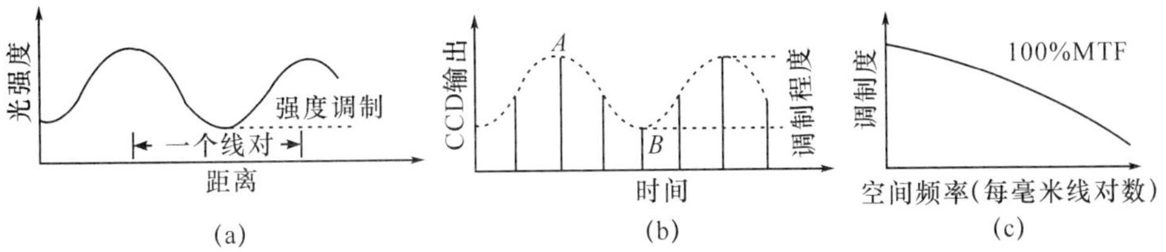

图 11-11 调制深度和空间频率

由图 11-11 可知，MTF 随空间频率的增高而减小。由于 MTF 表示的是转移过程前后调制度 M 的比值，它与图像的形状、尺寸、对比度、照度等无关，因此是客观而科学的。而且，由于 MTF 是正弦波空间频率振幅的响应，在给定的空间频率下，整个系统的 MTF 等于各系统各部分 MTF 的乘积，即

$$\mathrm{MTF}_{总}=\mathrm{MTF}_1\cdot\mathrm{MTF}_2\cdot\cdots\cdot\mathrm{MTF}_n \tag{11.25}$$

6. 暗电流

在正常工作的情况下，MOS 电容器的工作状态是瞬态的，处于非平衡态。然而随着时间的推移，由于热激发而产生的少数载流子使系统趋向平衡。因此，即使在没有光照或其他方式对器件进行电荷注入的情况下，也会存在不希望有的暗电流。众所周知，暗电流是大多数摄像器件所共有的特性，其大小是判断一个摄像器件好坏的重要标准。尤其是暗电流在整个摄像区域不均匀时，更是如此。产生暗电流的主要原因有以下几种：

(1) 耗尽的硅衬底中电子自价带至导带的本征跃迁

这种情况引起的暗电流的大小的计算公式为

$$I_i=q\frac{n_i}{\tau_i}\chi_d \tag{11.26}$$

其中，n_i 为载流子浓度；τ_i 为载流子寿命；χ_d 为耗尽层宽度。若 $n_i=1.6\times10^{10}\mathrm{cm}^{-3}$，$\tau_i=25\times10^{-3}\mathrm{s}$，则 $I_i=0.1\chi_d[\mathrm{nA\cdot cm^{-2}}]$（$\chi_d$ 以 μm 为单位）。由式(11.26) 可见，电流密度 I_i 随耗尽层宽度 χ_d 而增加，而 χ_d 与衬底掺杂、时钟电压和信号电荷不同，一般在 $1\sim5\mu$m 范围内变化。

(2) 少数载流子在中性体内的扩散

在 P 型材料中，每单位面积内由于这种原因而产生的电流 I_b 可写成

$$I_b=\frac{qn_i^2}{N_A\tau_n}L_n=\frac{6.6}{N_A}\left(\frac{\mu}{\tau_n}\right)^{1/2}(\mathrm{A\cdot cm^{-2}}) \tag{11.27}$$

其中，N_A 为空穴浓度；L_n 为扩散长度；μ 为电子迁移率；n_i 为本征载流子浓度。若 $\mu = 1200\text{cm}^2 \cdot \text{s}^{-1}$，$N_A = 5 \times 10^{14}\text{cm}^{-3}$，$\tau_n = 1 \times 10^{-4}\text{s}$，则可以得到 $I_b = 0.5\text{nA} \cdot \text{cm}^{-2}$。

(3) 来自 SiO_2 界面和基片之间的耗尽层

这种原因所引起的暗电流大小为

$$I_g = \frac{1}{2} \cdot \frac{qn_i\chi_d}{\tau_n} = \frac{1}{2}qn_i\delta_b v_{th}\chi_d N_t \tag{11.28}$$

其中，N_t 为禁带中央的体内陷阱密度；δ_b 为俘获截面；v_{th} 为电子热运动速度。

这个暗电流分量受硅中缺陷和杂质数目影响很大，因此很难预测其大小。

(4) 由 Si-SiO_2 界面表面引起

这种情况引起的暗电流为

$$I_s = 10^{-3}\delta_s N_{ss} \tag{11.29}$$

其中，δ_s 为界面态的俘获截面；N_{ss} 为界面态密度。假定 $\delta_s = 1 \times 10^{-15}\text{cm}^2$，$N_{ss} = 1 \times 10^{10}\text{cm}^{-2} \cdot \text{eV}^{-1}$，则 $I_s = 10\text{nA} \cdot \text{cm}^{-2}$。

上面已经给出了计算该暗电流分量大小的公式，这样就可给出这些暗电流分量的典型值。但是，在许多器件中，有许多单元每平方厘米可能有几百毫微安的局部暗电流密度，这个暗电流的来源是一定的体内杂质，它们产生引起暗电流的能带间复合中心。这些杂质在原始硅材料中就有，在制造器件时也可能被引入。所以，为了减小暗电流，应采用缺陷尽可能少的晶体。此外，暗电流还与温度有关。温度越高，热激发产生的载流子越多，因而，暗电流就越大。据计算，温度每降低 10℃，暗电流可降低 1/2。因此，采用制冷法，暗电流可大大下降，从而使 CCD 适用于低照度工作，如天文观察等。

在 CCD 阵列中，局部产生大暗电流的地方，多数会出现暗电流的尖峰。对每个器件而言，产生暗电流尖峰的缺陷总是出现在相同位置的单元上。我们可利用信号处理技术，把出现电流尖峰的单元位置存贮在 PROM 中，读出时只除去该单元的信号，并立刻读取相邻单元的信号值，就能消除暗电流尖峰的影响。

7. 动态范围

CCD 摄像器件的动态范围是指其输出的饱和电压与暗场下噪声峰-峰电压之比，即

$$动态范围 = U_{sat}/U_{Np\text{-}p} \tag{11.30}$$

其中，U_{sat} 为输出饱和电压；$U_{Np\text{-}p}$ 为噪声的峰-峰值。

动态范围也可这样来定义和计算，即由 CCD 势阱中可存贮的最大电荷量和噪声决定的电荷量之比。

11.1.3 CMOS 图像传感器的基本原理

作为固体图像传感器除 CCD 外的另一大分支，互补金属氧化物半导体(complementary metal oxide semiconductor，CMOS)图像传感器是 20 世纪 70 年代在美国国家航空航天局(NASA)的喷气推进实验室(JPL)诞生的，与 CCD 图像传感器几乎是同时起步的。CMOS 图像传感器在诞生之初由于其性能的不完善严重影响了图像质量，存在像素大、信噪比小、分辨率低等缺点，一直无法和 CCD 技术相抗衡，制约了它的发展和应用。20 世纪 70 年代

和 80 年代，CCD 在可见光成像方面处于主导地位。进入 20 世纪 90 年代，由于对小型化、低功耗和低成本成像系统消费需要的增加和芯片制造技术与信号处理技术的发展，过去 CMOS 图像传感器制造工艺中不易解决的技术难题现已都能找到相应的解决途径，为新一代低噪声、优质图像和高彩色还原度的 CMOS 图像传感器的开发铺平了道路。CMOS 图像传感器逐渐成为固体图像传感器的研究和开发热点，其性能也得到大幅度提高。至今已研制出三大类 CMOS 图像传感器，即 CMOS 无源像素传感器(CMOS-PPS)、CMOS 有源像素传感器(CMOS-APS)和 CMOS 数字像素传感器(CMOS-DPS)。CMOS 图像传感器能够快速发展，一是基于 CMOS 集成电路工艺技术的成熟；二是得益于固体图像传感器技术的研究成果。

CMOS 工艺被大量用于制造诸如微处理器、存储器和其他数字逻辑电路等集成电路。将 CMOS 电路与光电二极管阵列加工在一起，也可用于图像传感，故称为 CMOS 图像传感器。CMOS 图像传感器的光电转换原理与 CCD 基本相同，其光敏单元受到光照后产生光生电荷。其信号的读出方法却与 CCD 不同，每个 CMOS 像素传感单元都有自己的缓冲放大器，而且可以被单独选址和读出。

CMOS 图像传感器的像素由感光元件和读出电路组成，感光元件是将光信号转变成电信号，读出电路是将这些电荷信号转变为更容易读取、更方便传输的电压信号。

CMOS 图像传感器的像素阵列是由大量相同的像素单元组成的，这些相同的像素单元是传感器的关键部分。CMOS 图像传感器通常也是以像素的不同类型为标准进行分类的，一般来说，CMOS 图像传感器可分为无源像素传感器(passive pixel sensor，PPS)和有源像素传感器(active pixel sensor，APS)。近年来又出现了新型的像素传感器——数字像素传感器(digital pixel sensor，DPS)。

CMOS 图像传感器中的感光元件是光电二极管，该光电二极管是一个工作于反向偏压下的寄生 PN 结。当光照射光电二极管的时候，会在半导体内部产生电子-空穴对，但是这些电子-空穴对并不会全部被收集。只有产生在耗尽层内的电子-空穴对才会被收集，这是因为在耗尽层内空间电荷区的电场会将产生的电子与空穴拉开，电子会被空间电荷区的电场扫入 N 区，空穴会被扫入 P 区。由于反偏 PN 结两侧有寄生电容，这些电子-空穴对会被寄生电容所收集。而在耗尽层之外，光电效应产生的电子-空穴对由于没有被及时分离开，产生之后会马上复合，因此只有产生于耗尽层的光电效应才对光电转换有贡献。

光电效应产生的光电荷积累在反偏 PN 结的寄生电容上，电荷在电容上的积分结果为电压。光电信号最终以电压的形式被读出，对于有源像素和数字像素来说，每个像素内部都有一个起缓冲作用的放大器，信号通过这个放大器被读出。对于无源像素来说，在每列像素的底部有读出电路，光电二极管的电压信号通过列输出线传输到每列底部的放大器被读出。

如图 11-12 所示，PPS 无源像素由一个反向偏置的光电二极管和一个行选择开关(选通管)构成。每列像素都有各自的电压积分放大器读出电路，它可以保持读出时列信号电压保持不变。它的工作原理是在曝光时间内，行选择开关关闭，光电二极管受光照作用产生光生电荷。当行选择开关开启时，光电二极管与列输出线连通，位于列输出线末端的电荷积分放大器读出光电二极管积累的光生电荷。当光电二极管存储的信号电荷被读出完毕时，其电压被复位到列输出线电压水平。与此同时，与光信号成正比的电荷由电荷积分放大器转换为电压输出，光电二极管存储的信号电荷被读出。由于无源像素的结构简单，像素内只有一个选择管，所以其填充因子(fill factor，即有效光敏面积和单元面积之比)很大，这使得量子效率很高。

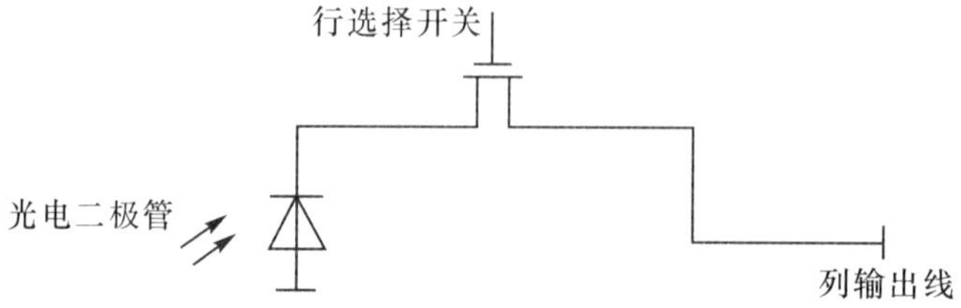

图 11-12　PPS 无源像素结构

但是这种结构存在两方面的不足。其一，各像元中开关管的导通阈值难以完全匹配，所以即使器件所接受的入射光线完全均匀一致，其输出信号仍会形成某种相对固定的特定图形，也就是所谓的“固定模式噪声”(fixed-pattern noise，FPN)，致使 PPS 的读出噪声很大，典型值为 250 个均方根电子。较大的固定模式噪声的存在是其致命的弱点。其二，光敏单元的驱动能量相对较弱，故列输出线不宜过长以减小其分布参数的影响。受多路传输线寄生电容及读出速率的限制，PPS 难以向大型阵列发展。到 20 世纪 90 年代，出现了 APS 有源像素传感器，显著地改善了 CMOS 图像传感器的分辨率、速度和信噪比，使得它大范围地用于工业和民用成像传感领域。

有源像素传感器就是在每个光敏像元内引入至少一个(一般为几个)有源放大器，如图 11-13 所示。它具有像元内信号放大和缓冲作用。在像元内设置放大元件，改善了像元结构的噪声性能。它的工作原理是开启复位管为光电二极管复位，在曝光周期内光电荷在处于反偏状态的光电二极管上积分，这个阶段也就是曝光过程。曝光结束后打开行选择开关，光电二极管上的电压信号通过缓冲器缓冲后读出。有源像素在像素内使用电压跟随器以减小填充因子为代价来提高像素性能。由于电压跟随器的存在，像素的填充因子一般都很小，其典型值为 20%～30%，因此有源像素将光转化为信号的能力相对于无源像素而言减弱了。但由于每个像素的负载电容都很小，所以读出噪声水平很低，而且动态范围比较大，信噪比也较高。

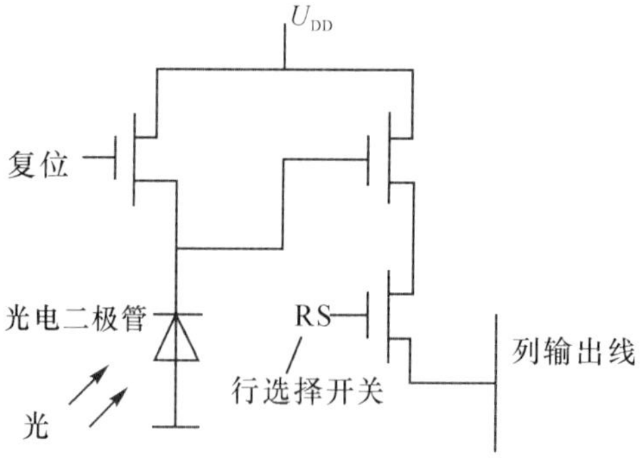

图 11-13　APS 有源像素结构

为了解决有源像元填充系数低的问题，CMOS 器件往往借用 CCD 制造工艺中现有的微透镜技术，就是在器件芯片的常规制作工序完成后，再利用光刻技术在每个像元的表面直接制作一个微型光学透镜，借此对入射光进行会聚，使之集中投射于像元的光敏单元，从而可将有源像元的有效填充系数提高 2～3 倍。微透镜技术原理如图 11-14 所示。

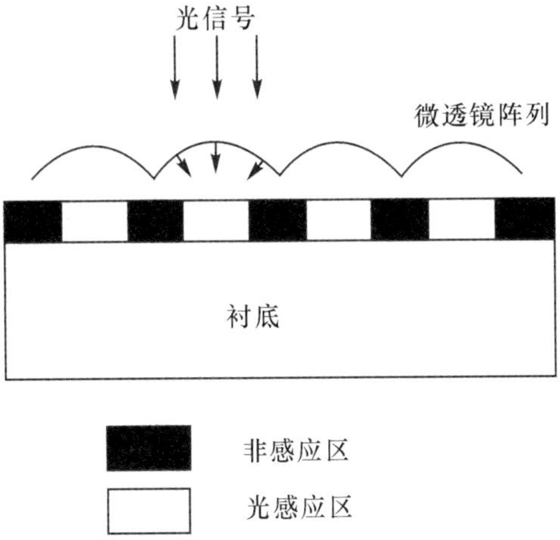

图 11-14　微透镜技术原理

上面提到的无源像素传感器和有源像素传感器的像素读出都为模拟信号，于是它们又统称为模拟像素传感器。美国斯坦福大学于 20 世纪 90 年代中期提出了一种新的数字像素传感器，并在随后实现了产业化。它在像素单元里集成了模数转换器（ADC）和存储单元（memory），如图 11-15 所示。由于这种结构的像素单元读出为数字信号，这样其他电路都为数字逻辑，因此数字像素传感器的读出速度极快，非常适合高速应用；而且它不像读出模拟信号的过程，不存在器件噪声对其产生的干扰。另外由于它充分利用了数字电路的优点，因此很容易随着 CMOS 工艺的进步而进行等比例缩小，性能也将很快达到并超过 CCD 图像传感器水平，并且实现数码相机系统的单片集成（camera on a chip）。

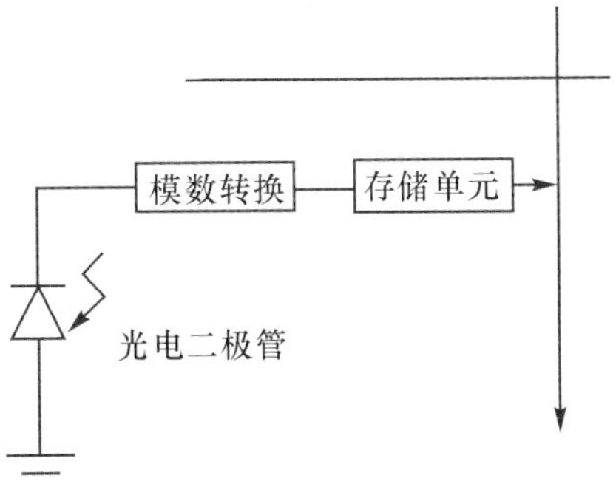

图 11-15　DPS 数字像素结构

11.1.4　CMOS 图像传感器与 CCD 图像传感器的比较

CMOS 图像传感器和 CCD 图像传感器在结构和工作方式上的差别，使得其在应用中也存在很大不同，主要有以下几个方面：

(1)电荷读出方式。CMOS 图像传感器和 CCD 图像传感器的电荷读出方式不同，这是两者的本质区别。CCD 图像传感器存储的电荷信息需在同步信号控制下，一位一位地完成转移后读取，光通过与半导体材料相互作用产生光生电荷，电荷通过 CCD 图像传感器芯片传递到转换器后被放大。电荷信息转移和读取输出需要有时钟控制电路和几组不同的电源相配合，整个电路较为复杂。而典型的 CMOS 像素阵列是一个二维可编址传感器阵列。传感器的每一列与一个位线相连，行选择线允许所选择的行内每一个敏感单元输出信号送入它所对应的位线上，位线末端是多路选择器，按照各列独立的列编址进行选择。信号电荷不需要像 CCD 器件那样逐位转移。

(2)集成度。CMOS 图像传感器可将光敏元件、图像信号放大器、信号读取电路、模数转换器、图像信号处理器及控制器等集成到一块芯片上，集成度高、体积小、重量轻。而在 CCD 图像传感器中，光敏单元与信号处理电路是分开的，集成度较低。

(3)读取速度。由于工作原理的不同，CCD 图像传感器的信号读出是串行的，输出速度较慢；CMOS 图像传感器的信号读出是并行的，能同时处理各单元的图像信息，速度比 CCD 图像传感器快。

(4)功耗。CMOS 图像传感器使用单一电源，耗电量非常小，节能；CCD 图像传感器采用多种电压，功耗通常较 CMOS 器件高数倍。

(5)价格。从目前的市场看，CCD 器件的价格要高于 CMOS 器件，其原因主要体现在两个方面。一方面，CMOS 图像传感器采用半导体电路最常用的 CMOS 工艺，可以轻易地将周边电路集成到传感器芯片中，因此可以节省外围芯片的成本；另一方面，CCD 图像传感器除了集成度较低外，由于采用逐位电荷传递的方式传输信号，只要其中有一个像素不能运行，就会导致一整排的数据不能传送，因此控制 CCD 图像传感器的成品率比控制 CMOS 图像传感器的成品率困难许多。因此，CCD 图像传感器的成本会高于 CMOS 图像传感器。

(6)工艺。CCD 图像传感器需要特殊工艺，使用专用生产流程，成本高；而 CMOS 传感器使用与制造半导体器件 90%相同的生产技术和工艺，且成品率高，制造成本低。

(7)访问灵活性。CMOS 图像传感器具有对局部像素图像可以进行随机访问的优点。如果只采集很小区域的窗口图像，可以获取很高的帧率。相比而言，CCD 图像传感器的灵活性差一些。

(8)填充系数。由于 CMOS 的集成度高，所以单个像素的填充系数低于 CCD。

(9)灵敏度和动态范围。CCD 图像传感器有高的灵敏度，只要很少的积分时间就能读出信号电荷，而 CMOS 图像传感器因为像素内集成了有源晶体管降低了感光灵敏度，但对红外等非可见光波的灵敏度比 CCD 图像传感器高，并且随波长增加而衰减的趋势缓些。由于 CCD 图像传感器具有较低的暗电流和成熟的读出噪声抑制技术，目前 CCD 图像传感器的动态范围比 CMOS 图像传感器的动态范围宽。

CMOS 图像传感器与 CCD 图像传感器的性能比较如表 11-1 所示。

表 11-1 CMOS 图像传感器与 CCD 图像传感器的性能比较

类别	CCD 图像传感器	CMOS 图像传感器
生产线	专用	通用
成本	高	低
集成状况	低，需外接芯片	高
系统功耗	高	低

续　表

类别	CCD 图像传感器	CMOS 图像传感器
电源	多电源	单一电源
抗辐射	弱	强
电路结构	复杂	简单
灵敏度	优	良
信噪比	优	良
图像	顺次扫描	并行读取
红外线	灵敏度低	灵敏度高
动态范围	大于 70dB	大于 70dB
模块体积	大	小

综上所述，CMOS 图像传感器与 CCD 图像传感器相比，具有功耗低、系统紧凑、可将图像处理电路与图像传感器集成在一个芯片上等优点，但其图像质量与 CCD 图像传感器的相比较低。因此它适合于大规模批量生产，适用于小尺寸、低价格、摄像质量无过高要求的应用，如保安用小型对讲机、微型相机、手机、计算机网络视频会议系统、无线手持式视频会议系统、条形码扫描器、传真机、玩具等大量商用领域。CCD 图像传感器与 CMOS 图像传感器相比，具有较好的图像质量，广泛应用在如天文观测、卫星成像、高分辨数字照片、广播电视、高性能工业摄像、部分科学与医学摄像等领域。

需要指出的是，随着生产工艺和技术的不断发展，CCD 图像传感器与 CMOS 图像传感器之间的性能差别也是在不断地变化的，不能一概而论。

11.2 ICCD/EMCCD/sCMOS

传统的图像传感器由于其自身性能的局限性，无法应用在某些极端场合。比如微光成像技术需要在微光条件下对景物清晰成像，这就需要使用科学级图像传感器。本节所述的三种科学级图像传感器 ICCD、EMCCD、sCMOS 在超低噪声、高速拍摄、高动态范围、高量子效率、高分辨率及大视野观察能力上均有其领先于传统图像传感器之处。

像增强型电荷耦合器件(intensified charge coupled device，ICCD)属于真空光电器件，是传统意义上的微光成像图像传感器，数十年间历经多碱光阴极(Sb-Na-KCs)、微通道板(MCP)和负电子亲和势(NEA)阴极几个阶段的发展，在微光成像领域中仍有着广泛应用。

电子倍增电荷耦合器件(electron multiplying charge coupled device, EMCCD)在普通 CCD 研究发展的基础上，将电荷雪崩倍增机制与已经成熟的硅 CCD 技术融合，借助电荷雪崩倍增机制实现硅 CCD 的光生电荷信号的放大。

科学级 CMOs (scientific CMOS，sCMOS)相机具有高灵敏度、高分辨率、高读出速度等诸多优点。与昂贵的 EMCCD 相机相比，其销售价格具有吸引力，是目前科学级相机市场中最具性价比的产品。

11.2.1 ICCD

微光夜视技术是当今主要的夜视技术手段之一。像增强型CCD成像技术是微光视频摄像的一种重要途径,可实现远距离多点观察,通过图像处理可提高图像对比度,根据不同的观察条件改变积分时间,可提高系统的增益。这些优点使其在军事科学、天文学和航空航天科学等方面获得广泛而重要的应用。近年来,随着像增强器以及CCD图像传感器的发展,高分辨率的像增强器和CCD相机的出现使得我们可以得到更高质量的数字化图像,从而使ICCD的整体性能得到进一步的提升。

ICCD自20世纪60年代出现以来,在成像技术上经历数次改革和突破,已成为目前较为成熟的微光成像器件。ICCD由物镜、像增强器、中继元件和CCD组成,其中像增强器为核心器件。ICCD的性能主要由像增强器决定。

迄今为止,像增强器总共发展了四代。20世纪60年代初,人们将多碱光电阴极(NaKSbCs)、光学纤维面板和同心球电子光学系统设计这三大技术工程化,研制成第一代像增强器。第二代像增强器引入了新型的电子倍增元器件——微通道板(MCP)。第三代像增强器以高灵敏度负电子亲和势GaAs光电阴极和带Al_2O_3离子阻挡膜的MCP为主要技术特色。与第二代像增强器相比,第三代像增强器在灵敏度、视距、寿命方面都有显著提升。对于第四代像增强器,目前国内外尚未形成统一的定义。当前,比较主流的观点认为:所有采用新技术将像增强器的响应波长进一步延伸扩展到近红外、中红外、远红外,并且仍然采用光电或电光转换、聚集和像增强器等微光成像技术的都可以称为第四代像增强器。运用ICCD可构成各种类型的光电成像系统,用于微光或高速情况下的科学应用,如夜视导航、微光监控、天文观测、医疗器械、光谱分析、生物工程等领域。

ICCD成像系统即用像增强器与CCD相机耦合而成的系统。如图11-16所示,ICCD成像系统工作时,物镜采集的目标图像经过像增强器增强后,显示在像增强器的荧光屏上,并由中继透镜成像或光锥传至CCD传感器,使得到达CCD光敏面的光照度大大增强,从而提高了系统对微弱光信号的检测能力。

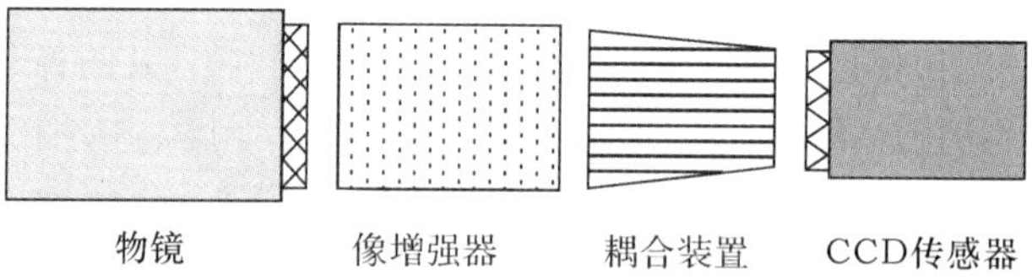

图11-16 ICCD成像系统原理

像增强器的具体技术细节将在第11.4小节介绍。入射光照射光电阴极后产生的电子到达MCP,MCP上的电子经倍增后打到出射荧光屏上产生图像信号,即形成了增强的图像。

ICCD的耦合方式可分为透镜耦合方式和光纤耦合方式。透镜耦合方式即利用中继透镜将像增强器荧光屏上的像成像在CCD靶面上,其优点是使用灵活,分辨力较高,但缺点是耦合效率低,系统的体积也较大;光纤耦合方式是用光学纤维面板(光纤光锥)将像增强器和CCD直接耦合起来,其优点是体积小、重量轻、耦合效率高等,但耦合时易造成耦合失败,成品率较低。

11.2.2　EMCCD

对于微弱光信号的检测，长期以来人们一直采用 ICCD 设备，但其背景噪声较大，在使用当中产生诸多不便。现在，EMCCD 技术克服了这些问题，尤其是在对极微弱光信号的实时快速动态检测方面具有先天的优势，其检测灵敏度可达到真正的单光子检测。

1983 年，马丹(S. K. Madan)首次在实验过程中发现，在 Si 基 CCD 器件内的电荷转移过程中，有电荷碰撞电离的现象发生，可以通过提高转移电极的偏移电压来放大电荷信号。21 世纪初，希内切克(J. Hynecek)博士公开报道了在硅 CCD 器件实现电荷雪崩倍增的研究成果。同时，其所在的美国德州仪器公司(简称 TI)推出了 Impactron-CCD 系列产品。同年，英国 E2V Technologies 公司成功推出了名为 L3Vision 的 EMCCD，宣告了全固态微光成像 CCD 的诞生，在微光成像领域树立了新的里程碑。

EMCCD 是迄今为止真正意义上的固态电荷雪崩成像器件，与普通 CCD 相比，最明显的区别是其增加了一组像素读出寄存器，即倍增寄存器。在倍增寄存器中，信号电荷在高偏置电压下与硅晶格发生碰撞电离，激发出新的电子，实现了信号电荷的倍增和放大。

目前国际能制造 EMCCD 芯片的公司仅有 E2V 和 TI，但已有很多公司开始了基于 EMCCD 探测器芯片的低照度摄像机产品的开发，其主要应用在单分子探测、天文探测、断层摄影等需要微光和大动态范围的场景。2001 年，Andor Technology 公司发布了世界上第一台基于 EMCCD 的超高灵敏度相机——iXON，随后推出了用于光谱学成像的 Newton 相机，2005 年又推出了高性价比的 Luca 相机，适合普通实验室使用。

EMCCD 的基本结构与传统的帧转移 CCD 大致相同，主要包括成像区、存储区和读出放大器三部分，EMCCD 在移位寄存器和读出放大器之间加入了数百个倍增寄存器，信号电荷在水平转移过程中实现片上增益。EMCCD 的基本结构如图 11-17 所示。

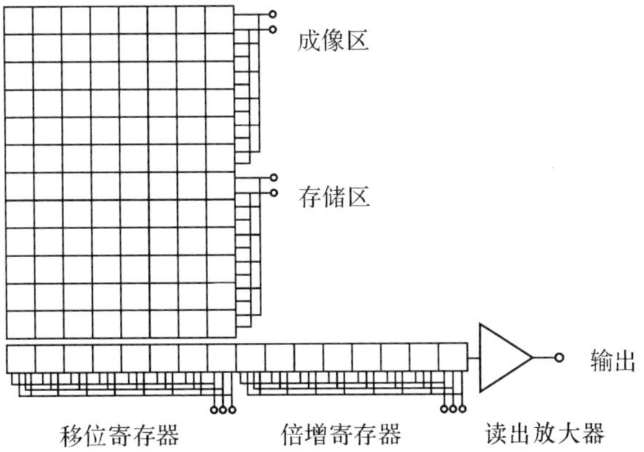

图 11-17　EMCCD 的基本结构

EMCCD 的工作原理如图 11-18 所示，其中 ϕ_2 为加速信号电荷碰撞电离发生倍增的电压，该电压比传统 CCD 的水平转移电压(5V)要高。TI 公司生产的 EMCCD 所需要的倍增电压为 25V 左右，而 E2V 公司的电压值达到 40V 左右。单级倍增寄存器的增益 $g=1+r$，r 是单级倍增寄存器放大信号电荷的增益因子，典型值为 0.01。虽然单级的增益非常小，但是经过多级(N)倍增后的总增益(M)与单级增益(g)成指数关系，所以最终总增益(M)很

大,其计算公式为

$$M(r)=(1+r)^N \tag{11.31}$$

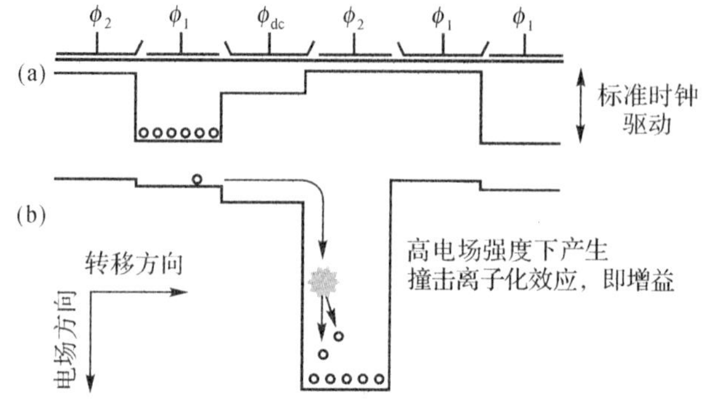

图 11-18 EMCCD 的工作原理

E2V 公司推出的 TC247 相机的倍增寄存器共有 400 级,那么 $M(0.01)=54$ 而 $M(0.015)=386$。如图 11-19 所示,通过微量调节倍增寄存器上的电压值可以调节单级增益(g)的大小,从而调节总增益 $M(r)$。

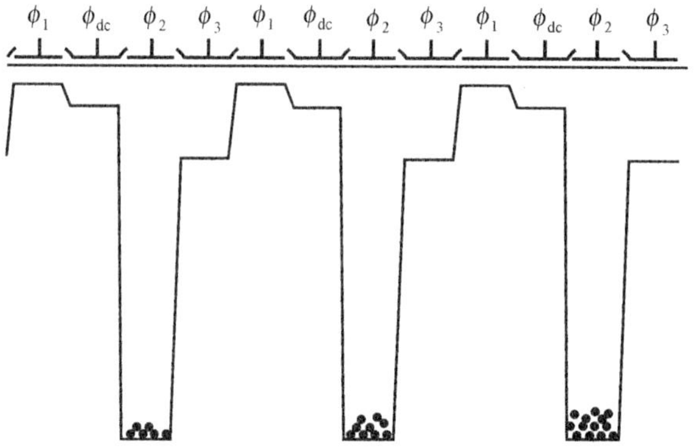

图 11-19 多级级联的电子倍增

由于 EMCCD 对信号电荷进行电荷级别的放大,因而不需要像增强器便可以在低照度下清晰成像,背景噪声很低。同时,由于只对信号电荷放大,读出噪声可以减小到最小临界值,而且读出噪声将不随读出频率的增大而增大,可以进行高速成像。成像系统也可以避免由微通道板(MCP)带来的噪声和图像失真。基于以上优势,EMCCD 在微光监视、生物分子探测以及天文观测等方面得到越来越广泛的应用。

EMCCD 的缺陷有以下几点:①EMCCD 的放大机制有效地将读出噪声强度降至 1e 以下,但同时也引入了另一个噪声源——乘性噪声,这将明显地增加信号的散粒噪声。乘性噪声的净效应使获取的图像的信噪比降低,在一定程度上认为芯片的量子效率(QE)会从两个方面减少。例如,一个量子效率增强型背光 EMCCD 原本的 QE 是 90%,当考虑到乘性噪声时,其 QE 减少到了 45%。②EMCCD 有限的动态范围也是要考虑的因素。对于大像元(13～16μm)的 EMCCD,可以描绘出一个很好的动态范围,但仅是在读出速度较低的情况下。要获得更高的动态范围,必须要设定更低的读出速度(或减小像素)以及合适的电子倍增(EM)增益。而使用高 EM 增益将耗尽动态范围。③为使得百万像素的 EMCCD 可以达到一定的帧速，就要进行多端口输出，这又增加了额外费用。④EMCCD 的功率消耗很高，且需要深度热电制冷，无法满足有些微光成像实验的应用要求。

11.2.3　sCMOS

sCMOS 相机是近期科学级相机生产中的一个重要突破，空前地集超低噪声、高速拍摄、高动态范围、高量子效率、高分辨率及大视野观察能力等优点于一身。相较于ICCD和EMCCD 而言，sCMOS 传感器不仅能够以更快的帧速拍出清晰的照片，而且在保证图像质量的基础上，大大提升了空间分辨率，较低的整体成像噪声也使得其对亮度差异的分辨力远远优于传统科学级 CCD 相机。

与普通相机不同的是，sCMOS 相机芯片元信号的顶部和底部分别采用独立的输出，即双输出，输出后信号被双列放大(一路低增益、一路高增益)，并分别进行 AD 转换(见图 11-20)。这种设计旨在将读出噪声降到最小，同时将动态范围做到最高。由于采用双列放大和分立的增益设置，最终信号是高增益和低增益两个通道的信号的重组，这样就可以从很小的芯片元获得高动态范围。

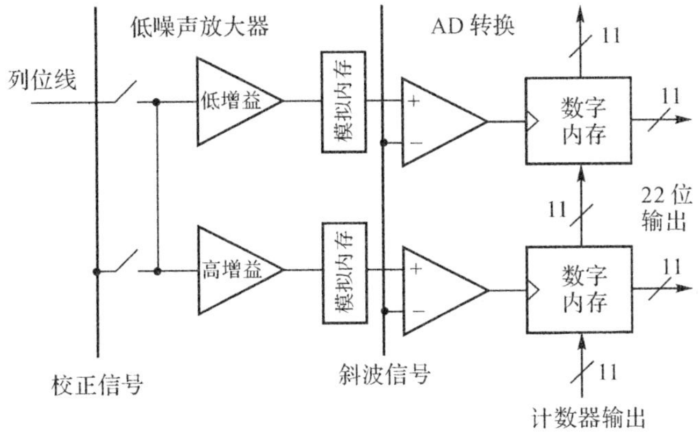

图 11-20　sCMOS 的工作原理

sCMOS 相机在芯片的像元上采用了微透镜技术，能够最大限度地收集有效光信号。另外，采用相关双采样(CDS)技术可以获得极低的读出噪声。

11.3　自扫描光电二极管阵列

光电二极管有两种阵列形式。一种是普通光电二极管阵列，它是将 N 个光电二极管同时集成在一个硅片上，将其中的一端(N 端) 连接在一起，另一端各自单独引出。这种器件的工作原理及特性与分立光电二极管完全相同，像元数也较少，只有几十位，通常被称为连续工作方式。另一种就是本节将详细论述的自扫描光电二极管阵列(SSPD)，它是在器件的内部还集成了数字移位寄存器等电路，其工作方式与普通的光电二极管有所不同，采用电荷存贮方式。

自扫描光电二极管阵列根据像元的排列形状不同，可分成线阵、面阵以及其他形式的特殊阵列等。线阵的像元数有 64、128、256、512 位，以至 4096 位等，主要用于一维图像信号的测量，例如光谱测量、衍射光强分布测量、机器视觉检测等。面阵能直接测量二维图像信号，它的制造工艺难度和成本比线阵高。随着半导体技术的发展、制造工艺的完善，SSPD 器件将会得到越来越广泛的应用。

11.3.1 电荷存贮工作原理

1. 连续工作方式

图 11-21 是电荷存贮的连续工作方式，当一束光照到光电二极管的光敏面上时，假设光电二极管的量子效率为 η，那么光电流为

$$I_{\mathrm{p}} = \frac{q\eta}{h\nu}AE \tag{11.32}$$

其中，E 为入射光的辐照度；A 为光电二极管光敏区面积；ν 为入射光的频率。由式(11.32)可见，光电二极管的光电流与入射光的辐照度和光敏区面积成正比。设光电二极管的响应度为 S_{p}，$S_{\mathrm{p}} = q\eta A/(h\nu)$，那么 $I_{\mathrm{p}} = S_{\mathrm{p}} \cdot E$。

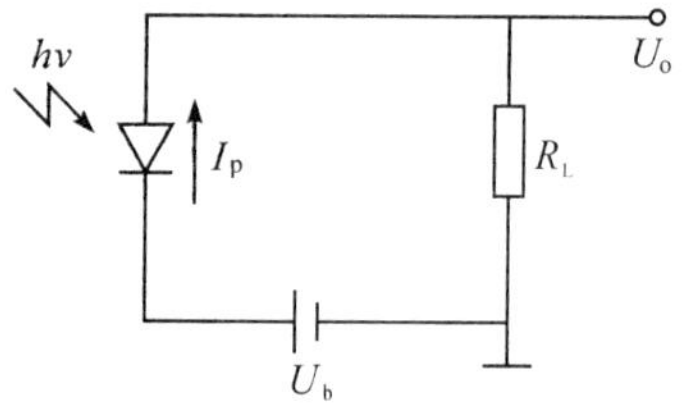

图 11-21 连续工作方式

在自扫描光电二极管阵列中，由于像元数比较多，光电二极管的面积很小，在一般的入射光照下，它的光电流是很微弱的。要读取图像信号，就要求光电流放大器的放大倍数非常高。此外，采用上述的连续工作方式，N 位图像传感器至少应有 $N+1$ 根信号引出线，且布线上也有一定的困难，所以连续工作方式一般只用于 64 位以下的光电二极管阵列中。在自扫描光电二极管阵列中，则采用电荷存贮工作方式，它可以获得较高的增益，并克服布线上的困难。

2. 电荷存贮工作方式

光电二极管的电荷存贮工作方式的原理如图 11-22 所示。图 11-22 中，D 为理想的光电二极管，C_{d} 为等效结电容，U_{b} 为二极管的反向偏置电源(一般为几伏)，R_{L} 为等效负载电阻。光电二极管光电信号的取出是通过下面几步实现的：

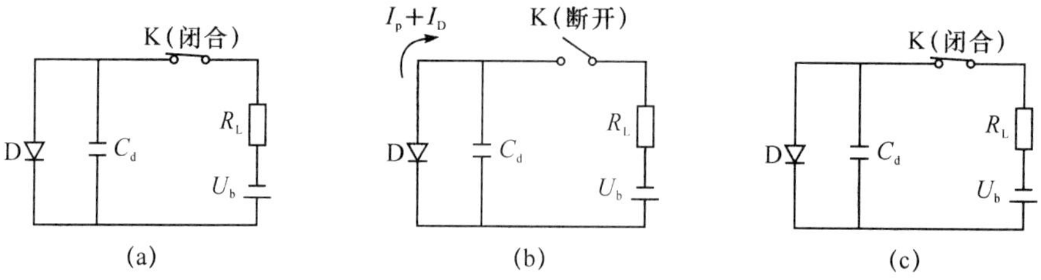

图 11-22 光电二极管的电荷存贮工作方式的原理

(1) 准备。首先闭合开关 K，如图 11-22(a) 所示。偏置电源 U_{b} 通过负载电阻 R_{L} 向光电

二极管充电，由于光电流和暗电流都很小，充电达到稳定后，PN 结上的电压基本上为电源电压 U_b。此时结电容 C_d 上的电荷量为

$$Q = C_d \cdot U_b \tag{11.33}$$

(2) 曝光过程。打开开关 K，如图 11-22(b) 所示。由于光电流和暗电流的存在，结电容 C_d 将缓慢放电。若 K 断开的时间为 T_s(电荷积分时间)，那么在曝光过程 C_d 上所释放的电荷是

$$\Delta Q = (I_p + I_D) \cdot T_s \tag{11.34}$$

在室温下，光电二极管的暗电流 I_p 为皮安数量级，一般可忽略。如果在曝光过程中，辐照度 $E(t)$ 和光电流 $I_p(t)$ 都是时间的变化函数，那么 C_d 上所释放的电荷量为

$$\Delta Q = \int_0^{T_s} I_p(t)\,dt = \bar{I}_p \cdot T_s \tag{11.35}$$

式中，$\bar{I}_p$ 为平均光电流。

(3) 再充电过程。光电二极管上的信号经过时间 T_s 的积分后，闭合开关 K，如图 11-22(c) 所示。电源 U_b 通过负载电阻 R_L 向结电容 C_d 再充电，直到 C_d 上的电压达到 U_b。显然，补充的电荷等于曝光过程中 C_d 上所释放的电荷。再充电电流在负载电阻上的压降就是输出的光电信号。

若重复第 2 和 3 步，就能不断地从负载上获得光电输出信号，从而使阵列中的光电二极管能连续地进行摄像。若将上述开关 K 的“开”和“闭”分别用低电压“0”和高电压“1”表示，则结电容上的电压 U_D 和输出信号 U_R 随开关信号的变化关系如图 11-23 所示。

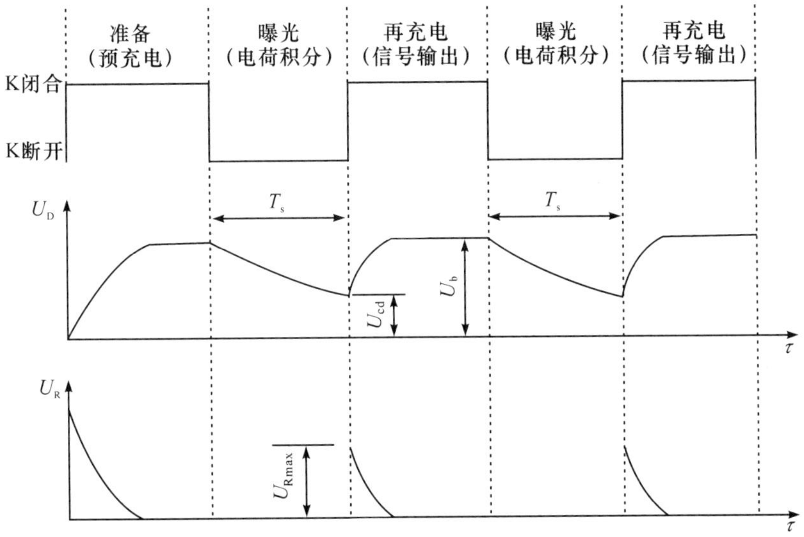

图 11-23　电荷存贮工作方式下的信号波形

上述过程表明，由光照引起的光电流信号的存贮是在第 2 步中完成的，输出信号是在第 3 步再充电过程中取出的。

11.3.2 SSPD线阵列

1. 原理结构

图11-24是一种再充电采样的SSPD线阵列(N位)电路原理。它主要由以下三个部分组成:

(1)N位完全相同的光电二极管阵列。用半导体集成电路技术把它们等间距地排列成一条直线,故称为线列阵。每个二极管上有相同的存贮电容C_d。所有二极管的N端连在一起,组成公共端COM。

(2)N个多路开关。由N个MOS场效应管$T_1 \sim T_N$组成,每个管子的源极分别与对应的光电二极管P端相连。而所有漏极连在一起,组成视频输出线U_o。

(3)N位数字移位寄存器。提供N路扫描控制信号$e_1 \sim e_N$(负脉冲),每路输出信号与对应的MOS场效应管的栅极相连。

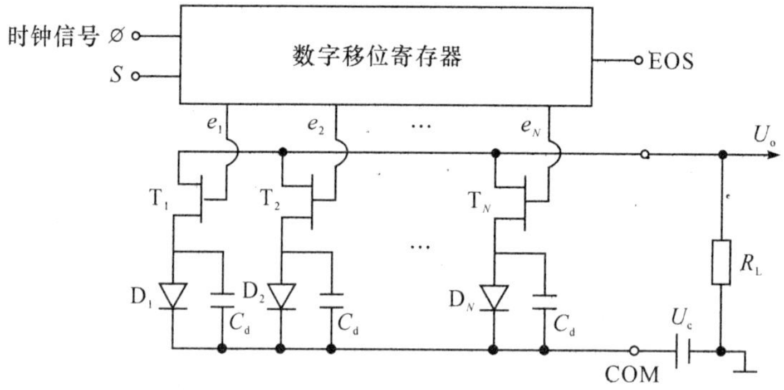

图11-24 SSPD线列阵电路原理

SSPD线列阵的工作过程可用图11-25来说明。给数字移位寄存器加上时钟信号∅(实际SSPD器件的时钟有二相、三相、四相和六相等),当用一个周期性的起始脉冲S引导每次扫描开始,移位寄存器就产生依次延迟一拍的采样扫描信号$e_1 \sim e_N$,使多路开关$T_1 \sim T_N$按顺序依次闭合、断开,从而把$1 \sim N$位光电二极管上的光电信号从视频线上输出。若照射SSPD器件上的辐照度为$E(x)$,因在积分过程中存贮电容C_d上的电荷变化量与辐照度成正比,因此每一单元输出的光电信号幅度$U_o(t)$也随不同位置上的辐照度大小而变化。这样一幅光照随位置变化的光学图像,就转变成了一列幅值随时间变化的视频输出信号。

2. 开关噪声的补偿

SSPD器件存在的一个缺点,就是视频输出信号中的开关噪声比较大,这是它的结构引起的。当SSPD器件中各二极管按顺序被扫描采样时,采样脉冲的瞬变(前后沿)通过MOS开关的栅漏电容串入视频线上,形成微分状尖脉冲,如图11-26所示,使SSPD器件输出信号的信噪比降低。开关噪声的大小,与器件的线路板图设计、驱动信号的质量以及所采用的工艺等都有关系。

补偿开关噪声一种常用的比较好的方法是在SSPD内增加一列补偿阵列,如图11-27所示。设计时使补偿阵列的MOS开关管尺寸和形状同光敏阵列的完全一样,同时用铝膜把补偿阵列的二极管盖住,使之不产生光电信号。这样,补偿阵列的输出端U_N只输出与视频信

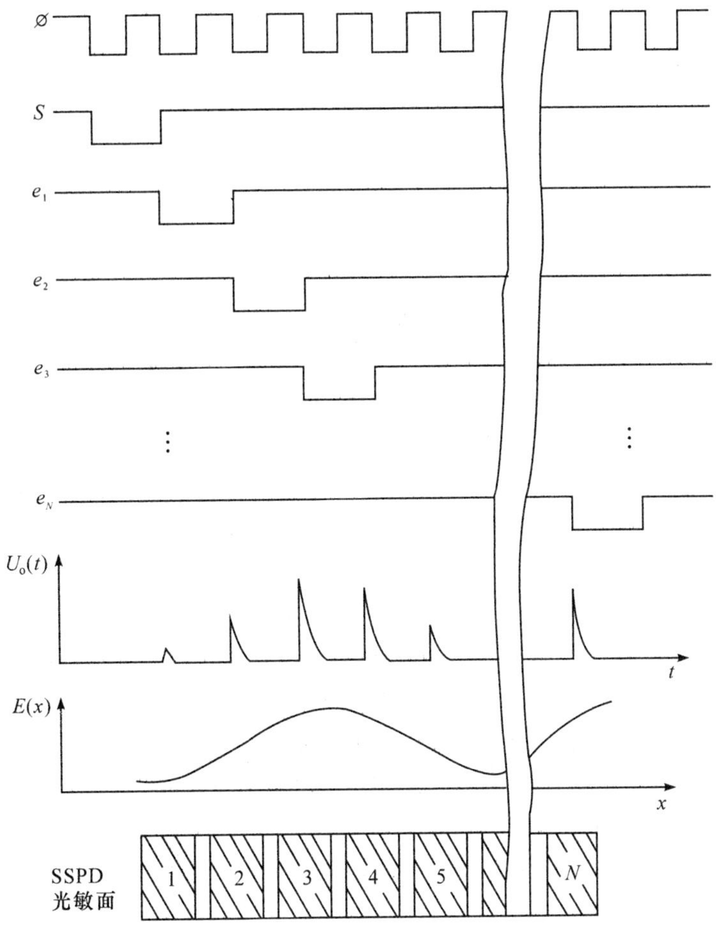

图 11-25　SSPD 线列阵的工作过程

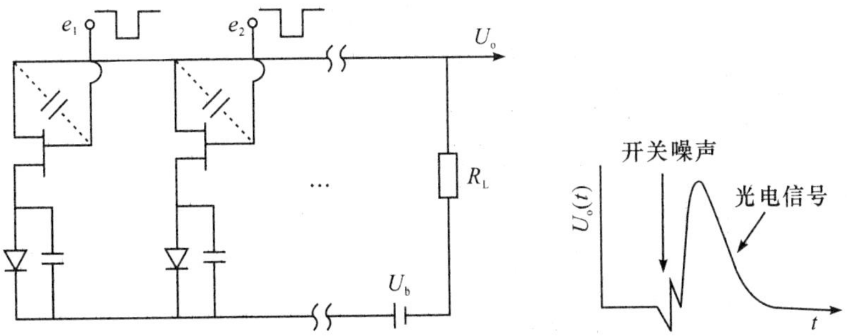

图 11-26　开关噪声

号线上相同的开关噪声，然后把噪声 U_N 和视频输出 U_o 进行差分放大，就基本上能抵消其中的开关噪声，使信噪比明显提高。

另一种消除开关噪声的方法是所谓的邻近位相关法，如图 11-28 所示，它是用同一扫描信号去控制两个 MOS 开关，分别与相邻两位二极管相连，两个 MOS 开关的漏极则分别接噪声输出线 U_N 和视频输出线 U_o。当对某位二极管的光信号采样时，由于前一位二极管电容上的电荷刚被充满，紧接着采样，就基本上只输出开关噪声信号。同样，通过差分方式，可去掉视频信号中的开关噪声成分。这种结构的第一位前面需要安排一个用铝膜全部盖住的暗二极管，以便对消第一位的开关噪声。

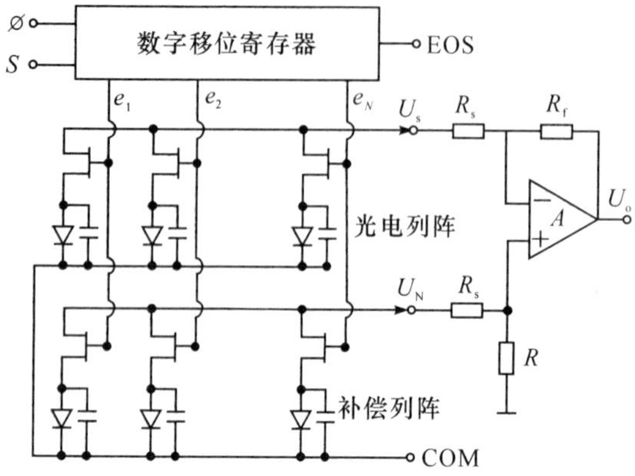

图 11-27　补偿阵列法

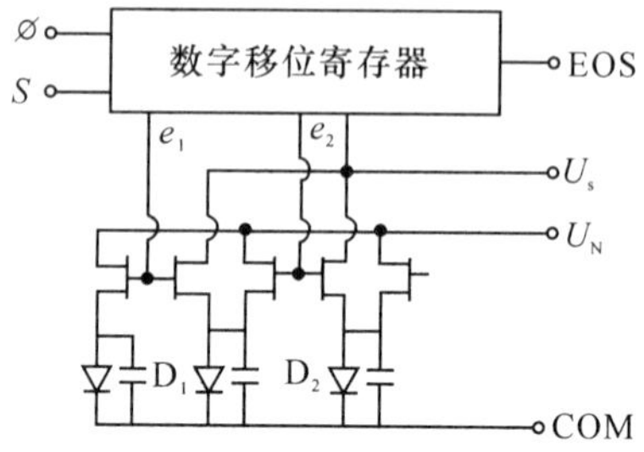

图 11-28　邻近位相关法

11.3.3　SSPD 面阵

SSPD面阵可以对某一平面(二维)上的光强分布进行光电转换。现在以 $3\times4=12$ 个像元的 MOS 型图像传感器面阵为例，介绍再充电面阵的工作原理。如图 11-29 所示：右下角是每一像素的单元电路；水平扫描电路输出的 $H_1\sim H_4$ 扫描信号，控制 MOS 开关 $T_{h1}\sim T_{h4}$；垂直扫描电路输出的 $V_1\sim V_3$ 信号，控制每一像素内的 MOS 开关的栅极，从而把按二维空间分布照射在面阵上的光强信息转变为相应的电信号，从视频线 U_o 上串行输出。这种工作方式又称为 XY 寻址方式，其工作原理和前述线阵完全相同，图 11-30 是它的工作波形。

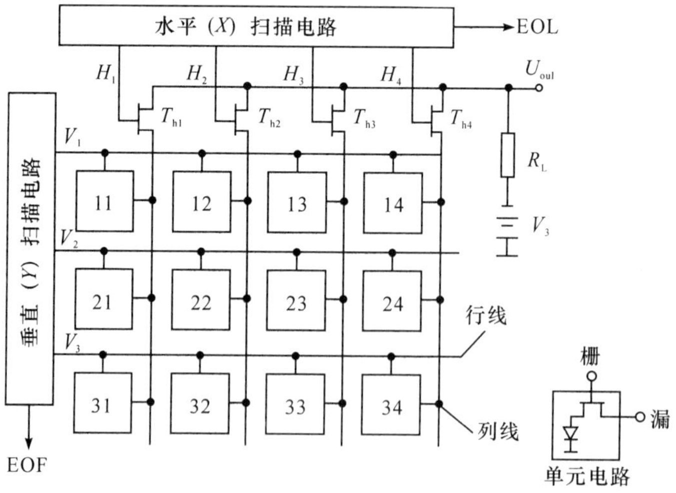

图 11-29　MOS 型 $3(V)\times4(H)$ 面阵

面阵的时序电路要考虑回扫的时间问题。每一行扫完后，一般要留出 2 个像元采样时间间隔。图 11-30 中，t_{Lfb} 为行回扫时间，t_s 为像元采样周期，T_{ROL} 为行采样周期，t_{Ffb} 为场(帧)回扫时间。一般 $t_{Lfb}\geqslant 2t_s$，$t_{Ffb}\geqslant 2T_{ROL}$，便于在荧光屏上再现图像时产生相应的回扫锯齿波并消隐。

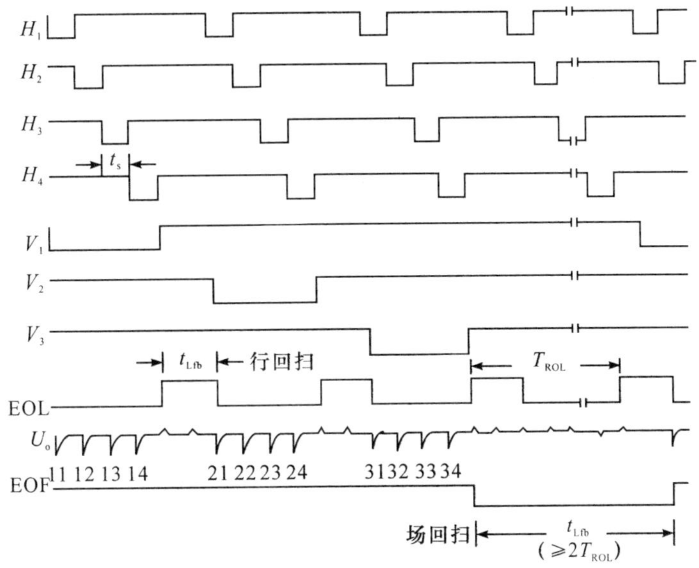

图 11-30　3(V)×4(H) 面阵工作波形

11.3.4　SSPD 的主要特性参数

1. 光电特性

在电荷存贮工作方式下的 SSPD 器件，其光照引起的二极管输出电荷 ΔQ 正比于曝光量。如图 11-31 所示，存在一线性工作区，当曝光量达到某一值 H_s 后，输出电荷就达到最大值 Q_s，Q_s 不再随曝光量而增加。H_s 称为饱和曝光量，而 Q_s 为饱和电荷。若器件最小允许起始脉冲周期为 T_{smin}（由最高多路扫描频率决定），那么对应的照度 $E_s = H_s/T_{smin}$ 称为饱和照度。

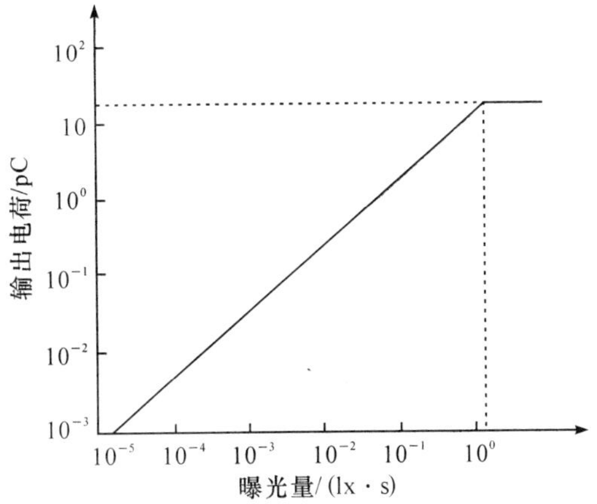

图 11-31　光电输出特性

在低光照水平下，由光电二极管热激发产生的电子-空穴对与贮存电荷复合（暗电流），而在积分过程中引起电荷的自衰减，从而限制了弱光照图像的检测。在这两个极端之间，根据阵列位数和二极管尺寸的不同，SSPD 器件一般有3 ～ 6 个数量级的线性工作范围。

2. 暗信号

SSPD 器件的暗信号主要由积分暗电流、开关噪声和热噪声组成。

在室温下，SSPD 器件中光电二极管的暗电流典型值小于 1pA。假定暗电流等于 1pA，积分时间 $T_s = 40\text{ms}$，暗电流将提供 0.04pC 的输出电荷。如果饱和电荷 $Q_s = 4\text{pC}$，则暗电流将贡献 1% 的饱和输出信号。当 $T_s = 4\text{ms}$ 时，暗电流贡献降为 0.1%。暗电流与温度有密切的关系，即温度每升高 7℃，暗电流约增加一倍，因此，随着器件温度升高，最大允许的积分时间缩短。如果降低器件的工作温度，如采用液氮或半导体制冷，可使积分时间大大延长（几分钟乃至几小时），这样便可探测非常微弱的光强信号。图 11-32 是 RL-S 系列线阵 SSPD 的暗电流-温度特性。

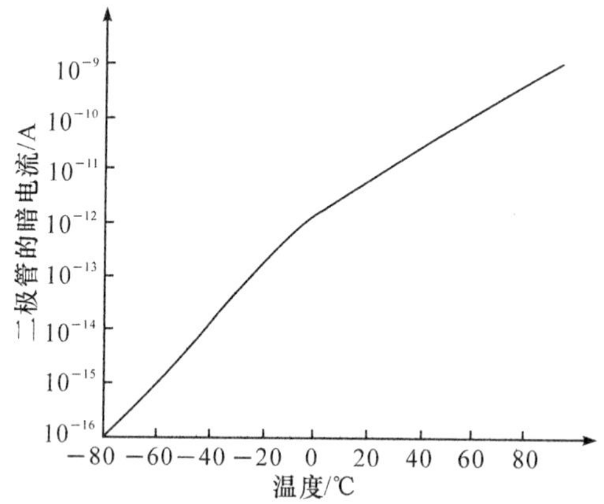

图 11-32　SSPD 的暗电流-温度特性

前面已讲过开关噪声，它与时钟脉冲的上升时间和下降时间、电路的布局以及器件的工艺和设计方案等有密切关系。开关噪声大部分是周期性的，可以用特殊的电荷积分、采样保持电路加以消除。剩下的是暗信号中的非周期性固定图形噪声，其典型值一般小于 1% 饱和电压。

热噪声是随机的、非重复性的波动，它叠加在暗电压上，是一种不能通过信号处理去掉的极限噪声，其典型幅值为 0.1% 饱和电压，对大多数应用影响不大。

3. 动态范围

SSPD 器件的动态范围为输出饱和信号与暗场噪声信号之比值。在动态范围要求很高的场合，可通过给 SSPD 线阵每个二极管附加电容器（漏电很小），使动态范围高达 10000 ∶ 1。二极管面积沿着与阵列垂直方向增加，但大部分面积由不透明的铝层所覆盖，这就提供了附加的自身电容和电荷贮存能力，而不增大光电敏感面积或严重增加暗电流。

SSPD 图像传感器与 CCD 图像传感器的性能比较如表 11-2 所示。

表 11-2　SSPD 图像传感器与 CCD 图像传感器的性能比较

性能	SSPD	CCD
光敏单元	反向偏置的光电二极管	透明电极（多晶硅）上电压感应的表面耗尽层
信号读出控制方式	数字移位寄存器	CCD 模拟移位寄存器

续 表

性能	SSPD	CCD
光谱特性	具有光电二极管特性，量子效率高，光谱响应范围宽 200 ～ 1000nm	由于表面多层结构，反射、吸收损失大，干涉效应明显，光谱响应特性差，出现多个峰谷
短波响应	扩散型二极管具有较高的蓝光和紫外响应	蓝光响应低
输出信号噪声	开关噪声大，视频线输出电容大，信号衰减大	信号读出噪声低，输出电容小
图像质量	每位信号独立输出，相互干扰小，图像失真小	信号逐位转移输出，转移电荷损失，引起图像失真大
驱动电路	简单	对时序要求严格，比较复杂
形状	灵活，可制成环形、扇形等特殊形状的阵列	各单元要求形状、结构一致
成本	较高	易于集成，成本低

11.3.5 SSPD 器件的信号读出放大器

从前面分析 SSPD 器件的工作原理可知，其输出信号是在视频线上流动的一串共 N(N 位器件) 个电流脉冲。由于实际器件视频线电容 C_v 远比单个光电二极管结电容 C_d 大(一般小阵列器件 $C_v \approx 20$pF，而 $C_d \approx 0.2$pF)，所以光电信号在输出之前就被衰减了(电荷的再分配)。一般信号都比较小，因而需要加读出放大器。

信号读出放大器通常分为两种类型：电流放大器，输出信号为尖脉冲，其优点是工作速度高(可达 10MHz)，电路简单；电荷积分放大器，输出信号为箱形波，其优点是信号的开关噪声小，动态范围宽，扫描频率中等(2MHz) 以下。

1. 电流放大器

图 11-33 是常用电流放大器的原理。加在视频线公共端 COM 上的偏压 U_c 一般为 $+5$V。当扫描信号 e 使 MOS 开关管 T 导通时，二极管电容 C_d 立即以时间常数 $R_{sto}C_d$ 充电，R_{sto} 为开关管 T 的导通电阻。若充电电流为 I_o，那么通过电流放大器后的输出电压

$$U_o = I_o \cdot R_f \tag{11.36}$$

在阵列的输出端和放大器之间串接电阻 R_s，可以限制放大器的噪声频带，减小开关噪声。

式(11.36) 中的电流 I_o 信号是比较理想的情况。实际中由于存在视频线电容 C_v，当开关管 T 闭合时，C_v 也开始提供电荷，给二极管电容 C_d 充电，再由外部电源通过 R_s 充电，充电的时间常数为 R_sC_v，一般比 C_d 的充电时间常数大得多，所以串联 R_s 会使信号读出速度降低。为既能减少开关噪声又不影响读出速度，R_s 应这样调整：在给定最高工作频率 f_s 下，使视频脉冲波形正好能恢复到基线。

图 11-34 是电流放大器的电流电压波形。图 11-34 中，U_D 是光电二极管上的电压，U_{cv} 是视频电容上的电压，I_{os} 为流过电阻 R_s 的电流。显然放大器 A 输出的电压信号与 I_{os} 的波形相同。

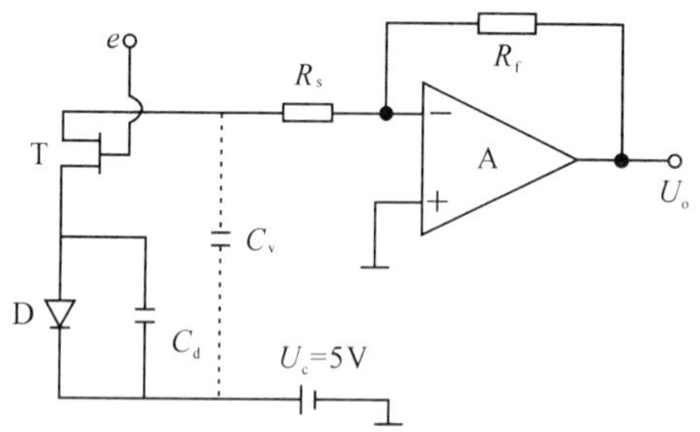

图 11-33　常用电流放大器的原理

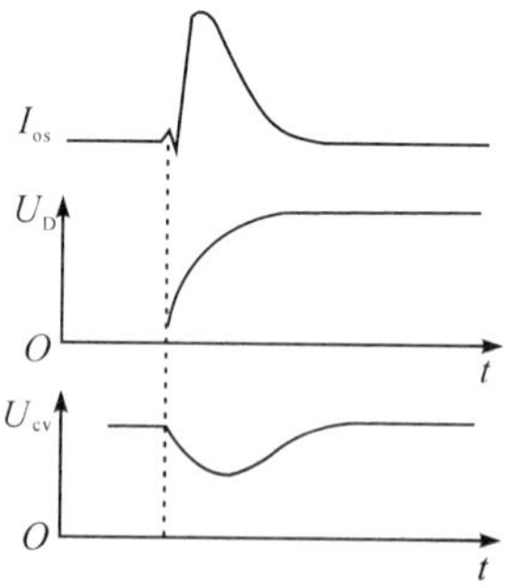

图11-34　电流放大器的电流电压波形

2. 电荷积分放大器

电荷积分放大器是在输出视频线上对每一光电二极管的输出电流脉冲进行积分，然后输出一串“箱形”的电压信号。输出电路如图 11-35(a) 所示，采用积分放大器，反馈电容为 C_f。当 MOS 开关 T_1 导通、T_2 截止时，输出端通过放大器对光电二极管电容 C_d 再充电。因此放大器的输出电压信号为

$$U_o = \frac{1}{C_f}\int_0^{T_s} I_o(t)dt = \frac{C_d}{C_f}U_d \tag{11.37}$$

其中，U_d 为结电容 C_d 上贮存的信号电压。由于开关噪声是周期性的正负脉冲，因此在积分过程中它的影响就大大降低。信号 R 提供给积分放大器复位脉冲，在下一个视频信号脉冲输出之前，使放大器复位到初始状态。输出信号的波形如图 11-35(b) 所示。由于积分及复位电路响应的限制，这种输出方式的信号读出速度不能很高。这种输出方式的主要优点是输出信号的信噪比较高，动态范围宽，适用于高精度光辐射测量等场合。

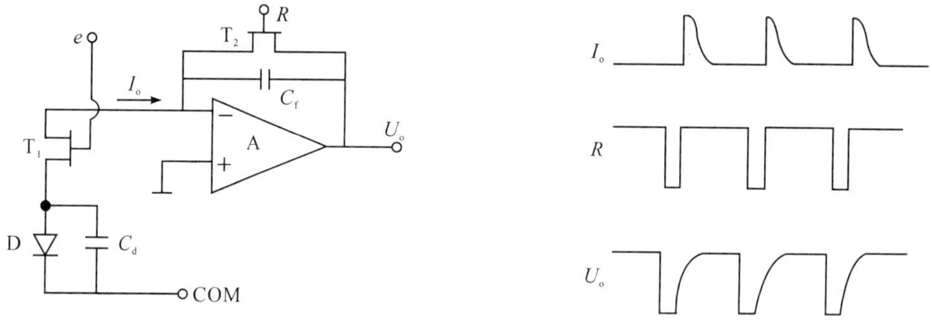

(a)　(b)

图 11-35　电荷积分放大器的工作原理

11.4　变像管和像增强器

变像管是一种能把各种不可见光(红外、紫外和 X 射线) 辐射图像转换成可见光图像的真空光电成像器件。像增强器是能把微弱的辐射图像增强到可使人眼直接观察的真空光电成像器件，因此也称为微光管。变像管和像增强器统称为像管，都具有光谱变换和图像增强的功能。

11.4.1 像管结构和工作原理

为了使微弱的不可见辐射图像通过像管变成可见图像，像管本身应能起到变换光谱、增强亮度和成像的作用，像管结构和工作原理如图 11-36 所示。

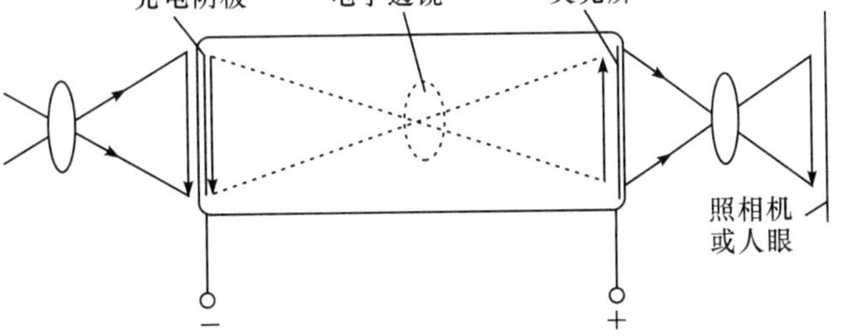

图 11-36 像管结构和工作原理

为了完成辐射图像的光谱变换，像管采用了光电阴极和荧光屏。光电阴极使不可见的、亮度很低的辐射像转换成电子图像，而荧光屏将电子图像转换成可见光学图像。为了实现图像亮度的增强，电子光学系统对电子施加很强的电场，使电子获得能量，高速轰击荧光屏。

1. 光电阴极

像管中常用的光电阴极有：对红外光敏感的银氧铯光电阴极；对可见光敏感的单碱和多碱光电阴极；对紫外光敏感的各种紫外光电阴极；还有灵敏度特高，波长响应范围较宽的负电子亲和势光电阴极。

2. 电子光学系统

电子光学系统的任务是加速光电子并使其成像在荧光屏上，它有两种形式，即静电系统和电磁复合系统。前者只靠静电场的加速和聚焦作用来完成。后者靠静电场的加速和磁场的聚焦作用来完成。静电系统按是否聚焦又可分为非聚焦型和聚焦型两种。

非聚焦型电子光学系统结构的像管比较简单，它由两个平等电极（光电阴极和荧光屏）构成，因两电极距离很近，所以非聚焦型像管又称近贴式像管，工作时极间加上高电压，形成纵向均匀电场，由于均匀电场对光电子只有加速投射作用，没有聚焦成像作用，所以从光电阴极同一点发出的不同初速度的光电子，不能在荧光屏上会聚成一个像点，而是形成一个弥散圆斑，因此，近贴式像管的分辨率较低。

在静电聚焦型电子光学系统中，两个电极分别与光电阴极和荧光屏连接，因电极形状不同，有双圆筒电极系统和双球面电极系统（见图 11-37）。阳极有小孔光阑让电子通过，工作时阴极接零电位；阳极加直流高压，此时在两电极之间就形成轴对称静电场。由等位线可以看出：电子从阴极到阳极受到会聚和加速作用，而后通过阳极小孔经过等位区射向荧光屏，由于电子透镜的成像作用，光电阴极面上的物在荧光屏上成一倒像。

复合聚焦型电子光学系统是由磁场聚焦和电场加速共同完成电子透镜成像作用的，如图 11-38 所示。该系统的磁场是由像管外面的长螺旋线圈通过恒定的电流产生的，加速电场是由光电阴极和阳极间加直流高压产生的，因此，从阴极面以某一角度发出的电子，在纵向电场和磁场的复合作用下，以不等螺距螺旋线前进，由阴极面一点发出的电子只要在轴向

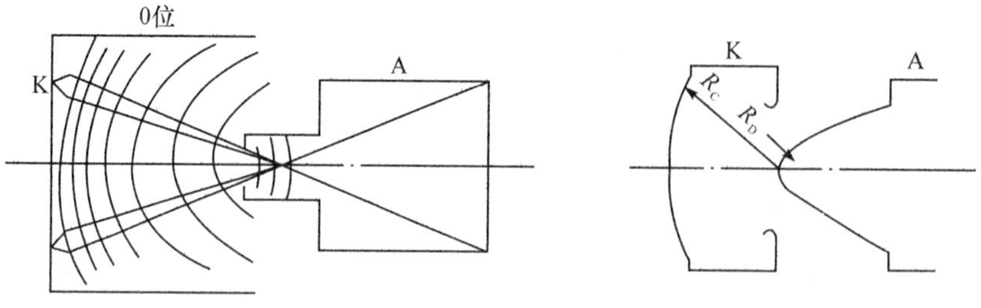

(a) 双圆筒电极系统　　(b) 双球面电极系统

A—阳极；K—阴极。

图 11-37　静电聚焦型电极

有相同的初速度，就能保证在每一周期之后相聚于一点，因而引起了聚焦作用。

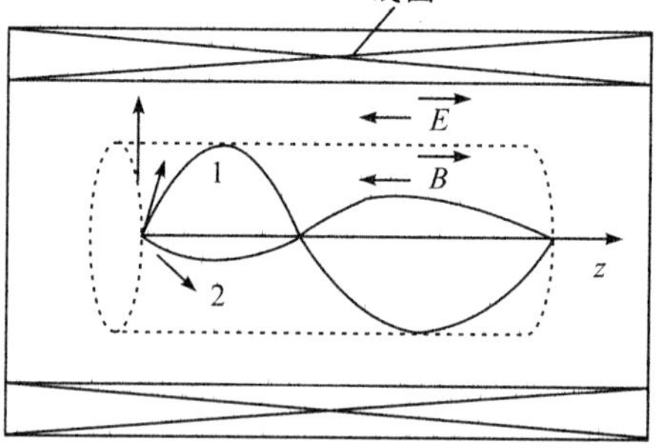

图 11-38　电子在复合场中的运动

磁聚焦的优点是聚焦作用强，并容易调节，也容易保证边缘像差，分辨率高，缺点是管子外面有长螺旋线圈和直流励磁等，使整个设备的尺寸、重量增加，结构较复杂，故目前多用静电系统。

3. 荧光屏

荧光屏的作用是将电子动能转换成光能。对荧光屏的要求是不仅应具有高的转换效率，而且屏的发射光谱要同人眼或与之耦合的下级光电阴极的响应一致。

另外，为了引走荧光屏上积累的负电荷，同时避免光反馈，增加光的输出，通常在电子入射的一边蒸上铝层。

11.4.2　像管的主要特性参量

1. 光谱响应特性和光谱匹配

像管的光谱响应特性实质上就是指光电阴极的光谱响应特性，它决定管子所能应用的光谱范围，因此描述像管的光谱响应特性的参量有光谐灵敏度、量子效率、积分灵敏度和光谱特性曲线等。

光谱匹配是指在像管的光谱响应范围内光源与光电阴极、光电阴极与荧光屏以及荧光屏与人眼视觉函数之间的光谱分布匹配，如果匹配良好，将获得更高的像管灵敏度。

图 11-39 表明光源与光电阴极之间的光谱匹配关系。其中：$S(\lambda)$ 为光电阴极的相对光谱灵敏度曲线；S_m 为峰值灵敏度；$\Phi(\lambda)$ 为光源的相对光谱分布曲线；Φ_m 为该光源光谱辐射

能量的最大值。

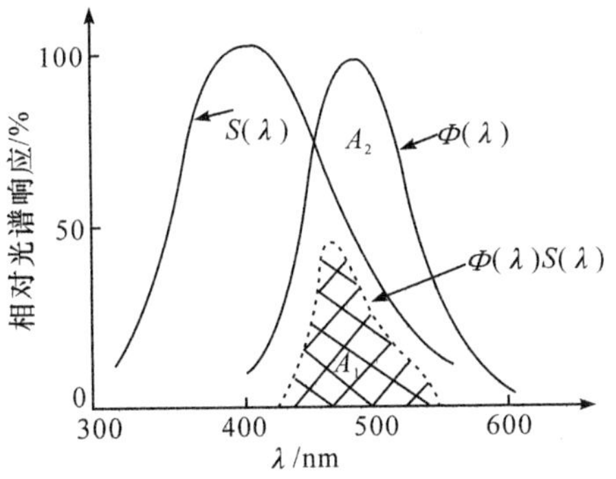

图 11-39　光源与光电阴极之间的光谱匹配关系

根据积分灵敏度的定义——单位辐射通量所产生的光电流 i 以 S 表示，则 $S=i/\Phi$，经换算，得

$$S=\frac{\int_0^{\infty}\Phi_m\Phi(\lambda)S_mS(\lambda)\mathrm{d}\lambda}{\int_0^{\infty}\Phi_m\Phi(\lambda)\mathrm{d}\lambda}=S_m\cdot\frac{\int_0^{\infty}\Phi(\lambda)S(\lambda)\mathrm{d}\lambda}{\int_0^{\infty}\Phi(\lambda)\mathrm{d}\lambda}\tag{11.38}$$

若令

$$a=\frac{\int_0^{\infty}\Phi(\lambda)S(\lambda)\mathrm{d}\lambda}{\int_0^{\infty}\Phi(\lambda)\mathrm{d}\lambda}\tag{11.39}$$

则

$$S=a\cdot S_m\tag{11.40}$$

其中，a 称为光谱匹配因数，其含义如图 11-39 所示；积分式 $\int_0^{\infty}\Phi(\lambda)\mathrm{d}\lambda$ 为图中面积 A_2；积分式 $\int_0^{\infty}\Phi(\lambda)S(\lambda)\mathrm{d}\lambda$ 为图中面积 A_1。于是式(11.40)可写成

$$S=S_m\cdot\frac{A_1}{A_2}\tag{11.41}$$

若光源固定，则图中 A_2 不变。$\Phi(\lambda)$ 和 $S(\lambda)$ 两条曲线重合得愈好，面积 A_1 就愈大，也就是说光谱匹配愈好，式(11.41)中 S 就愈大；反之，如果两条曲线没有重合之处，即两者完全失配，则 $S=0$。由此可见，光谱匹配因数是选择像管各级材料的重要依据，对于光电阴极与荧光屏、荧光屏与人眼的视觉函数的匹配程度也都是用它们的光谱匹配因数来表示的。

2. 增益特性

亮度增益是荧光屏的光出射度和入射至光电阴极面上的照度之比，用公式表达为

$$G_B=\pi\cdot\frac{B_a}{E_k}\tag{11.42}$$

其中，B_a 为荧光屏的亮度，单位为 cd/m^2；E_k 为照在光电阴极上的照度，单位为 lx。若为单级变像管，经换算后得

$$G_B=\xi S_K U_a\cdot a\cdot\frac{A_K}{A_a}\tag{11.43}$$

设 M 为变像管的线放大倍数，即 $M^2 = A_a/A_K$，S_K 的单位取 $\mu A/lm$，则亮度增益可表示为

$$G_B = 10^{-6}\xi S_K U_a \cdot a \cdot \frac{1}{M^2} \tag{11.44}$$

其中，ξ 为荧光屏的发光效率(lm/W)，表示单位功率的电子流激发荧光屏产生的沟通量；S_K 为光电阴极对 A 光源的积分灵敏度；U_a 为像管的阳极电压；a 为光电子透过系数；A_K、A_a 分别为光电阴极、荧光屏的面积。

由式(11.44)可知，线性放大倍数 M 对 G_B 的影响较大，当 M 减小时，G_B 以平方关系增大，但 M 不能过小，因为荧光屏上图像太小，会导致图像分辨率下降。提高 G_B 的根本方法还是加大加速电压 U_a，但不能加得太高，因为会产生漏电、放电、场致发射等现象而受到限制。

3. 等效背景照度

把像管置于完全黑暗的环境中，当加上工作电压后，荧光屏上仍然会发出一定亮度的光，这种无光照射时荧光屏的发光现象称为像管的暗背景，暗背景的存在，使图像的对比度下降，甚至使微弱图像淹没在背景中而不能辨别。

等效背景照度是指当像管受微弱光照时，在荧光屏上产生同暗背景相等的亮度时，光电阴极面上所需的输入照度值，用公式表达为

$$\mathrm{EBI} = \frac{B_b}{G_B} \tag{11.45}$$

其中，B_b 为暗背景亮度。

4. 分辨率

分辨率是指当标准测试板通过像管后，在荧光屏的每毫米长度上用目测法能分辨得开的黑白相间等宽距条纹的对数(即空间频率数)，单位是每毫米线对数(lp/mm)。

用目测法测量像管分辨率，因存在主观因素，差异较大，目前用光学传递函数来评定成像器件的像质，其测试方法与一般光学成像系统测量传递函数的方法相同。

11.4.3 常用变像管

1. 红外变像管

光电阴极采用银氧铯材料的像管一般称为红外变像管，它是能将不可见的近红外辐射图像转变为可见光图像的光电成像器件。

最早的红外变像管典型结构如图 11-40 所示。该管主要由光电阴极、阳极圆筒和荧光屏三部分组成，当红外辐射图像入射至光电阴极，它发射与图像辐射强度分布成正比的电子密度，阳极和阴极(阴极电压一般为 12kV ～ 16kV)构成的电子透镜聚焦成像，加速轰击荧光屏，形成可见光图像。

从图 11-40(a)可见，采用双圆筒电极结构的红外变像管，由于采用平面极和平面屏，边缘像质变差。随着光学纤维面板的出现和应用，人们把光电阴极和荧光屏制成平凹形，如图 11-40(b)所示，从而大大提高了像质。这两种形式的变像管均由于采用银氧铯光电阴极，其热发射系数大，量子效率低，所以工作时要另加红外光源。但双圆筒电极结构的红外变像管由于制造容易，成本低廉，在红外夜视仪器中仍广泛应用。

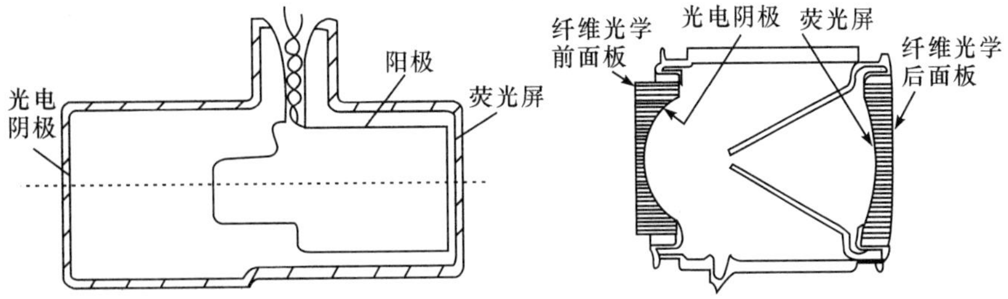

(a) 最早典型结构（双圆筒电极结构）　　(b) 带有光纤面板的圆锥形电极结构

图 11-40　红外变像管的两种结构

2. 选通式变像管

图 11-41 为选通式变像管，其结构与图 11-40 的变像管相似，只是在光电阴极和阳极间增加了一对带孔阑的金属电极，称为控制栅极，只要改变控制栅极的电压就可控制光电子发射。当控制栅极电压 U_G 比阴极电压高 175V 时变像管处于导通，U_G 比阴极电压低 90V 时变像管处于截止。可用图 11-42 说明其工作原理，图 11-42(a) 是从目标返回的激光脉冲波形，设离目标的距离为 S，则从激光脉冲发射到目标图像的返回时间为 $t = 2S/c$（c 是光速），用延迟器控制栅极电压 U_G 经过 t 时间后马上接通，$U_G = 175V$，使变像管导通，目标图像返回进入变像管，变像管的导通时间刚好等于激光脉冲的持续时间 τ，然后使 $U_G = -90V$，变像管截止。因此选通式变像管的工作周期与激光脉冲的周期一样，即同步工作，于是大大地提高了图像的对比度，提高了图像质量。

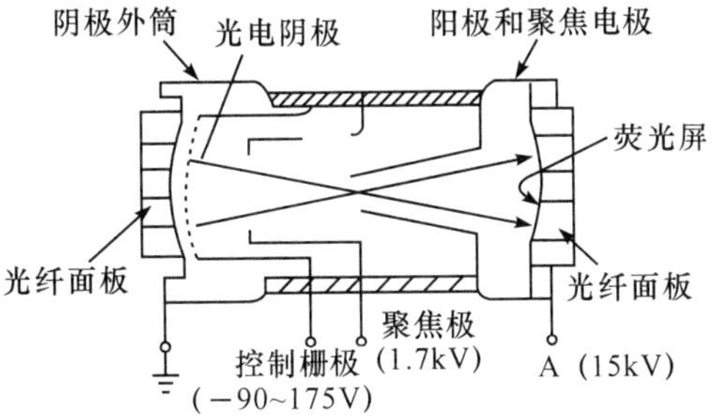

图 11-41　选通式变像管

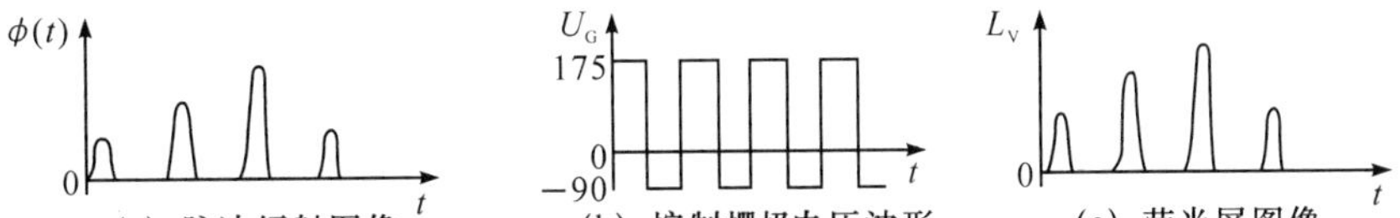

(a) 脉冲辐射图像　　(b) 控制栅极电压波形　　(c) 荧光屏图像

图 11-42　选通式变像管的工作波形关系

11.4.4　常用像增强器

1. 级联式像增强器

级联式像增强器由几个分立的单级像增强器组合而成，图 11-43 为三级级联像增强器的结构，图中每个单级像增强器的输入端和输出端都用光纤板制成。单级结构与图11-40 的变像管相同，其差别是采用了对可见光灵敏的锑铯光电阴极和多碱光电阴极代替了对红外辐射敏感的银氧铯光电阴极，从而提高了响应率。三级级联像增强器属第一代像增强器。

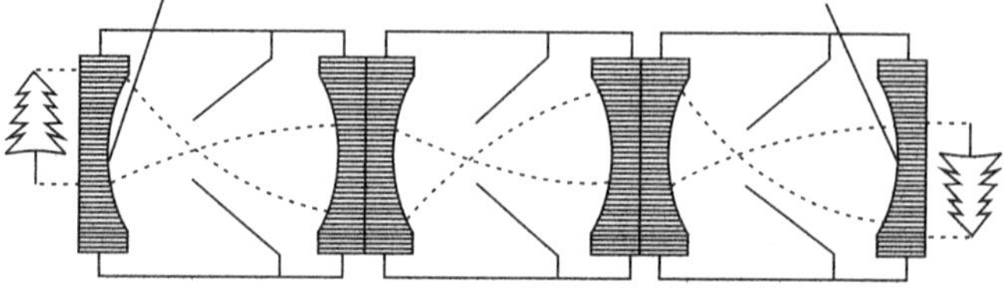

图 11-43 三级级联像增强器结构

为了增强图像的亮度，必须注意荧光屏和后级光电阴极的光谱匹配，即荧光屏发射的光谱峰值与光电阴极的峰值波长相接近，而最后一级荧光屏的发射光谱特性曲线应与人眼的明视觉光谱光视效率曲线相一致。

这种三级级联像增强器单级的分辨率若大于 50lp/mm，三级可达 30 ～ 38lp/mm，亮度增益可达 10^5。

2. 微通道板像增强器

微通道板像增强器是利用微通道的二次电子倍增原理，实现单级高增益图像增强，它属于第二代像增强器。

把若干个微通道制成二维阵列，如图 11-44 所示，就构成微通道板（MCP），微通道板的厚度约数毫米，加 10kV 的直流电压，可得到 10^5～10^6 的电子增益，在像增强器中，就靠它来增强电子图像。

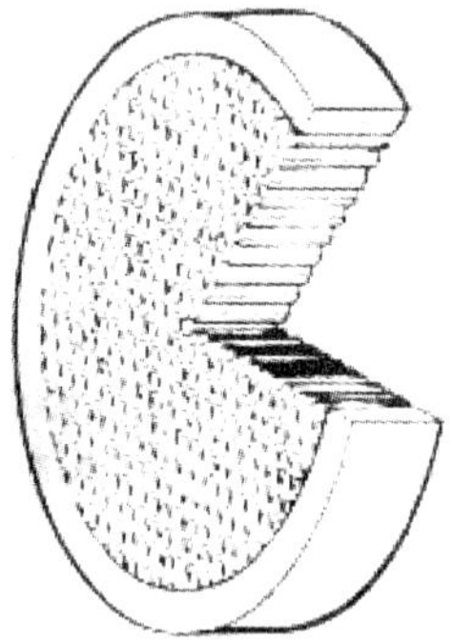

图 11-44 微通道板结构

微通道板像增强器主要有两种形式：双近贴式和倒像式。双近贴式结构像增强器如图 11-45(a) 所示，其光电阴极、微通道板、荧光屏三者相互靠得很近，故称双近贴式，由光电阴极发射的光电子在电场作用下，打到微通道板输入端，经 MCP 电子倍增和加速后，打到荧光屏上，输出图像。这种管子体积小、重量轻、使用方便，但像质和分辨率较差。

图 11-45(b) 是倒像式结构，它与单级像增强器十分相似，只是在管内荧光屏前插入微通道板，微通道板的输出端与荧光屏之间仍采用近贴聚焦。其原理是：由光纤面板上的光电阴极发射电子图像，经静电透镜聚焦在微通道板上，微通道板将电子图像倍增后，在均匀电场作用下直接投射到荧光屏上，因为在荧光屏上所成的像相对于光电阴极来说是倒像，故

其也称为倒像管。它具有较高的分辨率和像质。若改变微通道板两端电压即可改变其增益，此种管子还具有自动防强光的优点。

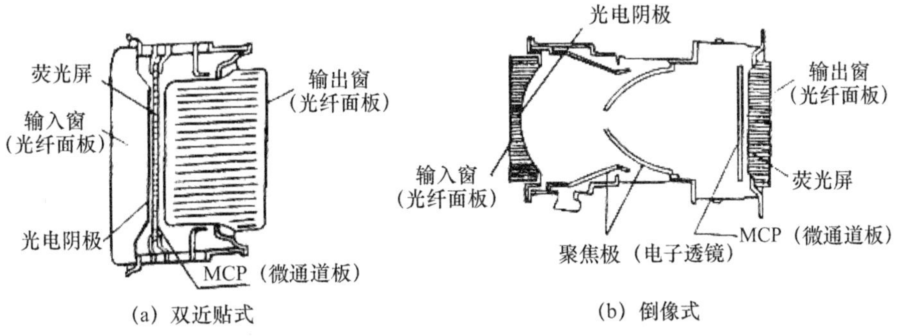

图 11-45　微通道板像增强器的两种结构形式

3. 负电子亲和势(NEA)光电阴极和第三代像增强器

总的来讲，负电子亲和势光电阴极不仅在可见光范围有较高的灵敏度，而且在近红外区也有比银氧铯光电阴极高的量子效率。第二代像增强器的微通道板结构配以这种负电子亲和势光电阴极就构成了第三代像增强器，这种像增强器能同时起到光谱变换和微光增强的作用，因此可做到一机二用。

11.5　图像传感器的典型应用

随着生产技术的发展，生产自动化程度将会越来越高，基于 CCD 的光电检测技术在国民经济各部门的应用越来越广泛，诸如冶金部门中各种管、线、带材轧制过程中的尺寸测量，光纤及纤维制造中的丝径尺寸测量、控制，机械产品三维测量、分类，产品表面质量评定，文字与图形识别，传真，光谱测量，农作物病虫害监控和长期评估等。数字技术和计算机技术的不断进步，促进了光电检测和光电传感技术的发展。CCD 技术与计算机技术的有机结合，实时地将信息反馈给自动控制系统，促进了生产过程控制的自动化。

下面介绍一些基于 CCD 的典型光电检测应用实例。

11.5.1　测量小孔或细丝直径

在工业生产和科学实验中，经常碰到尺寸小于 1mm 的接缝或细丝直径的测量问题。传统的测量方法是细丝电阻法和称重法。两种都是间接测量方法，不仅花费时间多、精度不高，而且测到的是某一段细丝的平均直径，无法测量特定截面的直径，应用范围受到一定的限制。采用激光衍射或 CCD 成像方法测量细丝直径具有测量精度高、速度快、使用方便，且易与微机连接实现自动化测量等优点，其原理如图 11-46 所示。

当一束经过扩束和准直透镜后的平行激光束照射在一细小的狭缝上时，在位于狭缝后面的透镜的焦面上，会产生与该狭缝对应的衍射条纹。根据巴比涅原理(Babinet's principle)，直径为 d 的细丝与同宽度的狭缝产生的衍射条纹完全相同。所以在实际应用中，可以利用狭缝衍射公式来计算细丝直径。为了减少随机误差的影响，一般采用的基本公式为

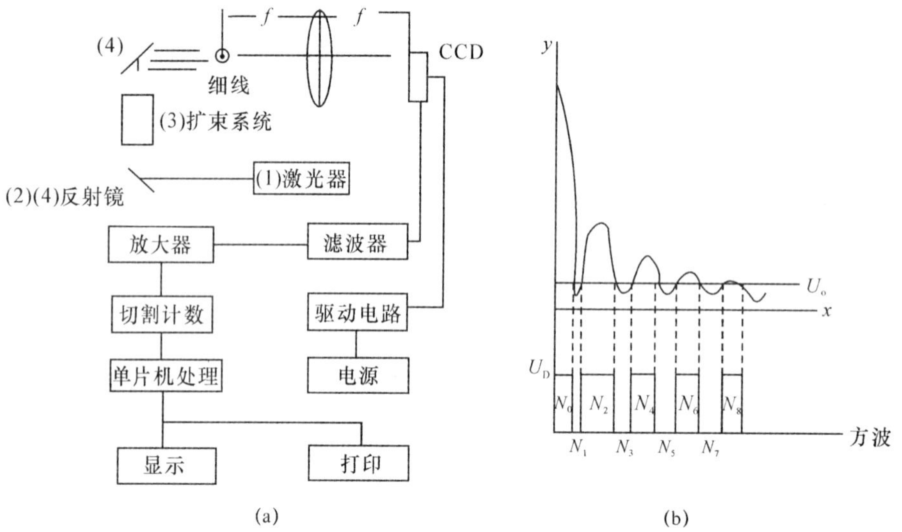

图 11-46 采用衍射法测量细丝直径的原理

$$d=\frac{\lambda f}{\Delta x} \tag{11.46}$$

其中,λ 为激光光源波长;f 为透镜焦距;Δx 为各相邻暗条纹中心间距的平均值。只要求得 Δx,就能算出细丝直径 d。为了求出 Δx,需将高分辨率线阵 CCD 放置在透镜的后焦面上,CCD 把细丝衍射条纹的光强分布转换成按时序分布的电压信号,把这一信号经过低通滤波和放大处理,可得到电脉冲的包络线,然后利用电压比较器把包络线变成方波输出。取各相邻暗条纹中心的间距平均值作为暗条纹像素数,若已知 CCD 的像素间隔,则可求出 Δx。

放大成像法是测量细丝直径的又一行之有效的方法,其原理如图 11-47 所示。待测目标经由放大镜成像在线阵 CCD 传感器光敏元上,在线阵 CCD 的输出端即可得到与目标尺寸成一定比例的光电信号,该比值为光学系统的放大倍数。光电信号经由接口电路送入计算机,经过二值化处理后可以获得被测目标的直径轮廓,通过计算机分析可知该轮廓所覆盖的像素数,若已知 CCD 像素间距,则可以求出被测目标的直径。于是就可在终端显示出目标的尺寸。如果预先在电路中设置了给定的阈值,目标尺寸超过了规定的偏差范围,系统不仅可以立即发出报警信号,而且计算机可同时给出偏差信号。这一偏差信号(正或负)经由伺服电路及相应的系统伺服机构,还可实现"纠偏"的控制。

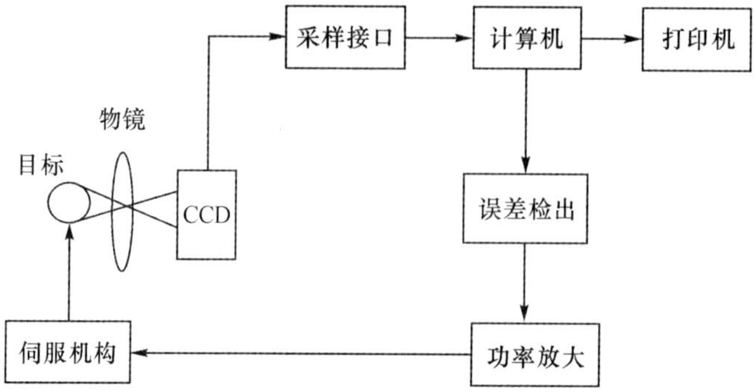

图 11-47 采用放大成像法测量细丝直径的原理

11.5.2　线阵 CCD 的一维尺寸测量

1. 线阵 CCD 尺寸测量的基本原理

(1) 系统组成

图 11-48 为典型的线阵 CCD 摄像测量系统的工作原理和波形。测量系统包括光学成像、线阵 CCD 传感器驱动、图像信号二值化处理、像素检测和显示输出等环节。由光源发出的光束为被测物体遮断，在传感器中形成一定明暗度的像。它的图像信号经前置放大后，成为如图 11-48(b) 中 ① 所示的一串脉冲系列。脉冲的幅度被图像的发光强度调制。脉冲信号经滤波和二值化整形后形成轮廓信号，用时钟脉冲测定轮廓间的像素数。最后通过计算或实验确定脉冲当量，并按测量公式得到被测尺寸。

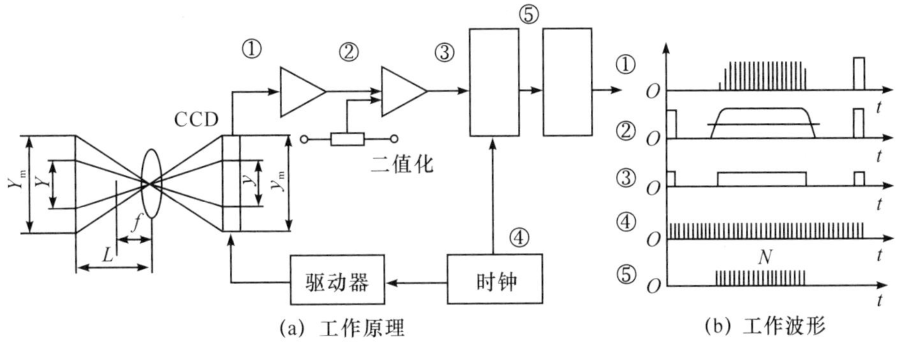

图 11-48　线阵 CCD 摄像测量系统的工作原理和波形

整个系统的工作波形表示在图 11-48(b) 中。图 11-49 给出了线阵 CCD 尺寸测量的光路原理。照明系统采用柯拉照明。照明光源采用大功率发光二极管(LED)。LED 具有体积小、重量轻、光源单色性好、发光亮度高、发光效率高、亮度便于调整等优点。LED 发出的光经过照明聚光镜 L_1 会聚到照明系统的场镜 L_2 的物方焦面处，再经 L_2 成像在无穷远处，与成像物镜 L_3 的入射光瞳重合，以保证照明光束能量能得到最大利用。

为使照明系统均匀照射物镜 L_3，使光线充满物镜 L_3 的孔径角，应兼顾被照明视场的大小和物镜数值孔径角的匹配关系。扩展的平行光照射到被测目标上。被测实体和背景的发光强度分布经成像物镜 L_3 和光阑以准确的放大率成像在 CCD 光敏元件上，并在此转换为光电信号。为保证系统的测量精度，成像系统应有严格的放大率要求，即成像系统除严格校正畸变像差外，还应设计成物方远心光路，其孔径光阑位于 L_3 的像方焦面处。

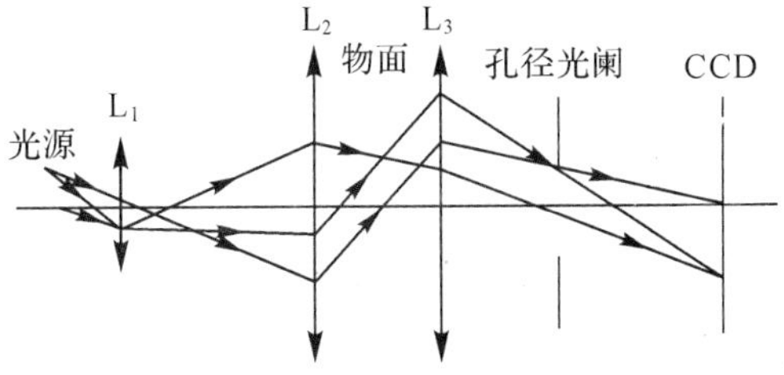

图 11-49　线阵 CCD 尺寸测量的光路原理

(2) 测量原理

和激光扫描测量不同,CCD 摄像测量方法不是通过空间与时间变换,根据时序脉宽来计算物体尺寸,而是直接计算图形脉宽间所包含的像素数目。其测量公式推导如下:

① 光学成像关系。设被测物高为 Y,像高为 y,则

$$y = \beta Y \tag{11.47}$$

其中,β 为光学放大倍数,其公式为 $\beta = \dfrac{f}{L - f}$。

② 空间变换关系。在 CCD 像面上,有确定尺寸的像素按线阵排列,相当于光电刻尺和被测像高比对。若像高占据的像素数为 N,则有

$$y = N l_0 \tag{11.48}$$

其中,l_0 为像素沿阵列方向的尺寸,对现代 CCD 器件,$l_0 = 3 \sim 8\mu\text{m}$。

将式(11.48) 代入式(11.47) 中,可得

$$Y = l_0 N/\beta = M_0 N \tag{11.49}$$

其中,$M_0 = l_0/\beta$。

式(11.49) 是 CCD 测量的基本关系式。M_0 为脉冲当量,它与成像系统的放大倍率 β 成反比,与像素尺寸成正比。为了提高测量灵敏度,要求减少 M_0 值。当已知被测物体最大长度为 $Y_{\max}$ 时,由物像关系有

$$\beta = \frac{f}{L - f} = \frac{y_{\max}}{Y_{\max}} \tag{11.50}$$

其中,$y_{\max}$ 为光敏阵列最大尺寸,$y_{\max} = N_0 l_0$,N_0 为阵列总像素数。

由式(11.50) 解出物距 L 为

$$L = f(1 + \frac{1}{\beta}) = f(1 + \frac{Y_{\max}}{y_{\max}}) \tag{11.51}$$

由式(11.51) 可知,对给定的 $Y_{\max}$ 值,选定物镜焦距 f 后可以计算出被测物应放置的位置 L。

2. 线阵 CCD 摄像测长应用实例

(1) 物体轮廓尺寸测定。图 11-50 是轮廓尺寸测定方法。由光源发出的光束为被测物体所遮断,在传感器中形成一定明暗度的像。它的图像信号是如图 11-48(b) 中 ② 所示的一串脉冲系列。脉冲的幅度被图像的发光强度调制,有效脉冲总数由扫描启动和终止脉冲的波门决定。图像信号进入整形触发电路后形成二值化信号,其中没有脉冲串的部分相当于被测物的外径。用减法计数器预置有效像素总数,然后扣除背景亮处的信号脉冲,最后用终止脉冲将计数器示值锁定,在显示输出前进行诸如脉冲当量的校正即可得到被测外径值。对于条带状工件或在传输带上的工件,由于有另一方向的运动,可以进行二维测量。

(2) 大尺寸工件的测量。对于大尺寸工件,采用拼接方法不能实现测量时,可以将两套 CCD 线阵测量装置分开布置在大尺寸工件的两端,进行同步测量,如图 11-51 所示(图中放大倍数简化为 $\beta = 1$),通过改变两个 CCD 之间的距离 H,也能实现可变大尺寸的测量。

设 CCD_1 和 CCD_2 被工件遮挡部分的像元数分别为 N_1 和 N_2,脉冲当量分别是 M_{01}、M_{02};两个 CCD 边缘距离为 H,则被测工件尺寸 l 为

$$l = H + (N_1 M_{01} + N_2 M_{02}) \tag{11.52}$$

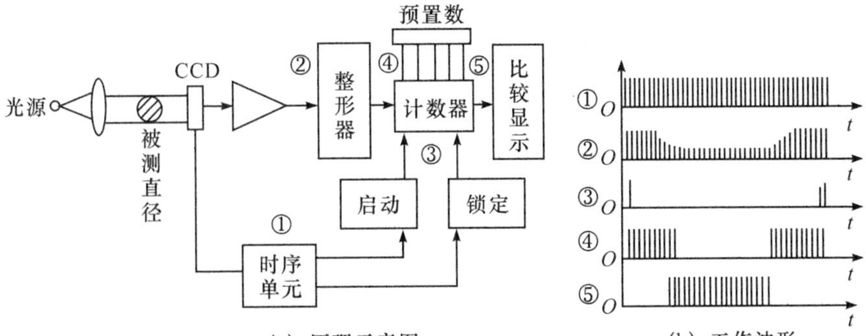

(a) 原理示意图　(b) 工作波形

图 11-50　物体轮廓尺寸测定方法

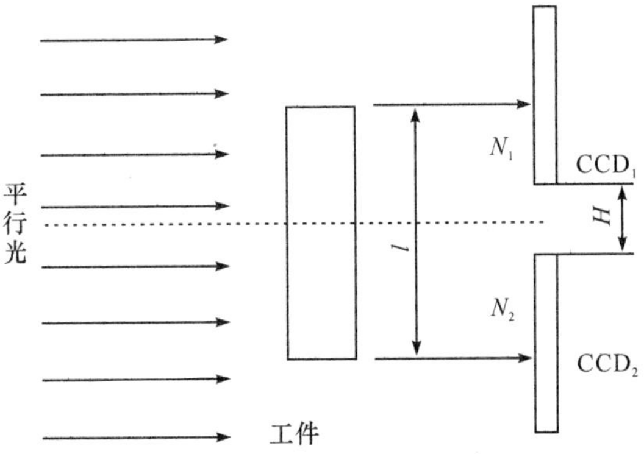

图 11-51　大尺寸工件的分开布置测量

测量误差为

$$\Delta l = \Delta H - (M_{01}\Delta N_1 + \Delta M_{01} N_1 + M_{02}\Delta N_2 + \Delta M_{02} N_2) \quad (11.53)$$

其中，ΔH 为两个 CCD 间的距离误差；ΔN_1、ΔN_2 为计数误差；ΔM_{01}、ΔM_{02} 为脉冲当量误差。

11.5.3　高精度二维位置测量系统

在介绍高精度二维位置测量系统之前，先介绍球面镜-柱面镜组合的特性，这是构成本 CCD 光学成像系统的基础。如图 11-52 所示，球面镜焦距为 f_1，柱面镜焦距为 f_2，它们共轴且距离 l 分别小于 f_1 和 f_2。图 11-52 中 O 点是球面镜的焦点，平面 xy 是球面镜的焦平面，M 是焦平面上的一点，该点发出的光线通过球面镜后为一束平行光，平行光经柱面镜会聚成一条直线。这样 M 点通过球面镜-柱面镜成像为一条直线 a，直线 a 位于柱面镜的焦平面上且与柱面镜的圆柱轴线方向平行。同理，过 M 点平行于 y 轴的直线上的任意一点成的像都是直线 a。这样 a 到 z 轴的距离对应 M 点的 x 坐标。设 a 到 z 轴的距离为 b，由透镜成像公式得出

$$\frac{b}{f_2} = \frac{OM}{f_1} \quad (11.54)$$

若取 $f_1 = f_2$，则 a 到 z 轴的距离为 $b = OM$。

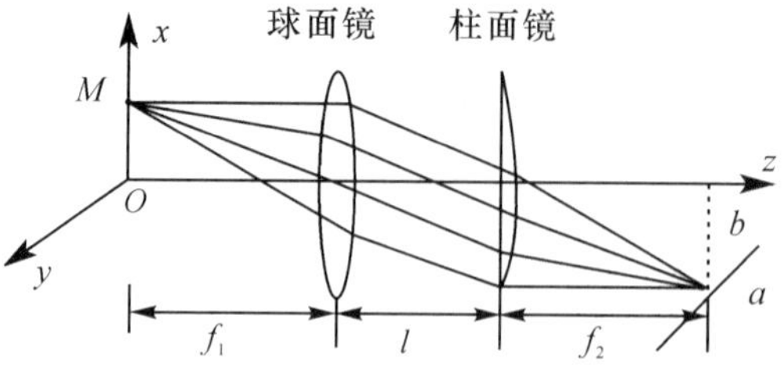

图 11-52 球面镜-柱面镜组合的成像原理

基于球面镜-柱面镜成像的高精度二维位置测量系统如图 11-53 所示，包括主球面镜、球面镜、分光棱镜、两个柱面镜和两个线阵 CCD。主球面镜、球面镜及分光棱镜共轴，分光棱镜分出两条相互垂直的光路，在两条光路轴上分别加上柱面镜，两个柱面镜的圆柱轴线方向相互垂直。这样，分光棱镜的引入构成了两组球面镜-柱面镜组合，它们分别测定 x 轴和 y 轴方向的位置。为了方便设计，选取具有相同焦距的球面镜和柱面镜。

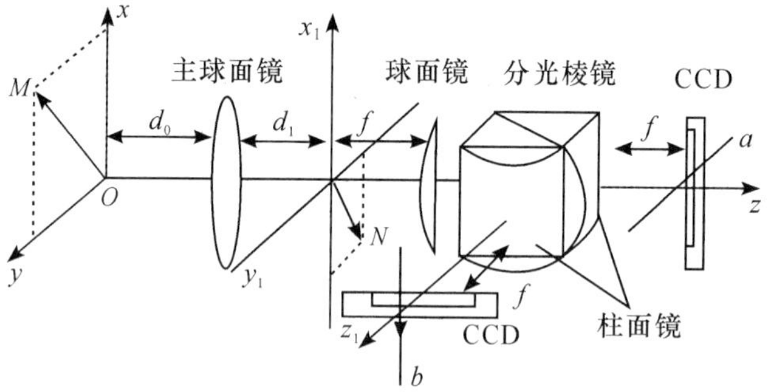

图 11-53 二维位置测量系统

在图 11-53 中，主球面镜的焦距是 f，M 为平面 xy 上任意一点，坐标为 (x_0, y_0)，物距为 d_0。M 点通过主球面镜成像于 N 点。N 点在平面 x_1y_1 上，像距为 d_1。N 点的坐标 (x_1, y_1) 的计算公式为

$$\frac{1}{d_1}+\frac{1}{d_0}=\frac{1}{f} \tag{11.55}$$

$$\frac{d_0}{d_1}=\frac{x_0}{x_1}=\frac{y_0}{y_1} \tag{11.56}$$

N 点位于球面镜的焦平面上，设球面镜与分光棱镜的焦距相同，则依据前面的分析，N 点通过球面镜、分光棱镜和两个柱面镜后成像为直线 a 和 b，直线 a 位于右柱面镜的焦平面上且与 z 轴的距离为 x_1，直线 b 位于下柱面镜的焦平面上且与 z_1 轴的距离为 y_1。分别在两个柱面镜的焦平面上放置 CCD 即可测出直线 a 和 b 的位置 x_1 和 y_1，继而通过式(11.56)求出 M 点的坐标 (x_0, y_0)。

11.5.4 文字和图像识别

光学字符识别(optical character recognition，OCR)是利用 CCD 将印刷或者手写字符读入计算机，计算机对字符进行分割和比对，完成对字符的识别。早在 1965 年，美国邮递服务就采用 OCR 技术对邮件进行识别和分类。随后，英国和加拿大等发达国家也相继启用了这项技术，为邮政部门节省了大量的人力成本。

一种用于邮政编码识别的装置如图 11-54 所示。写有邮政编码的信封放在传送带上，CCD 像元排列方向与信封运动方向垂直；一个光学镜头把数字编码成像在 CCD 靶面上，当信封移动时，CCD 即以逐行扫描方式依次读出数字，经处理后与计算机中存储的各数字特征点进行比较，从而识别出数字；根据识别出的数字，计算机控制一个分类机构，把信件送入相应的分类箱中。

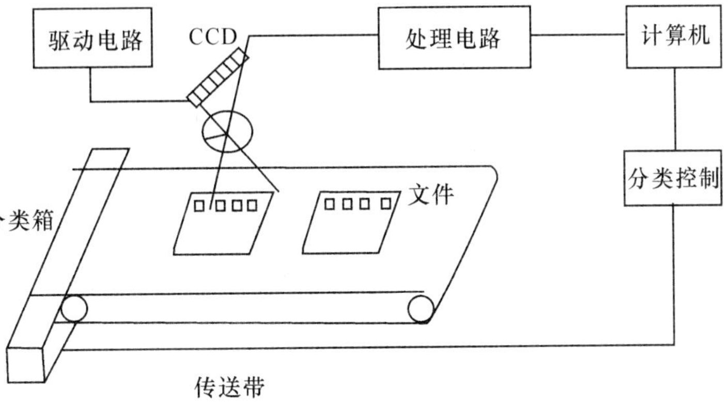

图 11-54　邮政编码识别装置

类似的系统可用于汽车牌号识别、货币识别和分类、商品条形码识别等。此外还可用于汉字输入系统，把印刷汉字或手写字直接输入计算机进行处理，从而省去人工编码和人工输入所需的大量工作。

11.5.5　平板位置的检测

利用准直光源(准直的激光或白光光源)和具有成像物镜的线阵 CCD 摄像头就可以构成测量平板物体在垂直方向上的位置或位移的装置。这种装置结构简单，没有运动部件，测量精度高，容易与计算机连接实现多种功能，因而被广泛地应用于板材的在线测量技术中。

平板位置检测的基本原理如图 11-55 所示。由半导体激光器 1 发出的激光束经聚光镜 2 入射到被测面 3 上，设入射光与被测表面法线的夹角 α 为 45°，成像物镜 4 的光轴与被测物表面法线的夹角也为 45°，则线阵 CCD 5 的像平面平行于入射光线。

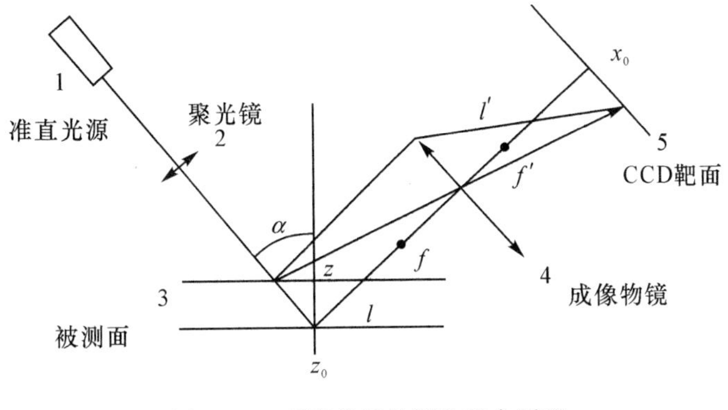

图 11-55　平板位置检测的基本原理

设成像物镜的焦距为 f，物距为 l，被测物的底面或初始位置为 z_0，像距为 l'，初始光点在 CCD 上的像点位置为 x_0，为了获得对称的最大检测范围，x_0 取 CCD 的中点。当物体表面在垂直方向的位置发生变化时，光点的位置将产生位移，光点的像在 CCD 像面上的位移为 Δx。根据物像关系可以求出平板位置的变化，即

$$\Delta z=\frac{\Delta x\cos\alpha}{\beta} \tag{11.57}$$

其中，α 为入射光线与被测表面法线的夹角(此处为 45°)；β 为光学系统的横向放大倍数。当被测表面在垂直方向运动时，CCD 所测到的光斑的位置产生变化，根据式(11.57)可以计算出表面的位置变化。该方法的测量分辨率主要取决于 CCD 的像元间距，测量范围取决于 CCD 的像素数以及横向放大倍数 β。

习 题

11.1 在 CMOS 图像传感器中的像元信号是通过什么方式传输出去的？CMOS 图像传感器的地址译码器的作用是什么？

11.2 CMOS 图像传感器能够像线阵 CCD 那样只输出一行信号吗？若能，试说明怎样实现。

11.3 何谓填充因子？提高填充因子的方法有几种？

11.4 为什么三相线阵 CCD 必须在三相交叠脉冲的作用下才能进行定向转移？

11.5 在栅极电压相同的情况下，不同氧化层厚度的 MOS 结构所形成的势阱存储电荷的容量为什么不同？氧化层厚度越小电荷的存储容量越大吗？

11.6 光电测量系统需要使用各像素对光强灵敏度一致的成像器件，应该选择 CCD 还是 CMOS？为什么？

11.7 通过查阅资料，试述变像管和像增强管的原理和用途。它们有何异同？它们与 CCD 和 CMOS 图像传感器有何关系？

11.8 采用衍射法测量细丝直径的测量误差有哪些？如何提高测量精度？

11.9 第 11.5.3 小节给出了 CCD 测量二维位置的例子，为什么一定要使用柱面镜？若换成球面镜后稍加改动能否实现测量目的？

11.10 第 11.5.5 小节中被测量为位移，能否稍加改动使得该系统可以测量被测面的变形？

第12章

光谱检测技术与系统

在地球上有样品供我们做化学分析，能够让我们知道它们的成分，至于在其他星球，比如太阳上有什么物质，我们无法从那里获得以供化学分析的样品，要想知道那里会有什么物质的确犯难。所以，1842年，孔德(A. Comte)便断言："无论什么时候，在任何情况下，我们都不能够研究出天体的化学成分来。"难道我们就真的没有办法知道其他星球有什么物质吗？就在孔德发出这个言论之后不到20年，科学家利用光谱探知了太阳的物质成分。

光谱技术是指通过物质(原子、分子、团簇等)对光的吸收与发射，研究光与物质的相互作用的一门技术，它最早起源于17世纪牛顿(I. Newton)进行的棱镜分光实验，但此后的100多年历程中，它的发展一直非常缓慢。到1814年，夫琅禾费(J. Fraunhofer)对光谱实验装置进行了改进，在棱镜的出射面安装了一架小望远镜以及能够精确测量光线偏折角度的器件，做成了一台称为分光仪的装置。夫琅禾费点燃了一盏油灯，让灯光通过狭缝进入棱镜，他发现在黑暗的背景上，有一条条像狭缝一样的明亮线条，在油灯光谱中有一对靠得很近的黄色谱线相当明显。夫琅禾费拿走油灯，换上酒精灯重新观察，同样发现那对明亮的黄色谱线，而且也在同一位置上。接着他换上蜡烛，观察到同样的现象。

夫琅禾费又转而观察太阳。他用一面镜子把太阳光反射进入狭缝，这次他发现太阳光的光谱和油灯、酒精灯、蜡烛的光谱截然不同，他见到的不是一条条明亮的光谱线，而是在红、橙、黄、绿、青、蓝、紫的连续彩色带上有无数条暗线。1814—1817年，夫琅禾费在太阳光谱中观察到576条吸收谱线。

为什么油灯、酒精灯和蜡烛发出的光是明亮的光谱线，而太阳的光谱却是在连续彩色背景上有无数条暗线？为什么前者的光谱中有一对黄色明亮的线，而太阳的光谱则正巧在同一位置变成了一对暗线？这些问题，夫琅禾费在当时无法解答。

19世纪50年代初，科学家猜想太阳光谱中出现的那些暗线可能不是别的，正是太阳某些物质成分的标记。1859年，本生(R. W. Bunsen)与基尔霍夫(G. R. Kirchhoff)宣布，太阳大气层中含有钠、铁、钙、镍和氢，其中含量最高的是氢。他们的发现立刻轰动了整个科学界，光凭一台简单的光谱仪居然能在地球上检测出一亿五千万公里外的太阳的化学物质组成，真是太神奇了！

光谱(spectrum)就是波长按由小到大(或由大到小)顺序排列的电磁辐射图案。通常，眼睛所接收的光大部分为复色光(即含有多个波长，或者覆盖了一定的波长范围)，复色光经色散系统(比如棱镜或光栅)色散后，各单色光(仅含单一波长)将在空间中被分开，这样就可以测量各个波长下的光强(电磁辐射)，由此获取的图像就是光谱。人们可以利用物质与不同波长(或者频率)光的相互作用后形成的特定光谱来深入研究物质特性。根据不同的分类方式，光谱可以分为多种类别：按波长范围可分为红外光谱、近红外光谱、紫外-可见光谱等；按光谱表现形态可分为线光谱、带光谱和连续光谱；按产生方式可分为发射光谱和吸收光谱。测量光谱的仪器称为光谱仪，它记录了按波长（或频率）顺序排列的光强分布，其主要功能是分光，即将含有多种波长的复色光以波长（或频率）分解，使光强分布便于按波长（或频率）排列。其中，在空间上将入射的复色光分离的方法是基于色散分光的光谱检测技术；而另一种是非空间色散分光方法，称为基于相干检测的光谱检测技术（傅里叶光谱技术）。

下面分别详细介绍这两种光谱检测技术。

12.1 基于色散分光的光谱检测技术

12.1.1 色散分光光谱技术原理

基于色散分光的光谱检测仪器一般由光源、分光计和探测器三部分组成。①光源：提供待测光谱范围内的光辐射（如紫外-可见分光光度计中采用的卤钨灯），或者用于激发待测光谱（如拉曼光谱仪中所采用的激光）。②分光计：这是光谱检测仪器的核心部分，作用是将入射的复色光分解为单色光。③探测器：用于检测光强度，在待测光谱范围内要具有较好的光电转换特性。

光谱仪器通常有如图 12-1 所示的两种工作方式。图 12-1(a)先分光，再与待测样品相互作用；图 12-1(b)先与待测样品相互作用，再分光。如果光源是作为激发光源，只能采用如图 12-1(b)所示的工作方式。另外，如果光源本身作为待测光谱对象，那么直接分光然后检测各个波长位置的光强即可。

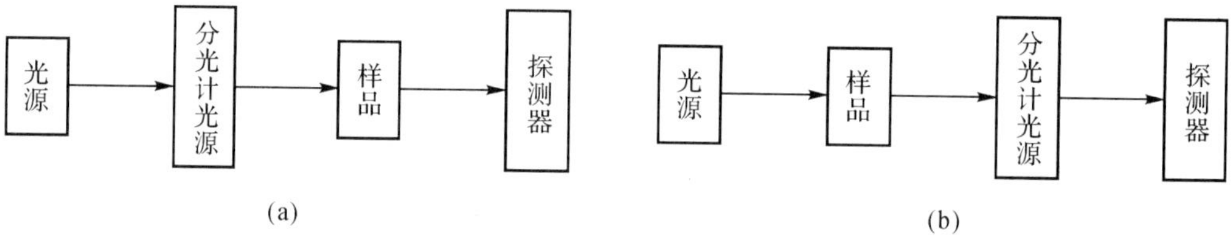

图 12-1 光谱仪器的两种工作方式

1. 光栅光谱仪

光栅光谱仪是指利用衍射产生色散的一类光谱检测装置。光栅光谱仪的核心色散器件是光栅。光栅有衍射光栅和闪耀光栅两类，这里只介绍衍射光栅。

衍射光栅是在一块平整的玻璃或金属材料表面（可以是平面或凹面）刻画出一系列平行、等距的刻线，然后在整个表面镀上具有高反射率的金属膜或介质膜，就构成一块反射光栅。相邻刻线的间距 d 称为光栅常数，通常刻线密度为每毫米数百至数十万条，刻线方向与光谱仪狭缝平行。入射光经光栅衍射后，相邻刻线产生的光程差为

$$\Delta s = d(\sin\alpha \pm \sin\beta) \tag{12.1}$$

其中，α 为入射角；β 为衍射角。

可导出光栅方程为

$$d(\sin\alpha \pm \sin\beta) = m\lambda \tag{12.2}$$

其中，λ 为入射光波长；m 为衍射级次，$m=0,1,2,\cdots$。

光栅方程将某波长光波的衍射角和入射角通过光栅常数 d 联系起来，如果入射光正入射(即 $\alpha=0$)，光栅方程变为

$$d\sin\beta = m\lambda$$

衍射角度随波长的变化关系称为光栅的角色散特性。当入射角给定时，有

$$\frac{\mathrm{d}\beta}{\mathrm{d}\lambda} = \frac{m}{d\cos\beta} \tag{12.3}$$

式(12.3)表明：衍射光栅可以把不同波长 λ 的复色光以不同的衍射角 β 展开。

2. 光栅单色仪

光栅单色仪是用来从由复杂光谱组成的光源中，或从连续光谱中分离出单色光的仪器。单色光是相对于光源的光谱形成而言，波长范围极狭窄，可以认为只是单一波长的光。图 12-2 给出光栅单色仪光路。复色入射光进入狭缝 S_1 后，经物镜 M_1 变成复色平行光照射到光栅 G 上，经光栅色散后，形成不同波长的平行光束并以不同的衍射角度出射，物镜 M_2 将照射到它上面的某一波长的光聚焦在出射狭缝 S_2 上，再由 S_2 后面的电光探测器记录该波长的发光强度。光栅 G 安装在一个转台上，当光栅旋转时，就将不同波长的光信号依次聚焦到出射狭缝上，光电探测器记录不同光栅旋转角度(不同的角度代表不同的波长)时的输出光信号强度。通过出射狭缝选择特定的波长进行记录即可得到光谱图。

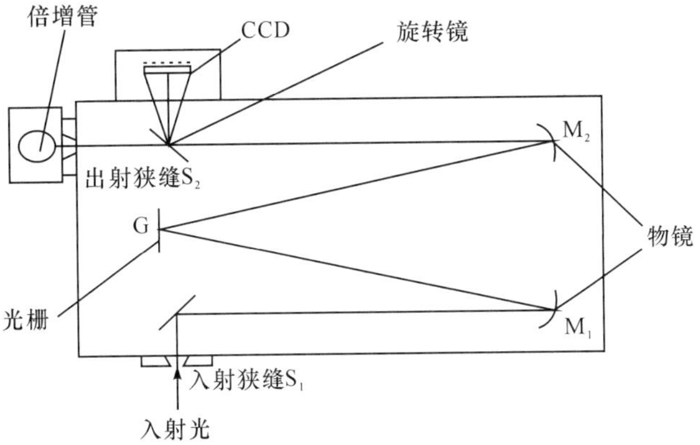

图 12-2　光栅单色仪光路

对波长进行扫描是通过旋转光栅来实现的。将光栅放在由精密步进电机驱动的转盘平台，通过计算机控制光栅的旋转。

3. 光学多通道分析仪

光电光谱分析仪的作用是探测光源或样品对不同波长光的响应。光学多通道分析仪(OMA)是一种采用多通道对不同波长光进行并行快速检测、显示微弱光谱信号的光电仪器。一般光谱仪采用衍射光栅等分光元件，在光谱仪的焦平面上设置狭缝，当衍射光谱扫描转动时，某一波长的光通过狭缝并被点位式探测器(如光电倍增管)接收，因此每次只能测量单个波长的光。光学多通道分析仪采用线阵 CCD 图像传感器，每次能测量很多非连

续或连续波段的光谱，且能准确地读出各光谱的波长值和相对强度值；能方便地给出各种待测光谱的光谱曲线和光谱数据，光谱带宽可以从真空紫外到远红外；可用于快速光谱分析及各种光谱研究；具有单次测量光谱范围宽、响应速度快、灵敏度高、数据采集处理方便等特点。OMA 基本结构如图 12-3 所示，由图可看出，它主要包括三个部分：①光学分光部分。该部分主要通过分光器件（如光栅）将待测光束在空间上分开，并遵循光的色散原理。②光电转换部分。CCD 传感器是光学多通道分析仪数据采集部分的核心，线阵 CCD 置于光谱仪的光谱面上，它的作用是将衍射光谱转换成电信号，一次曝光就可获得整个光谱。③数据采集与处理部分。该部分将线阵 CCD 输出的模拟电压信号转换成数字电压信号，并存储在外部随机存取存储器（RAM）中供计算机处理、分析、控制使用。

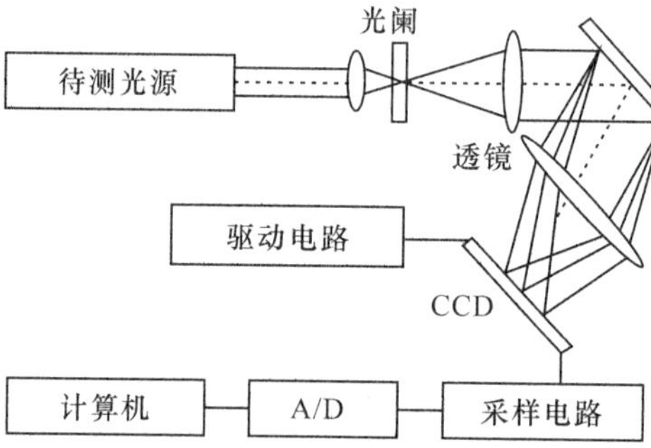

图 12-3　OMA 基本结构

OMA 的基本工作原理如下：待测光源发出的光束经聚焦、空间滤波、准直后照射到光谱仪的光栅上，通过光栅色散后，在空间上分离开，再经透镜聚焦在 CCD 的光敏面上。根据光栅色散原理，CCD 各像元的位置应分别对应光束色散后的不同波长。一个像元对在一段极小光谱范围，称为一个通道。采样电路对 CCD 的输出信号进行逐位采样，由所得的采样位置就能求得信号所对应的波长。而信号的幅度对应该波长下的光谱辐射能量。只要对 CCD 的所有像元进行一次完整的采样（即获得一行图像）就可得到待测光源在一定波长范围内的光谱分布曲线。与常规光谱仪不同的是，OMA 系统在测量每一小段光谱时，色散光栅不需要对入射光束进行扫描，而是由 CCD 对各像元的逐位时序扫描来完成对光谱成分的空间扫描。因此，OMA 系统具有并行处理、快捷精确的特点，特别适用于闪光灯等光源获得瞬态光谱的测量，也适用于荧光、磷光等光谱测量。

CCD 在 OMA 系统中的地位非常重要，因而必须对它进行选择。需考虑的因素是：①由于CCD 像元的位置对应波长，因而其位置精度决定了系统的光谱测量的精度；②CCD 像元的尺寸影响系统的最小可分辨波长和光谱轮廓的精细程度；③CCD 光敏面的几何尺寸（像元尺寸×像元素）和灵敏度影响系统的光谱测量范围，因此在实际应用中，按其光谱响应特性可分别选择紫外、可见光、近红外波段的高灵敏度 CCD。

光学多通道分析仪的主要技术指标如下：

(1)工作波长范围：表明输出的单色光束所能覆盖的波长范围。

(2)线色散率：由色散组件的角色散率与光谱聚焦物镜的焦距决定，通常以线色散率倒数形式给出仪器的色散能力。

(3)光谱分辨率：表明在较窄的狭缝宽度时所能达到的最高可分辨波长间隔值。

(4)波长精度和重复性：表明出射光束的真实波长值与仪器指示值之间的偏差，以及多次重复时的重现程度，由仪器的波长调节、波长扫描及波长示数机构的工作精度决定。

(5)杂散光：出射光束中所需光谱宽度范围以外其他波长的光辐射量，以达到辐射探测器的杂散光通量与选定的所需波长通量之比作为杂散光发光强度的度量。杂散光辐射形成背景光会降低检测信噪比，甚至"淹没"微弱的有用光辐射信号。

12.1.2　色散分光光谱技术应用

紫外-可见分光光度法是一种发展较早的传统光谱技术。早期的紫外-可见分光光度计大多采用棱镜分光，现在基本上使用光栅替代。目前比较高档的紫外-可见分光光度计使用棱镜＋光栅分光的方式，主要利用石英棱镜在紫外区的大色散特性，将石英棱镜单色器作为前置分光器件，这样可以提高仪器的分辨率，减少杂散光。

紫外-可见光谱的波长范围包括近紫外(200～380nm)和可见光(380～780nm)；目前，在紫外-可见分光光度计的设计中往往还会包括 780～1100nm 的近红外波段，因为用于可见波段的卤钨灯实际上也覆盖到了近红外区域，波长为 780～1100nm 的光波也可以利用光栅分光。

1. 比尔定律

分光光度法的定量分析基本上是基于比尔(Beer)定律。比尔定律有两点假设：①假设照射到吸光物质上的光是严格的单色光；②被测物质由彼此独立、彼此之间无相互作用的吸收粒子组成。因此，在实际应用时必须考虑这些假设。

比尔定律可以描述为：当一束平行的单色光投射过某一有色且均匀的溶液时，溶液对入射光的吸光度与溶液的浓度和光程的乘积成正比。用公式表达为

$$A=\lg\frac{I_0}{I}=\varepsilon bC \tag{12.4}$$

其中，A 为吸光度；I_0、I 分别为入射光强和透射光强；b 为光程；C 为溶液浓度；ε 为比例常数。假设浓度以摩尔浓度表示，光程的单位是厘米(cm)，则 ε 为摩尔吸光系数，其单位为 $1/(\mathrm{mol}\cdot\mathrm{cm})$。$\varepsilon$ 表征各种有色物质在一定波长下的特征常数，可以衡量显色反应的灵敏度，即 ε 越大，表示该有色物质对此波长的吸收能力越强，显色反应越灵敏。一般 $\varepsilon\in 10\sim10^5$，其中，$\varepsilon>10^4$ 为强度大的吸收，$\varepsilon<10^3$ 为强度小的吸收。

根据以上两个比尔定律的假设条件，可以得到三个影响比尔定律偏离的主要因素。

(1)非单色性。实际上不可能得到真正的单色光。假设具有两个波长 λ_1、λ_2 的复色光，在不同波长下的 ε 分别为 ε_1、ε_2，那么根据比尔定律可得到吸光度为

$$A=\lg\frac{I_{01}+I_{02}}{I_1+I_2}=\lg\frac{I_{01}+I_{02}}{I_{01}\times10^{-\varepsilon_1 bC}+I_{02}\times10^{-\varepsilon_2 bC}} \tag{12.5}$$

如果 $\varepsilon_1=\varepsilon_2=\varepsilon$，那么式(12.5)可以写成 $A=\varepsilon bC$，即吸光度 A 与浓度 C 仍满足线性关系。但实际上，ε 往往因波长而异，由此吸光度 A 与浓度 C 的线性关系将发生偏移。

(2)杂散光。杂散光是紫外-可见分光光度计的主要误差来源。杂散光由光栅、外光路和单色计内壁散射等造成，其中 80%来自光栅；散射会降低透射光的强度，浓度越高，散射光的强度也越大；不少物质在光照射下会产生荧光。这些都会导致比尔定律的偏离。

(3)溶液浓度的影响。严格来说，比尔定律只是在低浓度时才成立，在高浓度时

(>0.01mol/L),吸收粒子之间的平均距离将缩小到一定程度,粒子之间的相互作用将增强,进而影响它们对特定辐射的吸收能力,导致吸光度与浓度之间的线性关系发生偏离。当浓度改变时,溶液的折射率也会发生改变,摩尔吸光系数与溶液折射率的关系为

$$\varepsilon=\varepsilon_T\left[\frac{n}{(n^2+2)^2}\right] \tag{12.6}$$

当浓度小于 0.01mol/L 时,折射率基本保持不变。但是在高浓度时可采用差示法、多波长法等进行定量分析。

2. 紫外-可见分光光度计及其吸收光度方法

下面重点讨论常见的紫外-可见分光光度计及其吸收光度方法。

(1)单波长单光束紫外-可见分光光度计

单波长单光束紫外-可见分光光度计的基本原理如图 12-4 所示,光束经单色仪分光后,从中选取适合于样品的分析波长,让其通过样品池,透过样品的光束被探测器接收。单波长单光束紫外-可见分光光度计只用一个波长作为分析波长,并且光路中只有一束探测光束。单波长单光束紫外-可见分光光度计的性能指标比较差,在一些要求较高的场合,比如高精度科学研究、产品质量检验等场合不宜使用。

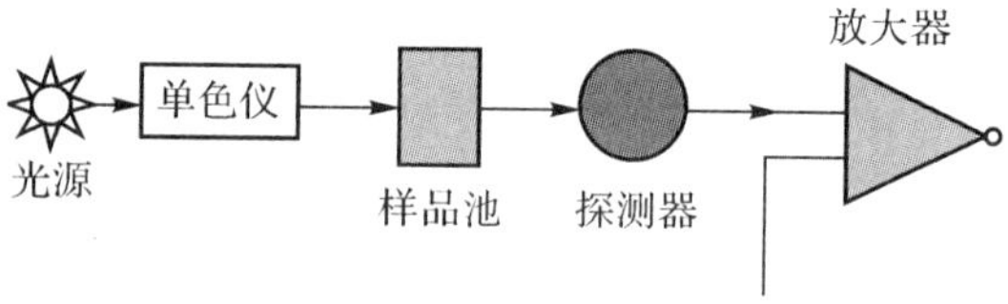

图 12-4 单波长单光束紫外-可见分光光度计的基本原理

(2)单波长双光束紫外-可见分光光度计

单波长双光束紫外-可见分光光度计的基本原理如图 12-5 所示(其中的 M_1、M_2、M_3 和 M_4 均表示分束反射镜),光束经单色仪分光后,从中选取合适的分析波长,利用分束反射镜将探测光分为两束光,两束光分别通过样品池和参比池,然后经由探测器接收采样。

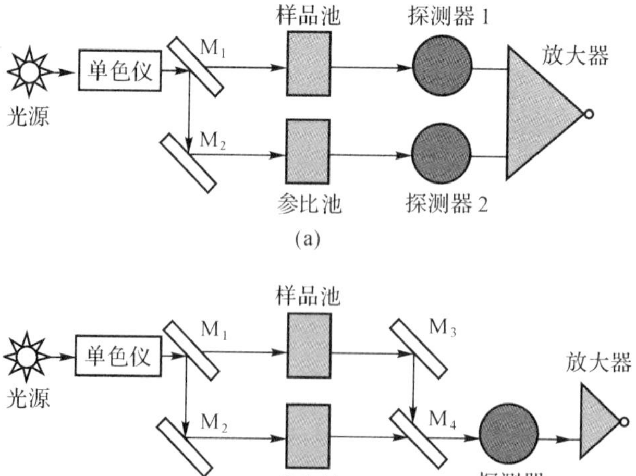

图 12-5 单波长双光束紫外-可见分光光度计的基本原理

对透射光强的探测有两种方式。一种方式如图 12-5(a)所示，分别用两个探测器检测透射光，再将两个光强进行比较。这种方式能够将光源波动、杂散光、电噪声的影响部分抵消，所以定点测量时光度准确性较好。但是这种方式结构十分复杂、价格昂贵，同时由于光电倍增管的光谱响应特性不可能完全匹配，在进行光谱扫描时测量误差比较大。

另一种方式如图 12-5(b)所示，它只采用一个探测器。首先在样品池和参比池位置均放上标准的参比池，调节电子装置使输出为零，然后放上待测样品，将其信号差转化为吸光度。由于这种方式只采用一个探测器，因此在进行光谱扫描时可以避免由于探测器的光谱响应特性的差异带来的误差。

(3)双波长双光束紫外-可见分光光度计

双波长双光束紫外-可见分光光度计的基本原理如图 12-6 所示，从入射光中分离出两束单色光，通过切光器让它们交替透过样品池，电信号经过电子系统的处理转化为它们之间的吸光度差。

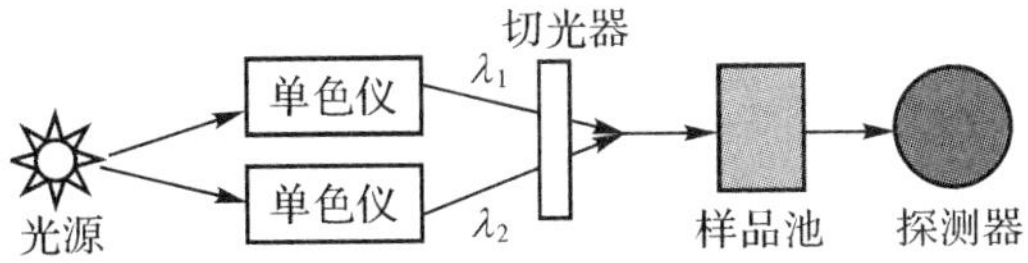

图 12-6　双波长双光束紫外-可见分光光度计的基本原理

根据比尔定律，并且考虑存在光散射和背景吸收的情况，可以得到两束光单独照射时的吸光度分别为

$$\begin{cases} A_1 - A_{s1} = \lg(I_{01}/I_1) = \varepsilon_1 bC \\ A_1 - A_{s2} = \lg(I_{02}/I_2) = \varepsilon_2 bC \end{cases} \tag{12.7}$$

其中，A_{s1}、A_{s2}为光散射和背景吸收导致的吸光度。假设两束光的入射光强近似相等，即$I_{01}=I_{02}$，并且在波长 λ_1 和 λ_2 很接近时近似认为 $A_{s1}=A_{s2}$，那么吸光度差可以表示为

$$\Delta A = A_2 - A_1 = (\varepsilon_2 - \varepsilon_1)bC \tag{12.8}$$

由此可见，吸光度差也与溶液浓度成正比，这就是采用双波长法进行定量测量的基本原理。

(4)阵列式光电探测器型紫外-可见分光光度计

随着 CCD 技术的成熟，在紫外-可见分光光度计的光探测中逐渐引入了线阵 CCD，它采用并行处理的方式同时获取多个波长位置的光强信号，由此可以很方便地选择两个波长作为其分析通道实现双波长定量测量。光电二极管阵列式紫外-可见分光光度计如图 12-7 所示。

紫外-可见分光光度计最主要的应用是在分析化学领域，即对众多的无机化合物和有机化合物进行定性鉴定或定量测定，它在有机化合物结构测定方面起着非常重要的作用，还能够有效地应用于化学反应的机理研究。

(5)薄膜的透、反射率光谱测试

色散分光光谱探测技术在光学薄膜研究中一个常见而重要的作用是用于薄膜的反射率光谱和透射率光谱测试。关于反射率的测试，单次反射法是最基本的测试方法。目前日本 OLYMPUS 公司的 UPSM-RU 反射率测试仪是一种使用普遍的薄膜表面反射率测试系统。UPSM-RU 反射率测试仪采用共焦显微镜的基本原理，实现对较薄的基板样品表面的光学薄膜反射率的光谱测试，系统如图 12-8 所示。该系统采用标准的 BK7 玻璃(相当于我

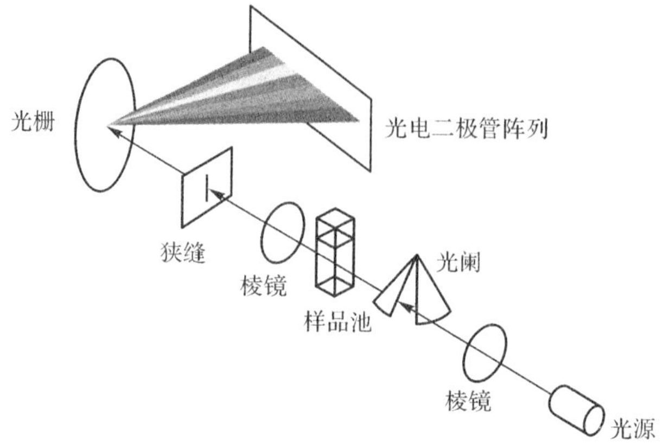

图 12-7 光电二极管阵列式紫外-可见分光光度计

国的 K9 玻璃)作为标准样品,利用该标准样品的单个表面反射率作为比对参数,实现对待测薄膜样品的反射率测试。R 的计算公式为

$$R=\frac{I}{I_0}R_0 \tag{12.9}$$

其中,I_0 为 BK7 的反射信号;R_0 为 BK7 的理论反射率;I 为样品反射信号。

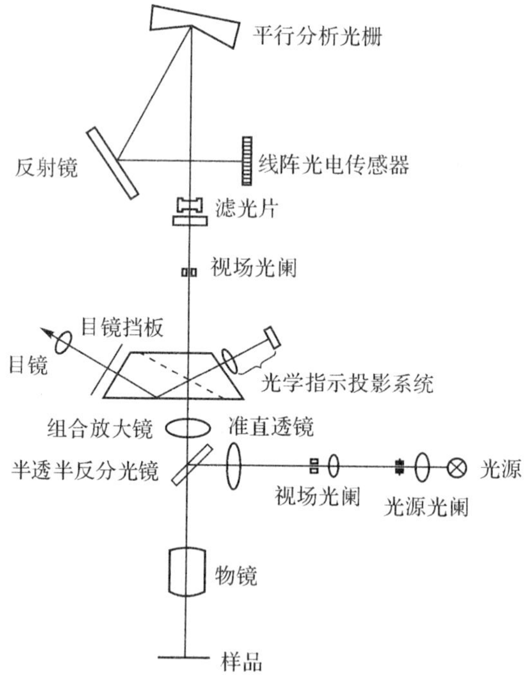

图 12-8 OLYMPUS 薄膜反射率测试系统

在该系统中,平场分析光栅为分光原件,将探测白光在空间上分离出需要测试的波长,线阵光电传感器为探测器的接收端。该设备可以方便地测试可见光谱(380～780nm)内的光谱反射率,波长分辨率为 1nm,光谱精度为 1%。同时,系统中采用线阵传感器来探测光谱的信号,这样就免除了光栅的机械扫描,提高了测试的速度,有利于大批量样品的测试。

另外,由于系统中采用了共焦显微系统,样品上的光斑较小,所以只有在焦点附近很小区域的反射光能够进入测试系统,并被系统的光电传感部件接收。该反射率测试仪的最大特点是，可以测试各种凸与凹样品薄膜表面的反射率，而且对样品后表面的影响很小，这对于透镜表面的减反射薄膜的测试十分有利。

薄膜透射率的测试一般采用类似图 12-8 的结构，其中样品池处使用待测薄膜样品代替。在测试中需要注意的是，要保证测试光束全部通过待测样品。通常光谱仪的测试光束横截面的面积为 1cm^2 左右，例如岛津 UV-VIS 测试光束光斑大小为 12mm×4mm 的矩形。当样品的直径小于 10mm 时，上述条件往往无法满足，此时可以增加小孔光阑，这样就保证了测试光束全部通过待测样品。

光学薄膜还有很多类似的测试内容，例如薄膜的偏振透、反射光谱。偏振特性的分光光度计的系统如图 12-9 所示。其中，偏振棱镜将单色光转化为偏振光，并可以调节探测光的偏振特性。旋转的样品台用于调节样品与入射光偏振态的关系。

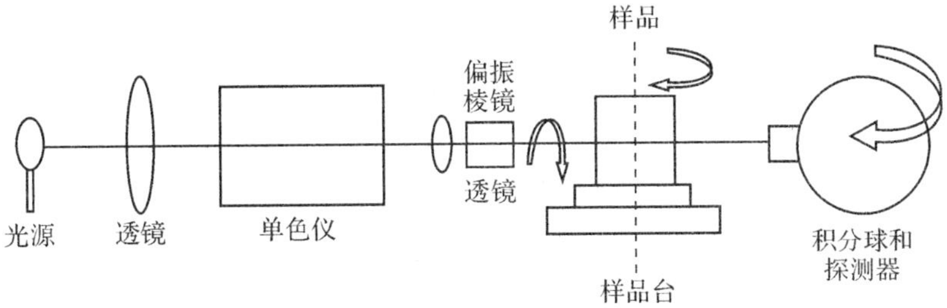

图 12-9　偏振特性的分光光度计的系统

(6)基于色散分光的二维成像光谱技术

成像光谱(imaging spectroscopy)技术是指在电磁波谱的紫外、可见、近红外和中红外区域获取许多窄而且光谱连续的图像数据的技术。它是一种集光学、光谱学、精密机械、电子技术及计算机技术于一体，在探测器线列与面阵技术的基础上发展起来的新型测量技术。一方面，它能够获得二维图像；另一方面，它还能够获取二维图像上任意一位置的光谱信息。成像光谱技术如图 12-10 所示，其数据按三维方式分层排列，每一层为某一波长或某个波段的图像数据，垂直于层的方向即为图像中某个位置的光谱数据。

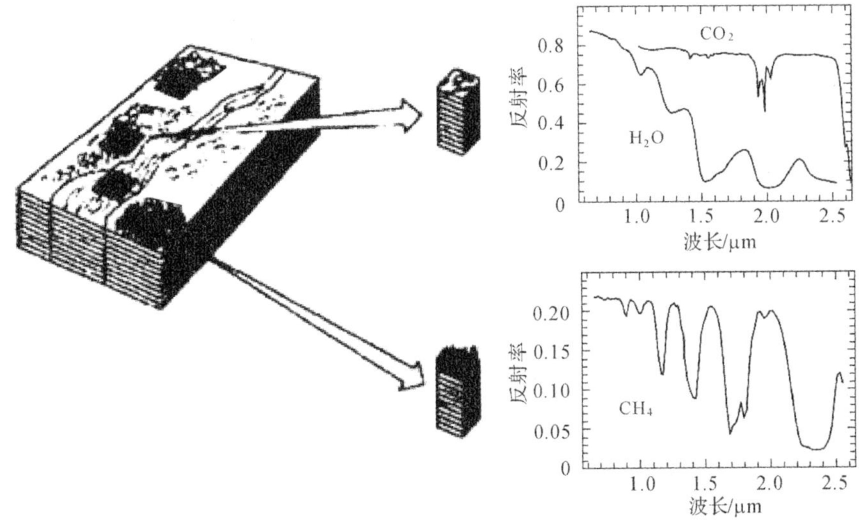

图 12-10　成像光谱技术

成像光谱技术在对地观测领域获得了广泛应用,比如地质调查、植被研究、矿藏分布探明等,都可以利用成像光谱技术。在矿物识别方面,图 12-11 为黄山东部铜-镍的部分采矿部位。图 12-11(a)是 3 个波段合成的反射率图,它反映了该地区的大致形貌;通过绿帘石的光谱图可以合成绿帘石的分布,如图 12-11(b)所示,可以看出该地区存在一定含量的绿帘石矿物;再对含有绿帘石的部位进行更深一步的光谱分析,可以得到绿帘石矿物中还含有多种其他矿物成分,将不同的矿物用颜色区分标记在图 12-11(c)上。

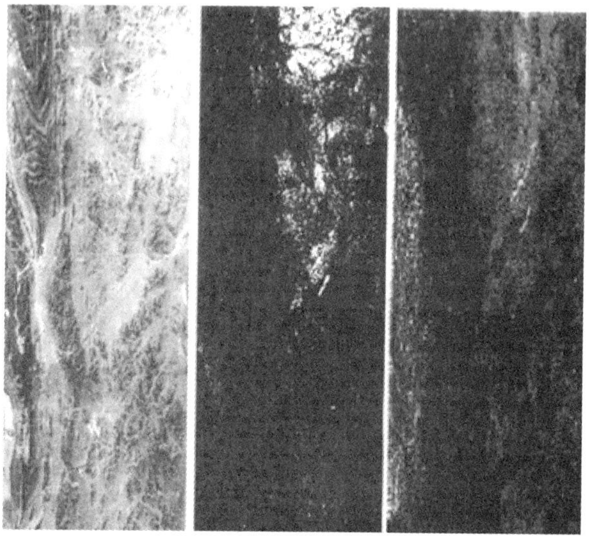

(a) (b) (c)

图 12-11 成像光谱技术在矿物识别方面的应用

成像光谱系统中的分光方式有很多种,其中包括光栅色散分光和干涉分光。下面介绍一个成像光谱系统实例。如图 12-12 所示,这种光栅型超光谱仪结构是借鉴美国 TRW 公司的成功经验,采用反射和透射混合式光学系统来实现的。

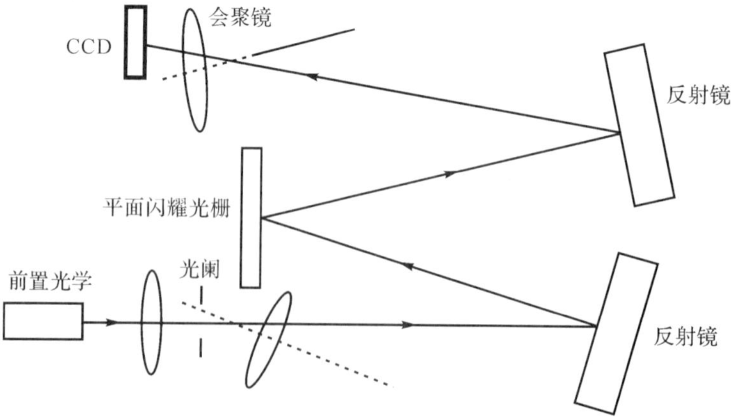

图 12-12 光栅型超光谱仪结构

首先,地物信号经前置望远镜系统会聚到视场光阑处,由视场光阑确定系统的地面分辨率和消除杂散光;然后经过准直镜照射到光栅,光栅分色后经会聚镜会聚到探测器件上,探测器件将光信号转变成模拟电信号,经放大、滤波、转换得到数字图像信号;最后经编码器送给固态存储器。其中，混合式系统是指物镜采用透射式而准直镜和成像镜采用反射式构成的系统。这种结构在光学效率和色散方面均有较好的表现，从理论上说，反射系统几乎不存在色差，波长的变化也很小，缺点是透射系统存在色差，但在仪器中，总视场较小，只有 4.4°，所以色差的影响会比较小。这种光栅型的超光谱仪对结构系统的要求比较高：①选用的结构材料要刚度高、热变形小，能够在温差比较大的情况下保证光学系统的稳定性；②加工精度要高，可以实现高精度定位，并且能够锁定扫描位置；③结构要尽量往小型化、轻量化方向设计，以适合星载。在装机装配时，构件装配和光学校准装配是并行进行的。

12.2　基于相干检测的光谱检测技术(傅里叶光谱技术)

12.2.1　傅里叶光谱技术原理

基于相干检测的光谱检测技术又称傅里叶光谱技术，是一种非空间色散分光方法，区别于基于色散分光的光谱检测技术。它不是将不同波长的光在空间内分离开来，而是先记录一个光强干涉序列，然后对干涉序列进行傅里叶变换得到光谱。20 世纪 70 年代初，第一台基于干涉调频分光的傅里叶变换近红外光谱仪问世，它利用光的干涉原理和计算机数据处理技术，是通过数学运算得到光谱的设备。傅里叶光谱技术是利用干涉图和光谱图之间的对应关系，通过测量干涉图和对干涉图进行傅里叶积分变换的方法来测定和研究光谱的技术。傅里叶光谱技术一般利用迈克耳孙干涉仪，如图 12-13 所示。由光源发出的光束经分束镜分为光强大致相等的两束光：一束光线通过分束镜与原始光束的传播方向垂直；另一束光线与原光束的传播方向相同。它们在经反射镜垂直反射之后，于分束镜处发生干涉。干涉后的光束被探测器接收。

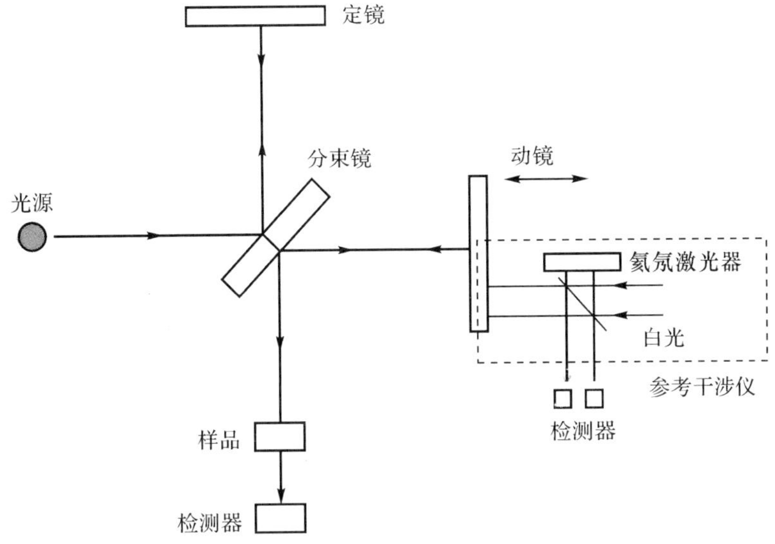

图 12-13　迈克耳孙干涉仪

两个反射镜中,一个静止不动,另一个可以沿光轴方向前后移动,通过移动可动反射镜,可以改变两干涉光束的光程差,从而获得具有不同光程差的干涉光强。假设两光束的光程差为 x,分束镜的反射率和透射率分别为 R 和 T,入射光的强度为 $I_0(\nu)$,则频率为 ν 的光经干涉后的强度为 $2RTI_0(\nu)[1+\cos(2\pi\nu x)]$。设该干涉光束经样品的吸收系数为 $\alpha(\nu)$,则到达检测器的光强度为

$$I_D(x,\nu)=2RT\alpha(\nu)I_0(\nu)[1+\cos(2\pi\nu x)]=I_s(\nu)[1+\cos(2\pi\nu x)] \tag{12.10}$$

其中,$I_s(\nu)=2RT\alpha(\nu)I_0(\nu)$。将式(12.10)对频率积分即可得到到达检测器的信号强度为

$$I_D(x)=\int_0^{\infty} I_s(\nu)\mathrm{d}\nu+\int_0^{\infty} I_s(\nu)\cos(2\pi\nu x)\mathrm{d}\nu \tag{12.11}$$

式(12.11)的第一个积分项为干涉图的平均值,即直流成分,计算中真正利用的是第二个积分项。不考虑式(12.11)中的第一项,则得到干涉谱图 $I_D(x)$ 与光谱图 $I_s(\nu)$ 之间存在傅里叶变换关系,用公式表达为

$$I_s(\nu)=\int_{-\infty}^{\infty} I_D(x)\cos(2\pi\nu x)\mathrm{d}x \tag{12.12}$$

因此只要按照式(12.12),对每个频率进行傅里叶变换的计算就可以得到整个光谱。由于上述的积分范围是在无穷的区间上,所以是理想的情况,而在实际的操作与实验中,只能在有限的光程差范围内记录干涉图。因此式(12.12)通常要修改为

$$I_s(\nu)=\int_{-\infty}^{\infty} I_D(x)T(x)\cos(2\pi\nu x)\mathrm{d}x \tag{12.13}$$

其中,$T(x)$ 为截止函数,即

$$T(x)=\begin{cases}1, & |x|\leqslant\Delta \\ 0, & |x|>\Delta\end{cases} \quad \text{(矩形函数)} \tag{12.14}$$

其中,Δ 为最大的光程差。

截止函数经傅里叶变换后可得到仪器函数 $t(\nu)=2\Delta\dfrac{\sin(2\pi\nu\Delta)}{2\pi\nu\Delta}$,表示输入辐射为无限窄单色谱线时,仪器给出的光谱函数。根据瑞利判定规则和仪器函数的特征,可以知道傅里叶变换光谱仪可分辨的最小波数差为 $\delta\nu=\dfrac{1}{2\Delta}$,由波数与波长的关系容易得到仪器可分辨的最小波长差为 $\delta\lambda=\dfrac{\lambda^2}{2\Delta}$,因此傅里叶变换光谱仪的光谱分辨率的估算公式为

$$R=\frac{\lambda}{\delta\lambda}=\frac{2\Delta}{\lambda} \tag{12.15}$$

由此可见,其分辨率与光程差 Δ 或动镜的可移动范围成正比,增大光程差可轻易地获得较高的分辨率。相对于各种空间色散的分辨率,傅里叶光谱技术所能得到的分辨率要高得多。在傅里叶光谱仪的设计当中,光谱波数的准确性取决于可动反射镜移动的平稳性,因此通常需要在干涉仪中加上一个监控装置(见图 12-13 中虚线框部分),实际上这是另外一套迈克耳孙干涉装置。其工作原理是:将一束白光和一束氦氖激光输入,白光会形成一个极窄的干涉峰,在光程差为零处具有最大值,因此白光干涉图可作为仪器光程差零点的定标;而氦氖激光干涉图谱的频率与反射镜移动的速度成正比,可作为控制反射镜移动速度的反馈信号。傅里叶光谱仪的光谱扫描速度为毫秒数量级,其光谱扫描速度取决于动镜

移动速度和傅里叶变换速度。利用快速傅里叶变换,可以大大缩短傅里叶变换计算光谱的时间,这与计算机技术的发展是分不开的。傅里叶光谱技术具有如下优点:①多通道(也称为 Fellgett 优点)。它是在同一时间记录来自所有波长的光强信号,而光强的信噪比与波长单元数的平方根成正比,这样就能有效地改善单位时间内信号的信噪比。②高通量(也称为 Jacquinot 优点)。它不需要加狭缝或其他限制装置,使得所有光能量能够通过并到达探测器,这样就能获得更高的信号强度,也能改善信号的信噪比。

傅里叶光谱仪的发展离不开算法的优化。Cooley 等的快速傅里叶变换算法大幅度地缩短了计算时间,使傅里叶光谱仪能够在飞秒数量级上得到光谱图,从而得以快速推广和发展。

12.2.2　傅里叶光谱技术应用

进入 20 世纪 90 年代以来,傅里叶变换近红外光谱仪已经成为近红外光谱仪的主流产品,往往是研究型仪器的首选。傅里叶变换近红外光谱仪相比于其他光谱仪,拥有信噪比高、稳定性好、分辨率高、波长精度高等优点。但是,由于干涉仪中动镜的存在,仪器的可靠性受到一些影响和限制,此外,仪器的使用以及放置环境也有较高的要求。生产傅里叶变换近红外光谱仪的厂家很多,其仪器的结构和设计也各不相同。如图 12-14 所示,由光源 1 发出的光束经过准直系统变为平行光,并进入干涉仪,经过干涉仪调制得到干涉光,干涉光经过样品到达检测器后转化为电信号,该电信号是一个时间函数,绘制出的是干涉图,其横坐标是动镜移动的时间或动镜移动的距离。对这种包含光谱信息的时域干涉图,很难直接进行光谱分析,因而要通过模数转换送入计算机,由计算机进行傅里叶变换的快速计算,获得以波数(或者波长)为横坐标的频域光谱,即传统的光谱图。

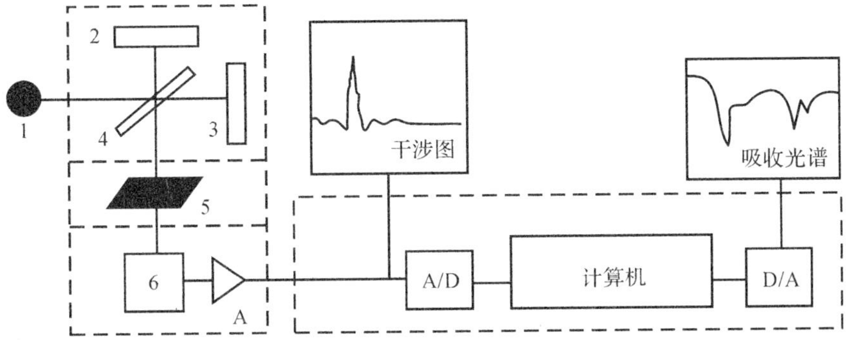

图 12-14　傅里叶变换近红外光谱仪的原理

1. 近红外光谱技术的特点

(1)近红外光谱技术是在与计算机技术和化学计量学结合的基础上发展起来的。近红外光谱中各谱带宽,而且谱带重叠多,使用传统的工作曲线的方法难以对它进行定性和定量分析。另外,影响近红外光谱带位置变化的因素也较多,如氢键的影响使谱带向长波方向移动,溶液稀释或温度升高使谱带向短波方向移动,这也使得近红外光谱的解析变得复杂。在依靠计算机技术和化学计量学后,该技术才有效地克服了近红外光谱的这些局限性。

(2)近红外光谱分析技术是一种高效、快速的光谱分析技术。如在事先建立好校正模型的基础上，一个人使用一台近红外光谱仪仅需2分钟即可完成一个样品的全物质（十几种）的测量。与传统分析方法相比，其分析工作效率具有划时代的改变。近红外光谱仪除消耗少量电能外，不消耗任何试剂、标准物质和设备零件，被测样品量仅为几毫升，极为经济。一台近红外光谱仪用于控制分析，可以替代多台分析仪器，节省了大量设备、人力和物力。因此，近红外光谱技术的应用将使许多化验室的繁忙状况得以改观。近红外光谱仪用于过程分析，可及时反馈分析数据，实现装置的平稳运行和质量卡边操作，可产生巨大的经济效益和社会效益。

（3）近红外光谱仪的测量非常简便。近红外光谱仪能够测定各种各样物态样品的光谱，可测量形式多样，如漫反射、透射和反射等。在进行近红外光谱测量时，一般不需要对样品进行预先处理，换句话说，近红外光谱的测量不会对样品造成破坏。对于液态样品的测量，由于近红外吸收系数通常比较小，所以样品不经稀释可直接测量，所使用的样品池厚度可为0.5～10cm或0.1～0.5cm（近红外光谱仪所用的测量池的厚度一般为几十微米），样品池可用玻璃窗片，操作非常方便。

（4）近红外光谱的应用非常广泛。近红外光谱包含绝大多数类型有机物组成和分子结构的丰富信息，不同的基团和同一基团在不同化学环境中的吸收波长有明显差别，可以作为获取组成或性质信息的有效载体。对于某些无近红外光谱吸收的物质（如某些无机离子化合物），也能够通过它对共存的本体物质影响引起的光谱变化，间接地反映它存在的信息。

（5）其他方面。近红外光穿透力强，可用光纤传导，辐射对人体无损害（安全环保），非常适合于快速分析和在线分析。但近红外光谱不擅长测定微量成分（小于0.1%），不适合分散性样品的测定（由模型决定），前期建模投入较多。

2.近红外光谱技术的分析过程

样品的近红外光谱包含组成与结构的信息，而性质参数也与其组成、结构相关。因此，在样品的近红外光谱和其性质参数间也必然存在内在的联系。使用化学计量学这种数学方法对两者进行关联，可确立这两者间的定量或定性关系，即校正模型。建立模型后，只要测量未知样品的近红外光谱，再通过软件自动对模型库进行检索，选择正确模型，根据校正模型和样品的近红外光谱就可以预测样品的性质参数。所以，整个近红外光谱分析方法包括校正和预测两个过程。

近红外光谱技术又称“黑匣子”分析技术，即间接测量技术。首先对样品光谱和其性质参数进行关联，建立校正模型，然后通过校正模型预测样品的组成和性质。近红外光谱技术的分析过程如图12-15所示，箭头所表示的就是预测过程，用于常规分析。可以使用化学计量学软件，通过待测样品的光谱和模型计算出其性质和组成数据。近红外光谱技术由近红外光谱仪、化学计量学软件和校正模型三个部分构成，三者缺一不可。

3.应用举例

在具体实验中，液体样品可以直接在红外光谱仪上测试；固体样品需要首先碾磨成细微的颗粒，然后滴入数滴液状石蜡混成糊状。在两片氯化钠板之间夹入薄薄的一层液态或糊状样品，并将其置入红外光谱仪内。由于玻璃对红外光谱有一定的吸收作用，所以在这里需要用氯化钠板代替玻璃。傅里叶变换近红外光谱仪由光源、动镜、定镜、分束器、检测

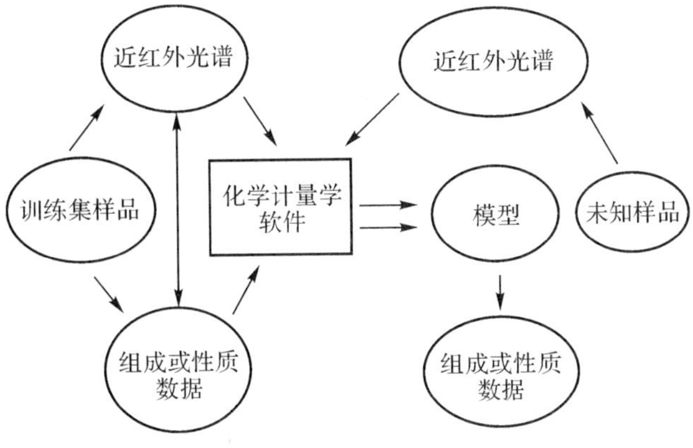

图 12-15　近红外光谱技术的分析过程

器和计算机数据处理系统等组成。通过计算机对检测器收集的信号进行函数数据处理，得到与经典红外光谱仪同样的光强随频率变化的红外吸收光谱。

分子式为 $C_3H_6O_2$ 的有机分子样品的红外光谱当波数超过 1710cm^{-1}时有很强的吸收峰，当波数为 2500～3300cm^{-1}时有中等程度的吸收峰。相应的红外吸收对应于 C＝O 和—OH 基团。根据红外光谱分析得到的信息，查询相关的有机光谱表，加上已知的分子式，就可以得到分子的结构。

近红外光谱在食品、农牧、石油炼制、高分子、制药等领域均有广泛的应用，比如：在粮食、饲料、水果、蔬菜等农产品的分析中，用于测定它们的水分、淀粉、蛋白质、油脂、糖分等含量；在石油炼制中，用于测量各种油品的辛烷值；在制药领域，用于监测药品的加工过程，检验各种中药材的产地、品质分级和真伪等。近年来，近红外光谱在临床医学上也开始发挥作用。

人体在 700～900nm 这段近红外区间存在一个“光谱窗”，在这个“光谱窗”内生物组织对光线的吸收作用大大降低。利用这个特性，人们可以对人体体内或者体表浅处的一些组织、体液（如血液）的成分进行无损检测或监测，并根据检测结果对人体的健康状态进行分析和判断。比如：氧合血红蛋白和还原血红蛋白的近红外光谱有显著差别，所以利用近红外光谱可以检测脑氧饱和度，而连续监测大脑的供氧状态在临床医学上是非常需要的；还可利用近红外光谱进行无创血糖监测、人体皮肤水分检测等。

4. 基于相干检测的二维成像光谱检测技术

干涉型超光谱成像仪由三个系统构成：光学系统、信号采集系统和图像处理系统。其中，光学系统的结构是在一个宽谱段光学成像系统中加入横向剪切干涉仪，可以分为前置物镜、横向剪切干涉仪和准直成像镜组。准直成像镜组由傅氏透镜和柱面镜组实现，其光学原理如图 12-16 所示。

目标光束首先被前置物镜会聚于其前置焦面的视场光阑处，视场光阑起到了消除杂散光的作用。随后光束经光阑后进入横向剪切干涉仪，视场光阑被沿垂直于光轴的方向剪切成两个虚光阑，此时的光束已经带有干涉信息。最后，准直成像镜组把该带有干涉信息的光束成像到 CCD 的接收像面上。

干涉型超光谱成像仪与光栅式的主要区别在于它在 CCD 像面上所记录的是干涉条纹图案，如图 12-17 所示，需要将干涉条纹图案经过傅里叶变换才能得到光谱图谱。

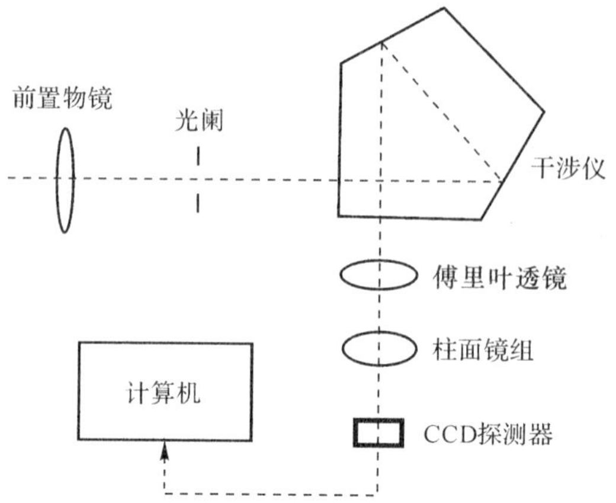

图 12-16 干涉型超光谱成像仪

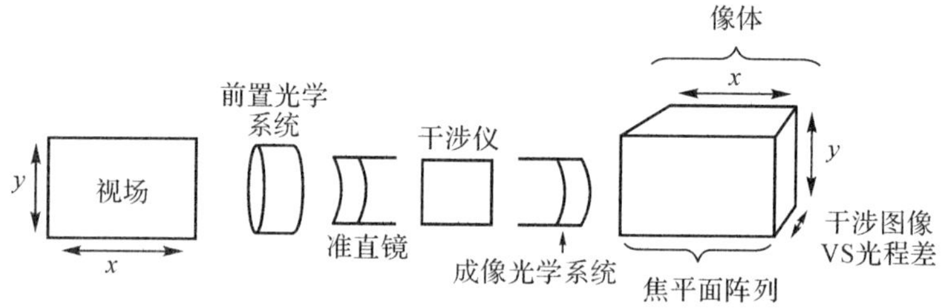

图 12-17 干涉型超光谱成像仪的基本原理

12.3 激光拉曼光谱检测技术

12.3.1 激光拉曼光谱

激光与拉曼光谱学的结合，不仅复兴了拉曼光谱学这一经典光谱学分支，而且使其发生了巨大的变革，形成了激光拉曼光谱学这一新分支。随着电子技术、计算机技术的应用，在线性的激光拉曼光谱学领域内发展了许多新的技术和测量方法，如样品表面扫描技术、双通道技术、导数光谱技术等，这不仅极大地提高了线性拉曼光谱学的灵敏度，而且极大地扩展了它的应用范围。此外，基于激光相干性好这一特点而创立的拉曼探针技术、把脉冲激光和多通道检测技术结合而建立的快速拉曼光谱技术、可调谐激光器促进共振拉曼光谱技术的发展等，使人们能够用拉曼光谱方法对微量、微体积或瞬间变化的样品进行深入的研究，从而获得用经典的拉曼光谱学方法无法取得的信息。

激光技术对于拉曼光谱学的深远影响，还在于由于激光的多种特性，人们发现了许多光谱现象，由此产生了相干拉曼光谱学。例如，基于强光的非线性效应，产生了受激拉曼效应、超拉曼效应、逆拉曼效应、拉曼感应克尔效应和相干反斯托克斯-拉曼散射光折变效应（常被称为 CARS 技术）。这里简单地介绍拉曼效应的基本原理和一些发展得比较成熟或已有的检测技术和装置。

当单色光作用于试样时，除了产生频率和入射光相同的瑞利散射光以外，还有一些强度很弱的、频率和入射光不同的散射光对称分布在瑞利散射光的两侧。这种散射光被称为拉曼散射光，在瑞利散射光低频一侧的叫斯托克斯线，高频一侧的叫反斯托克斯线。这种散射效应被称为拉曼散射效应。

拉曼散射可以看成一个入射光子 $h\omega_i$ 和一个处于初态 E_i 的分子做非弹性碰撞。在碰撞过程中，光子和分子之间发生能量交换，光子不仅改变运动方向，还把一部分能量传递给分子，或从分子取得一部分能量。因此，在碰撞后被检测到的光子 $h\omega_s$ 的能量比原来的低一些或高一些。

$$h\omega_i + M(E_i) \rightarrow M^*(E_f) + h\omega_s \tag{12.16}$$

其中，$M(E_i)$、$M^*(E_f)$分别是分子在碰撞前后的能量状态。能量差 $E_f - E_i = h(\omega_i - \omega_s)$。当分子的终态能级 E_f 高于初态 E_i 时，光子损失能量，这相当于斯托克斯线；而当分子的初态能级 E_i 高于终态能级 E_f 时，光子获得能量，相当于反斯托克斯线。拉曼散射过程也可用能级图进行定性的说明，如图 12-18 所示。

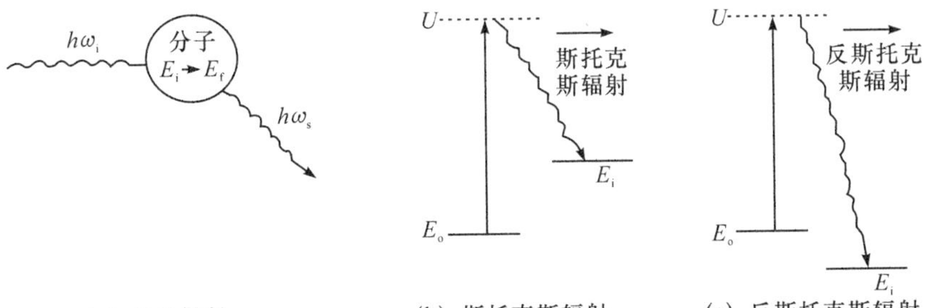

(a) 拉曼散射　(b) 斯托克斯辐射　(c) 反斯托克斯辐射

图 12-18　拉曼散射的能级图解

在散射过程中，中间态经常被描述为受激虚态，它不是稳定的，并且不一定是真实的分子本征态。如果这个虚能级和分子本征态之一相符合，则被称为共振拉曼效应。

12.3.2　几种激光拉曼光谱技术

1. 微区拉曼光谱技术

微区拉曼光谱技术是从 20 纪 70 年代中期开始发展，到 20 世纪 80 年代初逐渐完善的。它是利用激光相干性好，激光束可以会聚成非常小的光斑，从而能量可以集中到很小的面积上这一特点来检测体积极小的粒子或不均质物体中的夹杂物。从拉曼光谱的研究中获得有关分子结构的信息，鉴定其化学组成，并且还能给出样品中某物质的分布情况，得知其区域浓度。

研究微区拉曼光的装置有两种类型。

第一种称为拉曼微区分光计，是美国国家标准局研制成功的。这台装置用一个显微镜物镜把激光束聚焦在样品上，而被激发的拉曼散射光用椭球反射镜收集并导入分光计。其采用了特殊的样品支架使样品置于椭球镜的一个焦点上。在分光计的光栅扫描时就能记录样品上此微区的拉曼光谱。

第二种称为拉曼微探针(molecular optical laser examiner, MOLE)，是由法国国家科学研究中心和里尔大学研究成功，并由 Jobin-Yvon 公司生产的，其工作原理如图 12-19 所示。

(1)点照明。单通道或多通道检测：利用显微镜的亮视场照明系统，用同一物镜把激光束聚焦在样品待鉴定的部位上，并把散射光会聚后送入分束器。进行单通道检测时则用光电倍增管为探测器。这种工作模式所得到的都是被照明的微区拉曼光谱。

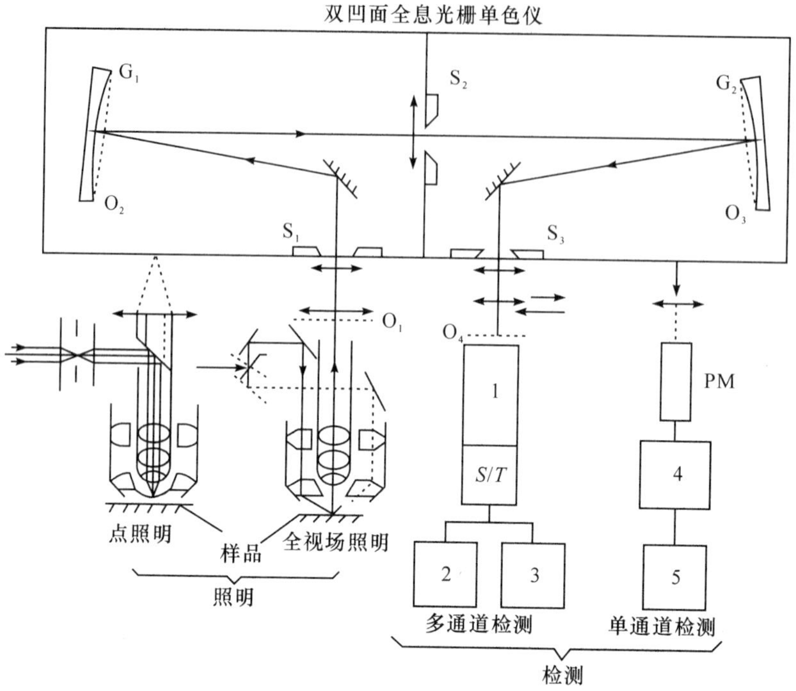

1—像增强器；2—监视器；3—示波器；4—光子计数器或直流放大器；5—记录仪。

图 12-19　拉曼微探针的工作原理

(2)全视场照明。拉曼光成像：转动激光束使之通过暗视场照明装置，这时样品上直径为 150～300μm 的范围被照明，使显微物镜的孔径光阑和分光计的狭缝共轭，样品最后成高倍放大的图像在硅加强靶光导摄像管的光电阴极上。在拉曼光谱中挑选表征样品中某特征成分的谱线，将分光计的输出调到对应的波长并固定之，这时光电阴极上的“像”就是由这特定波长构成的单色“像”。将这些信息读取出来可在监视器上得到这一波长的光强分布图，实际就是照明面积中该拉曼谱线所代表的成分的分布图，称为拉曼显微图。

拉曼微探针和电子离子探针不同，它能提供以振动谱线为基础的多原子团结构和化学键的信息，因而又称为分子微探针。在多数情况下，对重量 10^{-12}～10^{-9}mg 的微量样品，不必进行预处理就可以分析，而且不拘形状、大小和透明与否。各类有机、无机和生物样品，如矿物、电子元器件、动植物生理组织切片、处在空间的微小粒子或尘埃都可用这一技术做无损检测，适用范围很广。图 12-20 是用 MOLE 得到的微区光强分布。

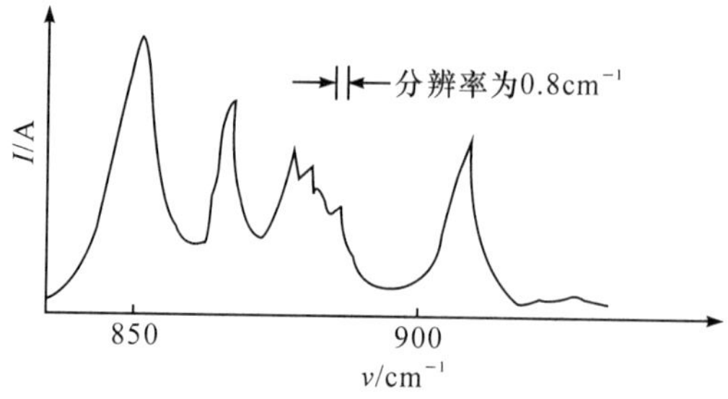

图 12-20　用 MOLE 得到的微区光强分布

2.快速拉曼光谱技术

越来越多的研究工作需要了解拉曼光谱随时间的快速变化情况,或是获取关于极短暂的瞬间现象的信息。这就对光谱技术提出了时间分辨的要求,从毫秒至皮秒甚至亚皮秒数量级,然而,用传统的机械扫描光谱的方法是无法满足上述要求的。为此,必须采用短脉冲或超短脉冲微光器作为激发光源,并用响应时间极短的可同时记录大量谱线的多通道探测器,以及相应的控制和信号处理系统,才能得到快速变化过程的时间分辨光谱。

法国国家科研中心和里尔大学的 M. Bridoux 和 M. Dethaye 等人在这方面做了许多工作,促使快速拉曼光谱技术日趋成熟。图 12-21 为他们运用快速拉曼光谱技术诊断火焰燃烧的装置。

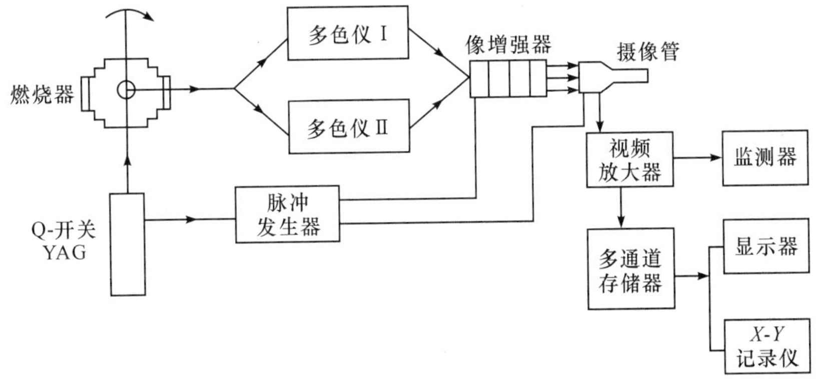

图 12-21　快速拉曼光谱技术诊断火焰燃烧的装置

从 Q-开关 YAG 激光器输出的脉冲激光经倍频后,用长焦距透镜($f=1.2$m)会聚在火焰中,散射体积长约 10mm,直径为 100μm。采用 90°照射工作方式,用放大系数为 1.5 倍的聚光系统将拉曼散射会聚在多色仪的入射狭缝处。用光学系统把谱线像耦合到像增强器的靶面上,而后再转换到硅靶摄像管的靶面上变换成电荷存储图像。电子束扫描可使每一通道上的电荷存储信息被读出来,这些信息经视频放大器等处理后,即可得到瞬间激发的拉曼谱图。以一定的时间间隔使激光照射样品并读取该瞬间的拉曼信息,就能得到时间分辨光谱。

这个装置所用到的激光,其脉冲宽度为 20ns,每一脉冲能量约为 500mJ。两台多色仪都用凹面全息光栅作为色散元件,分辨率和每次可分析的光谱范围不同,其特性如表 12-1 所示。

表 12-1 两台多色仪的分辨率及可分析光谱范围等特性

多色仪	衍射光栅	线色散/($cm^{-1}\cdot mm^{-1}$)	可分析光谱最大值/cm^{-1}
Ⅰ低分辨率	凹面全息光栅 1500 线/(mmf/3)	80	1500
Ⅱ中等分辨率	凹面全息光栅 2000 线/(mmf/10)	20	350

读取信息时间利用选通技术,由脉冲发生器控制像增强器和摄像管的接通时间,前者约为 200ns,后者约为 1μs,这样可以很好地抑制火焰的发光背景。这种诊断火焰的方法的主要优点是对燃烧过程没有干涉,不会由于探头的干扰而产生误差。

应用快速拉曼光谱技术研究和观测自发拉曼辐射，必须避免任何非线性效应。如果引起受激拉曼散射，则会掩盖所需要的信号，使结果难以解释。过高的激发功率还会使样品产生自焦距。为此，对每一被研究对象都需确定其产生非线性效应的阈值，然后确定激发光束的辐照度而不使之超过这个值。然而，自发拉曼信号很弱，在不能随意增加激发光束辐照度的条件下，要从下述三方面来提高信噪比：

(1)增加到达探测器的拉曼散射光子数，为此，要精心设计耦合光路系统使散射体积增大；选用光透过率高的多色仪，常采用凹面全息光栅色散元件，以减少仪器内的光损失。

(2)增加探测器的灵敏度，可应用多级像增强器和摄像管耦合，或微通道板。

(3)在没有获取时间分辨光谱的要求时，用信号平均技术来改善信噪比。这时可用锁模激光器的整个脉冲串来激发，把对应于每一个脉冲的拉曼信号累加起来。

还必须指出，用多通道探测器获取快速变化的或瞬时的光谱信号时，要获得最大的读出效率，必须使摄像管开始读数和激发光脉冲同步。由于摄像管存在滞后现象，电子束一次扫描不可能有效地读出全部的电荷存储信息。在室温条件下，最好是进行 10～15 次扫描。这样，在扫描时，每个通信的读数时间为 60μs，500 个通道扫描一次需要 30ms，扫描 10 次需 300ms 的时间。这就意味着在观测随时间变化的拉曼效应时，激光脉冲的重复率不能超过获取一次脉冲所产生的光谱信号所需的总扫描时间的倒数，如上例最高重复率不能大于 3Hz。

习　题

12.1　光谱仪器的波长精度是光谱仪的重要指标之一，它会受光机加工误差、装调误差、环境温度变化等的影响。试讨论如何对基于色散原理的光谱仪器进行定标。

12.2　在傅里叶近红外光谱仪中，迈克耳孙干涉仪是其光学系统的核心部分，同时动镜是唯一不断运动的部件，动镜在运动过程中的平稳性直接影响干涉图和复原光谱质量。试通过调研给出至少 3 种不同的动镜设计方案，并分析它们的优缺点。

12.3　何谓拉曼光谱？说明拉曼光谱产生的机理与条件。

12.4　请分析傅里叶光谱仪的结构及其功能。

参考文献

[1] 王庆有，王晋疆，张存林，等.光电技术[M].2版.北京：电子工业出版社，2010.

[2] 王庆有.光电传感器应用技术[M].北京：机械电子出版社，2009.

[3] 缪家鼎，徐文娟，牟同升.光电技术[M].杭州：浙江大学出版社，1995.

[4] 鲍超.信息检测技术[M].杭州：浙江大学出版社，2002.

[5] 江月松，李亮，钟宇.光电信息技术基础[M].北京：北京航空航天大学出版社，2005.

[6] 赵远，张宇.光电信号检测原理与技术[M].北京：机械工业出版社，2005.

[7] 曾光宇，张志伟，张存林.光电检测技术[M].北京：清华大学出版社，北京交通大学出版社，2005.

[8] 郭培源，付扬.光电检测技术与应用[M].北京：航空航天大学出版社，2009.

[9] 王清正，胡渝，林崇杰.光电检测技术[M].北京：电子工业出版社，1994.

[10] 江文杰，曾学文，施建华.光电技术[M].北京：科学出版社，2010.

[11] 卢春生.光电探测技术及应用[M].北京：机械工业出版社，1992.

[12] 杨国光.近代光学测试技术[M].杭州：浙江大学出版社，1997.

[13] 秦积容.光电检测原理及应用[M].北京：国防工业出版社，1987.

[14] 雷玉堂.光电检测技术[M].北京：中国计量出版社，1997.

[15] 张广军.光电测试技术[M].北京：中国计量出版社，2003.

[16] 安毓英，曾晓东.光电探测原理[M].西安：西安电子科技大学出版社，2004.

[17] 浦昭邦，赵辉.光电测试技术[M].2版.北京：机械工业出版社，2010.

[18] 滨川圭弘，西野种夫.光电子学[M].于广涛，译.北京：科学出版社，2002.

[19] 雷玉堂.光电检测技术[M].北京：中国计量出版社，2012.

[20] 徐熙平，张宁.光电检测技术及应用[M].北京：机械工业出版社，2012.

[21] 安毓英，刘继芳，李庆辉，等.光电子技术[M].北京：电子工业出版社，2012.

[22] 廖延彪，黎敏，阎春生.现代光信息传感原理[M].北京：清华大学出版社，2008.

[23] 尹丽菊.基于GM-APD的光子计数成像技术研究[D].南京：南京理工大学，2012.

[24] 雷仕湛，屈炜，缪洁.追光：光学的昨天和今天[M].上海：上海交通大学出版社，2013.

[25] 昼马辉夫，铃木义二.21世纪的光子学[M].杭州：浙江大学出版社，2000.

[26] 滨松光子学株式会社编辑委员会. 光电倍增管基础及应用[M]. 东京：株式会社数字出版研究所，1993.

[27] 孙培懋，李岩，何树荣. 光电技术[M]. 2 版. 北京：机械工业出版社，2016.

[28] Kasap S O. 光电子学与光子学——原理与实践：第 2 版[M]. 罗凤光，译. 北京：电子工业出版社，2016.

[29] 周秀云，张涛，尹伯彪，等. 光电检测技术及应用[M]. 2 版. 北京：电子工业出版社，2015.